AF509137

DICTIONNAIRE

DES

SCIENCES NATURELLES.

TOME XLIII.

PORCE – PSY.

DICTIONNAIRE

DES

SCIENCES NATURELLES,

DANS LEQUEL

ON TRAITE MÉTHODIQUEMENT DES DIFFÉRENS ÊTRES DE LA NATURE, CONSIDÉRÉS SOIT EN EUX-MÊMES, D'APRÈS L'ÉTAT ACTUEL DE NOS CONNOISSANCES, SOIT RELATIVEMENT A L'UTILITÉ QU'EN PEUVENT RETIRER LA MÉDECINE, L'AGRICULTURE, LE COMMERCE ET LES ARTS.

SUIVI D'UNE BIOGRAPHIE DES PLUS CÉLÈBRES NATURALISTES.

Ouvrage destiné aux médecins, aux agriculteurs, aux commerçans, aux artistes, aux manufacturiers, et à tous ceux qui ont intérêt à connoître les productions de la nature, leurs caractères génériques et spécifiques, leur lieu natal, leurs propriétés et leurs usages.

PAR

Plusieurs Professeurs du Jardin du Roi, et des principales Écoles de Paris.

TOME QUARANTE-TROISIÈME.

F. G. Levrault, Editeur, à STRASBOURG, et rue de la Harpe, n.º 81, à PARIS.

Le Normant, rue de Seine, N.º 8, à PARIS.

1826.

Liste des Auteurs par ordre de Matières.

Physique générale.

M. LACROIX , membre de l'Académie des Sciences et professeur au Collége de France. (L.)

Chimie.

M. CHEVREUL, professeur au Collége royal de Charle▪▪▪▪▪▪▪▪

Minéralogie et Géologie.

M. BRONGNIART, membre de l'Académie des Sciences, professeur à la Faculté des Sciences. (B.)

M. BROCHANT DE VILLIERS, membre de l'Académie des Sciences. (B. DE V.)

M. DEFRANCE, membre de plusieurs Sociétés savantes. (D. F.)

Botanique.

M. DESFONTAINES, membre de l'Académie des Sciences. (DESF.)

M. DE JUSSIEU, membre de l'Académie des Sciences, professeur au Jardin du Roi. (J.)

M. MIRBEL, membre de l'Académie des Sciences , professeur à la Faculté des Sciences. (B. M.)

M. HENRI CASSINI, membre de la Société philomatique de Paris. (H. CASS.)

M. LEMAN, membre de la Société philomatique de Paris. (LEM.)

M. LOISELEUR DESLONGCHAMPS, Docteur en médecine , membre de plusieurs Sociétés savantes. (L. D.)

M. MASSEY. (MASS.)

M. POIRET , membre de plusieurs Sociétés savantes et littéraires , continuateur de l'Encyclopédie botanique. (POIR.)

M. DE TUSSAC, membre de plusieurs Sociétés savantes , auteur de la Flore des Antilles. (DE T.)

Zoologie générale , Anatomie et Physiologie.

M. G. CUVIER , membre et secrétaire perpétuel de l'Académie des Sciences, prof. au Jardin du Roi, etc. (G. C. ou CV. ou C.)

M. FLOURENS. (F.)

Mammifères.

M. GEOFFROY SAINT-HILAIRE , membre de l'Académie des Sciences, prof. au Jardin du Roi. (G.)

Oiseaux.

M. DUMONT DE S.TE CROIX , membre de plusieurs Sociétés savantes. (CH. D.)

Reptiles et Poissons.

M. DE LACÉPÈDE , membre de l'Académie des Sciences, prof. au Jardin du Roi. (L. L.)

M. DUMERIL , membre de l'Académie des Sciences, prof. à l'École de médecine. (C. D.)

M. CLOQUET, Docteur en médecine. (H. C.)

Insectes.

M. DUMERIL , membre de l'Académie des Sciences, professeur à l'École de médecine. (C. D.)

Crustacés.

M. W. E. LEACH , membre de la Société roy. de Londres , Correspond. du Muséum d'histoire naturelle de France. (W. E. L.)

M. A. G. DESMAREST , membre titulaire de l'Académie royale de médecine, professeur à l'école royale vétérinaire d'Alfort, etc.

Mollusques, Vers et Zoophytes.

M. DE BLAINVILLE , professeur à la Faculté des Sciences. (DE B.)

M. TURPIN , naturaliste, est chargé de l'exécution des dessins et de la direction de la gravure.

MM. DE HUMBOLDT et RAMOND donneront quelques articles sur les objets nouveaux qu'ils ont observés dans leurs voyages, ou sur les sujets dont ils se sont plus particulièrement occupés. M. DE CANDOLLE nous a fait la même promesse.

M. PRÉVOT a donné l'article *Océan* ; M. VALENCIENNES plusieurs articles d'Ornithologie ; M. DESPORTES l'article *Pigeon domestique* , et M. LESSON l'article *Pluvier*.

M. F. CUVIER est chargé de la direction générale de l'ouvrage, et il coopérera aux articles généraux de zoologie et à l'histoire des mammifères. (F. C.)

DICTIONNAIRE

DES

SCIENCES NATURELLES.

POR

Porcelaine, *Cyprœa*. (*Malacoz.*) Genre de mollusques conchylifères de la famille des angyostomes, ordre des siphonobranches, classe des paracéphalophores, établi par Linné, et même par les conchyliologistes qui l'avoient précédé, adopté par tous ceux qui l'ont suivi, pour un grand nombre de jolies coquilles, aussi remarquables par leur forme singulière, surtout dans l'étroitesse de leur ouverture, que par le brillant, le poli de leur surface, ce qui leur a valu les deux noms françois sous lesquels elles sont connues. La dénomination de porcelaine, tirée de leur aspect, a cependant prévalu parmi les savans, tandis que celle de pucelage n'est plus guères employée que parmi les gens du peuple, et surtout par les marins. Adanson est peut-être le seul naturaliste qui l'ait adoptée scientifiquement. D'après l'étude que j'ai faite de l'animal d'une grande espèce de porcelaine, rapportée par MM. Quoy et Gaimard, de l'expédition du capitaine Freycinet, j'ai pu caractériser ce genre un peu plus complétement qu'on ne l'avoit fait avant moi, c'est-à-dire, en prenant en considération l'animal et sa coquille, de la manière suivante : Animal ovale, alongé, involvé, gastéropode, ayant de chaque côté un large lobe appendiculaire, un peu inégal, du manteau, garni en dedans d'une bande de cirrhes tentaculaires, pouvant se recourber sur la coquille et la cacher ; tête pourvue de deux tentacules coniques fort longs ; yeux très-grands à l'extrémité d'un renflement qui en fait partie ; tube respira-

43.

toire du manteau fort court ou presque nul, et formé par le
rapprochement de l'extrémité antérieure de ses deux lobes;
orifice buccal transverse, à l'extrémité d'une espèce de cavité,
au fond de laquelle est la bouche véritable entre deux lèvres
épaisses et verticales; un ruban lingual, hérissé de denticules
et prolongé dans la cavité viscérale; anus à l'extrémité d'un
petit tube situé tout-à-fait en arrière dans la cavité branchiale; organe excitateur linguiforme, communiquant par
un sillon extérieur avec l'orifice du canal déférent, plus en
arrière que lui. Coquille ovale, convexe, fort lisse, presque
complétement involvée; spire tout-à-fait postérieure, très-
petite, souvent cachée par une couche calcaire, vitreuse,
déposée par les lobes du manteau; ouverture longitudinale
très-étroite, un peu arquée, aussi longue que la coquille, à
bords rentrés, dentés ou non dans toute leur étendue, et
échancrée à chaque extrémité.

Le corps d'une porcelaine, considéré en totalité, a une forme
ovalaire, comme sa coquille; mais il est réellement constitué
par une sorte de lame fort large, assez peu épaisse, involvée
ou enroulée sur elle-même latéralement, ou dans une direction perpendiculaire à son axe longitudinal. Il est cependant
composé des mêmes parties que celui des autres mollusques
conchylifères à coquille spirale. La masse des viscères est enveloppée par un manteau, qui s'épaissit à mesure qu'on s'ap-
proche davantage de ses bords, où il est nettement divisé en
deux lobes fort alongés, par une fissure assez profonde en
avant comme en arrière; mais ce qu'il offre de plus remarquable, c'est qu'il est augmenté de chaque côté par des appendices extrêmement larges; celui de droite un peu plus
grand que celui de gauche, évidemment plus épais et garni
de plusieurs rangs de cirrhes tentaculaires, non pas sur les
bords même, mais vers le milieu de leur face interne, où ils
forment une bande longitudinale. Le tube respiratoire est
excessivement court, au point qu'il peut être considéré comme
nul; mais il est suppléé en partie par la manière dont les
deux lobes du manteau se rapprochent en avant pour passer
par l'échancrure de la coquille. La partie supérieure du corps
des porcelaines est toujours formée par la masse des viscères
de la digestion et de la génération, comme l'inférieure l'est

par le pied ; mais celui-ci offre cela de particulier , qu'il est très-grand , ovale , alongé , un peu moins large en arrière qu'en avant, où il est en outre traversé par une fissure submarginale. Ce qu'il offre de plus remarquable, c'est qu'il est attaché au corps, dans toute la longueur de sa face dorsale, par un pédicule ou muscle columellaire, très-comprimé, mais presque aussi large que lui, et qui est composé d'un grand nombre de faisceaux musculaires, séparés par des cannelures. Ce muscle suit du reste, comme à l'ordinaire, la marche de l'enroulement de la coquille, et s'y attache dans toute sa longueur. La tête est grosse et assez distincte. Elle porte une paire de gros tentacules coniques, alongés, et à leur côté extérieur, sur un petit renflement, des yeux très-grands, et dans lesquels Adanson dit qu'on peut reconnoître une pupille et un iris. J'y ai certainement pu observer un crystallin assez considérable. La masse céphalique se prolonge en outre en avant par un bourrelet labial assez considérable pour former une sorte de trompe à bords épais, et à orifice arrondi et plissé en étoile. C'est dans le fond de l'excavation formée par ce bourrelet, et qui est tapissée par une lame épidermique cornée et plissée irrégulièrement, que se trouve la véritable bouche entre deux lèvres verticales et épaisses. Il n'y a pas de dent à son bord supérieur; mais la face inférieure de la cavité buccale est occupée par une masse linguale hérissée de denticules, et qui se prolonge assez loin dans la cavité viscérale ; l'anus est presque tout-à-fait à la partie postérieure du côté droit, à l'extrémité d'un petit tube saillant et dirigé en arrière sous le lobe droit du manteau. D'après ce qui a été dit de la disposition de ce manteau , il est évident que la cavité respiratrice est très-grande et très-largement ouverte. Elle renferme en avant et sur le dos de l'animal deux branchies pectiniformes, fort grandes ; l'une, antérieure ou droite, beaucoup plus grande que l'autre, est en forme de fer à cheval ouvert en arrière, et c'est dans cette ouverture qu'est placée la petite, dont les deux branches forment un triangle, ayant aussi son sommet en avant. Au milieu du côté droit se voit, dans l'individu mâle (le seul que j'aie disséqué), la terminaison de son appareil de la génération, ainsi que l'appendice excitateur lui-même : la première se fait assez en arrière par un orifice étroit, qui se continue au moyen d'un sillon creusé entre deux lèvres un peu épaisses, jusqu'à la racine et le long d'une partie de l'organe excitateur. Celui-ci, toujours exserte et collé le long du flanc droit, est considérable, cylindroïde, aplati et marqué d'un sillon dans la moitié basilaire de son bord antérieur. Il est attaché vers le tiers antérieur du corps et occupe environ la longueur du tiers moyen.

Le reste de l'organisation des porcelaines ne m'a pas paru différer de ce qu'il est dans les autres siphonobranches, du moins d'après ce que j'ai pu voir sur des individus chez lesquels la liqueur conservatrice n'avoit pu agir convenablement sur les viscères profonds, à cause de la manière dont le pied fermoit complétement toute l'ouverture de la coquille. Mais ce qu'il nous a été possible d'observer, nous suffira pour concevoir la formation et la modification de leur enveloppe coquillère.

Cette enveloppe a toujours assez bien la forme du corps de l'animal qui l'a formée, c'est-à-dire qu'elle est ovale, alongée, bombée en dessus, plate et ouverte en dessous, évidemment involvée ; la spire, très-petite, étant à une extrémité et une échancrure plus ou moins marquée à l'autre : mais, suivant l'âge, elle diffère considérablement non-seulement dans la forme de son ouverture, ce qui a lieu dans beaucoup d'autres genres de coquilles, mais encore dans sa structure, dans son épaisseur, et même dans son système de coloration et dans sa couleur.

Une jeune coquille de porcelaine est ovale-alongée, cylindrique ou subcylindrique, plus large en avant qu'en arrière, excessivement mince et le plus souvent colorée par des bandes transverses. Quoiqu'elle n'ait pas d'épiderme, on aperçoit très-bien à sa superficie les stries d'accroissement. A cette époque la spire, quoique fort petite, est bien visible et pointue ; mais c'est surtout dans l'ouverture que se trouvent les plus grandes différences. Elle est en général fort grande, d'abord parce que le bord columellaire est excavé, un peu tordu en avant, et n'est réellement formé que par le retour de la spire, et ensuite parce que le bord droit, fort mince, tranchant, n'a aucune tendance à se recourber en dedans. Cette ouverture en arrière n'atteint pas tout-à-fait l'extrémité de la coquille, et en avant elle présente une sorte d'évasement ou de versement plutôt qu'une véritable échancrure.

Quand la coquille est à ce degré de développement, si différent de ce qu'elle sera, étant arrivée à son état complet, qu'Adanson lui-même, qui a observé ces animaux vivans, en a fait un genre particulier sous le nom de péribole, il est probable que les expansions latérales du manteau n'existent pas ou ne sont pas considérables ; mais lorsqu'elles le deviennent, et qu'alors l'animal, pour ramper commodément, est obligé de les relever à droite et à gauche sur son dos, de manière à ce que les cirrhes tentaculaires deviennent extérieurs et marginaux, alors la coquille sur laquelle elles se replient nécessairement, commence à éprouver des modifications considérables par la matière calcaire qu'elles y déposent peu à peu. D'abord dans la structure : car ici ce ne sont plus des lames mucoso-calcaires, se plaçant les unes en dedans des autres, de manière que la dernière dépasse les premières vers la circonférence de l'ouverture ; mais ce sont des molécules essentiellement calcaires, produites par tous les pores de la surface externe des lobes du manteau, qui se placent les unes à côté des autres, les unes sur les autres, d'une manière irrégulière ; d'où il résulte plus de densité, un état comme vitreux, comme porcelanisé, sans traces de stries d'accroissement, et enfin un poli luisant, plus ou moins complet à cause du frottement continuel des lobes du manteau, parties extrêmement molles, douces, et produisant l'effet du polissoir le plus parfait. Ce dépôt change donc la structure de la coquille ; mais il est évident que cela ne peut avoir lieu sans que son épaisseur ne soit aussi plus ou moins considérablement augmentée, suivant l'âge de l'animal et suivant les parties du manteau. C'est ce qui produit d'abord le rétrécissement de l'ouverture, et ensuite la denticulation de ses bords, puis les échancrures profondes et obliques des deux extrémités, l'occlusion complète de la spire, et enfin le changement plus ou moins marqué du système de coloration et même dans la couleur. Les deux lobes du manteau, d'abord assez courts, agissent un peu sur les bords de l'ouverture, et déposent aussi sur chacun d'eux de la matière vitrée, qui prend la forme denticulée, à cause de l'impression, à travers d'eux, des faisceaux distincts du muscle columellaire. A mesure que ces lobes s'étendent davantage, le dépôt gagne en étendue, jusqu'à ce que celui d'un côté vienne à toucher l'autre ; ce qui produit la ligne plus ou moins sinueuse, et plus à gauche qu'à droite, qu'on remarque sur le dos d'une porcelaine adulte. Mais il est toujours bien plus épais sur les bords : d'abord parce que les expansions palléales sont elles-mêmes plus épaisses à leur racine qu'à leurs bords, surtout quand elles sont très-dilatées, qu'elles sont bien plus souvent à un demi-état d'extension qu'à l'état complet, et enfin qu'il est probable que, lorsque l'animal n'est plus apte à se reproduire, ces expansions diminuent elles-mêmes d'étendue et se réduisent à ne sortir qu'un peu de l'ouverture. C'est alors que la coquille semble se déprimer et que l'ouverture se rétrécit de plus en plus, en se denticulant, s'encroûte pour ainsi dire en avant comme en arrière, et produit ces espèces de canaux obliques qui se recourbent à chaque extrémité, en dépassant même quelquefois assez la longueur de la véritable coquille. La coquille est alors complète ; il semble en effet que dans ces animaux, à mesure que la vieillesse avance, les forces musculaires et les propriétés vitales diminuent, la masse inorganique augmente en épaisseur, en densité, et que le rétrécissement de l'ouverture les empêche de se placer dans les circonstances favorables pour continuer une existence qui ne doit plus avoir lieu. D'après ce qui vient d'être dit, il est aisé de concevoir, outre les changemens de structure et de forme d'une coquille de porcelaine, ceux de système de coloration et même de couleur, puisque dans la coquille proprement dite la couleur étoit dûe aux bords mêmes du manteau, peut-être alors sans expansion, tandis que, dans la coquille adulte, c'est la surface externe de ces lobes qui dépose les molécules calcaires autrement colorées.

D'après ce que nous venons d'établir sur des faits d'organisation incontestables, il est évident qu'une porcelaine dans le jeune âge, et même dans un âge moyen, doit considérablement différer de ce qu'elle est dans son état adulte. C'est ce qui doit excuser les naturalistes qui ont pu faire de la même espèce de coquille plusieurs espèces différentes avec

de simples variétés d'âge, et même ceux qui, comme Adanson, ont pu en faire des genres différens.

Quant à l'hypothèse imaginée par Bruguières pour expliquer pourquoi on trouve des porcelaines adultes de grandeurs assez différentes, et qui consiste à admettre que ces
animaux quittent leur coquille quand elle n'est pas assez
grande pour les contenir, un peu comme le font les crustacés, non-seulement on peut assurer que le fait est faux,
mais même l'analogie la plus forcée ne permet pas de le
supposer. Comment, en effet, les animaux qui craignent le
plus l'action des circonstances extérieures, qui sortent de
l'œuf avec une coquille déjà formée depuis long-temps, afin,
sans doute, d'empêcher cette action sur un tissu aussi muqueux que le leur, pourroient-ils, en supposant que leur corps
pût se détacher de la coquille, et surtout se dérouler et s'en
dégager, exister, leurs organes les plus importans presque
tout-à-fait à nu, et ensuite former une autre coquille? Les
expériences de Réaumur n'ont-elles pas démontré que les
pièces qu'une hélice peut produire à sa coquille, ou pour
remplir les trous qu'on y avoit faits, sont toujours irrégulières, non colorées et n'ont pas la structure lamellaire du
reste de la coquille? Ces différences dans la taille d'individus
adultes de même espèce, peuvent d'ailleurs très-bien s'expliquer par des différences dans les circonstances extérieures,
favorables ou défavorables, soit pour la nourriture, soit pour
le repos et même pour l'exposition à la lumière.

Les mœurs et les habitudes des porcelaines n'offrent sans
doute rien de bien remarquable; mais en général elles sont
assez peu connues, quoique nous en ayons une petite espèce sur
nos côtes : Adanson est même le seul auteur qui en ait parlé.
C'est essentiellement sur les côtes et surtout dans les excavations des rochers qu'habitent les porcelaines; elles paroissent
aussi s'enfoncer dans le sable. Le sens de la vue est chez elles
plus fort que dans aucun genre de la même classe, comme
on pourroit le soupçonner de la grandeur de leurs yeux, mais
ce qui a été confirmé par Adanson. Le même auteur a vu
que, lorsque ces animaux rampent, ils s'enveloppent si complétement dans les lobes de leur manteau, qu'on les pren-
droit au premier aspect pour un mollusque entièrement nu,

comme les aplysies. Quand ils veulent rentrer dans leur coquille, ces lobes rentrent assez promptement, mais il n'en est
pas de même pour en sortir : ils sortent très-lentement,
comme en tâtonnant, et il leur faut un temps raisonnable pour
s'envelopper entièrement. Je suppose volontiers que dans l'eau
les porcelaines se servent des lobes de leur manteau pour
nager, comme les bulles, et qu'alors elles sont renversées, le
pied en haut, comme celles-ci ; mais ce n'est que par analogie que je fais cette supposition. Je n'ai rien trouvé du
reste sur les mœurs des porcelaines. Sont-elles carnassières ?
avalent-elles leur proie tout d'une pièce ? C'est ce qui me
paroît probable, mais non certain. Quant à leur mode d'accouplement, à la forme de leurs œufs, etc., nous n'en savons
absolument rien.

On trouve des porcelaines dans toutes les mers, puisqu'il
y en a une très-petite espèce dans la Manche, et peut-
être plus au nord, et une beaucoup plus grosse dans l'Adriatique ; mais il faut convenir que la patrie de ce genre est
réellement entre les tropiques, et surtout dans la mer des
Indes, où se trouvent les plus grosses et les plus belles espèces.

Les espèces de ce genre sont, à ce qu'il paroît, fort nombreuses et susceptibles d'une assez grande variété de couleur,
dépendant non-seulement de l'âge, comme il a été observé
plus haut, mais encore de causes inconnues ou de localités,
en sorte qu'il est assez difficile de les distinguer, parce les
caractères tirés de la forme sont assez difficiles, non pas peut-
être à apercevoir, mais au moins à exprimer autrement
que par des figures. Gmelin en définit cent vingt-une espèces,
qu'il partage en quatre sections, suivant que la spire est
visible, qu'elle n'est pas visible ; que la coquille est obtuse,
qu'elle est ombiliquée, et qu'elle est rebordée. M. de Lamarck
n'en caractérise cependant que soixante-huit espèces vivantes, quoiqu'il en ait évidemment plusieurs nouvelles. Enfin,
M. Duclos, qui a préparé une monographie détaillée de ce
genre, en distingue au moins une vingtaine de plus que
l'auteur des animaux sans vertèbres. Il y a plusieurs espèces
de ce genre qui sont placées au rang des coquilles rares ou
recherchées. Quelques-unes sont employées à faire des taba-
tières, et entre autres la porcelaine Argus.

Comme il me semble presque impossible d'établir des divisions un peu tranchées parmi les espèces de ce genre, je préfère les disposer par ordre de grandeur, ou du moins autant que cela me sera possible.

La Porcelaine cervine : *C. oculata*, Linn., Gmel., p. 3403, n.° 18; *C. cervina*, de Lamk., Anim. sans vert., t. 7, p. 375, n.° 1; Enc. méth., pl. 352, fig. 31; vulgairement le Firmament. Coquille ovale, ventrue, de couleur fauve ou châtaine, parsemée d'un très-grand nombre de petites taches ou gouttelettes blanches, rondes, très-serrées; interrompues en dessus par une bande longitudinale presque droite, de couleur plus pâle; la lèvre droite violacée en dedans.

Des mers de l'Amérique.

La P. exanthème : *C. exanthema*, Linn., Gmel., pag. 3397. n.° 1, et *C. zebra*, p. 3400, n.° 8; Enc. méth., pl. 349, fig. *a, b, c, d, e*; vulgairement le Faux-Argus. Coquille ovale, cylindrique, de couleur fauve, parsemée de grandes taches blanches, rondes, subocellées; bande dorsale longitudinale, pâle; interstice violet; les dents de l'ouverture couleur de marron.

Cette espèce, à l'état de jeune âge, est traversée par des bandes blanches sur un fond roussâtre. Elle vient de l'Océan des Antilles et est commune dans les collections.

La P. Argus : *C. Argus*, Linn., Gmel., p. 3398, n.° 4; Enc. méth., pl. 350, fig. 1, *a, b*. Coquille ovale-oblongue, subcylindrique, d'un blanc jaunâtre, ornée de taches cerclées de fauve-brun ou entièrement de cette couleur en dessus, et de quatre grandes taches carrées d'un brun noirâtre en dessous, violacée en dedans; quarante-deux dents d'un côté et trente-neuf de l'autre. Dans le jeune âge elle est cerclée de trois larges bandes plus foncées et de deux blanches.

De l'Océan des grandes Indes.

La P. lièvre : *C. testudinaria*, Linn., Gmel., p. 3399, n.° 5; Enc. méth., pl. 351, fig. o; vulgairement le Lièvre. Grande coquille ovale-oblongue, subcylindrique, un peu déprimée aux deux extrémités, nuagée de fauve, de châtain et de blanc, parsemée de très-petits points de cette couleur.

De l'Océan des grandes Indes.

La P. maure : *C. mauritiana*, Linn., Gmel., p. 3407, n.° 41;

Enc. méth., pl. 35o, fig. 2, *a*, *b*. Coquille ovale, subtriquètre, gibbeuse en dessus, aplatie en dessous, comprimée sur les côtés de couleur, d'un fauve-brun tacheté en dessus, d'un fauve-roux ou toute noire en dessous.

Des mers de l'Isle-de-France, de l'Inde et de Java.

La Porcelaine géographique : *C. mappa*, Linn., Gmel., pag. 3397, n.° 2; Enc. méth., pl. 352, fig. 4, vulgairement la Carte géographique. Coquille ovale-ventrue, à côtes bien arrondies, de couleur blanche ou légèrement rosée, ornée de petites taches blanches en dessous, et d'une ligne dorsale rameuse en dessus; intérieur violet; dents au nombre de trente-six d'un côté, et de quarante-deux de l'autre.

De l'Océan des grandes Indes.

Les jeunes individus de cette espèce paroissent ne pas avoir de bandes.

La P. arabique : *C. arabica*, Linn., Gmel., p. 3398, n.° 5; Enc. méth., pl. 352, fig. 1, 2 et 5. Coquille ovale-ventrue, aplatie en dessous, blanche, marquée d'une ligne dorsale non rameuse et de taches brunes sur les bords, en dessus; fauve; les dents de l'ouverture de couleur de marron en dessous.

De l'Océan des grandes Indes.

Les individus non adultes sont cendrés, avec des bandes transverses nuancées de brun.

La P. arabicule; *C. arabicula*, de Lamk., p. 399, n.° 54. Petite coquille ovale, marginée, aplatie en dessous, de couleur blanche, avec des espèces de caractères brun-fauves sur le dos; les côtés couleur de chair, tachetés de violet; les dents de l'ouverture blanches.

Des côtes occidentales du Mexique.

M. de Lamarck convient que c'est une espèce bien voisine de la *C. arabica*, mais beaucoup plus petite. M. Duclos pense que ce n'est réellement qu'une variété.

La P. arlequine : *C. hystrio*, Linn., Gmel., p. 3403, n.° 120; *C. amethystea*, 3401, n.° 10; *C. reticulata*, Gmel., p. 3420, n.° 103; Enc. méth., pl. 351, fig. 1, *a*, *b*. Coquille ovale, renflée ou subgibbeuse, fauve, ornée de taches blanches ocellées, subpolygones, assez serrées et bien circonscrites en dessus, et de taches noires sur les côtés; le dessous un peu violâtre.

Des côtes de Madagascar.

Les individus incomplets sont bleuâtres ou violacés, avec des bandes transverses et des nébulosités en zigzag.

La Porcelaine truitée, *C. guttata.* Coquille un peu gibbeuse, ornée de petites taches noires, mal terminées, sur un fond blanc jaunâtre : la ligne dorsale jaune dorée ; vingt-six dents d'un côté de l'ouverture, vingt-neuf de l'autre.

Cette espèce, dont on ignore la patrie, et qui s'est trouvée indiquée dans la collection du Muséum, diffère-t-elle de la P. tigrine ?

La P. bouffonne : *C. scurra*, Linn., Gmel., p. 5409, n.° 122 : Enc. méth., pl. 552, fig. 5. Coquille ovale, cylindracée, d'un blanc livide, marquée de caractères fauves et de taches dorsales, arrondies, pâles ; les côtés ponctués de brun.

Cette espèce, assez rare, vient de l'Océan des grandes Indes.

La P. livide : *C. stercoraria*, Linn.. Gmel., p. 3399, n.° 6 : Enc. méth., pl. 5510, fig. 5. Coquille ovale, ventrue. gibbeuse ou bossue, d'une couleur livide ou blanc verdâtre, sans ligne dorsale, marquée de quelques taches rares, de couleur rousse, en dessus ; les dents de l'ouverture, assez nombreuses (51-28), serrées, blanches ; leurs interstices rembrunis ; l'intérieur violet.

Des mers occidentales d'Afrique.

Cette espèce, qu'Adanson a décrite sous le nom de *majet*, est appelée par les marchands le *lapin*, quand elle est parfaite, et l'*écaille*, quand elle n'a pas sa derrière-couche testacée, et alors elle offre quatre bandes brunes assez mal formées ou nébuleuses, sur un fond gris-violet ; mais alors elle est plus alongée et le nombre de ses dents n'est que de 28-25.

M. Duclos regarde cette espèce comme une simple variété de la suivante.

La P. rat : *C. rattus*, de Lamk., Anim. sans vert., t. 7, p. 580, n.° 10 ; Enc. méth., pl. 551, fig. 4. Coquille ovale, ventrue, bombée, de couleur blanchâtre ou livide, avec des taches irrégulières plus ou moins confluentes. d'un brun roux ou marron sur le dos, et une plus grande dans le voisinage de la spire. C'est une espèce qui paroît bien rapprochée de la P. lièvre ; elle est cependant plus renflée ou moins alongée.

On n'en connoît pas la patrie.

La P. saignante : *C. mus*, Linn., Gmel., p. 5407, n.° 45 :

Enc. méth., pl. 554, fig. 1 ; vulgairement le Léopard, le Coup de poignard. Coquille courte, ovale, gibbeuse, surtout en arriére, subtuberculeuse ; couleur cendrée, bariolée de brun, avec une ligne dorsale blanche, accompagnée sur les côtés de petites taches très-rembrunies, et en arriére d'une autre plus grande et sanguinolente. Les dents de l'ouverture de couleur de marron, et au nombre de quinze à seize de chaque côté.

De l'Océan d'Amérique et de la Méditerranée.

La Porcelaine gésier ; *C. ventriculus*, de Lamk., *loc. cit.*, t. 7, p. 381, n.° 13. Coquille ovale, bombée, sans être gibbeuse, épaisse, pesante ; couleur châtaine, avec une tache dorsale blanche, lancéolée, et les côtés cendrés, livides, linéolés transversalement.

Des mers de la Nouvelle-Hollande.

Les individus jeunes ont quatre bandes roses sous les bords brun-noirs.

La P. aurore : *C. aurantium*, Linn., Gmel., pag. 3403, n.° 121 ; Chemn., Conch., 11, tom. 180, fig. 1737 et 1738 ; vulgairement l'Orange. Coquille ovale, ventrue, presque globuleuse, d'une couleur orangée uniforme en dessus, blanche en dessous ; les dents de l'orifice d'un orangé vif.

Cette belle coquille, de trois pouces et demi de long, vient des mers de la Nouvelle-Zélande ; elle est très-rare dans les collections, et par conséquent fort chère.

La P. tigre : *C. tigris*, Linn., Gmel., p. 3408, n.° 44, et *C. feminea*, p. 3409, n.° 47. Coquille fort grosse, ovale, ventrue, très-bombée, épaisse, d'un blanc bleuâtre, ornée d'une multitude de grandes taches noires, arrondies, éparses, et d'une ligne dorsale droite, ferrugineuse en dessus, très-blanche en dessous ; vingt-trois dents toutes blanches à chaque bord, quelquefois vingt-six à vingt-neuf.

Cette espèce, qui est très-belle et fort commune dans les collections, provient de la mer des Indes, depuis Madagascar jusqu'aux Moluques. Gmelin la dit aussi de la mer Adriatique, ce qui est plus douteux. Comme on trouve des individus complets de différentes tailles, que l'on rapporte à cette espèce, c'est là-dessus que Bruguières et M. de Lamarck se sont basés, pour appuyer leur hypothèse, que les porcelaines quittent leur coquille, quand elle est trop petite, pour s'en former une autre.

Dans le jeune âge la porcelaine tigre offre trois bandes, composées chacune de deux séries de petites taches noires.

La PORCELAINE TIGRINE : *P. tigrina*, de Lamk., *loc. cit.*, p. 582, n.° 16; *C. guttata*, Ann. du Mus., p. 455, n.° 16; Enc. méth., pl. 353, fig. 5. Coquille ovale, un peu ventrue, blanchâtre, ornée de petites taches ponctiformes, brunes, éparses, et d'une ligne dorsale, ondée, ferrugineuse en dessus; blanche en dessous. Comme la précédente, dont elle diffère assez peu, elle vient des mers de l'Inde. Une variété rare est d'un marron rougeâtre foncé, cachant les points dont elle est tigrée.

La P. VINEUSE : *C. vinosa*, Linn., Gmel., p. 3421, n.° 109; Bonann., *Recr.*, 3, fig. 250. Coquille ovale, d'un blanc vineux en dessus, avec des taches rondes, lenticulaires, noires au milieu et rousses ou violettes à la circonférence; une ligne dorsale blanche; l'intérieur violet.

De la mer Méditerranée et de l'Océan.

La P. TAUPE : *T. talpa*, Linn., Gmel., p. 3400, n.° 9; Enc. méth., pl. 353, fig. 4; vulgairement CAFÉ AU LAIT. Coquille ovale-oblongue, subcylindrique, fauve, comme rubannée, avec trois zones d'un blanc pâle en travers; les côtés et le dessous d'un brun noirâtre; quarante-neuf petites dents égales toutes brunes à chaque bord.

Des mers de l'Inde et des côtes de Madagascar.

Cette espèce ne seroit-elle pas un jeune âge de l'Argus ou d'une espèce voisine?

La P. CARNÉOLE : *P. carneola*, Linn., Gmel., p. 3400, n.° 7; Enc. méth., pl. 354, fig. 3. Coquille ovale-oblongue, de couleur fauve pâle, avec trois ou quatre bandes transverses, rougeâtres, plus foncées sur le dos; les côtés comme sablés par une grande quantité de très-petits points blanchâtres; le dessous blanc; l'intérieur violet : vingt-quatre à vingt-cinq petites dents violettes.

De l'Océan des grandes Indes.

Dans le jeune âge cette espèce n'a pas les côtés sablés, ni l'intérieur violet. Il faut sans doute lui rapporter la *C. crassa*, Lamk., p. 3421, n.° 108; List., *Conch.*, t. 664, fig. 8, qui est plus épaisse et surtout bien plus grosse (quatre pouces).

La Porcelaine souris : *C. lurida*, Linn., Gmel., pag. 3401, n.° 11; Enc. méth., pl. 54, fig. 2. Coquille ovale, un peu oblongue, de couleur gris de souris ou fauve plus ou moins pure, avec deux zones blanches peu marquées sur le dos, et deux taches noires à chaque extrémité; vingt-trois à seize petites dents blanches.

Des côtes du Sénégal.

La P. ISABELLE : *P. isabella*, Linn., Gmel., p. 3409, n.° 49; Encycl. méth., pl. 355, fig. 6. Coquille médiocre, ovale-oblongue, subcylindrique, d'un fauve cendré ou couleur de chair, avec deux bandes transverses plus pâles, peu marquées, et deux taches terminales orangées; dents de l'ouverture très-petites, très-serrées et nombreuses (trente-huit à vingt-huit).

Des côtes de Madagascar.

Un individu, rapporté par M. Gaudichaud, est de couleur soupe au lait.

La P. CENDRÉE : *C. cinerea*, Linn., Gmel., p. 3402, n.° 16; Martini, *Conch.*, 1, t. 25, fig. 254 et 255. Coquille mince, ovale-oblongue, peu bombée, d'un cendré roussâtre ou rougeâtre, avec deux fascies transverses d'un blanc pâle ou bleuâtre; toute la substance de dépôt blanche, sans taches noires terminales.

De l'Océan asiatique.

Cette espèce me paroît n'être qu'une variété de la porcelaine caurique.

La P. SALE; *C. sordida*, de Lamk., *loc. cit.*, p. 387, n.° 24. Coquille ovale, ventrue, d'un fauve très-pâle ou d'un gris couleur de chair, avec deux zones blanches peu marquées en dessus, et de petits points noirâtres, très-fins, irréguliers, sur les côtés; dents de l'ouverture violacées, serrées, petites, au nombre de vingt-quatre d'un côté, et de dix-sept de l'autre.

M. Duclos pense que cette espèce n'est qu'une variété de la précédente.

La P. NEIGEUSE : *P. vitellus*, Linn., Gmel., p. 3407, n.° 42; Encycl. méth., pl. 354, fig. 6. Coquille ovale, ventrue, subbombée, de couleur fauve, avec trois bandes plus foncées, peu marquées, agréablement ornée de petites taches d'un blanc de lait en dessus; les côtés bruns, arénacés, substriés verticalement; le dessous blanc, l'intérieur bleu-violet; dents médiocres, de vingt-quatre à vingt-cinq d'un côté et vingt à vingt-un de l'autre, et toutes blanches.

La Porcelaine tête-de-serpent : *C. caput serpentis*, Linn., Gmel., p. 5406, n.° 39; Enc. méth., pl. 554, fig. 4. Coquille ovale, subtriquètre, très-plate et très-large en dessous, sub-carénée en dessus; couleur cornée, réticulée de roux et de blanc au milieu du dos, d'un brun noirâtre sur les côtés; l'ouverture blanchâtre, avec quinze à quatorze dents assez fortes, toutes blanches.

Des mers de l'Inde et même de celle du Sénégal. C'est une coquille très-commune, dont l'intérieur est violet. Le jeune âge est gris de lin, avec une bande transverse brune.

La P. fasciée : *C. zonaria*, Linn., Gmel., p. 3414, n.° 119; Chemn., Conch., 10, t. 145, fig. 1342. Coquille ovale, d'un cendré bleuâtre, avec trois bandes formées de flammes rousses, ondées sur le dos, et des taches pourpres sur un fond blanc de chaque côté; onze assez grosses dents d'un côté de l'ouverture, et treize de l'autre.

Des côtes de Guinée.

C'est une espèce bien voisine de la *C. undata*. Une variété est quelquefois toute blanche; elle a reçue le nom de *C. alba* au Muséum.

La P. miliaire : *C. miliaris*, Linn., Gmel., p. 3420, n.° 106; Martini, *Conch.*, 1, t. 30, fig. 525. Coquille ovale, ventrue, d'un jaune livide, parsemé de points blancs et de taches ocellées pâles en dessus; les côtés blanchâtres, ponctués de fauve ou de roux; des linéoles de cette couleur aux deux extrémités; seize ou quinze dents petites, espacées à chaque bord; le dedans violet.

De l'Océan des grandes Indes.

La P. rougeole : *C. variolaria*, de Lamk., *loc. cit.*, p. 587, n.° 27; Encycl. méth., pl. 555, fig. 2. Coquille ovale, épaisse, solide; le dos jaunâtre, parsemé de taches blanches; les côtés épaissis, blancs, marqués de taches d'un rouge pourpre; ouverture assez large, bordée de chaque côté de seize dents épaisses, très-distantes, blanches; les intervalles orangés; l'intérieur violacé.

De l'Océan indien.

La Porcelaine rousette : *C. pyrum* , Linn., Gmel., p. 3411, n.° 59 ; Enc. méth., pl. 343 , fig. 1. Coquille ovale, un peu alongée, à bords non dilatés, d'un roux ferrugineux ou rougeàtre, subfascié et nuancé de taches blanches sur le dos ; les côtés et le dessous couleur de safran ou aurore roussàtre ; les dents de l'ouverture blanches.

De l'Océan africain et de la Méditerranée ; du golfe de Tarente et de l'Adriatique, car c'est probablement le *Cyprœa cinnamomea* d'Olivi.

Les jeunes individus ont les côtés glauques et le dessous couleur de chair.

La P. lynx : *C. lynx* , Linn., Gmel., p. 3409, n.° 48 , et *C. squalina* , p. 3420, n.° 101 ; Enc. méth., pl. 355 , fig. 8 , *a* , *b*. Coquille ovale, un peu oblongue, ventrue, nuancée de brun sur un fond fauve et recouverte sur les côtés, dans l'état adulte, par une sorte de vernis lacté, parsemé de quelques taches rondes, d'un brun foncé ; le dessous blanc ; l'intervalle des dents orangé ; vingt-cinq dents d'un côté, vingt-trois de l'autre.

De l'Océan indien, depuis Madagascar.

La porcelaine lynx jeune est cerclée de trois bandes brunes assez mal formées.

La P. rôtie : *C. adusta*, de Lamk., *loc. cit.*, p. 389 , n.° 30 ; Chemn., *Conch.*, 10 , t. 145 , fig. 1341 ; vulgairement l'Agathe brulée. Coquille ovale, ventrue, bombée, enfoncée et comme ombiliquée à la spire, d'un brun roussàtre, avec trois zones obscures et deux claires ; les côtés et la face inférieure très-noirs.

De l'Océan asiatique.

La P. rongée : *C. erosa*, Linn., Gmel., pag. 3415, n.° 84 ; Enc. méth., pl. 355 , fig. 4 , *a* , *b*. Coquille ovale-oblongue, solide, à bords épais et renflés ; couleur d'un jaune verdàtre, orné de petits points blancs et de taches ocellées, brunes et blanches, rares en dessus ; les bords et le dessous, blancs, avec une tache transverse médiane, brune , de chaque côté ; quinze très-grosses dents espacées, toutes blanches, ainsi que leurs intervalles.

De l'Océan indien.

La P. caurique : *C. caurica*, Linn., Gmel., p. 3415, n.° 83 ; Enc. méth., pl. 356, fig. 10. Coquille ovale-oblongue, solide ;

de couleur jaune livide, nuagée de points fauves en dessus, quelquefois avec l'indice de trois zones plus obscures mal formées; les côtés épaissis, blancs, avec des gouttes d'un brun noirâtre; dix-huit à vingt dents, assez grosses, blanches; l'intervalle orangé.

Des mers de l'Inde et de Madagascar.

La PORCELAINE OCELLÉE : *C. ocellata*, Linn., Gmel., p. 3417. n.° 91; Enc. méth., pl. 355, fig. 7. Coquille ovale, à dos renflé, submarginée, d'un jaune fauve ou cannelle, parsemée de points blancs et de petits yeux noirs entourés d'un cercle blanc en dessus, avec une ligne médiane, étroite, livide; les côtés ponctués de pourpre; le dessous blanc; l'intérieur violet; dix-sept à dix-huit dents.

Patrie inconnue.

La P. CRIBLE : *C. cribaria*, Linn., Gmel., p. 3414, n.° 80; Enc. méth., pl. 355, fig. 5; le PETIT ARGUS. Coquille ovale-oblongue, subombiliquée au sommet, ornée en dessus de taches ovales. blanches, serrées, sur un fond cannelle; les côtés et le dessous blancs; dix-sept à dix-huit dents assez grosses et toutes blanches.

Cette espèce, assez commune dans les collections, a été rapportée par les naturalistes de l'expédition du capitaine Freycinet.

La P. GRIVE : *C. turdus*, de Lamk., *loc. cit.*, p. 392, n.° 36; Enc. méth., pl. 355, fig. 9. Coquille ovale, ventrue, renflée, oviforme, à ouverture dilatée en avant, d'un blanc légèrement bleuâtre, parsemé de points roux, inégaux et épars en dessus, blanche en dessous.

Patrie inconnue.

La P. OLIVACÉE : *P. ovum*, Linn., Gmel., p. 3412, n.° 65; *P. olivacea*, de Lamk., pag. 392, n.° 37; Martini, *Conch.*, 1, t. 27, fig. 278 et 279. Coquille ovale-oblongue, cylindracée, d'un jaune verdâtre, mêlé de très-petites taches fauves et serrées en dessus; d'un blanc pâle sur les côtés et en dessous.

Côtes de l'île d'Amboine.

Dans le jeune âge cette espèce a trois bandes bleuâtres.

La P. TÊTE DE DRAGON : *C. stolida*, Linn.; *C. rubiginosa*, Linn., Gmel., p. 3420, n. 113; Chemn., *Conch.*, 11, t. 180, fig. 1743 et 1744. Coquille oblongue, cylindracée, peu ven-

43.   2

true, d'un blanc livide ou cendré, marqué de deux taches carrées d'un fauve roux, ponctuées de brun, et dont les angles se prolongent ou forment d'autres taches placées en dessus; les dents de l'ouverture jaunes; l'intérieur violet.

Patrie inconnue.

L'individu conservé au Muséum est presque tout blanc, avec une seule tache irrégulière . à bords plus bruns que le reste; c'est une espèce bien voisine du *C. olivacea.*

La Porcelaine hirondelle : *C. hirundo* , Linn. , Gmel. , p. 3411 , n.° 55; *C. felina*, p. 3412, n. 66; Enc. méth., pl. 356, fig. 5 et 15. Coquille petite, ovale, d'un cendré bleuâtre, avec deux zones blanches un peu obscures, et deux points noirs à chaque extrémité; vingt-deux dents serrées au bord droit, seize à dix-sept au gauche; l'intérieur violet.

De l'Océan indien.

Une variété (Martini, *Conch.*, 1 , t. 28 , fig. 283 et 284) est ovale-oblongue et un peu plus grande; une autre, également plus alongée, est ponctuée de fauve, avec une large tache dorsale roussâtre; celle-ci me paroît avoir beaucoup moins de dents à l'ouverture (douze à quinze), et n'a pas les taches terminales. Ce pourroit bien être une espèce distincte.

La P. ondée : *C. undata*, de Lamk., *loc. cit.*, p. 393, n.° 40; Enc. méth., pl. 356, fig. 11. Coquille mince, ovale, ventrue, bombée, ombiliquée, de couleur marron, avec deux zones blanches rayées de lignes fauves, brisées en zigzag, laissant aussi trois zones brunes; dents toutes blanches, au nombre de vingt et de dix-huit.

Patrie inconnue.

Une variété est ornée de lignes blanches longitudinales, étroites et ondées. Cette espèce paroît peu différer de la suivante, dont ce n'est certainement qu'une variété.

La P. zigzag : *C. ziczac*, Linn., Gmel., pag. 3410, n.° 54; Enc. méth., pl. 356, fig. 8, *a*, *b*. Coquille petite, ovale, blanchâtre ou cendrée, ornée de lignes étroites, très-pâles, élégamment fléchies en zigzag, tantôt longitudinales, tantôt interrompues par trois bandes jaunâtres.

Patrie inconnue.

La P. flavéole : *C. flaveola*, Linn., Gmel., p. 3416, n.° 86; *C. acicularis*, Linn., Gmel., p. 3411 , n.° 107; *C. flaveola*, de

Lamk., p. 394, n.° 42 : Enc. méth., pl. 356, fig. 14. Coquille ovale, un peu bombée, marginée, solide, jaunâtre en dessus, blanche en dessous, et sur les côtés ornée de points rouge-bruns; dix-sept et seize ou quatorze dents toutes blanches, ainsi que l'intérieur.

Patrie inconnue.

C'est une espèce bien voisine de l'ocellée, peut-être son jeune âge. Il me paroît bien évident que le *C. flaveola* de Linné est le même que celui de M. de Lamarck.

La PORCELAINE SANGUINOLENTE : *C. sanguinolenta*, Linn., Gm., p. 3406, n.° 38; Enc. méth., pl. 356, fig. 12. Coquille mince, ovale-oblongue, d'un cendré bleuâtre, fascié de brun ou de fauve; les côtés incarnats, violets, ponctués de rouge de sang; l'intérieur violet; vingt et une dents petites au bord droit, seize à dix-sept au bord gauche.

Patrie inconnue.

Cette espèce a quelquefois ses bandes brunes, décomposées en taches.

La P. PORAIRE : *C. poraria*, de Lamk., pag. 395, n.° 44; *C. poraria?* Linn., Gmel., p. 3417, n.° 92 : Martini, *Conch.*, 1, tab. 24, fig. 237 et 238. Coquille ovale, d'un fauve roussâtre. marqué de points bruns épars, quelquefois subocellés; les côtés et le dessous d'un blanc purpurin et légèrement violet. sans taches.

Des côtes du Sénégal.

La P. PETIT-OURS · *C. ursellus*, Linn., Gmel., p. 3411, n.° 58; Enc. méth., pl. 356, fig. 6. Coquille ovale-oblongue, blanche, avec trois zones rousses, inégales; les extrémités et les côtés ponctués de brun.

De l'Océan des grandes Indes.

La P. ASELLE : *C. asellus*, Linn., Gmel., pag. 3411, n.° 56; Enc. méth., pl. 356, fig. 5; vulgairement le PETIT ANE. Petite coquille ovale-oblongue, d'un blanc de lait, avec trois taches transverses d'un brun noirâtre; les dents de l'ouverture inégales et au nombre de dix-sept à chaque bord.

De l'Océan asiatique et africain.

La P. A COLLIER : *C. monilaris*, de Lamk., pag. 396, n.° 47; Petiv., *Gar.*, t. 97, fig. 10. Coquille ovale, blanche, avec trois zones très-pâles; les dents de l'ouverture au nombre de vingt sur le bord droit, et de dix-sept sur le gauche.

De l'Océan asiatique.

Cette espèce diffère-t-elle réellement de la précédente? Je ne le pense pas; quoiqu'elle soit un peu plus courte.

La Porcelaine piqûre de mouches : *C. atomaria*, Linn., Gmel., p. 3412, n.° 67; Enc. méth., pl. 355, fig. 10; *C. stercus muscarum*, de Lamk.. page 396, n.° 48. Coquille petite, ovale-oblongue, d'un blanc légèrement rosé, parsemé de points rouge-bruns, assez rares; l'ouverture jaunàtre.

Patrie inconnue.

La P. pois : *C. cicercula*, Linn., Gmel., p. 3419, n.° 98; Enc. méth., pl. 355, fig. 1, *a, b*. Coquille assez petite, globuleuse, bombée, subrostrée aux deux extrémités et chargée de points élevés, granuleux, formant une ligne dorsale creuse; couleur blanche ou jaune pâle; ouverture très-étroite.

De l'Océan des grandes Indes et de la Méditerranée, selon Gmelin.

La P. perle : *C. lota*, Linn., Gmel., p. 3402, n.° 13; Mart., Conch., 1, t. 30, fig. 322. Petite coquille ovale, bombée, très-lisse; le rebord du côté droit marqué de points enfoncés à son bord supérieur; couleur toute blanche; dix-huit à dix-sept dents serrées aux deux bords.

De l'Océan asiatique, d'après M. de Lamarck : Gmelin dit qu'elle se trouve dans la mer Adriatique; mais le catalogue de M. Renieri ne contient pas son nom.

La P. globule : *C. globulus*, Linn., Gmel., p. 3419, n.° 99; Encycl. méth., pl. 356, n.° 2. Coquille ovale, ventrue, subrostrée à chaque extrémité, presque lisse, sans ligne dorsale, de couleur fauve ou rousse partout, avec quelques points bruns épars en dessus; vingt-trois à vingt et une dents très-petites.

De l'Océan asiatique.

Elle est bien voisine du *C. cicercula*; il paroît qu'elle est plus souvent toute blanche ou jaunàtre que ponctuée.

La P. voisine : *C. affinis*, Linn., Gmel., p. 3420, n.° 100; Knorr, *Vergn.*, 6, t. 21, fig. 7. Coquille oblongue, subrostrée, lisse, de couleur jaune, avec un œil de chaque côté en avant.

Patrie inconnue.

La Porcelaine ovulée : *C. ovulata*, de Lamk., p. 398, n.° 52 : Enc. méth., pl. 355, fig. 2, *a*, *b*. Coquille ovale, globuleuse, bombée, lisse, mince, marginée seulement du côté droit; ouverture très-large, dilatée et n'ayant que des dents très-courtes sur le bord columellaire; couleur blanche.

Cette espèce, dont on ignore la patrie, pourroit bien n'être qu'un jeune âge.

La P. étoilée : *C. helvola*, Linn., Gmel., p. 3417, n.° 90; Enc. méth., pl. 356, fig. 13. Coquille subtriquètre, gibbeuse, fortement marginée, avec une série de pores enfoncés le long de chaque bourrelet; couleur blanche, parsemée de taches rousses substelliformes en dessus, d'un brun fauve sur les côtés et orange en dessous; l'intérieur violacé; quatorze à quinze dents à chaque bord.

Dans le jeune âge il paroît qu'elle est presque violette en dessus.

La P. albelle; *C. albella*, de Lamk., p. 404, n.° 68. Petite coquille ovale, dilatée sur les côtés, plane en dessous, ou un peu scutiforme; couleur blanche en dessus et en dessous, jaunâtre sur les côtés.

Des mers de l'Isle-de-France. C'est, suivant M. Duclos, le *C. helvola* dépouillé.

La P. graveleuse : *C. staphylæa*, Linn., Gmel., pag. 3419, n.° 97; Enc. méth., pl. 356, fig. 9, *a*, *b*. Très-petite coquille ovale, peu bombée, subrostrée, chargée d'une multitude de petits tubercules ou points élevés, de couleur blanchâtre, sur un fond un peu fauve ou lilas; les extrémités jaune-safran; ouverture assez large, garnie de dix-neuf dents sur chaque bord, se relevant en crête sans passer les bourrelets.

Patrie inconnue, mais très-probablement l'Australasie.

La P. pustuleuse : *C. pustulata*, de Lamk., p. 400, n.° 56; Lister, *Conch.*, t. 710, fig. 62? Petite coquille ovale, couverte de verrues arrondies, plus grosses au milieu, de couleur rouge orangée ou safran, sur un fond cendré en dessus; le dessous brun avec des sillons transverses blancs; vingt-cinq dents d'un côté, dix-sept à dix-huit de l'autre, toutes se continuant en crêtes qui dépassent les bourrelets.

Des côtes occidentales du Mexique.

La P. grenue : *C. nucleus*, Linn., Gmel., p. 3418, n.° 95;

Enc. méth., pl. 355, fig. 5. Coquille ovale, subrostrée, assez fortement rebordée, couverte d'un grand nombre de tubercules granuleux, inégaux, blancs, laissant une ligne dorsale profonde, et formant une série le, long des rebords; couleur blanche, cendrée ou ferrugineuse; ouverture très-étroite, garnie de vingt-cinq dents d'un côté et de quinze à dix-huit de l'autre, toutes se relevant en crêtes qui dépassent les bourrelets.

Des grandes Indes : une variété un peu déprimée, et d'un blanc violàtre, est des côtes d'Otaïti, où elle est employée pour faire des colliers.

La Porcelaine de Madagascar : *C. Madagascariensis*, Linn., Gmel., p. 5429, n.° 96; List., *Conch.*, t. 710, fig. 61. Coquille blanche, subrostrée à chaque extrémité, tuberculeuse en dessus, avec des stries transverses ondulées; couleur blanche.

Des côtes de Madagascar.

En quoi cette espèce diffère-t-elle de la précédente?

La P. limacine : *C. limacina*, de Lamk., pag. 400, n.° 58; Martini, *Conch.*, 1, t. 29, fig. 312. Coquille ovale-oblongue, couverte de petits tubercules peu élevés, très-inégaux et très-séparés, sans former des rides transverses comme dans l'espèce précédente; couleur cendrée, violette ou brune; les tubercules blancs, les extrémités orangées, l'ouverture fauve.

Des mers de la Nouvelle-Hollande.

Cette espèce pourroit bien n'être qu'une variété du *C. staphylea;* car les différences dans la saillie des tubercules, dans leur enchaînement, dans la grandeur des sillons de l'ouverture, sont toutes les attributs d'un àge moins avancé.

La P. cauris : *C. moneta*, Linn., Gmel., pag. 3414, n.° 81 ; Encycl. méth., pl. 356, fig. 31; vulgairement la Monnoie de Guinée. Petite coquille ovale, déprimée, plate en dessous, à bords très-épais, un peu noduleux; couleur uniforme, d'un blanc jaunàtre, quelquefois citron en dessus, blanche en dessous; douze et onze dents à l'ouverture, quelquefois moins.

Des mers de l'Inde, des côtes des Maldives, de l'Océan atlantique.

Cette coquille, si commune dans les collections et que Gmelin dit aussi de la Méditerranée, est ramassée par les femmes sur les rivages des îles Maldives, trois jours après la pleine lune et avant la nouvelle, et ensuite transportée au Bengale, à Siam, en Amérique, où elle est employée par les Nègres comme monnoie.

L'espèce commune a deux paires de tubercules en arrière, dont les deux antérieurs sont toujours plus marqués ; assez souvent son dos est cerné par une ligne étroite jaune.

J'en possède un individu d'une belle couleur citron et qui laisse apercevoir trois bandes transverses noires, dont les bourrelets ne sont pas tuberculeux et qui a dix-sept dents assez grosses à chaque bord.

La Porcelaine ictérine ; *C. icterina*, de Lamk., *loc. cit.*, page 387, n.° 25. Coquille ovale-oblongue, d'un blanc jaunâtre, mêlé d'une nuance de vert, traversé par deux lignes brunes, distantes en dessus, blanchâtre en dessous.

Patrie inconnue. C'est une simple variété du *C. moneta*, suivant M. Duclos.

La P. a bourrelet ; *C. obvelata*, de Lamk., p. 401, n.° 60. Coquille ovale, à bords très-renflés, sans nodosités et plus élevés que le dos, dont la couleur est bleuâtre, circonscrite par une ligne jaune peu apparente, les bords blancs, ainsi que le dessous.

Des mers de la Nouvelle-Hollande.

C'est une espèce établie évidemment sur une variété monstrueuse de la précédente, et en effet elle a été trouvée parmi un grand nombre d'individus de celle-ci, provenus, il est vrai, de la Nouvelle-Hollande ; depuis on n'en a jamais vu d'autres. M. Duclos en fait une variété de la suivante.

La P. anneau : *C. annulus*, Linn., Gmel., p. 5415, n.° 82 ; Enc. méth., pl. 356, fig. 7. Coquille ovale, à bords déprimés, lisses ; couleur blanchâtre, quelquefois bleuâtre ; le dos circonscrit par une ligne jaune.

Des côtes des Moluques et, dit-on, de celles d'Alexandrie dans la Méditerranée.

C'est encore une espèce bien voisine des deux précédentes ; le nombre des dents de son ouverture est de treize d'un côté, et de onze de l'autre.

La P. rayonnante ; *C. radians*, de Lamk., p. 402, n.° 62. Petite coquille presque orbiculaire, large et aplatie en dessous, avec des sillons transverses partant de l'ouverture et remontant jusqu'a la ligne dorsale, creuse, épaissie et sub-tuberculeuse sur ses bords; couleur d'un rouge pâle.

Des côtes occidentales du Mexique.

La Porcelaine pou de mer : *C. pediculus*, Linn., Gmel., p. 3418, n.º 93 ; Enc. méth., pl. 356, fig. 1, *a*. Petite coquille ovale, ventrue, marginée au bord droit, avec des stries transverses un peu granuleuses, allant de l'ouverture à un sillon dorsal large et n'atteignant pas les extrémités; couleur rosée, avec quelques taches noires ou brunes, formant ordinairement trois bandes; les dents de l'ouverture, au nombre de seize d'un côté et de quatorze de l'autre, forment des crêtes dépassant le bord et se continuant jusqu'au sillon dorsal.

Cette espèce, très-commune dans les collections, vient de l'Océan des Antilles, et peut-être de la Méditerranée.

La P. cloporte : *C. oniscus*, de Lamk., pag. 402, n.º 63; Martini, *Conch.*, 1, t. 29, fig. 306 et 307; *C. pediculus*, *var. b*, Linn., Gmel. Coquille ovale, globuleuse, ventrue, sub-vésiculeuse, à ouverture très-large et à stries transverses, lisses, rameuses; couleur blanc rougeâtre, immaculée.

De l'Océan américain.

Il me paroît évident que ce n'est qu'une variété de la précédente, comme Linné l'avoit pensé.

La P. grain de riz : *C. oryza*, de Lamk., pag. 403, n.º 65; *C. pediculus*, Linn., Gmel.; Adans., Sénég., pl. 5, fig. 5; le Biton. Petite coquille ovale, globuleuse, non marginée au bord droit, à stries transverses très-lisses, traversant le sillon dorsal, du reste bien marqué; couleur toute blanche.

De l'Océan d'Asie et d'Afrique.

C'est probablement encore une simple variété du *C. pediculus*; Adanson, qui le pense aussi, dit que le nombre des cannelures varie de quinze à trente.

La P. côtelée : *C. costata*, Linn., Gmel., p. 3418, n.º 94; Knorr, *Vergn.*, 6, t. 15, fig. 7. Coquille plus alongée que le *C. pediculus*, avec des stries transverses extrêmement fines et de couleur de chair très-claire.

Patrie inconnue.

La P. coccinelle : *C. coccinella*, de Lamk., p. 404, n.º 66; Enc. méth., pl. 356, fig. 1, *b*. Petite coquille ovale, ventrue, à ouverture dilatée en avant; le bord droit plus long que le gauche et marginé; stries transverses lisses et non interrompues par l'absence du sillon dorsal; couleur grisâtre, fauve ou rosée, avec ou sans taches.

Patrie inconnue, suivant M. de Lamarck. Elle est cependant fort commune sur les côtes de la Manche.

C'est encore une espèce bien voisine du *C. pediculus*, dont elle ne diffère que par l'absence du sillon dorsal.

La Porcelaine australe; *C. australis*, de Lamk., pag. 404, n.° 67. Petite coquille ovale, à bord droit plus long que le gauche et marginé; les stries transverses interrompues, ayant une ligne dorsale foiblement marquée; couleur blanche, peinte de quelques taches couleur de chair pâle.

Des mers de la Nouvelle-Hollande.

La P. bullée : *C. bullata*, Maton et Rakett, Soc. linn. de Lond., t. 8, p. 121, n.° 2. Petite coquille subglobuleuse, lisse, sans stries et toute blanche sans taches.

De la Manche, et entre autres des côtes de Cherbourg, suivant M. de Gerville.

La P. bouton de rose; *C. rosea*, Duclos. Très-petite coquille bullée, presque globuleuse et d'une très-jolie couleur rose.

La P. grain de blé; *C. triticea*, Dufresne, *Coll. Mus.* Coquille à peine plus grosse que la précédente et d'un brun vineux partout.

Des Antilles.

La P. pois de senteur : *C. lathyrus*, Dufresne, *Coll. Mus.* Petite coquille globuleuse, luisante à cause de la finesse des stries; impression dorsale peu marquée, toute brune en dessus, avec les extrémités blanchâtres; dix-sept dents à chaque bord.

Des rivages de l'Isle-de-France.

Je possède une coquille de la Méditerranée, des iles Hières, que je rapporte à cette espèce.

La P. trigonelle; *C. trigonella*, Dufr., *Coll. Mus.* Coquille ovale, un peu bombée; l'ouverture étroite, bordée de vingt-trois dents d'un côté, et de vingt-cinq de l'autre; couleur toute rouge-aurore en dessus; le bourrelet blanc, avec des taches carrées d'un brun noirâtre.

Des mers de la Nouvelle-Hollande.

Dans le jeune àge cette espèce a trois bandes claires très-légères.

La Porcelaine jaspée; *C. marmorata, Collect. Mus.* Coquille ovale, un peu bombée en arrière, ornée de quatre zones brunes, jaspées, et de trois blanches mal terminées.

Patrie inconnue.

C'est une espèce voisine du *C. carneola.*

La P. ponctuée; *C. punctata, Collect. Mus.* Coquille ovale, assez bombée, de couleur toute brune, parsemée de petits points blancs.

Patrie inconnue.

Cette espèce, que j'ai trouvée dans la collection du Muséum, est bien rapprochée de la P. saignante (*C. Mus.*), et par conséquent elle paroît beaucoup différer de la porcelaine que Gmelin, pag. 3414, n.° 115, a nommée aussi *C. punctata.*

La P. cylindrique : *C. cylindrica,* Dufr., *Collect. Mus.* Coquille épaisse, solide, ovale, alongée, subcylindrique, très-marginée, surtout au bord droit, bien plus long que le gauche; couleur rose en dessus, passant peu à peu au blanc pur des bords et de la face inférieure.

Patrie inconnue.

J'ai vu un individu de douze à quinze lignes de long dans la collection du Muséum.

Il faut ajouter à ces espèces, décrites par M. de Lamarck, celles que Gmelin a introduites dans son catalogue, et dont nous allons presque nous borner à donner l'indication, parce qu'en général elles ne paroissent être établies que sur des figures. Nous ferons d'abord observer que Gmelin partage les espèces de ce genre en trois sections sur des caractères qui semblent n'être que des degrés de développement.

Dans la première section, dont le caractère principal est que la spire est plus ou moins visible, sont

La P. de Venel : *C. Venelli,* Linn., *Mus. Lud. Ulr.,* 569, n.° 186; Petiv., *Gaz.,* tab. 95, fig. 13. Coquille subturbinée, tachetée de points jaunâtres sur le dos, et bruns aux extrémités; l'ouverture rousse.

La P. fragile : *C. fragilis,* Linn., *loc. cit.,* 570, n.° 188; Gualth., *Test.,* pl. 16, Q. Coquille turbinée, ovale, glauque, ondée et subfasciée de brun, qui paroît n'être qu'un jeune âge du *C. stercoraria.*

La PORCELAINE A GOUTELETTES : *C. guttata,* Linn., Gmel.. p. 3412, n.° 15; Gualt., t. 16, fig. 1. Coquille mince, gibbeuse, fauve, tachetée de blanc, blanche en dessous, avec les dents jaunes, et qui pourroit bien n'être que le *C. vitellus* jeune.

La P. PLOMBÉE: *C. plumbeus,* Linn., Gmel., p. 3403, n.° 17; Martini, *Conch.,* 4, t. 26, fig. 256. Coquille subturbinée, mince, couleur de plomb, avec quatre bandes ondulées et variées de bleu et de brun sur le dos, linées des mêmes couleurs vers les bords.

Des côtes de la Guinée.

Elle pourroit bien encore n'être qu'un jeune *C. stercoraria.*

La P. FERRUGINEUSE; *C. ferruginosa,* Linn., Gmel., p. 3403, n.° 19; Martini, *Conch.,* t. 26, fig. 260-262. Coquille mince, alongée, jaunâtre ou bleuâtre, avec des taches ferrugineuses; intérieur bleu. Ne seroit-ce pas le *C. caurica.*

La P. LIVIDE : *C. livida,* Linn., Gmel., pag. 3403, n.° 20; List., *Conch.,* t. 656, fig. 1. Coquille mince, alongée, d'une seule couleur, jaune ou rougeâtre en dessus, ponctuée de brun en dessous. Ce pourroit bien être un jeune *C. sordida.*

La P. GIBBEUSE : *C. gibba,* Linn., Gmel., p. 3403, n.° 21; List., *Conch.,* t. 665, fig. 7. Coquille mince, gibbeuse; dos nébuleux, fascié en travers. Il est encore probable que c'est un jeune individu du *C. stercoraria* ou une espéce voisine du *C. rattus.*

La P. TURBINÉE : *C. turbinata,* Linn., Gmel., p. 3404, n.° 22; Born., *Mus. cæs. Vind. Test.,* t. 8, fig. 6. Coquille turbinée, ovale, de couleur glauque, avec des taches anguleuses plus pâles. C'est une espéce très-voisine de son *P. fragilis,* comme Gmelin le fait observer lui-même. Quant à sa variété *B* (List., *Conch.,* t. 675, fig. 22), il me paroît probable que c'est un jeune *C. sanguinolenta* ou *sordida.*

La P. DE VÉNUS : *C. venerea,* Linn., Gmel., p. 3404, n.° 23; Bonn., *Rec.,* 3, p. 262. Coquille oblongue, brune, avec des taches jaunes dorées, par bandes en dehors et bleue en dedans; c'est un très-jeune âge du *C. exanthema.*

Les *C. purpurascens, albida, rufescens, translucens, punctulata,* qui suivent sous les n.ºs 24, 25, 26, 27, 28, et figurés dans

Gualt. , pl. 16, fig. *A*, *B*, *C*, *D*, *G*, et *P*, sont aussi des coquilles jeunes, puisque la spire est bien visible, et qui me semblent devoir être rapportées aux *C. sordida* et *isabella*.

La Porcelaine tigrinée : *C. tigrina*, n.º 28 ; Séba, *Mus.*, 3, t. 76, fig. 12, paroît être un *C. tigris* jeune, dont les taches sont plus rares et plus longues. Ne seroit-ce pas alors la *P. truitta*, décrite plus haut ?

La P. douteuse : *C. dubia*, 3415, 30; Séba, *Mus.*, 3, t. 76, fig. 15, est peut-être le *C. talpa* ou le *C. carneola.*

La P. trifasciée : *C. trifasciata*, 3405, 31 ; Knorr, *Vergn.*, 6, t. 18, fig. 2. Coquille turbinée, mince, d'un brun bleuâtre, avec trois bandes jaunâtres variées de brun, pourroit bien encore être un jeune *C. stercoraria* ou un *C. undata*.

La P. salie : *C. conspurcata*, 3405, 32; Born., *Mus. cœs. Vindob. Test.*, t. 8, fig. 1. Turbinée, d'un blanc bleuâtre, unie et tachetée de brun, paroît encore être un jeune *C. stercoraria*.

La P. bifasciée : *C. bifasciata*, 3405, 33, *id. ibid.*, fig. 3. Coquille de près de quatre pouces de long, oblongue, d'une couleur pourprée obscure, avec une bande jaune et une bande blanche plus étroite; le limbe noir. Seroit-ce un *C. sordida?* Elle seroit bien grande.

La P. cylindrique; *C. cylindrica*, 3405, n.º 34, *id.*, *ibid.*, fig. 10. Coquille cylindrique, d'un bleu clair en dessus, tachetée de brunâtre sur les côtés et avec deux taches brunes à chaque extrémité; les bords blancs : c'est probablement le *C. lurida* ou une espèce voisine.

La P. ronde : *C. teres*, 3405, 35; Schrœt., *Einl. in Conch.*, 1. page 161, t. 1, fig. 7. Coquille cylindrique, blanche; les bords variés de traits étroits, jaunes, très-rares et ayant sur le dos trois bandes brunâtres ondées. Ne seroit-ce pas le *C. undata* ou une espèce voisine ?

La P. ovale; *C. ovata*, 3405, 36, *id.*, *ibid.*, 1, page 165, n.º 120. Coquille très-mince, fragile, étroite, un peu marginée, ponctuée de brun jaunâtre, avec trois bandes plus obscures, mal formées, sur le dos. Je pense que c'est le *C. lynx*, très-jeune.

La P. menue; *C. minuta*, 3406, 37, *id.*, *ibid.*, n.º 121. Coquille oblongue, de couleur de fleurs de pêcher, avec les extrémités jaunes en dessus, blanches, un peu ponctuées en dessous ; le sommet noir : c'est la très-jeune coquille du *C. helvola.*

La Porcelaine fasciée : *C. fasciata*, 3406, 116; Chemn., *Conch.*, 10, page 100, t. 144, fig. 1334. Coquille turbinée, glauque, marginée, gibbeuse en dessus, avec trois bandes brunâtres. L'intérieur glauque.

Des rives de la Guinée. Ne seroit-ce pas encore le *C. sordida*, jeune.

La P. reine : *C. regina*, 3406, 117; Chemn., *Conch.*, 1, t. 22, fig. 207, 208. Coquille gibbeuse, d'un brun glauque, avec des taches testacées et blanches, triangulaires. et trois bandes transverses. L'intérieur d'un noir glauque. J'ai cette coquille ; mais j'ignore au juste de quelle espèce c'est un jeune âge.

La P. ondulée : *C. undulata*, 3406, 118; Chemn., *Conch.*, 10, page 120, t. 144, fig. 1337. Coquille turbinée, brune, ondulée, et nuagée de brun bleuâtre, avec des bandes plus foncées.

De l'Isle-de-France. C'est peut-être encore un jeune âge du *C. stercoraria.*

La P. oblongue : *C. oblonga*, 3416, 88; Born., *Mus. cæsar. Vind. Test.*, t. 8, fig. 14. Coquille ovale-oblongue, bleuâtre, ponctuée et tachetée de brun en dessus, blanche en dessous et sur les côtés.

La seconde section, pour les espèces obtuses et dont la spire n'est pas visible, c'est-à-dire à peu près parfaites, n'en renferme que quatre à noter; savoir :

La P. réseau : *C. reticulum*, 3407, 40; Martin., *Conch.*, 1, t. 26, fig. 259, qui paroît bien n'être qu'un degré de développement du *C. caput serpentis*, dont le dépôt labial n'est pas encore formé.

La P. flambée : *C. flammea*, 3408, 45; Valent., *Abh.*, t. 4, fig. 30. Coquille ovale, obtuse en arrière, arrondie en avant et variée de taches jaunes ondées : c'est probablement la P. truitée, décrite plus haut.

La P. olivâtre : *C. olivacea*, 3408, 46, Martin., *Conch.*, 1, t. 31, fig. 332. Coquille ovale, olivacée, nuagée de jaune et tachetée de brun en dessus, plate et d'un brun clair en dessous, bleue en dedans : les dents blanches. Gmelin dit que cette espèce est voisine du *C. tigris* : ce qui ne paroît pas être. Ne seroit-ce pas plutôt le *C. tigrina ?* Ce n'est certainement pas la P. olivacée de M. de Lamarck.

La Porcelaine ambiguë : *C. ambigua*, 3409, 50 ; Séba, *Mus.*, 3, t. 75, fig. 50. Coquille pyriforme, obscure, tachetée et nuagée de plus clair : c'est peut-être le *C. stercoraria*.

La troisième section pour les espèces ombiliquées, c'est-à-dire dans lesquelles l'accroissement du dernier tour et des deux lèvres en arrière dépasse le sommet et semble l'enfoncer, en contient un plus grand nombre à noter.

La P. onyx : *C. onyx*, 3410, 51 ; Gualt., *Test.*, 1, 15, fig. *N*, paroît n'être qu'un *C. caput serpentis*, dont on a enlevé la couche superficielle du dos, de manière à mettre à nu une couche bleue verdâtre du jeune âge de la coquille.

La P. clandestine ; *C. clandestina*, 3410, 52. Petite coquille lisse, livide, blanche, sans taches en dessous, avec une ou deux bandes jaunâtres, transverses, et des stries de même couleur, très-fines, en dessus.

De l'Inde. Cette espèce est probablement la même que celle désignée par M. de Lamarck sous le nom de *C. moniliaris*.

La P. cerclée : *C. succincta*, 3410, 53 ; Linn., *Mus. Lud. Ulr.*, 575, n.° 197. Coquille arrondie à chaque extrémité et à son bord interne. Seroit-ce le *C. lota ?*

La P. erronée : *C. erronea*, 3411, 57 ; Linn., *Mus. Lud. Ulr.*, 577, n.° 202. Coquille avec une tache testacée égale. C'est probablement une simple variété du *C. stolida*.

La P. maculée : *C. maculosa*, 3412, 60 : Bonnani, *Rec.*, 3, fig. 259. Coquille étroite, alongée, variée au sommet du dos de taches couleur de chair, jaunes pàles et glauques, ventre de biche ou subminiacées sur les côtés ; les dents de l'ouverture blanches. D'après Bonnani on la trouve quelquefois en Sicile avec des bandes transverses.

Cette espèce pourroit bien n'être que le *C. cinnamomea* d'Olivi ou le *C. sordida*.

La P. tannée : *C. pulla*, 3412, 61 ; Martini, *Conch.*, 1, t. 26, fig. 269, 271. Coquille mince, blanche ou brun-clair en dessus, tannée sur les côtés, avec des bandes transverses et une ligne longitudinale plus claire. C'est sans doute le *C. carneola*.

La P. indienne : *C. indica*, 3412, 62 ; Rumph., *Mus.*, t. 39, fig. *H*. Coquille cylindrique, variée en dessus d'espèces de caractères ou mieux de cellules encadrées de brun sur un fond plus clair; des taches rouges noirâtres sur les côtés; les dents de l'ouverture fauves. C'est évidemment une variété du *C. histrio*.

La Porcelaine nébuleuse : *C. nebulosa*, 3413, 68; List., Conch., t. 688, fig. 35. Coquille oblongue, gibbeuse, brune, tachetée de fauve. N'est-ce pas encore une variété du *C. stercoraria*. Gmelin dit qu'elle est voisine du *C. olivacea*.

La P. étoilée; *C. stellata*, 3413, 70; Bonnani, *Rec.*, 3, fig. 248. Coquille mince, très-lisse, cendrée, ponctuée de petites taches rondes, de couleur châtaine. Cette espèce, qui vient de l'Inde et que Gmelin a décrite à tort avec des stries transverses, élevées, paroit bien voisine de la P. grive de M. de Lamarck.

La P. ochroleuque; *C. ochroleuca*, 3413, 69, *id.*, *ibid.*, 244. Coquille d'un blanc jaunâtre, comme recouverte par un voile blanc, parsemée de taches livides. Seroit-ce un jeune individu du *C. lynx?*

La P. jaunatre : *C. subflava*, 3413, 71 ; Gualt., t. 13, fig. *D*. Coquille un peu alongée, gibbeuse, lisse, jaunâtre. C'est peut-être le *C. sordida*.

La P. leucogastre; *C. leucogaster*, 3413, 72, *id.*, *ibid.*, fig. *F*. Coquille oblongue, de couleur pourpre en dessus, blanche en dessous. Seroit-ce la P. orangée?

La P. variolaire; *C. variolosa*, 3413, 73, *id.*, *ibid.*, fig. *M*, *N*, *O*, *P*, *Q* et *TT*. Coquille oblongue-obtuse, avec deux fascies et des taches blanches.

. Gmelin entasse sous le même nom des espèces probablement distinctes.

La figure *M* représente une coquille lisse, fauve, parsemée de petites taches blanches et deux bandes de cette couleur. Les bords de l'ouverture fortement safranés. Je ne connois pas d'espèce qui réunisse ces caractères.

Les figures *N* et *O* appartiennent évidemment à la même espèce. La coquille est lisse, blanche, marquée de très-petits points bruns et bifasciée sur le dos, avec des taches d'un noir pourpré sur les côtés.

La figure *P* paroit n'être que la même que la figure *M*,

avec cette différence qu'elle a trois bandes mal formées sur le dos ; mais tout le ventre et les côtés sont safranés : ce qui est comme dans la *C. helvola*, qui est rarement cerclée et qui, lorsqu'elle l'est, l'est un peu en violet.

La figure *Q* représente une coquille lisse, blanche, subbleuâtre, peinte de petits points bruns, avec deux zones plus claires, mal formées. Seroit-ce un *C. livida ?* Olivi rapporte cette figure au *C. cinnamomea*, qui n'a pas de bandes et est entièrement de couleur cannelle.

La figure *TT* pourroit bien représenter l'espèce que M. de Lamarck a nommée *C. turdus* : elle est lisse, blanche et peinte de points fauves serrés.

La Porcelaine fauve ; *C. fulva*, 3413, 74, Gualt., tab. 13, fig. 5. Coquille solide, oblongue, fauve, avec des taches brunes en séries et deux bandes obscures. Les côtés et le dessous safranés. C'est sans doute la même espèce que celle des figures *M* et *P*.

La P. a bouche blanche : *C. leucostoma*, 3413, 75 ; Gualt., t. 14, fig. *A*. Coquille oblongue, gibbeuse, nuagée de brun et de bleu, et maculée de noir sur les côtés ; l'ouverture blanche. N'est-ce pas le *C. ocellata ?*

La P. linée : *C. lineata*, 2413, 76, *Mus. Gottwald.*, t. 2, fig. 7, *F*. Coquille ovale, linée en dessus ; limbe tacheté. C'est peut-être le *C. ziczac.*

La P. cancellée ; *C. cancellata*, 3414, 77, *id.*, *ibid.*, t. 5, fig. 18 et 19. Coquille ovale, gibbeuse, couverte de taches disposées en grille. Ne seroit-ce pas le *C. histrio ?*

La P. jaune ; *C. lutea*, 3414, 78 ; Gronov., *Zoophyt.*, t. 19, fig. 17. Coquille oblongue, étroite, brunàtre. avec deux bandes blanches en dessus, jaune, ponctuée de brun en dessous.

La P. chataine : *C. badia*, 3414, 79, *Bytem. Appar.*, t. 12, fig. 57. Coquille oblongue, gibbeuse, de couleur de châtaigne, ponctuée de brun et de blanc.

La P. ponctuée : *C. punctata*, 3414, 115 ; *Mant.*, 2, p. 548. Petite coquille, de la grandeur du *C. zigzag*, ovale, blanche, ponctuée de roux ; ouverture blanche.

La P. sale ; *C. spurca*, 3416, 87. Coquille ovale, lisse, submarginée, de couleur jaunàtre, arrosée de jaune ; les côtés ponctués de brun.

Cette espéce, suivant Gmelin, qui ne cite ni figure ni synonyme, provient de la Méditerranée ; elle est quelquefois livide, diaphane, sans tache, et même sans dents sur ses bords ; ce qui prouve qu'il l'a vue dans son jeune âge. Il se pourroit que ce fût un jeune *C. lynx*, qu'on ne connoît cependant pas dans la Méditerranée.

La Porcelaine frangée : *C. fimbriata*, 3420, 102 ; Martin., *Conch.*, 1, t. 26, fig. 263, 264. Coquille blanche ou grise, avec des taches et des bandes transverses, ferrugineuses, effacées ; les bords de l'ouverture tachetés de violet. Sous la première couche cette coquille est rouge.

La P. sanglante : *C. cruenta*, 1422, 103 ; Gualt., 15, fig. E. Coquille gibbeuse, bleuàtre, ponctuée de roux en dessus, blanche sur les côtés et en dessous ; les bords de l'ouverture quelquefois citron.

La P. étroite : *C. angusta*, 3421, 110 ; Gualt., *Test.*, t. 13, fig. QQ. Coquille étroite, brune, avec des taches roussàtres sur les côtés. C'est encore une espéce qui ressemble beaucoup au *C. turdus* de M. de Lamarck.

La P. semblable : *C. similis*, 3421, 111 ; Gualt., 13, fig. R. Coquille oblongue, gibbeuse, jaunàtre, ponctuée de blanc, avec une tache noiràtre sur les bords. C'est une simple variété du *C. erosa*.

La P. striée : *C. striata*, 3421, 112 ; Gualt., 14, fig. F. Coquille convexe, assez petite, d'un blanc bleuàtre, ponctuée de brun en dessus, jaune en dessous et striée d'un côté.

La P. de la Chine : *C. chinensis*, 3421, 113 ; Argenv., *Conch.*, t. 18, fig. Z. Coquille oblongue, solide, très-polie, très-marbrée ; les lèvres aurores. Seroit-ce le *C. helveola ?*

La P. mignonne ; *C. pusilla*, 342, 114, *id.*, *ibid.*, fig. C. Coquille bleuàtre, marquée de petites taches brunes, formant trois fascies. Seroit-ce le *C. moniliaris ?*

Enfin, je dois dire, en terminant cet article, que M. Duclos, dans la monographie de ce genre qu'il prépare, en signale onze espéces nouvelles, ou du moins qui ne sont pas caractérisées par M. de Lamarck. En voici les noms : *C. gibba*, *maculata*, *candida*, *cylindrica*, *larva*, *spheroides*, *madagascariensis*, *chrysalis*, *rosea*, *gruma* et *striata*.

Je ne connois d'une manière certaine parmi ces nouvelles

43.   3

espéces que le *C. rosea;* les *C. gibba* et *cylindrica* sont peut-
être les mêmes que celles que Gmelin a ainsi nommées;
mais cela n'est pas certain. Nous en avons aussi trouvé une
sous le nom de *C. cylindrica*, dans la collection du Muséum.
Quant aux huit autres especes, je ne les connois en aucune
manière.

Depuis la composition de cet article, M. Gray a publié
tout dernièrement, dans le *Zoological Journal* de Londres,
une nouvelle monographie de ce genre, et M. Sowerby en
a aussi décrit et figuré plusieurs espéces nouvelles. (De B.)

PORCELAINE. (*Foss.*) Les coquilles de ce genre sont du
nombre de celles qu'on ne trouve à l'état fossile que dans
les couches plus nouvelles que la craie, et à ma connoissance on n'en a rencontré que dans le calcaire grossier, ou
dans les couches qu'on peut croire qui le représentent.

Quoique le nombre des espèces fossiles soit assez considérable, il est bien loin d'être en proportion avec celles qu'on
trouve à l'état vivant, et cela vient sans doute, en partie,
de ce que beaucoup de ces dernières ne sont distinguées
que par les couleurs qui manquent pour celles à l'état fossile;
cependant les espèces qu'on trouve dans le Plaisantin en portent souvent.

Porcelaine léporine : *Cyprœa leporina*, Lamk., Anim. sans
vert., tom. 7, pag. 104, n.° 1 ; *C. leporina*, Ann. du Mus.,
vol. 16, pag. 104, n.° 1. Coquille ovale, un peu bombée,
obscurément marginée, à face inférieure un peu convexe:
longueur, vingt et une lignes. Fossile des environs de Dax.

Porcelaine saignante : *Cyprœa mus*, Lamk., *loc. cit.*; Ann.,
ibid., p. 105, n.° 2. M. de Lamarck croit qu'elle est iden-
tique avec l'espèce vivante, dont elle porte le nom, quoiqu'elle ait perdu presque entièrement ses couleurs. Fossile
de Fiorenzola et du Plaisantin.

Porcelaine pyrule : *Cyprœa pyrula*, Lamk., *loc. cit.*; *Cyprœa pyrula*, Ann., *ibid.*, n.° 3. Coquille ovale, bossue, obtuse, étroite à sa base, à bord marginé : longueur, vingt
lignes. Fossile du Plaisantin. Sa forme est très-rapprochée du
C. adusta.

Porcelaine utriculée : *Cyprœa utriculata*, Lamk., *loc cit.*;
Cyprœa utriculata, Ann., *ibid.*, n.° 4. Coquille ovale, ventrue,

renflée, un peu ombiliquée, obscurément marginée : elle se rapproche aussi beaucoup du *C. adusta*, et elle est un peu excavée près de la spire, qui paroît à peine; mais elle est plus raccourcie et plus bombée, et sans couleur : longueur, dix-sept lignes. Fossile de Fiorenzola dans le Plaisantin.

PORCELAINE ROUSSE : *Cyprœa rufa*, Lamk. *loc. cit.; Cyprœa rufa*, Ann., *ibid.*, n.º 5. M. de Lamarck dit qu'elle ne diffère de l'analogue vivant cité, que par l'altération de ses couleurs : longueur, dix-sept lignes. Fossile du Plaisantin.

PORCELAINE ANTIQUE : *Cyprœa antiqua*, Lamk., *loc. cit.; Cyprœa antiqua*. Ann., *ibid.*, n.º 6. Coquille ovale, oblongue, ventrue, sans bourrelet, plate en dessous, et à bouche étroite : longueur, treize lignes. Fossile de la vallée de Ronca, dans le Vicentin.

PORCELAINE RUDÉRALE : *Cyprœa ruderalis*, Lamk., *loc. cit.; Cyprœa ruderalis*, Ann., *ibid*, n.º 7. Coquille ovale-oblongue, obscurément marginée des deux côtés : longueur, huit lignes. Fossile de la vallée de Ronca.

PORCELAINE FABAGINE : *Cyprœa fabagina*, Lamk., *loc. cit.; Cyprœa fabagina*, Ann., *ibid.*, n.º 8 ; Knorr, tab. C, III, vol. 2 ? *an Cyprœa amygdalum*, Brocc., *Conch. foss. subapp.*, tab. 2, fig. 4? *an C. lymoides*, Brongn., Test. du Vicentin, pl. 4, fig. 11? Coquille ovale, un peu ventrue, un peu convexe en dessous, et obscurément marginée d'un côté. Sa forme est rapprochée de celle du *C. flavicula;* mais sans enfoncement distinct près de la spire : longueur, quelquefois vingt-six lignes. Fossile des environs de Turin.

PORCELAINE FLAVICULE : *Cyprœa flavicula*, Lamk., *loc. cit.; Cyprœa flavicula*, Ann., *ibid.*, n.º 9. Coquille ovale-oblongue, ventrue, marginée d'un côté, à dos jaunâtre, parsemé de points blancs; sa forme est un peu rapprochée de celle du *C. flaveola:* longueur, treize lignes. Fossile du Plaisantin.

PORCELAINE AMBIGUË : *Cyprœa ambigua*, Lamk., *loc. cit.; Cyprœa ambigua*. Ann., *ibid.*, n.º 10. Coquille ovale, ventrue, rétrécie aux deux extrémités, un peu convexe en dessous et à ouverture courbe : longueur, neuf lignes. Fossile des environs de Bordeaux, déposé dans la collection du Muséum.

PORCELAINE GONFLÉE : *Cyprœa inflata*, Lamk., *loc. cit.; Cyprœa inflata*, Ann., *ibid.*, n.º 11, et tom. 6, pl. 44, fig. 1.

Coquille ovale, ventrue, enflée, un peu bossue, et à bord droit, marginé.

M. de Lamarck dit que cette espèce a treize lignes de longueur, et qu'on la trouve à Grignon, département de Seine-et-Oise, et dans le Plaisantin. L'identité des espèces à des distances si grandes, est tellement rare, qu'on pourroit soupçonner qu'il y auroit eu erreur dans l'indication de localité, pour celle du Plaisantin, que M. de Lamarck auroit eu sous les yeux.

Dans la *Conch. subapp.* M. Brocchi annonce qu'on trouve la *Cyprœa inflata* dans le Plaisantin; mais, d'après la description et la figure de cette espèce, qui se trouvent dans les Annales, cet auteur n'a pas dû reconnoitre plus que nous, de laquelle il étoit question; car il n'est pas aisé de savoir au juste à quelle coquille les caractères ci-dessus peuvent s'appliquer. On trouve à Saint-Félix et dans d'autres localités du département de l'Oise, des porcelaines qui ont environ un pouce de longueur, et dont le bord droit de l'ouverture porte dix-sept à dix-huit dents, et un fort bourrelet. Le bord gauche est à peine dentelé; la spire n'est point apparente, et le tét n'est pas épais. Il semble que l'on doit croire que ces coquilles appartiennent à la porcelaine gonflée; mais on trouve à Chaumont, département de l'Oise, et rarement à Grignon, des porcelaines de douze à quinze lignes de longueur, dont le bord droit, ainsi que le gauche, portent dix-sept à dix-huit dents, et dont la spire n'est pas apparente; mais elles ne portent pas de bourrelet au bord droit, et leur tét est épais. Il est difficile d'être assuré si ces différences constituent des espèces, ou si ce n'est qu'une variété de la même. Il en est de même du *C. spirata* et du *C. decorticata* qui suivent.

PORCELAINE DE HAUTEVILLE; *Cyprœa spirata*, Def. Coquille ovale, bombée, portant vingt à vingt et une dents sur chacun des bords de son ouverture; à bord droit, non marginé, et à spire très-apparente: longueur, treize lignes. Fossile des falunières de Hauteville, département de la Manche.

PORCELAINE PELÉE; *Cyprœa decorticata*, Def. Coquille ovale, ventrue, rétrécie à sa base, portant un fort bourrelet au bord droit, et dix-sept à dix-huit dents de chaque côté de son ouverture : longueur, seize lignes. Fossile de Mantelan dans la Touraine et de Thorigné près d'Angers.

PORCELAINE DE L'ANJOU ; *Cypræa andegavensis*, Def. Cette espèce paroît fort distincte, en ce qu'elle porte vingt-huit à vingt-neuf dents au bord droit de son ouverture. Elle est oblongue et un peu aplatie en dessous : longueur, treize à quatorze lignes. Fossile de Thorigné et de Sceaux près d'Angers.

PORCELAINE COLOMBAIRE : *Cypræa columbaria*, Lamk., *loc. cit.; Cypræa columbaria*, Ann., *ibid.*, n.° 12. Coquille ovale-oblongue, un peu ventrue, à bord extérieur marginé, et à bord supérieur un peu avancé : longueur, près d'un pouce. Elle a les plus grands rapports avec le *C. sanguinolenta*; cependant elle est un peu plus bombée. Cette espèce fait partie de la collection du Muséum, mais on ne sait où elle a été trouvée.

PORCELAINE DACTYLÉE : *Cypræa dactylosa*, Lamk., *loc. cit.; Cypræa dactylosa*, Ann., *ibid.*, n.° 13. Coquille oblongue, cylindracée, ventrue, obtuse, striée transversalement, à bord extérieur marginé, et dépassant l'ouverture antérieurement : longueur, seize lignes. M. de Lamarck ne paroît pas certain qu'on l'ait trouvée à Grignon; nous croyons qu'en effet on ne l'y trouve pas. On rencontre à Mouchy-le-Chatel, département de l'Oise, une porcelaine qui a les plus grands rapports avec celle-ci ; mais elle ne porte point, comme M. de Lamarck l'annonce, une strie très-fine interposée dans chaque interstice des plus grandes, et celles que nous avons vues, n'ont que dix lignes de longueur.

On trouve à Néhou, département de la Manche, des coquilles qui ont les plus grands rapports avec celle de Mouchy-le-Chatel; mais elles sont beaucoup plus ventrues, et ont plus d'un pouce de longueur. J'ai donné à cette espèce le nom de *Cypræa Georgii*; mais il est possible que ce ne soit qu'une variété de la *Cypræa dactylosa*.

PORCELAINE SPHÉRICULÉE : *Cypræa sphæriculata*, Lamk., *loc. cit.; Cypræa sphæriculata*, Ann., *ibid.*, n.° 14. Coquille sub-globuleuse, enflée, striée transversalement et à bord extérieur marginé : longueur, huit lignes. Fossile du Plaisantin. Cette porcelaine se rapproche du *C. oniscus* par sa taille et son aspect;

mais elle manque de sillon dorsal, et son ouverture n'est point dilatée. Il paroît que M. Brocchi (*loc. cit.*) l'a confondue avec le *cyprœa pediculus*, qu'il annonce se trouver dans l'Adriatique et la Méditerranée. Je possède différentes variétés du *C. pediculus*; mais je n'en ai jamais vu de ces deux mers, ni de nos côtes. On trouve à Portvendres une variété du *cyprœa coccinella*, et une autre petite espèce analogue, qui n'est peut-être pas décrite; elle est brune, lisse, luisante, et la spire est apparente. On aperçoit les stries transverses, mais elles ne font aucune saillie sur le dos de la coquille, où il ne se trouve point de sillon dorsal. Il se pourroit que ce fût de jeunes individus du *C. coccinella*, qui est dans cet endroit d'une couleur plus brune que dans la Manche.

PORCELAINE POU-DE-MER : *Cyprœa pediculus*, Lamk., *loc. cit.*; *Cyprœa pediculus*, Ann., *ibid.*, n.º 15. Il paroît qu'il y a identité parfaite, pour la forme et pour la grandeur, entre l'espèce fossile et celle qu'on trouve à l'état vivant aux Antilles. Fossile de la Touraine et des environs d'Angers. Je n'ai aucun exemple que cette espèce se soit trouvée aux environs de Paris. Il est très-probable que les *cyprœa retusa* et *cyprœa avellana* (Sow., *Min. conch.*, tab. 378, fig. 2 et 3) qu'on trouve fossiles dans le comté de Suffolk, en Angleterre, ne sont que des variétés de cette espèce.

PORCELAINE COCCINELLE; *Cyprœa coccinella*, Lamk. Cet auteur annonce qu'on trouve cette espèce à l'état fossile à Grignon, mais je n'ai aucune connoissance qu'on l'y ait rencontrée. Le *C. sphœriculata*, qu'on trouve fossile en Italie, et le *C. coccinelloides* (Sow., *Min. conch.*, tab. 378, fig. 1), qu'on trouve fossile en Angleterre, paroissent avoir beaucoup d'analogie avec le *C. coccinella*.

Dans la description des fossiles des environs de Bordeaux, M. Basterot annonce qu'on trouve cette espèce à Dax, à Grignon, à Angers et à Saint-Léger, près de Nantes; mais nous ne connoissons d'espèce analogue et sans sillon dorsal que dans le Plaisantin.

PORCELAINE PISOLINE : *Cyprœa pisolina*, Lamk., *loc. cit.*; *Cyprœa pisolina*, Ann., *ibid.*, n.º 16. Coquille globuleuse; elle est lisse sur le dos; elle n'est point rostrée aux extrémités; son ouverture est courbe, et son ventre est en partie sillonné : longueur, cinq lignes. Fossile de Saint-Clément, de Thorigné et de Sceaux, près d'Angers. Son analogue vivant n'est point encore connu.

PORCELAINE OVULIFORME : *Cyprœa ovuliformis*, Lamk., *loc. cit.*; *Cyprœa ovulata*, Ann., *ibid.*, n.° 18. Coquille ovale, enflée, obtuse à sa partie supérieure, lisse, portant un bourrelet au côté droit de son ouverture, qui porte de petites dents; longueur, cinq lignes. Fossile de la Touraine, de Saint-Clément et Thorigné.

On trouve son analogue à l'état vivant dans la Manche, et Montagu lui a donné le nom de *Cyprœa rotula*.

PORCELAINE ÉLÉGANTE ; *Cyprœa elegans*, Def. Coquille ovale, enflée, ventrue, obtuse à sa partie supérieure ; à ouverture courbe et couverte de stries longitudinales très-marquées, coupées à angle droit par de pareilles stries transverses. Fossile de Hauteville, de Gap et de Mouchy-le-Chatel. Cette espèce est une des plus jolies coquilles et n'est pas commune, et on ne connoit aucune espèce vivante qui puisse s'y rapporter.

Cyprœa annulus : Linn., *var.*; Brocc., *loc. cit.*, tab. 2, fig. 1. M. Brocchi annonce qu'on trouve dans le Piémont à l'état fossile cette espèce qui vit près d'Alexandrie et d'Amboine.

Cyprœa porcellus; Brocc., *loc. cit.*, tab. 2, fig. 2. Coquille ovale-oblongue, obtuse à sa partie supérieure, amincie et marginée à sa base, et portant quelques dents peu apparentes au bord droit : longueur, plus de deux pouces. Fossile du Piémont et du Plaisantin. Cette espèce a quelque analogie avec le *cyprœa lynx*.

Cyprœa elongata; Brocc., tab. 1, fig. 12. Coquille subcylindrique, un peu pointue, à ouverture droite, portant trente-cinq dents environ du côté droit, et à spire non apparente : longueur, seize lignes. Fossile du Plaisantin et du Piémont. Cette espèce n'a conservé aucune couleur.

Cyprœa physis; Brocc., *loc. cit.*, tab. 2, fig. 3. Coquille ovale, enflée, à bord droit, légèrement dentée, couverte de taches fauves, blanche sur les côtés, ou tout-à-fait d'un jaune brun : longueur, près de deux pouces. Fossile du Plaisantin. Cette espèce, ne seroit-elle point la même que le *C. flavicula* de Lamarck?

M. Brocchi dit avec beaucoup de raison que la structure simple des porcelaines fossiles rend leur classification fastidieuse et incertaine, et il y a lieu de craindre en effet qu'il n'y ait double emploi dans quelques espèces décrites par ce savant, et celles de M. de Lamarck, qui proviennent du Piémont et du Plaisantin.

Dans le Mémoire sur les terrains du Vicentin, M. Alex. Brongniart annonce qu'il en a trouvé à Ronca au moins quatre espèces, dont deux se rapprochent de l'*inflata* de Lamk., et de l'*amygdalum* de Brocchi. Une troisième, à laquelle il a donné le nom de *C. lyncoides* (tab. 4, fig. 11), se trouve dans la montagne de Turin. La quatrième, qu'il a nommée *cyprœa annularia* (tab. 4, fig. 10), a beaucoup de rapports avec la suivante, et pourroit être le *fabagina*, Lamk.; et, enfin, M. Brongniart a reconnu le *cyprœa annulus* (Brocc., *l. c.*, tab. 2, fig. 1), qu'il a trouvé à Ronca.

Cyprœa oviformis; Sow., tab. 4. Coquille très-enflée, presque sphérique, à ouverture courbe et obscurément dentée: longueur, près de deux pouces; largeur, un pouce et demi. Fossile de Highgate en Angleterre. Cette espèce paroît être distincte de toutes les autres par sa forme sphérique.

Je possède le moule intérieur en pierre calcaire d'une porcelaine qui devoit être fort grande, puisqu'il a plus de deux pouces et demi de longueur sur un pouce et demi de largeur; il est indiqué avoir été trouvé dans une très-grosse pierre à Marie-Galante.

PORCELAINE DE DUCLOS; *Cyprœa Duclosiana*, Bast., *loc. cit.*, pl. 4, fig. 8. Coquille marginée, couverte de pustules arrondies, à sillon dorsal, à ouverture garnie de rugosités nombreuses : longueur, neuf lignes. Fossile de **Dax.**

Dans l'ouvrage ci-dessus cité, M. de Basterot annonce que dans les environs de Bordeaux on trouve le *C. annulus*, le *C. annularia*, le *C. leporina* (à Dax), et le *C. lyncoides.* (D. F.)

PORCELAINE, *Porcelana.* (*Conchyl.*) Adanson (Sénég., p. 55, pl. 4) avoit établi sous ce nom le genre que M. de Lamarck a depuis nommé MARGINELLE, et qui a été adopté. (DE B.)

PORCELAINE D'AGATHE. (*Conchyl.*) Nom marchand du *C. stercoraria.* (DE B.)

PORCELAINE BOSSUE. (*Conchyl.*) Nom marchand d'une espéce d'Ovule de Bruguières. *Bulla verrucosa*, Linn., type du genre Calpurne de Denys de Montfort. (De B.)

PORCELAINE A CARACTERES ARABIQUES. (*Conchyl.*) C'est, suivant Bruguières, le *Cyprœa ebroea*, Linn. (De B.)

PORCELAINE DE CARTHAGENE. (*Conchyl.*) C'est le *Cyprœa mus*, Linn. (De B.)

PORCELAINE COULEUR DE CHAIR FASCIÉE. (*Conchyl.*) C'est le *C. carneola*, Linn. (De B.)

PORCELAINE FUSTIGÉE. (*Conchyl.*) Nom marchand du *C. Isabella*. (De B.)

PORCELAINE ŒUF. (*Conchyl.*) Dénomination sous laquelle les marchands de coquilles désignent encore quelquefois l'ovule des Moluques, *Ovula oviformis* de Lamarck, *Bulla ovum*, Linn. (De B.)

PORCELAINE A TÊTE DE SERPENT. (*Conchyl.*) C'est le *C. caput serpentis*, Linn. (De B.)

PORCELAINE TRUITÉE. (*Conchyl.*) Variété de la C. tigrée. (De B.)

PORCELANITES. (*Foss.*) Quelques auteurs ont désigné par ce nom les coquillages fossiles du genre des Porcelaines ou *Cyprœa*. (Desm.)

PORCELAT DES INDES ou PORCELET DES INDES. (*Mamm.*) Un des noms du cochon d'Inde. (F. C.)

PORCELET. (*Bot.*) Un des noms vulgaires de la jusquiame, cité dans le Dictionnaire économique. (J.)

PORCELET. (*Entom.*) Nom vulgaire donné par les enfans aux cloportes. Ils les appellent dans quelques provinces *petits cochons de Saint-Antoine*. (C. D.)

PORCELET BRUN. (*Bot.*) Champignon du genre *Polyporus*. Voyez *Polypore brun*, à l'article POLYPORE, et CARBONNAIO. (Lem.)

PORCELIA. (*Bot.*) Nous avons réuni ce genre de la Flore du Pérou à l'*asimina* d'Adanson, dans la famille des anonées. Voyez COROSSOL. (J.)

PORCELIN. (*Bot.*) Kolbe, dans sa description du cap de Bonne-Espérance, parle d'une herbe de ce nom, assimilée au pourpier et fort rafraîchissante, laquelle, apportée de l'île de l'Ascension, s'est bien acclimatée au Cap. (J.)

PORCELLAINE, PORCHAILLES. (*Bot.*) Noms françois anciens du pourpier, *portulaca*, cités par Daléchamps. Ils paroissent dériver des noms italiens *porcellana* et *porcellichia*. (J.)

PORCELLANE, *Porcellana*. (*Crust.*) Genre de crustacés décapodes macroures, long-temps placé parmi les brachyures, et dont la création est due à M. de Lamarck. Nous avons donné ses caractères dans l'article MALACOSTRACÉS, t. XXVIII, p. 298 de ce Dictionnaire. (DESM.)

PORCELLANITE. (*Min.*) Nous avons décrit cette pierre, presque artificielle, à l'article du JASPE, sous le nom de *Jaspe porcellanite*. Nous avons déjà fait pressentir qu'elle devroit être retirée de cette espèce, dont elle diffère très-probablement par une origine tout-à-fait différente et par une composition également différente. Haüy en a fait une roche particulière sous le nom de thermantide jaspoïde. Voyez JASPE et THERMANTIDE. (B.)

PORCELLIA. (*Bot.*) Un des noms donnés anciennement, suivant Dodoëus, à l'*hypochœris radicata*, d'où lui est venu le nom françois *porcelle*, maintenant adopté pour le genre. Voyez PORCELLITE. (J.)

PORCELLINO D'INDIA. (*Mamm.*) Désignation italienne du cobaye cochon d'Inde. (DESM.)

PORCELLION, *Porcellio*. (*Entom.*) M. Latreille a donné cet ancien nom latin des cloportes au genre ONISCUS. Voyez CLOPORTE, et à l'article MALACOSTRACÉS, tom. XXVIII, p. 385, où M. Desmarest a décrit ce genre comme se rapportant à la classe des crustacés. (C. D.)

PORCELLITE, *Porcellites*. (*Bot.*) Ce genre de plantes appartient à l'ordre des Synanthérées, à la tribu naturelle des Lactucées, et à notre section des Lactucées-Scorzonérées, dans laquelle nous l'avons placé entre les deux genres *Seriola* et *Hypochœris*. (Voyez notre tableau des Lactucées, tom. XXV, pag. 64.)

La *Porcellites radicata*, qui est le type de ce genre, nous a offert les caractères génériques suivans :

Calathide incouronnée, radiatiforme, multiflore, fissiflore, androgyniflore. Péricline inférieur aux fleurs extérieures, supérieur aux fleurs centrales, formé de squames paucisériées, irrégulièrement imbriquées, appliquées, ovales-oblongues ou presque linéaires, obtuses, membraneuses sur les bords, carénées sur le dos. Clinanthe plan, garni de squamelles demi-embrassantes . très-longues, linéaires-subulées, membraneuses, uninervées. Ovaires extérieurs et intérieurs uniformes, oblongs, subcylindracés, tous pourvus d'un col terminé par un bourrelet apicilaire, et portant une aigrette de squamellules très-inégales, filiformes, épaisses, un peu charnues, barbées et barbellulées. Corolles munies de poils longs, gros et charnus, formant une demi-manchette sur le côté intérieur, entre le tube et le limbe.

PORCELLITE A LONGUES RACINES : *Porcellites radicata*, H. Cass.; *Hypochœris radicata*, Linn., *Sp. pl.*, pag. 1140. C'est une plante herbacée, à racines vivaces, très-longues, pivotantes, à tiges nues, grêles, hautes d'environ un pied et demi, rameuses, glabres, garnies supérieurement de petites écailles distantes ; les feuilles sont radicales, étalées en rosette, assez petites, oblongues, obtuses, sinuées-dentées ou roncinées, hispidules ; les calathides, composées de fleurs jaunes, sont solitaires au sommet des tiges et rameaux ; leur péricline porte quelques soies sur la carène des squames. Cette plante, très-commune aux environs de Paris, dans les prés, etc., fleurit en été.

PORCELLITE TACHÉE : *Porcellites maculata*, H. CASS.; *Hypochœris maculata*, Linn., *Sp. pl.*, pag. 1140. La plante que nous avons observée sous ce nom au Jardin du Roi, nous a présenté les mêmes caractères génériques que la précédente. Son péricline est campanulé, inférieur aux fleurs extérieures, formé de squames imbriquées, oblongues-lancéolées, coriaces inférieurement, foliacées supérieurement ; tous les ovaires, extérieurs et intérieurs, sont pourvus d'un col, qui porte une aigrette blanche, de squamellules unisériées, inégales, filiformes, épaisses, irrégulièrement barbées et barbellulées ; la corolle offre de gros et longs poils subulés, flexueux, un peu charnus, qui hérissent le haut du tube et le bas du limbe. M. De Candolle dit que toutes les aigrettes sont pédicellées, ce qui s'accorde avec notre observation : mais M. Mérat prétend que les aigrettes extérieures sont sessiles.

PORCELLITE DE SUISSE : *Porcellites helvetica*, H. Cass.; *Hypo-

chœris helvetica, Jacq. Cette plante, que nous avons observée au Jardin du Roi, avoit la calathide large d'un pouce et demi, radiatiforme, multiflore ; le péricline étoit inférieur aux fleurs, subcampanulé, très-épais, hérissé de très-longs poils subulés, charnus, blanchâtres ; ses squames étoient paucisériées, irrégulièrement imbriquées, oblongues-lancéolées, à bords membraneux, frangés ou profondément découpés en longues lanières subulées, piliformes ; les extérieures avoient leur partie supérieure inappliquée et hispide sur la face intérieure ; le clinanthe étoit plan, pourvu de squamelles embrassantes, très-longues, largement linéaires, membraneuses, à partie supérieure subulée, filiforme ; les ovaires extérieurs et intérieurs étoient tous collifères et aigrettés, à aigrette de squamellules inégales, filiformes, épaisses, charnues, un peu verdâtres inférieurement, barbées et barbellulées ; les corolles étoient jaunes, et avoient la base du limbe garnie en avant de poils charnus, irrégulièrement disposés sur plusieurs rangs. On voit, par cette description, que malgré quelques légères différences dans le péricline, cette plante est une vraie *Porcellites*.

Ce genre se distingue du véritable *Hypochœris* de Gærtner, décrit par nous dans ce Dictionnaire (tom. XXII, pag. 366), en ce que tous ses fruits sont collifères, tandis que dans l'*Hypochœris* les fruits marginaux sont incollifères. Nous avons décrit à la suite de l'article MULGÈDE (tom. XXXIII, p. 300), une singulière variation ou monstruosité de l'*Hypochœris radicata*, qui sembleroit détruire la distinction générique établie par Gærtner, et déjà ébranlée par l'*Hypochœris Balbisii*. Mais, selon nous, il seroit peu raisonnable de rejeter un caractère générique, par le motif qu'il est susceptible de varier en cas de monstruosité ; et nous avons tout lieu de croire que l'*Hypochœris Balbisii* n'est que le résultat d'une variation accidentelle de l'*Hypochœris glabra*, ou d'une sorte de monstruosité, opérée en sens inverse de celle qui nous a été offerte par l'*Hypochœris radicata*. Cependant nous convenons que les deux genres de Gærtner peuvent très-bien n'être considérés que comme des sous-genres.

Le *Porcellites* se distingue du *Seriola* par plusieurs caractères, qu'il importe de bien préciser. Nous avons soigneusement observé la *Seriola æthnensis*, qu'on doit regarder comme le vrai type du genre : son péricline est formé de grandes squames égales, unisériées, carénées, et de plusieurs squamules surnuméraires, extérieures, très-inégales, très-irrégulièrement disposées, parfaitement appliquées ; les fruits marginaux sont dépourvus de col et d'aigrette ; mais tous les autres ont un long col grêle, portant une aigrette de squamellules largement laminées inférieurement, filiformes et barbées supérieurement.

Nous avons observé au Jardin du Roi, sous le nom de *Seriola cretensis*, une plante dont le péricline est vraiment imbriqué, et dont tous les ovaires, extérieurs et intérieurs, ont un long col grêle, portant une aigrette de squamellules filiformes d'un bout à l'autre. Cette plante n'est donc point une *Seriola*, mais une *Porcellites*; et si l'étiquette du Jardin du Roi est exacte, il faudra désormais nommer cette plante *Porcellites cretensis.*

Nos lecteurs trouveront l'analyse historique et synonymique des genres *Porcellites*, *Hypochæris*, *Seriola*, dans nos articles Hypocvéride (tom. XXII, pag. 367) et Lactucées (tom. XXV, pag. 64). Nous avons exposé (tom. XXV, pag. 86) les motifs qui nous ont fait substituer le nom de *Porcellites* à celui d'*Achyrophorus*, employé par Gærtner, auteur de ce genre. Remarquez que l'*Achyrophorus* de Vaillant, l'*Achyrophorus* d'Adanson et de Scopoli, et l'*Achyrophorus* de Gærtner, souvent confondus par les botanistes dans leurs synonymies génériques, ne sont point du tout identiques. L'*Achyrophorus* de Vaillant est le *Seriola* de Linné ; l'*Achyrophorus* d'Adanson et de Scopoli réunit les trois genres *Seriola*, *Porcellites*, *Hypochæris* ; l'*Achyrophorus* de Gærtner est notre *Porcellites*. S'il étoit permis de changer la nomenclature linnéenne, il faudroit sans aucun doute restituer au genre *Seriola* son ancien nom d'*Achyrophorus*, qui lui convient parfaitement sous tous les rapports, puisque son aigrette est paléacée comme son clinanthe. Et si nous n'avions pas craint de trop innover dans la nomenclature de Gærtner, nous aurions appliqué le nom d'*Hypochæris* aux espèces dont tous les fruits sont collifères, et celui de *Porcellites* aux espèces dont les fruits marginaux sont incollifères. Mais nous nous sommes borné à changer le nom d'*Achyrophorus*, parce qu'il exprime une idée fausse relativement à l'aigrette, et qu'ayant été appliqué très-différemment par Vaillant, Adanson, Scopoli, il en pourroit naître quelque confusion. Le nom de *Porcellites*, que nous avons proposé, semble assez convenable, l'*Hypochœris radicata*, qui est le type de ce genre, étant généralement connue sous le nom vulgaire de Porcelle, et ayant été anciennement nommée *Porcellia* par Tabernæmontanus; mais il a fallu changer la désinence, à cause du genre *Porcelia* de Ruiz et Pavon. (H. Cass.)

PORCELLUS INDICUS et CUNICULUS INDICUS. (*Mamm.*) Ces noms ont été donnés par les anciens naturalistes au cobaye cochon d'Inde. (Desm.)

PORCHER. (*Bot.*) Voyez Poerchy. (J.)

PORCHIN. (*Bot.*) Un des noms vulgaires du bolet comestible. Voyez Potiron et Porcino. (Lem.)

PORCINO et PORCINELLA. (*Bot.*) On donne, en Italie, ces noms à diverses espèces de champignons des genres *Polyporus* et *Boletus*. Le bolet comestible (voyez Potiron) est le *porcino* des Florentins, d'où dérive le nom de *porchin*, donné au même champignon dans le Midi de la France. (Lem.)

PORCINS. (*Mamm.*) Vicq-d'Azyr, Syst. anat. des anim., a fondé sous ce nom une petite famille de mammifères caractérisée par *les pieds fourchus, sans canons*, et qui comprend les cochons, les phacochœres et les pecaris; c'est-à-dire, qui correspond exactement au genre *Sus* de Linné. (Desm.)

PORCO. (*Ichthyol.*) Un des noms italiens du *balistes capriscus*. Voyez Baliste. (H. C.)

PORCO SPINOSO. (*Mamm.*) Voyez Porc-épic. (F. C.)

PORCUPINE. (*Mamm.*) Dénomination angloise des animaux du genre Porc-épic. — Le *porcupine-opossum* est l'échidné. (Desm.)

PORCUS. (*Ichthyol.*) Voyez Bayad, dans le Supplément du tome IV de ce Dictionnaire. (H. C.)

PORCUS. (*Mamm.*) Nom latin du porc ou du cochon. Cette désignation a été appliquée conjointement avec divers adjectifs à plusieurs animaux très-différens entre eux, et tous très-éloignés des cochons par leur organisation: tels sont le blaireau, le hérisson à grandes oreilles, les porc-épics, le rat épineux de Séba, celui de Malacca de Buffon, le cabiai et le marsouin. Klein appelle le pécari, *porcus moschiferus*, et Ray donne au babyroussa le nom de *porcus indicus*. (DESM.)

PORE. (*Polyp.*) Les anciens auteurs d'histoire naturelle ont quelquefois employé ce nom pour désigner les polypiers pierreux qui sont couverts de pores, d'où les noms composés de Madrépore, Millepore, Sériatipore, Pocillopore, ce qui indique parfaitement que ces genres sont de la même famille. (DE B.)

POREAU ou PORÉE. (*Bot.*) C'est la même chose que le poireau, espèce d'ail. (L. D.)

PORELLA. (*Bot.*) Long-temps les botanistes ont conservé dans la famille des mousses un genre *Porella*, établi par Dillenius ; ce n'est que dans ces derniers temps que l'on a reconnu qu'il avoit été fondé sur un individu défectueux d'une espèce de *jungermannia* de la Pensylvanie, à laquelle on donne le nom de *jungermannia porella* ; non pas que le caractère assigné par Dillenius, d'avoir une urne multiloculaire percée de trous, soit vrai, mais pour rappeler l'erreur dans laquelle l'on étoit tombé. C'est à Dickson que l'on doit l'exacte connoissance de cette plante ; le doute élevé par Beauvois sur la nécessité de conserver le genre *Porella*, ne peut être regardé comme sérieux, cet auteur n'ayant pas connu les plantes de Dillenius et de Dickson.

Loureiro, dans sa Flore de la Cochinchine, conserve le genre *Porella*, ainsi que le caractère que lui assigne Linné, celui d'avoir une anthère (capsule) multiloculaire, percée de petits trous, sans opercule ni coiffe. L'espèce qu'il décrit le *Porella imbricata* est le *Rau-bac* des naturels, et habite les lieux humides. Ses tiges, longues de trois pouces, droites, rameuses, sont garnies de feuilles lancéolées, linéaires, arquées, imbriquées, ondulées, placées par cinq rangées longitudinales. La capsule est ovale, poreuse, nue, sessile. Il paroit que cette plante peut être aussi une espèce de *jungermannia*. (LEM.)

PORES. (*Anat. et Phys.*) Voyez TRANSPIRATION, SYSTÈME CUTANÉ, VOIES LACRYMALES. (F.)

PORES. (*Bot.*) La membrane qui compose le tissu des végétaux, vue au microscope, paroît criblée de pores la plu-

part si petits que leur orifice n'a peut-être pas pour diamétre
la trois-centième partie d'un millimètre. Il y en a que le
microscope ne peut faire apercevoir, mais dont la présence
est prouvée par la transmission des fluides d'une partie du
végétal dans une autre, lors même qu'il est impossible de
découvrir la communication des cellules. En général les
pores sont nombreux et rangés en séries transversales, lorsque les cellules sont très-alongées. Au contraire, ils sont
épars et peu nombreux, lorsque le diamétre des cellules
est à peu de chose près égal dans tous les sens. Ils paroissent bordés de petits bourrelets calleux, qui se détachent
en ombre quand on oppose le tissu membraneux à la lumière.

Les pores qu'on nomme pores corticaux ou glandes miliaires,
sont très-visibles au microscope, et quelquefois même à la
loupe; ils paroissent sur l'épiderme détaché et opposé à la
lumière, sous la forme d'une aire ronde ou elliptique, ayant
à son centre une ligne tantôt obscure, tantôt transparente.
(Voyez GLANDE.)

Dans les bolets on nomme pores les cavités alongées ou
tubes dans lesquels les spores sont logées. (MASS.)

PORESMA. (*Bot.*) Les Tartares-Kirguis donnent ce nom,
au rapport de Pallas, à un lichen qui croît dans les environs
de la forteresse d'Iletzkaia, sur les rochers. Les Russes l'emploient à la guérison des plaies récentes, en l'appliquant pul-
vérisée et machée en partie. Pallas cite la figure 44, planche
20 de l'*Historia muscorum* de Dillen, qui représente le *lichen
physodes*, Linn., l'*imbricaria physodes*, Decand., ou le *Parmelia physodes*, Ach. (LEM.)

POREUX [VAISSEAUX]. (*Bot.*) Voyez TISSU ORGANIQUE. (MASS.)

PORGEE. (*Ichthyol.*) Nom anglois du *porgy.* (H. C.)

PORGY. (*Ichthyol.*) Nom spécifique du *sparus chrysops* de
Linnæus. Voyez SPARE. (H. C.)

PORIA. (*Bot.*) Hill avoit créé ce genre pour y placer des
espèces de bolets. Adanson l'a adopté sous le nom d'*Agaricon*,
et le caractérise ainsi : Chapeau demi-orbiculaire, doublé en
dessous de trous ou de tuyaux verticaux attachés par le côté;
sans tige; substance charnue ou subéreuse; graines ovoïdes
couvrant la surface interne des trous. Ce genre rentre en entier dans le *Polyporus* des modernes, et y forme une section

distincte; le *Mison* d'Adanson rentre aussi dans le *Poria* de Hill; le *Poria* de P. Browne, adopté par Adanson, est dans le même cas : il contenoit les *polyporus* à stipe central.

Scopoli, Hoffmann, Ehrenberg, Persoon et Fries ont aussi un genre *Poria*, également fondé sur des espèces de *polyporus;* mais ce dernier naturaliste l'a détruit, et le nom est devenu celui d'une des divisions du grand genre Polyporus (voyez à ce mot le §. III). On doit faire observer ici que le *poria byssina* de Schrader est un *peziza*, le *peziza porioides*. (Lem.)

PORILLON. (*Bot.*) Nom vulgaire du narcisse faux-narcisse. (L. D.)

PORINA. (*Bot.*) Acharius a donné ce nom à un genre de la famille des lichens, et lui assigne pour type le *lichen pertusus*, Linn. C'est précisément cette même plante qui avoit servi à M. De Candolle pour fonder le genre *Pertusaria*, antérieurement à Acharius, et que nous avons décrit à cet article. Acharius avoit d'abord confondu son *porina* avec le *thelotrema*, dont au reste il diffère seulement par la présence d'un seul noyau dans chaque verrue, et recouvert par une double écorce.

Le *Porina* a été adopté par presque tous les lichénographes modernes; nous ne savons pourquoi M. Meyer a cru nécessaire de changer ce nom en celui de *Porophora*. Il modifie le genre dans ses espèces, et plusieurs *porina* d'Acharius et d'autres auteurs sont pour lui des espèces de *Stigmatidium*, *Mycoporum*, etc., genres nouveaux qu'il vient de créer. Voyez Ascidium à l'article Porophora et Pertusaria. (Lem.)

PORION. (*Bot.*) Voyez Porillon. (L. D.)

PORITE, *Porites*. (*Polyp.*) Genre de Madrépores établi par M. de Lamarck (Anim. sans vert., t. 2, pag. 267) pour un assez grand nombre d'espèces dont les étoiles, régulières, subcontiguës, à bords imparfaits, à lames filamenteuses, acéreuses ou cuspidées, sont éparses sur les deux surfaces d'un polypier pierreux, fixe, rameux ou lobé et obtus. C'est un genre qui se rapproche des Astrées, au point qu'on pourroit nommer les polypiers qu'il contient, des Astrées rameuses; mais les étoiles qui constituent les loges des polypes n'étant qu'imparfaitement circonscrites et même imparfaitement radiées par l'état filamenteux des lames, qui des bords ne vont pas au centre, ou du centre ne vont pas au bord, il en résulte qu'il en est assez différent. On n'a aucune idée des animaux.

Toutes les espéces de porites, jusqu'ici connues, sont des mers Équatoriales et Australes.

Le PORITE RÉTICULÉ : *P. reticulata ; Mad. retepora*, Soland. et Ell., p. 166, t. 54, fig. 3 — 5. Porite en masse simple, convexe, subglobuleuse, couverte d'étoiles anguleuses, réunies en réseau, à parois dentées, fenestrées; bord droit et denticulé : port des Astrées.

Patrie inconnue.

Le P. CONGLOMÉRÉ : *P. conglomerata, Mad. conglomerata*, Esp., Suppl., 1, t. 59, *A ;* Soland. et Ell., t. 41, fig. 4, pour une variété naine, et Esp., Suppl., 1, t. 59, pour une autre variété, rameuse, subdichotome. Porite de forme assez variable, mais ordinairement conglomérée, subglobuleuse. sublobée, à étoiles petites, anguleuses, contiguës, excavées et en réseau.

Océan américain ?

Le P. ASTRÉOÏDE ; *P. astreoides*, de Lam., *loc. cit.*, pag. 269 et suiv. Porite encroûtant, ondé, gibbeux à sa surface ; étoiles petites, profondes, contiguës, à parois lamelleuses, striées et denticulées; le bord scabre.

Océan américain.

Le P. ARÉNACÉ : *P. arenaceus*, Esp., Suppl., 1, p. 80, t. 65. Porite encroûtant, très-simple, couvert d'étoiles superficielles très-petites, contiguës et subconcaves.

De la mer Rouge sur la pintadine à perles.

Le P. CLAVAIRE ; *P. clavaria ; Mad. porites*, Linn., Soland. et Ell., tab. 47, fig. 1. Porite dichotome et subrameux; les ramuscules épais, un peu en massue, et très-peu comprimés; étoiles larges, aplaties, contiguës et superficielles.

Des mers de l'Amérique et de l'Inde.

Le P. SCABRE ; *P. scabra; Mad. digitata*, Pall., Zooph., p. 326. Porite de même forme que le précédent, mais à étoiles séparées, saillantes, profondes, sexdentées ; à bord supérieur en voûte.

De l'océan Indien.

Le P. ALONGÉ ; *P. elongata*, de Lam., *loc. cit.*. n.° 7. Porite à rameaux un peu plus alongés, plus cylindriques que dans l'espèce précédente, dont il n'est peut-être qu'une variété; étoiles à peine saillantes.

Océan Indien?

Le Porite fourchu; *P. furcata*, de Lam., *l. c.*, n.° 8. Porite en touffes larges, à tiges nombreuses, peu élevées, à rameaux courts, obtus, fourchus; étoiles contiguës, très-petites, excavées.

Patrie inconnue.

Le P. anguleux; *P. angulata*, de Lam., *loc. cit.*, n.° 9. Porite à rameaux tortueux, lobés, comprimés, anguleux; étoiles enfoncées dans des fossettes, à bord scabre et denticulé.

De l'océan Austral.

Le P. subdigité; *P. subdigitata*, de Lam., *ibid.*, n.° 10. Porite touffu, lobé, subrameux, à rameaux courts, subdigités; étoiles à six dents, à interstices proéminens.

Le P. cervine; *P. cervina*, de Lam., *ibid.*, n.° 11. Porite très-petit, en forme de buisson, à ramifications grêles, en corne de cerf, un peu pointu au sommet; étoiles distinctes, à bords un peu saillans et ciliés.

Des grandes Indes.

Le P. verruqueux; *P. verrucosa*, id., *ibid.*, n.° 12. Porite à expansions larges, aplaties, onduleuses et bosselées; étoiles profondes, à lames rayonnantes et très-petites au fond, séparées par des interstices poreux, comme écumeux, convexes, le plus souvent élevées en verrues inégales, quelquefois même assez grandes.

Patrie inconnue.

Le P. tuberculeux; *P. tuberculosa*, id., *ibid.*, n.° 13. Porite encroûtant, rude, indivis, couvert d'étoiles petites, séparées par des interstices couverts de tubercules graniformes ou columniformes, souvent réunis plusieurs ensemble, et formant des crêtes ou des espèces de collines. Du voyage de MM. Péron et Lesueur.

Le P. aplati; *P. complanata*, id., *ibid.*, n.° 14. Porite en forme de lame ou d'expansion foliacée, dont la surface subondée est couverte de petites étoiles immarginées.

Du voyage de MM. Péron et Lesueur.

Le P. rosacé; *P. rosaceus*, id., *ibid.*, n.° 15: Gualt., *in tab.* 42 verso. Porite convoluté, subinfundibuliforme, composé de lobes foliacées, un peu à la manière des roses ; étoiles petites, séparées par des intervalles verruqueux.

De l'océan Indien.

M. de Lamarck rapproche avec doute de cette espèce le *Madrepora foliosa*, Soland. et Ell., tab. 52, en faisant l'observation que le bord des étoiles présente bien un anneau verruqueux au bord ; mais que les interstices ne paroissent pas hérissés de tubercules.

Le P. ÉCUMEUX ; *P. spumosa*, *id.*, *ibid.*, n.° 16 ; Knorr, *Delic.*, tab. *A*, 1, fig. 4. Porite lobé, rameux, à rameaux courts, inégaux, épais, obtus, subcomposés, avec des gibbosités tuberculeuses ; étoiles petites, à interstices échinulés.

Patrie inconnue. (DE B.)

PORITE. (*Foss.*) Selon Patrin, on a quelquefois nommé ainsi des madrépores pétrifiés en agathe, dont les pores sont remplis d'une substance silicée transparente, qui les fait paroître comme vides, lorsque l'on scie ces madrépores en plaques minces. (DESM.)

PORIUM. (*Bot.*) Genre établi par Hill, et comme son *Poria*, sur des espèces de *polyporus*; il répond exactement au *polyporus* de Michéli et d'Adanson, dans lequel ce dernier auteur rapportoit les *polyporus* coriaces ou subéreux, à chapeau hémisphérique ou orbiculaire, poreux en dessous et porté sur un stipe central. (LEM.)

PORLIERA. (*Bot.*) Ce genre est indiqué par les auteurs de la Flore du Pérou (*Prodr.*, 55, et *Syst. Fl. Per.*, 94) pour une seule espèce, qu'ils nomment *porliera hygrometrica*, à cause de ses feuilles, qui rapprochent leurs folioles, dès que l'atmosphère menace de la pluie. Nous n'en connoissons que le caractère générique, qui consiste dans un calice à quatre folioles égales ; quatre pétales connivens, en ovale renversé ; huit étamines égales, insérées sur autant de glandes en forme d'écailles ; quatre styles ; quatre drupes connivens. Cette plante appartient à la famille des *rutacées*, à l'*octandrie monogynie* de Linnæus ; elle paroît être un arbre ou un arbrisseau, dont le bois passe pour sudorifique ; les feuilles sont ailées, sans impaire. (POIR.)

POR-MARI. (*Mamm.*) Nom languedocien employé pour désigner le cochon d'Inde. (DESM.)

POROCARPUS. (*Bot.*) Ce fruit, d'après Gærtner (*De fruct.*, tab. 178), est un drupe charnu, de la grosseur d'un très-gros pois, globuleux, un peu rétréci à sa base, et percé par une ouverture ample, noirâtre, ridée; l'écorce est très-mince, elle revêt une coque presque ligneuse, d'un brun pâle, occupée par une substance pulpeuse, divisée intérieurement en loges nombreuses, cylindriques, placées au-dessus les unes des autres, distinctes et couvertes d'une pellicule blanchâtre; une semence cylindrique dans chaque loge, munie d'un périsperme charnu, de même forme. La plante qui produit ce fruit, et que Gærtner nomme *porocarpus helminthotheca*, n'est point connue. Elle croit à l'île de Ceilan, où elle porte le nom de *Ketté-kahala*. (Poir.)

POROCÉPHALE, *Porocephalus*. (*Entoz.*) Genre de vers intestinaux, établi par M. de Humboldt dans ses Observations de zoologie qui font partie de son grand Voyage dans l'Amérique méridionale, pour un animal trouvé dans le canal intestinal d'un crotale, que M. Rudolphi a réuni avec raison à celui qu'il nomme Polystome, et que nous avons adopté sous son ancienne dénomination de Linguatule. Nous devons seulement faire observer qu'il est probable qu'un des crochets de la bouche a échappé à l'observation de M. de Humboldt, qui donne à ce genre pour principal caractère, tête armée de cinq crochets rétractiles; car ils sont toujours au nombre de six, ou de trois paires, dans ce groupe d'animaux, à moins qu'au contraire il n'en ait indiqué un de trop, qui seroit le médian ou l'orifice buccal, et alors le porocéphale du crotale seroit une espèce de pentastome de M. Rudolphi. M. Bosc dit que ce genre se rapproche de celui qu'il a nommé Dipsodion; mais nous ignorons où il l'a décrit, à moins qu'il n'ait voulu dire de son genre Tétragule, et il auroit parfaitement raison. Voyez Linguatule et Vers intestinaux. (De B.)

PORODOTHION. (*Bot.*) Voyez Porothetium. (Lem.)

PORODRAGUE. (*Foss.*) Dans sa Conchyliologie systématique, Denys de Montfort a signalé sous ce nom un genre auquel il assigne les caractères suivans : *Coquille libre, univalve, cloisonnée, droite, renflée en fer de lance arrondi; bouche ronde, horizontale; siphon central; cloisons coniques, unies;*

une gouttière sur le têt extérieur, qui est criblé de pores alongés.

Nous avons bien examiné quelques coquilles de cette espéce, que nous possédons, et nous n'avons pu les considérer que comme des bélemnites. Cependant les petits trous dont elles sont couvertes, présentent quelque chose de singulier: leur forme est alongée, et ils sont un peu plus larges et plus profonds d'un bout que de l'autre. En général, leur longueur est à peine d'une demi-ligne; mais quelques-uns, sur la même coquille, ont quelquefois le double de cette longueur. Ils sont répartis assez régulièrement à environ une ligne de distance l'un de l'autre sur certaines coquilles; mais, sur d'autres, ils sont rares et à plus de quatre lignes les uns des autres, et ce qu'il y a de plus étonnant, c'est qu'il n'en est pas un seul qui ait le bout moins large, tourné du côté du sommet de la coquille. La profondeur de ces trous est moins considérable que leur longueur; et comme on n'en voit de trace que sur la dernière couche, on doit croire qu'ils ont été formés par des animaux perforans, qui ont dû y loger tout ou partie de leur corps après la mort de l'animal auquel la coquille avoit appartenu. Si ce dernier avoit formé ces trous, il auroit dû modifier la dernière ou les dernières couches en conséquence; mais c'est ce qu'on ne voit pas.

Nous n'avons pas été à portée de voir les cloisons de cette espéce de bélemnite; mais nous croyons que, comme dans toutes les autres espéces, son siphon doit être marginal et non central.

Nous croyons que les genres Porodrague, Achéloïte, Cétocine, Acame, Chrisaore, Hibolite, Pirgopole, Paclite, Thalamule et probablement le genre Téléboïte, tous du même auteur, ne peuvent être séparés de celui des bélemnites. (D. F.)

PORON. (*Conchyl.*) Adanson (Sénég., p. 227, pl. 17) décrit et figure sous cette dénomination une coquille que Gmelin a placée dans le genre Telline de Linné, sous le nom de *T. Adansonii.* C'est plutôt une espéce de Mactre, peut-être le *M. gigas.* (DE B.)

PORONEA. (*Bot.*) Genre indiqué par Rafinesque, et qu'il place entre les *sphæria* et les *hypoxylum.* Il nous paroit être le même que le *poronia* de Willdenow. (LEM.)

PORONIA. (*Bot.*) Le *Peziza punctata*, Linn., remarquable
par les petites verrues sphériques, noires, ponctiformes et
eparses qui le couvrent, constitue le genre *Poronia*, que Willdenow avoit établi autrefois dans sa Flore de Berlin; depuis,
Persoon l'a reconnue pour une espèce de *sphœria*, et l'a décrite
comme telle; il a été suivi en cela par Sowerby, De Candolle,
Fries, etc. C'est le *sphœria Poronia* de ces auteurs. Fries en a
fait le type d'une tribu particulière dans le genre *Sphœria*,
et la désigne par le nom de *Poronia;* mais dans un nouvel
ouvrage qu'il vient de publier, il le porte en entier dans son
nouveau genre *Hypoxylon.* Linnæus, le premier, a admis cette
espèce, c'est son *peziza punctata*, adopté avec ce nom par Bul-
liard; Gleditsch l'a fait connoître sous celui de *Elvella;* enfin,
M. Persoon, dans son Traité des champignons comestibles, l'appelle *poronia fimetaria*, bien qu'il n'en fasse point un genre
distinct. Voyez Sphæria. (Lem.)

POROPHORA. (*Bot.*) M. Meyer donne ce nom au genre
Porina d'Acharius, dont il a ôté quelques espèces pour les placer dans d'autres genres (voyez Porina). Le même auteur ramène au *porophora* l'*ascidium* de M. Fée, qui en est effective-
ment très-voisin, mais chez lequel les petits noyaux contenus dans les conceptacles sont des granulations solides qui
ne pénètrent pas les corps qui les supportent. Selon M. Fée,
les caractères de l'*ascidium* sont ceux-ci : Thallus membraneux, illimité, apothécion ou conceptacle recouvert par le
thallus arrondi, qui fait fonction de périthécium, percé au
sommet par une ouverture ronde, marginée, composé sous
cette enveloppe d'un second périthécium, membraneux, très-
blanc, tomenteux, sur lequel sont des granulations noires
(7 — 10), disposées circulairement, qui contiennent les sporidies ou séminules plongées dans une substance céracée, un
peu gélatineuse.

L'Ascidium du quinquina; *A. cinchonæ*, Fée, Lich., pag. 96,
pl. 25, fig. 5, est un lichen membraneux, d'un blanc grisâtre, glauque, très-lisse, appliqué dans toute son étendue
sur les écorces, et couvert d'une assez grande quantité de très-
petits apothécions de même couleur ou d'un blanc jaunâtre
ou fauve, avec leur ouverture noire et ponctiforme. Cette espèce se rencontre sur les écorces du quinquina répandu dans

le commerce, et qu'on apporte, comme on le sait, de l'Amérique méridionale. (LEM.)

POROPHYLLE, *Porophyllum*. (*Bot.*) Le genre de plantes proposé, en 1719, par Vaillant, sous le nom de *Porophyllum*, et reproduit en 1763 par Jacquin, sous le nom de *Kleinia*, appartient à l'ordre des Synanthérées, et à notre tribu naturelle des Tagétinées, dans laquelle il est voisin du *Cryptopetalon*, dont il diffère par la calathide incouronnée, et par la structure du style. Voici les caractères génériques du *Porophyllum*, tels que nous les avons observés sur des calathides sèches de *Porophyllum suffruticosum*.

Calathide incouronnée, équaliflore, multiflore, régulariflore, androgyniflore. Péricline cylindrique, inférieur aux fleurs; formé de cinq squames unisériées, contiguës, égales, ovales-oblongues, membraneuses sur les bords, parsemées de quelques grosses glandes oblongues. Clinanthe presque nu, parsemé de petits appendices papilliformes ou piliformes. Ovaires longs, minces, cylindracés, striés, hispides, munis d'un bourrelet basilaire pédiforme; aigrette composée de squamellules nombreuses, inégales, plurisériées, libres, filiformes, un peu roides, très-barbellulées. Styles à deux stigmatophores.

POROPHYLLE A FEUILLES ELLIPTIQUES : *Porophyllum ellipticum*, H. Cass.; *Kleinia porophyllum*, Willd., *Sp. pl.*, tom. 3, part. 3, pag. 1738; *Cacalia porophyllum*, Linn., *Sp. pl.*, pag 1169. C'est une plante herbacée, annuelle, glabre, à tige haute d'environ un pied et demi, simple, droite; à feuilles éparses, nombreuses, pétiolées, elliptiques, obtuses, mucronées, légèrement crénelées, parsemées de taches transparentes; à calathides terminales. Cette plante habite le Pérou, la Martinique, etc.

POROPHYLLE DES DÉCOMBRES : *Porophyllum ruderale*, H. Cass.; *Kleinia ruderalis*, Jacq., *Select. stirp. amer. hist.* Plante annuelle, à tige haute près de trois pieds, dressée, paniculée, très-glabre; feuilles alternes, très-inégales, pétiolées, presque lancéolées, aiguës, tantôt entières, tantôt inégalement sinuées ou incisées, d'un vert glauque; calathides portées sur des pédoncules simples, solitaires, terminaux, dressés; péricline vert; corolles inodores, d'un jaune verdâtre. Cette plante a été trouvée à Saint-Domingue et à la Martinique sur les décombres, les murs, les graviers.

Porophylle sous-arbrisseau : *Porophyllum suffruticosum*, H. Cass.; *Kleinia suffruticosa*, Willd.; *Cacalia linaria*, Cav. Cette espéce, qui habite le Mexique et le Brésil, se distingue facilement des précédentes par sa tige ligneuse, et ses feuilles linéaires, très-entières, parsemées de points transparens.

Porophylle de Jorullo : *Porophyllum Jorullense*, H. Cass.; *Kleinia Jorullensis*, Kunth, *Nov. gen. et sp. pl.*, tom. 4, pag. 156, tab. 356. C'est un arbuste très-rameux, glabre, à rameaux cylindriques, lisses, bruns; les feuilles sont alternes, longuement pétiolées, oblongues, aiguës à la base, obtuses au sommet, un peu sinuées sur les bords, membraneuses, munies de veines réticulées, mais privées de glandes; les calathides sont pédonculées et solitaires au sommet des derniers rameaux; leur péricline est muni de glandes linéaires. Cette espèce a été trouvée par MM. de Humboldt et Bonpland sur la montagne volcanique de Jorullo.

La *Kleinia angulata*, Willd., que nous n'avons point vue, appartient-elle réellement au genre *Porophyllum?* Cela nous semble fort douteux, si cette plante habite, comme on le dit, l'Arabie heureuse. M. Kunth a décrit trois autres espéces, qu'il est superflu de faire connoître ici. Il sera peut-être plus utile d'exposer quelques observations que nous avons faites sur des calathides fraîches de *Porophyllum ellipticum*.

Chaque aréole ovarifère du clinanthe est entourée, sur ses bords, d'une rangée de filets courts, cylindriques, obtus. Le corps de l'ovaire est excessivement long et mince, cylindracé, blanchâtre, un peu atténué vers les deux bouts, surtout vers le sommet; il est marqué d'une multitude de petites stries parallèles, et tout hérissé de soies courtes et roides, un peu rares; il y a un bourrelet basilaire très-remarquable, formant une sorte de *pied* bien distinct du corps de l'ovaire, presque articulé avec lui, un peu long, large à peu près comme le corps, cylindracé, un peu courbe, charnu, lisse, glabre, verdâtre, paroissant creux, au moins en sa partie inférieure; l'aréole basilaire de ce *pied* est oblique, large, orbiculaire, concave; une sorte de pédicelle assez long, filiforme, et qui demeure fixé au clinanthe, s'insère au centre de cette aréole basilaire ; il y a aussi un bourrelet apicilaire très-distinct, annulaire, arrondi, saillant, glabre, cartilagineux, blanc jaunâtre ; l'aigrette, qui adhère fortement à ce bourrelet, est un peu plus longue que l'ovaire, jaunâtre, composée de squamellules unisériées, contiguës, inégales, filiformes, très-fortes, cylindracées, amincies en pointe vers le sommet, hérissées de barbellules aculéiformes. D'après ces observations, faites sur des ovaires vivans, nous pouvons affirmer que le fruit des *Porophyllum* n'est point comprimé, aplati, linéaire, comme le prétend M. Kunth, trompé sans doute par l'état sec de ceux qu'il a examinés. Nous pouvons aussi faire remarquer à nos lecteurs l'analogie incontestable qui existe entre le bourrelet basilaire des fruits du *Porophyllum* et le pied des fruits du *Podospermum* de M. De Candolle (voyez notre article Podosperme).

La corolle du *Porophyllum ellipticum* est jaunâtre, un peu rougeâtre ; son tube est extrêmement long, très-grêle, arqué, cannelé par des nervures, hérissé de poils cylindriques, obtus, articulés ; le limbe est très-distinct du tube, infiniment plus court, très-large, subcampanulé ou obconique, divisé jusqu'à moitié en cinq lobes divergens, non arqués, oblongs, semi-ovales, transparens, bordés d'un bourrelet rond, munis derrière le sommet d'une petite corne calleuse, et sur la face externe de poils roides, dressés. Les filets des étamines sont libérés beaucoup au-dessous du sommet du tube de la corolle ; ils sont larges, laminés, charnus, verdâtres ; l'article anthérifère est blanchâtre, un peu long, à peu près conforme au filet, à peine élargi en son milieu ; l'articulation qui le distingue du filet est rouge ; l'anthère est également rouge ; son appendice apicilaire est un peu cordiforme, pointu ; les appendices basilaires sont courts, un peu obtus, un peu pollinifères, entregreffés par le côté extérieur, libres du côté intérieur ; les molécules polliniques sont blanches, grosses, sphéroïdes, ponciculées. Le style est très-long, très-grêle, glabre, articulé par sa base sur le nectaire ; il porte deux stigmatophores excessivement longs et grêles, roulés en dehors en forme de spirale ; chaque stigmatophore est un filet demi-cylindrique, dont la partie supérieure, s'amincissant insensiblement, se termine en pointe au sommet, et doit être considérée comme un appendice collectifère; la face extérieure est glabre, à l'exception de l'appendice, qui est hérissé de collecteurs filiformes; la face intérieure est bordée de deux bourrelets stigmatiques demi-cylindriques, fortement papillés, confluens et oblitérés sur l'appendice.

Le genre *Porophyllum* appartient indubitablement à la tribu des Tagétinées, et il se rapproche surtout de notre *Crypto-petalon* décrit dans ce Dictionnaire (tom. XII, pag. 123). Ces deux genres diffèrent, 1.º par la calathide incouronnée dans le *Porophyllum*, pourvue dans le *Cryptopetalon* d'une couronne de fleurs femelles ligulées, tantôt point ou peu radiantes, tantôt très-radiantes (tome XXVII, page 206); 2.º par le style portant deux longs stigmatophores dans le *Porophyllum*, tandis que dans le *Cryptopetalon*, comme dans les *Chthonia* et *Pectis*, le style des fleurs du disque est simple, quoique ces fleurs paroissent être hermaphrodites.

Tournefort attribuoit le *Porophyllum* au genre *Bidens*. Plumier a bien mieux connu les affinités naturelles de cette plante, puisqu'il l'a rapportée au genre *Tagetes*. Vaillant proposa, en 1719, le genre *Porophyllum*, dont le nom est composé des deux mots grecs πόρος, pore, φύλλον, feuille; et il le caractérisa ainsi : Fleurs en disque, ou radiées, à couronne de demi-fleurons femelles; disque de fleurons hermaphrodites; ovaires en fuseaux couronnés de poils; placenta ras; calice simple, ordinairement conique, et découpé jusqu'à sa base en plusieurs lanières; feuilles entières ou peu découpées, et parsemées de points transparens. Les deux plantes attribuées à ce genre par Vaillant, paroissent ne constituer qu'une seule et même espèce, qui est le *Porophyllum ellipticum*. Cependant cette plante n'a point de demi-fleurons femelles, et le caractère générique de Vaillant semble mieux convenir à notre *Cryptopetalon* qu'au vrai *Porophyllum*. La figure qui accompagne la description de Vaillant, ne peut pas éclaircir cette difficulté, parce qu'elle ne représente que le fruit et son aigrette. Quoi qu'il en soit, il est indubitable que le genre de Vaillant est fondé sur le *Porophyllum ellipticum*, et nous avons tout lieu de croire que cet habile observateur ne s'est trompé sur la structure

des fleurs marginales, que parce qu'il n'a vu que des calathides sèches, incomplètes et en mauvais état. Remarquez
au surplus qu'il classe le *Porophyllum* dans une section caractérisée par les fleurs ordinairement en disque.

Linné, en 1737, adoptoit le genre *Porophyllum* de Vaillant ; car nous le trouvons dans l'*Hortus Cliffortianus*, dans
le *Viridarium Cliffortianum*, et dans le *Corollarium* de la première édition du *Genera plantarum*; et nous remarquons que,
dans ce dernier ouvrage, Linné a rectifié l'erreur de Vaillant, et a décrit très - exactement le genre dont il s'agit.
En effet, voici sa description générique du *Porophyllum* :
Calice commun cylindracé, long, très-simple, persistant,
divisé en cinq lanières conniventes, qui divergent après la
fleuraison ; fleurons nombreux, égaux, tous hermaphrodites,
plus longs que le calice, à tube filiforme, à limbe campanulé, semi-quinquéfide, dressé ; style sétacé, à stigmates sétacés, roulés en dehors en spirale ; graines linéaires, à aigrette
sétacée ; réceptacle commun petit, presque nu, hispide.
A la suite de cette description Linné ajoute la remarque suivante : *In specie visa corollæ radius femineus nullus est, cujus
tamen mentionem facit Vaillant* ; et il place ce genre *Porophyllum* auprès de son *Kleinia*. Linné nommoit alors *Kleinia* le
genre qu'il a nommé depuis *Cacalia*, et qui doit conserver ce
dernier nom, quoique le *Cacalia* de Tournefort et de Vaillant
soit un genre particulier, que nous avons nommé *Adenostyles*, parce qu'on est convenu de maintenir la nomenclature
linnéenne.

Dans la seconde édition du *Genera plantarum*, publiée en
1742, Linné supprima le genre *Porophyllum*, pour le réunir
à son *Kleinia*, qui n'est pas de la même tribu naturelle. Mais
Adanson, en 1763, reproduisit le genre *Porophyllum* dans
ses Familles des plantes, en rectifiant, comme Linné, l'erreur
de Vaillant. C'est dans la même année 1763 que Jacquin,
dans sa *Selectarum stirpium americanarum historia*, a imaginé
de présenter comme nouveau, sous le nom de *Kleinia*, l'ancien genre *Porophyllum*, dont il a décrit une espèce. Schreber, peu curieux de remonter aux sources et d'étudier
l'histoire de l'établissement des genres, a admis, en 1791,
dans son *Genera plantarum*, le *Kleinia* de Jacquin ; et douze

ans après, Willdenow, très-fidèle copiste de Schreber, a nommé aussi *Kleinia* les quatre espèces de *Porophyllum*, dont il a présenté le tableau dans son *Species plantarum*.

Cependant M. de Jussieu, qui connoissoit l'ancien genre *Porophyllum* de Vaillant, et qui jugeoit avec raison qu'il n'étoit pas permis de changer arbitrairement son nom primitif, a considéré le nom de *Kleinia* comme étant resté sans emploi légitime; et en conséquence il l'a appliqué à un nouveau genre, établi par lui en 1803. Mais M. Persoon, en 1807, a jugé la question tout autrement dans son *Synopsis plantarum*, où il a copié les *Kleinia* de Willdenow, et où il a nommé *Jaumea* le genre *Kleinia* de M. de Jussieu, sous le prétexte que Willdenow avoit appliqué à un autre genre le nom de *Kleinia*. M. Kunth, en 1820, a suivi les mêmes erremens que Persoon et Willdenow, dans ses *Nova genera et species plantarum*, où il a enrichi de quatre espèces le genre dont il s'agit.

Il faut croire que MM. Jacquin, Schreber, Willdenow, Persoon et Kunth ignoroient que leur genre *Kleinia* avoit été anciennement établi par Vaillant, sous le nom de *Porophyllum*; que Linné l'avoit adopté sous ce même nom, et en le caractérisant très-exactement, jusqu'à l'époque où il a mal à propos supprimé le genre : et qu'Adanson avoit conservé ce genre sous son nom primitif.

Concluons, avec M. de Jussieu (Ann. du Mus., tom. 2 et 7), que l'ancien nom de *Porophyllum* doit être conservé au genre décrit dans le présent article, et que le nom de *Kleinia* doit rester appliqué à celui que M. Persoon a nommé *Jaumea*, et que nous avons décrit sous son vrai nom dans le t. XXIV, pag. 459, de ce Dictionnaire. (H. Cass.)

POROPHYRA. (*Bot.*) Agardh donne ce nom à une division du genre *Ulva*, qui comprend des espèces purpurines, ayant une double sorte de fructification. Voyez Ulva. (Lem.)

POROSITÉ. (*Phys.*) Ce mot exprime une disposition de la matière dans tous les corps connus, d'après laquelle leurs molécules, c'est-à-dire leurs plus petites parties, laissent entre elles des espaces vides plus ou moins apparens ou multipliés, et nommés *pores*. Ceux de ces interstices qui s'ouvrent à l'extérieur, s'aperçoivent sur beaucoup de corps, au moins à l'aide du microscope. L'absorption des fluides par quelques-uns des corps qu'on y plonge, rend évidente l'existence des pores de ceux-ci; et d'ailleurs la condensation des corps par le refroidissement, ou dans les combinaisons chimiques, ou par la seule compression, prouve que leurs molécules ne se touchent pas immédiatement, puisque, si le contraire avoit lieu, le volume du corps ne sauroit diminuer, à moins que les molécules ne se pénétrassent entre elles. De plus, on ne sauroit expliquer autrement que par l'existence des pores, la différence de pesanteurs spécifiques des diverses sortes de substances : car la gravité, agissant également sur toutes les molécules de la matière, les poids qui en résultent, doivent être nécessairement proportionnels à la quantité de molécules dont est formé le corps (voyez à l'article Pesanteur, tome XXXIX, page 181).

Les corps les plus denses sont ceux qui ont le moins de vide ou de pores; mais on ne peut acquérir sur ce sujet que des données relatives, et l'on n'a aucun moyen de connoître la quantité absolue de matière contenue dans un corps. Les pores les plus considérables ne sont peut-être que les intervalles compris entre des agrégations de petites masses, composées elles-mêmes de molécules séparées par des pores plus étroits que les premiers; et l'on ne sait pas à combien d'ordres de division de cette espèce il faudroit descendre pour atteindre aux dernières molécules, à celles qui ne renfermeroient aucun vide, et qui, probablement pour cette raison, seroient indivisibles physiquement, seroient, en un mot, de véritables *atomes*[1]. Quelques physiciens ont formé diverses hypothèses de ce genre, pour montrer, par le calcul, que dans le corps le plus dense il pourroit y avoir encore beaucoup plus de vide que de plein : mais on a laissé de côté ces calculs, qui s'appuient sur des suppositions gratuites, et qu'on pourroit varier de beaucoup de manières.

Tous les pores ne sont pas absolument vides : les uns admettent de l'air, comme on le voit dans les morceaux de sucre, dont l'air se dégage en bulles quand on les jette dans

---

[1] Il faut ici se rappeler que l'étendue seule est toujours divisible à l'infini.

l'eau ; d'autres sont traversés seulement par la lumière et le calorique. Pour rendre raison de ces divers états de choses, on dit que les molécules des corps sont tenues à distance par des forces répulsives, qui contrebalancent l'attraction que l'on suppose exister entre toutes les parties de la matière (voyez à l'article ATTRACTION, Supplément au t. III, p. 84, et CORPS. tom. X, pag. 518). On ne sait point ce que sont ces forces en elles-mêmes, ni suivant quelles lois elles agissent. (Voyez TUBES CAPILLAIRES.)

Des philosophes, qui ont été jusqu'à refuser à la matière l'impénétrabilité proprement dite, ne distinguent les corps de l'espace pur, que comme des assemblages de points doués (comment ? c'est ce qu'on ne dit pas) de forces répulsives, de telle sorte, que jamais dans le choc de deux corps, il n'y a contact entre la surface de l'un et celle de l'autre. (Voyez *Disquisitions relating to matter and spirit, by Priestley*, et *Theoria philosophiæ naturalis, auctore Boscowich.*) Mais heureusement l'on peut, en négligeant ces considérations, toujours bien vagues, et ne s'attachant qu'aux faits donnés par l'observation ou l'expérience, parvenir aux connoissances vraiment utiles. (L. C.)

POROSJA. (*Mamm.*) Nom des cochons en russe. *Porosenok* est celui du cobaye cochon d'Inde dans la même langue. (DESM.)

POROSTEMA. (*Bot.*) Ce genre de Schreber doit faire partie de l'*ocotea* dans la famille des laurinées. Voyez à l'article OCOTÉE. (J.)

POROTHELEUM. (*Bot.*) Fries avoit établi ce genre de champignons pour placer quelques espèces de *polyporus ;* depuis il les a réunies de nouveau, en en faisant une section distincte, et enfin, il le rétablit dans son *Systema orbis vegetabilis*, 1, p. 80. et le caractérise ainsi : Hymenium interrompu, pores superficiels en forme de papilles distinctes. Il lui trouve beaucoup de rapports avec le genre *Fistulina*. (LEM.)

POROTHELIUM. (*Bot.*) Un des nombreux genres établis par Eschweiler dans la famille des lichens, et voisin de l'*Arthonia* d'Acharius, dans la division des TRYPÉTHÉLIACÉES (voyez ce mot), de la classification nouvelle d'Eschweiler.

Le *Porothelium* est caractérisé par ses verrues subgélatineuses, noires, percées au sommet par plusieurs ouvertures, contenant quelques noyaux presque globuleux, nus, qui portent les thèques. Ces espèces croissent au Chili et au Brésil sur les écorces, et ont le port des *Arthonia* et des *Glyphis*, genres de la même division. Ce genre est le même que le *Porodothion* de Fries, Syst. végét.; mais ce naturaliste considère les verrues comme multiloculaires, s'ouvrant par des ostioles ou petites ouverturus extérieures. Fries y ramène les *tripethelium conglobatum* et *anomalum*, ainsi que le *lecidea glaucoprasina*, Spreng. Enfin, Meyer, dans son ouvrage récemment publié sur les lichens, donne un genre *Mycoporum*, qui est le même que le *Porothelium*; il le place entre son *Porophora* (le *Porina* d'Acharius) et son *Ocellularia*, démembré du *Thelotrema* d'Acharius. (Lem.)

PORPEISSE ou PORPOISSE, PORPESS, PORPUS (*Mamm.*): divers noms anglois du Marsouin. (F. C.)

PORPHYRA. (*Bot.*) Genre de plantes de la Cochinchine, établi par Loureiro, lequel doit être réuni au *callicarpa* dans la famille des verbénacées. Voyez CALLICARPA. (J.)

PORPHYRE. (*Min.*) La roche à laquelle nous conservons le nom de porphyre, dont on avoit abusé comme du mot *granite*, a pour caractère essentiel, d'être formée par une pâte de pétrosilex rouge ou rougeâtre, eurite de D'Aubuisson, qui enveloppe des cristaux de felspath blanc.

La pâte pétrosiliceuse qui forme la base de cette roche, et les cristaux de felspath disséminés dans cette pâte, sont donc les deux seules substances constituantes essentielles de nos porphyres; mais cette même roche admet dans sa composition, sans changer de nom, des parties constituantes accessoires, qui sont le quarz, le mica, et surtout l'amphibole en cristaux ou en aiguilles disséminés. Quant aux substances purement accidentelles, on conçoit qu'elles peuvent être nombreuses et variées, mais on cite entre autres la calcédoine, le cuivre natif, la prehnite, les pyrites, etc.

On observe dans les porphyres différens accidens qui tendent à les faire passer insensiblement dans des groupes de roches différens; par exemple :

Les cristaux de felspath s'atténuent, se fondent dans la pâte, et le tout prend l'aspect d'une roche pétrosiliceuse homogène; il faut la faire chatoyer pour apercevoir les points brillans qui sont dûs aux lames felspathiques.

Les cristaux de felspath perdent leur tissu et leur aspect lamelleux, ils deviennent compactes, ternes, ils se fondent dans la pâte, et le tout annonce une formation simultanée.

La roche entière s'altère à sa surface, elle perd sa couleur, sa compacité, sa dureté, et les cristaux deviennent alors plus apparens sur cette espèce d'écorce que dans l'intérieur; c'est le passage à l'*argilophyre*.

Les cristaux, plus altérables que la pâte, laissent des vides à leurs places; la roche devient cellulaire, prend un faux aspect de fusion, et ses cavités se remplissent de quelques substances étrangères; les porphyres des environs de *Schmiedsdorf* en Silésie, offrent, dit-on, dans leurs cavités des cristallisations microscopiques de baryte sulfatée.

Parmi les accidens qui sont dus à la disposition des substances élémentaires ou accessoires, on peut citer :

Les places irrégulières, anguleuses et quelquefois arrondies que l'on remarque dans le porphyre rouge antique d'Égypte, qui sont si apparentes et si tranchées, que le naturaliste Ferber, dans ses Lettres sur l'Italie, avoit cru qu'elles étoient dues à des fragmens d'un autre porphyre agglutinés à la manière des brèches. Ces places, d'un aspect granitoïde, sont ordinairement d'un gris simplement rougeâtre, les cristaux de felspath y sont plus nombreux, plus rapprochés, les grains d'amphibole plus apparens, et la pâte enfin, je le répète, ne conserve point cette belle nuance pourprée qu'elle offre tout à l'entour.

Pour terminer l'énumération des principaux accidens qui sont particuliers à nos porphyres, nous dirons que l'on en trouve assez souvent qui se décomposent en allant de l'extérieur au centre; qu'ils se détachent alors assez facilement par couches concentriques. qui semblent envelopper d'autres couches de plus en plus solides, et que la couche ou noyau qu'elles contiennent, présente ordinairement une couleur différente et plus claire que la leur.

Quelques porphyres se divisent en fragmens prismatoïdes qui n'ont aucun rapport avec la cristallisation, mais qui semblent être dus à des filets ou solutions de continuité qui se coupent sous divers angles, et dont l'origine paroît tenir à une suroxidation partielle du fer qui abonde dans cette roche, et qui lui procure ses belles couleurs.

Ayant clairement exprimé les caractères essentiels de nos porphyres, et fait connoître leurs principes additionnels et accidentels, leur différentes modifications et jusqu'aux accidens qui sont dus à leur décomposition, il ne nous reste plus qu'à citer quelques exemples de cette roche, choisis parmi ceux qui sont employés dans les arts, ou qui se sont fait remarquer par quelques circonstances particulières.

PORPHYRE ROUGE D'ÉGYPTE, vulgairement PORPHYRE ROUGE ANTIQUE. La base de ce porphyre est d'un rouge foncé qui passe au brun violâtre; les cristaux de felspath y sont nombreux, et ne dépassent guère deux à trois lignes de longueur; l'amphibole qui est ici la substance accessoire, s'y trouve en grains noirs et rarement en aiguilles. Ce porphyre présente de place en place des taches grises granitoïdes, où les cristaux de felspath sont plus nombreux que dans le reste de la roche.

Le beau porphyre rouge antique doit être d'un rouge bien prononcé, passant au pourpre foncé; les petits cristaux de felspath parfaitement blancs, et n'ayant point la légère teinte rose que l'on observe dans les porphyres mal choisis ou de qualité inférieure : il faut aussi, mais cela est assez difficile dans les grandes pierres, éviter les taches grises dont nous avons parlé ci-dessus, et qui font un mauvais effet.

Ce porphyre, qui reçoit un très-beau poli, a souvent été employé par les Égyptiens, soit pour leurs cuves sépulcrales, soit pour leurs statues ou leurs obélisques. M. Rosière, ingénieur des mines, et l'un des membres de l'Institut d'Égypte a retrouvé les carrières antiques de ce magnifique porphyre dans les déserts qui sont entre le Nil et la mer Rouge. Il en existe aussi aux environs du mont Sinaï.

L'une des plus grandes masses travaillées de ce porphyre, est l'obélisque de Sixte-Quint à Rome; viennent ensuite les colonnes de Sainte-Sophie à Constantinople, qui ont quarante pieds de fût et d'une seule pièce; l'église de Saint-Marc à Venise en est décorée avec profusion; on en voit un grand nombre de colonnes dans les églises de Rome; plusieurs tom-

·beaux monolithes, entre autres, celui de Clément XII, celui
de S.ᵉ Constance hors les murs, de Théodoric à Ravenne,
qui est une cuve égyptienne où plusieurs personnes pourroient se baigner à l'aise, sont de porphyre rouge antique.
En France, on cite la cuve de porphyre qui sert de fonts
baptismaux dans la cathédrale de Metz, et qui fut découverte
dans les ruines des bains antiques de la ville. A Paris, on remarque au Muséum royal six statues colossales représentant
des captifs, dont les têtes seules sont en marbre blanc et le
reste du corps en porphyre, la cuve dite de Dagobert, le
tombeau dit de Caylus, plusieurs socles, et seize colonnes de
différentes dimensions, servant de décoration aux salles, des
candelabres, des cariatides, des empereurs, etc.

M. Rosière a observé en Égypte une autre variété de porphyre rouge, qui est d'une teinte moins foncée que le précédent, et qui renferme un grand nombre de cristaux de
quarz.

Porphyre rouge de Cordoue en Espagne. Ce porphyre, d'un
rouge très-sombre, contient quelques cristaux de felspath peu
apparens, avec des taches anguleuses, moins foncées en couleur que le reste de la roche. Les carrières de ce porphyre,
qui ont probablement été ouvertes par les Maures, sont situées à la Céréanias et à Cordoue.

Porphyre rougeâtre de Roanne. Sa pâte est d'un brun rougeâtre, et contient de grands cristaux de felspath blanc ou
rosée dont le centre est grisâtre. Cette roche contient aussi
quelques cristaux de quarz; elle reçoit un très-beau poli, et
ses carrières sont situées à une lieue au-dessous de Roanne,
sur le bord de la Loire.

Porphyre rouge de Corse. La base de ce porphyre est d'un
rouge incarnat; elle contient des cristaux de felspath d'une
grandeur moyenne, d'un blanc rosé, avec des grains de quarz
gris et de l'amphibole noir. Il fait partie des porphyres du
Niolo, récemment décrits par M. Guaymard, dans son Voyage
en Corse : il s'en trouve aussi de brun foncé.

Porphyres violets et bruns des Vosges. La chaîne des Vosges,
si riche en belles roches granitoïdes, offre aussi un assez grand
nombre de roches porphyroïdes, parmi lesquelles nous reconnoissons plusieurs de nos porphyres proprement dits, entre

autres celui d'un brun rouge à cristaux de felspath gris avec quarz et amphibole, du Ballon de Giromagny, du Val Saint-Amarin, etc.

Porphyre rouge incarnat de Saulieu en Bourgogne; Porphyre rouge de brique de la montagne du Calvaire à Villefranche, rive droite de l'Aveyron. Il passe brusquement au porphyre gris de cendre; l'un et l'autre ont la cassure écailleuse.

Porphyre rouge et violet de Suède. Le porphyre que l'on exploite aux environs de *Blyberg*, de *Ranaserne*, de *Klittberget* en Suède, est d'un rouge foncé qui passe au violet; il contient de petits cristaux de felspath blanc, à peu près semblables à ceux du porphyre rouge antique, et il est plus dur que les autres porphyres.

C'est de la carrière de Blyberg, qui est située à trois lieues d'*Elfvedalen*, que l'on retire les plus grands blocs, tels que celui qui sert de piédestal à la statue pédestre de Gustave III, et qui a douze pieds de haut.

On travaille cette belle matière à la manufacture d'Elfvedalen; on la débite en tables, au moyen de scies hydrauliques, qui donnent douze traits à la fois, et que l'on entretient avec un sable qui provient de la décomposition d'une roche porphyritique voisine. Quant au poli, on le donne, comme à Rome et à Paris, d'abord au moyen de l'émeri, et en dernier lieu avec du brun rouge, dit rouge d'Angleterre. M. Neergaard, qui a décrit cette manufacture, et à qui nous devons des détails particuliers sur le but philanthropique de M. Hagstrom, son fondateur, nous assure que les ateliers étoient montés tout-à-fait en grand, qu'il s'y fabriquoit trente ou quarante ouvrages différens, dont le dépôt général étoit à Stockholm; en 1823 il en existoit un très-bel entrepôt à Paris.

Les porphyres répandus dans le commerce, sont des matières dures d'un grand prix, qui sont d'autant plus recherchées et d'autant plus estimées, qu'elles exigent beaucoup de peine et beaucoup de temps pour recevoir la forme que l'on veut leur donner, et le brillant poli qu'elles sont susceptibles de recevoir. La plupart des porphyres rouges antiques que l'on met en œuvre en France et en Italie, proviennent des ruines d'Égypte et des débris des monumens antiques de Rome. Les grandes pierres sont fort rares, mais on trouve des petites plaques minces et de foibles débris de plaquage dans la plupart des ruines des monumens romains du Midi de la France.

Le porphyre vert antique ou serpentin des marbriers, qui est le type de notre espèce *Ophite*, partage et surpasse même, dans l'estime des amateurs, le prix du porphyre rouge antique, et les grandes pièces en sont encore plus rares et plus recherchées. On n'en cite que deux colonnes de douze pieds de haut, dans l'intérieur du Capitole à Rome.

Le porphyre noir est notre *mélaphyre*, etc. Voyez, pour le gisement des porphyres, les articles Roches, Indépendance des formations, et les mots Ophites, Mélaphyre, Mimophyre, Argilophyre et Eurite. (Brard.)

PORPHYRE ou GROSSE OLIVE DE PANAMA. (*Conchyl.*) Nom marchand d'une espèce d'olive de M. de Lamarck, *O. porphyria, Voluta porphyria*, Linn. D'après M. Bosc, il paroît qu'on le donne aussi à une autre espèce d'olive, *O. hispidula*. (De B.)

PORPHYRE GLOBULAIRE. (*Bot.*) Voyez Pyroméride. (Lem.)

PORPHYRION. (*Ornith.*) Pour ce mot, qui correspond à *poule-sultane* et au genre *Porphyrio* de Brisson, voyez Talève. (Ch. D.)

PORPHYRISATION. (*Chim.*) Opération qui consiste à diviser une matière ou à la mélanger avec d'autres, en la triturant sur une table de porphyre avec une molette. (Ch.)

PORPHYRITE. (*Min.*) Pansner donne ce nom comme synonyme du porphyre argileux, *thonporphyr* des Allemands, du porphyre avec quarz et même de la *grauwacke*. Il veut indiquer probablement certaines roches d'agrégation qui ont quelques rapports avec les poudingues, et que nous avons décrites sous le nom de Mimophyres. (B.)

PORPHYROÏDE (*Min.*); qui tient du porphyre, qui passe au porphyre, c'est-à-dire, qui manifeste la structure du porphyre, dont le caractère est de montrer des cristaux disséminés dans une pâte homogène ou hétérogène. Des granites, des syénites, quelques eurites, les mimophyres, etc., ont une structure porphyroïde. (B.)

PORPITE, *Porpita*. (*Arachnod.*) Genre établi par M. de Lamarck, dans la première édition de ses Animaux sans vertèbres, et depuis adopté par tous les zoologistes pour un petit nombre d'espèces de médusaires, extrêmement rapprochées de certaines méduses, et dont le caractère principal consiste en ce que le disque est soutenu par une sorte de cartilage contenu dans son intérieur. On peut le caractériser ainsi : Corps régulièrement circulaire, garni, dans sa circonférence, d'une rangée de dents tentaculaires, déprimé, un peu convexe en dessus et concave en dessous, et soutenu dans son milieu par un disque gélatineux, solide, radié et à stries concentriques, flexible sur son bord ; bouche à l'extrémité d'une sorte d'estomac conoïde et entourée de tentacules épars au centre et d'un rang d'autres tentacules plus longs et granulés aux bords de la circonférence. Cette caractéristique est établie sur plusieurs individus plus ou moins bien conservés dans l'esprit de vin et que je dois à l'amitié de MM. Quoy et Gaimard. J'ai pu aussi en étudier l'organisation, qui est tout-à-fait semblable à celle des méduses. Une porpite est en effet composée, comme une méduse, d'une ombrelle ou chapeau et d'une masse viscérale, pourvue de ses tentacules. L'ombrelle est assez épaisse, presque plane en dessus, et plus convexe en dessous ; son bord est mince, recourbé en dessous et garni dans toute son étendue d'une série de petites dents tentaculaires, parfaitement semblables. Elle est solidifiée dans une grande partie de son étendue par un disque plus gélatineux que cartilagineux, quoique assez résistant, parfaitement transparent, tout-à-fait plat en dessus, un peu excavé en dessous pour loger la masse viscérale. On aperçoit aisément à sa surface des côtes rayonnantes du centre à la circonférence, coupées par des stries circulaires, qui paroissent un peu festonnées par chaque strie. Ce corps est parfaitement libre dans une grande toge, à laquelle il n'adhère nullement, à peu près comme le crystallin dans sa capsule. Il n'est recouvert en dessus que par une membrane excessivement mince, tandis qu'en dessous il recouvre lui-même la masse du corps de l'animal, sur laquelle il laisse l'impression de sa surface, mais surtout la disposition rayonnante. Dans toute sa circonférence il est dépassé par les rebords de l'ombrelle, où l'on peut assez bien apercevoir des faisceaux musculaires, également radiés, à peu près comme dans les méduses. En dessous de cette ombrelle et dans son excavation se trouve une partie épaisse, loculée et qui n'est autre chose que l'ovaire. Enfin, au-dessous est une masse plus distincte, séparée de l'autre par un étranglement et qui est évidemment l'estomac. Cet organe, à parois en général plus brunes. paroit avoir une forme un peu différente, suivant son état de contraction ; mais, en général, il paroit devoir être pyriforme, la base en haut et le sommet en bas. C'est à l'extrémi é de ce sommet qu'est la bouche, en forme d'orifice proboscidien. Tout autour de la base de cette espèce d'estomac est une bande circulaire, assez large, d'un blanc mat. tachée de noir quand les tentacules ont été enlevés, mais complétement cachée quand ceux-ci existent : ceux lu centre sont en général plus petits que ceux qui forment h circonférence. qui sont en outre comme lobés et granulés à l'extrémité ; tandis que ceux-la sont terminés par un suçar et ressemblent à de petits cœcums. A l'aide de cette décription, faite d'après des individus conservés dans l'esprit de vin, il sera possible de voir que celles données par Breyniu: dans les Trans. phil., n.° 501, p. 2050, et dans l'Abrégé, vol. 5, part. 1, page 10, pl. 1, fig. 7, 8 et 9, par Forskal, sous le nom d'*Holothuria denudata*, sont réellement excellentes etne laissoient rien à désirer, malgré ce que quelques auteurs aient dit dans ces derniers temps. Forskal appelle *nucleus*, le dique gélatineux qui soutient l'ombrelle de la porpite. Il di que sa couleur est blanche dans le milieu et que ses bords sont d'un bleu obscur. Le limbe de l'ombrelle, de moitié plus étroit que le disque, est flexible, transparent, d'un bleu sans taches, et marqué dans sa circonférence par une ligne formée de stries noires, convergentes, qui sont les petits muscles décrits plus haut. La masse de tentacules est attachée au-desous du *nucleus*, et non au limbe. Au milieu se voit l'estomac, globuleux à sa base et terminé par une bouche cylinlrique que l'animal peut fermer ou ouvrir à volonté, quelquefois de manière à montrer l'intérieur de l'estomac et les intestins (probablement les ovaires), qui sont gélatineux, blancs et alongés. Les tentacules qui occupent la face inférieure du *nucleus*, sont de deux sortes et sur plusieurs rangs.

La moitié interne est composée de tentacules nus, tandis que les externes sont garnis de cinq à six pédicelles subverticillés, composés chacun de glandules d'un bleu hyalin. Le petit animal étend ces tentacules glandifères dans tous les sens, tandis que les autres se contractent, se raccourcissent et s'épaississent au sommet.

Forskal ajoute, qu'ayant conservé de ces animaux vivans pendant une heure ou deux, il en a vu rendre des corps subcubiques, hyalins, marqués d'un cercle brun dans le milieu de leur base, et d'une ligne brune un peu sinueuse, intérieure, se dirigeant vers chacun des quatre angles. C'étoit probablement des biphores ou des diphyes, qui avoient été embarrassés par les tentacules de la porpite.

Les porpites sont des animaux essentiellement pélagiens, comme les méduses, et qu'on ne trouve, en effet, qu'en haute mer. Elles nagent et se dirigent absolument comme elles par les contractions du limbe de leur ombrelle; mais il parot qu'elles ne sont pas immergées, mais seulement à la superficie de l'eau. Quoique je n'aie jamais eu l'occasion de voir ces animaux à la mer, et que les observateurs, et entre autres M. Bosc, assurent positivement ce fait, on ne voit riellement pas trop pourquoi il ne leur seroit pas possible de s'immerger complétement comme les méduses. Pour les vilelles, qui en sont si voisines, on peut concevoir qu'elles aient besoin d'être à la surface, puisqu'elles sont pourvues d'une sorte de voile; mais cela n'a pas lieu pour les porpites. Quoi qu'il en soit, on ne connoît rien autre chose sur l'histoire naturelle des porpites; on sait seulement qu'il s'en trouve dans les mers des pays chauds et même dans la Médterranée en grande abondance. Les zoologistes en ont décrit plusieurs espèces. M. de Lamarck, par exemple, en définit quatre; mais je doute qu'elles soient suffisamment distinctes. En effet, ce sont des animaux difficiles à observer à l'état vivant et qui s'altèrent avec la plus grande facilité. Ils perdent surtout très-aisément leurs tentacules, quand on les met dans l'esprit de vin.

La P. NUE : *P. nuda; Medusa porpita*, Linn., Gmel., page 3152, n.° 1; *Amænit., academ.*, 4, p. 255, t. 3, fig. 7 — 9, et Enc. méth., pl. 90, fig. 3 — 5. Corps orbiculaire, aplati et presque nu.

De l'Océan des grandes Indes.

Il est évident que cette prétendue espèce n'est caractérisée que d'après le disque gélatineux, que l'on compare à une pièce de monnoie ou au cyclolite numismal. C'est encore ce qui a fait que Linné et plusieurs auteurs l'ont regardée comme le type des nummulites ; opinion que l'examen le plus superficiel suffisoit pour détruire, comme l'a très-bien fait voir M. G. Cuvier, dans une note insérée dans l'ancien Bulletin par la société philomatique. Mais si ce disque a appartenu à une porpite de l'Inde, comment sait-on qu'elle diffère de la porpite rapportée par Péron, et dont il va être question tout à l'heure.

La P. APPENDICULÉE ; *P. appendiculata*, Bosc, Hist. des vers, vol. 2, page 155, pl. 18, fig. 5, 6. Corps orbiculaire, glabre, blanc, avec trois appendices bleus sur ses bords, un en avant et deux en arrière.

De l'Océan atlantique.

M. Bosc, qui a établi cette espèce, a eu bien raison de penser qu'elle pouvoit avoir des tentacules comme les autres ; car il est indubitable par sa figure et sa description, que c'est une porpite très-incomplète et presque réduite à son disque gélatineux, qu'il a observée. D'ailleurs, qu'est-ce que des appendices antérieurs et postérieurs dans un animal radiaire qui n'a pas d'anus ?

La P. GLANDIFERE : *P. glandifera*, de Lamk. ; *Holothuria nuda*, Linn., Gmel., page 3143, n.° 22 ; *Holoth. denudata*, Forskal, *Fauna arab.*, page 103, n.° 14, et *Icon.*, tab. 26, fig. II ; Enc. méth., pl. 90, fig. 6, 7, que M. de Lamarck définit P. bleue rayonnée : les tentacules du disque nuls ; les rayons portant des glandes sur trois rangs.

De la Méditerranée.

C'est d'après la description de Forskal, que nous avons rapportée plus haut, que cette espèce est établie ; mais, réellement, c'est encore d'une manière incomplète et même inintelligible. Qu'est-ce que des rayons portant des glandes sur trois rangs ? Forskal parle bien de tentacules portant des tubercules, qu'il regarde comme des glandes, mais non pas de rayons. Or, ce caractère est-il suffisant pour distinguer cette espèce de la Méditerranée de celle de l'Inde. Cela n'est rien moins que certain.

La P. CHEVELUE : *P. gigantea*, Péron et Lesueur, Voyage, 1, pl. 31, fig. 6. Porpite comme chevelue par des tentacules longs, très-fins à la périphérie, et pourvue en dessous de suçoirs très-nombreux.

De l'Océan atlantique. ·

Voilà encore tout ce qu'on savoit de cette espèce, et ces caractères sont ceux du genre, comme Breynius, Forskàl, l'avoient dit, et comme je l'ai observé moi-même.

En définitive, je ne voudrois pas assurer qu'il n'y ait qu'une seule espèce de porpite ; mais il est à peu près certain que les quatre espèces définies par M. de Lamarck, ne sont que la même. (DE B.)

PORPOISSE. (*Mamm.*) Voyez PORPEISSE. (DESM.)

PORPUS. (*Mamm.*) Voyez PORPEISSE. (DESM.)

PORPYTE. (*Foss.*) Dans le Journal de physique (tom. 48, page 216), Deluc a donné le nom de *Porpyte des pertes du Rhône* au polypier auquel M. de Lamarck à donné celui d'*orbulite lenticulaire*. Voyez ORBULITE. (D. F.)

PORRA. (*Bot.*) Voyez PORRO. (LEM.)

PORRÉ. (*Bot.*) Nom languedocien du porreau ou poireau, selon Gouan. (J.)

PORRION. (*Bot.*) Voyez PORRAU. (J.)

PORRO ou PORRA. (*Bot.*) A l'article LAMINARIA de ce Dictionnaire nous avons mentionné cette plante comme une espèce de ce genre. M. Lamouroux, d'accord avec nous, la conserve dans le même genre et lui donne le nom de *Laminaria porroidea;* mais M. Bory de Saint-Vincent lui trouve des caractères suffisans pour en constituer un, auquel il donne le nom de *Durvillæa*, et à l'espèce celui de *durvillæa utilis*, en l'honneur de M. J. d'Urville, qui a observé cette plante marine en immense quantité dans les parages des îles Malouines. Le voyageur Chamisso l'a également trouvée abondamment dans les mers antarctiques, et la désigne par *Fucus antarcticus*.

Depuis long-temps ce thalassiophyte est connu par les navigateurs, et les premiers marins espagnols lui donnèrent le nom de *Porro*, conservé par Legentil dans son voyage. C'est sur la côte du Chili, à Callao, qu'il commence à se rencontrer, et se retrouve jusqu'à cinq cents lieues plus au nord. Les navires qui reviennent des Philippines, reconnoissent à son apparition le terme de leur voyage et la fin de tout danger, en quoi cette plante leur est fort utile. M. d'Urville pense qu'elle fourniroit un excellent engrais pour les terres des îles sur les côtes desquelles on le rencontre abondamment.

La vésicule sphérique qui surmonte le stipe, long de plus de deux cents pieds, et qui se couronne de rameaux et de frondes fructifères, lancéolées, très-alongées, fortement dentées, formeroit le caractère générique du *Durvillœa*, reconnu par Lamouroux dans ces derniers temps; mais si l'on conserve ce genre, son nom devra être *Urvillea*, par égard à l'orthographe du nom de l'estimable botaniste voyageur auquel il est dédié, et qui est celle-ci, d'Urville. (Lem.)

PORRUM. (*Bot.*) Nom latin du porreau ou poireau. Les anciens, et Tournefort après eux, le distinguoient de l'ail et de l'oignon à cause de la forme cylindrique et alongée de son bulbe; mais Linnæus a réuni avec raison ces trois genres en un seul, sous le nom d'*allium*. Daléchamps dit qu'on a nommé le muscari, *porrion*, à cause de quelque ressemblance avec le porreau. Le porreau, suivant C. Bauhin, est le *prason* de Dioscoride. (J.)

PORT [Habitus]. (*Bot.*) On entend par ce mot l'aspect qu'offre un végétal à la première vue. C'est par le port seul que les anciens naturalistes groupoient les êtres, et c'est encore par cette espèce de vue générale qu'on devine leurs rapports naturels. Linné donne une extension bien plus grande au sens de ce mot. Pour lui, le port est, dans les végétaux d'une même feuille et du même genre, une certaine conformité dans toutes les parties. (Mass.)

PORTE-AIGUILLONS. (*Entom.*) M. Latreille a nommé ainsi une section des hyménoptères, par opposition aux térébrans. Voyez Hyménoptères. (C. D.)

PORTE-BARBE, *Pilopogon*. (*Bot.*) Genre de la famille des mousses, très-voisin du *didymodon*, avec lequel il avoit été confondu par Hooker; Bridel le caractérise ainsi : l'péristome simple, à seize dents presque accouplées, filiformes, coiffe dimidiée , ayant sa base ciliée, c'est-à-dire, garnie de poils en façon de barbe, d'où le nom du genre.

Une seule espèce rentre dans ce genre, c'est le *Pilopogon gracilis*, Brid. , Bryolog. univers. , pl. 5 ; *Didymodon gracile*, Hook. , *Musc. exot.*, pl. 5, fig. 6. Mousse recueillie par MM. de Humboldt et Bonpland sur le mont Quindiù, dans la région tempérée des Andes de Cundinamara. Elle forme des touffes épaisses ; ses tiges rameuses, longues de trois à quatre pouces, sont simples ou peu rameuses, droites, garnies de feuilles alongées, subulées, terminées chacune par un poil long, coloré, marqué d'une large nervure médiane. Les fleurs mâles et femelles sont terminales. L'urne est subcylindrique, régulière, portée sur un pédicelle rougeâtre. (Lem.)

PORTE-BEC. (*Entom.*) M. Latreille nomma ainsi la famille des coléoptères rhinocères. (C. D.)

PORTE-CHAPEAU. (*Bot.*) Nom vulgaire du paliure austral. (L. D.)

PORTE-COLLIER. (*Bot.*) C'est l'*osteospermum moniliforme*, Linn. (Lem.)

PORTE-CORNE. (*Mamm.*) Voyez Rhinocéros. (F. C.)

PORTE-CRÊTE. (*Erpét.*) Nom d'une espèce d'iguane d'Amboine. (Desm.)

PORTE-CRIN ou COLLERETTE, *Chœtophora*. (*Bot.*) Bridel forme dans la famille des mousses, près et aux dépens du *Leskia*, un genre qui n'en diffère essentiellement que par la coiffe en forme de mitre, couverte de poils nombreux et filamenteux ; la capsule offre en outre, à son col, de nombreux poils. M. Desvaux a cru devoir changer le nom de ce genre en celui de *calyptrochœta*, qui, au lieu de signifier porte-poil ou crin, en grec, comme le nom donné par Bridel, rappelle que la coiffe est velue ; ces changemens de nom, loin d'être avantageux à la science, lui nuisent en embarrassant la nomenclature.

Le *Leskia cristata*, Hedw., *Sp. musc.*, pl. 49, fig. 1 — 7, est seul rapporté au *chœtophora*. Il a un port différent des autres espèces de *leskia* ; sa tige est un peu rameuse, d'abord droite, puis recourbée en panache ou crête, garnie de feuilles distiques, imbriquées, larges, lancéolées, réfléchies et diversement tortillées à leur extrémité ; les pédicelles, longs d'un pouce et velus, portent des urnes semblables à de petites bouteilles arquées et pendantes. Cette mousse a été découverte dans les îles de la mer du Sud. (Lem.)

PORTE-CROIX. (*Entom.*) Noms vulgaires de quelques insectes, d'un Criocère, d'un Ptine, etc., qui ont sur les ailes la figure d'une croix. (C. D.)

PORTE-CROIX. (*Erpét.*) Nom spécifique d'une Couleuvre, décrite dans ce Dictionnaire, tome XI, page 212. (H. C.)

PORTE-ÉCUELLE. (*Ichthyol.*) Ce nom a été donné aux lépadogastres. à cause de la forme singulière de leurs nageoires ventrales. (Desm.)

PORTE-ÉPERON. (*Ornith.*) Cet oiseau, autrement *éperonnier*, en allemand *sporner*, forme la quatrième famille du dix-neuvième genre de Meyer : c'est le *fringilla calcarata*, Pallas, et le *fringilla lapponica*, Gmel. (Ch. D.)

PORTE-ÉPINE. (*Mamm.*) On nomme quelquefois ainsi le porc-épic. (F. C.)

PORTE-ÉPINE. (*Ichthyol.*) Nom spécifique d'une Daurade. Voyez ce mot. (H. C.)

PORTE-GLAIVE. (*Ichthyol.*) Voyez Istiophore. (H. C.)

PORTE-GOITRE et CRÉTINETTE ; *Oncophorus*, Bridel. (*Bot.*) Ce genre de la famille des mousses, à péristome simple, que Bridel établit dans sa Bryologie universelle qui vient de paroître, étoit autrefois une division du genre *Dicranum* de cet auteur ; mais la forme de la capsule, qui est inégale et posée sur un gonflement ou sorte de goître, ou d'apophyse basilaire, est un caractère qui lui a paru suffisant pour l'autoriser à amener cette séparation. Tous les autres caractères étant commun à ces deux genres, ou n'existant pas dans toutes les espèces de ces genres, on peut dire, que cette séparation ne sauroit être approuvée.

Bridel décrit seize espèces d'*oncophorus*, desquels douze croissent en Europe, et les autres dans l'Amérique septentrionale, à la Nouvelle-Hollande et à l'île Bourbon : elles ressemblent pour le port aux mousses du genre *Dicranum*. Dans quelques espèces la tige est simple, comme, par exemple, dans les *oncophorus cerviculatus* et *flavidus* (*Dicranum cerviculatum*, Hedw., et *flavidum*, Swartz) ; mais dans le plus grand nombre cette tige est fourchue ou rameuse, comme, par exemple, dans les *oncophorus strumifer, polycarpos*, ou *dicranum strumiferum* et *polycarpum* des auteurs: elles croissent presque partout dans les montagnes des parties moyennes et boréales de l'Europe et de l'Amérique septentrionale. (Lem.)

PORTE-IRIS. (*Arachnod.*) L'abbé Dicquemare a dit quelque chose sous ce nom propre générique dans le Journ. de phys., tom. 6, p. 321, et tom. 14, p. 483, de deux espèces de Béroës des côtes du Hàvre, dont les cils, décomposant la lumière, lui ont offert l'aspect du prisme solaire ou de l'iris. (De B.)

PORTE-LAMBEAUX. (*Ornith.*) L'oiseau ainsi nommé est le martin porte-lambeaux, *gracula carunculata*, dont la description se trouve au tome XXIX de ce Dictionnaire, p. 263. (Ch. D.)

PORTE-LANCETTE. (*Ichthyol.*) L'acanthure chirurgien a reçu ce nom. (Desm.)

PORTE-LANTERNE. (*Entom.*) Nom vulgaire d'une Fulcore. (C. D.)

PORTE-LENTILLE. (*Bot.*) Ce sont les champignons du genre Nidularia. Voyez ce mot. (Lem.)

PORTE-LYRE. (*Ornith.*) M. Vieillot a donné le nom de porte-lyre, *lyriferi*, à la famille par lui établie dans l'ordre des oiseaux sylvains, pour y placer le Menure, dont la description se trouve dans ce Dictionnaire, t. XXX, p. 48. (Ch. D.)

PORTE-MASSUE. (*Bot.*) Voyez Corynéphore. (Poir.)

PORTE-MIROIR. (*Entom.*) Certains *bombyx* d'Amérique, et d'autres de l'Inde ont été ainsi appelés, parce que leurs ailes présentent une tache, dépourvue d'écailles luisantes, comme une feuille de mica ou de talc. (Desm.)

PORTE-MITRE D'OR. (*Ornith.*) Un des noms vulgaires du chardonneret, *fringilla carduellis*, Linn. (Ch. D.)

PORTE-MORT. (*Entom.*) Nom françois des Nécrophores. (C. D.)

PORTE-MUSC. (*Mamm.*) Nom de l'espèce de chevrotain qui donne le musc. (F. C.)

PORTE-NOIX. (*Bot.*) C'est à la Guiane le nom d'un arbre, *caryocar nucifera*, Linn., dont le fruit, gros comme une tête d'enfant, contient quatre noyaux ou noix que l'on y mange. (Lem.)

PORTE-PLUMET. (*Malacoz.*) Geoffroy, dans son petit ouvrage sur les coquillages des environs de Paris, nomme ainsi le joli mollusque dont Muller et Draparnaud ont fait le genre Valvée, à cause de la singulière disposition de la branchie, qui, dans son état d'extension, sort comme un plumet de sa cavité. (De B.)

PORTE-QUEUE. (*Entom.*) Nom vulgaire de quelques papillons dont les ailes inférieures se prolongent en pointe, tel que le porte-queue du fenouil, du bouleau, etc. (C. D.)

PORTE-SCIE. (*Entom.*) Nom donné par M. Latreille aux Uropristes, famille d'insectes hyménoptères. (C. D.)

PORTE-SCIE. (*Malacoz.*) Il paroît qu'on désigne quelquefois sous ce nom les pinnes ou jambonneaux. (De B.)

PORTE-SOIE. (*Ornith.*) Nom du coq et de la poule à duvet du Japon. (Ch. D.)

PORTE-TUBE. (*Conchyl.*) Nom marchand sous lequel on désigne quelquefois la coquille fossile que Bruguières et M. de Lamarck ont regardée comme une espèce de rocher, *Murex tubifer*, et dont Denys de Montfort a fait le type de son genre Typhis. (De B.)

PORTE-VERGETTE. (*Ichthyol.*) Nom vulgaire du *balistes hispidus* de Linnæus. Voyez Monacanthe. (H. C.)

PORTELAINE, *Lasiorrhiza*. (*Bot.*) Le genre de plantes publié par M. Lagasca, en 1811, sous le nom de *Lasiorrhiza*, et par M. De Candolle, en 1812, sous le nom de *Chabræa*, appartient a l'ordre des Synanthérées, à notre tribu naturelle des Nassauviées, et à la section des Nassauviées-Trixidées, dans laquelle nous l'avons placé entre les deux genres *Martrasia* et *Leucheria*. (Voyez notre tableau des Nassauviées, tom. XXXIV, pag. 205, 209, 230.)

Nous avons observé les caractères de ce genre sur les trois espèces indiquées ou décrites dans le présent article, et notamment sur la première, qui est le type du genre, et dont nous avons soigneusement analysé deux calathides sèches, pour faire la description générique suivante.

Calathide incouronnée, radiatiforme, multiflore, labiatiflore, androgyniflore. Péricline inférieur aux fleurs extérieures, formé de squames subunisériées, à peu près égales, appliquées, oblongues, coriaces inférieurement, foliacées su-

périeurement. Clinanthe planiuscule, inappendiculé. Ovaires
oblongs, subcylindracés, hérissés de papilles piliformes ; aigrette longue, presque caduque, composée de squamellules
unisériées, égales, filiformes, barbées, à peine entregreffées
à la base. Corolles toutes uniformes, mais graduellement plus
grandes (par la lèvre extérieure) du centre à la circonférence de la calathide : tube large, membraneux, point distinct du limbe ; lèvre extérieure grande, étalée, colorée,
ovale, tridentée au sommet ; l'intérieure plus courte et plus
étroite, petite, roulée, décolorée, subulée, le plus souvent
indivise en apparence, mais toujours réellement partagée jusqu'à sa base en deux lanières cirrhiformes. Étamines parfaites dans toutes les fleurs, même extérieures : filets larges,
linéaires, membraneux; articles anthérifères courts, épaissis,
subglobuleux, calleux ; loges courtes ; appendices apicilaires
longs, linéaires, aigus, entregreffés ; appendices basilaires
longs, subulés, membraneux. Styles de Nassauviée, à base
globuleuse.

Nous connoissons trois espèces de *Lasiorrhiza.*

Portelaine pourpre : *Lasiorrhiza purpurea*, H. Cass. ; *Chabræa
purpurea*, Decand. ; *Perdicium purpureum*, Vahl. Nous avons
décrit cette espèce dans notre article Chabræa (tom. VIII,
pag. 46), auquel nous renvoyons nos lecteurs.

Portelaine a feuilles de cétérach ; *Lasiorrhiza ceterachi-
folia*, H. Cass. C'est une plante herbacée, à racine probablement vivace ; la tige est scapiforme, simple, dressée,
haute d'environ six pouces, très-laineuse ; les feuilles radicales ont quelque ressemblance extérieure avec celles du
ceterach officinarum, Decand. ; elles sont longues, avec le pétiole, de près de deux pouces et demi, molles, membraneuses, plus ou moins laineuses sur les deux faces, surtout
sur la face inférieure ; leur pétiole, long d'environ un pouce,
est étroit, linéaire, membraneux ; le limbe, long d'environ
quinze lignes, large d'environ six lignes, est ovale-oblong,
obtus et arrondi au sommet, découpé plus ou moins profondément et régulièrement sur les deux côtés en lobes opposés,
à peu près égaux, très-entiers, ordinairement arrondis ; la
tige porte environ deux feuilles très-distantes, bractéi-
formes, sessiles, oblongues, entières, et elle offre en outre,

près du sommet , plusieurs bractées rapprochées, longues, étroites, linéaires, lancéolées ou subulées, très-laineuses ; la calathide est solitaire au sommet de la tige scapiforme ; elle est grande, multiflore, radiatiforme ; son péricline, très-inférieur aux fleurs extérieures, est formé de squames à peu près égales, subunisériées, linéaires, aiguës, foliacées, coriaces à la base, très-laineuses extérieurement, glabres intérieurement ; le clinanthe est nu ; les ovaires sont obovoïdes-oblongs, hérissés de papilles ; leur aigrette est longue, blanche, plumeuse, composée de squamellules unisériées, égales, filiformes, barbées, qui paroissent un peu entregreffées à la base ; les corolles extérieures ont le tube long, et la lèvre extérieure étalée, longue, large, tridentée au sommet ; leur lèvre intérieure, incomparablement plus petite que l'extérieure et roulée en vrille, est longue, étroite, mince, membraneuse, diaphane, paroissant indivise, quoique toujours divisée presque jusqu'à sa base en deux lanières linéaires, immédiatement rapprochées, comme cohérentes ou collées par les bords, mais se séparant quand on les tiraille ; les étamines et le style offrent la structure propre aux Nassauviées.

Nous avons fait cette description, en Septembre 1825, sur un échantillon sec, alors innommé, recueilli par M. d'Urville dans les îles Malouines, et donné à M. Desfontaines par ce savant voyageur. La couleur des corolles étoit trop altérée dans cet échantillon, pour nous permettre de la déterminer.

PORTELAINE VISQUEUSE : *Lasiorrhiza viscosa*, H. Cass. Le collet de la racine est entouré par les bases desséchées des anciennes feuilles ; la tige est grêle, scapiforme, haute de trois pouces, très-laineuse, surtout au sommet ; les feuilles radicales sont longues d'environ quinze lignes, y compris le pétiole, qui est long de neuf lignes, très-large, membraneux, multinervé, étréci supérieurement ; le limbe. long de six lignes, large de trois lignes, est ovale-oblong, plus ou moins profondément découpé sur les deux côtés en lobes arrondis, entiers ; la face inférieure est presque glabre ; la supérieure est hérissée, surtout sur ses bords, de petits poils glanduleux, probablement visqueux ; la tige scapiforme porte une feuille sessile, analogue du reste aux radicales, et deux ou trois bractées sessiles, ovales-lancéolées, presque entières, rapprochées de la calathide, qui est solitaire et terminale.

Nous avons fait cette description, chez M. Desfontaines, sur un échantillon sec, innommé, rapporté, comme le précédent, des îles Malouines par M. d'Urville. Cette plante, beaucoup plus petite que l'autre, nous paroît en différer par des caractères bien suffisans pour constituer une espèce distincte.

M. Lagasca a nommé ce genre *Lasiorrhiza*, parce que, dit-il, toutes les espèces qui le composent portent de la laine sur le collet de leur racine. Quoi qu'il en soit, le nom de *Lasiorrhiza* nous semble devoir être préféré à celui de *Chabræa*, 1.° parce que le *Lasiorrhiza* fut publié un an avant le *Chabræa*; 2.° parce que M. De Candolle, en attribuant au *Chabræa* une couronne féminiflore, a fait une erreur, que M. Lagasca n'avoit point commise en décrivant les caractéres génériques du *Lasiorrhiza*, qu'il a, au contraire, expressément rapporté à la Polygamie égale. Remarquez que cette erreur est beaucoup plus grave qu'elle ne le paroit, car elle tendroit à faire rapporter le genre dont il s'agit à une tribu naturelle autre que celle à laquelle il appartient réellement, parce que toutes les Nassauviées ont la calathide incouronnée, androgyniflore, tandis que les Mutisiées ont la calathide presque toujours couronnée.

Le nom de *Rhinactina* devroit prévaloir sur ceux de *Lasiorrhiza* et de *Chabræa*, si la description de ce genre, publié par Willdenow en 1807, n'étoit pas tellement insuffisante, que M. Kunth le fait correspondre au *Dumerilia*, tandis que nous le rapportons au *Lasiorrhiza*, parce que Willdenow dit le clinanthe nu (*receptaculum nudum*).

M. Lagasca place le *Lasiorrhiza* entre le *Leucheria*, qui est de la tribu des Nassauviées, et le *Dolichlasium*, qui appartient probablement aux Mutisiées. M. De Candolle range le *Chabræa* entre le *Dumerilia*, qui appartient aux Nassauviées, et le *Chætanthera*, qui se rapporte aux Mutisiées.

M. Lagasca attribue au *Lasiorrhiza* deux espèces: 1.° le *Perdicium purpureum*, qu'il déclare avoir observé; 2.° le *Perdicium brasiliense*, qu'il paroît n'avoir point vu. M. De Candolle dit que le *Chabræa* comprend le *Perdicium purpureum*, décrit et figuré dans son Mémoire, et peut-être d'autres espéces de *Perdicium*, qu'il faudroit examiner; mais il attribue au genre *Trixis* le *perdicium brasiliense*, sur lequel nous n'avons point d'opinion, parce que nous ne l'avons pas vu. Ainsi, jusqu'à présent, nous ne pouvons admettre avec assurance, dans le genre *Lasiorrhiza*, que le *perdicium purpureum* et les deux espèces nouvelles que nous venons de décrire. (H. Cass.)

PORTENSCHLAGIA. (*Bot.*) Ce genre, de M. Trattenick, doit être réuni à l'olivetier, *elæodendrum*, dont il ne diffère que par le nombre des parties de la fructification, réduit à quatre au lieu de cinq. (J.)

PORTESIA. (*Bot.*) Genre de plantes dicotylédones, à fleurs complètes, polypétalées, de la famille des *méliacées*, de l'octandrie *monogynie* de Linnæus, offrant pour caractère essentiel : Un calice fort court, à quatre dents; quatre pétales connivens; un tube central formé par la réunion des filamens des étamines, divisé en huit découpures à son sommet; chaque découpure supportant une anthère; un ovaire ovale; un style court, épais; un stigmate en tête; une capsule velue, coriace, à deux loges, à deux valves, à deux semences.

Portesia ovale : *Portesia ovata*, Cavan., Diss., 7, tab. 215; Lamck., *Ill. gen.*, tab. 302, fig. 1; *Trichilia pallida*, Willd., Spec., 2, pag. 553. Cet arbre est chargé de rameaux garnis de feuilles alternes, pétiolées, ailées avec une impaire, composées de folioles, au nombre de cinq à sept, ovales-lancéolées, plus larges vers leur sommet, glabres, entières, presque sessiles, aiguës ou quelquefois obtuses; les inférieures plus petites que les supérieures; la foliole terminale beaucoup plus grande; les fleurs sont disposées en grappes axillaires, agglomérées, à peine longues d'un pouce; chaque fleur est pédicellée et munie d'une petite bractée à la base du pédicelle; le fruit consiste en une capsule fort petite, ovale, acuminée, revêtue d'un duvet roussâtre, tomenteux. Cet arbre croît à la Jamaïque, et à Saint-Domingue.

Portesia mucronée : *Portesia mucronata*, Cavan., *loc. cit.*, tab. 216; Lamck., *Ill. gen.*, tab. 302, fig. 2; *Trichilia heterophylla*, Willd., Spec., *loc. cit.* Cette espèce a des rameaux alternes, de couleur cendrée, garnis de feuilles pétiolées, alternes, ailées, composées de trois ou cinq folioles pédicellées,

glabres, ovales, mucronées au sommet, très-entières, traversées par une seule nervure rameuse; point de stipules. Les
fleurs sont disposées en grappes courtes, axillaires, terminales;
les calices fort courts, à quatre dents; les corolles jaunâtres;
les pétales ovales, concaves; le stigmate est en massue. Cette
plante croît à l'île de Madagascar. Ce genre a été consacré
par Cavanilles à la mémoire de Desportes, médecin-botaniste
de Saint-Domingue. (Poir.)

PORTIGALI-NIVULI. (*Bot.*) Nom brame de l'*euphorbia
tirucalli*. (J.)

PORTLANDIA. (*Bot.*) Genre de plantes dicotylédones, à
fleurs complètes, monopétalées, de la famille des *rubiacées*,
de la *pentandrie monogynie* de Linnæus, offrant pour caractère
essentiel : Un calice à cinq divisions profondes; une corolle
en entonnoir; le tube long et ventru; le limbe à cinq lobes;
cinq étamines, quelquefois quatre ou six; les anthères droites,
très-longues; un ovaire inférieur; un style; un stigmate obtus; le fruit est une capsule anguleuse, à deux valves, à deux
loges polyspermes.

Portlandia a grandes fleurs : *Portlandia grandiflora*, Linn.,
Syst. pl.; Lamck., *Ill. gen.*, tab. 162; Jacq., *Amer.*, tab. 44;
Smith, *Icon. pict.*, 1, tab. 6. Très-bel arbrisseau, remarquable
par la grandeur, la beauté et l'odeur agréable de ses fleurs,
assez semblables à celles du *datura speciosa* : il s'élève a la hauteur de six pieds, sur une tige droite et lisse, divisée en rameaux opposés, garnis de feuilles opposées, pé\u200biolées, lancéolées, presque elliptiques, longues de six à sept pouces; les
pétioles sont courts, munis à leur base de deux grandes stipules
élargies, acuminées, fort caduques; les fleurs sont axillaires,
presque terminales, opposées, solitaires, un peu pédonculées:
elles ont les divisions du calice grandes, ovales, souvent colorées ; la corolle est longue de cinq a six pouces, blanche, tubulée; le tube à cinq plis anguleux; les lobes du limbe droits,
un peu aigus; cinq étamines: les anthères souvent contour-
nées en spirale. La capsule est oblongue, à cinq angles, couronnées par les divisions du calice: elle renferme, dans deux
loges, des semences comprimées, imbriquées, un peu arrondies. Cette plante croit a la Jamaïque, dans les terrains pierreux et calcaires. Son écorce est très-amère.

Portlandia a quatre étamines : *Portlandia tetrandra*, Linn. fils, *Suppl.* Arbrisseau dont les feuilles sont glabres, pétiolées, opposées, très-rapprochées à l'extrémité des rameaux, ovales, elliptiques, munies à leur base de larges stipules acuminées; les fleurs sont axillaires, solitaires, pédonculées; l'ovaire est inférieur, presque tétragone, couronné par les quatre dents courtes et subulées du calice; la corolle est blanche, plus longue que le calice ; le tube presque quadrangulaire ; le limbe à quatre lobes; les anthères sont longues, linéaires, non saillantes. Cette plante croît à l'île des Sauvages, dans la mer Pacifique.

Portlandia a corymbes; *Portlandia corymbosa*, *Fl. Per.*, tab. 190, fig. *A.* Arbrisseau très-glabre, qui a la tige droite, haute de quinze à dix-huit pieds : l'écorce cendrée, très-amère; les rameaux étalés; les feuilles opposées, ovales, lancéolées, aiguës, très-entières, luisantes en dessus, longues de trois à quatre pouces ; les pétioles courts ; les stipules à demi circulaires, acuminées, persistantes; les corymbes terminaux : les pédicelles munis de petites bractées subulées; le calice une fois plus court que le tube de la corolle, à cinq découpures courtes, aiguës, subulées; la corolle blanche, quatre fois plus longue que le calice; le limbe à cinq lobes étalés, puis rabattus; une capsule brune, turbinée, un peu comprimée, à deux lobes, à dix nervures; les semences jaunâtres. Cette plante croît dans les Andes du Pérou. (Poir.)

PORTULA. (*Bot.*) Dillenius donnoit ce nom au *glaucoides* de Michéli ou *chabrœa* d'Adanson, qui est le *peplis* de Linnæus dans la famille des lythraires ou salicariées. (J.)

PORTULACA. (*Bot.*) Nom latin du genre Pourpier. (L. D.)

PORTULACARIA. (*Bot.*) Cette plante avoit d'abord été désignée par Linné sous le nom de *claytonia portulacaria*, Lamk., *Ill. gen.*, tab. 144, fig. 2. Jacquin en a fait un genre particulier, qu'il a nommé *Portulacaria afra*, *Coll.*, 1, pag. 162, tab. 22, et auquel il donne pour caractère essentiel : Un calice à deux folioles; cinq pétales; cinq étamines; trois styles; une capsule à trois valves, à une loge monosperme. C'est un arbrisseau de deux ou trois pieds. dont la tige est épaisse, presque arborescente, divisée en beaucoup de rameaux, qui forment une cime paniculée : ces rameaux sont articulés, composés d'une substance charnue, qui environne un corps ligneux de peu d'épaisseur; ils sont garnis de beaucoup de feuilles assez petites, charnues, opposées, succulentes, arrondies, presque en coin, un peu luisantes, d'un vert tendre; les fleurs sont petites, couleur de rose, placées le long des jeunes rameaux. Cette plante croît en Afrique. On la cultive au Jardin du Roi. (Poir.)

PORTULACÉES. (*Bot.*) Cette famille de plantes, qui tire son nom du pourpier, *portulaca*, fait partie de la classe des péripétalées ou dicotylédones polypétales, à étamines insérées au calice. Elle réunit les caractères suivans :

Un calice d'une seule pièce, divisé par le haut. Pétales en nombre défini, insérés au calice, alternes avec ses divisions, lorsque le nombre de celles-ci est égal. Quelquefois ces pétales sont réunis en une corolle monopétale; quelquefois ils n'existent pas. Étamines en nombre défini ou indéfini, également insérées au calice. Un ovaire simple et libre, le plus souvent uniloculaire, surmonté d'un style et d'un ou plusieurs stigmates, contenant un ou plusieurs ovules, portés sur un placentaire central; quelquefois divisé en deux à cinq loges, remplies d'un ou plusieurs ovules, et surmonté de plusieurs styles ou stigmates en nombre égal à celui des loges. Fruit capsulaire à une ou plus rarement à plusieurs loges, contenant une ou plusieurs graines attachées à un placentaire central. L'embryon dicotylédone courbe, roulé autour d'un corps périspermique central, farineux ou charnu.

Les plantes de cette famille, ordinairement un peu charnues, sont des herbes ou des arbrisseaux, rarement de petits arbres. Les feuilles sont opposées ou alternes, ordinairement charnues. La disposition des fleurs varie.

On peut diviser les portulacées en deux sections : la première, caractérisée par un fruit uniloculaire, renferme les genres *Portulaca; Claytonia; Cypselea* de M. Turpin; *Talinum; Fouquiera* de M. Kunth; *Calendarium* du même; *Montia ; Bacopa; Rokejeka* de Forskal, que M. Delile croit devoir être repoussé dans la classe des Hypopétalées, près du *Gypsophila.*

Un fruit à plusieurs loges distingue la seconde section, dans laquelle on place les genres *Trianthema, Limeum, Gi-*

sekia, *Portulacaria* de Jacquin, *Miltus* de Loureiro, *Bronnia* de M. Kunth.

Les portulacées restent toujours dans la classe des péripétalées. Elles avoient d'abord été placées entre les cactes ou nopalées et les ficoïdes. Dans une plus nouvelle distribution elles sont rapprochées des paronychiées, qui leur ont même enlevé quelques genres, et suivies des saxifrages. Leur place ancienne entre les deux précédentes est mieux occupée par la famille des loasées plus récente.

Plusieurs genres qui leur étoient associés primitivement, mieux examinés dans la suite, ont été reportés à d'autres familles. Le *Turnera* est maintenant uni aux loasées ; le *Tamarix* sera le type d'une famille distincte ; le *Scleranthus*, le *Mniarum* et le *Gymnocarpus* font partie des paronychiées, à la suite desquelles on laisse avec doute le *Telephium* et le *Corrigiola*. (J.)

PORTUMNE, *Portumnus*. (*Crust.*) Genre de crustacés décapodes brachyures, fondé par M. Leach, et que M. Latreille a nommé *Platyonichus*. Voyez l'article MALACOSTRACÉS, tome XXVIII, page 216. (DESM.)

PORTUNE, *Portunus*. (*Crust.*) Grand genre de crustacés décapodes brachyures, établi par Fabricius, et duquel on a retiré dans ces dernières années plusieurs espèces, pour en former les types de genres nouveaux. Voyez l'article MALACOSTRACÉS, tome XXVIII, page 217. (DESM.)

PORTUNE. (*Foss.*) Dans l'Histoire naturelle des crustacés fossiles, M. Desmarest a signalé deux espèces de ce genre à l'état fossile.

PORTUNE LEUCODONTE : *Portunus leucodon*, Desm., *loc. cit.*, pl. 6, fig. 1 — 3 ; *Crabe pétrifiée*, Davila, Catalog., tom. 3, pl. 3, fig. G. Carapace assez unie en dessus, ayant les bords latéro-antérieurs à huit dents ; pinces grosses, ayant leurs doigts munis, du côté interne, de tubercules arrondis, dont les postérieurs sont les plus gros, et de couleur blanche : longueur, deux pouces neuf lignes ; largeur, trois pouces dix lignes. C'est l'un des plus grands crustacés fossiles conservés dans les cabinets. Il en existe des échantillons dans la collection du Muséum d'histoire naturelle de Paris et dans celle de M. de Drée, qui ont été rapportés de Siam, d'autres de Manille et d'autres des Philippines. Ils sont toujours plus ou moins fracturés et incrustés dans un calcaire argileux assez dur; et quelquefois ils sont accompagnés de coquilles du genre Pirène.

Portune d'Héricart; *Portunus Hericartii*, Desm., *loc cit.*, pl. 5, fig. 5. Carapace à régions légèrement senties : cinq petites épines sur le bord inter-orbitaire, cinq autres sur chaque bord latéro-antérieur, et une forte pointe aux angles latéraux de la carapace : longueur et largeur deux pouces trois lignes.

Cette petite espèce, dont on ne possède que des carapaces d'un beau blanc et de nature calcaire, parfaitement isolées, a été trouvée par M. le Vicomte Héricart Ferrand dans le sable des carrières de grès d'Étrepilly, à deux lieues au nord de Meaux, avec des coquilles marines, et notamment des cérites. (D. F.)

PORULA. (*Bot.*) Quelques plantes marines ulvacées, intermédiaires entre les *ulva* et les *caleuyra*, forment le genre *Porula* de Rafinesque, qui, ne différant pas assez de l'*ulva*, ne sauroit être adopté. (Lem.)

PORUS. (*Min.*) Ce nom a trois acceptions.

Théophraste et Pline l'ont employé pour désigner une pierre semblable au marbre de Paros par la blancheur et la dureté, mais moins pesante. Sans la circonstance de la moindre dureté, et s'il étoit possible de déterminer avec quelque vraisemblance les pierres dont les anciens ont parlé, on pourroit présumer que le porus étoit un gypse saccaroïde; car il n'y a que cette pierre qui, étant semblable au marbre de Paros, et de couleur blanche, soit moins pesante que lui.

Gerhard, dans ses Essais sur la fusion des minéraux, a donné, je ne sais pourquoi, le nom de Porus au calcaire spathique.

Enfin la ponce a été nommée quelquefois *porus igneus*. Voyez Ponce. (B.)

PORVATTI-POU. (*Bot.*) Nom brame du *tsjude-maram* des Malabares, *justicia picta* de la famille des acanthacées. (J.)

PORZANE. (*Ornith.*) Ce nom a été donné à des hydrogallines ou gallinules, et à des râles. La marouette est le *rallus porzana*, Linn. (Ch. D.)

POSCH ou POST. (*Ichthyol.*) Poisson du genre Gremille. Voyez ce mot. (Desm.)

POSIDONIA (*Bot.*); Ann. bot., 4, pag. 96. C'est la même plante que le *Caulinia oceanica* de De Candolle, le *Kernera* de Willdenow. Voyez Caulinie. (Poir.)

POSITIFS [Caractères] (*Bot.*), tirés de la présence d'un organe : son absence en fournit de négatifs. Voyez Théorie fondamentale. (Mass.)

POSOPOSO. (*Bot.*) Nom que porte aux Philippines, suivant Pétiver, une espèce de papayer, *carica posoposa*. (J.)

POSOQUERI, *Posoqueria*. (*Bot.*) Genre de plantes dicotylédones, à fleurs complètes, monopétalées, de la famille des *rubiacées*, de la *pentandrie monogynie* de Linnæus, offrant pour caractère essentiel : Un calice persistant, turbiné, à cinq dents ; une corolle à long tube ; le limbe à cinq lobes réfléchis ; cinq étamines saillantes ; un ovaire inférieur ; un stigmate court, à deux lobes ; une grosse baie succulente, à deux loges ; des semences anguleuses.

Posoqueri a longues fleurs : *Posoqueria longiflora*, Aubl., Guian., 1, tab. 51 ; Lamck., *Ill. gen.*, tab. 163 ; *Cyrtanthus*, Schreb. ; *Posoqueria drupacea*, Gærtn. fils, *Carp.*, tab. 193. Arbrisseau de cinq à six pieds, dont la tige est revêtue d'une écorce verte et lisse, le bois dur et blanc ; les rameaux sont grêles, noueux, opposés, garnis à chaque nœud de deux feuilles opposées, pétiolées, glabres, entières, ovales, oblongues, aiguës, un peu sinuées à leurs bords, longues de sept pouces, larges de deux pouces et demi ; deux stipules roides, larges, aiguës ; les fleurs six ou huit, réunies en une sorte de corymbe terminal : chacune est pédicellée, munie de bractées écailleuses ; la corolle est blanche ; le tube fortement recourbé et pendant, long d'un pied, hérissé de poils blancs à son orifice ; les filamens sont courbés en arc, le cinquième plus court ; le fruit est une baie jaune, de la grosseur d'un œuf de poule, couronnée par les dents du calice ; sa substance est douce, succulente, bonne à manger, contenant environ une douzaine de semences, placées les unes sur les autres dans une pulpe rouge. Cette plante croît sur le bord des grandes rivières dans la Guiane. (Poir.)

POSSI-POSSI. (*Bot.*) Voyez Pitada. (J.)

POSSIRA (*Bot.*); *Swartia*, Willd. Genre de plantes dicotylédones, à fleurs complètes, de la famille des *légumineuses*, de la *polyandrie monogynie* de Linnæus, offrant pour caractère essentiel : Un calice à quatre divisions; un seul pétale; douze à vingt-six étamines libres; un ovaire pédicellé, supérieur; le style court; le stigmate obtus; une gousse bivalve, uniloculaire; les graines peu nombreuses.

Possira a trois feuilles : *Possira triphyllos*, Gmel., *Syst.*; *Possira arborescens*, Aubl., Guian., 2, tab. 355; Lamck., *Ill. gen.*, tab. 461, fig. 1, vulgairement Bois a flèche. Cet arbrisseau a la tige élevée à la hauteur de sept à huit pieds; son écorce lisse et grisâtre : son bois dur, jaunâtre, compacte; les branches tortueuses, étalées; les feuilles alternes, pétiolées, composées de trois folioles sessiles, minces, glabres, inégales, entières, ovales, aiguës; les pétioles munis d'une membrane courante, et à leur base de deux petites stipules aiguës; les fleurs axillaires, disposées par bouquets sur des pédoncules garnis à leur base de deux petites bractées, ainsi qu'à chacune de leurs divisions; le calice composé de deux ou quatre folioles arrondies, très-caduques. Il n'existe qu'un seul pétale jaune, large, arrondi et frangé; plusieurs des étamines sont plus courtes, avec des anthères stériles; le fruit est une gousse coriace, renfermant trois ou quatre semences anguleuses, attachées par un cordon ombilical frangé à un placenta situé au fond des valves. Cette plante croît dans les forêts de la Guiane. Elle porte le nom de *bois à flèche*, à cause de l'usage que les naturels du pays font de cet arbrisseau, en armant le bout de leurs flèches avec un morceau de son bois taillé en pointe. Ses semences sont d'un goût très-désagréable et fort âcres. Aublet rapporte que, pour en avoir seulement goûté une, ses lèvres se sont aussitôt enflammées et enflées.

Possira a feuilles simples : *Possira simplex*, Swartz; *Rittera simplex*, Vahl, *Symb.*, 2, pag. 50. Plante de l'Amérique méridionale, dont les rameaux sont bruns, parsemés de points épars et blanchâtres; les feuilles simples, pétiolées, glabres, alternes, ovales, entières, longues de trois pouces, obtuses; les pétioles courts, un peu ailés; les stipules droites, roides, sétacées, munies de deux dents à leur sommet; les fleurs axillaires, disposées en corymbes terminaux; les pédoncules beaucoup plus courts que les feuilles. Le calice est glabre, coriace, épais, à quatre découpures oblongues; le grand pétale arrondi, une fois plus long que le calice; les étamines sont nombreuses, de la longueur de la corolle; l'ovaire est pédicellé, lancéolé, comprimé.

POSSIRA A DOUZE ÉTAMINES : *Possira dodecandra*, Poir., Encycl.; *Rittera dodecandra*, Vahl, *Symb.*, 2, tab. 34; Lamck., *Ill. gen.*, tab. 461, fig. 2. Cette espèce est beaucoup plus petite, plus délicate dans toutes ses parties que la précédente : elle s'en distingue par ses douze étamines, par deux tubercules sur le pétiole; ses rameaux sont pubescens à leur partie supérieure; les feuilles alternes, pétiolées, ovales, aiguës, arrondies à leur base, longues de deux pouces; les fleurs sont disposées en grappes axillaires, plus courtes que les feuilles; les pédoncules filiformes, renflés à leur sommet, munis de deux bractées sétacées, ainsi que les pédicelles; le calice est partagé en quatre folioles glabres, oblongues; le pétale fort petit ; les étamines sont une fois plus longues que le calice; les anthères globuleuses. Cette plante croît dans l'Amérique méridionale.

POSSIRA A GRANDES FLEURS : *Possira grandiflora*, Poir., Encycl., Sup.; *Swartia grandiflora*, Willd., *Spec.*, 2, pl. 1220; *Rittera grandiflora*, Vahl, *Egl.*, 2, p. 37, et *Pl. amer.*, dec. 1, tab. 9. Cette espèce se rapproche du *possira simplex* : elle s'en distingue par ses feuilles plus minces, plus étroites, plus aiguës; les fleurs plus grandes, ordinairement au nombre de trois sur chaque pédicelle; les rameaux sont glabres, de couleur brune; les feuilles glabres, ovales, alongées, veinées, un peu ondulées; les pétioles munis à leur sommet, de deux dents peu sensibles; les stipules sétacées; les pédoncules axillaires, plus courts que les feuilles; les pédicelles longs d'un pouce; les bractées fort petites; le calice est coriace, divisé en deux, trois ou quatre lanières ovales, inégales, trois fois plus courtes que la corolle; le seul pétale onguiculé, arrondi, long d'un pouce et demi, à onglet très-court; les étamines sont nombreuses, plus courtes que la corolle : il y en a quinze plus longues que les autres; l'ovaire est pédicellé, lisse, comprimé; le stigmate aigu; la gousse longue de deux pouces, à une ou deux semences. Cette plante croît à l'île de la Trinité.

POSSIRA AILÉ : *Possira pinnata*, Poir., Encycl., Suppl.; *Rittera*

pinnata, Vahl, *Egl.*, 2, pag. 38; *Swartia pinnata*, Willd., *Spec.*
Cette plante a des rameaux glabres, cylindriques; des feuilles
alternes, longues d'un pied, ailées avec une impaire, composées de deux paires de folioles opposées, glabres, longues de
sept pouces, elliptiques, entières, acuminées; les grappes géminées, longues d'un demi-pied; les pédoncules anguleux,
chargés d'un duvet léger et grisâtre; le calice d'abord globuleux, de la grosseur d'un pois; le pétale arrondi, onguiculé, de
moitié plus long que le calice; les étamines nombreuses, dont
deux opposées aux pétales, plus longues que les autres; une
gousse pendante, pédicellée, longue de six pouces. Cette
plante croît à l'île de la Trinité. (Poir.)

POSSUM ou OPOSSUM. (*Mamm.*) Ce nom a été donné plus
particulièrement comme nom d'espèce, au didelphe quatre-
œil. (F. C.)

POST. (*Ichthyol.*) Un des noms de la perche goujonnière.
Voyez Gremille. (H. C.)

POS-TA-KISK. (*Ornith.*) Voyez Pestasisch. (Ch. D.)

POSTILLON. (*Ornith.*) On trouve sous ce mot, dans l'Encyclopédie méthodique (*chasses*), l'indication vague d'un oiseau
qui fréquente les bords des mers du Kamtschatka, et qui est
dit avoir le plumage noir, et le bec, ainsi que les pieds, rouges,
circonstances propres à le faire supposer un huîtrier, *hœma-
topus ostralegus*, Linn.; mais le *Manuel du naturaliste*, ouvrage
aussi superficiel que le premier, ajoute à l'article de cet oiseau, que c'est une espèce de pétrel, et il cite la dénomination latine de *columba groenlandica batavorum*. (Ch. D.)

POT-VERT. (*Conchyl.*) Le sabot marbré, *turbo marmora-
tus*, a quelquefois reçu ce nom vulgaire. (Desm.)

POTALIA. (*Bot.*) Genre de plantes dicotylédones, à fleurs
complètes, monopétalées, très-voisin de la famille des *gentianées*, de la *décandrie monogynie* de Linnæus, offrant pour
caractère essentiel : Un calice turbiné, à quatre divisions;
une corolle monopétale; le tube très-court; le limbe à dix
divisions profondes; dix étamines; un style; un stigmate pelté;
une capsule en forme de cerise, un peu charnue, à trois
loges; les semences nombreuses.

Potalia amère : *Potalia amara*, Aubl., Guian., 1, tab. 151;
Lamck., *Ill. gen.*, tab. 548; *Nicandra*, Schreb., *Gen.* Cette

plante est très-amère dans toutes ses parties; ses jeunes tiges distillent une résine jaune, qui, exposée au feu, répand une odeur suave, approchant de celle du benjoin. Ses tiges sont droites, simples, noueuses, dures, presque ligneuses, de la grosseur du doigt, garnies de feuilles simples, opposées, particuliérement les supérieures, oblongues, rétrécies à leur base, un peu pointues à leur sommet, traversées par une nervure saillante, longues d'un pied et demi, larges de cinq pouces; le pétiole est court, dilaté à sa base en une gaine qui embrasse la tige; les fleurs sont terminales, portées sur un pédoncule commun, ordinairement trichotome, enveloppé par une gaine à sa base; chaque fleur, pédicellée, opposée et garnie de deux écailles à sa base, a le calice épais, d'un jaune doré; la corolle plus courte que le calice, blanche, à dix divisions profondes, appliquées les unes sur les autres; les anthères vertes; le fruit est ovale, charnu, à six côtés, de la grosseur d'une cerise. Cette plante croît dans les grandes forêts de la Guiane. On emploie ses feuilles et ses jeunes rameaux en tisane pour les maladies vénériennes : elle est vomitive à forte dose. (Poir.)

POTAMÉES. (*Bot.*) Famille de plantes toutes aquatiques, dont le *potamogeton* fait partie. L'énumération des caractères qui le distinguent, est nécessaire pour déterminer la place qu'elle doit occuper dans la série générale. Ces caractères sont les suivans :

Fleurs hermaphrodites ou diclines. Calice divisé plus ou moins profondément en plusieurs segmens, ou non existant et remplacé par une spathe; corolle nulle; plusieurs ovaires en nombre défini (un seul dans le *posidonia* et le *naias*), sessiles sur un réceptacle commun au fond de la fleur, ou portés sur un pivot central, élevé en forme de spadice; chaque ovaire surmonté d'un style quelquefois non existant et d'un stigmate simple; étamines en nombre défini, insérées au réceptacle ou sur le pivot dans les fleurs hermaphrodites, placées séparément dans les diclines soit sur le même pied soit sur des pieds différens; les ovaires changés en capsules indéhiscentes, uniloculaires et monospermes (tétraspermes dans un *naias*); graine renversée, insérée au sommet de la loge et pendante; embryon dénué de périsperme, monocotylédone, ayant la radicule dirigée inférieurement vers le point opposé à l'ombilic de la graine ; le cotylédon droit ou recourbé contre la radicule, et le point de la gemmule ou de la germination latéral dans l'embryon droit, placé sur la courbure dans l'embryon recourbé.

Les plantes de cette famille sont des herbes aquatiques, quelques-unes marines, la plupart habitant les eaux douces. Les feuilles sont simples, alternes ou plus rarement opposées. Les fleurs sont axillaires ou terminales, solitaires ou en épis.

C'est Ventenat qui, le premier, dans son *Tableau du règne végétal*, en 1800, a établi, sous le nom de fluviales, cette famille, dont il a tracé les principaux caractères. Il y rapportoit les genres *Potamogeton*, *Ruppia*, *Zanichellia*, *Zostera*, dans lesquels Gærtner avoit antérieurement indiqué l'absence du périsperme dans la graine et l'unité du cotylédon dans l'embryon. Richard, dans son *Analyse du fruit*, en 1810, a simplement rappelé la même sous le nom de potamophiles à l'occasion de quelques caractères importans, en citant les mêmes genres et y ajoutant le *naias*. Il a donné, en 1817, dans les Annales du Muséum, une analyse détaillée de leur embryon, laquelle avoit été aussi présentée en 1816 dans le même recueil par M. Mirbel.

C'est en réunissant ces diverses notions, qu'on a pu tracer le caractère général de la famille, qui sera peut-être encore susceptible de quelque révision, si certains genres sont mieux observés, ou si d'autres plus nouveaux doivent y être réunis, quoique différant en quelques points.

On n'a pu conserver à cette série le nom de fluviales, parce que plusieurs de ses genres n'habitent pas les rivières et croissent dans la mer ou dans des eaux stagnantes. On a aussi préféré au nom potamophiles celui de potamées, qui est plus court et exprime mieux l'idée simple et unique d'une plante associée au *Potamogeton*, genre principal de la série. (J.)

POTAMEIA. (*Bot.*) Ce genre, observé à Madagascar par M. du Petit-Thouars, ne diffère du *Cenarrhenes* de M. Labillardière dans la famille des protéacées, que par un calice urcéolé et des glandes plus arrondies. (J.)

POTAMICA. (*Bot.*) Plante de l'île de Madagascar, à tige ligneuse, à feuilles alternes, linéaires-lancéolées ; les fleurs petites, axillaires, globuleuses, paniculées. M. du Petit-Thouars (*Nov. gen. Madag.*, n.° 16) en a fait un genre particulier, de la famille des *laurinées*, de la *tétrandrie monogynie* de Linnæus, offrant pour caractère essentiel : Un calice urcéolé, à quatre lobes; point de corolle; quatre étamines; les filamens courts, élargis, insérés sur les lobes du calice; quatre glandes rondes à la base de l'ovaire; un ovaire simple; un style presque nul; un drupe ovale, monosperme, rétréci à sa base, renfermant un noyau; l'embryon dépourvu de périsperme; la radicule inférieure et latérale. (Poir.)

POTAMIDA. (*Ornith.*) Nom, en grec moderne, de la fauvette babillarde. *motacilla curruca*, Linn. (Ch. D.)

POTAMIDE, *Potamida*. (*Conchyl.*) M. Brongniart a distingué sous ce nom les espèces de cérites dont le canal est court, droit, et qui vivent à l'embouchure des rivières, comme le *C. palustre*, qui entre dans le genre Pirène de Denys de Montfort. (De B.)

POTAMIDE. (*Foss.*) M. Brongniart, qui a établi ce genre, lui a assigné les caractères suivans : *Coquille turriculée, ouverture presque demi-circulaire, comme pincée à la base de la columelle et terminée par un canal très-court, qui est à peine échancré; point de gouttière à l'extrémité supérieure du bord droit, mais la lèvre externe dilatée.*

Les potamides ont un très-grand rapport avec les cérites ; mais le nombre des espèces de ces dernières est si considérable que, si l'on peut saisir quelques caractères qui servent à le diminuer, on ne doit pas rejeter ce moyen de rendre plus facile la détermination de cette nombreuse famille.

Les potamides diffèrent des cérites proprement dites, en ce que l'ouverture, au lieu d'être oblongue, est presque demi-circulaire, sans obliquité, et qu'elles ne portent pas de gouttière à l'extrémité supérieure du bord droit.

Potamide de Lamarck : *Potamides Lamarckii*, Brongn., Ann. du Mus. d'hist. nat., tom. 15, pl. 22, fig. 2 et 3; Cérite tuberculée (Brard). Cette coquille porte trois rangées très-distinctes de tubercules, à peu près égaux, sur la partie supérieure de chaque tour de spire; la partie inférieure, qui n'est visible qu'au dernier tour, est marquée de trois ou quatre sillons profonds. On compte quatorze tours de spire ; longueur, quatorze lignes.

Cette coquille a beaucoup de rapports avec le *cerithium radula*, figuré par Lister au nombre des coquilles fluviatiles. Elle a aussi quelque ressemblance avec le *bulimus auritus* de Bruguières, qui est de l'intérieur de l'Afrique. On trouve cette espèce aux environs de Paris, dans les silex opaques qui recouvrent, à la descente de Longjumeau, le banc de sable sans coquilles. Elle a laissé dans ces silex le moule de sa cavité intérieure et extérieure; elle y est accompagnée de limnées renflées, de limnées ovoïdes, de gyrogonites et de tiges articulées.

Très-souvent le têt a disparu, mais quelquefois il s'est conservé avec des couleurs roussâtres ou brunâtres.

On trouve encore cette espèce dans la forêt de Montmorency, au-dessus de Saint-Leu. M. Brongniart l'a encore rencontrée, accompagnée de corps organisés terrestres ou d'eau douce, à Aurillac, département du Cantal, et à Nonette près d'Issoire, département du Puy-de-Dôme.

Potamides ventricosus; Sow., *Min. conch.*, vol. 4, fig. 52, tab. 341, fig. 1. Cette espèce porte sept à huit tours de spire arrondis, chargés chacun de trois petites côtes transverses, qui portent de plus grosses côtes longitudinales : longueur, six lignes. On trouve cette espèce dans un banc de glaise dans l'ile de Wight en Angleterre.

M. Sowerby a encore donné, dans le même ouvrage, la description des *Potamides acutus*, *P. cinctus*, *P. concavus*, *P. duplex*, *P. margaritaceus*, *P. plicatus*, *P. politus* et *P. rigidus*, ainsi que les figures pl. 338, 339, 340 et 341 ; mais cet auteur présente une partie de ces espèces avec le doute qu'elles appartiennent à ce genre.

On trouve à Villiers et au Breuil, près de Mantes-la-Ville, des moules de potamides très-alongées. Elles sont associées dans un calcaire avec des individus du *cyclostoma mumia*. On trouve aussi des espèces de ce genre dans un banc de marne argileuse de la butte Montmartre, à Aix en Provence, dans des marnes calcaires. compactes, avec des cyclades, et près de Rambouillet. (D. F.)

POTAMIPHE, *Potamiphus*. (*Chétop.*) Genre de vers à tuyaux,

de la famille des amphitrites, suivant son auteur, et que
M. Rafinesque-Schmaltz a établi (Journ. de phys., Juin 1819,
p. 425). Les caractères qu'il lui assigne, sont : Corps cylindracé, rugueux, pourvu de quelques appendices latéraux plats;
tête entourée par une aile circulaire; tube sabuleux, cylindracé, perforé aux deux extrémités, operculé en avant. L'espèce
qui lui sert de type vit dans l'Ohio et n'a que trois quarts
de pouce de long; son corps est gris, sa tête noire, l'aile
hyaline; les appendices sont obtus et au nombre de quatre
paires; le tube est atténué régulièrement; l'opercule est ré-
niforme, mobile, membraneux et strié. M. Rafinesque ajoute
que cet animal ressemble un peu aux mollusques pleurop-
tères, probablement ptéropodes; ce qui nous fait douter que
ce soit un véritable chétopode. (De B.)

POTAMOBIA. (*Crust.*) M. Leach a ainsi modifié le nom
de *potamophilus*, proposé par M. Latreille, pour un genre
de crustacés. (Desm.)

POTAMOGETON. (*Bot.*) Nom latin du genre Potamot. (L. D.)

POTAMON. (*Crust.*) Nom donné par M. Savigny au genre
de crustacés, établi par M. Latreille sous le nom de Telphuse.
(Desm.)

POTAMOPHILE, *Potamophilus.* (*Crust.*) M. Latreille avoit
d'abord donné ce nom au genre de crustacés décapodes brachyures, que depuis il a appelé Telphuse. (Desm.)

POTAMOPHYLLE, *Potamophylla.* (*Bot.*) Genre de plantes
monocotylédones, à fleurs glumacées, de la famille des *graminées*, de l'*hexandrie digynie* de Linnæus, offrant pour caractère
essentiel: Des fleurs polygames ou monoïques; un calice bivalve, uniflore, très-petit; une corolle bivalve, mutique; sa
valve extérieure pourvue de cinq nervures, l'intérieure de trois;
deux écailles à la base de l'ovaire; six étamines; deux styles.

Potamophylle a petites fleurs; *Potamophylla parviflora*, Rob.
Brown, *Nov. Holl.*, 1, p. 211. Ses tiges sont simples ou médiocrement rameuses, hautes de trois à cinq pieds, réunies en
gazons touffus, occupant très-souvent, dans les eaux, leur lieu
natal, un très-vaste espace; les feuilles sont alternes, étroites,
un peu roulées en dedans; leur gaine porte, à son orifice,
une membrane alongée, déchiquetée; les fleurs sont disposées
en une panicule droite, étalée; elles sont polygames et très-

4.   7

souvent monoïques; les supérieures sont mâles ou hermaphrodites; les autres femelles : dans celles-ci les stigmates sont
beaucoup plus grands, et les étamines avortées; dans les unes
et les autres le calice est bivalve, uniflore, très-petit; la
corolle bivalve, mutique, membraneuse; la valve extérieure
munie de cinq nervures, l'intérieure de trois; l'ovaire, pourvu
à sa base de deux petites écailles, porte deux styles à stigmates plumeux ; les étamines sont au nombre de six. Cette
plante croît à la Nouvelle-Hollande. (Poir.)

POTAMOPHYTIS. (*Bot.*) Adanson substitue à l'*elatine* de
Linnæus ce nom, que Buxbaum donnoit à l'*elatine alsinastrum*.
(J.)

POTAMOS - IPPOS. (*Mamm.*) Nom de l'hippopotame en
grec dans Aristote. (Desm.)

POTAMOT; *Potamogeton*, Linn. (*Bot.*) Genre de plantes
monocotylédones, de la famille des *alismacées*, Juss., et de la
tétandrie tétragynie, Linn., qui présente les caractères suivans:
Calice de quatre folioles arrondies, caduques; corolle nulle;
quatre étamines à filamens courts, chargés d'anthères à deux
loges ; quatre ovaires ovales, acuminés, surmonté chacun
d'un stigmate obtus et sessile; fruit formé de quatre petites
noix monospermes.

Les potamots sont des plantes herbacées qui vivent toutes
au sein des eaux, où leurs tiges sont flottantes, garnies de
feuilles alternes, assez souvent opposées dans la partie supérieure; leurs fleurs sont rapprochées les unes des autres et
disposées en épis pédonculés et le plus souvent axillaires. On
en connoît quarante-cinq espèces, dont dix-neuf croissent
naturellement en France. Ces plantes ne présentent que très-
peu d'intérêt, nous nous bornerons à en décrire seulement
quelques-unes.

* *Feuilles ovales, oblongues ou lancéolées.*

Potamot nageant, vulgairement Épi d'eau : *Potamogeton na-
tans*, Linn., *Sp.*, 182 ; *Fl. Dan.*, t. 1025. Ses tiges sont longues,
articulées, rameuses, garnies inférieurement de feuilles oblongues-lancéolées, et, dans leur partie supérieure, de feuilles
ovales-oblongues, aiguës, arrondies et un peu en cœur à leur
base, flottantes au-dessus de la surface de l'eau. Elles sont

munies, à leur base, de stipules grandes, lancéolées, engaînantes. Les fleurs sont d'un blanc sale, disposées en un épi cylindrique, serré, long d'un à deux pouces, porté sur un pédoncule axillaire. Cette plante croit en France et en Europe, dans les étangs, les lacs et les eaux dormantes. Les *Potamogeton heterophyllum*, Willd.; *P. fluitans*, Willd., et *P. variifolium*, Thore, diffèrent peu de l'espèce précédente et n'en sont peut-être que des variétés.

POTAMOT PERFOLIÉ : *Potamogeton perfoliatum*, Linn., *Sp.*, 182; *Fl. Dan.*, t. 196. Sa tige est grêle, rameuse, entièrement submergée, garnie de feuilles ovales, un peu en cœur à leur base et amplexicaules, assez écartées les unes des autres. Les fleurs sont verdâtres, disposées, dix à quinze ensemble, en épis ovales-oblongs, portés sur des pédoncules axillaires. Cette espèce n'est pas rare dans les rivières et dans les étangs.

POTAMOT LUISANT : *Potamogeton lucens*, L., *Sp.*, 183; *Fl. Dan.*, t. 195. Ses tiges sont longues, articulées, rameuses, garnies de feuilles alternes, ovales - lancéolées, luisantes, transparentes, rétrécies à leur base en un court pétiole, et munies de stipules aussi longues que les entrenœuds. Ses fleurs sont verdâtres, disposées en épis oblongs, portées sur des pédoncules axillaires. Cette plante croit dans les étangs et les rivières dont le fond est argileux.

POTAMOT SERRÉ; *Potamogeton densum*, Linn., *Sp.*, 182. Ses tiges sont longues, menues, dichotomes à leur partie supérieure, garnies de feuilles sessiles, ovales-lancéolées, opposées, ondulées, rapprochées les unes des autres. Ses fleurs sont verdâtres, réunies, au nombre de quatre à six, en un épi court et axillaire. Cette plante est commune dans les fontaines et dans les ruisseaux.

POTAMOT CRÉPU; *Potamogeton crispum*, Linn., *Sp.*, 183. Ses tiges sont longues, rameuses, garnies de feuilles oblongues, sessiles, alternes, ondulées, crépues ou finement denticulées en leurs bords. Ses fleurs sont verdâtres, disposées, au nombre de cinq à huit, en un épi ovale. Cette espèce croit dans les fossés aquatiques et les petites rivières.

** *Feuilles linéaires.*

POTAMOT COMPRIMÉ : *Potamogeton compressum*, Linn., *Sp.*,

183 ; *Fl. Dan.*, t. 203. Ses tiges sont menues, comprimées, rameuses, garnies de feuilles linéaires, sessiles, planes, luisantes, un peu transparentes, terminées en pointe presque obtuse. Ses fleurs sont verdâtres, rapprochées, quatre à six ensemble, en un épi court. Cette plante se trouve dans les étangs et dans les ruisseaux où l'eau coule lentement.

Potamot graminé : *Potamogeton gramineum*, Linn., Sp., 184; *Fl. Dan.*, t. 222. Ses tiges sont très-grêles, rameuses, garnies de feuilles linéaires, alternes, munies de stipules moitié plus courtes qu'elles et embrassant exactement la tige. Les fleurs sont verdâtres, disposées en épi court, épais ; il leur succède des fruits assez gros comparativement à la finesse du reste de la plante. Cette espèce croît dans les eaux stagnantes et les ruisseaux.

Potamot fluet ; *Potamogeton pusillum*, Linn., Sp., 184. Ses tiges sont foibles, extrêmement menues, garnies de feuilles alternes ou opposées, linéaires - filiformes. Les fleurs sont verdâtres, disposées en un épi alongé et souvent interrompu. Cette plante croît dans les étangs et les eaux stagnantes.

Potamot marin ; *Potamogeton marinum*, Linn., Sp., 184. Ses tiges sont filiformes, très-rameuses, garnies de feuilles alternes ou opposées, filiformes, munies à leur base d'une gaine blanche, et scarieuse sur les bords. Les fleurs sont disposées en un épi très-interrompu. Cette espèce croît dans les eaux stagnantes au voisinage des bords de la mer.

Les potamots sont peu utiles ; leurs tiges, entières, chargées de leurs feuilles, retirées de l'eau et séchées, pourroient servir à emballer les objets casuels en faïence, porcelaine, verre, etc. Le plus souvent les cultivateurs qui sont dans le voisinage des étangs où ces plantes sont communes, les retirent avec de grands rateaux, et ils les laissent en tas sur le rivage jusqu'à ce qu'elles soient assez pourries et consommées, et ils s'en servent alors en guise de fumier pour amander leurs terres ; c'est un bon engrais. Dans les rivières peu profondes, où les potamots sont abondans, ils embarrassent en été le cours des eaux et gênent la navigation ; on est obligé de les couper à la faux le plus profondément possible. En plaçant, de distance en distance, horizontalement sur la surface de l'eau et en travers des rivières, de grandes perches qui en barrent le courant, les plantes coupées, qui s'en vont au fil de l'eau, se trouvent bientôt arrêtées, et on peut les retirer facilement avec de grands crochets, à mesure qu'elles sont amassées, et en faire du fumier, ainsi qu'il vient d'être dit. (L. D.)

POTAN. (*Conchyl.*) Adanson (Sénég., p. 75, pl. 5) décrit et figure sous ce nom l'animal qui a servi à l'établissement de son genre Mantelet ou Péribole, et que Gmelin a nommé *Conus bullatus*. Il ne diffère pas de sa *Bulla cyprœa*, qu'il avoit bien soupçonnée être le jeune âge d'une porcelaine, ce qui a été à peu près mis hors de doute par Bruguières. Voyez ce mot et PÉRIBOLE. (DE B.)

POTA-PULLU. (*Bot.*) Espèce de souchet du Malabar, cité et figuré par Rhéede. (J.)

POTARCUS. (*Bot.*) Genre de la famille des algues, établi par Rafinesque-Schmaltz, qu'il caractérise ainsi : Substance flottante, plane, mince, charnue, gélatineuse, divisée en deux parties distinctes; l'inférieure, homogène, un peu celluleuse, la supérieure en forme d'épiderme épais, très-finement granuleux.

Le POTARCUS BICOLOR, Rafin. (Journ. phys., Mai 1819, p. 107), est circulaire, entier, vert en dessus, brunâtre en dessous; à cellules extérieures inférieurement oblongues, obtuses, éparses. Cette plante, très-voisine des *rivularia*, se trouve dans les eaux douces des États-Unis, et notamment dans l'Ohio. On la nomme *Goose-meat*, viande d'oie, à cause que les oies sauvages en sont très-friandes. Elle acquiert jusqu'à six pouces de diamètre. M. Bory de Saint-Vincent soupçonne le *potarcus* très-voisin de ses genres *Cahos*, *Heterocarpella* et *Helierella*; il a aussi des analogies avec les *Palmella* et les *Tremella*, tous genres qui maintenant sont considérés comme composés d'êtres qui, par leur composition, doivent former une classe intermédiaire entre les végétaux et les animaux. (LEM.)

POTASSE. (*Chim.*) C'est le protoxide du métal appelé *potassium*. (CH.)

POTASSE NITRATÉE. (*Min.*) Voyez NITRE. (B.)

POTASSE SULFATÉE. (*Min.*) Ce sel se montre bien rarement dans la nature. On ne l'y trouve que dans deux circonstances; ou dissous dans quelques eaux minérales, ou en petites masses concrétionnées dans les cavités des laves.

Cette circonstance est celle qui a décidé Haüy, et qui peut déterminer les minéralogistes à introduire ce sel dans le système de minéralogie.

La potasse sulfatée, qui n'a pas encore de nom univoque et trivial, est dissoluble dans seize fois son poids d'eau à 16 deg. cent. Elle a une saveur amère désagréable. Elle est inaltérable à l'air. Sa pesanteur spécifique est de 2,4. Elle est composée

de potasse. . . . .　54
d'acide sulfurique . . . . .　46.

Elle cristallise bien. Sa forme primitive est un rhomboïde aigu, dans lequel l'incidence de deux faces, prises vers un même sommet, est de $87^d 48'$ (Haüy.)

Sa forme la plus ordinaire est assez remarquable pour avoir frappé les minéralogistes anciens. C'est tantôt un dodécaèdre bipyramidal à triangles isocèles, tantôt un prisme à six pans, terminé par les pyramides de ce dodécaèdre. Ce sont les formes de quarz, aux angles près; aussi Linnæus avoit placé le nitre, le sulfate de potasse et le quarz dans la même espèce, en nommant celui-ci *nitrum lapidosum, quarzosum, octodecaedrum*, et Sage, conduit probablement par la ressemblance de forme, avoit appelé le quarz un tartre vitriolé (potasse sulfatée) naturel.

La potasse sulfatée des laves ne s'est encore trouvée qu'au Vésuve en petites masses mamelonnées, blanchâtres, à surface colorée par des teintes de verdâtre et de bleuâtre. (B.)

POTASSIUM. (*Chim.*) Corps simple, compris dans la deuxième section des métaux. Il est caractérisé par la propriété de produire l'alcali appelé potasse, lorsqu'il se combine avec environ le cinquième de son poids d'oxigène.

Le potassium a un éclat métallique, semblable à celui de l'argent mat; mais, exposé à l'air, il devient d'un gris livide, ainsi que cela arrive au plomb.

Il est ductile. On peut le pétrir et le couper. Quand on le rompt, il présente dans sa cassure des parties brillantes, qui sont évidemment cristallisées.

A la température de 15° il pèse 0,86507, l'eau pesant 1, suivant MM. Gay-Lussac et Thénard.

A 58° centig. le potassium entre en fusion. On fait cette

expérience en le chauffant au milieu de l'huile de naphte
dans une petite cloche. Le potassium peut être volatilisé dans
un tube de verre ; mais il faut une température rouge.

Il est bon conducteur de l'électricité.

Propriétés chimiques.

Le potassium, réduit en lames minces, plongé dans une
atmosphère d'air sec à la température ordinaire, perd son
brillant; il devient bleu, puis blanc grisâtre. Si l'on entretient de l'oxigène dans l'atmosphère jusqu'à ce que le métal
en ait absorbé le cinquième de son poids, et qu'alors on arrête
l'opération et qu'on chauffe l'oxide produit dans une cloche
de gaz azote, posée sur le mercure, on obtient, suivant M.
Thénard, du protoxide de potassium pur ou de la potasse
anhydre.

Si on presse le potassium, en ayant soin d'en séparer la
couche extérieure qui s'est oxidée, il peut s'enflammer à la
température de 10° à 15°.

Le potassium, chauffé dans l'air sec, brûle vivement; il
absorbe trois fois plus d'oxigène que dans la combustion lente.
L'oxide produit est jaune.

Les résultats sont les mêmes avec l'oxigène sec qu'avec
l'air, sauf que l'énergie comburante du premier est plus forte
que celle du second.

Pour opérer la combustion vive du potassium, on remplit
une petite cloche de verre, courbée à son extrémité, d'air
ou de gaz oxigène sec; on fait passer, au moyen d'une tige
de fer, dans la partie courbée, une petite capsule ovale de
platine ou d'argent, et on porte, au moyen de la même tige,
du potassium dans la capsule; en chauffant ensuite le métal avec
une lampe à alcool, il s'enflamme, et la capsule devient rouge.

Si l'on fait passer un morceau de potassium, enveloppé
de papier, dans une cloche remplie avec du mercure et
quelques grammes d'eau, ce dernier liquide est décomposé
avec une grande rapidité. Il se dégage du gaz hydrogène,
sans manifestation de lumière. La quantité d'hydrogène recueillie fait voir que l'oxigène qui s'est fixé au métal, a produit du protoxide de potassium ou de la potasse; d'ailleurs

l'eau présente toutes les propriétés d'une solution alcaline : elle verdit le sirop de violette, bleuit l'hématine et neutralise l'acide sulfurique, etc.

Si l'on projette le potassium sur de l'eau qui est en contact avec l'atmosphère, ce liquide est également décomposé; mais, à mesure que l'hydrogène se dégage, il s'enflamme, parce que sa température est élevée. La potasse qui se forme rougit et produit une petite explosion, en se dissolvant dans l'eau quand il n'y a plus de potassium. Le calorique qui se dégage est dû à l'eau décomposée, à la combustion de l'hydrogène et à la combinaison de l'eau avec la potasse. L'hydrogène qui enveloppe le métal, s'oppose à son oxigénation par l'air.

Le potassium, placé dans l'air contenant de la vapeur d'eau, s'y altère plus vite que dans l'air sec; dans ce cas il se produit de la potasse hydratée, qui se change promptement en sous-carbonate, si elle a le libre contact de l'atmosphère.

Lorsqu'on chauffe le potassium dans le gaz oxide de carbone, en ayant soin de laisser toujours la surface du métal brillante, au moyen d'une tige de fer avec laquelle on l'agite, il y a décomposition du gaz; il se produit de la potasse, et le carbone est mis à nu.

Le potassium, plongé dans un flacon rempli de chlore, à la température ordinaire, peut y brûler avec une flamme rougeâtre, quand on a la précaution de l'agiter de manière qu'il présente toujours au gaz une surface métallique. Le produit est du chlorure de potassium.

Le potassium, mis dans une cloche contenant de l'eau de chlore et une atmosphère de ce dernier, s'enflamme et se convertit en chlorure.

Le potassium, chauffé avec de l'iode dans un tube de verre, s'y combine. Il se dégage une lumière, dont la couleur bleuâtre est due probablement à de la vapeur d'iode.

L'azote est sans action sur le potassium; cependant il est susceptible de s'y combiner sous l'influence de l'hydrogène.

Le potassium, chauffé dans une capsule de platine, qu'on a introduite dans une petite cloche courbe remplie de gaz nitreux, se fond, devient gris, paroit éclatant, brûle en lançant des étincelles, et passe au jaune chocolat. Dans cet état c'est un peroxide de potassium, mêlé d'une quantité plus ou moins foible d'hyponitrite de potasse. Si on continue de chauffer, le gaz est rapidement absorbé, et la matière devient blanche ; c'est alors de l'hyponitrite presque pur. Le résidu gazeux est formé d'azote et de deutoxide. D'après cela on voit que dans cette opération il se forme d'abord du peroxide de potassium, qui, en cédant de l'oxigène à du gaz nitreux, qu'il absorbe, le convertit en acide hyponitreux.

Le potassium, introduit dans une cloche qui contient du gaz nitreux et de l'eau, s'enflamme subitement. Il ne se dégage point d'hydrogène; beaucoup de gaz nitreux est décomposé.

Le protoxide d'azote se comporte comme le précédent; mais il est probable que la formation de l'hyponitrite n'a lieu, que parce que la chaleur, produite au commencement de l'opération par la suroxidation du métal, réduit du protoxide d'azote en gaz nitreux, et que celui-ci est ensuite absorbé par le peroxide.

Le protoxide d'azote et l'eau agissent sur le potassium, comme le gaz nitreux et l'eau.

Le soufre chauffé, au milieu du gaz azote ou de la vapeur de naphte, dans une petite cloche courbée, avec le potassium, s'y combine, en dégageant une vive lumière et beaucoup de chaleur.

L'arsenic s'unit très-aisément au potassium, en dégageant de la chaleur et de la lumière.

Le potassium, chauffé dans l'hydrogène arséniqué, met tout l'hydrogène en liberté et absorbe tout l'arsenic.

Le phosphore, chauffé avec le potassium, se comporte comme le soufre et l'arsenic.

Ce qu'on appelle oxide blanc et oxide rouge de phosphore, chauffés avec le potassium, donne lieu à du phosphure de potassium et à de la potasse.

Le potassium, chauffé au milieu de l'hydrogène phosphuré, se convertit en phosphure, et met le gaz hydrogène en liberté, sans en absorber sensiblement.

Le bore ne s'unit pas au potassium.

On ne connoît pas de carbure de ce métal; cependant MM. Gay-Lussac et Thénard pensent que cette combinaison existe. Ils se fondent sur ce que, si l'on chauffe fortement dans un tube de porcelaine des charbons qui ont été préalablement imprégnés de potasse fondue, ces charbons s'enflamment ensuite au contact de l'air.

L'antimoine s'unit au potassium en dégageant de la lumière.

Le potassium et l'étain s'allient en dégageant un peu de lumière.

Suivant MM. Gay-Lussac et Thénard, le potassium, chauffé avec la lampe à alcool dans une cloche de verre pleine d'hydrogène, absorbe le gaz à une température un peu inférieure à la chaleur rouge, et forme un hydrure solide.

M. H. Davy dit, que lorsqu'on chauffe le potassium dans le même gaz à une température insuffisante pour le volatiliser, il se produit un composé qui détone par le contact de l'air, si toutefois il ne s'est pas refroidi; car M. H. Davy ajoute que par le refroidissement le potassium se sépare du gaz hydrogène. La matière détonante ne seroit-elle pas un mélange de vapeur de potassium et d'hydrogène?

Le bismuth s'allie bien au potassium.

Le fer s'y allie également quand la température est suffisamment élevée.

Le mercure s'y amalgame en dégageant beaucoup de chaleur.

Le plomb s'y allie bien et le zinc difficilement.

Le sodium forme avec lui des alliages remarquables, dont nous parlerons au mot SODIUM.

Le potassium brûle à la température ordinaire dans la vapeur acide nitreuse, avec une flamme rouge. Pour en faire l'expérience, on remplit un flacon de vapeur nitreuse, en le mettant en communication avec un ballon dans lequel on reçoit le produit de la distillation de l'acide nitrique rutilant. On a un fil de cuivre que l'on fixe dans un bouchon par une de ses extrémités; l'autre extrémité a été façonnée en cuiller pour recevoir le métal qu'on veut brûler. Le bouchon a une échancrure par laquelle on passe une tige de fer dans l'intérieur du flacon pour agiter le potassium.

Il est probable que l'acide nitreux liquide et l'acide nitrique sont décomposés à froid par le potassium.

Quand on met un peu d'acide nitreux liquide dans une

cloche contenant de la vapeur nitreuse et qu'on y projette
du potassium, il y a une inflammation subite. Il se forme
de l'hyponitrite de potasse, et une autre portion d'acide est
décomposée.

L'acide sulfurique, liquide à froid, n'est pas décomposé
par le potassium. Quand ce métal a le contact de l'air et de
l'acide, il forme du sulfate de potasse et il y a inflammation. Tous les acides liquides se comportent comme le sulfurique.

A froid le potassium n'a que peu d'action sur le gaz acide
sulfureux. A une température de 150° à 200° il s'enflamme
dans le même gaz. Il se forme du sulfure de potasse, et le
résidu gazeux est très-foible.

L'acide sulfureux liquide n'est pas décomposé par le potassium, ou du moins il n'y en a qu'une portion très-petite.
Il se dégage de l'hydrogène, et il se forme du sulfate de potasse.

Le potassium chaud réduit l'acide arsenique et l'acide arse-
nieux en arsenic. Il se forme de la potasse, et il se dégage
une vive lumière.

L'acide phosphorique vitreux, chauffé à 150° ou 200° dans
un tube de verre avec du potassium, est décomposé. Il se
forme du phosphure de potasse, qui est rouge et qui dégage
avec l'eau un gaz hydrogène phosphuré, qui ne s'enflamme
pas spontanément.

Le potassium jeté sur de l'acide phosphorique liquide, et
qui est en contact avec l'air, s'enflamme. Il se forme du phosphate de potasse.

Un phénomène semblable a lieu quand on le projette sur
de l'acide phosphoreux liquide.

Lorsqu'on chauffe au-dessous de la chaleur rouge, dans un
tube de verre, des couches alternatives de parties égales de
potassium et d'acide borique, on obtient du bore et du sous-
borate de potasse.

Le gaz acide carbonique, à la température ordinaire,
n'a pas d'action sur le potassium. A une chaleur rouge-
cerise le métal y brûle à la manière d'un pyrophore. L'a-
cide est décomposé; il se dépose du charbon. Il se forme
de la potasse caustique, qui est mêlée d'un peu de carbo-

nate, et on trouve du gaz oxide de carbone dans le résidu gazeux.

Quand on met le potassium en contact avec l'eau et le gaz acide carbonique, le potassium rougit, décrépite; il se dégage de l'hydrogène; il se forme du carbonate de potasse et très-peu d'oxide de carbone.

Les acides molybdique, chromique et tungstique, chauffés avec le potassium, donnent lieu à un dégagement de lumière, à une formation de potasse, et probablement à du molybdène, du chrome et du tungstène métalliques.

La matière qu'on obtient avec l'acide chromique, lorsqu'elle a le contact de l'air, brûle comme un pyrophore, même après son entier refroidissement.

Quand on fait passer du potassium dans du gaz hydrochlorique, il y a dégagement de gaz hydrogène et formation de chlorure de potassium. Le volume du gaz hydrogène est la moitié du volume du gaz acide. A la température ordinaire, cette décomposition a lieu sans dégagement de lumière. A chaud, il s'en dégage un peu. La quantité de gaz hydrogène développée, est égale à celle qui seroit dégagée de l'eau par le potassium employé.

Le potassium, en contact avec le gaz hydrochlorique et l'eau saturée de ce gaz, devient rouge, dégage de l'hydrogène et se convertit en chlorure.

Le potassium, projeté dans l'acide hydrophtorique pur et concentré, produit une détonation violente. Quand on fait cette expérience avec la précaution de ne mettre le métal en contact avec la vapeur acide que peu à peu, il n'y a pas de détonation; l'on obtient seulement du gaz hydrogène et du phtorure de potassium.

Le potassium, fondu dans le gaz phtoroborique, contenu dans une petite cloche courbée, s'y enflamme rapidement. Quand il y a suffisamment de métal, tout le gaz est absorbé. Le résultat de l'opération est solide, de couleur chocolat, sans brillant métallique. Il a peu de saveur; il se fond au rouge cerise. A une température élevée, il brûle à l'air; à 20° il ne brûle pas. Mis en contact avec l'eau froide ou bouillante, il ne dégage que quelques bulles de gaz hydrogène. Il se dissout pour la plus grande partie. La solution a toutes les propriétés du phtorure de potassium. La partie qui ne se dissout pas dans l'eau, est du bore.

MM. Gay-Lussac et Thénard ont vu qu'en chauffant le potassium dans le gaz phtorosilicique, il se dégage de la lumière et de la chaleur, que beaucoup de gaz est rapidement absorbé, et que le potassium est changé en une matière solide, de couleur brune. Ils ont observé encore qu'il ne reste pas de gaz, si le potassium est en excès. Ils ont considéré la matière brune comme composée, 1.° *de fluate acide de potasse et de silice*, 2.° *de fluure de potasse*, 3.° *de fluure de potasse et de silice*.

M. Berzelius a répété l'expérience des chimistes françois de la manière suivante : Il a introduit dans une cornue de 10 pouces cubes de capacité, une petite capsule de porcelaine, contenant un morceau de potassium de la grosseur d'une noisette. Il a fait rapidement le vide dans la cornue, puis il l'a mise en communication avec un réservoir de gaz phtorosilicique. Le potassium a blanchi, puis il est devenu brun, et enfin noir comme du charbon, et il a produit une flamme volumineuse d'un rouge foncé. Dès que l'action a paru terminée, M. Berzelius a fait le vide pour empêcher qu'il se formât du phtorure de potassium et de silicium. La matière étoit solide, d'un brun foncé ; elle répandoit une odeur d'hydrogène quand on dirigeoit dessus l'air qui sort de la poitrine. Mise en contact avec l'eau, elle dégageoit de l'hydrogène, cédoit à ce liquide du phtorure de potassium alcalin, et il se déposoit une poudre d'un brun marron. La matière, lavée à l'eau froide jusqu'à ce qu'elle ne donnât plus d'hydrogène, a ensuite été soumise à l'action de l'eau bouillante. Le lavage étoit acide ; il contenoit de l'hydrophtorate de potasse silicé. Les lavages ont été répétés jusqu'à ce que l'eau n'enlevât plus rien. Le résidu étoit le silicium.

Le potassium, chauffé dans l'acide hydrosulfurique, donne lieu à un dégagement de lumière et de chaleur. Le potassium se combine à du soufre, et de l'hydrogène est mis en liberté. Mais, ce qu'il y a de fort remarquable, c'est que, suivant les circonstances où se fait l'opération, il y a une quantité d'acide hydrosulfurique, plus ou moins considérable, qui est absorbée sans altération par le sulfure de potassium produit.

Le potassium, fondu au milieu du gaz ammoniaque, contenu dans une petite cloche de verre courbée et dont l'orifice plonge dans le mercure, absorbe peu à peu le gaz et se change en une *matière d'un vert olivâtre, très-fusible*, qui est composée d'*azoture de potassium et d'ammoniaque*. Cette matière, chauffée convenablement, laisse dégager son ammoniaque et se réduit à de l'azoture de potassium pur. Pendant l'action du potassium sur l'ammoniaque il se dégage un volume d'hydrogène qui est précisément égal à celui qu'on auroit obtenu, si, au lieu de chauffer le potassium dans l'ammoniaque, on l'eût mis en contact avec l'eau.

Oxides de potassium.

Ils sont au nombre de deux : le protoxide de potassium ou la potasse, et le deutoxide de potassium, qui est jaune.

M. H. Davy avoit cru qu'en faisant chauffer le potassium dans une quantité d'oxigène insuffisante pour le convertir en potasse, ou bien encore en chauffant le potassium avec du verre, il se produisoit un oxide moins oxidé que ne l'est la potasse. MM. Gay-Lussac et Thénard avoient également pensé que ce même oxide se formoit, quand on mettoit du potassium dans un petit flacon bouché avec du liége, et ils avoient même estimé que, pour 100 de métal, il y avoit 10 d'oxigène absorbé. Aujourd'hui on regarde généralement la matière, dont nous parlons comme un mélange de potassium et de potasse plus ou moins hydratée.

Protoxide de potassium : *Potasse, Alcali végétal.*

	G. Luss. et Thén.	Berzelius.	
Oxigène	20	16,95	20,4
Potassium	100	83,05	100.

On retire la potasse des cendres des végétaux, qui croissent dans des terrains dépourvus de chlorure de sodium. Cette matière est d'un très-grand intérêt sous le rapport de la science et sous celui des arts ; c'est ce qui nous a engagé à entrer dans quelques détails sur la manière, dont on l'obtient à l'état de potasse du commerce, et sur les procédés au moyen desquels on en sépare les corps auxquels elle est ordinairement combinée ou mélangée.

Les végétaux ne donnent pas tous la même quantité de potasse, et les parties d'un même végétal en donnent des quantités différentes, lorsqu'on les brûle. On remarque, en général, que les parties ligneuses sont beaucoup plus pauvres en alcali que les parties herbacées ; aussi préfère-t-on les herbes aux arbustes, et les arbustes aux arbres, et dans les forêts on ne brûle guère que les rameaux des arbres. La fougère, l'hièble, les chardons, les tiges de maïs, de bourrache, les fannes de pommes de terre, les marrons d'Inde, donnent beaucoup de potasse.

La meilleure manière de brûler les végétaux est de les placer sur une aire battue dont on a séparé les cailloux. On a soin de creuser un petit fossé autour de l'aire, afin que le feu ne se propage pas, en brûlant les végétaux qui avoisinent l'endroit où se fait la combustion. Il ne faut pas mettre à la fois une trop grande quantité de combustible dans le foyer, parce qu'alors il s'établiroit un courant d'air rapide, qui enlèveroit les cendres, ou bien une partie de la matière combustible brûleroit difficilement.

Les cendres, recueillies et transportées dans des hangars, sont mises dans des tonneaux dont on a enlevé un des fonds. On passe et repasse de l'eau sur ces cendres, jusqu'à ce qu'elle marque 10°; ensuite on fait écouler les lessives dans des chaudières de fer, où on les évapore.

On pousse l'évaporation à siccité, et quand la matière devient mobile sous l'instrument qui l'agite, on la met de côté dans des barils bien fermés; cette matière est appelée *salin* : 100 parties de cendres en donnent communément 10 de salin.

Le salin ne diffère de la potasse du commerce que parce qu'il a été moins bien desséché qu'elle, et qu'il contient une certaine quantité de matière organique qui a échappé à l'action du feu. Pour le convertir en potasse, il ne s'agit que de l'exposer au feu d'un fourneau de réverbère ; quand on aperçoit que le salin est bien blanc, on le retire du fourneau.

La potasse ainsi obtenue doit être tachetée de vert, de rouge, ou blanche ; pour la conserver, on la met dans des tonneaux bien fermés.

La potasse n'est pas formée pendant la combustion des plantes ; elle n'est que mise à nue, ou plutôt séparée de plusieurs acides, auxquels elle étoit combinée. Cette base n'existe point à l'état caustique dans le végétal ; elle y est ordinairement combinée à de l'acide nitrique et à des acides organiques, formés d'oxigène, d'hydrogène et de carbone, qui sont destructibles par l'action du feu. L'acide carbonique, produit par la combustion, forme un sous-carbonate avec l'alcali mis à nu ; d'un autre côté, dans les végétaux il y a du chlore, de l'acide sulfurique, qui se retrouvent en partie dans les cendres ; et comme ils forment avec le potassium et la potasse des combinaisons solubles, il en résulte que, quand on vient à appliquer l'eau aux cendres, ils sont dissous avec le sous-carbonate de potasse. Il y a en outre dans les cendres des matières terreuses et métalliques, qui sont solubles dans la potasse et qui doivent par conséquent se retrouver dans l'alcali obtenue par le procédé que nous avons indiqué.

J'en ai dit assez pour faire voir que les potasses du commerce doivent varier dans leurs qualités. Les différences qu'elles présentent peuvent se rapporter à trois causes : 1.º à l'état plus ou moins caustique de l'alcali ; 2.º à la proportion de l'alcali plus ou moins carbonaté ; 3.º à la nature des **corps** qui l'accompagnent et à leurs proportions respectives.

La causticité d'un alcali est due à ce qu'il contient peu d'acide carbonique ; les potasses qui sont dans ce cas, ont une saveur très-forte et attirent fortement l'humidité de l'air. Ces propriétés n'indiquent pas toujours la meilleure qualité de potasse.

La quantité d'alcali vénale qui se trouve dans la potasse, se compose de celle qui est à l'état caustique, et de celle qui est combinée à l'acide carbonique. Il n'est donc pas nécessaire, dans l'essai des potasses, de reconnoître la proportion de ces deux quantités.

Quant aux corps qui accompagnent la potasse, ce sont le chlorure de potassium, l'acide sulfurique, le peroxide de fer, l'oxide de manganèse, l'alumine, la silice et quelquefois la chaux.

Nous allons donner le moyen de déterminer la quantité d'alcali vénale contenue dans les potasses du commerce, et ensuite ceux que l'on peut employer pour déterminer la nature des corps dont nous avons fait mention.

Une quantité d'alcali , absorbant constamment la même quantité d'un acide donné pour être neutralisée, c'est-à-dire pour perdre ses propriétés caractéristiques, et en particulier sa propriété de réagir sur les réactifs colorés, tels que le tournesol rouge, l'hématine, la couleur des violettes, etc. ; et en second lieu, l'acide qui produit cet effet éprouvant en même temps la même neutralisation dans les propriétés qu'il a de rougir le tournesol bleu, la couleur des violettes, de rougir ou de jaunir l'hématine, il s'ensuit que, si l'on connoît la quantité de potasse nécessaire pour neutraliser un certain poids d'un acide donné, il sera facile de déterminer la *quantité de potasse vénale* contenue dans un alcali du commerce, lorsqu'on aura déterminé le poids de ce même acide donné, qui a été nécessaire pour neutraliser une quantité connue d'un échantillon de potasse du commerce.

Préparation de l'acide.

L'acide qu'on emploie pour déterminer la proportion de potasse vénale, proportion qui peut se composer d'alcali caustique et d'alcali carbonaté, est de l'acide sulfurique étendu d'une quantité d'eau, telle que 1 litre ou 1000 centimètres cubes contiennent 100 grammes d'acide sulfurique, d'une densité de 1,848. (Voyez, pour la préparation de l'acide, *Essai des soudes du commerce*, au mot SODIUM.) On sait que 100 grammes de cet acide contiennent 81,68 d'acide sec, qui neutralisent 96,15 de potasse, ou 141,03 de sous-carbonate sec.

Lessivage de la potasse.

On broie dans un mortier de verre 10 gr. de potasse du commerce ; si celle-ci étoit en morceaux, comme l'est la potasse d'Amérique, on la concasseroit d'abord dans un mortier de fer ou de bronze. On la met dans un ballon de 1½ décilitre à 2 délicitres de capacité ; on verse par-dessus 100 centimètres cubes d'eau. On agite la matière, on la laisse reposer ; quand on juge que la dissolution est achevée, et que la liqueur est d'ailleurs éclaircie, on en mesure 50 centimètres cubes, que l'on verse dans un bocal de verre profond et d'un diamètre tel que la liqueur n'y fasse qu'une couche de $0^m,03$. à $0^m,04$ d'épaisseur. Après qu'on y a réuni

43.   8

l'eau qui a servi à laver la mesure, on y ajoute quelques gouttes de tournesol. Les 5o centimètres cubes de lessive représentent 5 grammes de la potasse qu'on essaie.

Neutralisation.

On met dans un tube gradué en dixièmes de centimètre un volume d'acide étendu, par exemple 5o centimètres cubes (cette quantité neutralise $4^g,8o7$ de potasse ou $7^g,o5$ de sous-carbonate sec); on verse peu à peu l'acide dans la potasse, en ayant soin d'agiter : quand on juge qu'on est près d'atteindre le point de neutralisation, on n'ajoute plus l'acide que par dixième de centimètre, en ayant soin chaque fois de faire un trait avec la liqueur sur un papier de tournesol, et cela jusqu'à ce qu'on ait un trait décidément rouge : alors on retranche du volume de l'acide employé autant de dixièmes de centimètre qu'il y a eu de traits rouges, moins 1 ; on a un volume d'acide V'.

Puisque 5o centimètres cubes du même acide représentent 5^g d'acide à 66^d, ou $4^g,84$ d'acide réel, qui neutralisent $4^g,o8$ de potasse, ou $7^g,o5$ de sous-carbonate, on fait la proportion suivante :

$$5o \ : \ V' :: \ 7,o5 \ : \ x.$$

x égale la quantité de sous-carbonate contenue dans 5 grammes de la potasse essayée.

Pour déterminer la proportion de l'acide sulfurique, on verse, dans une solution de 5 gr. de la potasse qu'on essaie, un excès d'acide nitrique, puis de la dissolution du chlorure de barium, jusqu'à ce qu'il ne se fasse plus de précipité; l'acide sulfurique, qui étoit uni à la potasse, se précipite à l'état de sulfate de baryte. On sait que ce précipité est formé, pour 1oo parties, de 34,57 parties d'acide sulfurique, et de 65,65 de baryte. On fait cette proportion

$$1oo : 54,57 :: \text{la quantité de sulfate obtenue} : x.$$

D'un autre côté, sachant que la combinaison d'acide sulfurique et de potasse contient, acide 45,93, potasse 54,07, on fait cette proportion,

$$45,93 : 54,07 :: \text{la quantité d'acide sulfurique trouvée dans}$$
l'expérience précédente : x.

x représente la quantité de potasse qui est combinée à l'acide sulfurique dans la potasse que l'on analyse.

Pour déterminer la proportion du chlore, on fait une nouvelle dissolution de 5 grammes de la potasse qu'on essaie : on y verse du nitrate d'argent ; le chlore est précipité à l'état de chlorure d'argent. Le poids du précipité fait connoître le chlore qui étoit uni au potassium, et la quantité du chlore fait connoître celle du potassium : en effet, 100 parties de chlorure d'argent contiennent 17,5 de chlore, et d'un autre côté, on sait que 885,3 de chlore saturent 979,83 de potassium.

On fait des proportions analogues à celles qu'on a faites, pour avoir la quantité du sulfate de potasse.

Pour déterminer les proportions de la silice, de l'alumine, de la chaux et des oxides de fer et de manganèse, on délaie 5o grammes de potasse, ou une plus grande quantité, dans l'eau, on y fait passer de l'acide carbonique, puis on fait chauffer, et on filtre. Le précipité doit être fondu dans un creuset d'argent avec trois fois son poids d'hydrate de potasse ; la matière fondue doit être délayée dans l'eau, sursaturée d'acide hydrochlorique ; la liqueur, évaporée à siccité, laisse un résidu qui doit être repris par l'eau ; la silice n'est pas dissoute. On filtre, et on précipite par l'ammoniaque, l'alumine et les oxides de fer et de manganèse. La chaux, restée en dissolution, est précipitée ensuite par l'oxalate d'ammoniaque. Quant à l'alumine et aux oxides de fer et de manganèse, en les traitant par l'eau de potasse, on dissout l'alumine, à l'exclusion des oxides métalliques. Le peroxide de fer peut être séparé de l'oxide de manganèse par le succinate d'ammoniaque, après qu'on a dissous ces oxides dans l'acide hydrochlorique.

M. Vauquelin a reconnu que les potasses dont les noms suivent, étoient ainsi formées.

	Potasse à l'alcool bien sèche.	Sulfate de potasse.	Muriate de potasse.	Résidu insoluble dans l'eau.	Acide carbonique et eau.
Potas. de Russie. 1152	772	65	5	56	254
Potas. d'Amériq. 1152	857	154	20	2	119
Potasse perlasse 1152	754	80	4	6	308
Potas. de Trève. 1152	72	165	44	24	199
Pot. de Dantzic. 1152	603	152	14	79	304
Pot. des Vosges. 1152	444	148	510	34	304

Passons aux procédés suivis pour obtenir l'hydrate de potasse à l'état de pureté.

Pour séparer l'acide carbonique de la potasse, on prend 4 part. de chaux vive[1], 10 part. de potasse et 70 part. d'eau. On éteint la chaux avec une portion de l'eau, et on dissout la potasse dans le reste du liquide : on y mêle la chaux; puis on abandonne les corps 24 heures à eux-mêmes, en les agitant souvent et les préservant, autant qu'on le peut, du contact de l'air : après ce temps on les met dans une chaudière et on les porte à l'ébullition pendant 5 minutes. On laisse refroidir la liqueur et on la renferme dans des flacons; on bouche ceux-ci, et quand le liquide qu'ils contiennent est bien clair, on le décante, on le fait évaporer, et l'on obtient ainsi la potasse caustique sèche ou la *pierre à cautère*. La potasse a reçu ce nom de l'usage qu'on en fait pour ouvrir les cautères.

Black, en 1756, donna la véritable explication de ce qui se passe dans la réaction de la chaux sur le sous-carbonate de potasse; il vit que la potasse du commerce, qui avoit été re-

1 Il faut prendre une chaux qui ne contienne pas d'alumine, ce qu'on reconnoît facilement en dissolvant cette substance dans l'acide nitrique, en précipitant par l'ammoniaque et traitant le précipité par la potasse à l'alcool. S'il y a de l'alumine, celle-ci se dissout dans l'alcali, et au moyen du sel ammoniaque on la précipite de sa dissolution.

gardée comme un corps simple, est une combinaison d'acide carbonique et de potasse; que, quand on verse un acide sur cette combinaison, l'acide carbonique en est chassé avec effervescence. Or, ayant observé que la potasse ne faisoit plus d'effervescence après avoir été traitée par la chaux, il en conclut que cette dernière lui avoit enlevé l'acide carbonique, et ce qui le convainquit qu'il en est ainsi, c'est que la chaux, qui ne faisoit pas d'effervescence avant l'opération, en faisoit une très-vive après avoir bouillie avec la potasse. Meyer donna une autre explication : il prétendit que, quand on exposoit la pierre à chaux à un grand feu, il s'y combinoit un acide caustique (*acidum pingue causticum*), et que, quand on venoit à mettre cette chaux en contact avec la potasse, la chaux lui cédoit son *causticum*. La théorie de Black ayant été universellement adoptée, Meyer abandonna la sienne pour celle de son rival.

La potasse caustique sèche contient du chlorure de potassium et du sulfate de potasse, et un peu d'acide carbonique qu'elle a absorbé pendant l'évaporation, et qui s'est combiné à une certaine quantité d'alcali. Comme ces combinaisons ne sont pas solubles dans l'alcool à 40°, on met, dans ce liquide, la potasse rendue caustique par la chaux et réduite en poudre; on l'y laisse séjourner pendant un temps suffisant pour que la plus grande partie de la matière soit dissoute. Alors on décante le liquide avec un siphon; on le verse dans une cornue munie d'une alonge et d'un ballon; on distille. Quand la liqueur de la cornue a pris de la consistance, on la verse dans une capsule d'argent, on l'expose à un feu vif pour évaporer les dernières portions d'alcool; sur la fin il se forme une couche charbonneuse, qu'il faut enlever avec soin au moyen d'une cuiller d'argent ou de platine. Cette matière provient de la décomposition de l'alcool; quand la potasse présente un bain bien liquide et bien clair, on la coule dans des plateaux d'argent ou de platine. Berthollet est l'auteur de ce procédé.

L'alcool qu'on recueille à la distillation ne peut être employé qu'à traiter de nouvelle potasse, car il a une odeur et une saveur qui annoncent que ce liquide a subi quelque altération dans sa composition.

Propriétés de l'hydrate de potasse.

La potasse préparée par le procédé précédent est appelée *potasse à l'alcool;* elle contient de l'eau qu'on ne peut en séparer par la seule action de la chaleur, ainsi que Berthollet et M. Darcet l'ont reconnu les premiers. Pour s'en convaincre, il suffit de chauffer un petit morceau d'hydrate de potasse dans une cloche remplie de gaz acide sulfureux; à mesure que le gaz est absorbé, il y a de l'eau qui ruissèle sur les parois de la cloche.

L'hydrate de potasse est formée de

	Berthollet.	G. Luss. et Thén.	Berzelius.
Eau	13,64	20	16
Potasse	86,36	80	84

Rien de plus aisé que de déterminer la proportion de l'eau contenue dans l'hydrate de potasse. Que l'on convertisse en potasse une quantité de potassium avec les précautions convenables pour ne rien perdre ; que l'on prenne 100 parties de cette potasse, dissoutes dans l'eau ; qu'on les neutralise ensuite par l'acide sulfurique foible ; qu'on fasse évaporer l'eau et sécher le résidu, on aura 184,94 de sulfate de potasse anhydre.

Maintenant, si l'on fait la même opération avec 100 parties d'hydrate de potasse, on obtiendra 155,4 de sulfate sec : or, d'après la première expérience,

si 184,94 contiennent 100 de potasse,

155,4 doivent en contenir 84;

conséquemment les 100 p. d'hydrate de potasse contenoient 16 parties d'eau.

L'hydrate de potasse est blanc, cassant. Suivant Hassenfratz, sa pesanteur spécifique est de 1,7085 ; celle de l'eau étant 1.

Il n'a pas d'odeur. Il est beaucoup plus corrosif que la potasse rendue caustique par la chaux; c'est pourquoi il ne seroit pas aussi propre qu'elle à ouvrir des cautères : l'hydrate les feroit beaucoup trop grands.

Il ne conduit pas l'électricité.

Quand il est chauffé dans un creuset d'argent, il se volatilise en fumées blanches, qui sont très-âcres à respirer.

Exposé à l'air sec, il n'en éprouve pas d'altération, seulement il absorbe un peu d'acide carbonique. Quand l'atmosphère est humide, il en attire promptement l'humidité et l'acide carbonique.

L'hydrate de potasse, dissous dans l'eau et ensuite suffisamment évaporé, cristallise en aiguilles ou en lames. M. Proust a trouvé que 100 parties de ces cristaux, fondues dans un creuset d'argent, se réduisent à 70 parties, lesquelles retiennent encore 14 parties d'eau, que la chaleur n'en peut chasser. M. Berzelius appelle eau de cristallisation, celle qui est chassée par l'action de la chaleur, et *eau d'hydratation*, celle qui ne peut l'être que par les actions réunies de la chaleur et des acides.

L'hydrate de potasse dégage beaucoup de chaleur, lorsqu'on le met en contact avec une petite quantité d'eau. Dans cette circonstance l'eau est solidifiée.

L'hydrate de potasse cristallisé, mis en contact avec l'eau, produit au contraire du froid, par la raison qu'un solide absorbe toujours de la chaleur pour devenir liquide. D'après cela il est tout naturel que le mélange de 4 parties d'hydrate de potasse cristallisée et de 1 partie de neige produisent encore plus de froid que quand on emploie l'eau à l'état liquide.

La potasse se combine avec tous les acides inorganiques, excepté les hydracides, sans éprouver aucun changement.

L'eau de potasse dissout les oxides d'étain, l'oxide d'or, les oxides d'antimoine, l'alumine, la glucine.

Parties égales d'hydrate de potasse et de soufre, exposées à une température, qui ne s'élève pas jusqu'au rouge, donnent, suivant M. Gay-Lussac, un véritable sulfure de potasse ou d'oxide de potassium, de même qu'en faisant arriver du chlore dans de l'eau de potasse très-foible, on obtient du chlorure de potasse. Le sulfure de potasse, dissous dans l'eau, produit de l'hyposulfite de potasse, mais pas de sulfate.

Le phosphore qu'on fait passer sur de la potasse chauffée au rouge, forme un phosphure de potasse. Pour faire réagir ces corps, on prend un tube de verre vert, luté à l'extérieur; on met au fond du phosphore sec, coupé en petits morceaux; on l'y fait fondre : quand il est figé, on achève

de remplir le tube avec de l'hydrate de potasse ; on chauffe
alors au rouge , en ayant le soin de préserver le phosphore
de l'action de la chaleur ; puis on vaporise ce dernier corps.

Lorsqu'on met une solution de potasse , concentrée dans
une cornue qui communique avec un appareil propre à la
préparation de l'hydrogène , afin d'expulser l'air atmosphérique des vaisseaux , et qu'ensuite on élève à un foible degré
la température de la potasse , et qu'on y laisse tomber un
bâton de phosphore , qu'on a placé dans le col de la cornue
avant l'opération , on obtient, suivant M. Gay - Lussac , du
phosphate et de l'hypophosphite de potasse. L'oxigénation du
phosphore se fait aux dépens de l'oxigène de l'eau.

L'eau de potasse concentrée , chauffée avec de l'arsenic ,
donne lieu à un dégagement d'hydrogène arseniqué. Il se
forme en même temps de l'arseniate de potasse.

Cas où la potasse est décomposée.

Lorsque l'hydrate de potasse est soumis à l'action de l'électricité voltaïque , il est décomposé ; l'oxigène de l'eau et
celui de la potasse vont au pôle positif , tandis que le potassium et l'hydrogène vont au pôle négatif. Le dégagement de
l'hydrogène n'est sensible qu'autant qu'on fait usage d'une
forte batterie. Voici la manière d'opérer : On expose un
morceau d'hydrate de potasse à l'air pendant un temps suffisant, pour que sa surface s'humecte et devienne ainsi capable de conduire l'électricité. On le place sur une lame
de platine isolée, qui communique , au moyen d'un fil de
platine , avec le pôle positif d'une pile de 250 plaques de
6 à 4 pouces carrés. On met ensuite en contact avec la
surface supérieure de la potasse , un fil de platine qui
communique avec le pôle négatif de la même pile, et on
aperçoit bientôt des globules brillans de potassium , qui viennent s'y rasembler : on peut les enlever avec une petite
cuiller de platine et les jeter dans du naphte. C'est par ce
procédé que sir H. Davy décomposa, le premier, la potasse en
1807.

Au lieu de prendre un morceau d'hydrate de potasse, on
peut employer une forte solution de cet alcali ; on la verse

dans un verre avec du mercure ; on met celui-ci en communication avec le fil négatif de la pile, tandis qu'on fait plonger le fil positif dans la liqueur alcaline. On obtient par ce moyen un amalgame de potassium.

Le fer décompose l'hydrate de potasse, ainsi que MM. Gay-Lussac et Thénard l'ont observé les premiers. Voici le procédé qu'ils ont suivi :

On prend un canon de fusil bien décapé intérieurement; on le courbe de manière à lui donner cette forme ⌵, et qu'entre les deux points de courbure il y ait environ 25 centimètres d'intervalle. On couvre cette dernière partie d'un lut infusible, qu'on étend même un peu au-delà des points de courbure, et on en remplit l'intérieur avec des tournures de fer décapées, et qui ont été battues dans un mortier de fonte; ensuite on dispose le canon dans un fourneau à réverbère de 28 centimètres de diamètre intérieur de la manière suivante : la partie du canon pleine de tournures de fer doit être presque seule comprise dans l'intérieur du fourneau, et par conséquent les deux bouts doivent en sortir; mais il faut que le plus petit n'en sorte que de 5 centimètres au plus en s'inclinant, et que le plus grand en sorte au moins de 5 décimètres en se relevant. Dans celui-ci on met 3 à 4 onces d'alcali, fondus à une température rouge, et on y adapte un tube de verre plongeant dans le mercure; on adapte à l'autre bout une alonge, terminée par un tube recourbé, qu'on peut à volonté faire plonger dans le mercure.

L'appareil, ainsi disposé, et tout étant d'ailleurs bien luté, on fait rougir fortement le canon de fusil, en excitant la combustion au moyen d'un soufflet de forge. Lorsque le tube est extrêmement rouge, on fond peu à peu l'alcali, qui, par ce moyen, est mis successivement en contact avec le fer, et se convertit presque entièrement en métal.

Dans cette opération il se dégage, en même temps que le métal se volatilise, beaucoup de gaz hydrogène, qui provient de l'eau de l'hydrate. Ce gaz contient souvent de la vapeur de potassium. Au moment où l'alcali est décomposé, les matières repandent une lumière verte. Si le canon n'est pas obstrué par le potassium qui se condense à l'extrémité, vers laquelle il se porte, les gaz se dégagent par le tube plongé dans le mercure qui est le plus près de cette extrémité; dans le cas contraire, les gaz se dégageroient par le tube de verre qui est placé à l'autre extrémité du canon de fusil. On est averti que l'opération touche à sa fin, quand le dégagement des gaz cesse. Alors on laisse refroidir l'appareil, et ensuite on coupe l'extrémité du tube où le potassium s'est condensé, près de l'endroit où elle sortoit du fourneau. C'est dans cette extrémité et en grande partie dans l'alonge qu'on trouve le métal. Celui qui passe dans l'alonge est très-pur; celui qui reste dans le canon ne l'est pas. On le purifie en le fondant et le comprimant dans le naphte. Pour cela on se sert avec beaucoup de succès d'une petite éprouvette de verre et d'une tige cylindrique de fer bien sèche, dont le diamètre est presque égal à celui de l'éprouvette. A peine le métal est-il fondu, qu'en le comprimant avec la tige, on le fait jaillir en morceaux très-brillans et très-purs, qu'on laisse refroidir et qu'on peut réunir en un seul par la compression et la fusion. Ainsi réuni, le métal se conserve très-bien dans de l'huile de naphte.

Le charbon décompose la potasse. C'est ce que Curaudau a démontré le premier de la manière suivante. Il a chauffé au feu de forge un mélange de potasse et de charbon, contenu dans un canon de fusil; il a plongé ensuite une baguette de fer froide dans le canon et l'en a retiré promptement, il étoit recouvert de globules de potassium, qui s'y étoient condensés. Dans cette opération l'oxigène de l'eau et celui de la potasse se dégagent à l'état d'oxide de carbone, et le potassium se volatilise. Si on ne plongeoit pas un corps froid dans le canon, sur lequel la vapeur de potassium se condensât, et si on laissoit refroidir les corps dans le canon de fusil, il pourroit arriver, dans le cas au moins où il ne se seroit pas dégagé beaucoup d'oxide de carbone hors du tube, que l'on ne retrouvât pas de potassium, par la raison qu'à une température inférieure à celle où le charbon décompose la potasse, le potassium enlève l'oxigène à l'oxide de carbone.

Le chlore qu'on fait passer sur de la potasse chauffée au rouge dans un tube de porcelaine, en dégage un volume d'oxigène qui est la moitié du volume du chlore qui se combine au potassium. Le chlore décompose en même temps l'eau d'hydratation.

Le chlore qu'on fait passer dans de l'eau de potasse foible,
s'y unit; 1000 centimètres cubes d'eau ne doivent pas co tenir plus de 100 grammes d'hydrate; mais si la solutio est
concentrée, il en résulte du chlorure de potassium et du
chlorate de potasse.

L'acide hydrochlorique, versé sur l'hydrate de potasse, le
décompose à froid. Il en résulte de l'eau et du chlorure de
potassium.

L'iode en vapeur décompose la potasse. Ce résultat est
d'autant plus digne de fixer l'attention, que la soude, les
oxides de plomb et de bismuth, sont les seuls oxides non
réductibles par la chaleur, qui soient décomposés par l'iode.

L'iode, mis en contact avec la potasse dissoute dans l'eau,
donne lieu à de l'iodure de potassium, qui se dissout, et à
de l'iodate de potasse, dont la plus grande partie se dépose.

Le soufre en vapeur qu'on fait passer sur de la potasse
carbonatée, qui ne contient pas d'eau, la décompose. Il se
dégage du gaz carbonique. Il se produit du sulfure de potassium et du sulfate de potasse. On conçoit que l'acide sulfurique est produit par l'oxigène de la portion de potasse
qui cède son potassium à une portion de soufre.

On obtient des résultats analogues en chauffant, au rouge
cerise, dans un creuset parties égales de potasse hydratée et
de soufre. La matière se boursoufle à cause du dégagement de
l'eau : elle se fond; si, après qu'elle présente une fonte bien
tranquille, on la coule sur une plaque de fonte légèrement hui-
lée, on a le *foie de soufre* des anciens, qui n'est qu'un mélange
de sulfure de potassium et de sulfate de potasse, dont la
dissolution dans l'eau a été appelée *sulfure hydrogéné de potasse*. On voit donc qu'à une température élevée le soufre
agit sur la potasse comme le font l'iode et le chlore, quand
celui-ci arrive à froid dans une solution alcaline concentrée.

L'acide hydrosulfurique qu'on fait passer sur de la potasse
rouge de feu, la décompose; il en résulte de l'eau et du
sulfure de potassium.

Il n'est pas encore démontré que le phosphore en vapeur
se comporte avec la potasse comme la vapeur de soufre, c'est-
à-dire, qu'à une température élevée ces corps donnent lieu
à du phosphure de potassium et à du phosphate de potasse.

État.

La potasse existe non-seulement dans les plantes, comme nous l'avons dit plus haut, mais encore dans les animaux. Plusieurs savans pensent qu'elle se forme dans les organes des êtres vivans; mais cette opinion n'est pas fondée, puisqu'il est bien démontré aujourd'hui que cet alcali fait partie d'un grand nombre de minéraux, et que, quand on a le soin de faire végéter des graines dans des corps dépourvus de potasse, et de ne les arroser qu'avec de l'eau pure, les plantes qui se développent ne contiennent pas plus de potasse qu'il n'y en avoit dans les graines d'où elles proviennent.

Usages.

La potasse est un des agens le plus fréquemment employés dans les laboratoires de chimie et dans les ateliers; elle entre dans la composition du cristal, de plusieurs verres communs, du savon mou, et de plusieurs sels qui sont d'un grand usage.

Histoire.

Jusqu'en 1807 la potasse avoit été comptée au nombre des corps simples. H. Davy la décomposa à cette époque par l'électricité voltaïque; MM. Gay - Lussac et Thénard la décomposèrent par le fer; et Curaudau la décomposa par le charbon.

DEUTOXIDE DE POTASSIUM.

	Gay-Lussac et Thénard.	Berzelius.	
Oxigène	60	37,98	61,23
Potassium	100	62,02	100.

Préparation.

On l'obtient en chauffant le potassium dans l'air atmosphérique, ou, ce qui vaut mieux encore, dans le gaz oxigène : le métal doit être placé dans une capsule d'argent.

Le potassium se convertit en peroxide à la température ordinaire dans l'oxigène sec.

Lorsqu'on n'a pas de potassium à sa disposition, on peut préparer du deutoxide en tenant de l'hydrate de potasse en fusion dans un creuset d'argent placé d'une telle manière que l'air, ou, ce qui est préférable, de l'oxigène pur puisse y pénétrer; mais il est difficile, par ce procédé, d'obtenir un deutoxide qui ne soit pas mélangé de protoxide.

Propriétés.

Il est jaune, moins fusible que l'hydrate de potasse; en se refroidissant il cristallise en lames.

L'eau le décompose; il passe à l'état de protoxide, qui se dissout, et il se dégage de l'oxigène et de la chaleur.

Le deutoxide de potassium, chauffé dans le gaz hydrochlorique, donne de l'eau, du chlorure de potassium et du gaz oxigène.

Le deutoxide de potassium, chauffé dans le gaz acide carbonique, laisse dégager de l'oxigène et se convertit en sous-carbonate.

Ce qui distingue spécialement le deutoxide de potassium du protoxide, c'est l'énergie qu'il exerce sur les combustibles ou plutôt sur les corps oxigénables. Pour faire les expériences qui démontrent cette énergie, on opère de la manière suivante. Si la matière oxigénable est solide, on la mêle avec le deutoxide de potassium dans une capsule de platine, qu'on introduit ensuite dans une petite cloche courbée pleine de gaz azote et placée sur le mercure. Si la matière oxigénable est gazeuse, on introduit la capsule contenant seulement le deutoxide, dans une petite cloche courbée pleine de la matière oxigénable gazeuse; on chauffe ensuite la capsule avec une lampe à alcool.

Le soufre, chauffé avec le deutoxide de potassium, brûle vivement; il se produit du sulfate de potasse et quelquefois du sulfure. Il faut 1 volume de deutoxide, contre $\frac{1}{2}$ volume de soufre.

L'acide sulfureux est absorbé rapidement à chaud par le deutoxide de potassium; il se dégage de la lumière un peu d'oxigène. Si le gaz a été préalablement desséché, il ne se dégage pas de vapeur d'eau.

Le deutoxide de potassium ne décompose pas le protoxide d'azote, même à chaud : il n'en est pas de même du deutoxide d'azote; il se produit de la vapeur nitreuse et de l'hyponitrite de potasse, quand on chauffe le peroxide au milieu du deutoxide d'azote.

Volumes égaux de deutoxide de potassium et d'arsenic réduit en poudre, chauffés, dégagent beaucoup de lumière, il se produit de l'arseniate de potasse.

1 volume de deutoxide de potassium et ½ volume de phosphore, chauffés ensemble, dégagent beaucoup de chaleur et de lumière. Il se produit du sous-phosphate de potasse, qui est difficile à dissoudre dans l'eau.

1 volume de deutoxide et ½ volume de charbon, chauffés, dégagent de la lumière : il se forme du sous-carbonate de potasse. Pour en faire l'expérience, on peut d'abord introduire une capsule de platine dans la cloche courbée, y introduire ensuite le deutoxide, puis du charbon fortement calciné et réduit en poudre. On introduit le charbon au moyen d'une petite pince recourbée, dans chaque branche de laquelle on a pratiqué une cavité hémisphérique; les deux cavités se correspondent de manière qu'elles forment une sphère creuse quand les deux branches de la pince sont appliquées l'une contre l'autre.

Volumes égaux de deutoxide, de potassium d'antimoine ou d'étain, chauffés, donnent lieu à un dégagement de chaleur et de lumière, et à de l'antimoniate ou du stannate de potasse.

Le deutoxide de potassium, chauffé dans l'hydrogène, donne de l'eau et de l'hydrate de potasse.

En répétant l'expérience avec de l'acide hydrosulfurique ou de l'hydrogène phosphuré, on obtient de l'eau, du sulfure de potassium et du sulfate de potasse, ou du phosphure de potassium, et du phosphate de potasse.

Le gaz ammoniaque est décomposé par le deutoxide de potassium ; il se produit de l'eau : de la potasse et du gaz azote sont mis à nu.

Le cuivre, le bismuth, le fer, le plomb, le zinc, chauffés avec le deutoxide de potassium, à volumes égaux, réagissent ; les métaux sont oxidés et de la potasse est mise à nu. Le zinc et le cuivre sont les seuls de ces métaux qui dégagent de la lumière.

Le potassium, chauffé avec le deutoxide de potassium, en

proportion convenable, dégage une vive lumière : il se produit du protoxide de potassium.

La résine, le bois, l'albumine desséchée, chauffés avec le deutoxide de potassium, prennent feu.

Histoire.

Le deutoxide de potassium a été découvert par MM. Gay-Lussac et Thénard ; nous leur avons emprunté tous les détails de cet article.

CHLORURE DE POTASSIUM : *Sel fébrifuge, sel digestif de Sylvius, selmarin régénéré.*

Composition.

Berzelius.

Chlore................ 47,46
Potassium .... 52,54.

Préparation.

On peut le préparer en neutralisant la potasse par l'acide hydrochlorique : la liqueur évaporée lentement, donne des cristaux cubiques, qui se superposent souvent de manière à former un prisme quadrangulaire à base carrée, ou qui se juxtaposent en table ou en prisme quadrangulaire très-court.

Propriétés.

Il est incolore, il cristallise en cube, il se fond à une chaleur rouge et se volatilise ensuite.

Il a une saveur *fraîche*, qui diffère de celle du chlorure de sodium par une légère amertume.

Suivant M. Gay-Lussac, 100 p. d'eau en dissolvent, à la température de zéro, 29,21, et à la température de 109.60 59,26 p. ; 50 gr. de chlorure réduits en poudre fine, mis, avec 200 gr. d'eau, dans un vase de verre du poids de 105 gr. et d'une capacité de 320 c. c., produisent $11^d,4$ de froid. L'expérience répétée avec le chlorure de sodium ne donne qu'un froid de $1^d,9$.

Il est extrêmement peu soluble dans l'alcool concentré.

Il **est susceptible** de former des chlorures doubles avec un assez grand nombre de chlorures métalliques.

Il n'est point décomposé par l'oxigène.

Il est décomposé complétement par l'acide nitrique bouillant. Il paroît qu'il se produit d'abord de l'acide hydrochlorique et de la soude; que celle-ci s'unit à une portion d'acide nitrique, tandis que l'autre portion de cet acide, en réagissant sur l'acide hydrochlorique, donne lieu à de l'acide nitreux, à du chlore et à de l'eau.

Il est décomposé complétement par l'acide sulfurique hydraté : on obtient de l'acide hydrochlorique et du bisulfate de potasse.

On obtient des résultats analogues avec tous les acides fixes, lorsque ceux-ci agissent concurremment avec l'eau.

PHTORURE DE POTASSIUM.

Voyez tome XXII, page 268.

IODURE DE POTASSIUM.

Iode.......... 3124
Potassium...... 979,83.

Préparation.

On l'obtient en faisant passer de l'iode sur de l'hydrate de potasse, ou en faisant évaporer à sec de l'hydriodate de potasse.

Il est fusible, volatil.

Il est déliquescent ; sa solution est neutre aux réactifs colorés.

A une température rouge l'oxigène ne lui fait éprouver aucun changement.

AZOTURE DE POTASSIUM ET AZOTURE DE POTASSIUM AMMONIACAL.

Nous avons vu comment on obtient l'azoture de potassium ammoniacal, en faisant fondre le potassium dans du gaz ammoniaque.

Ce composé est lamelleux, opaque et d'un vert olivâtre; jeté dans un creuset chauffé au rouge obscur, il s'enflamme subitement. Il forme avec les acides des sels à base de potasse et d'ammoniaque; il se conserve dans le naphte au moins pendant quelques heures.

Quand on le met en contact avec l'eau, celle-ci ne dissout que de la potasse et de l'ammoniaque, et pendant la réaction des corps il ne se dégage aucun gaz. Ce résultat est facile à concevoir, si l'on se rappelle que le potassium, fondu dans l'ammoniaque, sépare de la portion d'ammoniaque, qu'il décompose, un volume d'hydrogène égal à celui qu'il auroit dégagé de l'eau; et en outre, qu'il absorbe l'azote de cette portion d'ammoniaque qu'il a décomposée : conséquemment, lorsqu'on mettra l'azoture de potassium ammoniacal dans l'eau, l'oxigène de l'eau décomposée, qui se fixera au potassium, mettra en liberté la proportion d'hydrogène nécessaire pour former de l'ammoniaque avec l'azote, qui étoit uni au potassium.

Quand on chauffe l'azoture de potassium ammoniacal dans une petite cloche de verre courbée, il se fond et l'ammoniaque s'en dégage; une partie est réduite en hydrogène et en azote. Le résidu est l'*azoture de potassium.*

Ce composé est noirâtre, infusible.

Chauffé dans un tube de platine, il est réduit en potassium et en gaz azote.

Mis dans l'eau, il ne produit pas d'effervescence; mais une portion du liquide est décomposée : il se forme de la potasse et de l'ammoniaque.

Sulfure de potassium.

Il existe un grand nombre de sulfures de potassium; M. Berzelius en compte sept, que nous décrirons d'après lui. Nous traiterons dans un article spécial de l'action de l'eau sur ces composés.

Protosulfure de potassium.

Composition et préparation.

Berzelius.

Soufre............. 41
Potassium........... 100.

Ce sulfure correspond au sulfate neutre de potasse, c'est-à-dire que, si le soufre et le potassium s'oxigènent de manière à

43.   9

former de l'acide sulfurique et de la potasse, le résultat est du sulfate neutre de potasse. On peut le préparer en faisant passer de l'hydrogène sur du sulfate de potasse chauffé au rouge dans un appareil convenable, où l'air ne peut s'introduire. Le même sulfure se produit encore lorsqu'on décompose le sulfate de potasse par le charbon; mais il est difficile de l'obtenir pur. Si l'on opère dans des vaisseaux de verre, cette matière est attaquée; si l'on opère dans des vaisseaux de platine, une portion de ce métal s'allie au potassium, et le protosulfure est mêlé avec un sulfure inférieur.

Propriétés.

Le sulfure de potassium, préparé dans le verre, a une belle couleur de cinabre pâle; sa cassure est cristalline.

Quand on le chauffe, sa couleur devient de plus en plus foncée; il se fond au-dessous de la chaleur rouge en un liquide noir.

Quand il est chauffé avec le contact de l'air, il ne s'enflamme pas; cependant il devient incandescent à sa surface dans quelques parties, qui se convertissent alors en sulfate de potasse.

Il est déliquescent; sa solution dans l'eau est jaune ou incolore, suivant qu'elle est concentrée ou étendue.

Il est complétement soluble dans l'alcool.

Sa dissolution dans ce liquide, et même dans l'eau, s'opère sans qu'il y ait un dégagement de chaleur bien sensible.

DEUTOSULFURE DE POTASSIUM.

Composition.

Soufre............. 82
Potassium.......... 100.

Il contient deux fois autant de soufre que le protosulfure. M. Berzelius l'a obtenu en chauffant graduellement jusqu'au rouge le sous-carbonate de potasse avec une quantité de soufre moindre que celle nécessaire pour décomposer la totalité du sel : la proportion du sous-carbonate au soufre étoit de 37 à 5.

Tritosulfure de potassium.

Composition.

> Soufre.............. 123
>
> Potassium.......... 100.

Il contient trois fois autant de soufre que le protosulfure. M. Berzelius l'a obtenu en exposant un mélange fait dans la proportion de celui qui a donné le deutosulfure, à une chaleur suffisante pour qu'il se fondît sans ébullition ou dégagement de gaz.

Tétrosulfure de potassium.

Composition et préparation.

> Soufre 143,5
>
> Potassium......... 100.

M. Berzelius a obtenu ce sulfure en dirigeant un courant de gaz acide hydrosulfurique sur du sulfate de potasse contenu dans un appareil de verre, où il étoit chauffé au rouge par une lampe d'argent à alcool. Il s'est dégagé de la vapeur d'eau et du soufre : lorsque le dégagement eut cessé, M. Berzelius continua de chauffer les matières pendant un quart d'heure.

Propriétés.

A l'état solide il est transparent, d'un rouge vineux ; à l'état liquide il est noir.

Il est très-soluble dans l'eau.

A froid, l'acide hydrochlorique le rend laiteux et en précipite une poudre blanche, sans en dégager d'acide hydrosulfurique.

Pentosulfure de potassium.

> Soufre................. 164
>
> Potassium.............. 100.

M. Berzelius l'a obtenu en réduisant le sulfate de potasse par le sulfure de carbone.

Sextosulfure de potassium.

> Soufre................. 184,50
>
> Potassium.............. 100.

M. Berzelius l'a préparé en chauffant le sulfure précédent avec du soufre, dans un appareil où il entretenoit un courant d'acide hydrosulfurique : celui-ci n'agit qu'en éloignant l'oxigène du sulfure; il sort de l'appareil comme il y est entré.

EBDOMOSULFURE DE POTASSIUM.

Soufre.................... 205
Potassium................. 100.

Suivant M. Berzelius on obtient ce sulfure lorsqu'on chauffe le sous-carbonate de potasse avec un excès de soufre jusqu'à ce qu'il ne se dégage plus d'acide carbonique.

Action de l'eau sur les sulfures de potassium ; propriétés de leurs dissolutions nommées SULFURES HYDROGÉNÉS DE POTASSE.

Tous les sulfures de potassium sont solubles dans l'eau; mais s'y dissolvent-ils sans éprouver d'altération, ou bien y a-t-il une décomposition d'eau ? C'est ce qu'il est bien difficile de décider.

PROTOSULFURE DE POTASSIUM ET EAU.

En admettant qu'il y ait décomposition d'eau, lorsque le sulfure de potassium se dissout dans ce liquide, l'oxigène doit se porter sur le potassium, et l'hydrogène sur le soufre, de manière qu'il en résulte un *hydrosulfate neutre de potasse.* Nous ignorons la raison qui a déterminé M. Berzelius à appeler ce même composé sous-hydrosulfate de potasse.

Cette solution ne noircit pas le mercure; quand on y verse de l'acide sulfurique, de l'acide hydrochlorique, foibles, etc., il se dégage du gaz acide hydrosulfurique, et il ne se dépose point de soufre. En un mot, elle jouit de toutes les propriétés que nous avons reconnues à *l'hydrosulfate de potasse neutre.*

Lorsque cette solution concentrée est mise en digestion avec du soufre réduit en poudre fine, l'on finit par obtenir une liqueur qu'on peut considérer, d'après M. Berzelius, comme formée de *hydrosulfate de potasse neutre + une quantité de soufre quadruple de celle contenue dans l'acide hydrosulfurique.* Le mercure enlève à cette liqueur tout le soufre qui excède la composition de l'acide hydrosulfurique; l'acide sulfurique foible, etc., qu'on y verse, en précipite du soufre et en dégage de l'acide hydrosulfurique.

Suivant M. Berzelius on obtient encore une liqueur semblable à la précédente, en faisant digérer le soufre en poudre dans le bihydrosulfate de potasse; dans ce cas le soufre expulse la moitié de l'acide hydrosulfurique.

Sursulfures de potassium et Eau.

Lorsqu'on met en contact avec l'eau un sulfure de potassium, plus chargé de soufre que ne l'est le protosulfure, il seroit très-facile, en admettant la décomposition de l'eau, de représenter la nature de ces dissolutions, s'il ne se décomposoit que la proportion d'eau strictement nécessaire pour changer tout le potassium et une partie du soufre en un hydrosulfate neutre; mais il n'en est point ainsi, l'oxigène de l'eau décomposée étant plus que suffisant pour oxider le potassium; il y en a une partie qui forme avec du soufre de l'acide hyposulfureux; d'un autre côté, l'hydrogène de l'eau décomposée est insuffisant pour convertir le soufre non acidifié en acide hydrosulfurique; enfin, pendant l'acte de ces dissolutions il ne se dégage aucun fluide aériforme. De là il résulte que, dans l'hypothèse de la décomposition de l'eau, les dissolutions aqueuses des sursulfures de potassium peuvent être représentées par *hyposulfite de potasse* + *hydrosulfate de potasse* + *soufre*, ou par *hyposulfite de potasse* + *potasse* + *soufre hydrogéné*.

Telles sont les manières dont on a envisagé généralement la nature de ces liqueurs, auxquelles on a donné le nom de *sulfures hydrogénés de potasse*. Nous allons nous en occuper d'une manière spéciale.

Sulfures hydrogénés de potasse.

Préparation.

On peut les obtenir par trois procédés généraux.

1.° En préparant d'abord des sursulfures de potassium, soit directement avec le soufre et le potassium, soit en chauffant parties égales de sous-carbonate et de soufre, et en dissolvant ensuite ces sursulfures dans l'eau. On peut substituer au sous-carbonate de potasse l'hydrate de potasse.

Dans le premier cas le sulfure hydrogéné est mêlé d'hyposulfite.

Dans le second cas, si le mélange de soufre et de potasse, ou de son sous-carbonate, a été fortement chauffé, le sulfure hydrogéné est mêlé d'hyposulfite et de sulfate ; si le mélange n'a été exposé qu'à une chaleur voisine du rouge obscur, le sulfure hydrogéné ne contient pas de sulfate.

2.° En faisant digérer ou bouillir du soufre dans l'hydrosulfate ou le bihydrosulfate de potasse.

3.° En chauffant de l'eau de potasse avec du soufre.

Lorsque le soufre est en excès, on obtient, suivant M. Berzelius, la même liqueur que quand on dissout à saturation du soufre dans de l'hydrosulfate ou du bihydrosulfate de potasse, avec cette différence cependant, que l'oxigène provenant de l'eau dont l'hydrogène a formé de l'acide hydrosulfurique ou du soufre hydrogéné, a constitué de l'acide hyposulfureux avec une portion du soufre. M. Berzelius a vu que la quantité de potasse qui sature l'acide hyposulfureux, étant représentée par 1, la quantité qui est unie au soufre hydrogéné est représentée par 3, en sorte que l'acide hyposulfureux contient trois fois autant d'oxigène que la base qu'il neutralise.

Le même savant, ayant cherché à convertir le soufre sous l'influence de l'eau alcaline en acide sulfureux ou en acide sulfurique, n'a jamais pu y parvenir, quelque petite que fût la quantité de soufre employée. Il a vu également que pour une proportion de potassium qui se trouve dans le sulfure hydrogéné pur, il ne peut y avoir au-dessus de 10 proportions de soufre, de même que l'on ne peut unir par la voie sèche à une proportion de potassium plus de 10 proportions du même corps.

Propriétés.

Les sulfures hydrogénés de potasse sont jaunes. Ils ont une saveur alcaline et une odeur d'acide hydrosulfurique. Ils sont vénéneux quand on les prend à l'intérieur.

Exposés à l'air, ils se troublent, parce qu'une portion de leur hydrogène étant brûlée, du soufre est mis à nu. S'ils y sont exposés pendant un temps suffisant, ils se décolorent entièrement, donnent un abondant dépôt de soufre, et il reste dans les liqueurs de l'hyposulfite, qui peut être mêlé de sous-carbonate.

L'oxigène agit comme l'air; mais son action est plus prompte.

Quand on veut se servir du sulfure hydrogéné de potasse pour absorber l'oxigène de l'air, il faut faire la solution à froid, autrement il y auroit de l'azote absorbé. C'est pour cette raison que Schéele a porté à 0,27 la quantité d'oxigène contenue dans l'air. Il faut donc toujours se servir d'une solution de sulfure faite à froid, lorsqu'on veut analyser l'air par ce moyen, la solution étant saturée d'azote, elle ne peut en absorber de nouveau.

Les acides, tels que le sulfurique, l'hydrochlorique, étendus, qui dégagent des hydrosulfates, du gaz acide hydrosulfurique, en s'emparant de leurs bases, versés dans les sulfures hydrogénés, en dégagent un peu d'acide hydrosulfurique et séparent une matière qui est du soufre retenant de l'hydrogène ou de l'acide hydrosulfurique. C'est cette matière qu'on a appelé *soufre hydrogéné*. On est toujours sûr de l'obtenir, en suivant le procédé de Proust : on prend un flacon à l'éméri, capable de contenir 1 once d'eau seulement; on y verse un volume d'acide hydrochlorique à 10^d, égal au ⅓ de sa capacité, et par dessus 1 volume égal de sulfure hydrogéné : on ferme le flacon ; on agite, en ayant soin de soulever légèrement de temps en temps le bouchon, pour que l'acide hydrosulfurique, devenu libre, sorte du flacon.

M. Berzelius est porté à croire que le soufre peut s'unir à l'hydrogène en autant de proportions qu'il s'unit au potassium, sauf les proportions qui constituent le tétrosulfure, le sextosulfure de potassium, et que ces soufres hydrogénés ne peuvent exister d'une manière stable que quand ils sont unis avec les bases, de sorte que, quand on cherche à les en isoler, ils se réduisent en acide hydrosulfurique, en soufre hydrogéné liquide et en soufre.

L'acide hydrosulfurique qu'on fait passer dans le sulfure hydrogéné, en précipite du soufre.

L'alcool ne précipite pas les sulfures hydrogénés de potasse ; il les dissout. Si l'on dissout dans l'alcool du sulfure de potasse, fait en chauffant le soufre avec le sous-carbonate de potasse, on obtient une solution de sulfure hydrogéné, qui, étant exposée à l'air, laisse cristalliser de l'hyposulfite à sa surface. Il ne se précipite pas d'abord de soufre, parce que ce corps reste en solution dans l'alcool; mais après que ce liquide en est saturé, le dépôt a lieu.

Le mercure, agité avec un sulfure hydrogéné, absorbe tout le soufre qui est en excès à la composition de l'hydrosulfate neutre et de l'hyposulfite de potasse. Ces deux sels restent dans la liqueur.

L'oxide de mercure, agité dans un sulfure hydrogéné, absorbe la plus grande partie de l'hydrogène sulfuré. Il est réduit par l'hydrogène, et ensuite sulfuré par le soufre qui étoit combiné à cet hydrogène. En ne mettant qu'une petite quantité de cet oxide, on obtient une dissolution qui ne contient presque plus que du soufre et de l'alcali, ainsi que M. Proust l'a prouvé. Un excès de cet oxide décompose tout le sulfure dans cette circonstance.

ARSENIURE DE POTASSIUM.

L'arsenic s'unit au potassium en un grand nombre de proportions; mais il est probable qu'il n'existe qu'un petit nombre de composés définis qui correspondent aux arseniates de potasse.

1 mesure de potassium et 3 mesures d'arsenic ont donné à MM. Gay-Lussac et Thénard un composé d'un brun marron, sans éclat métallique, qui, mis en contact avec l'eau, a dégagé du gaz hydrogène arséniqué, et a donné lieu à une production de potasse et d'hydrure d'arsenic en flocons bruns.

Le potassium, allié à une proportion suffisante d'arsenic, produit un alliage brillant.

PHOSPHURE DE POTASSIUM.

Le phosphore s'unit au potassium en plusieurs proportions; mais jusqu'ici elles n'ont point été déterminées d'une manière précise.

Le phosphure, obtenu en chauffant du phosphore en excès avec du potassium, est d'une couleur rouge-brune de chocolat, sans éclat métallique : mis en contact avec l'eau, il se dégage de l'hydrogène phosphuré, qui n'est pas toujours spontanément inflammable.

SILICIURES DE POTASSIUM.

M. Berzelius a obtenu deux siliciures de potassium, en exposant à une température élevée le silicium et le potassium.

Le siliciure avec excès de potassium est d'un brun gris foncé, entièrement soluble dans l'eau.

Le siliciure de potassium, avec excès de silicium, s'obtient en chauffant très-fortement le siliciure précédent.

ANTIMONIURE DE POTASSIUM.

MM. Gay-Lussac et Thénard disent que l'antimoniure de potassium, obtenu en chauffant suffisamment 1 mesure de potassium avec 4 d'antimoine, est sous forme de culot; qu'il est un peu moins blanc que l'étain, cassant, à grains fins, fusible; qu'il produit une très-vive effervescence avec l'eau, et qu'il résulte de la réaction des corps de l'hydrogène qui se dégage, de la potasse qui se dissout, et de l'antimoine métallique qui se précipite.

M. Vauquelin a remarqué qu'en chauffant l'oxide d'antimoine avec le charbon et la potasse, on obtient un antimoniure de potassium; et M. Serullas a fait sur le même sujet des observations très-intéressantes. Il a vu, par exemple, que l'émétique, fortement chauffé dans un creuset luté avec soin, laisse un résidu qu'il considère comme un carbure de potassium et d'antimoine. Ce composé peut être conservé dans des flacons à large goulot : lorsqu'on jette sur cette matière quelques gouttes d'eau, sur-le-champ il se fait une explosion plus ou moins forte, suivant la quantité de matière qui se décompose; des globules d'antimoine, qui s'enflamment dans l'air, sont lancés de toutes parts. Suivant l'auteur, l'eau est décomposée par une portion de potassium; de là résulte une élévation de température qui détermine, aux dépens de l'oxigène de l'air, la combustion de l'hydrogène, du reste du potassium, de l'antimoine et du charbon. On est toujours sûr de réussir à obtenir ce produit, si l'on ajoute à 100 p. d'émétique, que l'on calcine, $2\frac{1}{2}$ p. de charbon ordinaire. Il faut porphyriser les corps ensemble, afin de les mêler intimement.

Stannure de potassium.

MM. Gay-Lussac et Thénard ont obtenu, en chauffant 2 mesures de potassium avec 7 mesures de limaille d'étain, un stannure un peu moins blanc que l'étain, cassant, faisant une très-vive effervescence avec l'eau et donnant alors de l'hydrogène, de la potasse et de l'étain métallique.

Un alliage fait avec moins d'étain que le précédent, s'enflamme ordinairement dans l'air, surtout si on essaie de le pulvériser.

Hydrure de potassium.

Cette combinaison, qui a été obtenue par MM. Gay-Lussac et Thénard, en chauffant le potassium dans le gaz hydrogène, à une température voisine du rouge obscur, est grise, sans aspect métallique, infusible. A froid elle ne s'enflamme pas dans l'air, ni dans l'oxigène; mais à chaud elle y brûle vivement.

Mise en contact avec de l'eau dans une cloche posée sur le mercure, elle dégage un volume d'hydrogène qui est à celui que le potassium qu'elle contient auroit dégagé du même liquide :: 5 : 2.

Jetée sur l'eau qui est en contact avec l'air, elle produit une flamme, comme le fait le potassium pur.

Elle est décomposée par une chaleur rouge.

A froid le mercure s'empare de son potassium et met l'hydrogène en liberté.

MM. Gay-Lussac et Thénard croient qu'il existe un sous-hydrure de potassium.

Quant à l'existence d'un gaz hydrogène potassié, elle n'est pas démontrée; il est possible qu'on ait pris pour elle un simple mélange de vapeur de potassium et de gaz hydrogène.

Bismuth et Potassium.

MM. Gay-Lussac et Thénard ont allié ces métaux en les chauffant dans un tube de verre étroit, effilé. Il y avoit 1 mesure de potassium au fond du tube et 4 mesures de bismuth en poudre par-dessus.

Cet alliage est cassant, très-fusible.

Il fait effervescence avec l'eau, il se dégage de l'hydrogène, il se forme de la potasse et il se dépose du bismuth.

FER ET POTASSIUM.

Quand on décompose la potasse hydratée par la tournure de fer, on obtient un alliage de fer et de potassium, qui est souvent assez mou pour qu'on puisse le couper avec des ciseaux. Cet alliage a la forme de la tournure de fer et fait effervescence avec l'eau.

MERCURE ET POTASSIUM.

MM. Gay-Lussac et Thénard ont décrit plusieurs amalgames de potassium. (Voyez tome XXX, pag. 96.)

PLOMB ET POTASSIUM.

1 Mesure de potassium et 4 mesures de plomb, chauffées ensemble, ont donné, à MM. Gay-Lussac et Thénard un alliage très-fusible et très-cassant, qui fait effervescence avec l'eau : il se produit alors de la potasse, et il se dépose du plomb.

ZINC ET POTASSIUM.

Les mêmes savans ont vu, qu'en chauffant 1 mesure de potassium et 4 mesures de zinc en limaille, il se volatilise environ les trois quarts du potassium, et que le quart restant forme avec le zinc un alliage fusible au rouge-cerise, cassant, grenu, ayant la couleur du zinc divisé, faisant une vive effervescence avec l'eau, et donnant de la potasse et un dépôt de zinc.

SODIUM ET POTASSIUM.

Ces métaux s'allient en toutes proportions, soit qu'on les chauffe au milieu du naphte, soit qu'on les presse l'un contre l'autre dans un petit tube de verre bien desséché. Voici les observations principales que MM. Gay-Lussac et Thénard ont faites sur ces alliages.

Ils sont tous plus fusibles que le sodium; mais, suivant les proportions respectives des métaux qui les constituent, ils sont plus ou moins fusibles que le potassium : tous sont volatils, cristallisables. Exposés à l'air, ils se changent en sous-carbonate, et, comme le potassium s'altère plus rapidement que le sodium, l'exposition à l'air est un moyen de purifier le sodium du potassium qu'il peut contenir.

1 p. de potassium et 3 p. de sodium forment un alliage fluide à zéro. Si l'on augmente la proportion du sodium, il perd de sa fusibilité ; si l'on augmente celle du potassium jusqu'à un certain point, la fusibilité augmente, l'alliage de 10 parties de potassium et de 1 p. de sodium est liquide à zéro et plus léger que le naphte, et celui de 30 p. de potassium et de 1 p. de sodium n'est fusible qu'au-dessus de zéro.

État.

On conçoit bien que le potassium ne peut exister dans la nature, au moins dans les couches supérieures de la terre, qui sont plus ou moins pénétrées d'eau. On ne connoît dans la nature que du chlorure, de l'iodure de potassium et des sels de potasse.

Préparation.

On peut se procurer le potassium en décomposant la potasse par l'électricité, le charbon, et, ce qui est préférable, par la tournure de fer, en suivant le procédé de MM. Gay-Lussac et Thénard, que nous avons rapporté plus haut : Brunner a publié un procédé qui est encore plus simple que ce dernier. Il consiste à chauffer très-fortement, dans une espéce de cornue de fer forgé, un mélange de sous-carbonate de potasse et de charbon ; le potassium se volatilise et se condense dans le récipient. Pour l'obtenir dans le dernier état de pureté, il est nécessaire de le distiller dans une petite cornue de verre, afin d'en séparer du charbon.

Usages.

Le potassium n'a été employé jusqu'ici que pour enlever l'oxigène aux corps qui le retiennent fortement.

Histoire.

Il fut découvert par H. Davy, en 1807, et étudié avec beaucoup de soin par MM. Gay-Lussac et Thénard, et c'est surtout leurs recherches qui nous ont servi de guide dans l'histoire de ce métal. (Сн.)

POTE. (*Bot.*) Nom languedocien du thym, selon Gouan. (J.)

POTÉE D'ÉTAIN. (*Chim.*) C'est de l'étain presque toujours allié avec du plomb que l'on a calciné, et qui a été ensuite lavé, de manière à en séparer la plus grande partie du métal qui a échappé à la combustion. L'oxide d'étain de la potée est le peroxide. Cette matière est employée pour polir le verre, certains bois, etc., etc. (Ch.)

POTÉE DE MONTAGNE. (*Min.*) On donne ce nom à presque toutes les poussières terreuses, naturelles, assez fines et assez dures pour être employées comme matières à polir; telles sont le tripoli pulvérulent (vulgairement *terre pourrie*), le tripoli schistoïde (*Polierschiefer*), quelques silex pulvérulens, etc. (B.)

POTELÉE. (*Bot.*) Un des noms vulgaires de la jusquiame, tiré de sa capsule, qui a la forme d'un petit pot fermé par un couvercle. (J.)

POTELET. (*Bot.*) On donne ce nom, dans quelques cantons, à la jacinthe des bois. (L. D.)

POTELLO. (*Bot.*) Un des noms italiens du bolet comestible. Voyez Potiron. (Lem.)

POTELOT. (*Min.*) C'est le Molybdène sulfuré. (B.)

POTENTILLA. (*Bot.*) Ce nom étoit donné par Anguillara à la barbe-de-chèvre et à la reine des prés, *spiræa aruncus* et *spiræa ulmaria*; par Matthiole, Daléchamps et autres anciens à l'argentine. Linnæus, le conservant à cette dernière, a réuni à ce genre le *quinquefolium* et le *pentaphylloides* de Tournefort, ainsi que les fraisiers du même, à réceptacle non charnu. Voyez Potentille. (J.)

POTENTILLE; *Potentilla*, Linn. (*Bot.*) Genre de plantes dicotylédones polypétales, de la famille des *rosacées*, Juss., et de l'*icosandrie polygynie*, Linn., qui présente les caractères suivans: Calice monophylle, à dix divisions alternativement plus grandes et plus petites: corolle de cinq pétales ouverts, arrondis, portés sur le calice; étamines au nombre de vingt ou environ, plus courtes que la corolle, insérées sur le calice; ovaires nombreux, supères, très-petits, réunis en tête, surmontés chacun d'un style filiforme, de la longueur des étamines, et terminés par un stigmate obtus; graines nues, nombreuses, acuminées, portées sur un réceptacle sec, arrondi, environné par le calice persistant.

Les potentilles sont des plantes herbacées, très-souvent vivaces, rarement des arbustes, elles ont feuilles alternes, presque ailées, digitées ou ternées, munies de stipules à leur base, et leurs fleurs sont portées sur des pédoncules axillaires, ou souvent disposées en une sorte de corymbe terminal. On en connoît aujourd'hui cent et quelques espèces, dont plus de trente croissent naturellement en Europe. Ces plantes n'offrent que très-peu d'intérêt sous le rapportude leurs propriétés, quoique le nom générique qu'elles portent paroisse dériver de ce qu'on leur a attribué des vertus puissantes; car, selon Linné (*Philos. bot.*, 166), *potentilla* vient de *potentia virium*.

* *Feuilles ailées ou presque ailées.*

Potentille frutescente; *Potentilla fruticosa*, Linn., *Sp.*, 709. Sa tige est ligneuse, haute de deux à trois pieds, divisée en rameaux nombreux, garnis de feuilles ailées, composées de cinq à sept folioles oblongues, velues, surtout en dessous; ses fleurs sont jaunes, pédonculées, disposées, dans les aisselles des feuilles supérieures et à l'extrémité des rameaux, en une sorte de corymbe lâche. Cette espèce croît dans les Pyrénées, en Angleterre, en Sibérie, dans le Canada : on la cultive dans les jardins, comme plante d'ornement; elle fleurit en Juillet et Août.

Potentille ansérine, vulgairement Argentine : *Potentilla anserina*, Linn., *Sp.*, 710; Bull., Herb., t. 157. Ses tiges sont rameuses, rampantes, longues d'un à deux pieds, garnies de feuilles ailées, composées de treize à quinze et quelqufois jusqu'à vingt-une folioles ovales-oblongues, dentées en scie, vertes en dessus, blanches et soyeuses en dessous; ses fleurs sont jaunes, axillaires, solitaires, portées sur de longs pédoncules. Cette plante est commune dans les pâturages un peu humides et sur les bords des champs.

Cette potentille a une saveur légèrement stiptique; elle est un peu astringente et elle a passé autrefois pour vulnéraire : on l'a conseillée contre le crachement de sang, les pertes utérines, les fleurs blanches, la diarrhée, la dyssenterie, la jaunisse; elle a aussi été recommandée comme fébrifuge et comme lithontriptique; mais aujourd'hui elle n'est plus que bien rarement employée par les médecins. On préparoit autrefois dans les pharmacies une eau distillée d'argentine, qui passoit pour avoir la propriété d'effacer les taches de rousseur et de remédier aux effets du hâle sur la peau : cette eau est déjà depuis assez long-temps tombée en désuétude. En Écosse, on mange les feuilles de l'argentine, apprêtées de diverses manières, comme herbe potagère. On prépare aussi, en Angleterre, ses racines comme alimentaires; elles ont une saveur assez analogue au panais. Ray a observé que les cochons recherchoient ces racines et qu'ils les mangeoient avec avidité, après avoir fouillé la terre avec leur groin pour les trouver.

POTENTILLE DE PENSYLVANIE : *Potentilla pensylvanica*, Linn., *Mant.*, 76. Sa racine est vivace, pivotante; elle produit une tige droite, haute d'un à deux pieds, toute couverte, ainsi que les feuilles, surtout en dessous, d'un duvet court d'un blanc cendré; ses feuilles sont ailées, les inférieures pétiolées, composées de neuf à onze folioles oblongues, profondément dentées : les feuilles caulinaires ne sont composées que de sept, de cinq, ou même dans le haut, de trois folioles, et elles sont munies, à leur base, de deux grandes stipules lancéolées. Les fleurs sont jaunes, pédonculées, rassemblées, au sommet de la tige et des rameaux, en corymbe terminal. Cette espèce est originaire du Canada et de Pensylvanie, et elle se trouve maintenant au bois de Boulogne près de Paris, comme si elle y étoit spontanée.

POTENTILLE DES ROCHERS : *Potentilla rupestris*, Linn., *Sp.*, 711; Jacq., *Fl. Aust.*, t. 114. Ses tiges sont droites, hautes d'un pied ou environ, chargées de quelques poils et peu rameuses; les feuilles inférieures et les radicales sont ailées, composées de cinq à neuf folioles ovales, dentées; les supérieures sont simplement ternées. Les fleurs sont blanches, terminales, disposées en corymbe lâche. Cette espèce croît dans les lieux pierreux des montagnes, dans les Alpes, les Pyrénées, et en Allemagne, en Sibérie, etc.

** *Feuilles digitées; réceptacle glabre.*

POTENTILLE VELUE : *Potentilla hirta*, Linn., *Sp.*, 712; All., *Fl. ped.*, n.° 1478, **tab.** 71, **fig.** 1. Sa tige est droite, presque simple ou peu rameuse, haute de dix pouces à un pied, hérissée de poils, ainsi que les feuilles, qui sont digitées, composées, dans la partie inférieure de la tige, de sept, et dans la supérieure, de cinq folioles oblongues, cunéiformes, bordées de dents très-profondes. Les fleurs sont jaunes, disposées en corymbe lâche. Cette espèce croît dans les lieux pierreux du Midi de la France, dans les Alpes et les Pyrénées, en Italie, etc.

POTENTILLE ARGENTÉE; *Potentilla argentea*, Linn., *Sp.*, 712; *Fl. Dan.*, tab. 865. Cette espèce, qui est connue sous le nom vulgaire de quinte-feuille argentée, a une tige redressée, haute de huit à douze pouces, cotonneuse, garnie de feuilles composées de cinq folioles oblongues, cunéiformes, profondément incisées, d'un vert assez foncé en dessus, blanches et cotonneuses en dessous. Ses fleurs sont jaunes, assez petites, disposées, au sommet de la tige et des rameaux, et formant dans leur ensemble un corymbe très-lâche. Cette plante croît dans les lieux secs et sablonneux, sur les bords des champs et des bois, en France, en Suisse, en Allemagne, etc.

POTENTILLE PRINTANNIÈRE : *Potentilla verna*, Linn., *Sp.*, 712; *Fl. Dan.*, t. 114. Ses tiges sont rameuses dès leur base, couchées, pubescentes, garnies inférieurement de feuilles composées de cinq folioles ou digitations cunéiformes, dentées à leur sommet, et, dans leur partie supérieure, de feuilles simplement ternées. Ses fleurs sont jaunes, assez petites, terminales. Cette espèce est commune dans les pâturages secs et découverts, aux bords des bois et des chemins, en France et dans toute l'Europe.

POTENTILLE DORÉE : *Potentilla aurea*, Linn., *Sp.*. 712; *Flor. Dan.*, tab. 114. Ses tiges sont redressées, hautes de trois à six pouces, pubescentes, simples ou peu rameuses, garnies de feuilles composées de cinq folioles ou digitations oblongues, dentées à leur sommet, presque glabres, mais bordées de cils nombreux blancs et soyeux; ses fleurs sont d'un jaune d'or, axillaires ou terminales. Cette espèce croît dans les montagnes alpines, en France, en Suisse, en Allemagne. en Italie, etc.

*** *Feuilles digitées; réceptacle velu.*

POTENTILLE RAMPANTE, vulgairement QUINTE-FEUILLE; *Poten-*

tilla reptans, Linn., *Sp.*, 714. Sa racine est alongée, de la grosseur du petit doigt, vivace, noirâtre en dehors, rougeâtre en dedans, divisée en quelques fibres plus menues; elle produit plusieurs tiges simples ou peu rameuses, longues d'un à deux pieds, couchées et rampantes sur la terre, prenant racine à leurs articulations, et garnies de feuilles composées de cinq folioles ovales-oblongues, obtuses, cunéiformes à leur base, dentées, presque glabres, et vertes des deux côtés. Ses fleurs sont jaunes, larges de dix lignes ou environ, solitaires sur des pédoncules axillaires. Cette espèce est commune dans les champs et sur les bords des chemins, en France et dans le reste de l'Europe. Sa racine est la seule partie dont on fasse usage en médecine; elle est astringente, et Chomel a beaucoup préconisé son emploi dans la diarrhée et la dyssenterie; on l'a aussi regardée comme fébrifuge : elle entroit autrefois dans la thériaque et dans le baume vulnéraire. Cette racine pourroit servir au tannage des cuirs. Les bestiaux mangent ses feuilles.

Potentille caulescente : *Potentilla caulescens*, Linn., *Sp.*, 713; Jacq., *Fl. Aust.*, tab. 220. Sa tige est haute de six à huit pouces, redressée, garnie de feuilles composées de cinq folioles ovales-oblongues, dentées à leur partie supérieure, rétrécies en coin à leur base, bordées de cils blancs et soyeux; ses fleurs sont blanches, nombreuses, rapprochées au sommet des tiges en corymbe bien garni. Cette potentille croît entre les fentes des rochers dans les Pyrénées et dans les Alpes de la France, de la Suisse, de l'Autriche, etc.

Potentille luisante; *Potentilla intida*, Linn., *Sp.*, 714; Jacq., *Fl. Aust.*, *App.*, t. 25. Sa tige est droite, velue, haute seulement d'un à trois pouces, garnie de feuilles composées de cinq ou seulement de trois folioles ovales-oblongues, simplement dentées à leur sommet, toutes couvertes, des deux côtés, de poils blancs et soyeux; sa fleur est blanche ou quelquefois un peu rougeâtre, terminale, grande pour la petitesse de la plante. Cette espèce croît entre les rochers, dans les Alpes du Dauphiné, de la Savoie, du Piémont, de l'Autriche, etc.

Potentille a feuilles d'alchimille; *Potentilla alchemilloides*, Lapeyr., Mém. de l'acad. de Toul., 1, t. 17, pag. 212. Sa tige est redressée, haute de six à huit pouces, un peu rameuse dans sa partie supérieure, chargée d'un duvet mou et blanchâtre; ses feuilles sont composées de cinq folioles ovales-oblongues, dentées à leur sommet, glabres et vertes en dessus, toutes couvertes en dessous de poils couchés et d'un blanc argenté; ses fleurs sont blanches, terminales. disposées en un corymbe assez garni. Cette potentille croit dans les fentes des rochers des Pyrénées.

**** *Feuilles trifoliées.*

POTENTILLE GRANDIFLORE ; *Potentilla grandiflora* , Linn. , *Sp.*, 715. Sa tige est droite, presque simple, haute de cinq à huit pouces, pubescente, garnie de feuilles toutes composées de trois folioles ovales-oblongues, profondément dentées, un peu velues ; ses fleurs sont jaunes, disposées en petit nombre au sommet des tiges; leurs pétales sont une fois plus grands que le calice. Cette espèce croît dans les pâturages des Alpes et des Pyrénées, en Suisse, en Sibérie.

POTENTILLE A TIGE TRÈS-COURTE; *Potentilla subacaulis*, Linn., *Sp.*, 715. Ses tiges sont couchées, à peine de la longueur des feuilles qui sont formées de trois folioles oblongues, cotonneuses et blanchâtres en dessus et en dessous; ses fleurs sont jaunes. pédonculées, peu nombreuses. Cette potentille croit dans les fentes des rochers des Alpes, du Dauphiné, de la Provence, du Piémont; en Espagne, en Sibérie, etc.

POTENTILLE NEIGEUSE ; *Potentilla nivea*, Linn., *Sp.*, 715. Sa tige est un peu redressée. haute de trois à cinq pouces; ses feuilles sont presque toutes radicales, composées de trois folioles ovales, profondément dentées, velues en dessus, toutes couvertes en dessous d'un duvet d'un blanc de neige; ses fleurs sont jaunes, terminales, peu nombreuses. Cette plante croît dans les Alpes du Dauphiné, de la Suisse ; en Laponie, en Sibérie.

POTENTILLE DE VAILLANT : *Potentilla Vaillantii*, Nestler, *Monog. de potent.*, 75 ; *Potentilla splendens*, Decand., Fl. franç., 4, pag. 467 ; *Fragaria sterilis amplissimo folio et flore, petalis florum cordatis*, Vaill., *Bot. paris.*, 55, tab. 10, fig. 1. Sa tige est couchée, rampante. garnie de feuilles longuement pétiolées, composées de trois folioles ovales-oblongues, dentées à leur sommet, velues en dessus, soyeuses et blanchâtres en dessous; ses fleurs sont blanches, portées, une ou deux ensemble, sur des pédoncules aussi longs que les feuilles, et munis eux-mêmes d'une petite feuille. Cette espèce se trouve dans les pâturages secs aux environs de Paris, d'Orléans, de Bordeaux, dans les Pyrénées, etc. (L. D.)

POTERIOCRINITES. (*Foss.*) Dans l'ouvrage qui porte pour titre, *A natural history of the crinoidea*, M. Miller a donné le nom de poteriocrinites à un genre de la famille des encrines, auquel il assigne les caractères suivans : Animal crinoïdal, avec une colonne ronde, composée de nombreuses jointures légères, ayant dans leur centre un canal alimentaire rond et articulé dans ses surfaces, qui portent des stries rayonnantes. Les bras qui sortent des côtes auxiliaires sont ronds et placés sur la colonne à des distances irrégulières. Le bassin, formé de cinq jointures à cinq pans, supporte cinq pièces hexagones entre les côtes et cinq épaules, ayant sur l'une des entre-côtes une pièce entre les épaules, et un bras partant de chacune de ces dernières.

M. Miller a reconnu deux espèces de ce genre; le *Poteriocrinites crassus* et le *Poteriocrinites tenuis*, qui se trouvent dans les couches anciennes près de Bristol en Angleterre, et il en a donné les figures dans l'ouvrage ci-dessus cité. On trouve aussi une figure de la première de ces espèces dans les Mémoires de la société géologique de Londres, vol. 5, pl. 3, fig. 2.

Ces corps ne nous sont pas assez connus, pour que nous puissions entrer dans de grands détails à leur égard; mais nous pensons qu'ils ont été adhérens par leur base, comme tous ceux de la famille des encrines, et que ce qu'on a pris pour le canal alimentaire, n'est que le vide, ou trou, qui traverse toutes les articulations, et qui a pu servir de passage au ligament qui s'étendoit jusqu'à la base.

Nous possédons une base d'encrinite qui est presque de la grosseur de la tête, et dans laquelle ce trou se fait apercevoir jusqu'au point où elle se trouve divisée en espèces de racines. (D. F.)

POTERIUM. (*Bot.*) Ce nom étoit donné par Matthiole et Clusius à une plante légumineuse, variété de l'*astragalus tragacantha*, et C. Bauhin lui ajoutoit comme espèce voisine un arbrisseau épineux, de la famille des rosacées, auquel

Linnæus a conservé ce nom comme générique : c'est son *poterium spinosum*, auquel il a joint comme congénères quelques autres plantes, nommées *pimpinella* par les anciens. Voyez PIMPINELLA et PIMPRENELLE. (J.)

POTFISK. (*Mamm.*) Voyez POTT-FISCH. (F. C.)

POTHA. (*Bot.*) A Ceilan on nomme ainsi une plante aroïde, qui est devenu le type du genre *Pothos* de Linnæus. (J.)

POTHEL. (*Bot.*) Thevet, cité par Daléchamps et C. Bauhin, nomme ainsi le sycomore, *ficus sycomorus.* (J.)

POTHON. (*Bot.*) Voyez CAMPANA AZURA. (J.)

POTHOS. (*Bot.*) Genre de plantes monocotylédones, à fleurs incomplètes, de la famille des *aroïdes*, de la *tétrandrie monogynie* de Linnæus, offrant pout caractère essentiel : Une spathe simple ; un spadice épais ; chargé de fleurs ; point de calice ; quatre pétales ; quatre étamines ; un ovaire tronqué ; point de style ; un stigmate ; une baie à une ou plusieurs semences.

POTHOS A GRANDES FEUILLES : *Pothos grandifolia*, Jacq., *Coll.*, 4, pag., 121, et *Ic. rar.*, 2 ; Lamck., *Ill. gen.*, tab. 738 ; *Dracontium cordatum*, Aubl., Guian., pag. 836 ; Plum., *Amer.*, tab. 51, fig. 1, et tab. 63. De la racine de cette plante sortent un grand nombre de feuilles glabres, entières, en cœur, ondulées à leurs bords, aiguës, fermes, coriaces, luisantes, longues d'un pied et demi, sur un de large, marquées de sept nervures ; les pétioles sont de l'épaisseur du doigt, presque aussi longs que les feuilles. Du centre des feuilles s'élève une hampe cylindrique, plus longue que les pétioles, terminée par un spadice presque droit, subulé, couvert de fleurs hermaphrodites très-serrées, ayant la spathe longue de quatre à cinq pouces, verte, coriace, lancéolée, aiguë, un peu roulée en spirale ; les pétales blancs, oblongs, concaves, courbées en voûte à leur extrémité supérieure. Cette plante croît en Amérique, dans les environs de Caracas, sur les montagnes boisées, au pied des arbres.

POTHOS A FEUILLES EN CŒUR : *Pothos cordata*, Aubl., Guian., *loc. cit.*; Burm., *Amer.*, tab. 38. Les racines de cette plante sont composées de nœuds imbriqués, d'où s'échappent un grand nombre de fibres simples ; les feuilles sont toutes radicales, amples, simples, profondément échancrées en cœur à leur base, entières, acuminées, supportées par de très-longs pétioles élargis à leur base; les hampes sont axillaires, deux et trois fois plus courtes que les pétioles, terminées par un spadice court, un peu incliné, lancéolé, muni d'une spathe fort petite; les fleurs sont petites; les fruits un peu arrondis, bleuâtres, très-serrés. Cette plante croît dans les contrées chaudes de l'Amérique.

POTHOS VIOLET : *Pothos violacea*, Sw., *Fl. Ind. occid.*, 270; *Dracontium scandens*, Aubl., *loc. cit.;* Plum., *Amer.*, tab. 74 d. Ses racines sont longues, épaisses, simples, filiformes et blanchâtres; elles produisent plusieurs tiges hautes de deux ou trois pieds, radicantes, glabres, épaisses, noueuses, garnies de feuilles alternes, pétiolées, entières, ovales, lancéolées, ponctuées, munies, à la base des pétioles, de stipules vaginales, roussâtres, membraneuses; les hampes sont axillaires, droites, de la longueur des pétioles, terminées par un spadice long d'un demi-pouce, enveloppé par une spathe ovale, concave, de moitié plus courte que le spadice; quatre valves triangulaires, émoussées, représentent la corolle; les filamens, élargis en forme de pétales, de couleur blanchâtre, enveloppent l'ovaire : celui-ci est arrondi, surmonté d'un stigmate bifide : le fruit est une baie de couleur violette, contenant quatre semences oblongues. Cette plante croît au pied des arbres, sur les hautes montagnes de la Jamaïque.

POTHOS GRIMPANT : *Pothos scandens*, Linn.; Rumph., *Amb.*, 5, tab. 184, fig. 1, 2 et 3; *Anaparva*, Rhéed., *Malab.*, 7, tab. 40. Cette espèce a une tige grimpante, qui s'attache aux arbres par les petites racines de ses articulations; ses feuilles sont alternes, glabres, lancéolées, striées, aiguës, très-entières; les pétioles courts, membraneux, assez semblables à ceux des oranges; la fructification est réunie en une tête globuleuse sur un spadice latéral, pédonculé, réfléchi, enveloppé d'une spathe courte, en capuchon. Cette plante croît dans les Indes et à la côte de Malabar.

POTHOS A FEUILLES LANCÉOLÉES : *Pothos lanceolata*, Linn., *Syst. pl.; Arum*, etc.; Plum., *Amer.*, 47, tab. 61, et *Filic.*, tab. 206. De ses racines sortent plusieurs feuilles longues d'un pied et demi sur trois pouces de large, fermes, épaisses, étroites, lancéolées, glabres, d'un beau vert; les pétioles charnus, longs d'environ un pouce; du milieu des feuilles sortent plusieurs hampes grêles, plus longues que les feuilles, terminées par un spadice cylindrique, long d'environ dix pouces, garni de fleurs d'un violet pâle, muni à sa base d'une spathe étroite, lancéolée, plus courte que le spadice; les fruits sont de petites baies de la grosseur d'un pois, remplies d'un suc blanc et mucilagineux, contenant deux semences noirâtres, alongées. Cette plante croit dans les lieux humides, ombragés, sur le tronc des vieux arbres, dans les contrées chaudes de l'Amérique.

POTHOS A FEUILLES CRÉNELÉES : *Pothos crenata*, Linn., *Spec.;* Aubl., Guian., *loc. cit.;* Burm., *Amer.*, pag. 27, tab. 37. Ses racines sont composées de fibres simples, qui partent d'une souche épaisse, noueuse, écailleuse; les feuilles sont toutes radicales, presque sessiles, très-longues, nerveuses, lancéolées, crénelées à leurs bords, fermes et coriaces; les hampes sont lisses, latérales, terminées par des spadices pendans, très-longs, subulés, munis d'une spathe fort courte, lancéolée, acuminée. Cette plante croit en Amérique, dans l'île de Saint-Thomas.

POTHOS ACAULE : *Pothos acaulis*, Linn., *Syst. pl.;* Jacq., *Amer.*, tab. 153; Plum. *Amer.*, tab. 57, vulgairement QUEUE-DE-RAT. Cette espèce a le port d'un aloès : elle est dépourvue de tige; ses feuilles sont toutes radicales, glabres, oblongues, cunéiformes, acuminées, très-entières, coriaces, un peu roides, un peu pétiolées, longues d'un pied et demi; d'entre ses feuilles s'élèvent plusieurs hampes épaisses, cylindriques, plus courtes que les feuilles; le spadice est subulé, alongé, couvert, dans toute sa longueur, de fleurs hermaphrodites, pourvues d'une spathe plane, linéaire, lancéolée; les pétales sont concaves, oblongs, en carène sur le dos. Cette plante croit dans les forêts de la Martinique, au pied des arbres.

POTHOS PALMÉ : *Pothos palmata*, Linn., *Syst. pl.;* Plum., *Filic.*, 207, 208, et *Amer.*, pag. 49, tab. 64, 65. Cette plante a une grosse racine noueuse, couverte d'une poussière roussâtre; il en sort des feuilles qui ont souvent plus de trois pieds d'étendue, divisées en neuf ou dix découpures lisses, profondes, très-épaisses, traversées par une grosse nervure saillante; les pétioles longs d'environ quatre pieds; les fruits sont placés sur un spadice long d'un pied, pendant, cylindrique, à l'extrémité d'une hampe plus courte que les pétioles; une spathe membraneuse, lancéolée, de la longueur des spadices. Cette plante croît à la Martinique, sur le tronc et les racines des arbres.

Pothos a feuilles ailées : *Pothos pinnata*, Linn., *Spec.; Lasia acuminata*, Lour., *Fl. Cochin.*, 103 ; Rumph., *Amb.*, 5, tab. 143, fig. 2. Cette espèce a de grosses tiges garnies de longs poils filamenteux, et des racines avec lesquelles elle s'accroche aux arbres ; ses feuilles sont longues de deux ou trois pieds, profondément pinnatifides, alternes, assez semblables par leur forme à celles du polypode commun ; les pédoncules sont latéraux ; ils supportent des spadices obtus, longs de cinq à six pouces, très-épais, de couleur glauque, puis d'un brun foncé. Cette plante croît dans les Indes orientales.

Pothos a feuilles de balisier : *Pothos cannæfolia*, Bot. Magaz., tab. 603. Espèce remarquable par l'odeur agréable de ses fleurs ; ses feuilles ressemblent beaucoup à celles du balisier ; elles sont amples, elliptiques, très-entières, glabres à leurs deux faces, acuminées, traversées par une forte côte blanche, épaisse, munies de nervures simples, latérales, parallèles ; la spathe est lancéolée, aiguë, plus longue que le spadice, nerveuse, blanchâtre à sa surface supérieure ; le spadice est droit, cylindrique, obtus, long de trois pouces et plus. Cette plante croît dans l'Amérique, à l'île de Saint-Vincent.

MM. de Humboldt et Bonpland ont également découvert dans l'Amérique méridionale, à la Nouvelle-Grenade et dans les forêts le long de l'Orénoque, plusieurs belles espèces de pothos, décrites par M. Kunth. (Poir.)

POTHOS BLEU. (*Bot.*) Daléchamps cite sous le nom de *pothos cæruleus*, d'après Matthiole, une clématite, que C. Bauhin rapporte à celle que l'on nomme maintenant *clematis viticella*. (J.)

POTICHIS. (*Mamm.*) Le Père Caulin, dans son Histoire de la Nouvelle-Andalousie, désigne par ce nom la plus petite espèce de cochon sauvage des trois qu'il dit naturelles aux montagnes de cette contrée. Les naturalistes n'en connoissent encore que deux. (F. C.)

POTIMA. (*Bot.*) Nom donné par M. Persoon au *Tetrameium* de M. Gærtner fils, genre de la famille des rubiacées. (J.)

POTINÇOBA. (*Bot.*) Pison cite sous ce nom une herbe du Brésil, qui est le *pulgera* des Portugais. Elle croît dans les lieux humides et marécageux ; sa tige, garnie de nœuds et de feuilles, semblables à celles du saule, est terminée par un épi alongé et grêle, couvert de fleurs blanches, auxquelles succèdent des graines triangulaires et luisantes ; sa racine, mâchée, est âcre et brûlante. On reconnoît aisément que c'est une espèce de persicaire, comme l'annonce l'auteur lui-même, qui lui attribue les mêmes vertus indiquées dans celles de nos climats. Marcgrave confirme cette assertion, en disant que l'*erva pulgera* des Portugais est un *hydropiper*. (J.)

POTIRON. (*Bot.*) Voyez COURGE A GROS FRUIT. (**J.**)

POTIRON. (*Bot.*) Ce nom est donné vulgairement au bolet comestible, à peine décrit dans ce Dictionnaire, à l'article AGARIC, tom. I, pag. 285 : on lui donne aussi les noms de *Bruguet, Cèpe, Ceps, Gyrole, Bolè, Forchin*; c'est le *Potello, Ceppatello scuro, Ghezzo, Pinuzzo buono, Porcino* des Italiens. Ce champignon reste dans le genre *Boletus* tel que MM. Fries et Persoon l'ont établi ; c'est le *Boletus bulbosus*, Schæff., *Fung.*, pl. 134 et 135 ; le *Boletus esculentus*, Fries, *Syst. mycol.*; Pers., *Mycol. eur.*, 2, pag. 131 ; le *Boletus solidus*, Sowerb., pl. 419 ; le *Boletus edulis*, Bull., Champ., pl. 494. Ce champignon a un stipe compacte, charnu, brunâtre, ovale, semblable à un gros bulbe ou oignon ; mais qui quelquefois est alongé et long de quatre à cinq pouces ; le chapeau est fort ample, hémisphérique d'abord, puis dilaté, glabre, luisant, de couleur fauve ou baie, ou roussâtre, ou blanchâtre, et même couleur de feu sur les bords ; les tubes, à moitié libres, sont très-petits, arrondis, d'abord blancs, et bientôt après d'un jaune verdâtre. Cette espèce, commune partout dans les bois, est plus fréquente en Juillet, Août et Septembre.

M. Persoon rapporte ce qui suit à l'espèce qui nous occupe ; cependant cette partie est un extrait de ce que dit Paulet de son *cèpe franc à tête rousse* (Trait., 2, pag. 566), qu'il donne pour le *boletus bovinus*, Linn. M. Persoon penseroit donc que le rapprochement de Paulet n'est pas juste : la vérité est, que Paulet décrit le potiron sous le nom de *cèpe franc à tête noire* (*loc. cit.*, pag. 563, pl. 167, fig. 1 — 4), qu'il le donne pour le *boletus bulbosus*, Schæff., et qu'il fait remarquer qu'on l'apprête des mêmes manières. Sa saveur très-agréable fait rechercher cette plante dans beaucoup de pays, et on la mange de diverses façons, soit avec du poivre, c'est-à-dire à la poivrade, ou cuite, apprêtée de diverses manières, soit en fricassée de poulet, ou grillée avec du beurre ou de l'huile, du poivre, du sel, des fines herbes, de la chapelure de pain; on en fait aussi des beignets et d'excellentes crêmes : on l'accommode avec des oignons roussis, et enfin des mêmes manières que le champignon de couche (*agaricus edulis*). En Hongrie on prépare avec ce champignon des coulis très-estimés, et à cet effet on le conserve en le faisant passer au four ou à l'étuve; on le fait revenir dans l'eau tiède, et on se sert de cette eau, dans laquelle on met bouillir des croûtes de pain : après un temps suffisant on passe le tout, et l'on a un coulis épais, de consistance de purée, auquel on ajoute les champignons, qu'on a mis cuire à part dans le beurre avec l'assaisonnement convenable.

Ces champignons étant faciles à confondre avec quelques espèces pernicieuses, demandent à être cueillis avec précaution. Avant de les employer, on est dans l'usage de les passer à l'eau bouillante, de les essuyer ensuite et de s'assurer avant tout qu'il ne change pas de couleur. (Lem.)

POTIRONS et CÈPES POTIRONS ou EN TOUPIE. (*Bot.*) On trouve nommé ainsi, dans Paulet, un groupe de champignons, qui n'est qu'un démembrement du genre *Boletus*, Linn., et des auteurs modernes; il y ramène un grand nombre d'espèces, et entre autres le *boletus bovinus*, Linn., et le *bulbosus*, Schæff., qu'il décrit amplement sous les noms de *cèpes francs à tête rousse et à tête noire;* nous en avons fait le sujet de l'article Potiron, qui est le potiron par excellence. (Voyez ce mot plus haut.)

Nous avons donné à l'article Cèpe, les caractères de ce groupe. (Voyez Cèpe-Potiron, tom. VII, pag. 401.)

Paulet en décrit quatre espèces.

Le Potiron roux, Paul., Trait., 2, pag. 327, pl. 175, fig. 1 et 2, est un champignon de trois à quatre pouces de hauteur; son chapeau est d'un roux vif ou couleur de marron clair; son stipe et ses tubes sont gris verdoyant; le chapeau est hémisphérique, d'un à deux pouces d'épaisseur; sa chair ne change pas de couleur quand on la coupe; le stipe a deux à trois pouces de diamètre à sa base, qui est renflée, et deux pouces à son insertion, avec le chapeau. Ce champignon est de bonne qualité et peut être mangé sans crainte. Paulet fait remarquer qu'il est facile de le confondre avec des espèces voisines qui sont dangereuses, et s'étend assez longuement sur les effets de ces derniers et sur les moyens de les reconnoître. Autant que nous pouvons en juger par la synonymie donnée par Paulet, le potiron roux seroit une variété du *boletus bovinus*, Linn., Fries, etc.

Le Potiron gris et vineux ou l'Oignon de loup, Paul., *loc. cit.*, pl. 176, fig. 1 et 2. Selon Paulet ce seroit le *boletus lucidus* de Schæff., *Fung. bav.*, pl. 107, et aussi le champignon représenté pl. 17, fig. F de l'ouvrage de Steerbeck, que Paulet place avec les cèpes dits *pains-de-loup*. C'est une espèce qui exhale l'odeur d'hydrogène sulfuré, et dont la chair bleuit et rougit par le contact de l'air. Elle est très-suspecte; elle a un chapeau gris sale en dessus avec des taches brunes, et le dessous d'un rouge de vin; le stipe, en forme de toupie, est lavé d'une couleur de feu, de jaune et de blanc, il a cinq pouces de hauteur. Toute la plante représente une boule. Le chapeau a quatre pouces de diamètre et le stipe autant de hauteur. Paulet indique cette plante à Saint-Cloud et à Montmorency, mais on la trouve partout en Europe. (Voyez *Boletus luridus*, Fries, *Syst. mycol.*, 1, pag. 391; Pers., *Mycol. eur.*, 2, pag. 132.)

Le Potiron blanc, Paul., *loc. cit.*, pl. 177, fig. C. Il est blanc; haut de quatre pouces, son chapeau en a deux ou trois de diamètre; la tige est d'un blanc de lait, et sa partie tuberculeuse d'un blanc de différente nuance. La chair ne change pas de couleur à l'air. Ce champignon se trouve à Senart.

Le Potiron livide, Paul., *loc. cit.*, pl. 176, fig. 2 et 3. Il a une taille un peu moins forte que celle de l'espèce précédente; il est de couleur livide ou olivâtre; très-régulier dans sa forme. Sa chair prend différentes teintes par le contact de l'air. Ce champignon croît à Vincennes; il paroit suspect. (Lem.)

POTKUDUPALA. (*Bot.*) On nomme ainsi à Ceilan une plante amarantacée, rapportée primitivement à l'*achyranthes*, ensuite à l'*illecebrum*, et qui est maintenant l'*ærua lanata*. (J.)

POTOROO : *Potorous*, Desm.; *Hypsiprymnus*, Illig. (*Mamm.*)
C'est sur l'espèce de kanguroo rat que M. Desmarest a établi
ce genre qui réunit les phalangers aux kanguroos proprement
dits; et, fondé originairement sur une seule espèce, il en
comprend aujourd'hui au moins trois, mais on n'a encore
que des notions très-bornées sur ces animaux.

Les potoroos ont la physionomie générale des kanguroos,
mais leur système de dentition se rapproche beaucoup de celui des phalangers à dents simples. Ils ont les mêmes inci-
sives, les mêmes canines, et les mêmes mâchelières; seulement leur fausse molaire à chaque mâchoire est longue, comprimée en forme de coin, et légèrement dentelée. Les organes du mouvement sont exactement ceux des kanguroos, et
il en est de même des organes des sens et de ceux de la génération. Ainsi c'est dans les dents qu'est leur caractère distinctif,
mais il est accompagné, comme à l'ordinaire, de modifications dans le canal intestinal; l'estomac, partagé par un étranglement, est boursouflé comme le gros intestin.

Les espèces connues sont de l'Australasie.

Le KANGUROO RAT : *Potorius murinus*, Phillips, Voyage à
Botany-Bay, p. 247, pl. 47; *Macropus minor*, Shaw, tom. 1,
p. 513. De la grandeur d'un lapin, et d'un gris un peu plus
foncé aux parties supérieures du corps qu'aux parties inférieures.

Les naturels le nomment potoroo.

Le POTOROO DE WHITE, Gaimard, Voyage de M. Freycinet.
Cette espèce a environ un pied du bout du museau à l'origine
de la queue, qui a également un pied. Sa couleur est d'un
brun fauve en dessus, et blanche en dessous.

Les autres espèces ne nous sont indiquées que par des têtes,
dont les caractères sont très-marqués, et qui annoncent que
ce genre doit encore s'enrichir, et que de nouvelles recherches
sont nécessaires sur ces singuliers animaux. (F. C.)

POTOT. (*Mamm.*) C'est le même nom que potto, mais transporté par les Nègres en Amérique, et appliqué par eux au
Kinkajou. (F. C.)

POTT-FISCH, BOTVISCH. (*Mamm.*) Dans quelques dia-
lectes germaniques, ces noms s'appliquent au cachalot ma-
crocéphale, et peut-être aussi au physétère cylindrique. (F. C.)

POTTIA. (*Bot.*) Ehrhard avoit ainsi nommé le genre de mousse maintenant appelé Gymnostomum (voyez ce mot). Il y comprenoit les *G. ovatum*, *curvirostrum*, *circumcissum*, *intermedium* et *pyriforme*. (Lem.)

POTTO. (*Mamm.*) Bosman parle sous ce nom d'une espèce quadrumane qui n'en est pas mieux connue pour cela, quoiqu'il en donne même la figure. Il a des rapports avec les galagos. (F. C.)

POTURON et PATURON. (*Bot.*) Nom vulgaire de l'agaric élevé, *agaricus procerus*, décrit à l'article Fonge; il est nommé ainsi parce qu'on le rencontre dans les pâtures ou pâturages. Il est plus communément appelé *coulemelle et grande coulemelle.* Voyez Paturon. (Lem.)

POT-WAL-FISCH. (*Mamm.*) Voyez Pott-fisch. (F. C.)

POU. (*Conchyl.*) Ce nom a souvent été donné comme une dénomination générique à plusieurs coquilles qui vivent fixées sur les animaux marins; ainsi, sous le nom de Pou de baleine on entend deux espèces de balanides, d'abord le *lepas diadema*, Linn., et surtout celle dont M. de Lamarck fait son genre Tubicinelle; de même qu'on appelle Pou de tortue une autre espèce, qui vit sur les tortues, et dont M. le docteur Leach a fait son genre Chélonobie. C'est la coronule des tortues de M. de Lamarck. Tous ces animaux ne sont cependant pas parasites à la manière des poux, qui vivent aux dépens des individus sur lesquels ils se trouvent, mais ils y sont seulement fixés comme sur un support; la tubicinelle s'enfonce probablement par l'accroissement de la baleine dans son tissu dermoïde. (De B.)

POU, *Pediculus.* (*Entom.*) C'est le nom trop connu d'un genre d'insectes aptères et sans mâchoires, dont le corselet et la tête sont distincts, dont la bouche consiste en une sorte de bec ou suçoir d'une seule pièce, et qui ont en outre six pattes et deux antennes. Ils appartiennent par conséquent à la famille des rhinaptères ou parasites.

Quoique le nom latin *pediculus* soit celui dont se sont servi Pline et d'autres auteurs, il n'a été employé comme propre à indiquer un genre d'insectes, que par Rédi et ensuite par Linnæus. Il paroît évident, par quelques passages de Plaute, de Tite-Live et de Festus, que ce mot a été d'abord employé indifféremment comme celui de *pes*, dont il est un diminutif. Le nom grec correspondant est φθείρες, d'où l'on a emprunté le terme de phthirisiase, maladie pédiculaire, φθειράζω signifiant *pediculis scateo*.

Le caractère du genre peut être indiqué comme il suit : Corps aplati, à segmens distincts ; pattes égales en longueur ; à derniers articles en crochet : cinq articles aux antennes. Nous avons fait représenter une espèce de ce genre dans l'atlas de ce Dictionnaire, sur la planche 53. Les figures 1 et 2 représentent l'espèce qui vit sur la tête, vue en dessus et en dessous ; la figure 1 *b*, la patte antérieure très-grossie, et la figure 1 *a*, un cheveu sur lequel sont attachées trois lentes ou œufs de poux prêts à éclore.

Il est facile, d'après les circonstances que nous allons indiquer, de distinguer ce genre de tous ceux que comprend la même famille, comme on peut le voir dans le tableau synoptique inséré à l'article RHINAPTÈRES. D'abord les sarcoptes et les tiques ou ixodes ont huit pattes. Parmi les genres qui ont six pattes, il y en a trois dans lesquels elles sont de longueur inégale : ainsi dans les puces, ce sont les postérieures qui sont plus longues et propres au saut ; dans les smaridies, ce sont les pattes antérieures qui sont les plus alongées ; et dans les leptes, ce sont les intermédiaires. Le genre des poux est donc le seul parmi ceux dont les espèces n'ont que six pattes, qui les aient en même temps de même longueur.

Les poux paroissent destinés à se nourrir uniquement sur la peau des animaux à mamelles, dont ils sucent les humeurs. Plusieurs espèces de ce genre paroissent même vivre sur une seule et unique race. L'homme, par exemple, en nourrit trois espèces. Il y a parmi les poux, des mâles et des femelles : ces dernières sont plus grosses, parce que souvent leur abdomen est rempli d'œufs. On les reconnoît en outre, parce que cette partie se termine par une sorte d'échancrure semblable à celle que représente l'individu que nous avons fait figurer. Les mâles, au contraire, d'après les observations de Leuwenhoëck, en 1696, sont plus petits, et portent à l'extrémité de l'abdomen une sorte d'aiguillon, qui a été aussi décrit par Degéer, et les individus de ce sexe ont l'abdomen arrondi.

Les femelles, après l'accouplement, qui les rend fécondes

pour un grand nombre d'œufs, fixent ces œufs, qu'on nomme *lentes*, sur les poils du corps et des vêtemens. Ils s'ouvrent à l'époque où le germe qu'ils renferment a pris le développement nécessaire, par l'une des extrémités, il y a une sorte d'opercule qui, après l'exclusion de l'insecte, se referme par sa propre élasticité. L'insecte éclos subit plusieurs mues, mais non une métamorphose complète. Leuwenhoëck a calculé qu'une femelle pond au moins cinquante œufs en six jours; que ces œufs éclosent au bout de six autres jours, et que les petits qui en proviennent, ont pris tout leur accroissement, s'accouplent et pondent au bout de dix-huit jours; de sorte qu'il a supputé qu'avec toutes les circonstances favorables pour leur propagation, deux femelles de poux pourront en soixante jours avoir produit dix-huit mille petits-enfans.

C'est cette prodigieuse multiplication qui explique la rapidité avec laquelle ces insectes se propagent; mais on a peine à croire cependant la plupart de ces histoires de maladies pédiculaires rapportées dans les auteurs depuis Mouffet, qui cite les célèbres exemples d'individus qui ont péri pour ainsi dire dévorés par ces insectes, depuis Pharaon, roi d'Égypte, Hérode, Sylla, Philippe II.

Les poux, comme la plupart des autres insectes, sont détruits par un grand nombre de substances qui les font périr; telles sont les préparations de mercure, de soufre, d'antimoine; les poudres et les décoctions de plantes ou de semences de quelques végétaux âcres, telles que celles d'aconit, de staphysaigre, de tabac, de coque du Levant ou ménisperme, de jusquiame.

Les principales espèces de ce genre sont les trois qui vivent sur le corps de l'homme, et qui sont:

1.° Le Pou du corps, *Pediculus humanus*.

Car. Corps blanc, étiolé, avec les yeux brunâtres; incisions de l'abdomen à bords dentelés.

C'est l'espèce qui se trouve sur les vêtemens et les parties couvertes du corps chez les individus qui négligent les soins de propreté.

2.° Le Pou de la tête, *P. capitis*.

Car. Corps gris, coloré de brunâtre; à incisions de l'abdomen arrondies.

C'est l'espèce qui vit dans les cheveux, surtout chez les enfans ; elle détermine sur la tête des excoriations et des croûtes, et c'est au milieu des humeurs qui suintent de ces sortes de gales, que l'insecte paroît se développer et habiter de préférence.

3.° Pou du pubis ou Morpion, *Pediculus pubis*.

Car. Corps arrondi, plus plat et plus large, à abdomen comme fendu en arrière; corselet très-court ; à pattes recourbées en dessous.

Cette espèce s'attache uniquement aux poils du pubis, des aisselles, de la barbe, des sourcils. Elle vit en grand nombre sur les mêmes individus, se communique très-aisément et pullule avec une rapidité extrême. Elle périt par suite de frictions locales, faites avec la pommade mercurielle.

Rédi a décrit et donné la figure d'un grand nombre d'autres espèces de ce genre, qui vivent sur les animaux ; tels sont ceux du cochon, du buffle, du cerf, du bœuf, du cheval, de l'âne, du chevreuil, du chameau, du belier d'Afrique, etc. (C. D.)

POU D'AGOUTI. (*Entom.*) Voyez Brulot. (Desm.)

POU AILÉ ou VOLANT. (*Entom.*) On a donné ce nom tantôt à des Hippobosques, telles que celles du cheval, à celles des hirondelles ou Ornithomyzes et à quelques espèces de Taon. (C. D.)

POU DE BALEINE. (*Chétop. et Crust.*) Ce nom a été donné tantôt aux balanes qui se fixent sur la peau des baleines, ou aux crustacés des genres Cyame, Cymothoé, ou des genres voisins, quelquefois aussi à des insectes, tels que les pycnogonons. (Desm.)

POU DU BOIS. (*Entom.*) C'est le nom donné aux larves et aux neutres des Termites, et aux Psoques en particulier, au Pulsateur et au Devin (*Fatidicus*). (C. D.)

POU DES CHIENS. (*Entom.*) Voyez Tique des chiens. (C. D.)

POU DES INSECTES. (*Entom.*) Voyez Mite. (C. D.)

POU DE MER. (*Crust.*) Ce nom est particulièrement attribué aux cymothoés et crustacés des genres voisins par les naturalistes du Nord et par les Allemands. (Desm.)

POU DE MER. (*Conchyl.*) Ce nom se donne aussi à une petite espèce de porcelaine, *C. pediculus*, Linn. (De B.)

POU DE MER D'AMBOINE. (*Crust.?*) M. Latreille dit,

que ce nom désigne une espéce de crustacés qui nous est inconnue, et que l'on mange dans quelques parties de l'Inde, où on l'appelle *fotok*. (Desm.)

POU DU MOUTON. (*Entom.*) Voyez Hippobosque, n.° 2. (C. D.)

POU DES OISEAUX. (*Entom.*) Ricin. (C. D.)

POU DE PHARAON. (*Entom.*) Voyez Puce pénétrante, Chique. (C. D.)

POU DES POISSONS. (*Entom.*) Ce nom est quelquefois appliqué à des espéces de caliges ou à l'argule, qui vivent en parasites, attachés aux parties molles des poissons. (Desm.)

POU PULSATEUR. (*Entom.*) Voyez Psoque. (C. D.)

POU DES QUADRUPÈDES. (*Entom.*) Voyez Pou. (Desm.)

POU DE RIVIÈRE. (*Crust.*) Voyez Pou de poissons. (Desm.)

POU DE SARDE de Nicholson. (*Crust.*) Ce paroît être un insecte du genre Cymothoé ou des genres voisins. (Desm.)

POU SAUTEUR. (*Entom.*) Voyez Podure. (C. D.)

POU DES TORTUES. (*Chétop. et Entom.*) Les tortues de mer ont des balanes sur leur carapace, qui prennent ce nom. Celles de terre sont attaquées par une espéce de chique ou de mitte du genre Ixode, Latr. (Desm.)

POU VOLANT. (*Entom.*) Voyez Pou ailé. (C. D.)

POUACRE. (*Ornith.*) Ce nom vulgaire a été donné au bihoreau commun, *ardea maculata*, Gmel., dans son jeune âge; et le pouacre de Cayenne, ne semble être également qu'un jeune bihoreau de cette contrée, *ardea gardeni*, Gmel. (Ch. D.)

POUARATA. (*Bot.*) Le *metrosideros spectabilis* est ainsi nommé dans un herbier de l'île d'Otaïti. (J.)

POUC. (*Mamm.*) Voyez Pouch. (F. C.)

POUCE. (*Anat. et Phys.*) Voyez Squelette, Relation [*Mouvemens de*]. (F.)

POUCE-PIED. (*Malentoz.*) Nom françois employé par M. de Lamarck pour le genre Pollicépe; ce qui vient de ce qu'on a comparé ces anatifes au pouce du pied de l'homme. Voyez Pollicèpe et Anatife. (De B.)

POUCE-PIED. (*Foss.*) M. Graves, qui a déjà rendu de si grands services à la science par ses découvertes, a trouvé dans la couche du calcaire grossier de Chaumont (Oise), quelques valves détachées d'une espéce de ce genre; mais ces valves, qui ne se sont jusqu'à présent rencontrées qu'en petit nombre, n'ont pas suffi pour établir les caractères de cette espèce.

M. Brongniart a aussi rapporté d'Igna-Berga, en Scanie, des débris qui paroissent appartenir à ce genre, et qui ont été trouvés dans une couche craieuse. (D. F.)

POUCH. (*Mamm.*) Nom que les Russes donnent, suivant Rzaczynski, à une espèce de rat, plus grand que le rat domestique, qui paroît avoir avec lui de nombreux rapports. (F. C.)

POUCHARI. (*Ornith.*) Ce nom et celui de *bouchari* sont vulgairement donnés à la pie-grièche grise, *lanius excubitor*, Linn. (Сн. D.)

POUCHET. (*Conchyl.*) Adanson (Sénég., p. 18, pl. 1) décrit et figure sous ce nom une espèce d'hélice, *H. muralis*, Linn., Gmel. (De B.)

POUCHIRI. (*Bot.*) Nous possédons sous ce nom, dans nos collections, une graine alongée, recouverte d'une peau mince et divisée en deux lobes aplatis d'un côté, convexe de l'autre. Ces lobes sont fermes et leur cassure présente de l'analogie avec celle de quelques graines de plantes guttifères, qui, comme celle du *pouchiri*, sont dénuées de périsperme. On ne sait pas quel est le végétal qui la produit. Elle a encore quelque rapport avec la graine de Pichurim (voyez ce mot), dont on ne connoît pas mieux l'origine; mais elle n'a point sa saveur ni son odeur aromatique. (J.)

POUCHON. (*Ornith.*) Nom donné à une espèce de hibou dans les îles Sandwich. (Сн. D.)

POUDINGUE. (*Min.*) *Pudding-Stone* des Anglois. Les poudingues sont des roches composées principalement dé parties arrondies, assez grosses, non cristallisées, plus ou moins roulées et agglutinées par une pâte de diverse nature.

La pâte ou le ciment, ainsi que les galets, pouvant être de différente nature sans changer le nom spécifique, on se borne à en faire des variétés et sous-variétés, parmi lesquelles on cite assez généralement, comme exemples ou types, les variétés suivantes:

1. Poudingue anagénique. Galets de roches primitives, réunis par un schiste ou par un calcaire saccaroïde. Les poudingues de Trient en Valais, sur le revers méridional du col

43.   11

de Balme; ceux de Valorsine en Savoie, de Clausthal au Harz, etc.

2. POUDINGUE PÉTROSILICEUX. Galets de toutes sortes de roches réunies par un ciment de pétrosilex. La roche dite brèche de Cosseyr en Égypte.

3. POUDINGUE ARGILOÏDE. Galets de quarz réuni par un ciment argiloïde. C'est une des *grauwackes* de Clausthal.

4. POUDINGUE OPHITEUX. Galets de diverses natures, réunies par une pâte ou ciment de serpentine. De la vallée de Bruche, département du Bas-Rhin.

5. POUDINGUE POLYGÉNIQUE. Toutes sortes de roches réduites en galets, réunis par un ciment calcaire; de l'éboulement du Rigi sur le village de Goldau en Suisse; les bords du lac de Genève près Vevay, canton de Vaud. C'est le *Nagelfluhe* des Allemands.

6. POUDINGUE CALCAIRE. Noyaux et ciment calcaires différemment colorés, et susceptibles de recevoir le poli. Des ruines d'Alexandrie.

7. POUDINGUE SILICEUX. Noyaux ou galets de silex cimentés par un grès homogène, analogue à celui des paveurs des environs de Nemours, à l'entrée de la forêt de Fontainebleau; de Wimmelsbourg dans le Mansfeld, de la vallée de l'Égarement entre Memphis et la mer Rouge.

8. POUDINGUE JASPIQUE. Noyaux d'agathe, de jaspe, réunis par une pâte de jaspe. Le caillou de Rennes.

9. POUDINGUE PSAMMITIQUE. Noyaux ou galets de silex colorés, engagés dans un ciment de psammite. C'est le *puddingstone* par excellence des Anglois, celui qui a valu le nom à l'espèce. Le type se trouve dans le comté d'Herfort en Angleterre.

Les poudingues présentent souvent assez de consistance pour pouvoir être sciés, taillés et polis; celui de la vallée de Cosseyr dans la Haute-Égypte, si connu des marbriers italiens sous le nom de *breccia verde d'Egitto*, et que les nôtres nomment brèche universelle, est une des plus belles roches dont on puisse faire usage dans la décoration. Les Égyptiens en ont exécuté de grands et magnifiques sarcophages, entre autres, celui qui est actuellement à Londres, et que l'on connoît sous la dénomination du tombeau de Cléopâtre. Les plus petites masses enfin sont très-estimées dans le commerce, surtout quand elles présentent beaucoup de noyaux de roches différemment colorées. M. Rosière, qui a étudié cette belle roche en place à Cosseyr même, y a reconnu neuf à dix variétés de granite, et cinq ou six de porphyre, non compris une roche verte qui a les plus grands rapports avec le pétrosilex, et qui domine assez souvent. C'est même ce qui a fait donner à ce poudingue le surnom de *breccia verde* en Italie. On trouve en Corse, entre Corte et Venaco, un poudingue composé de galets granitiques, réunis par un grès également granitique, et cette belle roche, qui a des rapports avec celle de Cosseyr, reçoit aussi un fort beau poli.

Le poudingue du Rigi, devenu célèbre par le désastre causé par l'éboulement de ses bancs qui ont couvert le village de Goldau en Suisse (1807), reçoit aussi un très-beau poli, et l'on remarque parmi les galets dont il est composé, des fragmens d'une roche arénacée, ce qui indique une succession d'événemens et de bouleversemens fort extraordinaires.

Un poudingue assez célèbre encore, et qui se rapporte à la variété siliceuse, est celui qui se trouve en couches épaisses dans l'intérieur de l'isthme de Suez, à la montagne Rouge, et dans la vallée de l'Égarement qui conduit de l'ancienne Memphis à la mer Rouge. Ce poudingue, qu'il ne faut pas confondre avec celui de Cosseyr, est composé de galets de jaspe jaune et brun, connu sous le nom de caillou d'Égypte, réuni par un grès quarzeux lustré, excessivement solide. Cette roche a été très-souvent employée par les Égyptiens pour la sculpture de certaines statues colossales, telle que celle de Memnon et de beaucoup d'autres.

Sans vouloir entrer ici dans les détails géognostiques relatifs au gisement et à la formation des poudingues, nous ferons cependant remarquer que l'on doit distinguer deux sortes de noyaux bien différens dans les roches agrégées; car les uns ont appartenu à des roches préexistantes qui ont été brisées, et qu'un long transport avoit arrondies avant qu'un ciment vînt les réunir et leur donner une nouvelle consistance; tandis que les autres appartiennent à des silex ou à des jaspes qui ont été formés tels que nous les voyons dans les poudingues, et qui ne doivent leur forme arrondie à aucun transport, puisque leurs couches colorées sont con-

centriques, qu'ils sont pourvus d'une espéce de croûte extérieure, et que l'on remarque quelquefois dans leur centre
de petites géodes tapissées de cristaux. Les poudingues siliceux
de Memphis et celui du Herfortshire sont dans ce cas ; tandis
que ceux du Rigi et de Cosseyr sont du nombre des poudingues
dont les galets ont été arrondis mécaniquement et non pas à
la suite d'une formation analogue à celle des agathes.

Il ne faut pas confondre les poudingues avec les brèches,
qui sont aussi des agrégats composés de fragmens de roches
préexistantes, réunis par un ciment quelconque : elles s'en
distinguent essentiellement en ce que leurs fragmens sont
généralement anguleux, et ne paroissent point avoir subi de
transport éloigné; il y a même des brèches qui semblent avoir
été formées sur la place même qu'elles occupent, puisque les
fragmens anguleux appartiennent à la roche qui les supporte.
Ce fait est extrêmement commun dans les filons.

Les brèches les plus communes et les mieux tranchées sont
les variétés suivantes :

Brèche quarzeuse. Fragmens quarzeux et pâte serpentineuse :
des cols de Servière et de Gueyrière dans le Briançonnois.

Brèche siliceuse. Pâte quarzeuse, hyaline ou améthyste, et
fragmens d'agathe rubanée, très-bien caractérisés : de Rochlitz
en Saxe.

Brèche silicéo-calcaire. Fragmens calcaires, réunis par une
pâte siliceuse et l'inverse. A pâte siliceuse : des bords du lac de
Genève. A pâte calcaire : de Villers-Bocage en Normandie.

Brèche schisteuse. Éclats de schistes et de phyllades réunis
par un ciment argiloïde. Vallée de Barège, Coutance, etc.

Brèche schisto-calcaire. Fragmens de schiste réunis par un
ciment plus ou moins calcaire. Le mur de la couche de houille
que l'on exploite à Litry prés Bayeux, département du Calvados.

Brèches calcaires. Fragmens de marbre différemment colorés, réunis par un ciment calcaire. La brèche violette, la
brèche africaine, et une foule d'autres qui reçoivent le poli,
et qui sont employés par les marbriers. (Voyez Chaux carbonatée, Marbre.)

Brèches volcaniques. Des fragmens de roches volcanisées,
réunis par des cimens calcaires, argileux ou ferrugineux.

A Rome, en Sicile, en Auvergne. et dans la plupart des volcans éteints ou brûlans. Ces brèches volcaniques passent insensiblement aux breccioles et aux Pépérins. Voyez ce dernier mot. (Brard.)

POUDINGUE. (*Ichthyol.*) Selon M. Bosc, ce nom a été quelquefois donné au spare rayonné. (Desm.)

POUDINGUE. (*Conchyl.*) Le cône rubigineux, *conus rubiginosus*, a reçu ce nom de commerce. (Desm.)

POUDRE A CANON. (*Chim.*) Voyez tome XXXV, p. 51. (Ch.)

POUDRE FULMINANTE. (*Chim.*) Voyez tome XXXV, page 62. (Ch.)

POUDRE DE FUSION. (*Chim.*) Voyez tome XXXV, p. 63, (Ch.)

POUDRE DE MINE. (*Chim.*) Voyez tome XXXV, page 56. (Ch.)

POUDRE A MOUCHE. (*Min.*) C'est-à-dire propre à faire mourir les mouches: c'est l'arsenic métallique, ou même l'arsenic natif testacé, pulvérisé et délayé avec de l'eau. (B.)

POUDRE D'OR, POUDRE POUR L'ÉCRITURE. (*Min.*) C'est le mica d'un jaune d'or, en très-petites paillettes, qu'on emploie pour dessécher l'écriture.

L'or retiré des terrains meubles par le lavage et qui est souvent en parties très-petites, porte aussi le nom de Poudre d'or. (B.)

POUDRE DE PROJECTION. (*Chim.*) Nom donné par les alchimistes à une poudre qu'ils prétendoient avoir la propriété de changer en or ou en argent le plomb, le fer, le cuivre, etc., sur lesquels on la projetoit lorsque ces derniers métaux étoient liquéfiés. (Ch.)

POUDRE DE TRAITE. (*Chim.*) Voyez tome XXXV, p. 56. (Ch.)

POUDRE AUX VERS. (*Bot.*) C'est l'absinthe pontique et quelques autres espèces voisines réduites en poudre. (L. D.)

POUDRÉ. (*Mamm.*) Ce nom a été donné par Vicq-d'Azyr dans son Système anatomique des animaux, à la guenon blancnez. (Desm.)

POUERRY-FER. (*Bot.*) Nom provençal de l'*allium vineale*, que Garidel dit être un poireau sauvage. Les pauvres habitans de la campagne le substituent en hiver dans leurs alimens au poireau cultivé. (J.)

POUFIGNON. (*Ornith.*) Ce nom, d'après le Nouveau Dictionnaire d'histoire naturelle, est donné aux pouillots dans le département de la Somme. (Cʜ. D.)

POUGOULI. (*Bot.*) Nom du *cecropia peltata* dans la Guiane, selon Barrère. Il dit que le suc laiteux, qui en découle lorsqu'on le coupe, est très-caustique, et cause des inflammations et des ulcères à ceux sur lesquels il rejaillit. Plumier le regardoit comme un figuier, dont il a un peu le port, et on lui a aussi donné le nom de figuier vénimeux. (J.)

POUGOUNÉ. (*Mamm.*) Nom malabare d'une espèce de Pᴀʀᴀᴅᴏxᴜʀᴇ. Voyez ce mot. (F. C.)

POUILLOT. (*Bot.*) Voyez Pᴏᴜʟɪᴏᴛ. (L. **D.**)

POUILLOT. (*Ornith.*) On a déjà parlé de ces oiseaux sous le mot Bᴇᴄs-ꜰɪɴs, tome IV de ce Dictionnaire, page 257; mais on reviendra sur le même article au mot Rᴏɪᴛᴇʟᴇᴛ. (Cʜ. **D.**)

POUITINGUA. (*Ornith.*) Ce nom est donné, par les naturels de la Plata, au tyran carnivore ou bentaveo, *tyrannus carnivorus*, Vieill., que les Espagnols de la même contrée appellent *bienteveo*. (Cʜ. **D.**)

POU-KANDEL. (*Bot.*) Petit arbre du Malabar, cité par Rhéede et nommé *siri-candcolo* par les Brames. Sa figure et sa description le font rapporter au genre *Ægiceras* de Gærtner, dont Rumph décrit et figure aussi trois espèces, *Herb. Amb.*, 3, t. 77, 82, 83. Rhéede, Rumph, Gærtner et Willdenow disent leurs plantes polypétales. M. Rob. Brown décrit ce genre comme monopétale, à corolle hypogyne, et il le place à la suite des myrsinées ou ardisiacées. Le caractère donné par M. Kœnig, dans les *Ann. of. botan.*, 1, 131, t. 3, est conforme a celui de M. Brown. (J.)

POUKIOUBOU. (*Ornith.*) Pigeon de l'île d'Otaïti. (Cʜ. **D.**)

POUL. (*Ornith.*) Ce nom et celui de *souci* sont donnés au roitelet à huppe jaune. (Voyez Rᴏɪᴛᴇʟᴇᴛ.) Le poul de Pensylvanie se rapporte à l'espèce du roitelet rubis. (Cʜ. **D.**)

POULA-CIAPINA. (*Ornith.*) On appelle ainsi la foulque ou morelle, *fulica atra*, *aterrima* et *œthiops*, Gmel., dans le Piémont, où la poule d'eau commune, *fulica chloropus*, Linn., est appelée *poula d'eva*. (Cʜ. **D.**)

POULAILLE. (*Ornith.*) Ce vieux mot étoit autrefois employé pour désigner la volaille. (Ch. D.)

POULAIN, *Equula*. (*Ichthyol.*) M. Cuvier a donné ce nom à un genre de poissons holobranches thoraciques, de la famille des leptosomes. Il offre les caractères suivans :

Catopes situés sous les nageoires pectorales; corps très-mince et presque aussi haut que long; yeux latéraux; dents distinctes, larges, non crénelées; nageoire dorsale unique, entière, sans aiguillons; une rangée d'épines de chaque côté de l'anale et de la caudale; écailles petites; bout de la ligne latérale caréné; museau très-protractile; dents en velours; deux épines au-dessus de chaque œil; crâne, formant un triangle alongé au-devant de la dorsale et bassin constituant un bouclier concave en avant des catopes.

Il est facile de distinguer les Poulains des Holacanthes, des Premnades, des Pomacanthes, des Anabas, des Ephippus, des Chétodons, des Platax, des Chelmons, etc., qui ont les dents rondes et minces; des Chétodiptères, des Aspisures, des Prionures, des Archers, des Acanthures, des Glyphisodons, des Acanthopodes, qui ont les dents crénelées; des Nasons et des Sidjans, qui les ont sur un seul rang; des Zées, qui ont la nageoire dorsale échancrée; des Gals et des Ciliaires, qui ont deux nageoires dorsales. (Voyez ces divers noms de genres, et Leptosomes et Thoraciques.)

Une seule espèce est jusqu'à présent bien signalée dans ce genre; c'est

Le Poulain : *Equula vulgaris*, Nob.; *Scomber equula*, Forsk.; *Cæsio æquulus*, Lacép.; *Centrogaster equula*, Linnæus. Une fossette calleuse et une bosse osseuse au-devant des catopes; dents menues, flexibles et comme sétacées; nageoire caudale bilobée; écailles petites, argentées; taille de sept à huit pouces.

Ce poisson a été observé par Forskal dans les mers d'Arabie.

M. Cuvier soupçonne qu'il pourroit bien être le même que le *clupea fasciata* de Lacépède et que le *scomber edentulus* de Bloch, ou *léiognathe* de Lacépède, ainsi que le *Zeus insidiator*. (H. C.)

POULAIN. (*Mamm.*) Nom du jeune cheval, depuis le moment de sa naissance jusqu'à ce qu'il ait acquis son développement. (F. C.)

POULA-POU. (*Bot.*) Nom de l'*Œrua lanata*, genre d'A-marantacées dans un herbier de Pondichéry. (J.)

POULARDE. (*Ornith.*) C'est une poule à laquelle on a retranché les ovaires, pour donner plus de délicatesse à sa chair. (Ch. D.)

POULCRÉ. (*Bot.*) Nom d'une liqueur spiritueuse, faite au Mexique avec le suc extrait du *maguey*, espèce de pitte, *agave*. (J.)

POULE. (*Ornith.*) Voyez, sous le mot Faisan, l'histoire naturelle du *coq*. Le nom de *poule* a été donné à beaucoup d'oiseaux, dont plusieurs sont étrangers à ce genre, et pour éviter des confusions, on a cru convenable de faire ici divers rapprochemens synonymiques, comme il y en a au mot Coq. La *peintade* a été désignée sous les dénominations de *poule africaine* ou *d'Afrique*, de *poule de Barbarie*, *poule perlée*, *poule d'Égypte*, *poule étrangère*, *de Guinée*, *de Jérusalem*, *de Lybie*, *de Mauritanie*, *de la Mecque*, *de Numidie* ou *numidique*, *de Pharaon*, *de Tunis*. — La *poule bleue*, la *poule de Damiette*, la *poule du Delta*, sont des *poules sultanes*, *porphyrions* ou *talèves*. — *Poule d'eau* proprement dite (voyez Hydrogalline). — *Poule d'eau de Barbarie* (voyez Rale). — *Poule d'eau perlée* (voyez Rale marouette). — *Poule d'eau éperonnée* (voyez Jacana). — *Poule d'eau noire* (voyez Foulque). — On a donné à des *tétras* les noms de *poule de bois*, de *bruyère*, de *bouleau*, des *coudriers*, de *Limoges*, *poule à fraise*, *poule grise*, *poule moresque*, *poule noire de Moscovie*, *poule sauvage* ou *rustique*. — *Poule du bon Dieu* (petite), nom vulgaire du troglodyte dans le pays de Caux. — *Poule faisande* (voyez Faisan). — *Poule gloussante*; ce nom, qui se trouve dans les Voyages de Dampier, paroît désigner des *hérons crabiers*. — *Poule huppée de la Nouvelle-Guinée*, c'est le *pigeon couronné de Banda*. — *Poule de marais*, nom donné au lagopède d'Écosse et quelquefois à la foulque. — *Poule de mer* = Guillemot dans Albin (voyez aussi Okaitsok). — *Poule de neige* = Lagopède. — *Poule palourde* ou *palourde* : c'est un nom donné par des marins à des oiseaux friands du foie de morue. — *Poule péteuse* = *Agami*. — Poule du port Egmont = Goéland brun. — Poule rouge du Pérou = Hocco du Pérou dans Albin. — Poule sauvage du Brésil = Magova dans l'Ornithologie de Salerne. (Ch. D.)

POULE. (*Bot.*) Divers champignons ont reçu ce nom, entre autres plusieurs clavaires nommées aussi gallinoles (voyez CLAVAIRES). La *poule-des-bois* ou *couveuse* est un polyporus décrit à l'article POLYPORUS, n.° 6. (LEM.)

POULE ou POULETTE. (*Conchyl.*) Dénomination employée communément dans le dernier siècle pour désigner les différentes espèces de térébratules, dont Linné faisoit des anomies. (DE B.)

POULE GRASSE. (*Bot.*) Nom vulgaire de la lampsane commune, de la mâche cultivée et de deux espèces d'ansérines ou chénopodes. (L. D.)

POULE GRASSE, BLANCHETTE. (*Bot.*) Noms vulgaires de la mâche, *valerianella*, que l'on mange en salade. (J.)

POULE DE MER. (*Ichthyol.*) Plusieurs poissons ont reçu ce nom, notamment le zée forgeron, le labre tanche et le gade tacaud. (DESM.)

POULE-QUI-POND. (*Bot.*) Un des noms vulgaires de la morelle mélongène. (L. D.)

POULE SULTANE. (*Conchyl.*) Les auteurs de catalogues de coquilles du dernier siècle désignoient ainsi une coquille de la Nouvelle-Zélande, qui paroît être une espèce de bulime, et en effet les conchyliologistes modernes ont donné ce nom spécifique à une espèce de ce genre, mais qui provient de la Guiane. (DE B.)

POULÉ, PÉREMPOULÉ. (*Bot.*) Noms d'une espèce d'*ærua*, genre d'Amarantacées, inscrits dans un ancien herbier de Pondichéry. (J.)

POULET. (*Anat. et Phys.*) Voyez SYSTÈME DE LA GÉNÉRATION. (F.)

POULET. (*Ornith.*) Dénomination du jeune coq. (CH. D.)

POULET DE BOIS. (*Ornith.*) Un des noms vulgaires de la huppe. (CH. D.)

POULET DE LA MÈRE CAREY. (*Ornith.*) Nom donné par des navigateurs anglois à une espèce de pétrel, qui paroît être le *quebranta huessos*. (CH. D.)

POULETTE. (*Ornith.*) Jeune poule; Belon appelle la poule d'eau proprement dite *poulette d'eau*. (CH. D.)

POULETTE. (*Foss.*) On donne quelquefois ce nom aux térébratules fossiles. (D. F.)

POULI. (*Mamm.*) Nom languedocien du poulain et aussi de l'anon, selon l'abbé de Sauvages. (Desm.)

POULI. (*Bot.*) Nom brame du *trichosanthes cucumerina*, de la famille des cucurbitacées. (J.)

POULI-GALI. (*Bot.*) Nom brame du Kanden-Kara du Malabar. Voyez ce mot. (J.)

POULINE ou POULICHE. (*Mamm.*) Jeune jument dans l'âge où la croissance n'est pas complète. (Desm.)

POULINIERE. (*Mamm.*) Le nom de jument poulinière est donné à la jument en état de gestation. (Desm.)

POULIOT. (*Bot.*) Nom vulgaire d'une espèce de menthe et de la germandrée cotonneuse. (L. D.)

POULIOT DE MER. (*Bot.*) Nom donné aux environs de Montpellier, selon Gouan, au *teucrium capitatum*, dont une variété est nommée *polium maritimum* par C. Bauhin. (J.)

POULIOT-THYM. (*Bot.*) Nom vulgaire de la menthe des champs. Le *mentha cervina* est nommé pouliot cervin par Daléchamps. (L. D.)

POULLAZES. (*Ornith.*) Ce nom est donné par Acosta au vautour urubu. (Ch. D.)

POULNÉE. (*Ornith.*) Le nom de poulnée ou celui de colombine est donné à la fiente de pigeon. (Desm.)

POULPE, *Octopus.* (*Malacoz.*) Nous avons vu, au mot Polype, comment cette dénomination, employée d'une manière fort convenable par Aristote, Pline et tous les anciens naturalistes, pour désigner de gros animaux mollusques, dont la tête est pourvue de plusieurs longs tentacules, servant jusqu'à un certain point de pieds ou de bras, ayant été appliquée mal à propos par les naturalistes du dernier siècle aux hydres d'eau douce, cette dénomination de polypes est restée à ce dernier genre, et à une grande partie de la classe qu'ils contribuent à former dans le type des actinozoaires; en sorte que, lorsque les progrès de la subdivision méthodique des animaux ont forcé de diviser le grand genre Sèche de Linné en plusieurs sections, M. Schneider et M. de Lamarck, qui l'ont fait les premiers, ont été obligé de donner un autre nom aux polypes d'Aristote, celui d'Octopus, que le dernier de ces naturalistes a cependant traduit par la dénomination françoise de Poulpe, qui n'est qu'une contraction du mot grec. Ainsi donc, dans l'état actuel de la science, on comprend sous le nom de Poulpe un genre de Malacozoaires céphalophores bisexuels, de l'ordre des Cryptodibranches de M. de Blainville ou des Céphalopodes de MM. Cuvier et de Lamarck, que l'on peut caractériser ainsi : Corps plus ou moins globuleux, sans expansion natatoire du manteau, ni corps protecteur dorsal, avec une tête fort grosse, pourvue, autour de la bouche, de quatre paires seulement d'appendices tentaculaires très - considérables, garnis d'un ou deux rangs de ventouses, dont le bord est constamment musculaire.

L'organisation des poulpes a les plus grands rapports avec celle des calmars et avec celle des sèches, comme l'avoit très-bien senti Linné, puisqu'il avoit réuni ces animaux sous ce dernier nom. Les différences principales portent sur l'appareil locomoteur, qui, dans les poulpes, est beaucoup plus dans les appendices tentaculaires que dans le tronc proprement dit.

La forme générale du corps des poulpes est réellement assez singulière, et rappelle un peu celle de certaines espèces de polypes. On peut, en effet, y distinguer un corps ou masse abdominale et un céphalothorax ou tête, séparés l'un de l'autre par un étranglement assez marqué. La masse abdominale est, en général, assez petite, comparativement à l'autre, et le plus souvent à peu près globuleuse : le manteau ou la peau qui l'enveloppe forme, comme dans tous les animaux de cet ordre, une sorte de bourse ou de sac, qui n'est ouvert par une fente transverse que dans la moitié inférieure de son bord antérieur; mais ce sac, plus ou moins tuberculeux, à parois constamment molles et flexibles partout, sans jamais être soutenu par une pièce solide, ne présente aucun repli qui en augmenteroit l'étendue, et pourroit servir à la natation comme des espèces de nageoires, ce qui a lieu dans les calmars et dans les sèches. Le céphalothorax est, au contraire, bien plus développé proportionnellement que dans ces deux derniers genres, quoiqu'il présente toujours ce singulier caractère, que les bords du véritable thorax se sont fortement portés en avant, de manière à comprendre la tête entre eux, et à former, par la réunion des deux côtés, un vaste entonnoir oblique, au milieu et dans le fond duquel se trouve l'orifice buccal. Le bord antérieur de cet entonnoir est divisé en quatre paires de longues lanières coniques, entièrement musculaires, garnies à leur face interne de nombreuses ventouses sur un ou sur deux rangs, et disposées symétriquement, en augmentant un peu de la paire inférieure à la paire supérieure. Au-dessous de ce céphalothorax est un autre organe, également musculaire, un véritable entonnoir ; la base en arrière correspondant à l'ouverture du manteau, et le sommet tronqué, se portant bien plus en avant au-dessous de la tête que dans les sèches et dans les calmars; enfin, de chaque côte de la tête enveloppée se voit aussi, comme dans ces derniers genres, un œil très-développé, saillant et sans paupières. Au fond de l'entonnoir, formé par la réunion des lanières tentaculaires, se trouve un orifice arrondi, percé dans une sorte de lèvre circulaire, par lequel sortent les deux mâchoires en forme de bec de perroquet.

La peau des poulpes est mince, molle, quelquefois assez tuberculeuse, mais ne présentant pas toujours la singularité des taches colorées en rouge, continuellement en mouvement de contraction et de dilatation que nous avons remarquées chez les calmars, et qui se prolonge même après la mort de ces animaux. Elle est appliquée et en partie confondue avec la couche musculaire placée immédiatement au-dessous : cette couche est réellement fort épaisse et composée de fibres transverses seulement ; c'est elle qui constitue principalement le sac abdominal ou le manteau. Comme il n'y a pas d'expansion latérale, les fibres musculaires ne forment pas de plan particulier pour s'y porter en dessus ou en dessous. On remarque cependant de chaque côté en dessus une sorte de raphé longitudinal, indiquant l'endroit où ces fibres naissent dans les sèches; mais il n'y a en cet endroit aucune trace d'un cartilage qui seroit le rudiment de l'os de la sèche ou de la plume du calmar, qui d'ailleurs est toujours médian, unique et complétement sans adhérence avec le derme qui le produit. Ce raphé, qui, avec celui du côté opposé, forme une sorte d'ovale à la partie médiane du dos, est seulement le point de terminaison des fibres transverses inférieures plus longues et des fibres supérieures. La couche de fibres longitudinales existe en partie au-dessous de la transversale ; mais elle ne se développe essentiellement que pour les mouvemens de la tête et de ses appendices. En dessus on trouve deux paires de muscles longitudinaux, qui, s'attachant au bord antérieur et supérieur de la couche transverse du sac, vont se porter, en passant sur la nuque, en dedans des yeux, à la racine de la paire dorsale de tentacules, l'un en dedans et l'autre en dehors. A leur côté externe est le muscle extenseur du tentacule suivant, qui se trouve entre le précédent et le muscle extenseur des tentacules latéraux, qui vient, en effet, de la partie latérale du bord du sac. Au-dessous de cette couche de muscles longitudinaux en est une autre, formant un seul muscle épais et considérable, qui vient de la partie intérieure et antérieure du sac, et qui va se fixer dans toute l'étendue de la face postérieure du cartilage de la tête. Enfin, encore plus profondément est un autre muscle membraneux à fibres longitudinales, qui, provenant du raphé latéro-dorsal, embrasse les côtés de la masse viscérale, et va se fixer à la base et en arrière de l'entonnoir, dont il est un puissant rétracteur en arrière, en même temps qu'il doit, comme le précédent, raccourcir fortement tout le sac abdominal. En dessous de la masse céphalique se trouve d'abord un petit muscle qui, du manteau à sa face inférieure, va à la racine du tentacule inférieur ; puis un autre, beaucoup plus épais, qui vient à peu près de la même région, mais plus en dessus, et qui se termine par une languette à la racine du même tentacule, et en plus grande partie à la face inférieure du cartilage céphalique.

Le tube excréteur ou entonnoir, composé essentiellement de fibres annulaires ou transverses très-épaisses, a aussi ses muscles propres : d'abord un muscle rétracteur en arrière, dont il a été parlé plus haut, puis en avant de lui un muscle plus considérable, qui se porte presque verticalement du dos du sac aux côtes de la base du tube ; troisièmement un autre faisceau, plus étroit, qui est entre les deux couches de muscles longitudinaux du col, et qui, de la ligne dorsale, se porte obliquement d'arrière en avant sur les côtes de l'entonnoir ; enfin, un quatrième, encore plus grêle, attaché à la partie inférieure, presque médiane du cartilage céphalique, et occupant le bord antérieur du tube.

Les appendices tentaculaires sont eux-mêmes entièrement musculaires, et composés d'une couche de fibres longitudinales extérieures, assez minces, si ce n'est à leur base qui les attache au cartilage céphalique, et dans tout le reste de leur épaisseur de fibres divergentes de leur centre, ou mieux d'une espèce de canal fibreux, qui renferme le système nerveux et vasculaire à la face interne de la couche longitudinale. Les ventouses n'en sont presque qu'une continuation; elles sont, en effet, entièrement musculaires: chacune forme un petit cylindre court, ou une sorte de mamelon creux, et divisé en deux cavités : l'une, profonde, est séparée de l'autre par un rebord annulaire, saillant et crénelé dans sa circonférence; l'autre, superficielle, étalée en soucoupe, est garnie de plis disposés en étoiles. Ce mamelon est excavé en cupule dans la moitié au moins de sa longueur, et les fibres musculaires qui ne se terminent pas au fond de cette cupule, vont, en s'irradiant un peu, constituer le bord ou la circonférence à peine un peu denticulée de la ventouse, mais sans matière cornée.

Les huit appendices sont le plus souvent réunis à leur base par une membrane qui les palme, et qui est composée de fibres musculaires transverses.

L'appareil digestif des poulpes a la plus grande ressemblance avec ce qu'il est dans les sèches. L'orifice buccal, situé au fond de l'entonnoir, formé par la réunion des appendices tentaculaires, est percé lui-même au milieu d'une espèce de lèvre circulaire. La masse buccale, comme dans les sèches, ovale, globuleuse, est également armée de deux dents cornées, très-fortes, arquées en bec de perroquet, et dont l'inférieure est plus large que la supérieure, qui s'y emboîte. Leur racine est entourée par les fibres circulaires de la masse buccale, à la face inférieure de laquelle est aussi une plaque linguale comme dans les sèches. Au sortir de la cavité buccale, l'œsophage, qui en naît, traverse l'anneau céphalique cartilagineux, est accompagné à droite et à gauche par une glande salivaire, se poursuit dans la cavité viscérale unique, collé contre l'aorte au dos, et s'ouvre dans une première poche stomacale : cette poche membraneuse, qui peut être regardée comme une sorte de panse, est pyri-forme, la base en avant. L'œsophage s'y insère au-delà de son fond, à sa partie supérieure, par un petit orifice plissé. De sa pointe en sort la continuation, qui, après un trajet assez long, s'ouvre dans un second estomac à parois épaisses. Cette espèce de gésier est collé immédiatement sous la peau du dos, et contenu dans une sorte de kiste ou d'enveloppe, qu'il faut inciser pour le mettre à découvert. Sa forme est ovale, et les deux orifices, très-rapprochés, sont l'un et l'autre à l'extrémité antérieure. L'un d'eux communique immédiatement avec un troisième estomac membraneux, recourbé en forme de gros cœcum, dont l'intérieur présente des plis transversaux, tombant sur une côte ou saillie médiane. C'est à peu de distance du changement insensible de cet estomac ou intestin que s'ouvre, par un seul pore biliaire, le canal hépatique. Ce canal et son orifice sont si gros, qu'en insufflant l'intestin, on gonfle avec facilité le foie lui-même. Sa forme est ovale, plus pointue cependant du côté supérieur ou antérieur que de l'autre, qui est comme tronqué, et du milieu duquel sort le canal excréteur; à l'endroit où pénètre l'artère hépatique, il y a à la surface du foie un petit espace ovale, où il a une couleur plus blanche que le reste. L'intestin forme ensuite un coude très-serré, s'élargit beaucoup dans les deux branches du coude, rapprochées l'une contre l'autre. A l'intérieur, dans la continuation de cette union, est une cloison qui n'est percée que d'un trou rond, fort petit, communiquant dans le rectum. Le canal, en effet, est droit depuis le coude, et se dirige d'arrière en avant vers la partie antérieure de la cavité branchiale, où il se termine par un anus ovale et complétement sessile.

C'est à peu de distance de l'anus que s'ouvre, dans l'intestin lui-même, le canal de l'organe de la dépuration ou du sac de l'encre, qui est du reste ovale, assez petit, et collé au-dessous du foie; tandis que dans les sèches cet organe est beaucoup plus grand, et se prolonge bien plus en arrière.

L'appareil de la respiration est, comme dans les sèches, formé par une paire de grandes branchies symétriques; placées une de chaque côté dans le sac formé par le manteau, la base en arrière et la pointe en avant.

L'appareil circulatoire ne m'a pas non plus offert de différences notables avec ce qu'il est dans les sèches. La veine-cave, réunion de toutes les veines qui reviennent du corps, et surtout des parties antérieures, se bifurque après avoir reçu la veine stomachique, et chacune de ces bifurcations est garnie d'un assez grand nombre d'espèces de petites éponges absorbantes dans la cavité viscérale; après quoi elle se dilate en une poche ovale, d'où sort l'artère branchiale. Celle-ci est, en effet, produite par les ramifications successivement réunies des lobes et lobules branchiaux : c'est aussi de ces parties que naissent les veines branchiales qui occupent le bord opposé de la branchie. Chacune d'elles se rend dans une oreillette fusiforme, dont l'extrémité interne, assez atténuée pour former un canal, va s'ouvrir de chaque côté du cœur. Celui-ci, à peu près médian, subglobuleux ou semi-lunaire, est libre ou sans péricarde : de sa convexité postérieure il fournit une assez petite aorte qui envoie des ramifications à l'oviducte; mais c'est de la face supérieure que naît la véritable aorte, qui se porte d'arrière en avant le long du dos, fournissant au fur et à mesure les artères gastrique, hépatique, dorsales, salivaires, jusqu'à ce qu'ayant traversé l'anneau œsophagien, elle forme, comme dans les sèches, à la racine des appendices tentaculaires, une couronne d'où sortent les artères qui pénètrent dans le centre de chacun d'eux, en se continuant jusqu'à son extrémité.

L'appareil de la génération ressemble également à ce qui existe dans les sèches : dans l'individu femelle, l'ovaire forme une masse ovale, transversalement située assez en arrière dans la cavité viscérale. De l'angle antérieur du côté gauche part un oviducte assez étroit, qui, après un renflement plus ou moins considérable, suivant l'époque de l'année, vient se terminer, au côté gauche du corps dans le sac, par un petit orifice sessile.

Dans l'individu mâle, le testicule occupe la même place que l'ovaire.

Le système nerveux ne m'a pas paru différer sensiblement, du moins de ce qu'il est dans les sèches, à l'article desquelles nous donnerons tous les détails convenables sur l'organisation de cette classe de malacozoaires.

D'après ce qui vient d'être dit sur l'organisation des poulpes, on voit que ce sont des animaux dont les sensations doivent être à peu près semblables à celles des autres animaux de cette classe, mais dont le mode de locomotion doit être différent. En effet, ils ne nagent pas avec la vitesse et l'élégance des sèches et des calmars; ils le font plutôt en tourbillonnant d'une manière assez irrégulière, la tête ordinairement en bas, et en ramant à l'aide de leurs longs appendices tentaculaires. Par contre ils peuvent marcher ou mieux peut-être se traîner sur un sol résistant au fond de l'eau ou même à sec sur les rivages dans les anfractuosités des rochers. Pour cela, ils attachent l'un de leurs bras, préalablement fortement étendu, à un corps solide, et s'en servent ensuite pour attirer vers ce point le reste de leur corps. On a aussi supposé que ces animaux peuvent marcher la tête en bas, et au moyen de leurs huit tentacules; mais cela est moins probable. Aristote dit cependant assez positivement que c'est le seul mollusque qui se serve de ses bras pour marcher. D'après cela, il admet, ainsi que Pline et tous les auteurs anciens, que cet animal sort de l'eau, et qu'il vient quelquefois sur la terre, en évitant toutefois les endroits lisses. Élien et Athénée ajoutent qu'il peut aussi monter sur les arbres, ce qui est beaucoup plus douteux : en effet, qu'iroit-il y chercher? Ils supposent que ce sont des fruits.

Le plus ordinairement les longs bras des poulpes leur servent à enlacer leur proie, et à s'y attacher au moyen des nombreuses ventouses dont ils sont armés et dont l'action est aisée à concevoir. En effet, outre la petite adhérence due à la viscosité que ces organes produisent, chaque mamelon agit absolument comme une ventouse, son bord étant fixé, et le vide pouvant être produit par la contraction des fibres longitudinales de son fond. Or, comme le nombre de ces ventouses peut aller à plusieurs centaines, on conçoit comment l'adhérence des poulpes à un corps est si forte, qu'il est presque impossible de les en arracher autrement qu'en coupant les bras, et même adherent-ils encore pendant quelque temps après la mort. Cette adhérence paroît produire une rougeur assez vive; mais il n'est pas probable que cela aille jamais jusqu'à l'inflammation.

Les poulpes sont des animaux extrêmement carnassiers, et qui vivent surtout dans les anfractuosités des rochers, où ils se mettent en embuscade, cachant leur corps proprement dit dans la caverne qu'ils habitent, et n'en laissant sortir que leurs bras, dont ils se servent pour atteindre, enlacer et attirer leur proie. Ils le font cependant quelquefois plus ouvertement : en effet, Belon dit avoir vu un poulpe se battre pendant plus d'une heure avec un crabe dans le port de Corcyre. Aristote dit que cet animal a la faculté de changer de couleur et de prendre celle des corps qui l'environnent, et cela pour attrapper plus facilement les poissons : il le fait aussi, ajouta-t-il, quand il a peur, et dans le même temps il jette son encre, dont la couleur est plutôt rouge que noire.

Il paroît que c'est des crustacés que les poulpes font leur principale nourriture, comme l'avoit déjà observé Aristote. En effet, sur différens points de nos côtes de la Manche j'ai entendu plusieurs fois les pêcheurs se plaindre du tort que ces animaux voraces leur font, non-seulement par la quantité de crustacés qu'ils détruisent, mais surtout en effrayant ceux dont ils n'ont pas pu s'emparer, et leur faisant quitter les parages qu'ils habitoient auparavant. Les poulpes se nourrissent aussi de mollusques conchylifères, et Pline rapporte à ce sujet l'adresse, qu'on a aussi attribuée aux singes, de placer une petite pierre entre les deux valves des huîtres, qu'ils aiment, dit-il, avec avidité, de manière à empêcher celles-ci de se refermer, et à pouvoir ensuite en retirer la chair, ce qui le fait s'écrier : tant est grande l'intelligence des animaux, même les plus stupides! Mais comment un poulpe prendroit-il une petite pierre, et la placeroit-il si adroitement, en supposant même que l'entrebâillement de l'huître, continuellement remplie pas les cirrhes tentaculaires des bords de son manteau, le permît? On reconnoît l'habitation d'un poulpe aux débris de coquillages et de poissons dont il a mangé la chair. On a dit aussi que, lorsqu'il est poussé à bout par la faim, il ronge ses bras, qui ont la singulière propriété de repousser : mais Aristote et Pline, depuis, ont plus justement attribué le fait, qu'on trouve assez souvent des poulpes qui ont quelques appendices de moins (j'en ai observé moi-même), à ce que les congres les leur mangent. Belon dit, en effet, avoir vu près d'Épidaure des murènes dont l'estomac contenoit des bras de poulpe. Ces poissons, en effet, habitent les endroits rocailleux, comme les poulpes. Rondelet dit aussi que les poulpes aiment fort les branches de l'olivier, ainsi que celles des figuiers, et que ces substances peuvent servir d'appât pour les prendre. J'ignore si cette observation lui est propre, mais elle semble assez douteuse.

Les modernes ne paroissent pas avoir observé complétement le mode d'accouplement des poulpes. Cependant Rondelet assure qu'il a lieu, comme dans les sèches, bouche contre bouche, en s'enlaçant avec leurs bras. Aristote dit qu'on distingue le mâle de la femelle à la forme d'un des bras où les pêcheurs disent qu'est la verge ; mais il paroît qu'il n'a rien confirmé de ce bruit populaire, et, en effet, certainement il n'y a aucune espèce d'organe excitateur dans les bras des poulpes. Il ajoute que leur accouplement se fait, comme celui des autres mollusques, entendant essentiellement par là les sèches et les calmars ; tandis que Pline dit qu'ils se joignent à l'aide de leur queue pointue et fourchue, organe dont certainement aucune espèce de poulpe n'est pourvue, et qui est sans doute la même chose que le pied, plus pointu que les autres, blanchâtre, fendu à son extrémité, placé sur l'épine dont parle Aristote (*Hist.*, liv. 4. chap. 1), mais qui n'existe pas davantage que la queue. D'après ce que je viens d'apprendre tout nouvellement de M. Laurent, professeur d'anatomie à Toulon, il paroîtroit que les mâles sont bien plus nombreux que les femelles, et que dans l'accouplement il y a une adhérence très-forte entre les deux individus ; en effet, les pêcheurs de ce pays font une pêche particulière pour les poulpes, comme pour les sèches, en attachant un individu femelle vivant au bout d'une corde, et la laissant aller, le mâle alors vient s'accoupler ; en retirant la corde, on amène les deux individus entrelacés. Il ne s'agit que de répéter cette opération pour pouvoir s'emparer successivement de tous les individus mâles de tout le canton. Cette pêche a lieu au milieu du printemps sur nos côtes, et cependant c'est en hiver que le rapprochement des sexes a lieu, suivant Aristote, de manière que la femelle dépose ses œufs au printemps : ils forment une masse plus ou moins considérable, suivant l'âge de l'individu, que le philosophe grec compare aux fruits de l'aune ou à ceux de la vigne sauvage. Leur nombre est considérable, et la masse unique qu'ils forment est beaucoup plus grande que la partie du corps dont elle est sortie ; ce qui montre que ces œufs sont dans le cas de ceux de beaucoup d'autres animaux aquatiques, qui se gonflent considérablement lorsqu'ils ont été rejetés. C'est toujours dans quelque trou, dans quelque anfractuosité des rochers que le poulpe dépose ses œufs. Aristote avoit déjà fait cette observation, lorsqu'il dit que le poulpe cherche un lieu commode pour y déposer ses œufs, tel que l'intérieur d'une coquille, le fond d'un vase ou de quelque autre cavité à la paroi desquels il les suspend. Il ajoute que cet animal couve ses œufs, c'est-à-dire qu'il se met quelquefois dessus, et que quelquefois il se place à l'entrée du trou où il les a placés en disposant ses bras pour les mieux couvrir. Pendant ce temps l'animal maigrit, parce qu'il ne mange pas. Il faut, dit-il plus loin, ordinairement cinquante jours pour que les petits poulpes sortent de leurs œufs. Il est probable que ces œufs étant conformés tout-à-fait comme ceux des sèches, les petits jouissent de toute leur faculté en sortant de l'œuf.

On ignore au juste la durée de la vie des poulpes ; Aristote dit d'une manière générale qu'elle n'est pas longue, et que la plupart n'existent pas deux ans ; qu'alors ils se ramollissent, se décomposent et s'anéantissent pour ainsi dire : mais il n'est guère probable qu'un poulpe, dont l'œuf est assez peu considérable, puisse en deux ans atteindre la taille à laquelle il parvient. Quant à la raison qu'Élien donne de cette brièveté de la vie, l'épuisement déterminé par l'accouplement dans le mâle, et le nombre des pontes dans la femelle, elle ne vient guères à l'appui du fait.

Il paroît à peu près certain que les poulpes se tiennent cachés pendant l'hiver : les pêcheurs n'en rencontrent. en effet, jamais sur nos côtes à cette époque. Les anciens disent

que cela dure deux mois. Comment cependant seroit-ce
l'époque de leur accouplement?

Nous avons dit plus haut que les anciens pensoient que
lorsqu'un poulpe ne trouve pas de nourriture, il est réduit
à manger ses bras pour satisfaire sa faim; ils ajoutent que
ce qu'il en a ainsi dévoré, repousse. Ces animaux ont la
vie très-dure, et résistent, en effet, à des blessures extrêmement graves, pouvant être traversé plusieurs fois par le
fer sans mourir.

On ignore également la taille à laquelle les poulpes peuvent atteindre. On trouve bien dans les récits de certains
voyageurs, et même de quelques naturalistes, qu'il en existe
une espèce à laquelle on a donné le nom de *kraken*, qui atteint
une grandeur démesurée, au point de ressembler à une ile
quand elle vient à la surface des eaux, et de pouvoir faire
sombrer sous voiles les plus grands vaisseaux quand elle s'attache dans leur cordage. Mais on peut assurer, sans crainte
de se tromper, que c'est encore une exagération de ce qu'ont
dit les anciens, et surtout Pline, de poulpes qui, d'après
Trebius, avoient une tête de la grandeur d'un baril de quinze
amphores, et dont les appendices tentaculaires, qui furent,
ainsi que la tête, présentés à Lucullus, avoient trente pieds
de long, étoient noueuses comme des massues, et si grosses
qu'à peine un homme pouvoit-il les embrasser; les suçoirs
ressembloient à des bassins, et les dents étoient proportion-
nelles. Ce qui fut conservé du corps pesoit sept cent livres.
Ce poulpe, pour rendre son histoire encore plus curieuse,
observé à Castera, dans la Bétique, étoit accoutumé de sortir
de la mer, pour venir dans les réservoirs y manger les sa-
laisons? La continuité de ses larcins éveilla la colère des
gardiens : ils établirent des palissades fort élevées; mais vai-
nement, ce polype réussit à les franchir en se servant d'un
arbre voisin, en sorte qu'il ne pût être pris que par la
sagacité des chiens, qui, l'ayant éventé une nuit qu'il
retournoit à la mer, firent accourir les gardiens, que la
nouveauté d'un tel spectacle effraya. En effet, l'animal étoit
d'une grandeur démesurée; sa couleur étoit changée par l'action de la saumure, et il répandoit une odeur atroce. Cependant après un combat acharné des chiens, que Pline rend

avec toute la vigueur de son style poétique, et à l'aide des efforts d'hommes armés de tridents, on parvint à le tuer, et on en apporta la tête à Lucullus.

Élien rapporte aussi qu'avec le temps les polypes deviennent d'une grandeur démesurée, au point d'égaler en grandeur les cétacés, et à ce sujet il expose une histoire, à peu près semblable à celle de Trebius, d'un poulpe qui, ayant dévasté les magasins des marchands ibériens, fut assiégé par un grand nombre de personnes, et taillé en morceaux à coups de hache, absolument comme des bucherons coupent les grosses branches des arbres.

Aristote dit bien qu'il y a des polypes dont les bras ont jusqu'à cinq coudées de long, ce qui feroit environ six pieds. Mais cela est encore bien loin de ce que racontent Trebius et Élien des leurs, et surtout de ce que les auteurs septentrionaux disent de leur fameux *kraken*. Denys de Montfort, dans ces derniers temps, s'est plu à rassembler dans son Histoire des mollusques tout ce qui avoit été écrit avant lui à ce sujet; mais il ne s'est pas borné là. Grâces à son imagination, ordinairement assez féconde, il est arrivé à un tel point d'exagération, que, quoiqu'il se soit vanté d'avoir fait croire aux naturalistes tout ce qu'il avoit voulu : personne n'a cependant adopté l'histoire du *kraken*. Je dois pourtant avouer qu'aux États-Unis, à peu près à la même époque où l'on parloit avec tant d'assurance du colossal serpent de mer, qui s'est réduit à n'être qu'un thon de dix à douze pieds de long, on a voulu aussi ressusciter le fameux *kraken*, mais probablement avec aussi peu de succès.

Les anciens rapportent que les poulpes sont les ennemis des locustes et des homards, qui les craignent, et que les murènes les poursuivent eux-mêmes et leur mangent les bras. Ils disent également que leur morsure est plus forte que celle des sèches, mais moins vénéneuse. Élien ajoute que les pêcheurs disent que les poulpes sont attirés à terre par le fruit des oliviers.

Les poulpes ne paroissent pas devoir être bien nuisibles à l'espèce humaine, si ce n'est par la destruction des crustacés qui servent à sa nourriture. La manière dont ces animaux s'entortillent à l'aide de leurs bras armés de ventouses, et la

force avec laquelle ils le font, est cause de l'espèce d'horreur
qu'éprouve un homme qui, au moment où il nage dans
la mer, se trouve ainsi enlacé; mais il n'est pas probable
qu'il en puisse résulter autre chose qu'un peu de rougeur,
ou tout au plus d'inflammation aux endroits de l'application
des ventouses, surtout s'il y avoit eu des efforts considérables pendant la vie de l'animal.

Dans plusieurs pays on mange certaines espèces de poulpes :
les anciens paroissent les avoir assez recherchés, et encore
aujourd'hui, dans la Méditerranée, et surtout dans les îles
de la Grèce, les marins en mangent beaucoup ; mais il paroît
que leur chair est toujours beaucoup plus dure que celle
des calmars, et qu'elle a besoin d'être fortement mortifiée
et même frappée à coups de bâton pour la rendre plus di-
gestible ; c'est ce que font les matelots grecs pendant une
demi-heure avant de faire cuire le poulpe qu'ils viennent
de prendre.

On trouve des poulpes dans toutes les parties du monde ;
mais probablement surtout dans les mers des pays chauds. Péron et Lesueur en ont observé dans les mers de la Nouvelle-
Hollande. Le poulpe commun paroît exister jusque dans
les mers de Groënland, quoiqu'il y soit être assez rare.

La distinction des espèces n'est pas facile, et l'on s'en est
assez peu occupé jusqu'ici. Les anciens, et surtout Aristote,
en avoient cependant distingué au moins quatre; mais Linné
les avoit toutes confondues sous le nom de *sepia octopus*.
M. de Lamarck, en séparant les poulpes des sèches, en a
déjà caractérisé trois espèces, parmi lesquelles il n'a établi
aucune division. Nous allons faire connoître toutes celles
que nous avons pu examiner, ou qui ont été signalées par les
auteurs. Malheureusement leurs descriptions, et surtout celles
que M. Rafinesque a données des espèces de la Sicile, sont
bien incomplètes.

Je commencerai par faire observer quelles sont les parties
qui m'ont paru fournir les meilleurs caractères distinctifs
des espèces, et celles dont on n'en peut tirer aucun.

La proportion entre la longueur du corps proprement dit,
ou mieux de la masse abdominale, et celle des tentacules, est
généralement assez fixe.

Celle des paires de tentacules entre elles, m'a paru aussi devoir être regardée comme offrant une fixité suffisante pour être employée avec avantage. Il faut cependant noter qu'il arrive quelquefois que la proportion n'est pas exactement semblable de chaque côté, ce qui peut tenir à ce qu'un des tentacules a peut-être été mangé, et a ensuite repoussé, mais sans atteindre tout-à-fait sa grandeur normale.

La disposition des ventouses, et surtout leur existence sur un ou deux rangs, sont complétement fixes; quant à leur nombre total, il varie non seulement sur chaque individu proportionnellement à sa taille, comme M. Ranzani s'en est assuré aussi de son côté pour le poulpe musqué; mais même il n'est quelquefois pas exactement semblable à droite et à gauche. Je n'ai pas besoin d'ajouter qu'il est différent pour chaque paire de tentacules, puisque ceux-ci sont souvent de longueur très-inégale.

L'existence et la largeur de la membrane qui réunit la base des tentacules, m'ont paru assez fixes pour être employées comme caractère; aussi quelquefois elle est complétement nulle, comme dans les ocythoës, et d'autres fois elle est très-grande, comme dans les poulpes vulgaires. M. Ranzani dit cependant avoir observé quelques variations sous ce rapport. Elles m'ont paru réellement peu considérables, et bien plus, j'ai remarqué une grande fixité dans la proportion de cette membrane entre les deux paires supérieures, inférieure et latérale.

L'origine de la série simple ou double des ventouses immédiatement autour de la bouche, ou à quelque distance, peut aussi être employée avec avantage.

La proportion et l'avance plus ou moins considérable du tube excréteur, peut aussi fournir des caractères d'assez grande valeur.

L'ouverture ventrale seulement, et quelquefois latérale du bord du manteau, doit aussi être prise en considération.

L'état lisse ou plus ou moins rugueux, et même tuberculeux de la peau, ne doit pas être négligé.

Quant à la couleur, elle est si changeante, même sur l'animal vivant, qu'il est assez difficile de croire qu'elle soit d'une

bien grande valeur lorsque l'animal est mort, et surtout lorsqu'il a été conservé dans l'alcool.

Passons maintenant à l'application de ces observations à
la distinction des espèces.

A. *Espèces dont les tentacules palmés ou réunis par*
une membrane à la base, ont une double rangée
de suçoirs, commençant immédiatement autour de
la bouche (les Poulpes proprement dits).

* Espèces tuberculeuses ou granuleuses.

Le Poulpe rugueux; *O. rugosus, S. rugosa,* Bosc, *Act. soc.*
nat. Par., t. 1, p. 24, pl. 5, fig. 1, 2. Corps ovale, rugueux
ou granuleux dans toutes les parties supérieures; huit tentacules assez courts, réunis à la base par une membrane égale
à la longueur du corps, et garnis de ventouses sur deux
rangs serrés et alternes : longueur du corps, deux pouces.

Cette espèce, incomplétement caractérisée, est des côtes
occidentales de l'Afrique.

Le P. granuleux : *O. granulatus,* de Lamarck, Mém. sur
les genres Poulpe, Sèche et Calmar, dans les Mém. de la société
d'hist. natur. de Paris, tom. 1, pag. 20. Corps granulé par
un grand nombre de tubercules épais sur le dos; les ventouses très-serrées.

Cette espèce, dont il existe un individu au Muséum, est,
suivant M. de Lamarck, plus petite que le poulpe commun,
auquel elle lui paroît ressembler assez pour pouvoir n'en
être regardée que comme une variété. Cela nous paroît peu
probable; il le seroit davantage qu'elle diffère peu de la
précédente.

Le P. fraisé; *O. appendiculatus,* Den. de Montf., Hist. nat.
des mollusq., tom. 3, pag. 5, pl. 27, 28, et Kœlreuter, *Nov.*
Act. Petrop., tom. 7, pag. 521, pl. 11. Corps arrondi, de la
grosseur d'un œuf de poule, et pourvu d'un appendice charnu
en forme de lozange sur le dos; tentacules très-effilés, extrêmement longs (un pied six pouces), réunis par une membrane
très-haute (deux fois le corps), se continuant dans toute
l'étendue de leur face dorsale; trois appendices cutanés en
forme de barbillons sur chaque œil.

Cette espèce, qui paroît venir des mers de l'Inde, n'est

connue que par la description et la figure de Kœlreuter. Les lobes cutanés, qui la caractérisent, seroient-ils accidentels ou dépendroient-ils de l'âge ou du sexe? En effet, sur trois individus, le plus petit n'en avoit aucune trace, le second n'en avoit que sur le dos, et un seul avoit les trois.

Le Poulpe variolé; *O. variolatus*, Péron. Corps très-grand; peau couverte de tubercules très-serrés et très-nombreux; appendices tentaculaires extrêmement longs, très-épais, armés de deux rangs de ventouses arrondies et aplaties; couleur d'un brun noir : longueur totale, 0,60^m ou près de deux pieds.

Cette grande espèce de poulpe a été trouvée par Péron et Lesueur abondamment dans les excavations des roches qui bordent la petite île de Dorre, dans la baie des Chiens marins à la Nouvelle-Hollande. Je ne la connois que d'après une note de M. Péron, qui la rapportoit au P. rugueux de M. Bosc.

Le P. pustuleux; *O. pustulosus*, Péron. Corps couvert d'une peau épaisse, rugueuse, d'un brun verdâtre; appendices tentaculaires plus épais et plus courts que dans l'espèce précédente, et armés de ventouses plus rares et plus grandes : longueur totale, 0,38^m ou environ un pied.

C'est encore une espèce que je ne connois que d'après une phrase linnéenne de Péron. Elle a été trouvée dans les mêmes lieux que la précédente. Elle paroit cependant en différer par la proportion des appendices tentaculaires et des ventouses. Péron fait d'ailleurs l'observation qu'elle exhale une certaine odeur de musc, cependant nauséabonde et peu agréable. Il la rapportoit aussi au P. rugueux de Bosc.

Le P. grenu; *O. granosus*, de Blainv. Corps très-petit, globuleux, un peu transverse, finement granulé en dessus comme en dessous; appendices tentaculaires huit fois aussi longs que le corps, assez peu palmés à la base, allant graduellement en décroissant depuis la première paire inférieure jusqu'à la quatrième supérieure; couleur d'un brun rougeâtre en dessus, et couleur de chair sale en dessous : longueur totale, quatorze à quinze pouces.

J'ai reçu des mers de Sicile deux individus de cette espèce, qui est bien certainement distincte du poulpe com-

mun. En effet, outre les caractères rapportés, elle est toujours beaucoup plus petite. Il me paroit fort probable que
c'est une des espèces dont Aristote a parlé sous le nom de
Bolytœna ou de Osmyle ; peut - être est - ce aussi une de
celles que M. Rafinesque s'est borné à nommer dans sa Somiologie, mais dont il n'a pas même donné de phrase caractéristique.

Le Poulpe tuberculeux ; *O. tuberculatus*, de Bl. Corps encore
plus globuleux que dans l'espèce précédente, mais cependant
proportionnellement plus gros, et couvert de tubercules plus
saillans ; appendices tentaculaires, trois fois et demie seulement aussi longs que lui, assez médiocrement palmés, comme
dans l'espèce précédente, mais dans une autre proportion ;
la troisième étant la plus longue, puis la seconde, la première, et la quatrième la plus courte de toutes. Couleur d'une
teinte vineuse plus foncée en dessus qu'en dessous : longueur
totale, dix pouces et au-dessous.

Cette petite espèce vient, comme la précédente, des mers
de Sicile. Elle en est évidemment distincte, comme j'ai pu
m'en assurer sur deux individus bien conservés de ma collection. Comme la précédente, il est possible que ce soit une
des espèces qu'Aristote nomme Bolytœna, Osmyle ou Ozœna,
et encore plus probable que c'est une de celles dénommées
seulement par M. Rafinesque.

** Espèces lisses.

Le P. brévitentaculé ; *O. brevitentaculatus*, de Blainv. Corps
court, globuleux, lisse ou non tuberculé ; tête forte, assez
distincte ; appendices tentaculaires très-palmés, épais, cirrheux, coniques, assez peu longs ; la première paire la plus
courte, la seconde la plus longue (trois fois seulement la
longueur du corps et de la tête), la troisième un peu moins,
enfin la quatrième ou la supérieure encore un peu moins,
mais plus que la première ; ventouses larges, bien disposées
sur deux rangs alternes, et commençant tout autour de la
bouche ; couleur d'un noir rougeâtre sur le dos, d'un bleu
noirâtre avec de petits points plus colorés sur la tête : longueur
totale, quinze à seize pouces.

J'ai observé trois individus de cette espèce dans la collection du Muséum. Ils ne portoient aucune indication de patrie.

Le Poulpe vulgaire; *O. vulgaris*, de Lamk. Corps ovale, entièrement lisse, formant la sixième partie de la longueur totale, depuis l'extrémité postérieure jusqu'à celle du plus long appendice tentaculaire, et la cinquième jusqu'à l'extrémité du plus court, qui est la troisième paire; tous sont extrêmement grêles et effilés dans la moitié terminale de leur longueur; les deux de la paire supérieure fort rapprochés, et séparés par une membrane fort large; celle de la paire inférieure avançant cependant plus qu'elle et plus que les intermédiaires; tube excrémentitiel dépassant à peine les yeux; couleur assez régulièrement marquée, en dessus de petites taches ovales d'un brun rougeâtre, de même que le tour de la racine des tentacules et le dessus de ces organes; le dessous d'un blanc sale jaunâtre. Longueur totale, de vingt-un à vingt-quatre pouces.

Cette espèce existe communément dans toutes les mers d'Europe, du moins à ce que l'on dit. Je l'ai caractérisée d'après des individus pris sur les côtes de la Manche.

Je n'ose assurer que l'on confonde sous le nom de poulpe commun plusieurs espèces distinctes; mais cela se pourroit fort bien. Je trouve en effet une différence dans la proportion des tentacules; ainsi sur un individu qui a servi à la caractéristique, je trouve cet ordre dans la longueur des appendices tentaculaires 1, 2, 4 et 3. Dans un autre, qui vient des côtes de l'Océan, c'est 2, 3, 1 et 4; dans un troisième, qui vient des côtes du Hàvre, c'est 3, 2, 1 et 4; et enfin, sur un quatrième, desséché, qui fait partie de la collection de M. de Roissy, j'ai trouvé ce même rapport.

Le P. filamenteux; *O. filamentosus*, de Blainv. Corps ovale, médiocrement alongé, entièrement lisse, presque noir en dessus, d'un blanc sale ou lavé de noir en dessous; appendices tentaculaires assez palmés à la base, excessivement longs, terminés, dans la moitié de leur longueur, par un filament noir extrêmement fin et croissant de la première paire à la quatrième, qui est beaucoup plus longue; ventouses très-petites, sur deux rangs très-serrés, et bordées de noir; tube très-long et dépassant les yeux.

J'ai observé un individu de cette espèce dans la collection du Muséum; il provenoit des mers de l'Isle-de-France, d'où il avoit été apporté par M. le colonel Mathieu.

Le Poulpe a longs bras; *O. longipes*, Leach. Corps ovale, gris, un peu ponctué de noir; appendices tentaculaires fort longs et très-grêles; ventouses grandes et assez saillantes.

Patrie inconnue.

Cette espèce a été proposée par M. le docteur Leach, dans sa nouvelle distribution des céphalopodes (Journ. de phys., t. 86, p. 393, Mai 1818); malheureusement le peu qu'il en dit n'est pas comparatif, toutes les espèces de poulpes ayant les appendices tentaculaires fort longs.

Le P. bleuatre; *O. cærulescens*, Péron. Corps assez court, varié de très-petits points pourprés, serrés, sur un fond bleu très-agréable; appendices tentaculaires beaucoup plus longs que le corps, et garnis de suçoirs un peu blanchâtres, terminés en alène et cependant non onguiculés: longueur totale, six centimètres (ou deux pouces un quart), dont deux pour le corps et quatre pour les bras.

Cette très-petite espèce de poulpe a été trouvée par Péron et Lesueur sur les rivages de la petite île de Dorre, amenée des profondeurs de la mer avec beaucoup de plantes marines. Sa caractéristique est exactement traduite de la phrase linéenne, écrite de la main de Péron.

Le P. américain; *O. americanus*, Den. de Montf. Corps ovale, subglobuleux, lisse et coloré en brun; appendices tentaculaires épais, assez courts proportionnellement.

Cette espèce, établie d'après une figure et une description très-incomplète de Baker, dans les Transactions philosophiques, tom. 50, part. 2, p. 777, faite d'après un poulpe venant de l'Archipel américain, diffère-t-elle de notre P. brevitentaculé? C'est ce qu'il est impossible d'assurer; cela paroit cependant assez probable.

Le P. frayédien; *O. frayedus*, Rafin., Précis de découv. somiol., Palerme, 1814. Appendices tentaculaires égaux, presque six fois aussi longs que le corps et n'ayant pas de suçoirs à l'extrémité; couleur du dos rougeâtre.

Le P. didyname; *O. didynamus*, Rafin. Appendices tentaculaires inégaux; la paire supérieure la plus longue et égalant presque cinq fois le corps ; couleur du dos brunâtre.

Le Poulpe hétéropode ; *O. heteropodus*, Rafin., Précis de découv. somiol., Palerme, 1814. Appendices tentaculaires inégaux, fort courts, égalant à peine la longueur du corps ; la paire supérieure la plus longue ; dos rougeâtre.

Le P. rouge ; *O. ruber*, id., *ibid.* Appendices tentaculaires environ le double de la longueur du corps, qui est extrêmement rouge.

Le P. tétradyname ; *O. tetradynamus*, id., *ibid.* Appendices tentaculaires égalant cinq fois la longueur du corps, inégaux et alternativement plus longs. Couleur grisâtre.

Le P. musqué ; *O. moschatus*, id., *ibid.* Appendices tentaculaires de même grandeur, égalant quatre fois la longueur du corps. Couleur blanchâtre.

Ces six dernières espèces de poulpes, que nous ne connoissons que d'après la phrase caractéristique de M. Rafinesque, ont été observées par lui dans les mers de la Sicile ; en sorte qu'en y ajoutant les trois espèces des mêmes mers, qu'il se borne à nommer, savoir : les *O. albus*, *niger* et *maculatus*, il y auroit dans ces mers neuf espèces de poulpes qui auroient été confondues par les zoologistes, ses prédécesseurs, sous le nom de poulpe vulgaire. Sans doute il y a dans cette assertion un peu d'exagération, car il est peu probable que dans un espace aussi circonscrit il puisse se trouver un si grand nombre d'espèces du même genre ; mais c'est ce qu'il n'est guère possible d'assurer. Tous les caractères distinctifs de ces espèces sont incomplets ; c'est au point qu'il ne nous a pas été possible de rapporter à aucune d'elles les deux poulpes que nous avons décrits plus haut et qui proviennent des mêmes mers.

B. *Espèces qui ont les appendices tentaculaires palmés, les suçoirs commençant à la circonférence de la bouche et sur un seul rang.* (G. Élébone, Leach ; Ozœna, Rafin.)

Le P. musqué ; *O. moschatus*, de Lamk.. Mém., pl. 2. Corps elliptique, un peu déprimé, parfaitement lisse, à peu près de la grandeur de la tête ; appendices tentaculaires très-longs, filiformes à leur extrémité, garnis d'une seule rangée de ventouses très-serrées. Couleur d'un brun sale en dessus, plus claire en dessous. Longueur totale, trois à quatre décimètres.

Cette espèce, si aisée à reconnoître par l'existence d'un seul rang de suçoirs, n'a pas été mentionnée par Linné, comme le fait justement observer M. de Lamarck. Elle est cependant commune dans la mer Méditerranée, et tous les observateurs des animaux de cette mer, depuis Aristote jusqu'à Rondelet, l'avoient parfaitement distinguée. Ils la nommoient Élédone. Les Italiens la désignent sous le nom de *muscardino* et *muscarolo*, à cause de la forte odeur de musc qu'elle exhale, même après avoir été desséchée.

Le POULPE CIRRHEUX; *O. cirrhosus*, de Lamk., *loc. cit.*, pl. 1, fig. 2, *a*, *b*. Corps petit, globuleux, subréniforme, presque lisse ou très-finement chagriné: tête très-grande, en y comprenant la base infundibuliforme des appendices tentaculaires assez courts, comprimés sur les côtés, cirrheux ou enroulés en spirale; bord antérieur du manteau libre dans toute sa circonférence. Couleur d'un gris bleuàtre sur le dos et blanchàtre sous le ventre.

Cette espèce, qui atteint à peine un décimètre de longueur, à cause de l'entortillement de ses tentacules, a été établie par M. de Lamarck sur un individu unique, qui existe au Muséum, provenant de la collection du Stathouder. Quoique M. l'abbé Ranzani, dans un Mémoire *ex professo*, qu'il a publié dans les *Oposcoli scientifici* de Bologne, sur la distinction des espèces du genre Élédone, ait pensé que cette espèce n'est qu'une variété du P. musqué, et que les différences ne tiennent qu'à l'état de conservation, il nous semble que la longueur proportionnelle des appendices tentaculaires, sans parler de leur mode d'enroulement, qui est sans doute dû à l'action de l'alcool, mais surtout que la séparation du bord dorsal du manteau, suffisent bien pour en former une espèce particulière.

Quant au P. D'ALDROVANDE, *O. Aldrovandi* de Denys de Montfort, établi sur une figure du naturaliste de Bologne et placé dans la division des poulpes à une seule rangée de suçoirs. M. Ranzani, dans son Mémoire cité, a montré que l'animal observé par Aldrovande étoit un poulpe à deux rangées de suçoirs, comme le dit formellement sa description, quoique la figure, pour éviter la confusion, n'en indiquât qu'un seul rang.

Denys de Montfort place aussi dans cette division, sous le nom de P. ONGUICULÉ, *O. unguiculatus*, un animal dont Molina fait mention, dans son Histoire naturelle du Chili ; mais c'est évidemment à tort, car le peu qu'en dit celui-ci, montre que c'est une sèche ou mieux peut-être un calmar. Jamais les poulpes n'ont le bord de leurs ventouses corné.

C. *Espèces qui ont en général les tentacules plus courts, pourvus de deux rangs de suçoirs, libres à leur racine ; la paire supérieure bridée à l'extrémité par une sorte de large ligament membraneux, qui la palme.* (Genre OCYTHOÉ, Rafin.)

Le POULPE DES ANCIENS ; *O. antiquorum*, Pl. de ce Dictionnaire, et Ranzani, Mém. cité, pl. 6. Corps ovale, assez alongé, un peu comprimé, cordiforme, parfaitement lisse, avec une sorte de sinus vers la fin de la partie dorsale ; appendices tentaculaires assez longs et grêles à l'extrémité ; la paire dorsale élargie ou palmée dans les deux tiers de la terminaison, et ainsi spatuliforme ; ventouses serrées, même aux bras supérieurs, et assez peu saillantes. Couleur d'un gris sale, ponctué finement de rouge en dessus, un peu argenté en dessous.

C'est cette espèce, commune dans la Méditerranée, que l'on n'a encore observée jusqu'ici que dans une coquille du genre Argonaute, l'A. lisse de M. de Lamarck, en sorte qu'un grand nombre d'auteurs ont admis qu'elle lui appartenoit et étoit produite par le poulpe ; d'autres, au contraire, pensent qu'il n'y est que parasite, comme nous allons le faire voir tout à l'heure dans une analyse des raisons que l'on a rapportées pour soutenir l'une et l'autre opinion. En attendant, donnons une espèce de procès-verbal de la position du poulpe dans sa coquille, d'après un bel individu en parfait état de conservation, que nous devons à la générosité de M. Bertrand-Geslin, et que celui-ci avoit obtenu des pêcheurs, en leur recommandant expressément de lui apporter sans toucher le moins du monde à l'animal. M. de Roissy l'a vu peu de jours après son arrivée à Paris.

L'animal étoit placé dans la coquille le dos en haut, et, par conséquent, le ventre en bas, d'une manière en apparence assez symétrique, mais réellement obliquement de droite à gauche. Le dos du poulpe étoit du côté de l'ouverture de la coquille et son ventre regardoit le dos de celle-ci. Une partie du dos et tout le dessus de la tête étoit donc visible dans l'ouverture de la coquille, ainsi que la racine des tentacules. Les bords de celle-là dépassoient cependant tout le corps de l'animal, qui étoit assez enfoncé. En avant du retour de la spire étoit sur le dos une dépression évidemment artificielle. Les bras ou appendices tentaculaires étoient repliés sur eux-mêmes d'une manière véritablement irrégulière. L'un des supérieurs étoit tronqué et terminé par un mamelon, résultat d'une cicatrice ancienne ; c'étoit le gauche : le droit, visible dans deux replis à sa base, se recourboit de haut en bas et de droite à gauche, de manière à ce que sa partie élargie et palmée pénétroit, passoit entre les autres tentacules, et venoit se placer entre eux et la coquille, collée à plat contre le côté gauche du sac. Des autres bras on voyoit la base de deux du côté gauche et en dessus deux plis longitudinalement placés de la troisième paire du côté droit. Toutes les extrémités, se portant du côté gauche et en arrière, étoient irrégulièrement pelotonnées et placées de ce côté, entre le tube et une petite partie du sac d'une part et les parois de la coquille de l'autre. Une grande partie du tentacule palmé étoit réellement logée dans la carène de la coquille, et quoique dans quelques points les ventouses fussent dirigées vers l'angle où est l'entrée des tubercules de celle-ci, aucune ne pénétroit, et un très-petit nombre leur correspondoit. En effet, il n'y avoit pas même un rapport de nombre. Le corps, dont la peau étoit couverte de petites taches rouges bien vives, comme dans les autres poulpes, étoit en grande partie dans l'ouverture de la coquille, et dans certains endroits il y avoit une adhérence évidemment artificielle et résultante de ce que, l'alcool n'ayant pu pénétrer entre l'animal et la coquille, la peau de celui-ci avoit éprouvé un commencement d'altération : on voyoit, en effet, les taches colorées aussi bien aux endroits adhérens qu'aux autres. Il en étoit aussi résulté que les stries cannelées de la coquille avoient laissé leur impression sur les côtés de l'animal ; mais d'un côté sur le sac seulement, et de l'autre sur l'entonnoir, à cause de la position oblique de tout l'animal, et qu'à gauche les tentacules s'étoient placés entre lui et la coquille.

Enfin, en arrière du corps étoit un espace vide ou rempli d'air, qui occupoit toute la partie étroite de la coquille, où la forme arrondie de celui-là l'avoit empéché de pénétrer ; ce qui donnoit à l'animal la propriété de surnager dans l'esprit de vin et même dans l'eau ordinaire, comme M. de Blainville l'a fait voir dans une séance de la Société philomatique.

La coquille, du reste, étoit celle de l'argonaute lisse de la Méditerranée : elle étoit en bon état de conservation et en en retirant l'animal peu à peu, en cassant seulement un côté, M. de Blainville s'est bien assuré devant son dessinateur, M. Prêtre, qu'il n'y avoit aucun organe qui établît le rapport de l'un avec l'autre.

Il faut, sans doute, rapporter à cette espèce le poulpe dont ont fait mention MM. Cuvier et Duvernoy, à l'article ARGONAUTE de ce Dictionnaire, celui dont a parlé Shaw, et les deux individus décrits et figurés par M. Ranzani dans les *Oposcoli scientifici* de Bologne ; mais c'est encore ce qu'on ne peut absolument assurer.

Le POULPE A VENTOUSES RARES ; *O. raricyathus*, de Blainv., Mém. dans le Journ. de phys., 1819, tom. 86, p. 393. Corps grand, ovale, assez alongé, déprimé, parfaitement lisse, finement pointillé de rouge sur un fond légèrement brun en dessus, plus clair en dessous ; appendices tentaculaires médiocres ou assez peu alongés, subégaux ; les supérieurs les plus longs, doubles du corps, élargis ou bridés, dans leur moitié terminale, par une membrane de forme un peu variable, ovale ou subtriangulaire ; ventouses cylindriques, saillantes, sur deux rangs alternes, mais peu serrées, surtout sur les bras palmés.

Un individu de cette espèce a été observé dans l'argonaute tuberculeux, *A. tuberculosa*, de Lamk. Il se trouve dans la collection du Muséum, dans laquelle il est parvenu de la collection du Stathouder. C'est probablement cette espéce qui a été vue et observée par Rumph, pl. 18, n.º 1 — 4. La figure de la coquille est exacte ; quant à l'animal, il est évidemment d'imagination et ne présente pas même l'élargissement de la quatrième paire de tentacules.

Le Poulpe de Cranch : *P. Cranchii*, Leach, Trans. phil., 1817, pl. 12, p. 296, et E. Home, Trans. phil., *ibid.*, pl. 14, p. 300. Corps petit, subglobuleux, lisse, piqueté finement de pourpre sur un fond gris-noirâtre en dessus, plus clair en dessous ; appendices tentaculaires courts, presque égaux, d'un gris bleuâtre en dessous : la paire dorsale la plus longue, élargie par une sorte de membrane spongieuse, qui en tord l'extrémité.

Cette très-petite espèce a été observée par Cranch, naturaliste anglois, mort dans l'expédition du Congo, sur les côtes occidentales de l'Afrique, dans le golfe de Guinée. Il en prit plusieurs individus, dont un seul mâle, nageant à la surface de l'eau dans l'espèce de coquille d'argonaute à laquelle Denys de Montfort a donné le nom d'A. papier brouillard, à l'aide de filets suspendus sur les côtés du vaisseau. Dans un seul individu la membrane adhéroit seulement par sa base à l'appendice tentaculaire, tandis que dans tous les autres elle y étoit attachée dans toute sa longueur. Au surplus, il paroît que cette membrane offre un grand nombre de variations dans sa forme et dans sa grandeur.

Les femelles avoient toutes leurs œufs dans le fond de la coquille. Nous allons rapporter tout à l'heure la curieuse observation de Cranch sur la facilité avec laquelle ces petits poulpes ont quitté la coquille dans laquelle ils avoient été pris, pour tacher de s'échapper.

M. Éverard Home a donné, dans les Transactions philosophiques, la figure et des détails sur la structure des œufs de ce poulpe, et qui, quoique frais, ne contenoient pas de trace de coquille.

Le P. ponctué ; *O. punctatus*, Say, Trans. phil., 1819. Corps fort petit, ponctué de pourpre ; abdomen conique, comprimé, vertical, semi-fascié vers le sommet, avec une ligne profonde, transverse, denticulée ; appendices tentaculaires beaucoup plus longs que la tête, atténués, filiformes à leur extrémité ; la membrane de la paire supérieure arrondie ou suborbiculaire, s'étendant jusqu'à la moitié de la longueur du bras et bordée par la partie atténuée. Couleur de la membrane cuivrée et tachetée beaucoup plus en dessus qu'en dessous. Longueur de l'extrémité postérieure du corps à l'antérieure de l'élargissement de la paire supérieure du bras, deux pouces ; longueur de l'abdomen, un pouce et demi, sur un pouce un dixième de large ; longueur des bras palmés, deux pouces et trois quarts ; longueur de la paire inférieure, cinq pouces.

Cette espèce, dont M. Say n'a vu qu'un individu, dans la collection de l'Académie des sciences naturelles de Philadelphie, et qui avoit été trouvé entier avec sa coquille dans l'estomac d'un coryphène, étoit femelle. Ses œufs, ovales et attachés à un pédicule délicat par un petit tubercule basilaire, remplissoient non-seulement la partie volutée, mais encore une portion considérable du corps de la coquille.

Il paroît que ce petit animal est souvent la proie des grands poissons. En effet, comme le fait justement observer M. Say, il est assez probable que c'est la même espèce que le poulpe que M. Bosc a trouvé à moitié digéré dans l'estomac d'un *coryphæna equiselis*, Gmel., dans la traversée d'Europe en Amérique, et il nous apprend qu'il en existe un autre individu, dans la collection de M. Peales de Philadelphie, qui a été trouvé dans l'estomac d'un requin.

M. Say ne dit rien de l'espèce de coquille habitée par son poulpe ponctué.

Le P. TUBERCULÉ ; *O. tuberculatus*, Rafin., Précis de somiologie, Palerme, 1810. Corps tuberculeux en dessous, lisse en dessus : appendices tentaculaires de la longueur du corps, carénés extérieurement, à deux rangs de suçoirs ; huit suçoirs autour de la bouche.

C'est pour cette espèce, des mers de Sicile, que M. Rafinesque a établi son genre Ocythoé ; mais sans faire aucune espèce de rapprochement avec le poulpe de l'argonaute et sans même faire mention de la coquille. C'est M. de Blainville qui, ayant fait l'observation que les caractères assignés par M. Rafinesque (appendices tentaculaires au nombre de huit, les deux supérieurs ailés intérieurement, à suçoirs intérieurs pédonculés, réunis par l'aile latérale, sans aucune membrane à leur base) à son genre Ocythoé, s'appliquoient parfaitement à l'espèce qu'on trouve communément dans les coquilles d'argonaute, s'est servi de cette observation pour fortifier la thèse que cet animal est parasite dans la coquille, contre l'opinion de tous les zoologistes français. En ayant fait part à M. le docteur Leach, qui ne connoissoit pas même le petit ouvrage de M. Rafinesque à cette époque, il adopta ce rapprochement, et par suite l'opinion de M. de Blainville, comme nous allons le voir plus en détail tout à l'heure. Au reste, la description donnée par M. Rafinesque de son *O. tuberculatus* est beaucoup trop incomplète pour qu'il soit possible d'assurer positivement que c'est une espèce distincte du poulpe des anciens, quoique cela soit probable, celui-ci ayant toujours la peau très-lisse.

MM. Quoy et Gaimard, de l'expédition du capitaine Freycinet, ont aussi rapporté deux individus d'une très-petite espèce de poulpe dans une coquille d'argonaute. La coquille m'a paru fort voisine de l'argonaute évasé: mais il m'a été à peu près impossible de rien voir sur l'animal mal conservé, si ce n'est cependant assez pour assurer que M. Ocken s'est trompé en le décrivant et le figurant comme l'animal réel de cette coquille. C'est bien un véritable poulpe très-altéré.

L'une des espèces de poulpe qui composent cette division, étant, à ce qu'il paroît, assez commune dans la Méditerranée, a été observée depuis long-temps par les anciens, qui nous ont rapporté comment ces animaux naviguent à la surface de la mer dans la coquille, qui leur sert de barque et à l'aide des rames et des voiles que forment leurs bras simples et palmés. Ils sont tous à peu près d'accord pour dire que ce n'est que dans les momens de calme que ces poulpes naviguent ainsi, et qu'aussitôt qu'un danger quelconque les menace, ils enfoncent leur nacelle, la retournent et tombent au fond de l'eau ; mais ils le sont fort peu sur la manière dont leur organisation permet cette navigation, et même sur son mode ; en sorte qu'ils paroissent être dans le cas de la plupart des modernes, qui n'ont jamais vu eux-mêmes cette élégante manière de voguer à la surface de la mer. En effet, quoique M. l'abbé Ranzani ait proposé une rectification du texte d'Aristote, un peu à la manière des anciens commentateurs, qui, en ajoutant, retranchant ou

modifiant les mots dont ils ont besoin, arrivent nécessairement au sens qu'ils désirent, il est évident que ce célèbre
philosophe parle d'une membrane fine, comme une toile
d'araignée, qui se trouve entre les bras, comme la membrane qui unit les doigts des canards; ce qui est bien exactement ce qu'on trouve dans les poulpes communs : c'est
aussi ce que dit trop clairement Pline, liv. 9, chap. 28, 29,
30, pour qu'on puisse en douter. Il restreint cependant la
membrane entre deux des bras seulement. Il ajoute une
queue, en sorte que voilà l'animal pourvu de voiles, de
rames et d'un gouvernail. Élien, Athénée et Oppien, quoique ayant un peu modifié ce que dit Aristote de son poulpe
navigateur, le suivent cependant plutôt que Pline, puisqu'ils
ne parlent plus de queue. Belon, Rondelet, Gesner, Aldrovande et Jonston, son abréviateur, quoique pour la plupart habitant les rivages de la Méditerranée, n'ont pas observé par eux-mêmes de poulpes navigateurs; aussi ce qu'ils
disent de l'animal, est-il tiré d'Aristote ou de quelque auteur
ancien. Ils ont fait de même pour le mode de navigation.
Quant à la figure qu'ils en ont donnée, elle est exacte pour
la coquille; mais pour le poulpe qui l'habite, ou bien elle
est le produit de leur imagination, ou bien elle est faite
d'après un animal tout différent de celui qu'on y trouve ordinairement. Celle de Belon est dans le premier cas, et celle
de Rondelet dans le second.

Le naturaliste hollandois, Rumph, paroît donc être, parmi
les auteurs modernes, le seul qui ait réellement donné la
description d'un poulpe navigateur. «L'un, dit-il, avoit tout-
« à-fait la forme du *bolitæne* d'Aristote : son corps étoit mou,
« charnu, muni de huit pieds, dont six, plus courts, étoient
« garnis de ventouses, comme les autres sèches ; les deux plus
« longs, ou postérieurs, le double des autres, étoient lisses,
« arrondis et garnis de ventouses comme eux; mais ils étoient
« élargis vers le bout en forme de rames. Il a soin de faire ob-
« server qu'entre ces tentacules il n'y avoit aucune membrane,
« comme on le rapporte des poulpes de la Méditerranée. Dans
« un autre individu, pris en 1693 dans une coquille de sept
« pouces de long sur six de haut, les six bras ordinaires, de
« douze à quatorze pouces de longueur, étoient très-minces et

« fort effilés par le bout, tandis que les deux supérieurs étoient
« beaucoup plus forts et plus épais, leur grosseur égalant celle
« du doigt; ils étoient garnis à leur extrémité antérieure d'une
« peau mince et large, plus étroite en arrière qu'en avant. Ce
« mollusque, ajoute-t-il, sur la peau duquel existent des mou-
« chetures d'un brun rouge, semblables à celles qu'on remarque
« dans les poulpes, et, comme elles, variant de nuances, est
« libre dans sa coquille, n'y est attaché par aucun filet, comme
« cela a lieu pour le nautile chambré; aussi en sort il aisément
« et elle vient alors flotter à la surface de l'eau. » Malgré cela,
l'observateur hollandois dit qu'il est très-incertain qu'il puisse
vivre sans sa coquille, parce que des individus qu'il a eus
chez lui, récemment tirés de la mer, moururent aussitôt,
quoique mis immédiatement dans l'eau. Au fond de la mer
il marche à l'aide de ses bras, la carène de la coquille en haut.
C'est aussi dans cette position qu'il remonte; mais aussitôt
qu'il est arrivé à la surface, il jette l'eau que contenoit sa
coquille, la met à flot et épanouit ses bras en rond. Quelquefois il se colle au moyen de ses bras à de grandes feuilles
d'arbres ou à des morceaux de bois flottans, transportés par
les eaux et se laisse dériver. On le voit même, dit-il, fréquemment dans cette position; mais il admet aussi qu'il
puisse nager lui-même, et dans ce cas ses pieds courts s'épanouissent en rose; les postérieurs, palmés et beaucoup plus
longs, sortent de la coquille; l'animal les laisse traîner dans
l'eau, et ainsi il dirige par leur moyen sa légère barque.
Enfin, il décrit aussi sa navigation à l'aide du vent, mais différemment que ses prédécesseurs, puisqu'il dit que dans ce
cas il tire les plus grands secours des bords relevés de son
vaisseau, qu'il présente au souffle du zéphyre. Alors il retire
fortement en arrière son corps dans sa coquille et il gouverne
sa barque avec deux bras, qui lui servent à la diriger. Il
ajoute cependant plus loin que les palmures des deux longs
bras paroissent pouvoir lui servir à aller aussi bien à la voile
qu'à la rame, quoique son opinion à lui soit que ce mollusque effectue sa navigation sans voile et avec le bord relevé
de sa coquille.

On ne le rencontre jamais qu'en mer et toujours solitaire,
lançant avec force l'eau par son conduit excrétoire. Son encre

est d'un brun bleuâtre. Rumph dit avoir trouvé dans le ventre
de quelques individus des œufs ronds, blancs, réunis en masse
et marqués à leur partie supérieure d'un point noir; tandis
que, dans la volute même de la coquille, il y avoit en même
temps une autre petite masse d'œufs ou de frai, ressemblant
par sa forme et sa couleur au frai des autres poissons, contenus
dans une enveloppe commune, extrêmement fine; il ajoute
même que, lorsque la coquille n'est pas plus grosse que le
doigt, on y trouve cependant un ovaire qui repose sur la
coquille en forme de coussin. Tout cela n'est pas très-clair,
d'autant plus que plus loin il dit que de nouvelles observations lui ont prouvé que les œufs se trouvent hors du corps
dans le creux de la carène, mais attachés à l'animal.

Malgré cet ensemble d'observations, qui prouvent que
Rumph a réellement vu un poulpe à tentacules dilatés, on
ne trouve pas qu'il en ait laissé d'autre figure que celle faite
par son fils, et qui a été gravée dans les Actes de la Société
des curieux de la nature, décad. 2, an. 7, 1688, obs. 4,
p. 8, avec une petite note de *Nautilo velificante et remigante.*
Encore n'a-t-elle pas été reprise par aucun auteur, pas même
par Halma, éditeur de son grand ouvrage.

Linné et par suite Gmelin admettent comme habitant de
l'argonaute, une sèche, probablement de la division à huit
bras; ce qu'imita Blumenbach dans son Manuel d'histoire
naturelle.

Favannes et l'auteur de l'ancienne Encyclopédie, quoiqu'ils
n'eussent pas eu l'occasion de faire des observations directes
et qu'ils se soient bornés à copier la figure de d'Argenville,
n'ajoutèrent pas moins que l'on est fondé à croire que le
poulpe qu'on trouve dans l'argonaute, n'est pas celui qui
l'habitoit originairement.

De Born paroît être le premier auteur qui ait dit, dans sa
Description des coquilles du Muséum impérial de Vienne,
que l'habitant du nautile papyracé est une véritable sèche;
puisqu'il lui attribue huit bras, réunis par une membrane
natatoire et garnis de ventouses, outre deux tentacules plus
longs et pédonculés. Cependant, comme il cite la figure
d'Aldrovande, copiée par Lister, d'Argenville et Martini, il
est fort probable qu'il n'a pas vu l'animal, d'autant plus que,

contre l'observation expresse de Rumph, il veut qu'il soit
attaché à sa coquille par quelque tendon très-délicat.

Enfin, parmi les naturalistes françois, Bruguière est le
premier qui ait admis, par l'examen d'un des poulpes à pieds
palmés, conservés aujourd'hui au Jardin du Roi, que le
poulpe qui existe dans cette coquille, en est le véritable
constructeur; mais il n'en donne réellement d'autre preuve
que ce qu'en dit Rumph, en y ajoutant toutefois, contre
l'observation de celui-ci, que l'animal est attaché au têt. Cependant, par une singularité digne de remarque, il parle
dans sa description de membranes très-minces, susceptibles
d'une grande extension, réunissant les huit bras à leur base,
et d'un seul rang de suçoirs : ce qui feroit croire, ou qu'il
ne l'a pas bien examiné, ou que les poulpes parasites du
Jardin du Roi ne sont aucun des deux que Bruguière a
examiné.

M. G. Cuvier, dans son Tableau d'histoire naturelle, exa-
mina le même animal et fut d'un avis contraire, c'est-à-dire,
qu'il en fit un parasite de la coquille.

Ce fut aussi la manière de voir de M. de Lamarck dans les
Mémoires de la société d'histoire naturelle de Paris et dans
la première édition de ses Animaux sans vertèbres. Il rapporta
le poulpe à son *Octopus moschatus;* ce qui paroit confirmer
que Bruguière avoit bien observé.

M. Bosc (Hist. nat. des coquilles, tome 3, p. 57, faisant
partie du Buffon de Déterville), eut l'occasion de voir beaucoup de petites coquilles d'argonaute en haute mer, entre
l'Europe et l'Amérique; mais il ne put en approcher et n'en
obtint qu'un échantillon à moitié digéré, trouvé dans l'estomac d'une dorade. Il crut cependant voir que cet animal s'ap-
proche davantage de la sèche officinale que de l'octopode,
et qu'il n'est pas le constructeur de sa coquille; opinion qu'il
a abandonnée depuis la Dissertation de Denys de Montfort en
faveur de l'opinion opposée.

Shaw, zoologiste anglois, donna enfin une figure passable
d'un véritable poulpe navigateur, dans le n.° 33 de ses Mélanges de zoologie; du reste il ne leva pas la question capitale. Sa description et sa figure sont fort incomplètes.

Nous arrivons enfin à Denys de Montfort, qui, dans son

Histoire naturelle des mollusques, faisant partie du Buffon de Sonnini, cherche longuement à établir, 1.° que le poulpe qu'on trouve dans la coquille de l'argonaute, est une espèce particulière de ce genre; 2.° qu'il en est à la fois le constructeur et le propriétaire; 3.° enfin, que c'est la même qu'Aristote et les anciens naturalistes avoient déjà décrite.

Dans la Dissertation contradictoire que M. de Blainville a publiée sur ce sujet dans le Journal de physique, il admet le premier point. Il doute fortement du second; quant au troisième, il prouve d'abord qu'aucun des argumens de Denys de Montfort n'est réellement valable, et ensuite il fait mieux, en apportant des raisons qu'il croit irrécusables, parce qu'il les tire de l'organisation même du poulpe et de son analogie complète avec les autres espèces de ce genre.

L'opinion de M. de Blainville, que, d'après ce que nous apprenons de M. Leach, professoit de son côté sir Joseph Banks, qui avoit pu juger la question *de visu*, a été adoptée par M. le docteur Leach, par M. Thomas Say; mais aussi elle a été de nouveau combattue, d'abord par M. l'abbé Ranzani en Italie, et plusieurs années après par M. de Férussac.

Exposons d'abord les raisons de M. de Blainville, après quoi nous donnerons celles de ses adversaires, et nous laisserons les personnes en état de peser la valeur de ces raisons, porter leur jugement jusqu'au moment, qui n'est pas bien éloigné peut-être, où le véritable animal de l'argonaute sera découvert, et où, par conséquent, la question sera complétement résolue.

1.° Ce n'est pas toujours la même espèce de poulpe ou de sèche que l'on trouve dans la même espèce de coquille de l'argonaute, même dans celle de la Méditerranée. En effet, il est évident que, d'après la description donnée par Aristote, c'étoit un poulpe ordinaire qu'il avoit observé, puisqu'il dit que ses bras étoient réunis par une membrane mince, comme une toile d'araignée, à la manière des doigts des canards.

Mutien, cité par Pline, dit expressément que c'est une sèche, qui s'empare de la coquille d'un autre mollusque, pendant même que celui-ci est dedans.

De Born a également décrit une sèche comme habitant de

l'argonaute, et cette opinion est aussi celle de M. Bosc, mais, peut-être, il est vrai pour une autre espèce.

Rondelet, Bruguière, et M. de Lamarck, dans ses premiers ouvrages, ont vu que c'étoit le poulpe à un seul rang de ventouses.

Enfin Shaw, Denys de Montfort, et la plupart des naturalistes modernes, y ont trouvé une espéce particulière de poulpe à tentacules supérieurs élargis et bridés par une membrane.

Quant aux autres espèces d'argonaute, il est évident que le poulpe qu'on y a trouvé est une espéce particulière ; ce qui est certain pour le P. de Cranch, observé dans l'argonaute papier brouillard : cela est moins certain, quoique assez probable pour celui de l'Inde, trouvé dans l'argonaute tuberculé. Cependant il faut ajouter que Rumph décrit deux poulpes différens dans une coquille de même espèce.

2.° Le mode de navigation de l'animal dans la coquille, autant qu'on en peut juger par ce qu'en disent les observateurs, n'est pas le même. En effet, Aristote le fait voguer au moyen de la membrane qui réunit les bras et qu'il oppose au vent.

Pline, à l'aide seulement de la membrane qui se trouve, suivant lui, entre les tentacules supérieurs, en même temps qu'il rame avec les autres bras et que sa queue bisulque lui sert de gouvernail.

Mutien dit que, si la mer est calme, l'animal se sert de ses bras comme de rames ; mais qu'aussitôt qu'il fait du vent, ceux-ci deviennent le gouvernail et il oppose l'ouverture de sa coquille au vent. C'est évidemment l'opinion de Rumph et celle de M. Bosc.

Belon, a en juger par sa figure, copiée depuis dans un très-grand nombre d'ouvrages, admettoit que c'étoit le bord antérieur du manteau, distendu par la paire supérieure de tentacules, qui offroit de la résistance au vent.

Enfin Bruguière, en admettant la description de l'animal par Rumph, tache d'y accommoder le mode de navigation de Pline.

5.° La position de l'animal dans sa coquille, quoiqu'on n'y ait pas fait une attention suffisante, paroît aussi devoir être différente , seulement d'après le mode de navigation.

Aristote et aucun des anciens n'en parlent.

Les auteurs de la renaissance des lettres, qui figurent un de ces poulpes dans sa coquille, l'ont tous représenté la bouche en bas ou du côté de l'ouverture de la coquille, et, par conséquent, le dos du côté de la carène de celle-ci.

C'est aussi la position que l'on doit supposer dans ceux observés par Rumph, du moins d'après la description du mode de navigation.

Denys de Montfort admet également cette position.

M. Duvernoy ne s'est pas le moins du monde occupé de cette question.

M. de Blainville a observé dans le poulpe de l'argonaute à grains de riz du Muséum, qu'il est impossible d'assurer aujourd'hui quelle étoit sa position originelle, c'est-à-dire quand il a été pris ; parce qu'étant beaucoup plus petit que la coquille, il a pu être mis le ventre en haut ou en bas, indifféremment. Il n'en est pas de même du poulpe de l'argonaute lisse de la collection d'anatomie comparée. M. de Blainville s'est assuré qu'il est dans une position toute contraire à celle que Denys de Montfort lui assigne, c'est-à-dire qu'il a le dos du côté de l'ouverture, et par conséquent le ventre du côté de la carène. Dans un bel individu, soigneusement recueilli aux environs de Marseille par un ami de M. Bertrand Geslin, qui a bien voulu le donner à M. de Blainville, celui-ci a pu s'assurer que l'animal avoit aussi cette même position.

M. Ranzani n'a pas même traité cette question, et, quoiqu'il ait vu deux individus de poulpes ocythoés, il lui eût été difficile d'y répondre, l'un d'eux étant absolument sans trace de coquille, et l'autre n'en ayant plus que quelques très-petits morceaux.

Mais, en admettant, ce qui n'est pas hors de doute, que les ocythoés diffèrent d'espèces avec chaque espèce d'argonaute qu'ils habitent ; qu'ils ont toujours la même position dans la coquille, et que par conséquent ils ont une même manière de s'en servir dans leur navigation ; il reste encore un grand nombre de preuves qu'ils y sont parasites.

1.° De l'aveu de tous les observateurs, depuis Aristote jusqu'à

M. de Blainville, il est certain que les poulpes habitant des coquilles d'argonaute n'ont absolument aucune adhérence avec elles : or, il est également certain qu'il n'existe pas un seul mollusque dans ce cas; en effet, il n'en est aucun qui n'ait au moins un muscle d'attache , quoique quelquefois on en aperçoive très-difficilement la trace sur la coquille, surtout quand celle-ci est jeune ou très-mince et intérieure.

M. Risso a cependant dit tout dernièrement à M. de Blainville, qu'il avoit vu à l'extrémité du corps du poulpe des espèces de petits appendices ou crochets mous, à l'aide desquels il s'accrocheroit au bord postérieur de l'ouverture de la coquille, un peu comme le pagure le fait à la sienne. Aucun auteur n'a encore vu ces appendices, et quand même ils existeroient, il est évident qu'ils formeroient une adhérence volontaire, ou mieux une sorte d'accrochement, comme aucune espèce de mollusque n'en offre, et qui indiqueroit encore son état de parasite dans la coquille.

2.º La forme de l'animal n'a absolument aucun rapport avec celle de la coquille, puisque le corps de celui-ci est globuleux ou au plus ovale, très-obtus en arrière, tandis que celle-là a une ouverture plus ou moins carrée; que son dos est carré, souvent épineux ou tuberculeux sur ses deux angles solides; et, enfin, que son extrémité offre un commencement d'enroulement symétrique et vertical. Or, existe-t-il un mollusque conchylifère dont le manteau, c'est-à-dire l'enveloppe dermo-musculaire, ne représente pas exactement sa coquille? Non-seulement cela n'est pas; mais, de quelque manière qu'on envisage la formation de la coquille, on peut assurer que cela ne se peut pas; et ce qu'il y a de plus singulier, c'est que le bord dorsal du manteau n'est pas même libre, et cependant c'est là l'organe évidemment producteur de la coquille dans tous les mollusques, et jamais les tentacules.

3.º Non-seulement le manteau du poulpe n'a aucune ressemblance avec la coquille qu'il est censé produire; mais il offre en outre, dans sa grande épaisseur, égale partout et tout-à-fait semblable à ce qui a lieu dans les autres poulpes, une preuve manifeste qu'il n'est pas organisé pour être mis à l'abri sous une enveloppe calcaire; car il n'existe aucun mollusque connu, et l'on peut assurer par une analogie certaine qu'il ne peut en exister qui, étant conchylifère, ne présente pas la partie de l'enveloppe qui doit être protégée, beaucoup plus mince et plus molle que le reste; ce seroit, pour ainsi dire, un double emploi. En faisant même l'observation que dans les pagures, qui sont bien indubitablement parasites dans les coquilles qu'ils habitent, la peau, constamment cachée, est toujours molle, très-mince et flexible, il se pourroit que dans les ocythoés, l'abri qu'ils choisissent ne fût que temporaire.

4.° On tire un argument de même force de la coloration. Dans tout mollusque la partie de l'enveloppe qui doit rester constamment cachée dans la coquille, est toujours blanche, comme étiolée; c'est une loi générale à presque tous les corps organisés, que l'absence de la lumière entraîne absence de coloration. Or, dans les poulpes trouvés dans les argonautes, la couleur est aussi vive que dans les autres poulpes, et offre la même singularité de petites taches violettes ou pourpres sur toutes les parties du corps, un peu moins serrées en dessous qu'en dessus.

5.° L'animal ne remplit jamais toute sa coquille, la partie postérieure, recourbée, étant beaucoup trop étroite pour que l'extrémité postérieure arrondie de l'abdomen puisse y pénétrer; cependant la partie libre de la spire n'est jamais remplie de matière calcaire et n'est pas davantage cloisonnée, comme cela se voit dans un certain nombre de coquilles dont l'animal abandonne la pointe du cône spiral à mesure qu'il grossit et qu'il est obligé de s'avancer. Cette observation qui est de M. Say, est du reste en rapport avec celle tirée de la différence générale de forme.

6.° Le poulpe habitant l'argonaute peut quitter la coquille qu'il habite avec autant de facilité, qu'il y est entré : c'est ce que les anciens avoient déjà observé, ainsi que Rumph; mais celui-ci avoit ajouté que l'animal périssoit bientôt après. Les expériences faites dans ces derniers temps par Cranch prouvent tout-à-fait le contraire; il dit positivement, qu'ayant placé deux individus bien vivans dans un vase rempli d'eau de mer, ils sortirent promptement leurs bras et se mirent à nager absolument avec les mêmes mouvemens que les poulpes communs dans nos mers; ils s'attachoient fortement, au moyen de leurs suçoirs, à tous les corps avec lesquels ils pouvoient se trouver en contact; et lorsqu'ils adhéroient ainsi, ils pouvoient aisément abandonner leur coquille. Ils avoient la facilité, en effet, de s'y retirer entièrement, ou de l'abandonner tout-à-fait. Un des individus mis en expérience quitta sa coquille et vécut ainsi plusieurs heures, nageant autour, sans montrer la moindre inclination pour y rentrer; quelques-uns même l'avoient abandonnée au moment où ils furent pris dans le filet. Connoît-on un mollusque qui agisse, et bien plus en connoît-on qui puisse agir ainsi? Je sais bien que Bruguière a voulu que les porcelaines abandonnassent aussi leur coquille, pour s'en former une autre; opinion qui a été adoptée par plusieurs zoologistes, mais sans preuve véritablement satisfaisante.

7.° Le mode principal de locomotion des poulpes, comme des autres brachiocéphalés, ainsi que leur mode de respiration, emporte même nécessairement la non-adhérence du manteau de l'animal à la coquille dans laquelle on le trouve. En effet, il nage et il respire par la contraction de tout le sac musculaire, fort épais, qui enveloppe la masse viscérale. Ce sac ne pouvoit donc adhérer, ou bien il auroit fallu que la coquille suivît ses mouvemens et fût seulement membraneuse et flexible dans tous ses points. Or, les coquilles des argonautes, quoique fort minces, sont au contraire extrêmement cassantes.

8.° On a trouvé dans les mers de la Sicile des poulpes dont la paire de tentacules supérieurs est élargie, probablement comme dans les poulpes parasites, puisqu'ils ont paru assez différer des espèces communes, pour en faire un genre distinct, sous le nom d'ocythoé, et cependant l'auteur qui l'a établi, M. Rafinesque, ne fait en aucune manière mention de coquille. Ils n'en avoient donc pas; car certainement M. Rafinesque en auroit parlé, et n'auroit pas passé sous silence un fait aussi important; et ce qui fait voir que cette espèce de poulpe avoit été déjà trouvée sans coquille, c'est le second individu décrit par M. Ranzani. En effet, il est obligé de convenir qu'il n'y avoit à la surface de l'animal, ni dans le bocal qui le contenoit, aucune trace, aucun indice de coquille. Il est même assez singulier, comme il a été observé plus haut, que M. Ranzani en tire un argument en faveur de son opinion.

9.° Enfin, tout dernièrement, M. de Roissy, bon juge en cette matière, m'a montré un grand individu de l'espèce d'argonaute si comprimée, si élevée, qu'il est vraiment impossible de concevoir qu'un poulpe puisse même s'y loger d'une manière parasite, et qui avoit toute la saillie du retour de la spire en dedans, à un endroit où il est impossible, dans quelque espèce d'argonaute que ce soit, et à plus forte raison dans celle-ci, de concevoir que le corps du poulpe ait pu atteindre, et qui présentoit, d'une manière évidente, un lambeau de membrane mince, désséché et collé contre la coquille.

10.° J'ajouterai que M. Olive, habitant de Marseille, a dit à M. de Roissy, de qui je le tiens, que les pêcheurs de la Méditerranée savent très-bien que le poulpe de l'argonaute lisse, qu'ils rencontrent assez souvent, est parasite dans sa coquille, comme Bernard l'hermite l'est dans la sienne.

Voilà les raisons principales qui ont servi à M. de Blainville pour soutenir l'opinion que les poulpes qu'on trouve dans certaines coquilles d'argonaute, y sont parasites. Il lui semble réellement qu'il n'y a rien à y opposer, quand bien même il arriveroit qu'on ne trouvât pas encore de long-temps l'animal de cette coquille : aussi les raisons qu'on lui oppose sont-elles extrêmement faciles à renverser. Exposons-les cependant.

1.° On trouve une espèce particulière de poulpe dans chaque espèce d'argonaute.

En supposant que cela fût hors de doute, ce qui n'est pas, comme il a été dit plus haut, cela ne prouveroit rien autre chose, que dans les parages souvent fort éloignés, où existe une espèce d'un de ces genres, il y en a une de l'autre.

2.° Quand l'animal est rentré dans sa coquille, ses bras se placent de manière à ce que les ventouses correspondent aux tubercules de la coquille. Cette assertion est complétement erronée : il y a d'abord impossibilité ; car, pour cela, il faudroit que les bras se renversassent et qu'ils se plaçassent bien symétriquement l'un à côté de l'autre, dans toute la longueur de la carène de la coquille ; il faudroit en outre que les tubercules fussent en même nombre que les suçoirs, ce qui n'est certainement pas. Comment d'ailleurs des organes en godet formeroient-ils des tubercules coniques? Mais, ce qui renverse complétement cette assertion, c'est l'observation de l'individu de la collection de M. de Blainville, qui n'avoit qu'un seul bras supérieur, et dont la coquille avoit cependant ses deux rangs de tubercules. D'ailleurs, comme M. de Roissy a pu le confirmer, les bras rentrés le sont d'une manière extrêmement irrégulière.

3.° On a vu la coquille dans les œufs que l'on a trouvés dans la partie vide de l'argonaute habitée par le poulpe. C'est ce qu'ont dit d'abord MM. Cuvier et Duvernoy, et ensuite Denys de Montfort, d'après le même individu; mais, n'ayant eu à observer qu'un animal conservé depuis très-longtemps dans l'esprit de vin, il est plus que probable qu'il y a eu ici quelque erreur d'observation. En effet, les mollusques univalves, dont la coquille est très-épaisse, l'ont si ténue à l'état d'œuf, qu'elle est souvent très-difficile à apercevoir. Que doit-ce être pour une coquille aussi mince que celle de l'argonaute?

D'ailleurs M. Éverard Home, dans le mémoire cité, ayant analysé des œufs de l'espèce de Cranch, assez peu de temps après qu'ils avoient été recueillis, a relevé cette assertion erronée, et montré que ce sont des œufs tout semblables à ceux des autres poulpes. Il ajoute même qu'il n'y a que des personnes ignorantes en anatomie qui puissent soutenir cette opinion, ce qui est sans doute un peu fort; mais ce qui montre son intime conviction.

Je sais bien qu'un journal napolitain a annoncé, l'année dernière je crois, que M. Poli, ayant à cœur de résoudre cette question, avoit élevé des poulpes à coquille dans un réservoir; qu'ils avoient pondu des œufs, dont il avoit suivi le développement, et qu'il en étoit résulté un poulpe avec une coquille d'argonaute. Cet article a été traduit dans le Bulletin des annonces scientifiques de M. de Férussac; mais dans l'original c'étoit une simple nouvelle, sans signature, et depuis ce temps il n'en a plus été fait mention. Aussi je crois fermement que ce n'est pas la mort du célèbre anatomiste italien qui a été la seule cause de l'avortement de cette découverte, et qu'elle en restera là.

4.° Enfin, la dernière raison apportée en faveur de l'opinion

43. 14

que l'argonaute est la coquille du poulpe qui l'habite , est tirée de ce qu'elle n'offre pas d'impression musculaire. Mais d'abord cet argument ne seroit pas très-direct , et ensuite, en supposant que cela fût certain , ce qu'il est difficile d'assurer, parce que, dans les coquilles fort minces, l'impression musculaire est toujours presque impossible à apercevoir, ne pourroit-on pas rétorquer l'argument, en disant que cela prouve que c'est une coquille intérieure?

Mais, quel est le but de ces espèces de poulpes, pour se loger ainsi dans une coquille qui ne leur appartient pas? pourquoi choisissent-ils toujours une argonaute? enfin , à quel animal appartient-elle et comment se fait-il que cette coquille, assez commune dans la Méditerranée, n'ait jamais été observée avec son animal particulier? On peut répondre, ce me semble, à ces différentes questions, quoique dans le cas contraire, cela n'empêchât nullement que les raisons à l'appui de l'opinion de M. de Blainville ne fussent péremptoires, parce qu'elles sortent des principes même de la science.

Les poulpes, comme nous l'avons vu plus haut, sont des animaux carnassiers, qui ne peuvent pas atteindre leur proie de vive force, en la poursuivant à la manière des poissons et en pleine eau, comme le font les sèches et les calmars. Aussi sont-ils presque toujours au fond de la mer, dans les endroits rocailleux, le corps logé dans quelque excavation et se tenant ainsi en embuscade, pour saisir au passage les crustacés qui peuvent passer à leur portée, à l'aide de leurs longs bras. Quand ils veulent changer de lieu, ils roulent pour ainsi dire en tourbillonnant dans l'eau. Ne peut-on pas concevoir des espèces moins bien organisées pour atteindre ainsi leur proie, à cause de la brièveté relative de leurs appendices tentaculaires, et qui sont obligées d'aller la chercher : alors ils auront eu , pour se cacher, une anfractuosité mobile ou susceptible d'être emportée avec l'animal, c'est-à-dire une coquille, qu'ils peuvent aussi bien traîner avec eux , quand ils marchent au fond de la mer, que lorsqu'ils nagent dans son intérieur ou à sa superficie.

Ne seroit-il pas également possible qu'il n'y eût que les femelles qui devinssent ainsi parasites des coquilles d'argonaute, et qu'elles s'en emparassent dans le seul but d'y placer

et d'y couver pour ainsi dire leurs œufs, comme les anciens
avoient observé que toutes les femelles de poulpes le font.

D'après cela on voit pourquoi les poulpes à bras courts ne
pouvoient choisir qu'une coquille d'argonaute, en supposant
même que cette assertion soit complétement hors de doute,
puisqu'il falloit que son ouverture fût assez grande pour y
loger le corps globuleux de l'animal, et qu'ensuite elle fût
très-mince et très-légère pour pouvoir augmenter très-peu
sa pesanteur, quand il veut nager, ou même, si on le veut,
voguer à la surface des eaux. Peut-être même diminue-t-il
sa pesanteur spécifique par le vide qui en occupe le fond,
dans lequel le corps ne peut pénétrer.

Quant à la dernière objection, comment se fait-il qu'on
n'ait jamais encore trouvé l'animal de l'argonaute, quoique
cette coquille soit assez commune dans la Méditerranée? Parce
que les productions de cette mer sont extrêmement peu connues en général; que cette coquille appartient certainement
à un animal navigateur, probablement voisin des carinaires,
et par conséquent habitant de la haute mer. Elle ne nous
arrive flottante et entraînée sur les rivages, que lorsqu'elle
est morte; aussi est-elle fort rarement bien entière sur ses
bords. C'est alors sans doute que les poulpes, qui sont tous
des animaux riverains, s'en emparent et en changent à mesure qu'ils grossissent, comme le font les pagures.

Au reste, comme nous l'avons fait observer plus haut, cela
ne fait presque rien à la question principale; on ne parvien-
droit encore de long-temps à découvrir l'animal constructeur des argonautes, que cela ne pourroit faire qu'un animal
d'une forme tout-à-fait particulière, produisît une coquille
d'une forme également particulière; ces deux formes n'ayant
absolument aucun rapport.

Nous profiterons cependant du rapprochement forcé qu'on
a fait entre les poulpes navigateurs et les argonautes, pour
définir les différentes espèces de ce genre de coquilles, ce qui
n'a été fait que d'une manière très-incomplète à l'article Argonaute.

Voici d'abord la caractéristique de ce genre.

Coquille naviculaire, très-mince, fragile, comme papyracée, parfaitement symétrique, patelloïde, comprimée, à dos

carré ou doublement caréné, subenroulée longitudinalement, ou mieux, simplement recourbée dans toute sa longueur et recouvrante; ouverture très grande, entière, symétrique, carrée en avant, élargie et un peu modifiée en arrière par le sommet obtus et recourbé qui s'appuie sur le bord postérieur en forme de barre transverse : les bords tranchans, si ce n'est en arrière, où ils sont épaissis et souvent relevés et dilatés en espèces d'auricules.

L'Argonaute papyracée : *A. argo*, Linn.; Gualt., *Test.*, tab. 12, fig. *A*. Coquille de médiocre grandeur, à ouverture assez dilatée de chaque côté, marquée de sillons très-nombreux, simples ou bifurqués, aboutissant à des tubercules assez petits, coniques, formant deux rangées assez serrées.

Je regarde comme type de cette espèce l'argonaute de la Méditerranée, qui paroît ne jamais atteindre une grande taille. Une partie de sa carène en arrière est souvent brune ou roussàtre. Les auricules sont grandes et tordues.

L'A. comprimée : *A. compressa; A. argo*, Linn. et de Lamk.; Gualt., tab. 11, fig. *A*. Coquille très-haute, très-comprimée, à ouverture presque tout-à-fait parallélogrammique, tant les bords sont droits, beaucoup plus longue que large; sillons très-nombreux et serrés sur les flancs, aboutissant à deux séries de tubercules pointus, très-rapprochés.

Cette espèce, qui vient de la mer des Indes et qui atteint jusqu'à dix pouces dans son plus grand diamètre, me paroît devoir être distinguée de la précédente. Elle est toujours toute blanche.

L'A. tuberculeuse : *A. tuberculosa*, de Lamk., Anim. sans vert., tom. 7, p. 652; Gualt., *Test.*, tab. 12, fig. *B*. Coquille assez grande, garnie sur les côtés de côtes assez peu nombreuses, tuberculifères et se terminant à deux séries assez distantes de tubercules dorsaux un peu espacés, coniques et fort saillans; ouverture assez évasée, avec des auricules divergentes en arrière.

Cette espèce vient des mers des Indes orientales, de l'archipel des Moluques : c'est dans elle qu'a été trouvé le poulpe à tubercules rares. Je n'ai pu remarquer sur l'individu du Muséum, que ses bras soient plus noueux que ceux de l'espèce de la Méditerranée, comme le dit M. de Lamarck.

L'Argonaute luisante : *A. nitida*, de Lamk., *l. c.*, p. 655; Gualt., *Test.*, tab. 12, fig. C. Coquille assez petite, beaucoup moins comprimée que les autres, luisante, de couleur jaunâtre ou fauve ; sillons très-espacés, alternativement complets ; tubercules de la carène rares, comprimés et formant deux séries fort distantes ; ouverture large ; auricules nulles ou peu marquées.

Cette espèce paroit plus spécialement se trouver dans les mers de l'archipel Indien. L'individu que je possède, et que je dois à M. Lesson, de l'expédition du capitaine Duperrey, a été trouvé dans la traversée d'Amboine au port Jackson.

L'A. a côtes rares ; *A. raricosta*, Leach, *Phil. trans.*, ann. 1817, pl. 12, p. 296. Coquille très-petite, à côtes peu nombreuses, complètes ; tubercules très-rares, comprimés et formant deux séries très-distantes ; ouverture extrêmement grande, presque carrée.

J'établis cette espèce d'après la coquille où a été trouvé le poulpe nageur de Cranch. Quoique je ne l'aie pas vue en nature, elle me semble différer beaucoup de l'argonaute luisante, et en effet elle vient de mers assez éloignées, de celle du Congo, sur la côte occidentale d'Afrique.

L'A. a côtes épaisses ; *A. crassicosta*. Coquille assez petite, à sommet obtus et crochu, mais ne s'avançant pas assez pour modifier l'ouverture, qui est extrêmement large, évasée, avec des auricules dilatées ; sillons très-peu nombreux, fort larges, séparant des côtes très-épaisses, obtuses, terminées à la carène par des tubercules mamelonnés, percés au sommet pour la plupart et formant deux séries très-distantes.

J'ai vu deux individus de cette espèce, bien distincte par la forme de son sommet ; ils provenoient des mers de la Nouvelle-Hollande, d'où ils ont été rapportés par MM. Quoy et Gaimard, de l'expédition du capitaine Freycinet. C'est dans cette coquille que M. Ocken a observé l'animal dont il a parlé dans l'Isis (n.° 9, 1823), et que nous avons montré n'être encore qu'un poulpe navigateur, malheureusement trop mutilé pour que nous ayons pu le caractériser.

L'A. gondole : *A. cymbium*, *Carinaria cymbium*, de Lamk.; Gualt., *Test.*, tab. 12, fig. D. Coquille extrêmement petite, subconique, à coupe parallélogrammique, à sommet obtus, peu incliné et fort éloigné de toucher le bord; ouverture quadrangulaire, sans auricules; les côtés latéraux droits et beaucoup plus grands que les autres; côtes peu nombreuses, rugueuses; tubercules de la double carène peu marqués.

Cette coquille, qui vient de la Méditerranée, est presque microscopique. M. de Lamarck en fait une espèce de carinaire, dont elle n'a réellement pas les caractères; c'est une espèce d'argonaute faisant le passage aux carinaires. (De B.)

POULS. (*Anat. et Phys.*) Voyez Système circulatoire. (F.)

POUMA. (*Mamm.*) Voyez Puma. (Desm.)

POUMETAS. (*Bot.*) Nom languedocien, cité par Gouan, de l'aubépine, *mespilus oxyacantha*. L'azérolier, *cratægus azarolus*, est nommé *poumetes dé dous eclosses*. (J.)

POUMON MARIN. (*Arachnod.*) Cette dénomination est employée par les anciens auteurs d'histoire naturelle, et entre autres par Pline, pour désigner un animal de la Méditerranée, que l'on n'a pas encore pu complétement reconnoître. Rondelet, qui s'en est le plus occupé, figure et décrit sous ce nom un alcyon ou une téthye, et Belon une méduse. (De B.)

POUMONS. (*Anat. et Phys.*) Voy. Système respiratoire. (F.)

POUNBO. (*Bot.*) On nomme ainsi, suivant M. de Humboldt, dans les environs de Quito, une plante labiée, qui est le *gardoquia tomentosa* de M. Kunth. (J.)

POUNDRA. (*Ornith.*) On appelle ainsi en Piémont la buse, *falco buteo*, Linn. (Ch. D.)

POUPART. (*Crust.*) Nom vulgaire du crabe tourteau. (Desm.)

POUPARTIA. (*Bot.*) Genre de plantes dicotylédones, à fleurs polypétalées, de la famille des *térébinthacées* (Juss.), de celle des *spondiacées* (Kunth). Ce genre, établi par M. de Jussieu, d'après les manuscrits et l'herbier de Commerson, a été mentionné de nouveau par Kunth, dans Humb. et Bonpl., *Nov. gen.*, tom. 7, pag. 47, ainsi qu'il suit :

« Les fleurs sont dioïques: dans les mâles, le calice est à cinq
« divisions ovales, elliptiques, un peu concaves; la corolle
« composée de cinq pétales égaux, sessiles, ovales-elliptiques,
« trois fois plus longs que le calice, très-étalés, un peu cour-
« bés au sommet, insérés sous un disque; les étamines sont au

« nombre de dix, placées sous le disque, de moitié plus courtes
« que la corolle; les anthères ovales, oblongues, échancrées à
« leur base, à deux loges, s'ouvrant intérieurement dans leur
« longueur; dans le fond du calice est un grand disque orbi-
« culaire, à dix crénelures, servant de réceptacle ; le rudi-
« ment d'un pistil, à cinq styles courts, connivens et stigmates
« obtus; dans les fleurs femelles, sont un calice persistant, un
« ovaire (à cinq loges?) à deux loges, chacune à un ovule,
« attaché et pendant à la partie supérieure de la cloison. Le
« fruit est un drupe rempli par une noix osseuse (à cinq lo-
« ges, dont une ou deux avortent, Juss.); les semences sont
« un peu comprimées, dépourvues de périsperme. »

Il n'existe de ce genre qu'une seule espèce, le *poupartia
borbonica*, Gmel., *Syst. nat.*, 1, pag. 728. Cette plante est
pourvue d'une tige arborescente, garnie de feuilles ailées avec
une impaire, composées de neuf folioles opposées, l'impaire
exceptée; quelques feuilles sont simples; les fleurs sont disposées en grappes axillaires et terminales. Cette plante croît
à l'île Bourbon, et y est nommé bois de poupart. (Poir.)

POUPON. (*Ichthyol.*) Le baliste caprisque a reçu ce nom
de gros poupon, et le baliste à aiguillon celui de poupon
noble. (Desm.)

POUPON. (*Bot.*) On trouve dans Daléchamps le nom françois ancien, comme synonyme de pepon, espèce de courge.
Olivier de Serres, dans son Théâtre d'agriculture, le mentionne comme synonyme du melon. (J.)

POUPOULLOU. (*Bot.*) Plante graminée de Pondichéry,
qui est peut-être un *dactylis*. (J.)

POURAMALLI. (*Bot.*) Nom du *nyctanthes arbor tristis* sur
la côte de Coromandel, consigné dans un ancien herbier. (J.)

POURAO. (*Bot.*) Dans un herbier de l'île d'Otaïti on trouve
sous ce nom de pays l'*hibiscus tiliaceus*. (J.)

POURCEAU. (*Mamm.*) Un des noms du cochon. (F. C.)

POURCEAU FERRÉ et POURCEAU DE HAIE. (*Mamm.*)
Ces noms ont été vulgairement donnés au hérisson d'Europe.
(Desm.)

POURCEAU DE MER. (*Mamm.*) Une des dénominations
vulgaires du *marsouin*, qui n'est que la traduction de ce dernier nom. (F. C.)

POURCELET ou PORCELET. (*Crust.*) Noms vulgaires des cloportes et des porcelions. (Desm.)

POURCELLANE et POURCELLAINE. (*Bot.*) Noms vulgaires du pourpier cultivé. Voyez Pourpier. (Lem.)

POURCHAILLE MARINE. (*Bot.*) Ancien nom françois, cité par Daléchamps, du pourpier de mer, espèce d'arroche, *atriplex portulacoides*. Le pourpier ordinaire est simplement nommé pourchaille ou Porcellaine. Voyez ce mot. (J.)

POURCO. (*Ichthyol.*) Voyez Porco. (H. C.)

POURDELÉ, POUROUTALE. (*Bot.*) Dans un herbier ancien de Pondichéry, on trouve sous ce nom de pays le *verbena nodiflora*, plante médicinale, dont on fait prendre intérieurement le suc dans les maladies catarrhales. (J.)

POURETTE. (*Bot.*) Dans le Midi, on donne ce nom aux jeunes plants de mûrier blanc, et aux environs de Paris aux jeunes plants des acacias. (L. D.)

POUROUMA-POUTERI. (*Bot.*) Nom galibi du genre *Pouteria* d'Aublet. (J.)

POUROUMIER, *Pourouma.* (*Bot.*) Genre de plantes dicotylédones, à fleurs dioïques, très-voisin de la famille des *urticées*, jusqu'alors imparfaitement connu. Il offre pour caractère essentiel : Des fleurs dioïques; dans les fleurs femelles, point de calice ni de corolle; un ovaire ovale, velu, comprimé; point de style; un stigmate en forme de bouclier, strié, crénelé; une capsule ovale, bivalve, à une loge; une semence attachée latéralement vers la base d'une des deux valves. Les fleurs mâles n'ont point été observées.

Pouroumier de la Guiane ; *Pourouma guianensis*, Aubl., Guian., 2, pag. 892, tab. 341. Cet arbre, dit Aublet, s'élève à la hauteur d'environ soixante pieds, sur deux pieds et demi de diamètre; son écorce est de couleur cendrée; son bois blanchâtre, peu compacte, cassant; les branches sont très-étalées; les rameaux garnis de feuilles alternes, à trois lobes, vertes et rudes en dessus, revêtues en dessous d'un duvet blanchâtre, longues d'un pied, sur un pied et plus de large; les nervures nombreuses et régulières; les pétioles velus : ces feuilles, avant leur développement, sont renfermées dans une grande stipule en forme de spathe, qui tombe dès que la feuille commence à se développer, et laisse sur les rameaux

l'impression de son attache; les fleurs naissent à l'extrémité
des rameaux, de l'aisselle d'une feuille, enveloppées ensemble
dans la même stipule; elles sont portées sur un long pédoncule divisé en deux ou trois branches, toutes chargées de
seules fleurs femelles. Cet arbre croît à Cayenne, Jos. de Jussieu l'a également observé au Pérou. (Poir.)

POUROUTELÉ. (*Bot.*) Voyez Pourdelé. (J.)

POURPIER; *Portulaca*, Linn. (*Bot.*) Genre de plantes dicotylédones polypétales, de la famille des *portulacées*, et de la
dodécandrie monogynie, Linn. Ses caractères sont les suivans :
Calice persistant, comprimé, partagé en deux découpures à
son sommet; corolle de cinq pétales plus grands que le calice,
plans, ouverts, obtus; cinq à douze étamines, plus courtes que
la corolle, terminées par des anthères simples; un ovaire
adhérent par sa base avec le calice, surmonté d'un style court
et terminé par quatre à cinq stigmates; capsule ovale à une
seule loge, s'ouvrant en travers et contenant un grand nombre
de graines.

Les pourpiers sont des herbes à feuilles alternes ou opposées,
souvent succulentes, et dont les fleurs sont ordinairement terminales et réunies par petits paquets. On en connoît aujour-
d'hui environ quinze espèces, toutes exotiques, mais dont
une s'est naturalisée en France et dans le Midi de l'Europe.

Pourpier cultivé, vulgairement Pourcellane, Pourcellaine:
Pourtulaca oleracea, Linn., *Sp.*, 638; Decand., Pl. grass., tab.
123. Sa racine est simple, fibreuse, annuelle; elle produit
une tige tendre, charnue, qui se partage dès la base en plusieurs rameaux étalés, couchés ou un peu redressés, très-lisses,
et longs de six à huit pouces; ses feuilles sont sessiles, alternes,
en forme de coin, obtuses, charnues, glabres, d'un vert jaunâtre; ses fleurs sont jaunes, axillaires, sessiles, réunies plusieurs ensemble au sommet des rameaux; la capsule s'ouvre
en travers comme une boîte à savonnette et contient un assez
grand nombre de graines noires et petites. Le pourpier, originaire des Indes, croît maintenant en France dans les lieux
cultivés et les terrains sablonneux. Dans les jardins potagers
on en a obtenu, par la culture, plusieurs variétés.

Le pourpier, autrefois employé dans plusieurs préparations
pharmaceutiques, est maintenant presque entièrement oublié

sous ce rapport. On donnoit son eau distillée comme très-bonne contre les vers, et le sirop de pourpier passoit pour avoir la propriété d'expulser les graviers des reins et de la vessie : maintenant on ne l'emploie guères en médecine que comme rafraîchissant. Il se mange cuit, ou cru et en salade; on le fait aussi confire dans du vinaigre.

POURPIER VELU : *Portulaca pilosa*, Linn., *Sp.*, 639; Lamk., *Ill. gen.*, tab. 402, n.° 2; *Portulaca curassavica, angusto longo lucidoque folio procumbens*, Comm., *Hort.*, 1, pag. 9, tab. 5. Ses tiges se divisent dès la base en rameaux nombreux, couchés inférieurement, redressés dans leur partie supérieure et couverts de poils longs et blanchâtres, surtout vers l'aisselle des feuilles, qui sont alternes, sessiles, linéaires-subulées, glabres et épaisses; les fleurs sont sessiles, terminales, de couleur rose et placées au milieu d'une rosette de feuilles; leurs étamines sont au nombre de quinze, et le style est unique, surmonté de cinq stigmates. Cette plante, originaire d'Amérique, est cultivée au Jardin du Roi.

POURPIER A QUATRE DIVISIONS : *Portulaca quadrifida*, Linn., *Mant.*, 73; Jacq. *Coll.*, 2, pag. 356, tab. 17, fig. 4. Ses tiges sont couchées, divisées en rameaux velus, garnis de feuilles sessiles, opposées, ovales-lancéolées, lisses, entières, concaves en dessous, parsemées de petits points diaphanes. Ses fleurs sont terminales, sessiles, solitaires, munies de quatre folioles disposées en croix; la corolle se compose de quatre pétales ovales, oblongs, de couleur jaune, quelquefois de cinq, selon Forskal; les étamines, souvent au nombre de huit, vont quelquefois jusqu'à dix-huit, selon le même voyageur; les stigmates sont au nombre de quatre ou de cinq; la capsule est ovale et renferme des graines un peu hérissées. Cette plante croît naturellement en Égypte. (L. D.)

POURPIER AQUATIQUE. (*Bot.*) Nom vulgaire de la montie des fontaines. (L. D.)

POURPIER DES BOIS. (*Bot.*) C'est à Saint-Domingue le nom d'un poivrier, *piper obtusifolium*. (LEM.)

POURPIER DE MARAIS. (*Bot.*) L'*hydropixis palustris* porte ce nom à la Louisiane. (LEM.)

POURPIER DE MER. (*Bot.*) Nom vulgaire de l'arroche halime. (L. D.)

POURPIER DE PARA. (*Bot.*) Suivant Richard on nomme ainsi à Cayenne une espèce de *talinum*, fréquente sur le bord de la mer. J.)

POURPIERE. (*Bot.*) Le *peplis portulacoides*, Linn., est ainsi nommé à cause de ses feuilles, qui ont quelque rapport avec celles du pourpier cultivé. (LEM.)

POURPOIS. (*Ichthyol.*) M. Bosc dit que c'étoit un poisson de mer, dont on faisoit grand cas à Paris dans le douzième siècle. Ce nom nous paroit se rapporter à ceux de porpeisse ou porpoisse, c'est-à-dire *porc-poisson*, qui désignent le marsouin. (DESM.)

POURPRE, *Purpura*. (*Conchyl.*) M. de Lamarck est le premier zoologiste qui ait établi sous ce nom un genre distinct, quoique peut-être encore mal circonscrit, pour un assez grand nombre d'espèces de coquilles, que Linné et ceux qui ont suivi son système, plaçoient dans les genres Buccin et Rocher (*Murex*). Cette dénomination de pourpre se trouve cependant chez un assez grand nombre de conchyliologistes antérieurs à M. de Lamarck ; mais ils l'appliquoient d'une manière toute différente. Adanson, par exemple, désigne ainsi le second genre de sa section des limaçons operculés; mais il y comprend non-seulement les pourpres proprement dites, mais encore les rochers, les buccins, les strombes de Linné, et de plus les tonnes, les casques, les cassidaires, les cancellaires, et même les volutes des conchyliologistes modernes. Il est bien vrai qu'il les divise en plusieurs sections fort naturelles, d'après la forme de l'ouverture, mais surtout d'après la longueur du canal qui la termine; cependant il est évident qu'il en résultoit une assez grande confusion. Bruguière, qui, le premier, a entrepris la réforme de la conchyliologie, confondoit les pourpres parmi ses buccins. Quant aux anciens conchyliologistes, comme Rondelet, Rumph, Séba, Gualtieri, d'Argenville, Favannes, etc., on voit qu'en général ils appliquoient la dénomination de pourpre plutôt à des murex qu'à des buccins, ce qui est à peu près le contraire aujourd'hui. Cette grande extension, que les auteurs ont ainsi donnée au nom de pourpre, tient sans doute à la juste observation, que tous ces animaux fournissent en plus ou moins grande abondance la matière que

les anciens employoient pour teindre les étoffes en pourpre ;
aussi chacun d'eux a-t-il donné une définition assez différente de la division des pourpres. Voici celle que nous
avons établie, et qui est tirée de la considération de l'animal, de la coquille et même de son opercule : Animal peu
alongé, élargi en avant ; manteau à bords simples et pourvu
d'un tube distinct ; pied fort large, elliptique, très-avancé,
subbilobé en avant, et portant à la face dorsale de sa partie postérieure un assez grand opercule ; tête large, peu
distincte ; tentacules antérieurs très-rapprochés à la base,
subcylindriques, et portant les yeux aux deux tiers de leur
longueur, beaucoup plus renflés que le reste ; bouche inférieure, cachée par la grande avance du pied ; deux branchies
pectiniformes, presque parallèles ; la droite plus grande que
la gauche ; l'appareil générateur comme dans les buccins.
Coquille épaisse, ovale, à spire courte ; le dernier tour beaucoup plus grand que tous les autres réunis ; ouverture ovale,
très-évasée, terminée en avant par un canal fort court,
oblique et échancré à son extrémité ; le bord columellaire,
presque droit, et chargé d'une sorte de callosité pointue en
avant : opercule corné, plat, presque semi-circulaire, à
stries peu marquées et transverses ; le sommet en arrière.
Comme nous avons caractérisé ce genre essentiellement d'après
un individu de la pourpre persique, rapporté par MM. Quoy
et Gaimard, nous devons ajouter que dans la rigueur con-
chyliologique de ce genre, tel qu'il est établi par M. de Lamarck, il faut surtout avoir égard à la forme de la columelle,
qui est toujours plus droite, plus large, plus aplatie, et surtout plus atténuée ou pointue en avant que dans les buccins.
Quant à l'indice du canal qui termine l'ouverture, et que
M. de Lamarck regarde comme conduisant aux harpes, aux
tonnes et aux buccins, où il admet une disparution complète
de cette partie, il faut convenir que ce caractère est encore
moins tranché. En effet, pour prendre un exemple bien
connu, certainement il n'y a pas plus ni moins de canal dans
le *buccinum lapillus*, espèce de pourpre pour M. de Lamarck,
que dans le *buccinum undatum*. Malgré cette ressemblance
assez évidente dans la forme de la columelle du genre Pourpre,
il faut convenir qu'il réunit des espèces qui paroissent assez

hétérogènes, les unes étant presque lisses, tandis que d'autres sont seulement cerclées par de fortes bandes décurrentes, ou même sont hérissées de séries de tubercules pointus, absolument comme dans les ricinules. La forme particulière de l'opercule, telle que je l'ai observée dans la pourpre persique, indique bien qu'il y a réellement un genre à former avec quelques-unes des espèces que M. de Lamarck réunit dans son genre Pourpre; mais comme il n'est guère possible de le supposer de cette forme que dans le *P. patula*, et peut-être dans une ou deux autres, on doit convenir que cette réunion est véritablement artificielle, même en pure ou simple conchyliologie. En effet, il ne faudroit pas argumenter que c'est dans les espèces de ce genre que l'on trouve principalement la pourpre ; car on la trouve dans les murex comme dans les buccins, et il est même probable, comme nous allons le voir tout à l'heure, que l'espèce de coquillage dont les anciens extrayoient la couleur pourpre, n'appartenoit pas au genre que M. de Lamarck a exclusivement désigné par ce nom.

L'organisation des pourpres ne diffère en effet presque en aucune manière de celle des buccins et des rochers, si ce n'est peut-être dans la grandeur du pied et dans la forme de l'opercule, puisqu'ils ont également un manteau à bord simple, avec un siphon respiratoire ; que la tête, pourvue d'une paire de tentacules grêles, sétacés, porte les yeux dans une partie de leur étendue ; que la bouche est armée d'une longue trompe avec des crochets ; que les branchies, toujours pectiniformes, sont également au nombre de deux ; que les sexes sont séparés sur des individus différens, et que l'organe excitateur mâle est aussi constamment extérieur et caché sous le manteau. Quant à l'organe qui produit la pourpre, c'est un petit sac que l'on trouve dans tous les siphonobranches, et qui se dirige obliquement de gauche à droite ; mais ce petit sac, ou mieux ce canal, n'est que le canal excréteur de l'organe que M. Cuvier a nommé l'organe de la viscosité, et qui, placé vers le cœur, entre lui et le rectum, paroît être une sorte d'appareil dépurateur ou urinaire.

Les mœurs et les habitudes des pourpres sont, sans aucune espèce de doute, semblables à celles des buccins. Ce sont des animaux marins, qui vivent dans les anfractuosités des rochers, dans les lieux couverts de fucus, mais qui peuvent aussi s'enfoncer dans le sable. Ils rampent, à l'aide de leur pied, comme les autres gastéropodes. Leur nourriture paroît être constamment animale et être obtenue en perçant la coquille, principalement celle des animaux mollusques bivalves. Nous savons, par exemple, que la pourpre des teinturiers, *P. lapillus*, se nourrit essentiellement sur nos côtes de la chair du *lepas balanoides*, L., *balanus striatus* des zoologistes modernes.

Le mode d'accouplement n'est pas connu. L'on ignore de même si les individus femelles déposent leurs œufs un à un, comme le fait le *P. lapillus* de nos côtes. Ces œufs sphéroïdes, un peu alongés, cornés, de couleur jaunâtre, ne sont déposés que vers l'automne. Ils sont adhérens aux rochers et à d'autres corps submergés, par une espèce d'empâtement inférieur. Leur autre extrémité est fermée par une sorte de petit opercule ovale, épais, transverse. Quant à leur intérieur, on y trouve une matière plus épaisse au milieu d'une autre plus fluide. Malheureusement on n'en a pas suivi suffisamment les développemens, et même, pendant assez long-temps, ces œufs vides ont été regardés comme une espèce d'hydre, *H. triticea*.

Les espèces de pourpre, en admettant ce genre tel que M. de Lamarck l'a circonscrit, se trouvent dans toutes les mers; mais le plus grand nombre et les plus grosses espèces proviennent toujours des mers des pays chauds, et surtout des mers australes. On peut les partager en plusieurs sections assez tranchées, en ayant égard à l'aspect général de la coquille. Mais, avant de passer à l'indication des espèces, nous allons faire une digression sur la pourpre des anciens.

Le mot de pourpre, πορφύρα en grec, *purpura* en latin, est employé indifféremment par les anciens pour désigner, 1.° la couleur rouge-bleue que nous connoissons aujourd'hui sous le même nom, quoique nous l'obtenions d'une toute autre manière : 2.° l'animal qui la leur fournissoit. Il est cependant probable que c'est de la couleur qu'il a passé à celui-ci. Je ne m'amuserai pas à en rechercher l'étymologie; mais je vais voir, s'il est possible, de reconnoître l'espèce de mollusques que les anciens employoient pour en obtenir la pourpre, les procédés qu'ils suivoient dans cet emploi ; après quoi je chercherai si nous pourrions donner aujourd'hui la théorie de la purpurification.

Aristote est le premier auteur qui ait parlé de la pourpre. Voici ce qu'il en dit :

« La pourpre, si ce n'est la tête, a toutes ses autres parties
« contenues dans la coquille ; elle est pourvue d'une trompe
« très-ferme, qui lui tient lieu de langue et dont elle se sert
« pour percer le test de l'animal, dont elle fait sa nourri-
« ture. Dans la partie turbinée de la coquille sont contenus
« l'estomac, le foie et l'intestin ; l'extrémité de ce dernier
« aboutit auprès de la tête. C'est entre le cou et le foie que
« se trouve l'organe qui fournit, quand on l'écrase, la matière
« colorante ; il a la forme d'une veine : ce qui remplit le reste
« de l'intervalle ressemble à de l'alun. » Il est probable qu'ici
Aristote fait allusion à la matière crétacée qu'on trouve fréquemment gorgeant le rectum de beaucoup de mollusques.

« Les pourpres se meuvent peu ; elles se tiennent cachées
« pendant les grandes chaleurs de la canicule. L'eau douce
« leur est absolument nuisible ; mais elles peuvent vivre jus-
« qu'à cinquante jours hors de l'eau : elles sentent leur proie
« de très loin. Elles se rassemblent au printemps dans le
« même endroit et y font ce qu'on nomme leur *cire*, c'est-à-
« dire une production qui ressemble à un gâteau de cire, si
« ce n'est qu'elle n'est pas lisse, ou mieux à une multitude
« de cosses de pois blancs réunies. On n'y aperçoit jamais d'ou-
« verture. Quand les pourpres, comme les autres testacés, com-
« mencent à former cette production, ils produisent une mu-
« cosité gluante qui sert à lier ces espèces de cosses. C'est dans
« cette masse réunie que naissent les petites pourpres, que l'on
« trouve attachées, quelquefois encore informes, à la coquille
« des grandes qu'on pêche. Si l'on prend les pourpres avant
« qu'elles n'aient jeté ce *frai*, elles le font dans les paniers
« où elles se trouvent, et l'espace étroit dans lequel elles sont
« renfermées, donne seulement à la masse de la *cire* la forme
« d'une grappe de raisin. »

Quoique Aristote ait prétendu que dans ces animaux il n'y ait pas de génération proprement dite, mais qu'ils naissent de la terre, il est évident que cette description convient parfaitement bien aux œufs des pourpres, qui par conséquent ressemblent beaucoup à ceux de notre *buccinum undatum*.

« On distingue plusieurs espèces de pourpres ; aussi il y en a
« de grandes, comme celles du promontoire de Siget et de celui
« de Lecte, et de petites, comme celles de l'Euripe et des côtes
« de Carie : en général, celles qui se pêchent dans les golfes sont
« grandes et d'une surface inégale ; il y en a qui pèsent jusqu'à
« une mine. » La couleur qu'elles fournissent, et qu'Aristote nomme *fleur* (ἄνθος), est le plus souvent noire, quelquefois rouge et en petite quantité. Sur les rivages et autour des promontoires elles sont petites et leur liqueur est rouge. Dans les lieux exposés au nord, elle est en général noire, et rouge dans ceux qui le sont au midi. Elle n'est jamais moins bonne que lorsque les pourpres ont jeté leur frai ; aussi les pêche-t-on au printemps dans le moment qu'elles s'en débarrassent. On les prenoit autrefois au moyen d'appâts, composés de chair qui se gâte ou de petits poissons, et sans filet ; mais, comme souvent elles retomboient dans l'eau après en avoir été tirées, pour éviter cet inconvénient, les pêcheurs mettent des nasses au-dessous et autour de l'appât, de manière que si elles viennent à tomber, ce qu'elles font aisément quand elles en sont rassasiées (car avant il est difficile de les arracher), elles ne sont pas perdues : on les laisse ensuite dans les nasses, où on les prend, jusqu'à ce qu'on en ait une quantité suffisante et qu'on puisse les employer. Pour en extraire la liqueur, on enlève, du moins pour les grosses, l'animal de sa coquille et ensuite on prend la partie située entre le cou et le foie ou la veine ; mais, pour les petits individus, on les concasse avec leur coquille, parce qu'il y auroit trop de difficulté de les en séparer ;
« mais, ajoute Aristote, on a soin de le faire quand elles
« sont vivantes, sans quoi, si elles mourroient naturellement,
« elles jetteroient leur liqueur en expirant. »

Pline abrège considérablement ce que dit Aristote de la pourpre et même en le modifiant d'une manière à peu près inintelligible, ce qui prouve qu'il n'a pas compris le texte d'Aristote ; il ajoute « qu'elles vivent ordinairement sept ans,
« quoiqu'elles croissent encore plus promptement que les au-
« tres coquillages, et qu'elles aient atteint toute leur crois-
« sance au bout d'un an ; qu'elles peuvent vivre jusqu'à cin-

« quante jours sans manger; qu'elles restent cachées environ
« trente jours pendant la canicule, et que c'est surtout sur
« les rivages de Tyr en Asie, de Meniux et de Gitulor en
« Afrique, et de la Laconie en Europe, où l'on trouve la
« plus belle pourpre.» Mais il ajoute plusieurs choses intéressantes sur les espèces de coquillages dont on tiroit des matières colorantes différentes.

« Il y a deux genres de coquilles qui fournissent les couleurs
« pourpres et les couleurs conchyliennes, couleurs qui ne dif-
« fèrent que par la nuance. La plus petite est un buccin. ainsi
« nommée parce qu'elle ressemble un peu à celle dont on tire
« le son du buccin : son ouverture est ronde et son bord est
« échancré; elle ne s'attache qu'aux pierres et on la trouve
« autour des rochers. L'autre se nomme pourpre : elle est en
« forme de massue et composée de sept tours de spire, qui
« indiquent les années, comme dans le buccin; mais elle est
« hérissée d'aiguillons, qui n'existent pas dans celui-ci; elle
« est en outre pourvue d'un rostre saillant en forme de tube,
« et sur les côtés de petites épines tuberculeuses dans les-
« quelles l'animal peut introduire sa langue.

« On distingue aussi les pourpres par la dénomination de
« pélagiennes, parmi lesquelles on établit plusieurs variétés,
« d'après les lieux qu'elles habitent et les substances dont
« elles se nourrissent. Celles qui vivent dans la vase ou parmi
« les algues et qui s'en nourrissent, sont très-peu estimées;
« celles des rivages, recueillies sur les bords de la mer, sont
« meilleures, quoique la couleur qu'elles fournissent soit plus
« légère et plus claire. Une autre variété, qui est appelée
« graveleuse, à cause des graviers de la mer où on la trouve,
« est extrêmement propre pour les couleurs conchyliennes;
« mais la meilleure pour les couleurs pourpres est la *dialu-*
« *tense*, c'est-à-dire celle qui se nourrit de différentes sortes
« de terrain, ou mieux sur différentes sortes de terrain.

« On prend les pourpres à l'aide de petits filets, des es-
« pèces de nasses à mailles peu serrées, que l'on jette dans
« la haute mer. On y met pour appât des coquillages bi-
« valves, susceptibles de s'ouvrir et de se fermer, ou des
« moules, qui, à demi mortes, se raniment aussitôt qu'on
« les rend à la mer, et entr'ouvrent leur coquille. Les pour-

43.   15

« pres, avides de s'en nourrir, les attaquent en y enfonçant
« leur trompe ; mais bientôt, stimulées par cet aiguillon, les
« moules se referment et retiennent les pourpres qui les mor-
« dent, en sorte que, victimes de leur avidité, celles-ci
« sont enlevées encore suspendues à leur proie. L'époque la
« plus avantageuse pour faire cette pêche, est après le lever
« de la canicule, ou avant le printemps, parce que, lors-
« que les pourpres ont frayé, leurs sucs sont trop liquides (ou
« peut-être trop peu tenaces, comme le veut Gronov) ; mais
« c'est ce qu'ignorent les ouvriers, quoique cela soit fort
« essentiel.

« Pour employer les pourpres à la teinture, on commence
« par leur enlever la veine dont il a été parlé plus haut, et
« on ajoute à cent livres de cette matière vingt onces de sel.
« On laisse le tout macérer pendant trois jours au juste ; car
« l'action est d'autant plus grande, qu'elle est plus récente.
« (Gronow donne à cette phrase un tout autre sens : égaler
« cent cinquante livres du bain à chaque ou pour chaque
« amphore d'eau.) On fait bouillir dans une chaudière de
« plomb, jusqu'à réduction de cent amphores de matière à
« cinq cents livres. On entretient ensuite une chaleur modé-
« rée, et cela au foyer d'un long fourneau ; après quoi les
« chairs, qui ont dû nécessairement rester attachées aux
« veines, étant écumées, et la teinture étant complétement
« liquéfiée au dixième jour, et ensuite soutirée, on y plonge
« la laine ; l'on continue à chauffer jusqu'à ce qu'on ait at-
« teint le point désiré. Une teinte rouge vif vaut moins
« qu'une rouge noirâtre. On laisse ainsi la laine s'imbiber
« pendant cinq heures ; puis, après l'avoir cardée, on la re-
« plonge dans le bain, jusqu'à ce qu'elle ait bu autant de li-
« queur que possible. Le buccin ne s'emploie jamais seul,
« parce qu'il fournit une teinture qui ne tient pas, ou peut-
« être parce qu'il ne conserve pas une teinte rouge vif ; mais,
« en le mêlant avec la pourpre, il donne à la teinte trop
« noire de celle-ci cette solidité, cet éclat de l'écarlate que
« l'on recherche. Par ce mélange, ces couleurs s'avivent ou
« s'amortissent l'une l'autre. La proportion la meilleure est
« celle où, pour cinquante livres de laine, on emploie deux
« cents livres de buccin et cent onze livres de pourpre. C'est

« ainsi que l'on obtient cette superbe couleur que l'on nomme
« améthyste ; pour obtenir la couleur tyrienne , on sature d'a-
« bord la laine dans un bain encore vert et non noir de
« pourpre, et bientôt après on la change dans le buccin : c'est
« la plus belle pourpre de couleur de sang figé , noirâtre vue
« en face, et brillante vue de côté. C'est de là qu'Homère
« donne au sang l'épithète de pourpre.

« La couleur conchylienne s'obtient par les mêmes procédés ,
« si ce n'est qu'on ne se sert pas du buccin, et qu'en outre on
« adoucit le bain , en en composant la moitié de parties égales
« d'eau et d'urine. C'est ainsi qu'on obtient , par une satura-
« tion incomplète, cette couleur pâle tant vantée et d'autant
« plus étendue, que la laine est pour ainsi dire moins ras-
« sasiée.

« On obtient encore une autre teinte , que l'on a nommée
« tyriaméthyste, en saturant une étoffe d'abord améthystée
« dans un bain de pourpre de Tyr, ce qu'indique le nom ;
« en sorte qu'on ne teint d'abord en conchylienne, que pour
« faciliter la teinture tyrienne, et alors celle-ci devient,
« dit-on , plus agréable et plus douce; de même que, pour
« obtenir le ponceau, on reteint dans la pourpre de Tyr ce
« qu'on avoit d'abord teint dans le kermès.

« Le prix de ces différens bains colorans est d'autant plus
« vil que les rivages sont plus fertiles en animaux qui la four-
« nissent ; cependant jamais cent livres de pourpre ne coûtent
« plus de cinquante sesterces (onze francs cinquante centimes
« de notre monnoie), et de buccin plus de cent, (vingt-trois
« francs de notre monnoie), comme le savent ceux qui se li-
« vrent à ces dépenses énormes. »

Malgré cela, Pline ajoute plus haut, d'après Cornélius Népos,
que dans la jeunesse de celui-ci, qui mourut sous Auguste,
la pourpre violette, qui étoit à la mode, valoit cent deniers,
qu'on estime à quatre-vingt-dix francs de notre monnoie;
que bientôt après on préféra la pourpre rouge de Tarente,
et ensuite la double pourpre de Tyr, dont la livre coûtoit
plus de mille deniers, ou neuf cents francs.

Vitruve rapporte aussi quelque chose des couleurs qu'il
nomme ostre et pourpre, *ostrum* et *purpura* ; mais il se borne
à dire que la première se tire d'un coquillage marin, qui

fournit la pourpre, sans en donner aucun caractère, ajoutant que la couleur n'est pas toujours la même, et qu'elle varie suivant les localités, et surtout selon le cours du soleil ; aussi, dit-il, que les animaux en fournissent de noire, quand ils proviennent du Pont et de la Gaule; entre le Nord et l'Occident elle est livide ; elle est violette vers l'Orient et l'Occident équinoxial ; enfin, celle qui vient des pays méridionaux est rouge, comme par exemple de l'île de Rhodes et des environs. Quand on recueille ces coquillages et qu'on les coupe circulairement, il en sort une sanie pourpre, qui est la même que celle que l'on obtient en broyant ces animaux dans un mortier, et comme on la retire des têts de coquillages marins, d'où vient le nom d'*ostre*, on a donné ce nom à cette couleur.

Oppien, dans le cinquième livre de son Haliéticon, donne le procédé pour prendre les pourpres, basé sur leur gloutonnerie, et qui consiste à mettre pour appât, dans de petites nasses d'un tissu serré et formées d'osier, des strombes ou des cames. La pourpre alors ayant passé sa trompe très-atténuée à travers les mailles de la nasse, ne peut plus l'en retirer à cause de son gonflement, et elle reste prise.

Élien nous a laissé aussi quelques détails sur les pourpres, mais aucun qui puisse servir à décider la question de l'espèce. Dans l'un de ses chapitres il parle de la manière de les prendre à l'aide d'un filet à mailles serrées, dans lequel on place pour appât un strombe, duquel la pourpre, ayant étendu considérablement sa trompe, ne peut la retirer ; et dans un autre il dit « que, si l'on veut se servir des pourpres pour la teinture et non pour manger, il faut avoir soin de tuer l'animal d'un seul coup de pierre, afin que, mourant sans agonie, la matière colorante n'ait pas le temps d'être absorbée et perdue dans toute la masse du corps. »

Pollux nous rapporte une méthode de prendre les pourpres, qui devoit être beaucoup plus productive que les autres, et qui étoit employée par les Phéniciens : ils se servoient d'une grande corde forte, épaisse, garnie dans toute sa longueur, à d'assez petites distances, de petites nasses, ou paniers faits d'osier ou de jonc, dont l'ouverture étoit rétrécie par des brins libres et convergeant dans l'intérieur, de manière à se toucher. Chacune de ces nasses étant amorcée, les purpuricns alloient jeter leur corde dans des lieux rocailleux, en ayant soin de mettre un morceau de liége à une extrémité, pour la reconnoître; après une ou plusieurs nuits d'exposition, ils retiroient leurs nasses remplies de pourpres.

Ainsi, d'après ce que nous venons de voir, aucun auteur ancien n'a donné, sur les coquillages dont ils tiroient la pourpre, des détails suffisans pour qu'il soit possible de déterminer au juste quelle est l'espèce actuellement existante qu'ils ont employée. Les modernes ont-ils été plus heureux?

Belon donne une description extérieure et même intérieure assez exacte d'un mollusque qu'il regarde comme la pourpre d'Aristote, et qui, en effet, ne doit pas en différer beaucoup; mais la coquille qu'il figure comme la petite espèce, paroît être un jeune strombe des conchyliologistes modernes, et celle qu'il donne pour la grande espèce est évidemment un ptérocère.

Rondelet, quoiqu'il ait critiqué à tort Belon sur ce qu'il dit de l'organisation des pourpres, a peut-être été plus heureux que lui, en regardant comme la pourpre des anciens le *murex brandaris* de Linné, qui paroît assez commun dans la Méditerranée, et dont la coquille offre assez bien les caractères de la pourpre d'Aristote. Son cor de mer ou son buccin, dont il dit que la couleur est moins vive et moins estimée que celle des pourpres, n'est qu'une espèce de triton de M. de Lamarck, *murex lampas*, L., et son *conchylium* me semble n'être qu'un jeune strombe.

Gesner et Aldrovande n'ont fait que compiler avec beaucoup de soin tout ce qui avoit été dit avant eux sur la pourpre et la couleur qu'elle fournit, mais sans éclaircir le moins du monde la matière.

Fabius Columna, dans un travail *ex professo* sur ce sujet (*De purpurâ*, Roma 1616), établit d'abord que les mots *conchylium* et *murex* sont synonymes de *purpura*, et que ce mot est aussi bien pris pour la couleur que pour l'animal qui la fournit; ensuite il décrit et figure comme tel une espèce de rocher, *murex trunculus*, L., commune dans la Méditerranée et qui fournit en effet une très-grande quantité de matière colorante : elle se trouve surtout très-abondamment dans les lieux rocailleux, auprès de Naples, où les pêcheurs la prennent avec des morceaux de poumons placés sur des claies de jonc. On en trouve également beaucoup auprès du cap Misène, dans la mer actuellement appelée *Mare mortuum* et anciennement *Mare puteolanum;* et en effet Pline vante les pourpres de ce pays, *P. puteolanæ.* Elle fournit une si grande quantité de liqueur pourprée, que Fabius Columna dit que, lorsqu'on la sert sur la table, quoique cuite, il l'a vue verser pour ainsi dire la pourpre et en tacher les doigts et les linges de table. On mange donc encore cet animal comme on le faisoit autrefois; et cependant on n'emploie plus la pourpre qu'il fournit pour la teinture; non pas, ajoute Columna, seulement par ignorance et à cause de la grande dépense et la difficulté, mais à cause de la grande abondance du fucus, nommé *rocella,* dont les teinturiers extraient d'excellente pourpre avec beaucoup moins de frais et de difficultés, et par conséquent avec bien plus de bénéfice.

Malgré ces observations de Fabius Columna, aucun des auteurs subséquens n'a regardé la coquille qu'il a décrite comme celle qui fournissoit la pourpre des anciens.

En 1685, Guill. Cole donna des détails intéressans sur une espèce de coquillages qu'il avoit trouvés, en grande abondance, sur la côte d'Irlande et qui fournit une véritable liqueur pourpre. On trouve dans le Journal des savans pour l'année 1686, un extrait, à ce qu'il me semble, de ce que Cole venoit de publier sur les changemens de couleur de l'humeur colorée de la pourpre. On reconnoît aisément qu'il est question de l'animal que M. de Lamarck a nommé *purpura lapillus,* *B. lapillus* de Linné : elle ne paroît donc avoir aucun rapport avec la pourpre des anciens, à moins que de croire que ce seroit le *buccinum* de Pline; mais c'est à cet auteur que l'on doit les premières observations sur les changemens qu'éprouve la matière colorante avant de devenir d'un rouge pourpre très-foncé.

Lister, en 1695, confirma l'observation de Cole, et montra, par un passage de Bede, dans son Histoire ecclésiastique, que cette espèce de teinture, qu'on croyoit propre aux Tyriens, aux Grecs et aux Romains, se faisoit aussi en Angleterre, où elle étoit également fort estimée.

Réaumur (Mémoires de l'Académie des sciences, année

1711) confirma par de nouvelles observations que le même coquillage décrit par Cole, donnoit une pourpre très-brillante ; mais n'ajouta réellement rien à ce qu'avoit dit le naturaliste anglois, dont il paroit même n'avoir pas connu le travail, puisqu'il ne le cite pas.

Tempelmann, dans une Dissertation sur la pourpre des anciens, insérée dans le Magasin de Décembre 1753, décrit la même espèce que Cole et Réaumur, et cependant il a l'air de croire que ce n'est pas le même animal, qu'il dit n'avoir pas vu sur les côtes d'Angleterre ; du reste il confirme les observations des auteurs précités.

Depuis ce temps il paroit que Stroëm a aussi fait quelques recherches sur la liqueur fournie par le même mollusque.

Malgré tout cela, plusieurs auteurs ont regardé comme fournissant la pourpre des anciens, des coquilles du genre *Turbo*, et entre autres les *turbo scalata* et *clathrus* de Linné ; mais certainement à tort, car ces animaux n'ont pas de liqueur colorée.

M. G. Cuvier a été probablement beaucoup plus près de la vérité, en admettant avec Rondelet que c'est le *murex brandaris* de Linné. En effet, cet animal est assez commun dans la Méditerranée. Il est certain qu'il donne une humeur colorante, et sa forme convient assez bien à la description d'Aristote et de Pline.

M. Bory de Saint-Vincent n'ayant pu vraisemblablement réussir à trouver le coquillage qui fournissoit la pourpre des anciens, a cherché à établir que les Phéniciens faisoient la pourpre avec l'orseille, *lichen rocella*, Linn., et que c'étoit pour donner le change qu'ils disoient la tirer d'un coquillage. Mais, comme le fait justement observer M. Bosc, les passages d'Aristote et de Pline sont trop formels pour laisser aucun doute à ce sujet.

Il ne paroit pas que les habitans de la Méditerranée emploient davantage la pourpre, que l'on ne le faisoit du temps de F. Columna ; mais il se pourroit qu'on s'en servit encore pour marquer le linge dans quelques endroits des côtes d'Angleterre ou d'Irlande, comme cela avoit lieu du temps de Cole et même de Lister. Quoi qu'il en soit, voici les phénomènes que présente la matière colorante aussitôt qu'elle a été appliquée à l'aide d'un petit pinceau sur le linge, la laine ou même la soie, sans aucune préparation préliminaire. La couleur primitive est d'un blanc jaunâtre ou légèrement verdâtre, c'est-à-dire celle du pus d'un ulcère; immédiatement après ce vert clair, elle paroît d'un vert foncé, qui en peu de minutes se change en vert de mer; au bout de quelques autres minutes celui-ci tourne au bleu pâle, qui, peu de temps après, devient rouge purpurin, et enfin dans l'espace d'une heure ou deux, cette couleur devient d'un rouge-pourpre très-foncé. Mais, pour pouvoir apercevoir ces nuances successives d'une manière tranchée, il faut exposer l'étoffe à l'action solaire, en ayant soin, en été, de ne le faire qu'une heure ou deux après le lever ou avant le coucher du soleil; car dans le milieu du jour la couleur changeroit si promptement, qu'il seroit impossible d'apercevoir les nuances intermédiaires. En hiver, le soleil de midi les laisse très-bien saisir. Pendant l'exposition au soleil, l'étoffe teinte exhale une odeur fétide, très-forte, que Cole compare à celle qui s'exhale d'un mélange d'ail et d'assa fœtida. La chaleur du feu produit les mêmes effets que les rayons solaires, mais beaucoup plus lentement; et Réaumur a fait l'observation qu'il faut que la chaleur du feu soit beaucoup plus grande que celle du soleil pour produire les mêmes changemens. Le même observateur a vu que l'on peut aussi les obtenir à l'ombre, ou mieux à la lumière diffuse, en exposant l'étoffe à l'air seulement; mais alors le passage du blanc verdâtre au pourpre violet est beaucoup plus lent, à moins qu'il ne fasse un très-grand vent; car dans ce cas le changement se fait aussi rapidement que si l'étoffe étoit exposée aux rayons modérés du soleil. D'après cela, on pourroit conclure que l'air et la chaleur sont nécessaires dans cette espèce de purpurification. C'est ce qui n'est réellement pas, du moins d'après les observations nombreuses et contradictoires de Duhamel de Monceau, imprimées dans les Mémoires de l'Académie des sciences pour 1736, et faites, il est vrai, sur une autre espèce de mollusques que celle qui a servi aux expériences de Cole et de Réaumur, peut-être sur la même que F. Columna a donné pour celle des anciens. En effet,

suivant Duhamel , un linge frotté de la liqueur fournie
par le coquillage, et dont une partie seulement est exposée
au soleil , ne rougit que dans cette partie; ce qui ne devient pas pourpre ou rouge , reste vert : un soleil plus fort
rend les changemens de couleur plus prompts, et peut-être
aussi les couleurs plus vives; c'est surtout ce qu'on voit très-
bien en employant une lentille ou le foyer d'un miroir ardent.
Si sur un linge frotté de ce suc, et exposé au soleil, on met
un petit corps opaque comme une pièce de monnoie ou une
pièce de cuivre très-mince , l'étoffe rougit partout, si ce
n'est dans l'endroit recouvert par le corps. Si l'on emploie,
au contraire, un corps transparent, comme du verre , fût-il
épais de trois doigts, la purpurification a complétement
lieu : si l'on emploie trois morceaux de papier, l'un noirci
avec de l'encre, l'autre dans son état naturel, et le troisième
huilé , la coloration en rouge est proportionnelle à leur degré
de transparence; sous des papiers également opaques, mais
différemment colorés; il y a plus de coloration en rouge sous
le bleu, et moins sous le rouge que sous les autres. La chaleur du feu, celle du fer rouge, ne produisent aucun changement de couleur en rouge : elle devient verte et ensuite
jaune; mais l'étoffe, qui dans ces expériences ne s'est colorée qu'en vert, devient rouge, immédiatement aussitôt qu'elle
est frappée par un rayon de soleil, même passant par une
fente étroite. L'acide sulfureux, produit par la combustion
du soufre, ne rougit pas non plus l'étoffe imprégnée de
matière colorante de la pourpre. Ce changement de couleur
n'est pas dû à une évaporation, comme on auroit pu le croire
par l'odeur fétide qui s'exhale de l'étoffe imprégnée ; car,
mise entre deux verres bien serrés et exposée au soleil, une
couleur rouge très-vive s'est produite presque instantanément.
Cependant dans les mois de Janvier et de Février on n'a pas
observé tout-à-fait le même effet que dans le mois de Mars,
où la chaleur est déjà d'une assez grande force en Provence et
où les expériences ont été faites. Dans les mois plus chauds,
l'air, bien échauffé, même pendant les temps couverts, suffit
pour produire une couleur rouge, tandis que dans l'hiver le
soleil seul a cet effet; d'où Duhamel conclut que la lumière
et la chaleur du soleil agissent ensemble et séparément:

mais que la lumière est toujours assez forte pour agir, et agit beaucoup plus, tandis que la chaleur a besoin d'être à un certain degré. Il paroit même que les différens rayons du spectre solaire n'exercent aucune action dans ce changement de couleur, et qu'il faut qu'ils soient réunis pour cela. Le rayon rouge semble cependant avoir une action un peu plus forte que les autres. La lumière de la lune, quoique très-concentrée au moyen d'une lentille, ne produit aucun effet, non plus que celle qui provient des bougies.

Mais si les observateurs ne sont pas tout-à-fait d'accord sur les circonstances qui font passer la matière colorante de la pourpre du blanc verdâtre au rouge pourpre, il n'en est pas de même sur la fixité de cette teinture. Cole, Réaumur, Tempelmann, et surtout Duhamel, ont prouvé que, lorsque l'étoffe a été parfaitement imbibée de la matière, et que toutes ses parties ont été complétement exposées à l'action solaire, les lessives les plus fortes, les débouillis les plus actifs, n'ont aucune action sur la couleur, si ce n'est quand il en reste plusieurs couches à la surface, la dernière, ayant empêché l'action solaire sur les autres, et sa combinaison avec le tissu n'ayant pas eu lieu; alors la couleur s'éclaircit beaucoup, en sorte que Duhamel conclut de ses expériences à ce sujet, qu'il falloit que les anciens eussent un procédé particulier pour étendre la matière colorante, toujours assez épaisse et visqueuse sur l'animal, et ainsi la faire pénétrer dans toutes les parties du tissu; peut-être étoit-ce à quoi servoit l'eau, l'urine et le sel, que les anciens teinturiers en pourpre employoient comme nous l'apprenons de Pline. Tempelmann dit cependant, que l'expérience lui a prouvé que l'addition du sel ne sert à rien. C'est un sujet que les chimistes auroient pu éclaircir; malheureusement nous n'en connoissons aucun qui s'en soit occupé, ce qui auroit été cependant avantageux; sinon pour l'art de la teinture, puisqu'il paroit que la couleur pourpre des modernes est aussi belle, aussi fixe, et bien plus facile a obtenir, et par conséquent bien moins coûteuse que celle des anciens, mais du moins pour la science de la chimie animale. Duhamel termine ses expériences en disant qu'il pense que l'action du soleil dans la purpurification a quelque chose d'analogue à ce qui se passe dans la coloration des fruits, qui restent blanchâtres, jaunes ou verts dans les endroits ombragés, et qui ne se colorent que dans ceux qui reçoivent l'action du soleil; mais ici ce changement se fait peu à peu, très-lentement, tandis que dans la pourpre il a lieu presque instantanément.

Comme conclusions de cet article, nous voyons :

1.° Il est probable que le mollusque dont les anciens tiroient principalement leur pourpre, est un animal assez gros, connu dans la Méditerranée, parfaitement décrit par F. Columna, et dont Linné et les conchyliologistes modernes font leur *murex trunculus*, ou peut-être le *murex brandaris*.

2.° Ils employoient aussi une espèce de buccin plus petite, pour obtenir une couleur analogue, mais un peu différente, et cette espèce n'est probablement pas le véritable *B. lapillus* de Linné.

3.° Il est certain qu'un assez grand nombre d'espèces de la famille des siphonobranches fournissent une liqueur analogue; mais il est probable qu'elles n'en produisent pas toutes, du moins Duhamel le dit positivement.

4.° Il est même possible que tous les individus d'une même espèce n'en fournissent pas. Cela dépend-il du sexe, de l'âge, de l'époque de la reproduction ? c'est ce que nous ignorons.

5.° Nous ne savons pas davantage au juste dans quelle partie de l'animal se trouve cette matière : est-ce dans l'organe dépurateur? est-ce dans l'appareil générateur lui-même? Ce qui pourroit porter à le croire, c'est que les œufs du *B. lapillus* contiennent la même liqueur en abondance, comme l'a observé Réaumur. Et alors on pourroit penser qu'il ne s'en trouve que dans les femelles, ce qui expliqueroit l'observation de Duhamel, qui dit avoir vu des individus de la même espèce en avoir, et d'autres n'en avoir pas.

6.° Le procédé de la teinture des anciens est encore inconnu.

7.° Les phénomènes chimiques de la purpurification ne le sont encore que très-incomplétement.

Passons maintenant à la distinction des espèces.

La P. **PERSIQUE** : *P. persica*, de Lamk.; *Buccinum haustorium*, Linn., Gmel., p. 3498, n.° 175; Enc. méth., pl. 597. fig. 1, *a*, *b*, vulgairement la Conque persique. Coquille assez grande, ovale, sillonnée transversalement; spire courte; ouverture très-évasée, la columelle étant excavée longitudinalement dans sa longueur; le bord droit, sillonné en dedans; couleur d'un brun noirâtre, maculé de blanc sur les sillons; columelle jaune; l'intérieur du bord droit noirâtre.

De l'Océan des grandes Indes, et des rivages de la Nouvelle-Zélande, suivant Gmelin.

La Pourpre tachetée; *P. Rudolphi*, Chemn., *Conch.*, 10, t. 154, fig. 1467, 1468. Coquille ovale, sillonnée en travers, à spire un peu plus élevée que dans la précédente, et à tours de spire noduleux et anguleux à leur bord supérieur; l'ouverture est aussi moins dilatée, non rayée dans le fond, et la columelle plus étroite. Couleur d'un brun noirâtre, marqué de grosses taches noires et blanches, outre celles articulées des sillons.

De l'Océan des grandes Indes, comme la précédente, dont elle n'est sans doute qu'une variété de sexe.

La P. antique: *P. patula*, Linn., Gmel., pag. 3483, n.° 51; Martini, *Conch.*, 3, tab. 69, fig. 758, 759. Coquille ovale, sillonnée en travers, hérissée de tubercules, surtout dans le jeune âge; à spire assez courte; l'ouverture évasée. Couleur d'un roux noirâtre en dehors; la columelle d'un jaune roussâtre; le bord droit blanc.

De l'Océan atlantique et de la Méditerranée, où elle est assez commune pour que F. Columna ait pensé que c'étoit de cette espèce que les Romains tiroient leur couleur pourpre.

La P. columellaire : *P. columellaris*, de Lamk., Anim. sans vert., tom. 7, pag. 236, n.° 4; Enc. méth., pl. 398, fig. 3, *a*, *b*. Coquille ovale, épaisse, striée et rugueuse en travers; spire courte; columelle plane avec un pli au milieu; le bord droit garni à l'intérieur d'une série de dents assez fortes. Couleur roussâtre.

Patrie inconnue.

Est-ce bien une véritable pourpre.

La P. cordelée : *P. succincta*, de Lamk.; *B. orbitus*, Linn., Gmel., p. 3490, n.° 183; Enc. méth., pl. 398, fig. 1, *a*, *b*. Coquille assez épaisse, ovale, striée en travers, et comme cordelée par de grosses rugosités épaisses, élevées, costiformes; la partie supérieure des tours de spire se relevant au-dessus de la suture. Couleur grise.

Des mers de la Nouvelle-Zélande.

La Pourpre consul : *P. consul*, de Lamk. ; *Murex consul*, Linn., Gmel., p. 3540, n.° 159 ; Chemn., *Conch.*, 10, tab. 160, fig. 1516, 1517. Très-grande coquille, épaisse, pesante, ovale, turbinée, ventrue ; à spire conique, aiguë, garnie au bord supérieur de ses tours de tubercules noduleux, qui, sur le dernier, sont très-grands et comprimés ; le bord droit sillonné en dedans et échancré en arrière. Couleur blanche.

De l'Océan indien.

La P. armigère ; *P. armigera, Bucc. armigerum*, Chemn., *Conch.*, 11, tab. 187, fig. 1798, 1799. Coquille ovale, subturbinée, striée en travers ; spire conique, garnie de plusieurs rangs de tubercules noduleux, obtus, alongés, dont ceux des deux rangées supérieures du dernier tour sont plus grands ; columelle avec trois plis peu marqués en avant ; bord droit, mince et sinueux. Couleur blanc-jaunâtre.

Patrie inconnue.

La P. bituberculaire : *P. bitubercularis*, de Lamk., *loc. cit.*, p. 137, n.° 8 ; Séba, *Mus.*, 3, tab. 52, fig. 22, 23. Coquille ovale, à spire un peu élevée, hérissée de tubercules aigus sur deux rangs, aux deux derniers tours ; ouverture lisse. Couleur peinte longitudinalement de noir et de blanc ; les tubercules noirs.

Patrie inconnue.

La. P. marron d'Inde : *P. hippocastanum, Mur. hippocastanus* ; Linn., Gmel., p. 3539, n.° 48 ; Martini, *Conch.*, 3, tab. 99, fig. 945, 946. Coquille ovale, hérissée de tubercules alongés, spiniformes, et cerclée de sillons subsquameux ; bord droit, sinueux et verruqueux en dedans. Couleur marbrée de noir et de blanc.

De l'Océan des grandes Indes.

La P. ondée : *P. undata*, de Lamk., *loc. cit.*, pag. 238, fig. 10 ; Chemn., *Conch.*, 11, tab. 192, fig. 1861, 1862. Coquille ovale, aiguë, très-finement striée en travers ; tours de spire un peu anguleux à leur partie supérieure, et hérissés de petits tubercules aigus sur deux rangs au dernier. Couleur peinte de blanc et de brun noirâtre en ondes longitudinales; ouverture blanche , avec quelques sillons en dedans du bord droit.

Patrie inconnue. .

La Pourpre hémastome : *P. hœmastoma, B. hœmastoma*, Linn., Gmel., pag. 3483, n.° 52; Martini, *Conch.*, 3, tab. 101, fig. 964, 965. Coquille un peu épaisse, ovale, conique, striée en travers; tours de spire obtusément anguleux à leur bord supérieur, et garnis de nodules sur quatre rangs au dernier. Couleur d'un fauve roussàtre en dehors; l'ouverture jaune pourprée.

De l'Océan atlantique, peut-être de celui des grandes Indes, suivant M. de Lamarck. Gmelin l'indique aussi comme de la Méditerranée.

La P. bourgeonnée : *P. mancinella, Mur. mancinella*, Linn., Gmel., pag. 3538, n.° 47; *Purp. gemmulata*, de Lamk., Enc. méth., pl. 397, fig. 3, *a*, *b*. Coquille ovale, ventrue, épaisse; spire conique, aiguë, hérissée de tubercules subaigus, disposés en rangées transversales; columelle striée; couleur blanc-rougeàtre; la base des tubercules rouges; l'ouverture jaune; les stries du bord droit rouges.

Des mers de l'Inde, suivant M. de Lamarck, et en outre de l'Afrique occidentale, suivant Gmelin.

M. de Lamarck regarde comme une variété de cette espèce, une coquille plus petite, oblongue, d'un blanc jaunâtre, et dont les tubercules gemmiformes sont orangés. Elle est figurée dans de Born, *Mus.*, t. 9, fig. 19 et 20.

La P. crapaud : *P. bufo*, de Lamk., *loc. cit.*, p. 239, n.° 13; Petiv., Gaz., tab. 19, fig. 10. Coquille ovale, raccourcie, ventrue, striée en travers; spire très-courte, un peu aiguë, tuberculifère; les tubercules sur quatre séries au dernier tour; ouverture dilatée, très-lisse, d'un blanc jaunâtre.

Des mers de l'Inde?

La P. calleuse : *P. callosa*, de Lamk., p. 239, n.° 14; Séba, *Mus.*, 3, t. 60, fig. 11; vulgairement le Cul-de-singe. Coquille obovale, ventrue, striée en travers; spire très-courte, comme écrasée, calleuse, mucronée, tuberculifère; les tubercules sur deux rangs au dernier tour; couleur d'un gris brunâtre en dehors; l'ouverture blanc-jaunâtre très-lisse.

Patrie inconnue.

La Pourpre néritoïde : *P. neritoides*, de Lamk.; *Mur. fucus*, Gmel., p. 3538, n.° 44; Mart., *Conch.*, 3, t. 100, fig. 959-962. Coquille épaisse, ovale, raccourcie, ventrue, striée en travers, à spire très-courte, comme écrasée, garnie de tubercules, en quatre séries sur le dernier tour; columelle plane, très-large, biponctuée de noir : couleur d'un blanc sale.

Patrie inconnue.

La P. planospire : *P. planospira*, de Lamk., p. 240, n.° 16; *P. lineata*, Enc. méth., pl. 597, fig. 5, *a*, *b*. Coquille épaisse, subhémisphérique, ventrue, cerclée de côtes distantes, sub-aiguës, à spire comme tronquée, plane et même un peu enfoncée; columelle profondément excavée dans son milieu; bord droit, épais; couleur générale blanche, rayée de jaune en dehors et d'un orangé rougeâtre très-vif en dedans.

Patrie inconnue.

La P. callifère; *P. callifera*, de Lamk., 240, 17. Coquille ventrue, semi-globuleuse, à spire courte, mamillaire au sommet et comme couronnée par une rangée de callosités gibbeuses, décurrentes; ouverture lisse : couleur blanchâtre.

Patrie inconnue.

La P. couronnée : *P. coronata*, de Lamk., 241, 18; le Labarin, Adans., Sénég., pl. 7, fig. 2; Enc. méth., pl. 597, fig. 4. Coquille ovale, aiguë, ventrue, striée grossièrement en travers, à spire conique, couronnée par une série décurrente de tubercules plus alongés et plus droits sur le dernier tour, et à suture imbriquée et laciniée : couleur brun-noirâtre en dessus, cendrée intérieurement; l'ouverture jaunâtre.

Des mers du Sénégal.

La P. carinifère : *P. carinifera*, de Lamk., 241, 19: Mart., *Conch.*, 3, t. 100, fig. 951? Coquille ovale, aiguë, à tours de spire striés, très-anguleux ou carenés; la carène hérissée de tubercules distans et doublés sur le dernier; ouverture lisse : couleur fauve roussâtre.

De l'Océan atlantique austral?

La P. escalier; *P. scalariformis*, de Lamk., 241, 20. Coquille ovale, scalariforme, ombiliquée, à spire saillante : les tours treillissés, aplatis en dessus et carenés : ouverture ronde; le bord droit, sillonné en dedans : couleur blanche.

Patrie inconnue.

La Pourprepagode : *P. sacellum*, *Mur. sacellum*, Linn., Gmel., p. 3530, n.° 164; Chemn., *Conch.*, 10, tab. 163, fig. 1561 et 1562. Coquille ovale, scalariforme, ombiliquée, à tours de spire striés et cordonnés, aplatis en dessus, et muriqués le long d'une carène décurrente : ouverture arrondie, ovale, à bord droit, crénelé et sillonné en dedans.

Cette espèce, qui vient de la mer des Indes, près les îles de Nicobar, n'appartient pas à ce genre, s'il est vrai, comme le dit Gmelin, qu'elle ait un tube droit un peu relevé.

La P. écailleuse : *P. squamosa*, de Lamk., 7, 242, 22; Enc. méth., pl. 398, fig. 2, *a*, *b*. Coquille ovale, aiguë, à tours de spire séparés par une suture étranglée, convexes, subtreillissés par des stries décurrentes très-fines, et par des sillons transverses, aigus, comme écailleux; bord droit, denticulé : couleur jaune, testacée en dehors, blanche en dedans.

La P. ridée : *P. rugosa*, de Lamk.; *Buccinum bicostatum*, Brug., Encycl., Dict. n.° 17, et *B. lacunosum*, n.° 19; Chemn., *Conch.*, 10, t. 154, fig. 1473. Coquille ovale-oblongue, à tours de spire convexes, rendus rugueux par des sortes de rides décurrentes, alternativement grandes et petites, et légèrement imbriquées d'écailles; le bord externe sillonné intérieurement : couleur d'un blanc sale à l'état adulte, et avec quelques teintes brunes dans le jeune âge.

Des mers de la Nouvelle-Zélande.

La P. nattée : *P. textilosa*, de Lamk., 7, 242, 24; Enc. méth., pl. 398, fig. 4, *a*, *b*. Coquille ovale, aiguë, un peu ventrue, à spire médiocre : les tours treillissés par des stries d'accroissement très-fines et des grosses rides décurrentes non écailleuses, alternativement grandes et petites; ouverture évasée; le bord externe profondément sillonné intérieurement : couleur d'un blanc sale.

Des mers de la Nouvelle-Hollande.

La P. guirlande : *P. coronatum*; *B. coronatum*, Linn., Gmel., 3486, n.° 86; *B. sertum*, Brug., Dict., n.° 25; *P. sertum*, de Lamk., Enc. méth., pl. 397, fig. 2. Coquille ovale-oblongue, à tours de spire convexes, aplatis en dessus et treillissés par des stries d'accroissement imprimés, et par des stries décurrentes granuleuses; ouverture avec un sinus postérieur formé par une dent de chaque bord; le droit lisse : couleur variée de

grandes taches blanches et rousses , inégales ; la columelle
fauve.

Patrie inconnue.

La Pourpre Francolin : *P. Francolinus, B. Francolinus,* Brug.,
Dict., n.° 24; Séba, *Mus.*, 3, t. 53, fig. *T.* Coquille ovale-
oblongue, assez lisse, à tours de spire convexes, aplatis en
dessus et treillissés par des stries d'accroissement plus fines et
par des stries décurrentes également moins marquées et nullement granuleuses : couleur fauve roussâtre, ornée de petites
taches blanches épaisses; sinus postérieur comme dans la précédente.

Cette espèce, dont on ignore la patrie, doit-elle être distinguée de la P. guirlande ?

La P. a collet ; *P. limbosa*, de Lamk., 7, 243, 27. Coquille
ovale-oblongue, à tours de spire aplatis en avant de la suture et très-finement striés dans leur décurrence ; bord droit
mince : couleur d'un fauve rougeâtre.

Patrie inconnue.

La P. ficelée; *P. ligata*, de Lamk., 7, 244, 28. Coquille
ovale-oblongue, à tours de spire convexes, aplatis à leur
partie postérieure, cerclés de rugosités un peu convexes : couleur d'un gris roussâtre en dehors, blanche et lisse en dedans.

Patrie inconnue.

La P. fustigée : *P. cruenta, B. cruentatum,* Linn., Gmel.,
p. 3491, n.° 88; Martini, *Conch.*, 4, t. 123, fig. 1143 et 1144.
Coquille ovale, aiguë, à tours de spire convexes, subanguleux, cerclés de stries extrêmement fines : couleur grise, parsemée de taches irrégulières rouges ou ventre de biche en
dehors; l'ouverture d'un jaune testacé; le bord droit strié en
dedans.

Des mers de la Guiane.

La P. a teinture : *P. lapillus, B. lapillus,* Linn., Gmel., p.
3484, n.° 53; Martini, *Conch.*, 3, t. 1121, fig. 1111 et 1112,
et 4, t. 1122, fig. 1128 et 1129. Coquille épaisse, ovale, aiguë,
à spire conique; les tours convexes, plus ou moins fortement
striés, suivant la décurrence de la spire; bord droit épais et
denticulé en dedans; couleur extrêmement variable, mais le
plus ordinairement d'un blanc sale ou jaunâtre, zoné de
brun plus ou moins foncé.

43.   16

Cette espèce, fort commune sur les bords de la Manche, sur les côtes de l'Océan et même sur celles de l'Afrique occidentale, puisque le libot d'Adanson (*Sénég.*, pl. 7, fig. 4) lui appartient, présente un grand nombre de variétés, d'abord dans la taille, ensuite dans l'état lisse ou rugueux, et, enfin, dans la couleur; ainsi, il y en a de toutes blanches, de toutes brunes et de toutes jaunes; le plus grand nombre est lisse ou peu rugueux; mais on en trouve aussi qui offrent des côtes assez bien marquées et hérissées d'écailles imbriquées. M. de Lamarck a cru devoir former de cette variété une espèce distincte, qu'il a nommée la P. IMBRIQUÉE, *P. imbricata.* Ayant eu l'occasion de voir cette coquille sur les côtes de la Manche et d'en observer l'animal, nous pouvons assurer que ce n'est qu'une simple variété du *P. lapillus.*

Réaumur (Mémoires de l'Académie des sciences de Paris, année 1711), a donné des détails curieux sur cette espèce, pour prouver qu'elle pouvoit fournir de la pourpre. Ses œufs, graniformes, déposés un à un sur les rochers, ont été long-temps regardés comme une espèce d'hydre, *H. triticea.* Cette erreur a été relevée par Stroëm, qui a beaucoup étudié ce mollusque.

La POURPRE CALEBASSE: *P. lagenaria*, de Lamk., 7, 245, 32; Rumph., *Mus.*, t. 24, fig. D. Coquille ovale, à spire courte, un peu obtuse, à tours anguleux en arrière, plats, comprimés au-dessous de la suture, très-finement striés en travers; bord droit mince, lisse en dedans : couleur fauve, coupée de bandes blanches et ornée de petites lignes longitudinales ondées, ventre de biche en dehors, fauve rougeâtre en dedans.

Patrie inconnue.

La P. CATARACTE : *P. cataracta*, *B. cataracta*, Linn., Gmel., pag. 3498, fig. 177; Chemn., *Conch.*, 10, t. 152, fig. 1455. Coquille ovale, aiguë, à tours de spire subanguleux en arrière, treillissés par des stries décurrentes un peu saillantes, et des stries d'accroissement imprimées; bord externe strié en dedans; couleur grise, ornée de bandes longitudinales ondées, brunes.

Des mers de la Nouvelle-Zélande.

La P. BICOSTALE : *P. bicostalis*, de Lamk., 7, 243, 34; Enc. méth., pl. 398, fig. 5, *a. b.* Coquille ovale, aiguë; à tours de spire striés dans leur décurrence, anguleux en arrière et garnis de tubercules en double série sur le dernier ; le bord droit sillonné à l'intérieur : couleur grise, peinte de bandes longitudinales, flexueuses, d'un brun roux en dehors.

Patrie inconnue.

La POURPRE PLISSÉE : *P. plicata*, *Murex plicatus*, Linn., Gmel., p. 3551, n.° 94 ; Martini, *Conch.*, 4, t. 123, fig. 1141 et 1142. Coquille conique, à spire courte, obtuse au sommet, plissée obliquement et dans la longueur, hérissée de tubercules, formant quatre séries sur le dernier tour ; bord droit denté en dedans ; couleur noire et blanche, par bandes longitudinales.

De l'Océan indien ?

La P. CORBULÉE : *P. fiscella*, *M. fiscellus*, Linn., Gmel., pag. 3552 ; Chemn., *Conch.*, 10, t. 160, fig. 1524 et 1525. Coquille ovale-oblongue, à spire un peu saillante, assez obtuse, plissée et nodulée dans sa longueur, striée en travers ; ouverture peu évasée ; couleur noire et blanche en dehors, teintée de rose violâtre en dedans.

Des mers de la Chine.

La P. THIARELLE : *P. thiarella*, de Lamk., 7, 246, 37. Assez petite coquille ovale, aiguë, un peu ventrue, striée, à tours de spire anguleux, aplatis en arrière et couronnés par une série décurrente de tubercules ; le bord droit sillonné en dedans : couleur d'un gris fauve.

Patrie inconnue.

La P. RUSTIQUE ; *P. rustica*, de Lamk., 7, 246, 38. Petite coquille ovale, aiguë, striée en travers, plissée et noduleuse dans sa longueur ; tours de la spire anguleux : couleur variée de brun sur les plis, plombée dans les intervalles et jaunâtre sur les nodules.

Patrie inconnue.

La P. SEMI-IMBRIQUÉE ; *P. semi-imbricata*, de Lamk., 7, 246, 59. Coquille ovale, aiguë, à spire saillante, côtelée dans sa décurrence ; les côtes du dernier tour imbriquées d'écailles ; ouverture oblongue, un peu resserrée en arrière ; bord droit épais, denticulé en dedans : couleur blanche.

Des côtes occidentales du Mexique.

La P. ÉCHINULÉE ; *P. echinulata*, de Lamk., 7, 247, 40. Coquille ovale, ventrue, striée très-finement en travers, et plissée dans sa longueur; spire courte, obtuse; tours anguleux en arrière et hérissés de tubercules nombreux, sur quatre rangs au dernier; ouverture lisse; le bord externe jaunâtre en dedans.

Patrie inconnue.

M. de Lamarck avoit cru que ce pourroit être le *M. mancinella* de Linné: mais il paroît qu'elle en diffère par plusieurs caractères.

La Pourpre hérisson : *P. hystrix*, *M. hystrix*, Linn., Gmel., p. 3538, n.° 46; Martini, *Conch.*, 3, t. 101, fig. 974 et 975. Coquille ovale, ventrue, striée en travers, à spire courte, aiguë, hérissée d'épines assez longues, canaliculées, sur quatre séries décurrentes; ouverture grande; bord droit denticulé intérieurement; columelle un peu ridée en avant : couleur jaunâtre en dehors, un peu rosée en dedans; mais quelquefois variée de brun et de blanc, unicolore ou tachetée.

Patrie inconnue.

La P. deltoïde; *P. deltoidea*, de Lamk., 7, 247, 42. Coquille ovale, raccourcie, ventrue, subdeltoïde; à spire courte, un peu obtuse; le dernier tour couronné en arrière de tubercules rares, assez grands, et de nodosités en avant; le bord droit lisse; couleur rougeâtre.

Patrie inconnue.

La P. unifasciale : *P. unifascialis*, de Lamk., 7, 247, 43; Enc. méth., pl. 397, fig. 6. Coquille mince, ovale, aiguë, ventrue, très-finement striée en travers, à spire courte; le dernier tour garni postérieurement d'une série de nodules striés transversalement; ouverture très-large, à bord droit mince, strié en dedans : couleur roussâtre, avec une bandelette blanche en travers.

Patrie inconnue.

La P. rétuse : *P. retusa*, de Lamk., 7, 248, 44; *Buccinum fossile*, Linn., Gmel., p. 3485, n.° 58? Mart., *Conch.*, 3, t. 94, fig. 912. Coquille ovale, lisse, à spire très-courte, rétuse; le dernier tour subanguleux au milieu, puis excavé et renflé à sa partie postérieure : ouverture petite, lisse; la columelle renflée et calleuse en arrière, arquée en avant; le bord droit mince : couleur d'un blanc sale.

Patrie inconnue.

M. de Lamarck pense que cette coquille, qui faisoit partie de son cabinet, ne correspond pas exactement au *B. fossile* de Martini, et en effet elle n'est pas fossile, comme celui-ci.

La Pourpre cabestan : *P. trochlea*, *B. scala*, Linn., Gmel., p. 3485, n.° 61 ; *Triton cochlea*, de Lamk., Enc. méth., pl. 422, fig. 4, *a*, *b*. Coquille ovale, à spire assez saillante, cerclée dans toute sa décurrence par des bourrelets élevés, assez larges, très-lisses, au nombre de trois sur le dernier tour et formant trois saillies sur le bord droit, constamment mince : couleur cendrée.

Du détroit de Magellan et des mers du cap de Bonne-Espérance.

C'est une coquille rare et fort recherchée.

La P. cheville ; *P. clavus*, de Lamk., 7, 248, 46. Coquille ovale, conique, grêle, presque turriculée, scalariforme, à sommet aigu, striée très-élégamment en travers, côtelée dans sa longueur ; bord externe mince et strié en dedans : couleur d'un gris bleuâtre en dehors, rougeâtre en dedans.

Patrie inconnue.

La P. fasciolaire : *P. fasciolaris*, de Lamk., 7, 249, 47 ; Gualt., *Test.*, tab. 65, fig. G? Coquille ovale, conique, luisante, très-finement striée en travers, avec un seul pli à la partie postérieure de la columelle, et le bord droit strié en dedans : couleur d'un blanc bleuâtre, mêlé de fauve, avec des fascies nombreuses, articulées de blanc et de brun.

Patrie inconnue.

La P. pavillon : *P. vexillum*, *Strombus vexillum*, Gmel., pag. 3520, n.° 52 ; Chemn., *Conch.*, 10, t. 157, fig. 1504—1506. Coquille petite, lisse, luisante, ovale, subcylindrique, à spire courte, obtuse ; ouverture évasée à sa base, avec un canal très-court, ou subéchancrée ; bord droit un peu épais, sillonné à l'intérieur et ailé à la manière des strombes : couleur rousse, rougeâtre, alternativement fasciée de rouge et de brun.

De l'Océan indien.

Il paroît que c'est une coquille fort rare.

La P. bizonale ; *P. bizonalis*, de Lamk., 7, 249, 49. Coquille fort petite, très-épaisse, lisse, ovale, globuleuse, à spire courte, obtuse ; ouverture lisse, terminée par un canal fort court : couleur jaune, avec deux bandes transverses blanches.

Patrie inconnue.

La Pourpre noyau : *P. nucleus*, *Bucc. nucleus*, Brug., Dict. enc., n.° 14. Coquille petite, lisse, luisante, striée en travers auprès et en dedans du bord droit; ouverture arrondie : couleur d'un brun châtain.

Patrie inconnue.

D'après les caractères que nous venons de donner des différentes espèces de coquilles que M. de Lamarck a placées dans ce genre, il est évident que c'est un genre assez artificiel et mal circonscrit; aussi M. de Lamarck lui-même a-t-il regardé comme des pourpres des espèces que d'abord il avoit placées dans des genres voisins. Quoi qu'il en soit, les espèces pourroient être partagées par petits groupes qui en faciliteroient la connoissance. Le premier comprendroit celles qui ont les caractères de la pourpre persique, avec la forme particulière de son opercule, comme la pourpre patulée; et le dernier renfermeroit les espèces dont la spire est assez élevée pour leur avoir mérité l'épithète de scalariforme, comme la pourpre cabestan et plusieurs autres. On placeroit ensuite dans des sections intermédiaires les espèces ovales, cerclées, comme la pourpre interrompue; les espèces épineuses, comme les pourpres bourgeonnée, marron d'Inde, etc., qui rappellent les ricinules; et enfin, les espèces ovales, alongées, plus ou moins buccinoïdes, comme les pourpres squameuse, teinturière, etc. On trouveroit même probablement convenable de former une section distincte avec les pourpres guirlande et Francolin, qui ont en effet des caractères assez particuliers. (De B.)

POURPRE. (*Foss.*) Les espèces de ce genre sont peu nombreuses, et jusqu'à présent on ne les a rencontrées que dans les couches plus nouvelles que la craie.

Pourpre a côtes : *Purpura costata*, Bast., Mém. géolog. sur les envir. de Bordeaux; *Nerita (Stomatia) costata*; Brocc., *Conch. foss. subapp.*, pag. 300, pl. 1, fig. 11. Coquille à spire courte, à ouverture large et oblique, portant six côtes qui partent du sommet en suivant les tours; l'intervalle qui les sépare est couvert de petites côtes serrées. Près de la suture il existe une forte rampe, et sur le bord droit il se trouve six dents formées par le prolongement des côtes : longueur, cinq lignes. On trouve cette espèce dans le Plaisantin. On la trouve aussi à Nice, aux environs de Bordeaux, à Dax, et dans la Touraine, mais avec des modifications dans ses formes. J'en possède de cette dernière localité un échantillon, dont la spire est très-alongée, dont l'ouverture n'est pas oblique, et qui paroît appartenir évidemment à la même espèce. M. Brocchi a pensé qu'elle devoit dépendre du genre *Stomatia*; mais, quoiqu'elle ne réunisse pas tous les caractères de celui des pourpres, j'ai cru qu'elle s'en rapprochoit plus que de tout autre. Je possède à l'état vivant une petite espèce de coquille qui a des rapports avec elle, mais j'ignore où elle a vécu.

POURPRE DE LASSAIGNE; *Purpura Lassaignei*, Bast., *loc. cit.*, pl. 3, fig. 17. Cette espèce porte une forte carène transverse sur le milieu de son tour; une autre moins forte contre la suture, et une légère côte vers la base, et l'intervalle entre ces carènes, ainsi que le reste de la coquille, est couvert de stries fines. Le dernier tour porte quatre côtes, qui se font sentir principalement par des nœuds sur les carènes : le bord droit porte un bourrelet à l'extérieur et cinq dents dans son intérieur : longueur, un pouce. On trouve cette espèce à Léognan (Basterot) et dans le Piémont.

POURPRE LAONNAISE; *Purpura laudunensis*, Def. Coquille ventrue, à spire courte, et dont le dernier tour, beaucoup plus grand que les autres, est chargé de sept à huit côtes douces. Vers la base il se trouve une forte rainure qui suit les tours : longueur, deux pouces. On trouve cette espèce aux environs de Laon.

POURPRE IMBRIQUÉE : *Purpura imbricata*, Lamk., Anim. sans vert., tom. 7, pag. 577; *Purpura lapilus, ejusdem*, Ann. du Mus., vol. 2, pag. 64, n.° 1 : Vélins du Mus., n.° 45, fig. 6. M. de Lamarck avoit cru, d'après l'attestation de Denys de Montfort, qu'on trouvoit communément à Courtagnon, près de Reims, cette espèce qu'on rencontre à l'état vivant sur nos côtes.

M. Faujas m'avoit donné deux de ces coquilles, dont il possédait une certaine quantité, qui lui avoit été remise par Montfort. Dans l'ouverture de l'une d'elles on avoit fait entrer de force une mitre fossile et dans l'autre une ancillaire; mais, ayant eu beaucoup de raisons pour croire que ces pourpres n'étoient pas fossiles, j'en ai brisé une, dans laquelle j'ai trouvé des restes de l'animal auquel elle avoit appartenu, et je puis assurer qu'elle n'étoit pas fossile. Il est très-probable que M. de Lamarck a été induit dans l'erreur, sur laquelle j'ai été détrompé.

On trouve à Holiwel, en Angleterre, dans une couche à laquelle on a donné le nom de *Crag*, une espèce de pourpre à spire alongée, dont la surface est couverte de côtes écailleuses qui suivent les tours. Ces côtes sont de deux grosseurs. Il s'en trouve sur chaque tour dix-huit à vingt plus grosses, entre lesquelles il y en a presque toujours une plus petite. Cette espèce, qui a un pouce et demi en longueur, se trouve à l'état vivant près de Saint-Malo, et paroît être une variété du *purpura lapillus*. (D. F.)

POURPRE DE CASSIUS. (*Chim.*) Voyez tome XXXVI, page 261. (Ch.)

POURPRE ÉPINEUSE, POURPRES ÉPINEUSES. (*Conchyl.*) Les conchyliologistes de la fin du dernier siècle désignoient ainsi les coquilles du genre *Murex* de Linné, qui ont un tube très-long et qui sont garnies d'épines; ce sont celles qui ont aussi reçu le nom de bécasses, comme le *murex tribulus*, L. (De B.)

POURPRE FASCIÉE. (*Conchyl.*) C'est le *murex trunculus*, Linn. et de Lamk. (De B.)

POURPRE FEUILLETÉE. (*Conchyl.*) Nom sous lequel d'Argenville et Favannes désignoient les espèces de *murex* qui ont leurs tubercules aplatis, lobés, frisés, comme des feuilles de chicorée, tel que le rocher frisé, M. *ramosus*, type du genre Chicoracé de Denys de Montfort. (De B.)

POURPRE LICORNE. (*Conchyl.*) Quelques auteurs de catalogues de coquilles et même de traités de conchyliologie, dans le dernier siècle, ont appelé ainsi, avec quelque raison ce nous semble, la coquille, dont Denys de Montfort et M. de Lamarck ont fait le type de leur genre Licorne, et qui en effet, sans la présence de l'espèce de corne du bord droit, seroit une véritable pourpre. (De B.)

POURPRE DE PANAMA ou DE PAMA, probablement par

erreur. (*Conchyl.*) M. **Desmarest** (D:ct. d'hist. nat.) dit que c'est la pourpre persique. (De B.)

POURPRE RAMEUSE. (*Conchyl.*) C'est encore une espéce de nom de genre employé par les conchyliologistes de la fin du dernier siècle pour désigner les espèces de rochers dont les tubercules sont foliacés, et qui s'applique plus particulièrement au *M. ramosus*, Linn., et ses variétés ; au *M. tripterus*, au *M. saxatilis*. (De B.)

POURPRE TRIANGULAIRE ÉPINEUSE. (*Conchyl.*) C'est le *murex tribulus*, Linn. (De B.)

POURPRIER , *Purpurarius*. (*Malacoz.*) Quelques auteurs modernes ont proposé ce nom pour désigner l'animal du genre Pourpre. (De B.)

POURRAGNE. (*Bot.*) On donne ce nom en Provence à l'*asphodelus fistulosus*, Linn. (Lem.)

POURRAQUO. (*Bot.*) Nom provençal de l'asphodèle ordinaire, *asphodelus ramosus*, cité par Garidel. (J.)

POURRETIA. (*Bot.*) Ce nom, qui rappelle M. l'abbé Pourret, zélé botaniste, a été donné à deux genres très-différens. Les auteurs de la Flore du Pérou l'ont appliqué à un genre de la famille des broméliacées, établi auparavant par Molina sous celui de *puya*, et que. long-temps avant, Feuillée avoit cru congénère du *rencaulmia* de Plumier, ou *tillandsia* de Linnæus, près duquel il doit en effet être placé, en conservant le nom de *Puya*. L'autre *Pourretia*, qui a été adopté par Willdenow et M. Persoon et qui paroit devoir conserver cette dénomination, appartient à la famille des malvacées. Les auteurs de la Flore du Pérou lui avoient donné le nom de *Cavanillesia*, déjà donné à d'autres plantes. et ne pouvant conséquemment être conservé pour celle-ci. Voyez Cavanil-lesia et Guzmannia. (J.)

POURSILLE. (*Mamm.*) Selon Sonnini, ce nom est donné dans nos iles d'Amérique à une variété brune de l'espèce du marsouin. (Desm.)

POURVOYEUR. (*Mamm.*) Ce nom a été donné au caracal et au chacal, dans la supposition que ces animaux marchoient devant le lion pour faire lever sa proie, et qu'en récompense, il leur en laissoit une portion. ce qui est probablement une fable. (F. C.)

POUSSE. (*Min.*) C'est un des noms que les mineurs donnent au gaz délétère qui se dégage dans les mines et qui est
presque toujours du gaz hydrogène carboné. Ce mot est synonyme de grisou, moufette et méphite, quoique ce dernier
ait été employé plus ordinairement pour désigner le gaz azote.
(B.)

POUSSE-PIED. (*Conchyl.*) On trouve quelquefois ce mot
mal orthographié pour pouce-pied, traduction de *Pollicipes.*
(De B.)

POUSSIÈRE FÉCONDANTE. (*Bot.*) Voyez Pollen. (Mass.)

POUSSIN. (*Ornith.*) Poulet nouvellement éclos. (Ch. **D.**)

POUTALETSJE. (*Bot.*) Linnæus cite ce nom malabare
comme synonyme de son *lawsonia inermis.* Cependant le petit
arbre figuré dans l'*Hort. malab.*, présente certainement une
corolle monopétale, et alors on doit plutôt le prendre pour
une rubiacée et probablement pour un *petesia.* (J.)

POUTARGUE ou **BOUTARGUE.** (*Ichthyol.*) Ce nom est
donné aux œufs du mugil mulet, qu'on emploie comme aliment. (Desm.)

- **POUTASSOU.** (*Ichthyol.*) Nom nicéen de plusieurs poissons qui appartiennent au genre des gades, et principalement
au Merlan et au Pollack. (Desm.)

POUTÉRIER (*Bot.*) : *Pouteria*, Aubl. ; *Chætocarpus*, Schreb.
Genre de plantes dicotylédones, à fleurs complètes, monopétalées, de la famille des *ébénacées*, de la *tétrandrie monogynie* de Linnæus, offrant pour caractère essentiel : Un calice
persistant, à quatre divisions; une corolle presque campanulée; le tube plus court que le calice; le limbe à quatre lobes;
quatre étamines de la longueur de la corolle ; les anthères
droites, acuminées; un ovaire supérieur ; un style ; une capsule à quatre loges; une semence dans chaque loge.

Poutérier de la Guiane : *Pouteria guianensis*, Aubl., Guian.,
1, tab. 33; Lamck., *Ill. gen.*, tab. 72. Arbre de quarante
pieds et plus, sur trois pieds de diamètre, ayant l'écorce roussâtre, ridée; le bois blanc et compacte; les branches droites,
longues; les rameaux garnis vers leur extrémité de feuilles
alternes, pétiolées, très-rapprochées, fermes, oblongues, lancéolées, entières, un peu courbées à leur sommet, couvertes
dans leur jeunesse d'un duvet soyeux, roussâtre ou argenté;

les fleurs d'un vert blanchâtre, solitaires ou réunies au nombre de deux ou trois, médiocrement pédonculées ; les divisions du calice brunes, profondes, ovales, concaves. Le fruit est une capsule de la grosseur d'une muscade, couverte de quelques poils roides, roussâtres, divisée en quatre valves rouges en dedans, ainsi que la membrane extérieure des semences. Cette plante croît aux lieux montueux, dans la Nouvelle-Espagne, et le long de la rivière de Sinémari.

Poutérier a fleurs sessiles : *Pouteria sessiliflora*, Poir., Enc., Suppl.; *Labatia sessiliflora*, Willd., *Sp.*; Sw., *Flor. Ind. occid.*, 263. Arbrisseau de sept à huit pieds qui a les feuilles médiocrement pétiolées, alongées, lancéolées, acuminées, garnies en dessous, dans leur jeunesse, d'un duvet jaunâtre, luisant, qui, en vieillissant, devient d'un blanc argenté et soyeux ; les fleurs petites, sessiles, presque solitaires sur les rameaux et dans l'aisselle des vieilles feuilles ; le calice à quatre divisions brunes et profondes ; la corolle blanche, fort petite. Cette plante croît sur les montagnes de la Nouvelle-Espagne : elle n'est peut-être qu'une simple variété de l'espèce précédente. (Poir.)

POUTING-PONT. (*Ichthyol.*) Le gade tacaud est ainsi nommé par les pêcheurs anglois. (Desm.)

POUTINO. (*Ichthyol.*) A Nice, selon M. Risso on donne ce nom aux plus jeunes sardines. Voyez Clupée. (H. C.)

POUTOU LAIGO. (*Bot.*) En Languedoc on donne ce nom au pourpier. (L. D.)

POUVEN. (*Ornith.*) Nom du coq en langue malabare, suivant le P. Paulin de Saint-Barthélemi, tom. 1.ᵉʳ de ses Voyages aux Indes orientales, p. 415. (Ch. D.)

POUVRINA. (*Ornith.*) C'est en Piémont un des noms de la bergeronnette du printemps, *motacilla flava*, Linn. (Ch. D.)

POUY. (*Bot.*) Vahl dit que dans l'île de la Trinité on nomme ainsi son *bignonia serratifolia*. (J.)

POUZZOLANE. (*Min.*) La substance minérale qui a reçu la première le nom de pouzzolane, qui l'a transmise à toutes celles qui ont été découvertes depuis, et qui lui sont analogues, est une espèce de sable terreux volcanique d'un brun-rouge foncé ou d'un gris plus ou moins sombre, que l'on tiroit de Pouzzole près Naples et du Vésuve, où il s'en est formé des dépôts immenses. Ce sable, composé de laves pulvérulentes, plus ou moins altérées et plus ou moins voisines de l'état argileux, varie infiniment d'aspect et de couleur; mais soit que l'on considère les pouzzolanes comme étant dues à des laves qui se seroient changées sur place en matière terreuse et pulvérulente; soit qu'elles aient été rejetées par les volcans, à peu près telles qu'on les trouve aujourd'hui, il n'en est pas moins constant que ces substances, si précieuses pour les constructions humides, se trouvent toujours dans le voisinage des volcans brûlans et dans presque toutes les contrées qui portent encore l'empreinte des ravages de ces feux souterrains.

Le caractère essentiel des pouzzolanes, celui qui en fait le seul mérite et toute la valeur, est la propriété dont elles jouissent, de former, avec la chaux et le sable commun, des mortiers qui durcissent sous l'eau, dans un temps souvent très-court, et qui s'opposent aux infiltrations; propriété, qui étoit bien plus précieuse avant les derniers travaux qui ont été faits sur les chaux naturellement hydrauliques, et sur celles qui sont susceptibles de le devenir par suite de certains mélanges.

Il existe des pouzzolanes beaucoup meilleures les unes que les autres; l'on a remarqué généralement que celles qui sont par trop argileuses ou par trop vitrifiées, sont bien moins bonnes que celles qui ont la consistance de la brique pilée de cuisson moyenne. Il seroit cependant assez difficile d'assigner des caractères extérieurs constans qui pussent faire reconnoître les plus parfaites; il n'y a réellement que l'essai comparatif qui puisse éclairer d'une manière satisfaisante à ce sujet. Quoi de plus simple, en effet, que de composer soi-même une petite quantité de mortier, de le placer au fond d'un vase, de le couvrir d'eau, d'en vérifier l'état et les progrès de jour en jour, et de s'assurer ainsi des qualités d'une pouzzolane nouvelle, comparativement avec celles qui sont connues depuis long-temps : il faut seulement avoir soin de se servir de la même chaux, du même sable, de la même eau et d'une même nature de vaisseaux; car des vases de bois ou de terre, de l'eau douce ou de l'eau de mer, conduisent à des résultats tout-à-fait différens.

On doit bien penser qu'une substance de la nature de celle-ci est sujette à une foule de variétés de couleurs, de consistance et de mélange; il seroit donc aussi fastidieux qu'inutile d'en rappeler ici la série, et je me contenterai de citer celles qui sont d'un usage immémorial dans l'art de bâtir.

1. Pouzzolane poreuse, Pozzolite de Cordier. Cette première variété est composée de laves spongieuses, friables, réduites en poussière ou en petits grains irréguliers; c'est l'*arena* des anciens, qui abonde à Baies, à Pouzzole, à Naples, à Rome, et dont l'extraction fut si active et si prolongée, qu'il en est résulté des carrières souterraines immenses, et que celles qui sont aux portes de Rome, et qui ont servi de refuge aux premiers catholiques, se sont changées en ces vastes catacombes que l'on visite encore aujourd'hui avec un intérêt mêlé de crainte et d'admiration.

La pouzzolane poreuse varie beaucoup de couleur; il s'en trouve de noire, de brune, de rouge, de violâtre, etc. Les unes sont naturellement pulvérulentes, et les autres ont besoin d'être écrasées et tamisées avant qu'il soit possible de les employer avec succès; mais quant à celles qui sont trop calcinées et vitreuses, elles semblent avoir perdu leur propriété hydraulique, ce qui s'accorde fort bien avec le travail de M. Vicat sur les cimens artificiels. Non-seulement les anciens ont exploité la pouzzolane poreuse à Pouzzole, d'où elle a tiré son nom; mais elle se trouve aussi à Boscoréale, à la Somma, aux Monticoli près Naples, et surtout à Civita-Vecchia près de Rome, où on l'exploite pour le service de toute l'Europe. L'ingénieur françois Dillon, qui a résidé long-temps à Naples, prétend qu'on y distingue la pouzzolane qui provient des fouilles de celle qui se tire à ciel ouvert, et que la première est reservée pour le service et les travaux maritimes.

MM. Faujas et Desmarest, père, découvrirent, le premier en Vivarais, et le second en Auvergne, des pouzzolanes poreuses qui rivalisent avec celles d'Italie; il en fut à peu près de même de celles des environs d'Agde en Languedoc.

2. Pouzzolane argileuse. La consistance, la couleur et l'aspect de cette variété la font ressembler à certaines terres ocreuses, bolaires; mais il est certain, cependant, qu'elle provient de la décomposition des laves compactes, dont

quelques noyaux sont encore durs, noirs et intacts. Faujas fait remarquer au sujet de cette ressemblance, que les pouzzolanes argileuses, mêlées avec de la chaux, forment un vrai mortier, qui ne s'attache ni au rabot ni à la truelle, qui durcit à l'air et sous l'eau; tandis que les ocres argileuses ne forment qu'un magma boueux, ténace tant qu'il est humide, et qui tombe en poussière au soleil, sans jamais durcir sous l'eau. Cette variété, qui est très-recherchée, se trouve aux environs du cratère de l'Etna, de l'Hécla, ainsi que dans les volcans éteints de l'Italie, de l'Auvergne et du Brisgaw.

3. Pouzzolane boueuse ou tufeuse. Cette variété diffère essentiellement des deux variétés précédentes par ses principes constituans; elle n'est point le produit de la décomposition d'une seule et même lave : elle est au contraire toute composée de fragmens hétérogènes agglutinés; c'est une espèce de grès grossier, volcanique, qu'il faut écraser et cribler pour le rendre propre à remplir les fonctions de pouzzolane dans la composition des mortiers hydrauliques. Presque tous les tufs volcaniques sont susceptibles de produire cette pouzzolane par la trituration, et ils sont excessivement communs dans les pays volcanisés : parmi les plus célèbres, on cite celui de la roche tarpéienne, et celui qui a recouvert et enséveli Herculanum. Les prétendues cendres volcaniques, consolidées par le tassement ou tout autrement, sont des tufs volcaniques, c'est-à-dire des Pépérines. (Voyez l'article Peperino.)

4. Pouzzolane trass. C'est plus particulièrement sous les noms de trass ou de tirasse de Hollande que cette variété de pouzzolane est connue dans les Pays-Bas et surtout en Hollande; elle n'est pas naturellement pulvérulente, mais elle se présente sous la forme d'une masse poreuse blanchâtre, qui est composée de pierre-ponce en fragmens, réunis par un ciment de la même substance réduite en poussière fine et d'apparence argileuse. Cette pouzzolane particulière, qui renferme aussi quelques fragmens de lave compacte noire, forme des couches fort étendues et d'une grande épaisseur dans la vallée de Brosbach à Krust et à Pleyth près Andernach, sur la rive gauche du Rhin. On la transporte en morceaux jusqu'à Dordrecht, où on la pulvérise dans des moulins à vent. Cette poussière précieuse est employée avec succès dans la construction des

digues; et quelques inscriptions prouvent que les Romains la connoissoient déjà.

Telles sont les principales variétés de pouzzolanes journellement employées en Europe, et de temps immémorial : on pourroit en citer beaucoup d'autres, mais qui ne diffèrent de celles-ci que par de foibles nuances de couleurs, de finesse ou de consistance. Nous nous contenterons d'ajouter que l'emploi des chaux hydrauliques diminuera nécessairement l'importance et la valeur que l'on attachoit à ces substances volcanisées, qui ne sont pas généralement répandues, et dont une infinité de provinces sont absolument privées. Il existe, il est vrai, un autre genre de Pouzzolane ou de substance naturellement torréfiée : ce sont les schistes et les argiles schisteuses qui ont été grillés par les houillères embrasées. Je crois que ces roches calcinées n'ont jamais été essayées sous ce point de vue d'utilité, et j'ai des raisons de présumer que, si on pulvérisoit celles qui ont reçu un degré moyen de cuisson, et qu'on les tamisât avec soin, l'effet en seroit analogue à celui des pouzzolanes volcaniques, et qu'elles rendroient les mortiers ordinaires propres aux constructions submergées. Les expériences faites en Suède par Bagge, de Gothenbourg, celles de Cherbourg, entreprises par M. G. Lepère, l'une et l'autre sur les schistes ferrugineux, calcinés, viennent à l'appui de l'idée que je propose pour employer utilement ces masses énormes de schistes cuits, dont on a retiré l'alun par lessivation dans le pays de Sarrebruck, dans l'Aveyron et ailleurs. (BRARD.)

POVIE. (*Ornith.*) Le martin brame, *turdus pagodarum*, Linn., porte ce nom et celui de *powe*, au Malabar. (CH. D.)

POWESAS. (*Ornith.*) Stedman parle, dans son Voyage à Surinam, tom. 1.ᵉʳ, p. 340 et 341, d'un oiseau auquel il donne ce nom et celui de *paon-faisan de la Guiane*, qui, d'après sa description, est un hocco. (CH. D.)

POX. (*Ornith.*) Voyez PTYNX. (CH. D.)

POXAQUA. (*Ornith.*) Ce rapace nocturne du Mexique, dont parle très-brièvement Fernandez, p. 33, chap. 91, est par lui donné comme appartenant au genre *Otus* ou *Asio*. (CH. D.)

POXOS. (*Bot.*) Le champignon, désigné par ce nom dans

Théophraste et dans les écrits des anciens, paroît avoir été une espèce de *peziza*. Ce dernier nom même est, dit-on, un dérivé de l'ancien *Poxos*. (Lem.)

POY. (*Ornith.*) Jobson, en parlant d'un oiseau de la côte occidentale d'Afrique, appelé *poy*, dit qu'il habite ordinairement les bords de la mer, et qu'il se nourrit de crabes et d'autres coquillages. D'une autre part, Cook cite, au tome 1.er, in 8.°, de son second Voyage, p. 351, un petit oiseau de la Nouvelle-Zélande, portant le même nom, et qui a les plumes bleues, excepté celles du cou, lesquelles sont d'un gris d'argent, et deux ou trois autres, courtes et blanches à la racine de l'aile. Il ajoute que deux petites touffes de plumes bouclées et blanches comme la neige, lesquelles se nomment poies ou pendans d'oreilles, lui pendent sous le cou et ont déterminé à lui faire donner ce nom. Cet oiseau, dit-on, n'est pas moins remarquable par le charme de sa voix, que par la beauté de son plumage, et sa chair est excellente.

Il est question, dans le même passage, de deux autres petits oiseaux, dont l'un est nommé *oiseau à cordon*, à cause de deux appendices qu'il a sous le bec, et l'autre *queue d'éventail;* une espèce de ce dernier n'a pas le corps plus gros qu'une aveline. (Ch. D.)

POYANA. (*Ornith.*) Nom italien de la buse commune, *falco buteo*, Linn. (Ch. D.)

POZZOLITE. (*Min.*) Nom que Ch. Cordier donne aux scories décomposées. Voyez Pouzzolane. (B.)

PRÆDATRIX. (*Ornith.*) Nom générique donné par M. Vieillot au stercoraire, *larus*, Linn.; *stercorarius*, Briss. (Ch. D.)

PRÆCOCIA. (*Bot.*) Ancien nom latin de l'abricotier, cité par Ruellius et C. Bauhin. (J.)

PRÆSEPIUM. (*Bot.*) La plante anciennement nommée ainsi par les Romains, étoit, suivant Ruellius, la même que l'*atractylis* de Dioscoride, qu'Adanson reporte au *cnicus* de Tournefort, confondu dans le *centaurea* par Linnæus et rétabli plus récemment pour désigner le chardon bénit. (J.)

PRÆST. (*Ornith.*) Nom islandois du macareux commun, *alca arctica*, Linn. (Ch. D.)

PRÆSURA. (*Bot.*) Césalpin dit que quelques personnes dans la Toscane nomment ainsi un chardon, parce que ses fleurs font cailler le lait. Adanson croit que c'est l'*acorus* de Théophraste et l'*onopordon arabicum* de Linnæus. (J.)

PRAGA, PALMITO. (*Bot.*) Dans la Nouvelle-Andalousie, en Amérique, on nomme ainsi l'*aiphanes praga* de la Flore équinoxiale, espèce de palmier. (J.)

PRAMNION. (*Min.*) C'étoit, dit Pline, un morion d'une couleur noire. Des naturalistes ont regardé cette variété de morion comme un quarz noir et enfumé ; mais les autres nuances que Pline attribue au morion et qui lui ont fait donner les noms d'*alexandrinus* et de *cyprinus*, ont fait penser à de Launay que le naturaliste latin avoit en vue une sardoine tellement foncée en couleur, qu'elle paroissoit noire. Cette opinion paroit vraisemblable et appuyée par les exemples de sardoines presque noires que nous offrent les camées antiques. (B.)

PRANIZE, *Praniza*. (*Crust.*) Genre de crustacés de l'ordre des isopodes, créé par M. Leach, et dont nous avons détaillé les caractères dans l'article Malacostracés, tome XXVIII, page 368. (Desm.)

PRASE. (*Min.*) Voyez Chrysoprase et Silex prase. (B.)

PRASE CRISTALLISÉE. (*Min.*) C'est ainsi que Hacquet avoit nommé la Prehnite. Voyez ce mot. (B.)

PRASION ; *Prasium*, Linn. (*Bot.*) Genre de plantes dicotylédones monopétales de la famille des *labiées*, Juss., et de la *didynamie gymnospermie*, Linn., qui a pour principaux caractères : Un calice monophylle, presque campanulé, à cinq dents inégales ; une corolle monopétale, à limbe partagé en deux lèvres, dont la supérieure est concave et légèrement échancrée, l'inférieure plus large, à trois lobes inégaux ; quatre étamines didynames ; un ovaire supère à quatre lobes, surmonté d'un style filiforme, terminé par un stigmate à deux divisions aiguës ; quatre graines charnues, bacciformes, placées dans le fond du calice.

Les prasions sont des plantes herbacées ou des arbustes, à feuilles opposées et à fleurs axillaires, rapprochées en épi terminal. On n'en connoit que trois espèces, parmi lesquelles nous citerons la suivante :

Prasion élevé; *Prasium majus*, Linn., *Sp.*, 858. Cette plante est un arbuste qui s'élève à la hauteur de quatre à cinq pieds,

43.   17

en se divisant en rameaux nombreux, opposés, glabres, garnis de feuilles ovales-oblongues, pétiolées, échancrées en cœur à leur base, obtuses à leur sommet, crénelées en leurs bords, très-glabres ; ses fleurs, blanches ou d'un bleu clair, naissent dans les aisselles des feuilles disposées par verticilles peu fournis et rapprochés en une sorte d'épi au sommet des rameaux. Cette espèce croît naturellement en Italie, en Sicile, en Barbarie et dans l'ile de Corse. (L. D.)

PRASIOS. (*Min.*) C'est dans Pline une variété de topaze. On sait que la topaze des Romains étoit verte, et, par conséquent différente de la pierre jaune à laquelle nous appliquons ce nom. (B.)

PRASIUM. (*Bot.*) Ce nom, sous lequel Anguillara désignoit le marrube blanc, est employé par Linnæus pour un autre genre de la famille des labiées. Voyez Prasion. (J.)

PRASLIN. (*Ichthyol.*) Voyez Persèque. (H. C.)

PRASOCOURE, Πρασοκουρὶς. (*Entom.*) Aristote, dans son Histoire des animaux, liv. 5, chap. 19, et Théophraste, dans son Histoire, indiquent sous ce nom, que Gaza a traduit par le mot *porricida*, un insecte vert qui mange et détruit les laitues, et surtout les porreaux. C'est ce nom que M. Latreille parôit avoir employé pour indiquer le genre des Hélodes. (C. D.)

PRASOCURE, *Prasocuris.* (*Entom.*) Nom donné par M. Latreille au genre d'insectes que M. Paykull avoit appelé Hélode (voyez ce mot). Fabricius a conservé le nom d'*Helodes ;* mais, pour éviter l'homonymie avec les *élodes* de la famille des apalytres, il a donné à ceux-ci, ainsi que nous l'avons fait aussi, le nom de Cyphon (voyez ce mot). C'est pour éviter le même inconvénient, que M. Latreille a changé le nom d'hélode en prasocure, en conservant le nom d'élode, qu'il avoit proposé pour le genre Cyphon. Toutes ces luttes de nomenclature sont un vrai fléau pour la science, où elles finissent en dernière analyse par établir une sorte de confusion de langues. Il faut savoir aujourd'hui, que les prasocures de M. Latreille sont les hélodes de Paykull et de Fabricius, et que les cyphons de ce dernier entomologiste sont les élodes de M. Latreille. (C. D.)

PRASON. (*Bot.*) Voyez Porrum. (J.)

PRASOPALE. (*Min.*) C'est une variété de la chrysoprase

(silex prase), établie par M. Meinecke et qui forme le passage de cette pierre à l'opale. Elle perd sa couleur au chalumeau et montre une lueur phosphorescente rouge dans l'obscurité. Elle renferme o.01 de nickel et se trouve en Silésie avec la prase. Il nous semble qu'on ne trouve pas ici de caractères assez distincts de ceux de la prase, pour mériter à cette variété une description et un nom particulier. Voyez Silex prase. (B.)

PRASOPHYLLE, *Prasophyllum*. (*Bot.*) Genre de plantes monocotylédones, à fleurs incomplètes, de la famille des *Orchidées*, de la *gynandrie diandrie* de Linnæus, offrant pour caractère essentiel : Une corolle très-irrégulière, presque en masque ; les pétales supérieurs rapprochés en casque, dont deux intérieurs souvent adhérens ; les deux latéraux inégaux à leurs côtés ; la lèvre ascendante, entière, onguiculée, point éperonnée ; la colonne des organes sexuels (le gymnostème) bifide, avec des découpures latérales et membraneuses, quelquefois à demi bifides, sans découpures latérales.

M. Rob. Brown, auteur de ce genre, a rangé en plusieurs sections les espèces qu'il mentionne ; elles sont la plupart pourvues de racines bulbeuses ; les tiges n'ont très-souvent qu'une seule feuille à leur base ; les fleurs sont disposées en épis. Ces plantes croissent à la Nouvelle-Hollande.

* *Découpures latérales de la colonne entières au sommet ; anthère mutique.*

Prasophylle étalé ; *Prasophyllum elatum*, Rob. Brown, *Nov. Holl.*, 1, pag. 318. Cette plante est pourvue d'une feuille plus courte que sa gaîne, presque égale à la moitié supérieure de la tige ; les pétales sont aigus ; les postérieurs distincts vers le bas, un peu cohérens au-dessus ; la lèvre est ondulée ; l'ovaire cylindrique et sessile, une fois plus long que la bractée un peu aiguë qui l'accompagne. Dans le *prasophyllum australe* la feuille est de la même longueur que sa gaîne ; les pétales sont rétrécis à leur sommet, les postérieurs adhérens vers leur base, libres vers le haut ; la lèvre est ondulée ; l'ovaire cylindrique, un peu pédicellé, avec une bractée médiocrement acuminée, une fois plus courte que l'ovaire. Le *prasophyllum macrostachyum* a les fleurs réunies en un épi alongé ; les pétales très-aigus ; les postérieurs rapprochés; les lobes latéraux de la colonne plus courts que l'anthère; la feuille plus longue que la moitié supérieure de la tige; l'ovaire oblong, cylindrique, un peu pédicellé; la bractée lancéolée, presque de la longueur du pédicelle.

** *Découpures latérales de la.colonne bifides; anthère mucronée ou en bec.*

Prasophylle noiratre; *Prasophyllum nigricans*, Rob. Brown, *loc. cit.* Les pétales postérieurs de la corolle adhérent à leur base; celui de devant et les intérieurs sont nus; la lame de la lèvre est ovale-oblongue, à double carène, sans barbe; les découpures latérales de la colonne sont triangulaires, bidentées; l'anthère est surmontée d'une pointe très - courte. Dans le *prasophyllum fimbriatum*, les pétales postérieurs de la corolle sont rapprochés à leur base et relevés en bosse; celui de devant et les intérieurs ciliés; la lame de la lèvre est très-longuement frangée; les découpures de la colonne sont partagées en deux; l'anthère est surmontée d'un bec alongé. (Poir.)

PRASSE. (*Ornith.*) Ce nom est donné, dans le département des Deux-Sèvres, suivant Guillemeau, pag. 92, au moineau friquet, *fringilla montana*, Linn., et le même auteur dit aussi, p. 124 et 126, qu'on y appelle prasse grise la bergeronnette grise, *motacilla cinerea*, Linn., et prasse jaune, la bergeronnette de printemps, *motacilla flava*, Linn. (Ch. D.)

PRASSIUM. (*Bot.*) La plante labiée de Madras, désignée sous ce nom par Pétiver, est rapportée par Vaillant dans son Herbier au genre *Ballota*. Il ne faut pas la confondre avec le *Prasium* de Linnæus. (J.)

PRATAIAOLO et PRADELLI. (*Bot.*) Nom que l'on donne, en Italie, à l'agaric comestible sauvage. Voyez Fonge. (Lem.)

PRATELLA. (*Bot.*) Nom de la cinquième section du genre *Agaricus* de Persoon (voyez Fonge, t. XVII, p. 205); Fries caractérise ainsi cette section remarquable, qu'il désigne maintenant par *pratellus* : Champignons munis d'un voile droit, rameux; lamelles ou feuillets se décolorant, nébuleux et dissolubles; sporidies d'un brun pourpre; chapeau central. Il y ramène vingt-huit espèces sous six divisions différentes, dont les caractères sont pris : 1.° sur le voile, selon qu'il est uni-

versel ou partiel, ou annuliforme, fugace ou très-fugace; 2.°
sur le chapeau charnu ou membraneux, etc. Ces divisions
sont nommées *Volvaria*, *Psalliota*, *Gomphus*, *Hypholoma*, *Psi-
locybe*, *Psathyra* (Fries, *Syst. orb. veget.*, 1, p. 75). Le champignon comestible (*agaricus edulis*, Bull., *campestris*, Linn.)
fait partie de la division dite *Psalliota*, caractérisée par son
voile annuliforme. (LEM.)

PRATELLUS. (*Bot.*) Voyez PRATELLA. (LEM.)

PRATIA. (*Bot.*) Ce genre, fait par M. Gaudichaud sur une
plante des îles Malouines, paroît devoir être réuni au genre
Lobelia, et surtout rapproché du *Lobelia minuta*, dont il diffère
seulement par sa capsule un peu charnue. (J.)

PRATINCOLA. (*Ornith.*) L'oiseau décrit sous ce nom par
Kramer, dans son *Elenchus animalium Austriæ inferioris*, pag.
381, et ensuite sous celui de *trachelia*, par Scopoli, *Intro-
ductio ad historiam naturalem*, p. 475, est la *glaréole*, vulgairement perdrix de mer, *glareola austriaca*, Gmel. (CH. D.)

PRAXÉLIDE, *Praxelis*. (*Bot.*) Ce nouveau genre de plantes,
que nous proposons, appartient à l'ordre des Synanthérées,
à notre tribu naturelle des Eupatoriées, et à la section des
Eupatoriées-Prototypes, dans laquelle il faut le placer immédiatement après le genre *Eupatorium*, dont il se distingue
par son péricline très-caduc, et par son clinanthe conique,
très-élevé. (Voyez notre tableau des Eupatoriées, tom. XXVI,
pag. 228.)

Le genre *Praxelis* nous a offert les caractères suivans :

Calathide incouronnée, équaliflore, multiflore, régulariflore, androgyniflore. Péricline cylindracé, à peu près égal
aux fleurs, *très-caduc*, tombant aussitôt après la fleuraison;
formé de squames imbriquées, appliquées, plurinervées,
comme striées, presque membraneuses, les extérieures plus
courtes, ovales-lancéolées, acuminées, les intérieures oblongues, presque obtuses. Clinanthe *élevé, conique*, nu. Ovaires
oblongs, subpentagones, hispidules, munis d'un petit bourrelet basilaire cartilagineux; aigrette composée de squamellules nombreuses, filiformes, barbellulées. Styles d'Eupa-
toriée.

PRAXÉLIDE VELUE ; *Praxelis villosa*, H. Cass. C'est une plante
herbacée, dont la tige, haute d'environ un pied, est dres-

sée, simple inférieurement, un peu ramifiée supérieurement, striée, un peu laineuse ou très-garnie de longs poils articulés; les feuilles sont opposées, distantes, à pétiole long de trois lignes, très-velu, à limbe long de quinze lignes, large de neuf lignes, ovale, denté en scie, plus ou moins garni, sur les deux faces et sur les bords, de longs poils articulés; les calathides, longues de trois lignes, sont peu nombreuses, comme paniculées au sommet de la tige et des rameaux; chacune d'elles est portée par un pédoncule grêle et nu; le péricline est glabre; aussitôt après la fleuraison, toutes ses squames se détachent et tombent avec les fruits, en sorte qu'on ne trouve plus, au sommet du pédoncule, qu'une petite masse oblongue, ovoïde ou conoïdale, dont la base portoit le péricline, et dont tout le reste portoit les ovaires.

Nous avons fait cette description spécifique et celle des caractères génériques, sur un échantillon sec de l'herbier de M. Gay, recueilli dans la Guiane françoise par M. Poiteau, qui l'avoit étiqueté *Ageratum*.

Le genre *Eupatorium* est tellement nombreux en espèces, que, loin de chercher à étendre ses limites, on doit, selon nous, tâcher de les restreindre autant qu'il est possible. C'est ce qui nous décide à proposer le genre ici décrit, auquel on pourra sans doute rapporter plusieurs espèces; car nous nous souvenons très-bien d'avoir vu dans quelque herbier des plantes qui nous offroient le port des Eupatoires, mais dont tous les pédoncules, déjà entièrement dépouillés de fleurs et de fruits. ne présentoient plus à leur sommet, au lieu de la calathide avec son péricline, qu'un support en forme de petite masse oblongue, ce qui nous avoit empéché de déterminer le genre de ces plantes.

Le *Praxelis* sera bien placé à la fin de la section des Eupatoriées-Prototypes, parce qu'il a de l'affinité avec notre *Coleosanthus*, qui commence la section des Eupatoriées-Liatridées. Il se rapproche surtout du *Coleosanthus tiliæfolius* (voyez tom. XXIV, pag. 519). Il paroit avoir aussi quelques rapports avec notre *Eupatorium microstemon*, décrit dans le tome XXV (pag. 432) de ce Dictionnaire. (H. Cass.)

PREBOUISSET. (*Bot.*) Nom provençal du fragon, *ruseus aculeatus*, cité par Garidel. (J.)

PRÉCESSION DES ÉQUINOXES. (*Astr.*) C'est un déplacement de la ligne d'intersection des plans de l'équateur et de l'écliptique, sur laquelle se trouvent les points équinoxiaux, qui rétrogradent par rapport aux étoiles, ou les précèdent de plus en plus ; de là vient le mot *précession.* Ce mouvement, qui a été d'abord attribué aux étoiles, est d'environ 5o secondes sexagésimales par an, ce qui fait 1 degré en 72 ans, et demande 25 920 ans pour une révolution entière. (Voyez ÉTOILES.)

La théorie de l'attraction explique très-bien la cause de la précession des équinoxes, par un mouvement de l'axe de rotation de la terre, et donne la mesure d'une inégalité appelée *nutation*, à laquelle ce mouvement est sujet. Voyez SYSTÈME DU MONDE. (L. C.)

PRÊCHEUR. (*Ornith.*) D'après Ulloa, cité dans l'Histoire générale des voyages, tom. 14, p. 116, ce nom a été donné au toucan (tulcan), parce qu'étant perché sur un arbre il fait un bruit semblable à des paroles mal articulées. (CH. D.)

PRÉCIPITATION. (*Chim.*) La précipitation est une opération chimique, dans laquelle une substance, dissoute dans un liquide, s'en sépare en gagnant le fond du vaisseau qui contient la dissolution. Quoique cette définition soit applicable au cas où la substance séparée du dissolvant est liquide, aussi bien qu'au cas où elle est solide, cependant le mot Précipitation s'emploie généralement pour ce dernier cas.

Précipitation est encore employé pour désigner le phénomène même que présente la matière qui se précipite du sein de son dissolvant. (CH.)

PRÉCIPITÉ. (*Chim.*) Substance qui se sépare à l'état solide d'un liquide qui la tenoit en dissolution.

On a distingué des *précipités vrais* et des *précipités faux*, des *précipités purs* et des *précipités impurs.* Ces expressions ne sont plus usitées. Quoi qu'il en soit, nous allons les définir.

On appeloit *précipités simples* ou *vrais*, des bases salifiables ou des acides, obtenus, par voie de précipitation, d'une dissolution saline, en employant une base salifiable ou un acide, dont l'affinité élective dans les circonstances où l'on faisoit la précipitation, l'emportoit sur l'affinité des substances précipitées.

Par exemple, l'alumine précipitée de l'alun par l'ammoniaque, l'acide borique précipité du borax par l'acide hydrochlorique, étoient des *précipités vrais*.

On appeloit *précipités composés* ou *faux*, des sels qui étoient produits par un acide ou par une base salifiable, qu'on versoit dans une solution saline et qui se séparoient à l'état solide, de manière que la base ou l'acide, qui étoient primitivement unis avec l'acide ou la base précipitée, restoient en dissolution. Par exemple, l'acide sulfurique, versé dans le nitrate de baryte, donnoit lieu à un précipité faux, en formant un composé insoluble avec la baryte et en mettant l'acide nitrique en liberté. L'eau de baryte, versée dans le sulfate de potasse, formoit également un précipité faux : dans ce cas la potasse est mise en liberté.

On appeloit *précipités mixtes*, ceux qui étoient formés d'un *précipité vrai* et d'un *précipité faux*. Ainsi, la baryte, ajoutée au sulfate de magnésie, produit un précipité formé de sulfate de baryte et de magnésie, auquel la définition précédente est applicable.

Enfin, quelques chimistes ont donné le nom de *précipités purs* aux métaux séparés à l'état métallique de leurs dissolutions par voie de précipitation. Par opposition ils appeloient *précipités impurs*, les oxides ou les sels de ces mêmes métaux, obtenus également par voie de précipitation. (Cн.)

PRÉCIPITÉ BLANC. (*Chim.*) Nom donné au protochlorure de mercure, obtenu en précipitant le nitrate de protoxide de mercure par l'acide hydrochlorique ou le chlorure de sodium. (Cн.)

PRÉCIPITÉ JAUNE. (*Chim.*) Sous-sulfate de peroxide de mercure de couleur jaune, obtenu en mêlant avec l'eau le sulfate ou le sursulfate de peroxide. (Cн.)

PRÉCIPITÉ NOIR et PRÉCIPITÉ ROSE. (*Chim.*) Lémery a nommé *précipité rose*, un précipité qu'il a obtenu en versant du nitrate de protoxide de mercure dans l'urine fraîche. Il a nommé *précipité noir*, le précipité obtenu, au moyen de l'ammoniaque, de la liqueur qui avoit donné le précipité rose.

Fourcroy, qui a examiné le *précipité rose*, l'a trouvé composé de protochlorure et de phosphate de mercure, coloré

en rose par une matière organique. Il a observé en outre
que le nitrate de protoxide de mercure produit un précipité
rose quand on le verse dans le lait, le bouillon, les eaux
des hydropiques, etc. (Ch.)

PRÉCIPITÉ PER SE. (*Chim.*) Nom que les alchimistes donnoient au peroxide de mercure, préparé en calcinant le mercure dans une matras de verre dont le col avoit été effilé.
(Ch.)

PRÉCIPITÉ POURPRE. (*Chim.*) C'est le pourpre de Cassius. Voyez tome XXXVI, page 261. (Ch.)

PRÉCIPITÉ ROUGE. (*Chim.*) C'est le peroxide de mercure,
obtenu en chauffant le nitrate de mercure jusqu'a ce qu'il
ne se dégage plus de vapeur nitreuse. (Ch.)

PRÉCIPITÉ VERT. (*Chim.*) Lémery obtenoit cette matiére
en faisant dissoudre séparément dans l'acide nitrique 4 parties
de mercure et 1 partie de cuivre, décomposant les nitrates
par la chaleur, mettant les oxides en digestion dans l'acide
acétique et faisant évaporer ensuite le liquide à siccité. (Ch.)

PRÉCIPITÉS FAUX. (*Chim.*) Voyez Précipité. (Ch.)

PRÉCIPITÉS IMPURS. (*Chim.*) Voyez Précipité. (Ch.)

PRÉCIPITÉS PURS. (*Chim.*) Voyez Précipité. (Ch.)

PRÉCIPITÉS VRAIS. (*Chim.*) Voyez Précipité. (Ch.)

PRÉCOCE [Fleur], (*Bot.*), fleurissant de bonne heure comparativement à d'autres fleurs. (Mass.)

PRÉCONSUL. (*Ornith.*) Dénomination appliquée au stercoraire bourgmestre, *larus glaucus*, Gmel. (Ch. D.)

PREDHOMME BLANC. (*Bot.*) C'est le haricot sans parche-
min. (L. D.)

PRÉDICATORE. (*Ornith.*) L'oiseau ainsi nommé en Piémont, et *macottu* ou *strilozzo* en Sardaigne, selon Cetti, pag.
193, est le proyer, *emberiza miliaria*, Linn., dont le cri peut
s'exprimer par *tirter, tireutz*. (Ch. D.)

PRÉE. (*Ornith.*) Voyez Prèle. (Ch. D.)

PRÉFET. (*Conchyl.*) Nom vulgaire du *Conus præfectus*.
(De B.)

PRÉFLORAISON. (*Bot.*) La manière dont les feuilles,
avant leur développement sont arrangées dans le bouton, a
été désignée par Linné sous le nom de *vernatio*, vernation.
M. R. Brown nomme *estivation*, et M. Richard prélloraison;

la disposition des diverses parties de la fleur, depuis le moment où elle devient visible jusqu'à celui de son épanouissement. Cette disposition, très-variée comme celle des feuilles pendant la vernation, n'a été bien étudiée jusqu'à présent que dans la corolle. Les pétales des clématites, les divisions des fleurons des synanthérées, sont appliqués les uns contre les autres comme les valves d'une capsule. Ils se recouvrent les uns les autres partiellement, dans la rose, dans beaucoup de borraginées, etc. Ils sont roulés en spirale tous ensemble dans l'*oxalis*, l'œillet, les malvacées, la pervenche, etc. Dans les fleurs irrégulières, la pièce la plus grande enveloppe toutes les autres; exemples : légumineuses, labiées, aconit, etc. Dans le liseron la corolle est fermée comme une bourse à jetons. Dans le pavot, le ciste, le grenadier, etc., elle a des plis nombreux et irréguliers comme si elle avoit été chiffonnée. La disposition du calice est souvent différente de celle de la corolle. (Mass.)

PREGNADA. (*Bot.*) On lit dans le petit Recueil des voyages, que parmi les arbres fruitiers cultivés à Ténériffe, on remarque celui qui fournit des limons dans le centre desquels se trouve un autre limon plus petit : ce qui leur a fait donner le nom de *pregnada*. (J.)

PRÉHENSIPÈDE. (*Ornith.*) On donne ce nom, dont la signification est doigts preneurs, aux oiseaux qui, comme les martinets, ont les pieds fendus et garnis de quatre doigts, tous dirigés en devant. (Ch. D.)

PREHNITE. [1] (*Min.*) C'est une pierre d'une teinte plus ou moins verdâtre, d'une translucidité comme gélatineuse, d'une dureté supérieure à celle du verre, à texture compacte et à cassure cireuse, souvent en cristaux tabulaires, rhomboïdaux ou en lames courbes, réunies par leur milieu, et divergentes par leurs extrémités comme les feuilles d'un éventail.

Tels sont les caractères empiriques de la prehnite, ceux qui font soupçonner cette espèce, et qui ne doivent servir

---

[1] Du nom du colonel Prehn, qui l'a rapportée du cap de Bonne-Espérance ; — Chrysolithe du cap. Sage et R. Delisle ; — Zéolithe verdâtre, De Born ; — *Bostrichites*, Walker ; — *Prenith*, Breita.

qu'à diriger dans la recherche et l'observation des caractères fondamentaux et essentiels.

La Prehnite est un silicate de chaux avec un silicate d'alumine et de l'eau de cristallisation, dont la forme primitive est un prisme droit, rhomboïdal, dans lequel l'incidence de M sur M est de 102^d40. Ce prisme est divisible, suivant la petite diagonale. Le rapport entre le côté de la base et la hauteur est à peu près celui de 7 à 5. (Haüy.)

Cette pierre n'a point de *structure*; sa *texture* est compacte, fine, et la *cassure* écailleuse : elle est *solide*; plus *dure* que le phosphorite et moins que le quarz; sa *pesanteur spécifique* est de 2,69 pour celle d'Europe, et 2,70 pour celle du cap de Bonne-Espérance, et même 2,92 pour celle du Tyrol et pour celle d'Œdelfors, et 3,14 pour celle de Newarkbay. (Cleaveland). On ne l'a jamais vue parfaitement transparente : elle a toujours une *translucidité gélatineuse*; son *éclat* est vitreux, assez vif, quelquefois un peu nacré.

Elle manifeste par la chaleur des *propriétés électriques*. L'axe d'action est situé dans le sens de la petite diagonale.

La prehnite, exposée à l'action du *chalumeau*, au bout de la pince se boursouffle considérablement et se *fond* ensuite en un émail brunâtre. Mise en poudre dans l'*acide nitrique concentré*, elle s'y dissout en partie en laissant un résidu siliceux.

Composition = C^2S^3 + $3AS$ + Aq. (Benz.)

	Chaux.	Alum.	Silice.	Fer.	Eau.	
Du cap de Bonne-Espér..	18.33	30,33	40,93	5,66	1.83	Klaproth.
De Fassa..	26,50	21,50	42,87	4,00	—	Gehlen.
De Ratschingen..	26	23,25	43	2	—	Idem.
En baguettes, de Reichenbach,	20,40	28,50	42,50	3,00	2.00 Alkali 0,75	Laugier.
Koupholite des Pyrénées	23	24	48	2	—	Vauquelin.
Ibid..	25,41	24	44,71	1,25	4,5	Walmstedt.
Fibreuse de Dumbarton.	22,33	23	43,80	2	6	Thomson.
Ibid..	26,43	24,26	44,10	0,74	4,18	Walmstedt.
Laminaire d'Œdelfors..	26,28	19,30	43,03	5,81	4,43	Idem.

Variétés de formes.

Il y en a cinq. Les plus différentes sont :

Pr. primitive.

A la balme d'Aunis, près le bourg d'Oysans, département de l'Isère : elle est souvent pénétrée de chlorite.

Pr. périhaèdre.

En tables hexaèdres.

Du même lieu.

Pr. quaternaire.

Le prisme primitif, avec une modification sur les angles E, qui donne des facettes inclinées de 105^d16 sur la base P.

Variétés principales.

1. PREHNITE CRISTALLINE.

Elle renferme les variétés de formes régulières et déterminables, et les cristaux agrégés et groupés.

Les cristaux sont moyens, rarement nets, et à faces planes. Les plus simples en apparence parmi ceux qui ont environ un centimètre de longueur, indiquent presque toujours une agrégation de cristaux tabulaires. Leurs faces sont un peu courbées et comme hérissées des angles d'autres cristaux. Quoique ces cristaux soient électriques par chaleur, on n'a pas encore eu occasion d'y remarquer le défaut de symétrie, qui est une conséquence ordinaire de cette propriété.

La couleur fondamentale de la prehnite est le vert tirant sur le jaunâtre. Cette couleur est quelquefois à peine distincte. Elle présente les nuances suivantes :

Blanchâtre, presque incolore. — Du bourg d'Oysans.

Olivâtre. — Du bourg d'Oysans.

Vert-jaunâtre.

Vert de pomme. — Du cap de Bonne-Espérance.

Vert de porreau. — D'Oberstein.

On peut reconnoître dans cette variété les sous-variétés suivantes :

Pr. conchoïde. (HAüy.)

Lorsque les cristaux, par une agrégation plus complète et plus prononcée, produisent des groupes sous forme de boutons presque sphéroïdaux, avec une arête saillante, qui les fait ressembler à des coquilles bivalves du genre des Cames.

Du bourg d'Oysans, dans l'Isère.

Pr. flabelliforme. [1]

En cristaux groupés, dilatés et divergens à l'extrémité opposée à celle par laquelle ils sont implantés sur leur roche.

Du bourg d'Oysans.

Pr. entrelacée. [2]

Masse de cristaux comme enchevétrés les uns dans les autres.

Du cap de Bonne-Espérance.

Pr. bacillaire.

En prismes alongés, agrégés.

De Fassa en Tyrol.

Pr. fibreuse. [3]

En prismes aciculaires, agrégés d'une manière très-dense.

D'Ecosse, d'Oberstein.

2. *Pr. globuliforme.*

En prismes ou aiguilles, formant par leur convergence des petites masses globulaires, plus ou moins complètes.

2. Pr. SUBCOMPACTE.

En masses, à texture compacte, d'aspect comme gélatineux, à structure quelquefois concrétionnée, mamelonnée extérieurement; surface cristallisée.

D'Oberstein et peut-être de la Chine.

D'Œdelfors en Smalande [4]. D'une couleur vert-pomme, passant au jaunâtre, compacte, reniforme avec quelques indices de cristallisation.

3. Pr. KOUPHOLITE. [5]

Cette variété diffère assez de la précédente, pour qu'on l'ait regardée pendant quelque temps comme un minéral particulier.

Elle se présente sous la forme de petites lames rhomboïdales, d'un blanc sale, tirant sur le jaune ou le vert pâle. Ces petites lames implantées sur leurs tranches, sont grou-

---

1 Schorl en gerbes, SCHREIBER. 1782. — *Blättriger Prehnit,* BREITH.

2 Émeraude du Cap. — Chrysolithe du cap. SAGE.

3 Zéolithe fibreuse, DE BORN. — *Fasriger Prehnit,* BREITH.

4 Œdelithe ou Zéolithe siliceuse de Kirwan.

5 C'est-à-dire pierre légère: prehnite primitive lamelliforme. HAÜY.

pées et éparses sur les parois des cavités d'un stéachiste cellulaire.

MM. Lelièvre et Gillet de Laumont l'ont trouvée d'abord à la carrière de Riemau aux bains de Saint-Sauveur, près Barége, sur un calcaire blanc. M. Picot-Lapeyrouse l'a reconnue ensuite au pic d'Éredlitz, dans cette même partie des Pyrénées, sur une diabase stéatiteuse, accompagnée de chlorite et de cristaux aciculaires d'épidote.

Gisement. La prehnite ne se trouve que de trois manières : ou en cristaux implantés sur les parois des cavités de roches qui diffèrent généralement peu entre elles, ou en petites masses tuberculeuses, ordinairement géodiques, qui sont disséminées dans des roches presque toujours différentes des premières ou en enduits également concrétionnés, tuberculeux ou mamelonnés, tapissant les parois des cavités irrégulières qui se rencontrent dans ces roches.

Elle n'appartient de même qu'à deux sortes de terrains, qui semblent bien éloignés par leur époque de formation ; mais qui ne le sont peut-être pas beaucoup par leur origine.

C'est dans les terrains trappéens, celluleux, qui paroissent généralement appartenir à des formations les plus récentes de la surface du globe, que l'on trouve les prehnites subcompacte, globuliforme, fibreuse et bacillaire, disposées, comme on vient de le décrire, et remplissant, à la manière des agathes, les cavités des cornéennes, des spilites, des trappites, qui forment ces terrains. Elle y montre toutes ses variétés de texture et de couleur ; mais elle y est rarement cristallisée. C'est ainsi qu'on la trouve à Oberstein, dans le Palatinat, où elle est accompagnée de cuivre natif et de cuivre oxidulé. Son association assez fréquente avec ce métal, observée en Afrique, à Féroë, etc., est un fait assez remarquable. A Friskyhall en Écosse, etc., elle y est accompagnée des minéraux qui se trouvent aussi dans ces roches.

Entre ces terrains et les terrains de transition cristallisés, et même les terrains primitifs, on ne trouve plus de prehnite. C'est dans ces derniers que se montre la prehnite en cristaux isolés ou en petite masse cristalline, conchoïde, flabelliforme, entrelacée et bacillaire, implantée sur des roches de stéaschiste, de diabase, etc.

La prehnite de l'Oysans, celle de Styrie, probablement celle du cap de Bonne-Espérance, appartiennent à ce mode de gisement. Je ne sache pas qu'on ait encore observé de la prehnite dans d'autres terrains, ni même dans des roches, qui ne puissent être considérées comme des variétés de celles qu'on vient de nommer.

L'énumération que nous allons faire des lieux où l'on connoît la prehnite, va donner des exemples plus nombreux et plus précis du gisement de ce minéral.

Lieux. La prehnite est, comme on l'a dit, une pierre qui nous est arrivée pour la première fois d'Afrique. Le physicien Rochon l'a rapportée, en 1774, du cap de Bonne-Espérance. Elle a été ensuite rapportée également par le colonel Prehn, probablement en échantillons plus nombreux ou plus remarquables, puisqu'on donna son nom à cette pierre. Ce n'est pas précisément au cap de Bonne-Espérance qu'elle se trouve, mais dans le Khamiesberg, au pays des Hottentots Namaquois, sur la côte occidentale d'Afrique. Ce sont des montagnes granitiques, qui renferment beaucoup de minérais de cuivre, et dans lesquelles la prehnite se présente en filons et en masse assez considérables, d'une assez grande densité et d'un vert assez pur, en sorte que les colons hollandois l'emploient comme pierre d'ornement pour les pipes, etc.; mais elle s'altère promptement. (BARROW.)

On a trouvé ensuite la prehnite en FRANCE : à la balme d'Aunis près Saint-Christophe, à Rivoire, au Mont-de-Lens, à l'Armentière, vallée du bourg d'Oysans, département de l'Isère, dans les fissures de stéaschistes durs et de diabases, avec de la chlorite, de l'épidote, de l'axinite, etc. — Au pic d'Éredlitz près de Barège, dans les Pyrénées; on y trouve non-seulement la prehnite koupholite, mais la variété cristalline (RAMOND). — A Kilan, à l'ouest de Nantes, dans une amphibolite altérée (D'AUBUISSON). — A Guernesey dans le gneiss.

Dans les ISLES BRITANNIQUES. Dans le Glocestershire, à Woodfordbridge près Berkley, dans un spilite bufonite (BAKEWELL). A Pouckhill, dans le Staffordshire, en masse concrétionnée, dure, dans un basalte, avec mésotype et barytine (PHILLIPS). A Botallack près de Land's end, en Cornouailles, avec asbeste et axinite. En Écosse à Beith; à Frisky, aux environs de Dumbarton, entre Édimbourg et Glasgow, dans une roche semblable; cette prehnite d'Écosse est assez dense et assez homogène pour recevoir le poli. On la trouve aussi dans le nord de l'Écosse dans le gneiss. (Jameson.) Dans l'île de Mull près de Lugganulva et de Bunesan, dans un basalte et dans une vakkite, avec de la zéolithe; dans l'île de Sky, dans des filons de basalte qui traversent un grès.

Dans les Alpes de Suisse et de Savoie, à l'aiguille du Gouté, c'est la variété koupholite.

En Allemagne. A Reichenbach près d'Oberstein, ancien duché de Deux-Ponts, en nodules tuberculeux, dans un spilite porphyrique altéré, accompagné de cuivre, etc.; dans divers lieux du Tyrol; à Fassa et au Pusterberg dans le Groidenthal, au milieu de spilites plutôt verdâtres que rougeâtres, avec calcaire et chlorite; à Ratschingen, dans le district de Sterzing, dans une amphibolite; dans le Seiser-Alpe. — Dans la vallée de Fuchs en Salzbourg, avec de la chlorite et du felspath adulaire; dans le Saualpe en Carinthie, avec de l'épidote; à Hohenrade près Schwarzenberg, en Saxe, en filon dans une roche d'Erlan, avec minérai de cuivre, épidote, fluor, etc. (Breith.)

En Italie. Dans la vallée de Suze et dans la montagne de Novarda en Piémont; à Peccia, dans le Saint-Gothard, dans les fissures du gneiss, avec stilbite et adulaire, et suivant M. Brocchi, dans une euphotide du sommet de la colline d'ophiolite, de Monte-Ferrato, près Florence. Elle y est en petits amas et en filons, difficiles à trouver, à cause de l'état de désagrégation de la roche et parce qu'elle est mal caractérisée. (Brocchi.)

A Féroë, avec du cuivre natif, comme à Oberstein.

En Norwége. A Arendal et a Kongsberg.

En Suède. A Fahlun dans le gneiss ? et a Œdelfors en Smalande[1], avec quarz, calcaire et pyrite dans le puits d'Adolphe-Fréderic.

---

[1] M. Walmstedt s'est assuré de l'authenticité des échantillons qu'il a analysés, et cette analyse prouve que c'est de la prehnite, malgré la moindre proportion de silice.

En Chine. Elle est presque blanche. Il paroît, suivant M. de Bournon , que beaucoup d'objets d'ornement sculptés, et qui viennent de la Chine sous le nom de jade tendre , sont faits avec de la prehnite. Ils en offrent la couleur blanche-verdâtre , le poli gras et même la structure un peu laminaire.

Au Groënland dans les syénites.

Dans l'Amérique septentrionale. Dans le New-Jersey ; à Scotchplains et à Patterson dans une diabase secondaire . et près de la baie de New-York , en grandes masses vertes, à structure radiée ; dans le Connecticut près Neuhaven et à Woodburg dans la même roche avec de la zéolithe , et près Simsburg , en enduit dans les cavités de cette diabase, avec du calcaire spathique ; en Massachusets , à Charlestown , etc., dans une diabase en cristaux tabulaires , rhomboïdaux ou hexagones , et à Deerfield , toujours dans la diabase , en veines ou en enduit , etc. (Cleaveland.)

Annotations. La prehnite est une des pierres dont l'histoire est la mieux connue ; ayant frappé les colons du cap de Bonne-Espérance par sa couleur , elle fut apportée par eux à la ville du Cap , et ensuite par l'abbé Rochon en France , en 1774. Sage la mentionna dans sa Minéralogie sous le nom de *chrysolite,* et Romé de Lisle , sous celui de *Schorl.* C'est vers 1780 que le colonel Prehn en rapporta beaucoup en Hollande , d'où elle se répandit en Allemagne. Elle fut décrite par Bruckmann sous le nom d'*émeraude,* puis par Hacquet sous celui de *prase cristallisée,* et ensuite rapportée au felspath. On l'a nommée aussi *chrysoprase du Cap.* Werner , en 1785, la rapprocha des *zéolithes ;* mais, remarquant qu'elle en différoit par des caractères assez importans , il en fit une espèce à part , à laquelle il assigna le nom de prehnite. M. de Bournon connoissoit dès 1783 celle du bourg d'Oysans. (B.)

PRÉLAT. (*Conchyl.*) Nom vulgaire d'une espèce du genre Cône , *C. prelatus.* (De B.)

PRÊLE ou PRESLE (*Bot.*), *Equisetum ;* vulgairement Queue-de-cheval, Chevalline. Ce genre unique de la famille des *équisétacées* ou *gonoptéridées,* fait en quelque sorte, avec les fougères, le passage des plantes cryptogames aux plantes phanérogames. Sa fructification est terminale : elle consiste en une tête ovale, ou conique, ou subcylindrique, composée de plu-

sieurs anneaux ou rangées circulaires de conceptacles en forme
de boucliers, composés chacun d'un involucre ou écaille po-
lygone, garnie en dessous de quatre à huit capsules ovales,
obtuses, plus courtes, rangées circulairement autour d'un
pédicelle central, s'ouvrant longitudinalement pour émettre
une très grande quantité de petits corpuscules verts ou corps
reproducteurs pulvériformes, sphériques, accompagnés de
quatre filamens élastiques, articulés, lamelliformes à l'extrémité, donnés pour des étamines ou pour des organes stériles;
tel est en peu de mots le caractère essentiel de ce genre.
M. Vaucher. de Genève, qui s'est beaucoup occupé de l'étude
des plantes de cette famille, et surtout de leur germination,
a reconnu que les corps verts sont de véritables semences
acotylédonées, dépourvues non-seulement de cotylédons proprement dits, mais encore d'albumen et d'enveloppe : « Ils
« sont réduits, ajoute-t-il, aux seuls embryons privés de
« radicule et de plumule; ils se développent d'une manière
« bizarre, qui n'est pas exactement la même dans tous ;
« ils se divisent et se frisent irrégulièrement, et après avoir
« pris tout l'accroissement dont ils sont susceptibles, ils
« donnent enfin naissance à la plante : chacun de ces cor-
« puscules se fend au sommet en deux ou trois lobes, et
« même plus; chacun de ces lobes se fixe au sol par des ra-
« dicules qu'il émet, et tous forment des petits gazons d'un
« beau vert qui occupe l'étendue d'une ligne de diamètre ;
« au bout d'un temps assez long (deux mois environ) il s'é-
« lève du centre du gazon un point vert, qui grandit, se
« garnit à sa base d'une collerette à quatre divisions, puis
« d'une seconde, et d'une troisième, d'où part la tige. Cette
« tige elle-même pousse bientôt une nouvelle racine, unique,
« pivotante, profonde, fibrillifère, tandis que les radicules
« primitives, très-multipliées, l'entourent et finissent par se
« détruire. » D'après cette courte description de la germination et du développement des corps reproducteurs des prêles,
nous sommes portés à croire qu'ils sont la réunion de plusieurs
individus, dont un seul ou plusieurs, par leur développement,
font avorter les autres. Agardh avoit cru voir, dans ces premiers développemens, des espèces de conferves. Cette illusion
a eu lieu déjà pour les filamens articulés qu'on observe dans

la germination des mousses, comme l'ont vu Hedwig, beaucoup d'auteurs, et dans ces derniers temps M. Drumond. Quant aux organes qu'on a voulu donner avec Hedwig pour des étamines, leurs véritables fonctions sont inconnues. Hedwig considéroit les petits corpuscules verts, contenus dans les capsules, comme autant de pistils, ayant à leur base quatre étamines à filamens très-élastiques, terminés chacun par une anthère dilatée, qui lance le pollen, c'est-à-dire cette poussière qui la garnit, et qu'on observe sur les pistils.

Les prêles sont des végétaux qui se plaisent dans les marécages et les lieux inondés, près des rivières, dans les prairies humides, etc. Elles ont un port et une forme de feuillage qui leur sont propres : c'est en Europe que la plupart des espèces se trouvent; leurs tiges, simples ou rameuses, cylindriques ou polygones, toujours striées et rudes sur les arêtes, sont tantôt fertiles, tantôt stériles, et toujours formées d'une suite d'articulations cannelées qui naissent à la suite les unes des autres, et dont la base est entourée par une gaîne (limbe de l'articulation inférieure), laquelle est ordinairement brune, déchiquetée, dentée, membraneuse, courte dans les individus fertiles, et garnie, dans les pieds stériles, d'un verticille de feuilles ou frondes, ou mieux de rameaux filiformes, articulés, annalogues à la tige, plus ou moins nombreux, fort longs, qui donnent souvent à l'ensemble de la plante la forme d'un panache ou d'un grand plumet. Les individus fertiles ne sont pas toujours privés de cet ornement, qui rend les prêles des végétaux assez distingués pour arrêter les yeux du vulgaire. Les tiges et les rameaux sont marqués de stries ou cannelures longitudinales, qui, sur les gaînes, dégénèrent en membranes scarieuses brunes; les rameaux naissent à ces mêmes articulations et offrent la même structure, celle d'une suite d'articulations qui se désemboitent les unes des autres.

La fructification est toujours terminale, quelquefois en têtes fort petites, ovoïdes; d'autres fois assez grandes, de la grosseur et de la longueur du petit doigt : elle est brune, blanchâtre ou jaunâtre.

Les prêles acquièrent quelquefois des dimensions assez fortes; on en cite de huit et dix pieds de hauteur, mais généralement elles n'ont qu'un à deux pieds, ou trois. M. Vaucher, dans la Monographie qu'il a publié, en porte le nombre à vingt-deux espèces; mais ce nombre doit être augmenté de huit ou dix nouvelles, publiées depuis son travail, ou que, contre son sentiment, les botanistes ne confondent pas avec d'autres. Steudel, dans son *Nomenclator botanicus*, en cite vingt-sept espèces; mais il paroît n'avoir pas connu le travail de M. Vaucher, où nous voyons encore six espèces qui paroissent toutes différentes de celles indiquées par Steudel.

Les prêles végètent dans les marais, où elles contribuent beaucoup à la formation des tourbes; elles y croissent en très-grande abondance, surtout dans les bois humides et rarement dans les lieux secs. Quelques espèces sont communes à l'Europe et à l'Amérique septentrionale ou à l'Afrique; d'autres ont été découvertes seulement en Amérique, en Pensylvanie, à Caracas, en Colombie, à la Jamaïque et même à Timor : quelques espèces étrangères sont remarquables par leur grandeur, atteignant quelquefois huit à dix pieds. Linnæus en cite une d'elles, *Eq. giganteum*, dont la tige est arborescente. Elle croit à la Jamaïque et est figurée dans Plumier.

Les prêles sont très-difficiles à distinguer entre elles, et les naturalistes éprouvent souvent de grands embarras pour bien les reconnoître; c'est une suite de l'étroite alliance qui existe entre ces plantes : peut-être que leur fructification ou le nombre des loges de leurs conceptacles une fois connu dans chaque espèce, pourra amener à établir des coupes heureuses et coopérer ainsi à atteindre le but proposé.

M. Vaucher est parvenu à caractériser assez heureusement les espèces, en prenant les caractères donnés par l'inflorescence, le nombre des dents de la gaîne qui accompagne les articulations, de la forme cylindrique ou anguleuse des tiges, par cette même tige lisse ou striée, par la disposition régulière des rameaux, et par le nombre et la disposition des glandes corticales de ces plantes, dont il a su tirer un bon parti, et qui varient par leur nombre et par leur placement sur plusieurs rangées.

Voici quelques-unes des espèces les plus remarquables de ce genre.

1. La Prêle des champs : *Eq. arvense*, Linn., Bolt., *Filic.*, pl. 34 (voyez le cahier 37 des planches de ce Dictionnaire); Curt.,

Lond., fasc. 4, pl. 64; *Engl. bot.* Tige stérile, simplement rameuse; rameaux simples, grêles, menus, scabres ou rudes, tétragones; tiges fertiles, simples, à gaines amples, cylindriques, profondément divisées en dents brunes, aiguës. Cette espèce, en partie couchée à sa partie inférieure et à racine rampante, croît dans les moissons et les prairies humides; les individus stériles s'élèvent à plus d'un pied de hauteur : ceux qui portent la fructification ont rarement plus de huit à dix pouces. Elle est très-répandue partout en Europe : on l'indique en Orient, dans l'Asie septentrionale et dans l'Amérique boréale.

L'examen anatomique du tissu cellulaire des *equisetum arvense* et *limosum* a démontré à M. Mirbel, que ce tissu participe à la fois de celui des monocotylédons et de celui des dicotylédons.

La prêle des champs passe pour nuire aux bestiaux qui en mangent, les vaches n'y touchent pas, à moins qu'elles ne soient affamées : elle leur occasionne le marasme.

2. La Prêle des fleuves : *Eq. fluviatile*, Linn., Bolt., *Filic.*, pl. 36 et 37; Vauch., Mém. du Mus. de Paris, 10, p. 429, pl. 27. Tige stérile, très-rameuse, garnie d'un grand nombre de rameaux ténus, scabres, formant un grand panache de deux à six pieds de longueur. Tige fertile, nue, garnie de gaines très-rapprochées, découpures en dents sétacées, multifides, brunes de toute part. Cette espèce, dont les individus stériles sont remarquables par leur grande taille et leur élégance, croît dans les marécages des bois, le long des ruisseaux et des rivières ombragées; elle fleurit en Avril. On lui rapporte comme variété l'*equisetum telmateia* d'Ehrhart, que même on lui réunit tout-à-fait, et qui se distingue par la couleur blanc d'ivoire de sa tige, ce qui lui a fait donner le nom d'*equisetum eburneum* par Roth. On trouve la prêle des fleuves en France, en Allemagne, dans le Nord, en Angleterre, etc. On assure que le peuple mangeoit, à Rome, les jeunes pousses de cette plante : on en fait encore usage en Toscane.

3. La Prêle des bois : *Eq. sylvaticum*, Linn., *Fl. Dan.*, pl. 1182; Hedw., *Theor.*, 53, pl. 1; Bolt., *Filic.*, pl. 32 et 33. Tige rameuse, très-composée, terminée par la fructification; rameaux très-divisés, un peu rudes, repliés vers la terre, té-

tragones ou presque triangulaires. Cette plante, rampante, croît dans les bois montueux et humides, près des sources et des fontaines d'eaux vives, en Europe et dans l'Amérique septentrionale. Elle s'élève à un pied et demi. Toutes ses tiges sont très-rameuses, et particulièrement les stériles : la fructification forme un chaton ovoïde, obtus.

4. La Prêle des marais : *Eq. palustre*, Linn., Hedw., *Fl. Dan.*, pl. 1183; Bolt., *Filic.*, pl. 35. Tige glabre, anguleuse, rameuse, à branches simples, droites, pentagones, garnies de quelques rameaux; elles portent à leur extrémité des chatons fructifères, solitaires, très-rarement géminés. Elle croît dans tous les prés marécageux, et offre quelques variétés dont on a voulu faire des espèces distinctes. Cette plante est astringente et âcre : on s'en sert dans quelques endroits contre les pertes; mais son emploi exige des précautions. Les anciens lui attribuoient la vertu de consumer la rate, d'où leur usage d'en faire boire l'infusion aux coureurs pendant trois jours. On la recommande comme diurétique : elle fait avorter les brebis, cause des évacuations sanguines aux vaches, et en général est nuisible aux bestiaux, excepté, dit-on, aux chèvres.

La Prêle d'hiver : *Eq. hyemale*, Linn., Bolt., *Filic.*, pl. 39; *Engl. bot.*, pl. 915; *Equisetum*, Camer., *epit.* 76, fig. *A*. Tige simple ou peu rameuse, ferme, dure, sillonnée, très-rude, articulée, à articulations très-écartées, garnies de gaînes blanchâtres, noires à leur base, ainsi qu'à leur extrémité, à peine dentées; gaîne terminale plus grande, plus foncée, terminée par trois ou quatre pointes aiguës, donnant naissance à l'épi fructifère. Cette espèce, commune, a deux ou trois pieds de hauteur, et s'éloigne de toutes les autres par son port grêle et sa stature, qui rappelle certains végétaux phanérogames, entre autres les *Ephedra*. Elle se plaît dans les bois marécageux et rocailleux : elle fructifie au printemps, mais les rigueurs de l'hiver ne l'empêchent point de végéter; d'où lui vient son nom spécifique. Ses tiges sont rudes au toucher, la longueur de ses articulations permet même de s'en servir en ébénisterie pour polir des ouvrages délicats. Toutes les prêles peuvent servir à cet usage; mais celle-ci, ayant les cannelures plus fortes et plus rudes, remplit mieux l'objet. On s'en sert en introduisant dans le creux de la tige un fil de fer qui

soutient la plante et on l'applique fortement contre la pièce
à polir. Les doreurs s'en servent aussi pour adoucir le blanc
qui sert de couche à l'or. Linnæus. *Fl. œcon.*, 1, pag. 151,
dit qu'on l'emploie pour polir le fer. Cette plante, incinérée,
donne un peu de silice; c'est à cette terre que les prêles
doivent leur rudesse et leur propriété polissante. H. Davy,
ayant soumis à l'action du feu du chalumeau un fragment de
la prêle d'hiver, et ayant poussé jusqu'à la forte chaleur de
la pointe bleue, a obtenu un globule de verre transparent.
L'examen de la prêle lui a démontré ensuite que son épiderme est presque en entier formé de silice, disposée en réseau comme dans le rotain.

La prêle d'hiver est pour quelques pays un objet de commerce assez lucratif. C'est pour le seul département des Bou-
ches-du-Rhône un article d'exportation qui produit annuel-
lement 10,000 francs. (Lem.)

PRÊLE. (*Ornith.*) Un des noms vulgaires du proyer, *emberiza miliaria*, Linn. (Ch. D.)

PRÊLE D'EAU. (*Bot.*) Voyez Pesse. (Lem.)

PREMNADE, *Premnas*. (*Ichthyol.*) M. G. Cuvier a formé
sous ce nom un genre de poissons, retirés du genre *Chæto-
don* de Linné, et le caractérise par : la tête obtuse; les dents
fines, courtes, et disposées sur une seule rangée; de fortes
épines au sous-orbitaire; l'opercule et le préopercule dentelés;
la ligne latérale finissant avant d'arriver à la queue. Le *chæ-
todon bimaculatus* en est le type. (Desm.)

PRÉNANTHE, *Prenanthes*. (*Bot.*) Ce genre de plantes,
établi en 1721 par Vaillant, qui l'avoit très-bien caractérisé,
appartient à l'ordre des Synanthérées, à la tribu naturelle
des Lactucées, et à notre section des Lactucées-Hiéraciées,
dans laquelle nous le plaçons au commencement de cette
section, avant le *Nabalus*, qui doit précéder le *Hieracium*.

Voici les caractères génériques du *Prenanthes*, tels que nous
les avons observés sur la *prenanthes purpurea*, qui est le vrai
type de ce genre.

Calathide (ordinairement pendante) incouronnée, radiatiforme, unisériée, tri-quadri-quinquéflore, fissiflore, androgyniflore. Péricline inférieur aux fleurs, cylindracé-campanulé,
formé de quatre ou cinq squames subunisériées, se recouvrant

par les bords, égales, appliquées, oblongues, obtuses au sommet, subfoliacées, épaisses et charnues à la base, un peu carénées sur le dos, un peu membraneuses sur les bords ; la base du péricline entourée d'environ cinq squamules surnuméraires très-inégales, subunisériées, ou plurisériées et comme imbriquées, appliquées, ovales, obtuses. Clinanthe très-petit, plan, nu. Ovaires pédicellulés, oblongs, courts, épais, presque obovoïdes, subcylindracés ou subpentagones, glabres, lisses, un peu amincis vers la base, tronqués au sommet, sans col, ni bourrelet apicilaire distinct ; aigrette longue, blanche, composée de squamellules nombreuses, inégales, filiformes, assez fortes, roides, très-barbellulées. Corolles (pourpres) à tube ayant le sommet élargi et entouré de poils épars, longs et fins, à limbe très-arqué en dehors. Styles très-longs, dépassant beaucoup le tube anthéral.

PRÉNANTHE POURPRE ; *Prenanthes purpurea*, Linn., *Sp. pl.*, pag. 1121. C'est une plante herbacée, à racine vivace (annuelle, selon M. De Candolle), dont la tige, haute d'environ trois pieds, est dressée, simple inférieurement, paniculée supérieurement, cylindrique, menue, lisse, roide, garnie de feuilles ; celles-ci sont lisses, et d'un vert glauque en dessous ; les inférieures oblongues, étrécies en pétiole vers la base, pointues au sommet, inégalement denticulées sur les bords ; les supérieures embrassantes, échancrées en cœur à la base, lancéolées, moins dentées ; les calathides, composées de trois, quatre ou cinq fleurs purpurines, sont paniculées et ordinairement plus ou moins pendantes. On trouve cette plante en France dans les bois pierreux, ombragés et montueux de la Provence, des Alpes, des Cévennes, de l'Auvergne, des Vosges, où elle fleurit en Juin et Juillet.

PRÉNANTHE A FEUILLES MENUES ; *Prenanthes tenuifolia*, Linn., *Sp. pl.*, pag. 1120. Cette seconde espèce ressemble beaucoup à la première, dont elle se distingue surtout par ses feuilles longues, étroites, presque linéaires, entières ou à peine denticulées à leur base, qui est embrassante ; leur largeur n'excède pas le diamètre de la tige ; la racine est vivace ; la tige est dressée, haute d'environ deux pieds, simple inférieurement, terminée en une panicule pyramidale de calathides composées de fleurs purpurines. Cette plante, qui fleurit en été, habite les bois ombragés des montagnes de la Provence, du Dauphiné, etc.

Dans notre tableau des Lactucées (tom. XXV, pag. 61), nous avions classé les genres *Prenanthes* et *Chondrilla* dans notre section des Lactucées-Prototypes. Mais, depuis la publication de ce tableau, nous avons reconnu que cette classification étoit fautive, parce que le genre *Chondrilla* a pour type la *chondrilla juncea*, qui est une Crépidée, et que le genre *Prenanthes* a pour type la *prenanthes purpurea*, qui est une Hiéraciée.

Nous trouvons, dans le *Synopsis plantarum* de M. Persoon, trente-cinq espèces de *prenanthes*. Mais il est probable que la plupart sont réellement étrangères à ce genre: et cela est certain à l'égard de quelques-unes que nous avons examinées. La *prenanthes purpurea* est, comme nous l'avons dit, le vrai type du genre. La *prenanthes tenuifolia*, que nous n'avons point observée, paroît bien devoir être congénère. Mais la *prenanthes alba* et quelques autres espèces analogues, de l'Amérique septentrionale, constituent notre genre *Nabalus*, suffisamment distinct du véritable *Prenanthes*, quoiqu'immédiatement voisin. La *prenanthes viminea* est le type de notre genre *Phœnixopus*, qui appartient aux Lactucées-Prototypes, ainsi que notre genre *Mycelis*, fondé sur la *prenanthes muralis*. La *prenanthes hieracifolia* de Willdenow (*crepis pulchra*, Linn.) est une Crépidée, dont nous avons fait le genre *Phœcasium*. (Voyez nos articles NABALE, tom. XXXIV, pag. 94; PHÆNIXOPUS, tom. XXXIX, pag. 591; MYCÉLIDE, tom. XXXIII, pag. 483; PHÆCASIUM, tom. XXXIX, pag. 587.) La *prenanthes pinnata*, que nous avons observée au Jardin du Roi, est un véritable *sonchus*, qui ne nous a paru différer du *sonchus pinnatus*, que par ses feuilles plus étroites et ses calathides composées de fleurs moins nombreuses: on pourroit nommer cette espèce *sonchus leptocephalus*. La *Prenanthes hispida*, Willd.. cultivée au Jardin du Roi, est une *chondrilla* très-peu distincte, selon nous, de la *chondrilla juncea*, dont elle n'est peut-être qu'une variété. (H. CASS.)

PRENEUR DE CANCRES. (*Ornith.*) Cette espèce de héron de la Caroline, décrite originairement et figurée par Catesby, pl. 79, est le crabier gris de fer de Buffon, *ardea violacea*, Linn. (CH. D.)

PRENEUR DE COUSINS. (*Ornith.*) L'oiseau ainsi nommé dans Salerne, pag. 228, est le gobe-mouche proprement dit, *muscicapa grisola*, Gmel. (Ch. D.)

PRENEUR D'ÉCREVISSES. (*Ornith.*) Buffon présume que l'oiseau de la Nouvelle-Guinée, ainsi appelé par Dampier, est une espèce de héron crabier. (Ch. D.)

PRENEUR D'HUITRES. (*Ornith.*) C'est l'huîtrier, *hæmatopus ostralegus*, Linn. (Ch. D.)

PRENEUR DE MOUCHES BRUN [petit]. (*Ornith.*) Le gobe-mouche brun de la Caroline est ainsi appelé. (Ch. D.)

PRENEUR DE MOUCHES HUPPÉ. (*Ornith.*) Le *suiriri* de d'Azara est le tyran verdâtre ou querelleur, *tyrannus rixosus* de M. Vieillot, qui paroît être le même que le *lanius tyrannicus*, Gmel. (Ch. D.)

PRENEUR DE MOUCHES NOIRATRE. (*Ornith.*) C'est le *muscicapa fusca*, Linn. (Ch. D.)

PRENEUR DE MOUCHES ROUGE. (*Ornith.*) L'oiseau ainsi nommé par Catesby et rangé par Brisson avec les gobe-mouches, est un tangara, qui vit de graines et d'insectes, *tanagra æstiva*, Lath., et *pyranga æstiva*, Vieill. (Ch. D.)

PRENEUR DE MOUCHES AUX YEUX ROUGES. (*Ornith.*) Ce nom a été donné au gobe-mouche olive de la Caroline, *muscicapa olivacea*, Linn. (Ch. D.)

PRENEUR DE MULOTS. (*Ornith.*) Nom vulgaire de la cresserelle, *falco tinnunculus*, Linn., dans le département d'Eure-et-Loire. (Ch. D.)

PRENEUR DE PAISSES. (*Ornith.*) Un des noms vulgaires de l'émerillon, *falco æsalon*. Linn. (Ch. D.)

PRENSICULANTIA. (*Mamm.*) Nom donné à l'ordre, dans lequel Illiger comprend les rongeurs claviculés. (Desm.)

PREONANTHUS. (*Bot.*) Nom de l'une des six sections établies par M. De Candolle dans le genre *Anémone*, caractérisée par les graines prolongées en une barbe velue et par les feuilles de l'involucre, qui sont pétiolées et trilobées. (J.)

PRÉPARATION DES ANIMAUX. (*Ornith.*) Voyez Taxidermie. (Ch. D.)

PRÉPUCE. (*Conchyl.*) Les marchands de coquilles donnent quelquefois ce nom aux bullées.

M. Bosc dit qu'on donne aussi quelquefois le nom de

Prépuce de mer à une espèce de pennatule, dont l'extrémité antérieure est terminée par une membrane. (De B.)

PRESAIE. (*Ornith.*) Un des noms vulgaires de la chouette effraie ou frésaie, *strix flammea*, Linn. (Ch. D.)

PRESLE. (*Bot.*) Voyez Prêle. (Lem.)

PRESSES, PAVIE. (*Bot.*) Nom d'une variété de pêcher à fruit dur, *persica fructu duro* de Tournefort. (J.)

PRESSIROSTRES. (*Ornith.*) Nom donné par M. Cuvier à une famille d'oiseaux qui comprend les genres à hautes jambes, sans pouce, ou dont le pouce ne touche pas la terre; à bec médiocre, assez fort pour la percer et y chercher des vers, auxquels ils ajoutent quelquefois des grains, des herbes, etc., ou trop foible pour recueillir la première de ces nourritures ailleurs que dans les prairies ou sur les terres fraîchement labourées. L'*outarde*, le *pluvier*, le *vanneau*, font partie de cette famille dans le Règne animal de ce professeur; et la même dénomination est appliquée par M. Duméril, dans sa Zoologie analytique, à sa première famille des échassiers, autrement nommés *ramphostènes*, et qui comprend les genres *Jacana*, *Râle*, *Huîtrier*, *Gallinule*, *Foulque*, dont le bec est pointu, étroit, comprimé, surtout vers la pointe, et plus haut que large. (Ch. D.)

PRESTONIA. (*Bot.*) Scopoli donne ce nom au *pavonia* de Cavanilles, qui est le *lass* d'Adanson. M. R. Brown l'emploie pour un de ses genres dans la famille des apocinées, qui a été adopté. Voyez Prestonie. (J.)

PRESTONIE, *Prestonia*. (*Bot.*) Genre de plantes dicotylédones, à fleurs complètes, monopétalées, de la famille des *Apocinées*, de la *pentandrie monogynie* de Linnæus, offrant pour caractère essentiel : Un calice à cinq divisions profondes; une corolle en soucoupe; une double couronne placée au sommet du tube; l'extérieure en anneau; l'intérieure à cinq folioles en forme d'écailles, opposées aux anthères; cinq anthères à demi-saillantes, sagittées, adhérentes au stigmate vers sa partie moyenne; deux ovaires supérieurs, quelquefois soudés, entourés de cinq écailles hypogynes; un style dilaté au sommet; un stigmate turbiné. Follicules?

Prestonia a feuilles molles; *Prestonia mollis*, Kunth. *in* Humb. et Bonpl., *Nov. gen.*, 3, pag. 221, tab. 242. Arbrisseau à tige volubile, ayant les rameaux presque à cinq angles, glabres, les plus jeunes un peu hérissés; les feuilles pétiolées, opposées, ovales-oblongues, aiguës. arrondies à leur base, presque en cœur, entières, vertes en dessus, chargées en dessous d'un duvet mou et blanchâtre, longues de deux à trois pouces, larges d'un pouce et demi; les pétioles hérissés, longs d'un pouce; les fleurs sont disposées en grappes solitaires, axillaires; les pédoncules et les pédicelles hérissés; les bractées lancéolées, acuminées, planes, membraneuses; le calice hérissé, une fois plus court que la corolle; ses divisions lancéolées. acuminées, munies à leur base interne, d'une petite écaille; la corolle jaune; son tube pentagone, un pèu ventru à sa base, presque long d'un pouce; les divisions du limbe très-étalées. Cette plante croît sur les bords du fleuve des Amazones.

PRESTONIA GLABRE; *Prestonia glabrata*, Kunth, *loc. cit.* Arbrisseau à tige grimpante, d'où découle un suc laiteux; les feuilles sont opposées, pétiolées, ovales-oblongues, médiocrement acuminées, un peu en cœur, planes, entières à leurs bords, vertes et glabres en dessus, plus pàles en dessous, longues de deux pouces et demi, larges d'environ seize lignes; les pétioles glabres; les fleurs sont rapprochées, pédicellées, disposées en grappes axillaires; les pédicelles hérissés : leur calice est à cinq divisions, hérissé à sa base; la corolle de la grandeur de la pervenche; le tube cylindrique, un peu renflé à sa base, presque long d'un pouce; le limbe à cinq divisions très-étalées; la couronne extérieure en anneau, placée à l'orifice du tube; l'intérieure à cinq folioles linéaires, oblongues. Cette plante croît sur les bords de l'Océan pacifique, proche Guayaquil. (Poir.)

PRESTRES. (*Ichthyol.*) Selon le professeur Bosc on donne sur certaines côtes ce nom à deux petits poissons, dont l'un appartient au genre des clupées et l'autre à celui des cyprins, au moins probablement. Au printemps on en prend de prodigieuses quantité dans la Rance, rivière voisine de Saint-Malo. (H. C.)

PRÉSURE. (*Chim.*) Nom que l'on donne au lait qui s'est coagulé dans l'estomac du veau. La partie de l'estomac du veau où cette coagulation s'opère, est appelée *caillette.* La présure est employée par les fabricans de fromages pour faire cailler le lait. On la prépare de la manière suivante : Après avoir ouvert l'estomac du veau, on prend la caillette, on en extrait le *lait caillé*, qui est sous la forme de grumeaux, on lave ceux-ci avec de l'eau fraîche. on les essuie avec une toile, puis on les sale, on les remet dans la caillette et on suspend celle-ci à l'air libre, pour qu'elle puisse se dessécher et se conserver.

Quand on veut faire usage de la présure, on la divise et on la jette dans le lait qu'on veut coaguler, ou bien, quand elle est divisée, on la délaie dans un peu de lait. On fait aussi quelquefois *une infusion de présure :* pour cela on met tremper la caillette pendant quelques minutes dans de l'eau bouillante. (Cʜ.)

PRETONOU, RANABELOU. (*Bot.*) Noms brames du *niirvala* du Malabar, *cratæva religiosa*, de la famille des capparidées. (J.)

PRETRAS ou PRÊTRES. (*Ichthyol.*) Deux des noms vulgaires de l'éperlan de mauvaise qualité. Voyez Éᴘᴇʀʟᴀɴ. (H. C.)

PRÉTRE. (*Entom.*) C'est le nom vulgaire donné, dans quelques provinces du Nord de la France, aux demoiselles, qui portent les ailes étendues comme les surplis des prêtres. Voyez Aɢʀɪᴏɴ et Lɪʙᴇʟʟᴇ. (C. D.) ·

PRÉTRE. (*Ornith.*) Ce nom a été donné à plusieurs oiseaux. On a pu voir dans ce Dictionnaire, tom. XI, p. 132, que le coucou piaye, *cuculus cayanus*, Linn., est ainsi appelé à Cayenne. Suivant Olafsen et Povelsen, dans leur Voyage en Islande, traduction de Gauthier de la Peyronie, tom. 3, p. 268, les naturels de cette île donnent le même nom à un macareux, *alca arctica*, Linn., à cause de son chant et de sa couleur. Enfin, d'après Salerne, p. 259, c'est une des dénominations vulgaires du bouvreuil, *loxia pyrrhula*, Linn. (Cʜ. D.)

PRÉTROT. (*Ornith.*) Un des noms vulgaires du rossignol de muraille, *motacilla phœnicurus*, Linn., qu'on appelle aussi *petit prêtre* ou *clerc*. (Cʜ. D.)

PRETU-MORUNGU. (*Bot.*) Dans l'île de Ceilan on nomme ainsi le *moringa*, suivant Burmann. (J.)

PRÉVAT. (*Bot.*) Paulet décrit sous ce nom plusieurs champignons qu'il nomme aussi poivrés. Les uns sont ses *Poivrés laiteux* (voyez Poivrés), les autres appartiennent à sa famille des poivrés secs ou sans lait, ce sont :

Le Prévat lilas, Paul., Tr. champ., 2, pag. 175, pl. 73, fig. 2. Il se rapproche de l'*agaricus piperatus*, Linn.; mais il est bai-brun, avec les feuillets couleur de lilas, et sa couleur est changeante. Sa substance est ferme, d'une saveur piquante.

Le Prévat rosé ou rougeatre cerise (Paul., *loc. cit.*, p. 177, pl. 74, fig. 3), est l'*agaricus russula*, Schæff., tab. 58. Il est couleur de cerise pâle en dessus, avec des feuillets jaunes; sa saveur est piquante, néanmoins il n'est pas malfaisant et même on en fait usage en Italie.

Le Prévat tourné (Paul., *loc. cit.*, p. 176, pl. 74, fig. 2) croît dans tous les bois des environs de Paris : il est blanc; son chapeau, sujet à se fendre, est porté par un stipe long, quelquefois de six à sept pouces; il n'est point malfaisant.

Le Prévat verdoyant (Paul., *loc. cit.*, pag. 175, pl. 74, fig. 1) est très-voisin du précédent; il a trois à quatre pouces de hauteur et son chapeau a autant de diamètre; celui-ci varie du brun au blanc et au verdâtre; ses feuillets sont très-blancs et quelquefois jaunes. Il n'est pas malfaisant; sa saveur est piquante. (Lem.)

PREVENTA-CAVALLO. (*Bot.*) C'est sous ce nom que l'on désigne dans l'île de Cuba, suivant M. de Humboldt, le *lobelia longiflora*, plante regardée comme vénimeuse et nuisible aux chevaux qui en mangent, d'où lui vient son nom. Jacquin la cite dans la même île sous celui de *rebenta-cavallo*, et à Saint-Domingue sous celui de *quedec*. (J.)

PREVOSTEA. (*Bot.*) Acharius avoit employé pour plusieurs lichens le nom de *Dufourea*. M. Kunth a depuis adopté ce même nom pour un genre particulier que nous avons fait connoître (voyez Dufourea), mais qu'il étoit nécessaire de changer, ne pouvant être appliqué à deux genres différens. M. Choisy propose d'y substituer le nom de *Prevostea*, en l'honneur de M. Prévost, savant distingué de Genève, et il ajoute à ce genre deux espèces nouvelles que nous allons faire connoître.

Prevostea en ombelle: *Prevostea umbellata*, Chois., Ann. des scienc. nat., tom. 4, pag. 497. Sa tige est presque glabre, garnie de feuilles pétiolées, oblongues, entières, presque en cœur ou à deux oreillettes obtuses, longues d'un à trois pouces;

les pédoncules sont axillaires, un peu plus courts que les feuilles, soutenant des fleurs pédicellées, en ombelle; les pédicelles velus, munis à leur base de très-petites bractées; les deux divisions extérieures du calice sont ovales-orbiculaires, un peu velues, verdâtres; les trois intérieures jaunes, membraneuses, ovales, velues et ciliées à leurs bords; la corolle est jaune, infundibuliforme, entière au sommet, tubuleuse à sa base, longue d'un pouce et plus, couverte en dehors de longs poils; les cinq étamines sont d'égale longueur; le style est glabre, bifide au sommet, un peu plus long que les étamines. Cette plante a été découverte à Rio-Janeiro, par M. Gaudichaud.

Prevostea ferrugineux; *Prevostea ferruginea*, Chois., *loc. cit.* Cette plante est couverte sur toutes ses parties d'un duvet tomenteux et rouillé. Sa tige est simple, épaisse, cylindrique; ses feuilles sont pétiolées, ovales-oblongues, aiguës et un peu mucronées au sommet, presque en cœur à leur base, entières, longues de deux à quatre pouces; les pétioles comprimés; les pédoncules axillaires, géminés, très-courts; les fleurs pédicellées, réunies par paquets, presque en ombelle, accompagnées de bractées linéaires, filiformes et ciliées, longues de quatre ou six lignes; les deux folioles extérieures du calice arrondies, un peu ovales; les trois intérieures élargies, membraneuses à leurs bords; la corolle est longue de neuf lignes, velue en dehors; les étamines sont plus courtes que la corolle; les deux styles égaux, filiformes; les stigmates en tête, l'ovaire est petit, conique, velu au sommet; la capsule ovale, presque globuleuse, glabre, à quatre valves, à deux loges, à une semence ovale dans chaque loge. Cette plante croît au Brésil. (Poir.)

PREVOTIA. (*Bot.*) Adanson désignoit sous ce nom générique une céraste, *cerastium pentandrum* de Linnæus, différente de ses congénères, parce qu'elle n'a que cinq étamines, toutes fertiles. (J.)

PREYER. (*Ornith.*) Un des noms anciens du proyer, *emberiza miliaria*, Linn., aussi appelé *prier* et *pruyer*. (Ch. D.)

PRIACANTHE, *Priacanthus*. (*Ichthyol.*) M. Cuvier a donné ce nom à un genre de poissons acanthoptérygiens de la quatrième tribu de la famille des perches, dont les caractères sont les suivans :

Corps couvert d'écailles rudes jusqu'au bout du museau ; mâchoire inférieure plus avancée que la supérieure ; bouche obliquement dirigée vers le haut ; dents en carde ou en velours ; préopercule dentelé et terminé vers le bas par une épine elle-même dentelée.

Ce genre est formé par l'*Anthias macrophthalmus* de Bloch, et par l'*Anthias boops* de Schneider.

Le premier de ces poissons a été rapporté par feu de Lacépède aux lutjans. Il vient du Japon, et est remarquable par le très-grand diamètre de ses yeux, ainsi que son nom semble l'indiquer. (H. C.)

PRIADELA. (*Bot.*) Ruellius dit que les Daces nommoient ainsi la bryone. (J.)

PRIAM. (*Entom.*) Nom d'un très-beau papillon chevalier grec, à ailes dentelées, d'une belle couleur verte satinée, avec une grande tache noire sur les supérieures, et six taches noires sur les inférieures. Son corps est noir, à l'exception de l'abdomen, qui est d'un beau jaune ; le corselet présente sur les côtés des taches ou lignes obliques, couleur d'un sang très-vif, ce qui a fait regarder ce papillon comme le type de la famille ou du groupe des chevaliers troyens qui sont désarmés, c'est-à-dire, dont les ailes ne se prolongent pas en pointe comme des épées, et qui ont des taches rouges et comme ensanglantées à la poitrine. On rapporte souvent ce papillon d'Amboine et des autres îles des Indes orientales. (C. D.)

PRIAPE DE MER. (*Échinod.*) Traduction des mots latins *pudendum marinum*, sous lequel les auteurs anciens d'histoire naturelle désignent certaines espèces d'holothuries, à cause de leur forme, qui a quelque ressemblance avec le pénis de l'espèce humaine. (De B.)

PRIAPEIA. (*Bot.*) Nom cité par Gesner et C. Bauhin, d'un tabac, *nicotiana rustica*. (J.)

PRIAPOLITHES. (*Foss.*) On a autrefois donné ce nom à des espèces d'alcyons fossiles percés par le bout, qu'on trouve à Pfeffingen. (D. F.)

PRIAPULE, *Priapula*. (*Subactinoz.*) Genre établi par M. de Lamarck, tome 3, page 76, de sa nouvelle édition des Animaux sans vertèbres, pour un animal fort singulier, assez

mal connu, que Linné et tous les naturalistes du Nord, et
entre autres Muller, rangeoient parmi les holothuries, sous
le nom d'*H. priapus*, et que l'on peut caractériser ainsi :
Corps mou, alongé, cylindrique, finement strié transversalement, sans aucune trace d'appendices ni de suçoirs tentaculaires, terminé en avant par un renflement subcéphalique,
à l'extrémité duquel est une bouche orbiculaire, simple, munie d'une sorte de trompe rétractile, armée de deux cercles
de dents cornées, et en arrière par un orifice anal, à côté
duquel sort un fascicule oblong de longues papilles. L'organisation de cet animal, qui ne peut être rangé dans la même
classe que les holothuries, puisqu'il n'offre pas les cirrhes
tentaculaires buccaux qui caractérisent ce genre; mais qui ne
peut guère non plus être mis au rang des animaux articulés,
m'a déterminé à le placer dans un sous-type intermédiaire
aux entomozoaires et aux actinozoaires, sous-type que
j'ai nommé subactinozoaires et qui a été un peu étudié ana-
tomiquement par Ratke, dans le tome quatrième de la Zoologie danoise. Son corps est oblong, rond, mou, transparent,
étranglé vers son tiers antérieur, de manière à ce que cette
partie ressemble un peu à une espèce de gland rétractile,
strié de vingt-quatre cannelures longitudinales, de vingt ou
vingt-deux plis transverses, peu marqués, couverts de petits
aiguillons nombreux. Le reste du corps, séparé du renflement
par un sillon annulaire plus profond, est finement strié en
travers et couvert de petites papilles pointues. O. Fabricius
a compté trente-huit sillons. La bouche est à l'extrémité de la
trompe ; elle est orbiculaire et il peut en sortir un tube plus
court, plus grêle, et hérissé de deux anneaux dentaires,
composés chacun de dix dents tricuspides, brunes, pointues,
recourbées, qui, lorsque la trompe est rentrée, forment le
cercle dentaire de la bouche. Du milieu de l'extrémité postérieure sort un filament trois fois plus long que le corps,
garni dans toute sa longueur de papilles oblongues, comme
fasciculées, plus serrées cependant à la base qu'à l'extrémité,
qui est terminée par trois de ces papilles. L'anus est un trou
rond, dont le bord est garni de verrues et percé près du
centre, dont sort le filament. On aperçoit à travers la peau
une couche musculaire, en outre plusieurs ligamens? qui

servent à faire adhérer les intestins à l'enveloppe autour de la bouche. L'œsophage se dilate, et est entouré de glandes, en sorte qu'il paroît anguleux. On y aperçoit aussi plusieurs nerfs. Cette partie anguleuse est cartilagineuse. L'estomac est entouré de glandes latérales. Le canal intestinal se porte à l'anus, sans former beaucoup de circonvolutions. Auprès de l'anus on a remarqué deux vésicules à stries transversales, élevées, qui ont paru à Ratke être des ovaires non adultes. Le fascicule postérieur est composé de corpuscules cylindriques, qui forment des verticilles autour d'un tube membraneux. Ces corpuscules ou papilles molles, observés à la loupe, sont si semblables au corps lui-même, qu'il n'est pas douteux, suivant l'auteur cité, qu'ils ne doivent être regardés comme un ovaire analogue à celui des lernées.

On ne connoît encore qu'une espèce de priapule, que M. de Lamarck nomme P. A QUEUE, *P. caudatus*, probablement à cause du singulier appendice qui termine son corps en arrière, et qui, cependant, a servi à la caractéristique du genre. C'est un animal de trois à six pouces de long, de couleur grisâtre, et qui vit dans le sable des rivages de l'Océan boréal. Il y forme une fosse, à peine plus profonde que son corps n'est long, et il en sort et rentre la partie glandiforme, en même temps que le faisceau tentaculaire est aussi sorti. Il faut donc supposer qu'il se tient horizontalement, les deux extrémités verticalement relevées, un peu comme l'arénicole.

L'individu qui a servi à l'excellente description extérieure d'Othon Fabricius, dans sa Faune du Groënland, page 355, avoit six pouces de long, dont quatre et demi pour l'appendice postérieur, sur quatre lignes de diamètre. Suivant cet observateur, cet animal se sert de l'extrémité glandiforme pour fouiller le sable, ce à quoi ne sert jamais la queue. Dans cette opération celle-ci se retire au-dessus du fond, comme une espèce de tentacule, et quand on vient à la toucher, elle rentre subitement. La masse glandiforme est tout-à-fait rétractile; mais jamais il n'en a vu sortir l'espèce de trompe intérieure.

Cet animal, qui sert de nourriture à plusieurs poissons, et entre autres au cotte gobie, auroit besoin d'être observé dans l'état actuel de la science, afin de déterminer au juste ses rapports naturels. En effet, les auteurs ne sont pas même d'accord sur les orifices; ainsi Gmelin donne pour la bouche l'orifice où est le faisceau tentaculaire, mais il est vrai fort à tort. Ce faisceau est regardé comme un ovaire par Ratke, et M. de Lamarck pense que ce pourroit bien être une sorte d'organe de la respiration : ce qui paroît plus rationnel. (De B.)

PRIAPUS. (*Bot.*) Genre indiqué par Rafinesque-Schmaltz et qui, selon lui, présente la forme du genre *Phallus* et la fructification de l'*hydnum*. Il en décrit une espèce qu'il nomme *priapus nivens*. Elle croît aux États-Unis. (Lem.)

PRICK. (*Ichthyol.*) Un des noms allemands de la *Pricka*. Voyez Pétromyzon. (H. C.)

PRICKA. (*Ichthyol.*) Nom spécifique d'un Pétromyzon. Voyez ce mot. (H. C.)

PRIER. (*Ornith.*) Voyez Proyer. (Desm.)

PRIESTLEYA. (*Bot.*) Genre de plantes dicotylédones, à fleurs complètes, papilionacées, de la famille des *légumineuses*, de la *diadelphie décandrie* de Linnæus, offrant pour caractère essentiel : Un calice à cinq lobes, à deux lèvres presque égales; une corolle papilionacée, glabre; l'étendard arrondi, médiocrement onguiculé; les ailes obtuses, un peu en faucille; la carène convexe sur le dos; dix étamines diadelphes; un ovaire supérieur; le style filiforme; le stigmate en tête, quelquefois muni à sa partie postérieure d'une dent aiguë; une gousse sessile, plane, comprimée, ovale-oblongue, acuminée par le style, renfermant quatre ou six semences.

Ce genre, établi par M. De Candolle, est en partie composé d'espèces retranchées des genres *Borbonia*, *Aspalathus*, *Liparia* : il renferme des arbrisseaux du cap de Bonne-Espérance, dont les feuilles sont simples, entières, privées de stipules; les fleurs jaunes, réunies presque en épi ou en tête, en forme d'ombelle. Il faut placer dans ce genre le

Priestleya a feuilles lisses : *Priestleya lævigata*, Decand.; *Borbonia lævigata*, Linn., *Syst. veg.*, Pluken., tab. 414, fig. 1. Cette plante a des rameaux cylindriques, un peu velus vers leur sommet; ils sont garnis de feuilles alternes, glabres, sessiles, lancéolées, aiguës, sans nervures apparentes; les fleurs viennent en ombelles terminales, portées sur des pédoncules très-courts ; chaque ombelle est munie d'un involucre à quatre folioles velues, droites, ovales, concaves ; les pédoncules propres des fleurs sont au nombre de quatre, plus courts que les involucres ; les fleurs sont jaunes, le calice est velu. Cette plante croît au cap de Bonne-Espérance.

PRIESTLEYA A FEUILLES DE GRAMINÉES : *Priestleya graminifolia*, Decand. ; *Liparia graminifolia*, Linn., *Mant.* Cette plante a une tige ligneuse, ramifiée, lisse, anguleuse ; ses feuilles sont linéaires, lisses, planes, semblables à celles des graminées, droites, alternes, à une seule nervure, plus longues que les entre-nœuds, un peu courantes par leur dos et leurs bords ; les fleurs sont jaunes, ramassées en une tête oblongue, terminale, sessile, presque de la longueur des feuilles ; leur calice est velu, blanchâtre ; la division inférieure plus longue que les autres. Cette plante croît dans le sable, au cap de Bonne-Espérance.

PRIESTLEYA A FEUILLES DE BRUYÈRE : *Priestleya ericifolia*, Dec.; *Borbonia ericifolia*, Linn., *Amœn. acad.*, 6. Petit arbrisseau un peu velu. Ses rameaux sont droits, tuberculeux, glabres inférieurement, garnis de feuilles alternes, éparses, oblongues, linéaires, aiguës, lisses, sans nervures en dessus, velues et canaliculées en dessous, redressées et rapprochées les unes des autres, longues de trois à cinq lignes ; les fleurs sont jaunes, petites, réunies en têtes sessiles au sommet des rameaux ; elles produisent des gousses fort courtes, ovales, acuminées, très-velues. Cette plante croît au cap de Bonne - Espérance. (POIR.)

PRIGUIZA. (*Mamm.*) Le bradipe aï est ainsi nommé par les Portugais. (DESM.)

PRIMAIRE [PÉDONCULE]. (*Bot.*) Support principal des divisions d'un pédoncule composé. (MASS.)

PRIME. (*Min.*) Expression employée par les joailliers et par les personnes qui font le commerce des pierres d'ornemens pour désigner des pierres imparfaites ou qu'ils supposent dans leur premier état de formation, et celles qui ressemblent par leur couleur à des pierres beaucoup plus dures et beaucoup plus estimées qu'elles. Ainsi *prime d'améthyste* est, ou de l'améthyste imparfaite, qui ne peut être mise dans le commerce, ou de la chaux fluatée violette ; la *prime d'éme-raude* est de la chaux fluatée verte, etc. (B.)

PRIMEROLE. (*Bot.*) Un des noms vulgaires de la prime-vère. (J.)

PRIMEVÈRE ; *Primula*, Linn. (*Bot.*) Genre de plantes dico-tylédones monopétales, qui a donné son nom à la famille des *primulacées*, Juss., et qui appartient à la *pentandrie monogynie* du système sexuel. Ses principaux caractères sont d'avoir : Un calice monophylle, tubuleux, à cinq dents ; une corolle mo-nopétale, en entonnoir, à tube alongé, nu à son orifice, et à limbe découpé en cinq lobes égaux ; cinq étamines à fila-mens courts, insérés sur le tube et non saillans, terminés par des anthères droites, conniventes ; un ovaire supère, globuleux, surmonté d'un style filiforme et terminé par un stigmate en tête ; une capsule ovale, recouverte par le calice persistant, à une seule loge, s'ouvrant à son sommet par cinq ou dix valves, et contenant des graines nombreuses attachées à un placenta central.

Les primevères sont des plantes herbacées, à racines vivaces, à feuilles presque toujours toutes radicales, dont les fleurs sont portées sur une hampe nue et le plus souvent plusieurs ensemble en une sorte d'ombelle. On en connoît une soixan-taine d'espèces, tant exotiques qu'indigènes de l'Europe, et parmi ces dernières douze croissent naturellement en France. Plusieurs de ces plantes ont mérité, par leurs charmantes fleurs, d'être cultivées dans les jardins, et comme quelques-unes d'entre elles paroissent de très-bonne heure au printemps, cela leur a fait donner les noms qu'elles portent en latin et en françois.

* *Tiges distinctes.*

Primevère a feuilles d'arétie; *Primula vitaliana*, Linn., *Sp.*, 206. Cette plante a plutôt le port d'une arétie que d'une primevère ; ses tiges sont herbacées, très-rameuses, étalées et couchées sur la terre, longues de deux à quatre pouces, ter-minées par un faisceau de feuilles disposées en rosette, et nues dans le reste de leur étendue, ou chargées par intervalles des restes des rosettes de feuilles des années antérieures, qui sont desséchées et réfléchies en arrière: les feuilles de l'année sont linéaires, sessiles, longues de trois à quatre lignes, couvertes, ainsi que les jeunes rameaux et les calices, de poils courts et rayonnans, seulement visibles à la loupe, et qui font paroître la plante d'un vert cendré; les fleurs ont leur limbe d'une belle couleur jaune soufre, et partagé en cinq lobes entiers ; elles sont portées sur de courts pédoncules, disposés un ou deux, et quelquefois trois à quatre ensemble dans chaque rosette de feuilles, et qui paroissent le plus souvent être latéraux, à cause du prolongement des tiges; la capsule ne renferme que deux à cinq graines. Cette espèce croît sur les sommités des Pyrénées et des montagnes alpines de la France, de la Suisse, de l'Italie : elle se plait sur les bords des torrens et sur les rochers humides, où elle fleurit en Juin et Juillet.

*** Tiges nulles; feuilles toutes radicales, velues ou pubescentes.*

PRIMEVÈRE A FEUILLES DE CORTUSE: *Primula cortusoides,* Linn., Sp., 206; Lois., Herb. de l'amat., n.° et t. 408. Ses racines, qui sont fibreuses, produisent plusieurs feuilles en cœur alongé, ridées, légèrement pubescentes, découpées en lobes arrondis, peu profonds et crénelés; du milieu de ces feuilles, portées sur de longs pétioles velus, s'élèvent trois à quatre hampes, également velues, droites, hautes de six à huit pouces, terminées par six à douze fleurs purpurines, d'une odeur agréable, mais foible, portées chacune sur un pédicelle de huit à douze lignes de longueur et disposées en ombelle; les divisions de leur limbe sont échancrées en cœur. Cette primevère est originaire des bois montueux de la Sibérie. On la cultive pour l'ornement des jardins : il est probable qu'on pourroit la planter en pleine terre; mais, comme elle est encore rare, on la met en pot et on la rentre dans l'orangerie pendant l'hiver: elle fleurit en Mars et Avril.

PRIMEVÈRE TOUJOURS FLEURIE : *Primula semperflorens,* Lois., Herb. de l'amat., n.° et t. 513 ; *Primula sertulosa,* Ann. Soc. Linn., Paris, 1825, p. 28, t. 3. Sa racine produit huit à dix feuilles cordiformes, velues, molles au toucher, parsemées de glandes très-fines, qui les rendent légèrement visqueuses;

ces feuilles, portées sur de longs pétioles velus, rougeâtres, sont découpées en neuf à onze lobes peu profonds, obtus, crénelés, et du milieu d'elles s'élèvent une ou plusieurs hampes cylindriques, droites, velues, hautes de six à huit pouces, terminées par à peu près autant de fleurs d'une couleur purpurine claire, et d'une odeur agréable, longuement pédonculées et disposées en une ombelle du centre de laquelle naît souvent une seconde ombelle, portée sur un prolongement de la hampe, et quelquefois la seconde ombelle est surmontée d'une troisième. Cette jolie plante a été rapportée d'Angleterre, il y a trois ans, par M. Noisette; elle vient originairement de la Chine. En serre chaude elle fleurit toute l'année, mais elle passe très-bien l'hiver en serre tempérée. On la multiplie en éclatant les racines des pieds un peu forts, et mieux en semant ses graines, qui mûrissent bien : si par des semis multipliés on parvient à en obtenir des variétés de différentes couleurs, comme on en a gagné de la primevère élevée, cette nouvelle espèce, que sa floraison perpétuelle et ses formes élégantes rendent déjà très-précieuse, le deviendra encore bien davantage.

PRIMEVÈRE A GRANDES FLEURS : *Primula grandiflora*, Lam., Fl. fr., 2, pag. 248; *Primula veris acaulis*, Linn., *Sp.*, 204. Ses feuilles sont ovales-oblongues, rétrécies en pétiole à leur base, glabres, un peu ridées et d'un vert pâle en dessus, légèrement pubescentes en dessous, un peu sinuées en leurs bords ; d'entre ces feuilles naissent plusieurs hampes un peu cotonneuses, longues de quatre à six pouces, terminées le plus souvent par une seule fleur communément d'un beau jaune clair, blanche ou d'une couleur purpurine plus ou moins foncée, ou gris de lin dans quelques variétés; quelquefois aussi les hampes, au lieu de ne porter qu'une seule fleur, sont terminées par une ombelle composée de trois à huit fleurs; le limbe de la corolle est très-ouvert, souvent large de quinze à seize lignes, et les dents du calice sont très-aiguës, fendues jusqu'à moitié de sa longueur. Cette plante fleurit en Mars, Avril et Mai, et quelquefois une seconde fois à l'automne. Elle est commune dans les bois et les forêts, en France et dans plusieurs parties de l'Europe. On cultive dans les jardins ses différentes variétés.

Primevère élevée, vulgairement Primerolle : *Primula elatior,* Jacq., *Misc.,* 1, pag. 158; *Primula veris elatior,* Linn., *Sp.,* 204. Cette espèce diffère de la précédente par ses feuilles moitié plus courtes que la hampe, un peu plus distinctement dentées, et surtout vers leur base où elles se rétrécissent plus subitement en pétiole; par ses hampes portant constamment une ombelle de six à douze fleurs inodores, les unes redressées, les autres penchées, à limbe ouvert, assez grand, mais moins large que dans la primevère à grandes fleurs, et ayant à la base de leurs pédoncules plusieurs folioles lancéolées-linéaires, dont l'ensemble forme une collerette à l'ombelle; elle diffère encore par les dents du calice, trois à quatre fois plus courtes que le tube. Il faut observer pour distinguer cette espèce de la suivante, que le calice n'a que des poils rares et que ses dents sont aiguës. La primevère élevée croît en France et en Europe dans les bois et les prés humides; ses fleurs sont d'un jaune pâle, et paroissent dès les premiers jours du printemps : transportée des forêts dans nos jardins, elle a produit un bien plus grand nombre de variétés que la précédente, et ses fleurs offrent aujourd'hui une multitude de nuances différentes dans le blanc, le jaune, et surtout dans le rouge, le pourpre, le violet et le brun; c'est dans ces quatre dernières couleurs qu'on trouve les plus belles variétés. On en a aussi des doubles, mais dont les couleurs ne sont pas aussi variées, et les amateurs aiment en général mieux les simples, dont les teintes sont plus riches, surtout lorsque celles-ci sont comme veloutées, et lorsque le centre et les bords des corolles sont d'une autre nuance, ce qui forme un contraste agréable. Les variétes prolifères, c'est-à-dire celles dont les fleurs produisent d'autres fleurs, sont plus curieuses que jolies.

C'est en multipliant les semis que les fleuristes se sont procuré toutes les variétés qu'ils possèdent maintenant, et dont le nombre se monte peut-être à plus de cent : c'est tout au plus si dix de ces variétés étoient connues, il y a soixante-dix à quatre-vingts ans. Par de nouveaux semis on en obtient encore tous les ans de nouvelles, et les amateurs ne doivent pas se lasser de semer des graines des plus jolies variétés connues, dans l'espoir d'en gagner encore de plus belles.

C'est en Novembre et Décembre qu'on recommande de faire

les semis de primevère : les graines peuvent être répandues en pleine terre légère et un peu substantielle, à l'exposition du levant; on sème aussi dans des pots, qu'on met à l'abri des neiges et des fortes gelées, en les rentrant dans l'orangerie. Les jeunes plantes provenant de ces semis se repiquent, à la fin d'Octobre ou en Novembre de l'année suivante, en bordures ou par touffes, et elles fleurissent au printemps qui suit. Lorsqu'on ne veut multiplier que les variétés déjà acquises, on le fait en divisant les racines des vieux pieds, à la fin de l'hiver et mieux en Novembre ou Décembre, parce que, les primevères fleurissant souvent dès le mois de Mars, la déplantation qu'on leur fait subir à la fin de l'hiver, retarde leur floraison et nuit à la beauté de leurs fleurs : ces dernières durent ou se renouvellent pendant un mois ou six semaines. Lorsque l'automne est belle et que l'été n'a pas été trop sec, les primevères fleurissent souvent une seconde fois. Ces plantes font un joli effet dans les jardins; elles sont propres soit à faire des bordures, soit à mettre en touffes sur le devant des plates-bandes parmi les autres fleurs qui restent basses; elles aiment en général l'ombre, un terrain un peu frais, et ne réussissent pas si bien au soleil, où l'on doit éviter de les placer : elles résistent ordinairement aux froids les plus rigoureux.

Primevère du printemps, vulgairement Coucou, Brayette, Herbe a la paralysie : *Primula veris*, Willd., *Sp.*, 1 , pag. 800; *Primula veris officinalis*, Linn., *Sp.*, 204; Bull., Herb., t. 171. Cette primevère ressemble au premier aspect à la précédente, mais il est aisé de l'en distinguer à ses fleurs plus nombreuses, toutes penchées, dont le limbe est concave, d'un jaune pâle marqué de cinq taches d'une couleur orangée, débordant le calice seulement d'un tiers ou d'un quart, et surtout parce que celui-ci est tout couvert d'un duvet court et serré qui le rend blanchâtre, et que ses dents sont courtes, presque obtuses. Cette espèce fleurit en même temps que la précédente; on la trouve dans les mêmes lieux, surtout dans les terrains argileux

Les fleurs de cette primevère passoient autrefois pour cordiales et céphaliques; on leur a attribué la propriété de pouvoir guérir la paralysie, surtout celle de la langue; on a également préconisé leur usage dans l'apoplexie, les vertiges, les maux de tête; on les prescrivoit en infusion théïforme: aujourd'hui elles sont à peu près tombées en désuétude.

Dans quelques cantons on mange les feuilles de cette plante en salade. Elle est quelquefois très-commune dans les prairies et elle leur est nuisible, parce que les bestiaux la rebutent.

PRIMEVÈRE VISQUEUSE; *Primula viscosa*, All., *Fl. ped.*, n.° 338, tab. 5, fig. 1. Cette espèce a le port de l'oreille-d'ours, dont il sèra question plus bas; mais elle s'en distingue facilement parce que ses feuilles, sa hampe, ses pédicelles et ses calices sont entièrement couverts de poils courts, serrés et assez souvent un peu visqueux; ses feuilles sont rarement entières, mais presque toujours plus ou moins crénelées; ses fleurs, rougeàtres ou violettes, jamais jaunes, ont les lobes de leur limbe assez profondément échancrés; leurs étamines sont insérés dans la partie supérieure du tube, peu au-dessous de son orifice, et leur pistil au contraire se trouve caché au fond du tube, qui lui-même est trois à quatre fois plus long que le calice; la capsule dépasse à peine ce dernier. Cette plante croît dans les prairies humides et entre les fentes des rochers, sur les sommités des Alpes et des Pyrénées, où elle fleurit en Juin et Juillet.

PRIMEVÈRE VELUE; *Primula villosa*, Jacq., *Fl. Aust.*, *App.*, t. 27. Cette plante ressemble si parfaitement à la précédente, que j'ai bien de la peine à croire que le caractère qui la distingue soit réellement assez constant pour qu'il puisse servir à établir une espèce distincte, car j'ai reçu indifféremment les deux plantes confondues ensemble et venant des mêmes lieux. Quoi qu'il en soit, on distingue celle-ci à la brièveté de ses étamines, cachées au fond du tube, ne dépassant pas, ou de bien peu, la hauteur des dents du calice, et à la longueur du style, qui par opposition est presque aussi long que le tube. Elle croît, comme la primevère visqueuse, dans les Alpes et les Pyrénées, et, comme je l'ai déjà dit, se trouve souvent dans les mêmes localités mêlée avec elle.

PRIMEVÈRE D'ALLIONI : *Primula Allionii*, Lois., not. 38, tab. 3, fig. 1; *Primula glutinosa*, All., *auct. Fl. ped.*, 6 (*exclus. synon.*). Une racine cylindrique, oblique, brunàtre, grosse comme une plume à écrire, donne naissance, dans sa partie inférieure, à des fibres simples, blanchàtres, et son collet produit un faisceau de douze à quinze feuilles ovales-arrondies, rétrécies à leur base, entières ou rarement bordées de quelques sinuosités, toutes couvertes de poils courts, un peu visqueux, longues en tout de six à huit lignes, et disposées sur deux à trois rangs en une rosette, du milieu de laquelle s'élève une hampe de deux à quatre lignes de haut, ou simple ou bifide vers le milieu de sa hauteur, et portant une ou deux fleurs dont la corolle est grande par rapport à la petitesse du reste de la plante, et dont le limbe, ayant souvent un pouce de diamètre, est très-ouvert, d'une couleur rougeâtre, et profondément partagé en cinq lobes échancrés; le tube a un peu plus en longueur que la moitié du diamètre du limbe, et il s'évase sensiblement à son orifice; le calice est trois fois plus court que le tube et hérissé de poils, ainsi que la hampe, à la manière des feuilles. Cette espèce croît dans les Alpes du Piémont, entre les fentes des rochers situés à l'ombre; ses fleurs paroissent en Avril.

Primevère a feuilles entières : *Primula integrifolia*, Linn., *Sp.*, 205; Jacq., *Fl. Aust.*, tab. 327. Ses feuilles sont ovales-oblongues, très-entières, légèrement pubescentes, ciliées en leurs bords, rétrécies à leur base, longues de dix à douze lignes dans le moment de la floraison, s'alongeant ensuite du double à mesure que la hampe s'élève davantage : cette hampe, aussi longue ou un peu plus longue que les feuilles, porte une à trois fleurs violettes ou d'un rouge clair, dont le limbe est assez grand, partagé en cinq lobes profonds, échancrés jusqu'à moitié de leur grandeur; le calice, moitié plus court que le tube de la corolle, a ses dents obtuses. Cette primevère croît entre les fentes des rochers des Pyrénées, des Cévennes et des Alpes du Piémont, de la Suisse, de l'Autriche: elle fleurit en Juin et Juillet.

*** *Tiges nulles; feuilles toutes radicales, glabres.*

Primevère farineuse : *Primula farinosa*, Linn., *Sp.*, 205: *Fl. Dan.*, t. 125. Ses feuilles sont ovales-alongées, longues d'un pouce ou un peu plus, quelquefois n'ayant pas plus de six lignes, légèrement crénelées, rétrécies à leur base, glabres en dessus, chargées en dessous d'une sorte de poussière blanchâtre et très-adhérente, disposées en faisceau ou en rosette à la base de la hampe; celle-ci a le plus ordinairement trois à quatre pouces de haut, quelquefois beaucoup plus, d'autres fois elle n'a qu'un pouce ou deux, selon la hauteur des montagnes où habite la plante. Dans tous les cas elle se termine par une ombelle de six à douze fleurs purpurines ou couleur de chair, rarement blanches; le calice est un peu farineux, ainsi que les folioles de l'involucre, qui sont lancéolées, prolongées à leur base au-delà du point de leur insertion; la corolle est munie de glandes à l'entrée de son tube, qui dépasse peu le calice, et les divisions de son limbe sont échancrées. Ce caractère des glandes placées à l'orifice du tube de la corolle, pourroit faire exclure cette espèce des primevères, pour la placer avec les androsaces; mais, comme elle paroît avoir plus de rapports avec le premier de ces genres, surtout avec la primevère à longues fleurs, je n'ai pas cru devoir, comme l'a fait Haller, séparer ces deux plantes dans deux genres différens. Cette espèce fleurit en Juin et Juillet; elle se plaît dans les gazons humides, sur les bords des ruisseaux, dans les Alpes, les Pyrénées, les Cévennes, le Jura; sur les plus hautes sommités de ces montagnes et près des neiges, on en trouve des individus qui ne portent qu'une ou deux fleurs.

Primevère a longues fleurs; *Primula longiflora*, Jacq., *Fl. Aust.*, 5, *App.*, t. 46. Cette espèce ne diffère essentiellement de la précédente que par la longueur du tube de sa corolle, qui est dépourvu de glandes et trois à quatre fois plus long que le calice; au reste, les pédicelles sont de la longueur des folioles de l'involucre, ou à peu près, les calices sont farineux, chargés de poils noirs et courts, qu'on ne voit bien qu'à la loupe, et l'ombelle n'est composée que de deux à quatre fleurs violettes. Cette plante croit dans les Alpes de la haute Provence, dans celles du Piémont et de la Suisse, etc.

Primevère auricule, vulgairement Oreille-d'ours : *Primula auricula*, Linn., *Sp.*, 205; Jacq., *Fl. Aust.*, t. 415. Sa racine est cylindrique, oblique; elle produit, de son collet, un faisceau de feuilles ovales, rétrécies en pétiole à leur base, entières ou légèrement dentées, un peu charnues, glabres, souvent couvertes d'une poussière blanchâtre plus ou moins abondante, longues de quinze à trente lignes, rarement davantage : de

leur milieu s'élève une hampe droite, une fois plus longue
qu'elles, portant une ombelle de quatre à dix fleurs, et même
plus dans la plante cultivée, munie à sa base d'un involucre
composé de plusieurs folioles quatre à cinq fois plus courtes
que les pédicelles; le calice est un peu farineux, à cinq dents
obtuses ou peu aiguës, deux à trois fois plus court que le tube
de la corolle, dont le limbe est ouvert, large et à cinq lobes
peu échancrés ; la couleur de la corolle est ordinairement
jaune dans la plante sauvage, quelquefois purpurine ou rouge,
avec le centre blanc; mais les couleurs varient à l'infini dans
les oreilles-d'ours cultivées : leurs fleurs présentent différentes
nuances de cramoisi, de violet, de bleuâtre, de brun, de
vert-olive, de mordoré, de jaune, etc.; mais dans toutes le
centre du limbe est remarquable par un cercle recouvert d'une
poussière blanchâtre et farineuse. Cette plante croît naturellement dans les Alpes du Dauphiné, de la Provence, de la Savoie,
de la Suisse, du Piémont, de l'Autriche, où elle fleurit en
Juin et Juillet; dans les jardins, ses fleurs paroissent dès le
mois d'Avril et en Mai, et il n'est pas rare à quelques variétés
d'en donner de nouvelles en Septembre ou Octobre.

Des marchands flamands frappés, dit-on, de l'éclat et du
parfum agréable des fleurs de cette espèce, qu'ils trouvèrent
croissant naturellement dans nos Alpes, en déplantèrent quelques pieds et les emportèrent à Lille en Flandre. Dans la suite,
en ayant semé les graines et ayant pris un soin particulier
de leurs semis, la culture diversifia et perfectionna à l'infini
les nouvelles fleurs provenues de la plante sauvage, et avec
le temps la nature parut inépuisable dans les variétés et le
mélange de couleurs et de nuances dont elle orna les corolles
de cette humble plante. Lorsque l'oreille-d'ours eut été per-
fectionnée à Lille, on l'apporta à Paris, où les amateurs de la
capitale s'empressèrent à l'envi de la cultiver dans leurs jardins comme une nouveauté rare et précieuse, et bientôt elle
se répandit dans toute l'Europe.

Mais toutes les variétés d'oreille-d'ours ne sont pas indifféremment estimées par les amateurs; ceux-ci exigent, pour les
trouver belles, qu'elles aient certaines qualités et certaines
proportions, sans cela ils n'en font pas le moindre cas. Ainsi,
pour qu'une oreille-d'ours ait toute la perfection que désirent

les amateurs de profession, il faut d'abord que sa tige soit forte et épaisse, ensuite que les fleurs qu'elle porte soient nombreuses et disposées en un bouquet qui ait de la grâce, sans pencher trop vers la terre, ce qui arrive lorsque les pédicelles sont trop longs et trop grêles. Les fleuristes difficiles veulent encore que les corolles soient larges, bien étoffées et d'une forme régulière; que leurs lobes ne soient point frisés, mais unis, et que les couleurs en soient brillantes; que les étamines paroissent rangées à l'entrée du tube, et non qu'elles soient cachées au dedans, parce que cela laisse dans la fleur un vide qui la défigure; ils veulent, enfin, que l'orifice du tube forme un œil exactement rond ou au moins qu'il forme une étoile parfaite, et que son fond soit blanc ou au moins le plus clair possible, pour donner plus de relief à la couleur principale. On estimoit beaucoup plus autrefois les fleurs panachées que celles dont les couleurs étoient toutes unies; mais l'expérience ayant appris que les panachures ne se soutenoient pas, on fait plus de cas aujourd'hui des couleurs pures et sans mélange, quand elles sont vives, brillantes; celles surtout qui imitent l'éclat du satin et du velours, sont, avec raison, les plus recherchées. Les fleurs dont les corolles sont élevées l'une sur l'autre à double et triple étage sont regardées par les fleuristes, de même que par les botanistes, comme des monstruosités, qui nuisent à la beauté et à l'élégance des oreilles-d'ours, au lieu d'y ajouter comme dans la rose, la jacinthe et la giroflée.

L'oreille-d'ours a besoin d'une terre substantielle, mêlée de terreau de vache pour l'entretenir douce et onctueuse, et d'un peu de sable pour la rendre meuble et légère; elle aime la fraîcheur et ne peut s'accommoder du grand soleil, si ce n'est en hiver.

C'est par les semis seulement qu'on peut acquérir de nouvelles variétés, et le nombre de celles-ci est aujourd'hui trèsconsidérable et s'accroit toujours par celles que les amateurs acquièrent chaque année. Pour obtenir les plus belles variétés possibles, il faut choisir les graines sur des plantes vigoureuses et dont les fleurs, de forme parfaite, aient aussi les plus belles couleurs. Avant que les fleurs de ces plantes de choix ne s'épanouissent, il est bon de les séparer des autres

oreilles-d'ours communes, dont les poussières fécondantes, portées par le vent ou les insectes, pourroient altérer les graines
de celles-ci. Lorsqu'elles sont défleuries, on les laisse au soleil
pour que leurs graines acquièrent une maturité plus parfaite,
et en Septembre, Octobre ou même Novembre on sème celles-
ci dans des terrines ou des pots remplis d'un mélange de
terre franche, de sable et de terreau bien consommé, on les
recouvre d'une ligne ou environ de la même terre mélangée,
et on les arrose très-légèrement. Ces semis doivent être faits
au levant, de peur des coups de soleil; et, pendant les grands
froids ou lorsqu'il neige, on rentre les pots dans l'orangerie. Les
autres soins que demandent ensuite les jeunes oreilles-d'ours
pendant la première année, sont d'être débarrassées des mau-
vaises herbes et arrosées au besoin. A la fin de l'hiver on
repique le plant dans une plate-bande au levant, et lors de
la floraison, en Avril et Mai, on fait choix des variétés qui
méritent d'être conservées, et on les met dans des pots, où
l'on a soin de les garantir également contre la trop grande
humidité, qui les feroit pourrir, et contre la trop grande sécheresse, qui les empêcheroit de produire des œilletons. S'il
survient des pluies trop fréquentes et trop considérables, on
prend la précaution de coucher les pots sur le côté. Dans
toutes les saisons, on enlève exactement toutes les feuilles
pourries qui pourroient gâter les autres; enfin, après la floraison on tient les plantes à l'ombre.

Pour multiplier les variétés déjà acquises, on les propage
d'œilletons, c'est-à-dire qu'on sépare les petits rejetons qui
naissent de la racine à côté de la tige principale; la racine
mère ayant une certaine épaisseur, peut se trancher impu-
nément, lorsqu'on ne peut détacher autrement la partie de
fibres nécessaire pour faciliter la reprise de chaque œuilleton.
L'époque la plus favorable pour pratiquer cette opération est
celle où les fleurs sont passées; en ne la faisant que plus
tard, on s'expose à ne pas avoir de fleurs l'année suivante.

Les amateurs d'oreilles-d'ours ne cultivent les belles variétés de cette plante qu'en pot, afin de pouvoir, à mesure qu'elles
fleurissent, les porter sur les gradins de leur théâtre qu'ils
placent à l'ombre et qu'ils ont soin de garnir d'un fond obscur, afin de mieux faire ressortir les couleurs, qu'ils s'ap-

pliquent d'ailleurs à mêler avec art, et de manière qu'elles contrastent agréablement les unes avec les autres.

Primevère très-petite : *Primula minima*, Linn., *Sp.*, 205; Jacq., *Fl. Aust.*, t. 273. Cette espèce a le port de la primevère à feuilles entières et beaucoup d'analogie avec elle par la forme de sa fleur; mais elle en diffère par ses feuilles cunéiformes, dentées au sommet, entièrement glabres, longues de six à huit lignes et ne grandissant pas après la floraison; la hampe, un peu plus longue que les feuilles, ne porte ordinairement qu'une fleur couleur de chair, dont le calice, à dents obtuses, est moitié plus court que le tube de la corolle, dont le limbe est grand, évasé, partagé jusqu'à la gorge en cinq lobes échancrés jusqu'à moitié de leur longueur. Cette espèce croît sur les Alpes en Suisse, en Autriche, etc.

Primevère crénelée; *Primula crenata*, Lam., *Illust.*, n.° 1936, t. 98, fig. 3. Cette espèce a tant de rapports avec la primevère auricule, qu'au lieu de la décrire, je crois plus convenable d'indiquer seulement les caractères par lesquels elle en diffère; ses feuilles sont constamment crénelées, bordées d'une bande de poussière blanchâtre, très-adhérente, qui se retrouve aussi autour des dents du calice; les fleurs sont purpurines ou rougeâtres, de la grandeur de celles de l'oreille-d'ours. Cette espèce croît sur les sommets des Alpes de la Provence, du Dauphiné, du Piémont, de la Suisse, etc. (L. D.)

PRIMITIVES [Plantes], (*Bot.*); de première origine. On nomme hybrides, celles qui proviennent du croisement d'espèces voisines. (Mass.)

PRIMNO. (*Crust.*) M. Rafinesque qui a créé une foule de noms de genres nouveaux, dont il n'a point fait connoître les caractères, a donné cette dénomination à un crustacé, sur lequel nous ne possédons aucune notion, si ce n'est qu'il doit être rapproché des cymothoés. (Desm.)

PRIMNOA. (*Zooph.*) M. Lamouroux (Polypiers flexibles, p. 440) a fait sous ce nom un genre de sa famille des gorgoniées, avec le *Gorgonia lepadifera* de Linné, et même de M. de Lamarck. Les caractères principaux qu'il lui assigne consistent à avoir épars, sur un polypier dendroïde, dichotome, des mamelons alongés, et pyriformes, ou coniques, pendans, imbriqués et couverts d'écailles également imbriquées, que M. Lamouroux regarde comme les véritables polypes, et non leurs habitations. Malheureusement cette opinion n'est appuyée que sur des observations faites sur des individus desséchés. Cette espèce de gorgone, qui vient des mers du Nord, a du reste tous les autres caractères des véritables gorgones. Elle est figurée dans l'ouvrage de Solander et Ellis, p. 84, n.° 8, t. 13, fig. 1 et 2. C'est le *G. reseda* de Pallas. (DE B.)

PRIMORDIALES [FEUILLES]. (*Bot.*) Feuilles qui, outre les cotylédons, sont déjà visibles dans l'embryon. La germination change les cotylédons de l'embryon en feuilles séminales, et, développant la gemmule, elle rend les feuilles primordiales distinctes. (MASS.)

PRIMULA. (*Bot.*) Ce nom, qui maintenant appartient exclusivement à la primevère, avoit été donné par Tragus et Gesner à la paquerette, *bellis*, par Brunfels au colchique. Voyez PRIMEVÈRE. (J.)

PRIMULACÉES. (*Bot.*) Cette famille de plantes, à laquelle la primevère, *primula*, donne son nom, portoit auparavant celui de lysimachiées. Elle est très-naturelle et placée à la tête de la classe des hypo-corollées ou dicotylédones monopétales à corolle insérée sous l'ovaire. Elle présente la réunion des caractères suivans :

Un calice d'une seule pièce, divisé en plusieurs parties; une corolle monopétale, régulière, dont le limbe est découpé en plusieurs lobes égaux; étamines en nombre défini, égal à celui des lobes de la corolle, au bas desquels elles sont insérées; un ovaire simple, libre ou supère, surmonté d'un seul style et d'un stigmate simple ou rarement bifide : cet ovaire uniloculaire, contenant plusieurs ovules, portés sur un *placenta* central, élevé du fond de la loge. Fruit capsulaire ou rarement un peu charnu, s'ouvrant par le haut et contenant dans sa loge unique plusieurs graines aplaties, ombiliquées, appliquées sur le placenta central grossi, chacune contenant un embryon dicotylédone, cylindrique, à radicule plus longue que les lobes et placé transversalement au milieu d'un périsperme charnu.

Toutes les plantes de cette famille sont herbacées; les unes à tiges simples ou rameuses, munies de feuilles opposées ou

plus rarement verticillées ou alternes ; les autres à tiges simples et nues en forme de hampe, s'élevant du milieu d'une
touffe de feuilles toutes radicales. Les fleurs de celles-ci sont
terminales, solitaires ou plusieurs ensemble, entourées d'un
involucre polyphylle ; celles des premières sont axillaires ou
terminales, solitaires ou réunies plusieurs ensemble sur un
pédoncule commun.

La famille se divise naturellement en deux sections, caractérisées par la structure des tiges et la disposition des feuilles.

On place dans la première les genres à tige feuillée, *Cen-
tunculus*, *Anagallis*, *Lysimachia* (dont le *Lerouxia* de M. Merat,
les *Naumburgia* et *Palladia* de Mœnch, et l'*Asterolinum* de M.
Hoffmannsegg font partie), *Hottonia*, *Coris*, *Pelleteria* de M.
Saint-Hilaire, *Euparea* de Gærtner, *Trientalis*.

On rapporte à la section des plantes à feuilles radicales et
à tige nue, les genres *Androsace*, auquel l'*Aretia* a été réuni,
Primula, *Cortusa*, *Soldanella*, *Dodecatheon* et *Cyclamen*.

Cette famille, comme l'on voit, se distingue des autres
hypo-corollées par l'opposition des étamines aux lobes de la
corolle et par le fruit uniloculaire, dont les graines sont portées sur un placenta central et libre.

M. Saint-Hilaire a vu dans ce fruit à peine noué, des filets
très-grêles, partant de la base intérieure du style et se portant directement à chaque ovule ; lesquels, réputés conduc-
teurs de l'esprit séminal versé par les anthères sur le stigmate, disparoissent peu après l'acte de la fécondation terminé.

A la suite des deux sections précédentes nous avions placé
quelques genres différant en plusieurs points importans, mais
ayant avec elles plus d'affinité qu'avec d'autres hypo-corollées.

De ce nombre est le *Samolus* avec le *Sheffieldia*, son congénère, semblable par l'opposition des étamines aux lobes de
la corolle monopétale et par la structure intérieure du fruit,
mais différent par l'adhérence du calice à ce fruit, devenu
ainsi séminifère. Cette adhérence l'avoit fait placer dans le
jardin de Trianon et par Adanson à la suite des saxifrages et
des pourpiers ; mais Linnæus, dans ses *Ordines naturales*, l'a,
le premier, rapproché des primulacées, et MM. R. Brown et
De Candolle n'ont point changé cette disposition.

Le *Glaux*, que nous avions mis à la suite des salicariées, est reporté ici par Adanson et par M. de Saint-Hilaire comme ayant, ainsi que les primulacées, un fruit uniloculaire, à *placenta* central, séminifère, et un embryon transversal dans le périsperme qui remplit la graine; mais son affinité est diminuée par l'absence d'une corolle (caractère extrêmement rare dans les hypo-corollées), qui détermine l'insertion immédiate des étamines sous l'ovaire, excepté quand, suivant l'observation d'Adanson, il existe par cas fortuit un pétale, à l'onglet duquel est attaché l'étamine correspondante.

Le genre *Globularia* avoit été placé par Bernard de Jussieu et par nous à la suite des primulacées. Ses fleurs sont rassemblées en tête serrée, comme celles du statice : sa corolle est monopétale, hypogyne, staminifère; mais elle est divisée en cinq lobes inégaux et porte seulement quatre étamines, alternes avec quatre de ces lobes, et son fruit monosperme, indéhiscent, semblable sous cette forme à une graine nue, contient une graine attachée au sommet de la loge, dans laquelle est un embryon droit, à radicule ascendante, entouré d'un périsperme charnu. La réunion de ces caractères a déterminé M. De Candolle à en faire une famille distincte dans sa Flore françoise, sous le nom de globulariées, qu'il place entre les *statice* ou plumbaginées et les primulacées, faisant ainsi de ce genre une transition des hypo-staminées aux hypo-corollées. M. de Saint-Hilaire, Mém. du Mus., 2, pag. 47, n'approuve point ce rapprochement du *statice* (déjà indiqué en partie par Linnæus et par Adanson), d'après la considération de l'insertion de ses étamines aux onglets de ce qu'on nomme ses pétales, de son fruit véritablement capsulaire et déhiscent, et de l'attache de sa graine à un cordon qui s'élève du fond de la loge. Il trouve à la globulaire plus d'affinité avec une autre famille que Linnæus lui associoit aussi avec le *statice*, la valériane, le gui et quelques rubiacées et caprifoliées dans un même groupe de ses *Ordines naturales*. Ce sont les dipsacées, qui lui ressemblent, selon M. de Saint-Hilaire, par leurs fleurs rassemblées en tête entourée d'un involucre polyphylle; l'ovaire non adhérent au calice dans plusieurs scabieuses; la graine renversée de même; l'embryon droit, à radicule ascendante, renfermée, comme il l'affirme, dans un périsperme à la vérité très-mince. Si ces assertions sont vraies dans toute la famille, il existe ici avec elle une plus grande affinité; mais un port très-différent laissera encore long-temps des doutes, et d'ailleurs la place de la globulaire dans l'ordre naturel resteroit encore indécise, puisqu'il faudroit aussi en chercher une autre pour les dipsacées elles-mêmes. Les rapports de la globulaire, indiqués par Linnæus et Adanson, avec le *protea*, et par ce dernier avec le *thymelea*, n'ont pas besoin d'une longue discussion pour être rejetés. L'absence de la corolle et du périsperme dans ces deux genres, et l'insertion de leurs étamines au milieu du tube du calice, sont des caractères distinctifs suffisans, et la radicule descendante de l'embryon ajoute une différence pour le *protea*, laquelle ne peut être balancée par une identité dans le port de quelques espèces. Il résultera peut-être de cette digression que la place et les affinités de la globulaire ne sont pas encore fixées définitivement.

Nous laissons avec incertitude à la suite de la globulaire, le *Phyla* de Loureiro, qui a de même des fleurs en tête, entourée d'un involucre; une corolle monopétale, portant quatre étamines, un ovaire libre, monostyle, devenant, suivant l'expression de l'auteur, une graine nue; sa tige est herbacée; ses feuilles sont opposées et ses fleurs axillaires. On lui assigne un calice de deux feuilles, qui ne sont peut-être que deux bractées; alors la corolle ne seroit plus qu'un calice, et le genre auroit plus d'affinité avec les protéacées ou avec les urticées à fleurs involucrées.

D'autres genres, autrefois placés à la suite des primulacées, en ont été séparés plus récemment. L'*Utricularia* et le *Pinguicula* sont maintenant les types de la nouvelle famille des utriculaires. Le *Tozzia* est reporté aux rhinantées et le *Conobea* aux personées ou aux scrophulariées. Le *Nymphoides* de Tournefort, maintenant *Villarsia* de Gmelin et Ventenat, que Linnæus avoit réuni au *Menyanthes*, est placé à la suite des gentianées, parce qu'il a ses graines attachées sur le bord des valves de la capsule. On a voulu aussi assigner la même place au *menyanthes* lui-même; mais il diffère beaucoup par l'attache des graines sur le milieu des valves, comme dans les orobanchées. Cependant son port et sa corolle régulière a cinq lobes, chargée de cinq étamines, l'éloigne de ces dernières. et on reste embarrassé pour assigner sa véritable place dans l'ordre naturel. (J.)

PRINCARD. (*Ornith.*) C'est un des noms vulgaires du pinson ordinaire, *fringilla cœlebs*, Linn., qu'on appelle aussi *pinchard*. (Ch. **D.**)

PRINCE. (*Entom.*) Nom donné par les amateurs au papillon appelé par Geoffroy le collier argenté. (C. D.)

PRINCE DE SUMATRA. (*Conchyl.*) Nom marchand d'une espèce de cône, *C. sumatrensis*, Brug. (De B.)

PRINCESSE. (*Conchyl.*) Dénomination sous laquelle les marchands connoissent le sabot marbré, *T. marmoreus.* (De B.)

PRINCHARD. (*Ornith.*) Voyez Princard. (Desm.)

PRINCIPE DOUX DES HUILES. (*Chim.*) Schéele a donné ce nom à une substance sirupeuse, qu'il a obtenue en faisant réagir à chaud et au milieu de l'eau la litharge sur les huiles, les graisses, le beurre. Depuis, j'ai démontré que cette substance se forme dans toutes les opérations où une base salifiable fait un savon, en réagissant sur l'oléine et les stéarines ; je l'ai nommée *glycérine*.

La glycérine, exposée au vide sec jusqu'à ce que sa densité fut de 1,270 à 10^d, ayant été brûlée par le deutoxide de cuivre, m'a donné les résultats suivans :

	En poids.	En volume.
Oxigène	51,004	1
Carbone	40,071	1,02
Hydrogène	8,925	2,81 ;
ou		
Carbone	40,071	
Eau	57,372	
Hydrogène	2,557.	

La glycérine, d'une densité de 1,27, est sous la forme d'un sirop épais, incolore.

Elle a une saveur douce et une odeur particulière très-légère.

Elle n'a aucune action sur les réactifs colorés.

Exposée à une chaleur suffisante, elle exhale une vapeur

blanche, piquante; une partie se volatilise et l'autre se réduit en acide, en huile brune, en eau et en charbon, ainsi que Schéele l'a observé.

L'acide sulfurique, très-étendu, bouilli avec la glycérine, la convertit en sucre de raisin, suivant M. Vogel.

L'acide nitrique bouillant la convertit en acide oxalique.

La glycérine ne fermente pas quand on la met dans les mêmes circonstances que celles où les espèces du genre Sucre sont susceptibles de se convertir en acide carbonique et en alcool.

Quand on l'agite avec une solution de potasse dans l'alcool, la glycérine se précipite en une matière gélatineuse, en entraînant un peu d'alcali.

Le meilleur procédé pour se procurer la glycérine, consiste à faire chauffer 2 parties d'un corps gras, saponifiable, formé d'oléine et de stéarine, par exemple de l'huile d'olive avec 1 partie de massicot ou de litharge, au milieu de l'eau bouillante, en ayant soin de remuer continuellement les matières pour qu'elles ne s'attachent point au fond du vaisseau, qui peut être de platine, d'argent ou de porcelaine. On ne doit cesser l'opération qu'à l'époque où il ne se réunit plus de globules huileux à la surface du liquide. On décante l'eau, on la filtre et on y fait passer quelques bulles d'hydrogène sulfuré, si on veut obtenir la matière absolument exempte d'une trace de plomb qu'elle contient ordinairement. (Ch.)

PRINCIPES IMMÉDIATS. (*Chim.*) Si l'on chauffe suffisamment, dans un appareil distillatoire, de l'hydrate de chaux, on obtiendra de l'eau, composée d'oxigène et d'hydrogène, et de la chaux vive, composée d'oxigène et de calcium. Se représentera-t-on l'hydrate de chaux comme un composé d'oxigène, d'hydrogène et de calcium? ou bien comme un composé d'eau et de chaux? Toutes les études que l'on fera pour se décider entre ces deux manières de voir, concourront à faire adopter la dernière, à l'exclusion de la première, qui ne présente aucune probabilité en sa faveur. D'après cela on sent la nécessité de ne pas confondre avec les corps simples ou les élémens de la matière, des corps composés qui, par leur union mutuelle, constituent un composé plus compliqué qu'ils ne le sont eux-mêmes; de là l'expression de *principes immédiats*, qu'on donne a des corps composés , qui sont susceptibles de s'unir ensemble sans éprouver de changement dans leur nature individuelle. Ainsi on regarde l'eau et la chaux comme les principes immédiats de l'hydrate de chaux; un acide et une base salifiable, comme les principes immédiats d'un sel. L'application du mot principe à des corps composés ne doit point paroître vicieuse, par la raison que les idées que nous nous faisons de la composition de l'hydrate de chaux, d'une matière saline , sont celles de l'eau unie à la chaux, d'un acide uni à une base salifiable : envisagez l'hydrate de chaux comme un composé ternaire d'oxigène, de calcium et d'hydrogène ; supposez les élémens de l'acide et de la base salifiable unis immédiatement ensemble, et vous n'aurez plus les idées que nous nous formons de l'hydrate de chaux et d'un sel ; conséquemment, puisque ce sont de *certains arrangemens d'élémens*, qui constituent pour nous certains composés , ces *arrangemens d'élémens* doivent être considérés comme des principes.

Les êtres organisés ne présentant que des corps composés à l'analyse que l'on en fait avec les précautions nécessaires pour ne pas altérer l'ordre de combinaison des élémens qui les constituent , on a étendu la dénomination de *principes immédiats* à ces mêmes composés, par la raison qu'on les regarde comme constituant immédiatement les êtres d'où on les a extraits. Voyez Principes immédiats organiques. (Ch.)

PRINCIPES IMMÉDIATS ORGANIQUES. (*Chim.*)

§. 1.er *Définition.*

Les êtres organisés sont formés de seize corps simples au moins, savoir : d'*oxigène*, de *chlore*, d'*iode*, d'*azote*, de *soufre*, de *phosphore*, de *carbone*, de *silicium*, d'*hydrogène*, d'*aluminium*, de *magnésium*, de *calcium*, de *sodium*, de *potassium*, de *manganèse*, de *fer;* plusieurs chimistes ajoutent encore à ceux-ci le *phthore*, l'or et le *cuivre.*

Ces corps simples , tant qu'ils sont à l'état liquide ou à l'état solide, ne sont jamais isolés dans la matière des êtres organisés ; ils forment des composés binaires, ternaires, quaternaires et même quinternaires.

Parmi ces composés il en est, comme la chaux, l'acide carbonique, que nous retrouvons dans le règne inorganique, soit qu'ils existent tous formés dans la nature, soit qu'ils résultent des opérations que nous exécutons dans nos laboratoires; il en est d'autres qui, comme les diverses espèces de sucre, l'amidon, la fibrine du sang, ne se trouvent que dans le règne organique; c'est pourquoi on les a nommés *composés organiques*, pour les distinguer des premiers, qu'on appelle *composés inorganiques*. Mais il ne seroit pas philosophique de considérer cette distinction comme établie d'une manière définitive, par la raison que nous avons tout lieu de croire que l'on parviendra un jour à faire dans nos laboratoires des combinaisons identiques à celles que nous offrent les composés organiques.

Les composés organiques sont pour la plupart formés d'oxigène, de carbone, d'hydrogène et d'azote. Il n'en est qu'un très-petit nombre qui aient le soufre et le phosphore pour élémens.

Lorsque nous cherchons à isoler d'une matière végétale ou animale les substances qui possèdent des propriétés, telles que la couleur, l'odeur, la saveur, etc., que nous avions remarquées dans cette matière, nous trouvons constamment des substances composées et non des corps simples; c'est pourquoi nous nommons ces substances les *principes immédiats des êtres organisés*, pour les distinguer des principes élémentaires ou des corps simples qui les constituent. En joignant l'épithète d'*organiques* à ceux des principes immédiats, qui ne se rencontrent jamais dans la nature minérale, nous les distinguons de ceux qui sont communs aux deux règnes.

§. 2. *Définition de l'espèce dans les composés organiques.*

L'espèce dans les composés organiques est, comme dans les composés inorganiques, une collection d'êtres identiques par la *nature*, la *proportion* et l'*arrangement de leurs élémens*.

Parmi les espèces de composés organiques on doit distinguer,

1.º *Celles dont on ne peut séparer plusieurs sortes de matières sans en altérer évidemment la nature.* Ces espèces sont les principes immédiats.

2.° *Celles qui résultent de l'union de deux ou d'un plus grand nombre de principes immédiats, unis ensemble en proportion définie.*

D'après ces définitions on doit exclure du nombre des espèces, *les composés résultant de la réunion en proportions indéfinies, soit de principes immédiats, soit de combinaisons définies de ces mêmes principes.*

Ainsi la gomme adraganthe, que Buchholz a réduite en deux substances distinctes, le gluten, que M. Taddey a réduit pareillement en deux substances, ne peuvent plus constituer des espèces.

Le mot *Variété* ne peut s'appliquer en chimie organique *qu'à des échantillons d'une même espèce, qui diffèrent par des formes cristallines secondaires, ou par quelques propriétés peu importantes du corps qui est considéré comme type de l'espèce.* Les variétés dans les espèces organiques ne sont qu'en très-petit nombre.

Le mot *Genre* ne doit s'appliquer *qu'à un groupe d'espèces bien définies, qui possèdent une ou plusieurs propriétés communes, très-importantes ou très-remarquables.*

Tel est par exemple le genre des Sucres, qui est caractérisé par les propriétés qu'ont les espèces qu'il renferme, *d'avoir une saveur douce et de se transformer en alcool et en acide carbonique, lorsqu'elles sont placées dans des circonstances convenables.*

Il comprend entre autres espèces :

1.° Le sucre cristallisable, qu'on trouve dans la canne, la betterave, etc.;

2.° Le sucre cristallisable du raisin ;

3.° Le sucre incristallisable qui accompagne toujours les espèces de sucres cristallisables.

D'après les principes que nous venons d'exposer, nous ne pouvons considérer les groupes qu'on a appelé Gommes résines, Huiles fixes, Huiles volatiles, Résines, Graisses, (voyez ces mots), comme des genres, par la raison que les corps qu'on a rassemblés sous ces dénominations, n'ont point le caractère de l'espèce.

§. 3. *De la détermination des espèces organiques.*

Est-il possible de *déterminer positivement* si une substance que l'on a retirée d'une matière organique, est une *espèce*, soit un principe immédiat, soit une combinaison définie de deux ou d'un plus grand nombre de ces principes? Non certainement; mais on conclura que la substance organique doit être considérée comme une espèce, si, après l'avoir soumise au contact de corps qui sont incapables de changer l'arrangement des élémens, mais que l'on sait avoir une action marquée sur certains principes immédiats, tandis qu'ils n'en ont pas sur certains autres, on n'a pu la réduire en plusieurs sortes de matières, ou que si, l'ayant réduite en plusieurs sortes de matières, on a la certitude que celles-ci étoient unies en proportions définies.

Exposons maintenant le mode d'opérer que j'ai proposé pour arriver à cette conclusion.

On prend un poids déterminé d'une substance organique A, *qui exige* 100 *parties d'un liquide* B, *pour être dissous. On met ce poids avec* 10 *parties du liquide* B. *Lorsqu'on juge que la solution est saturée, on la décante et on verse sur le résidu* 10 *parties de* B. *On obtient une seconde solution, qu'on décante comme la première. On continue d'opérer ainsi jusqu'à ce que la substance* A *soit entièrement dissoute, ou jusqu'à ce qu'elle cesse de céder quelque chose au liquide* B.

Enfin on traite la substance A *de la même manière par des liquides* C, D, E, *etc.*

Il pourra se présenter deux cas.

1.er *Cas.* Toutes les solutions que la substance *A* aura données avec un même liquide, seront identiques; dès-lors elle se sera comportée comme une espèce, soit de principe immédiat, soit de combinaison définie de deux ou plusieurs de ces principes, et la probabilité qu'on aura pour la considérer comme telle, sera d'autant plus grande que la substance aura été soumise à l'action d'un plus grand nombre de dissolvans, et à l'action d'un même dissolvant dans un plus grand nombre de circonstances variées. Il restera à déterminer si la substance *A* est un principe immédiat ou une combinaison définie de principes immédiats. Parmi les combinaisons de cet ordre, trouvées jusqu'ici dans les êtres organisés, on ne compte guère que des sels. Il faudra donc essayer de réduire la substance A en deux principes antagonistes, l'un doué de l'acidité et l'autre doué de l'alcalinité, en la soumettant à l'action de la pile voltaïque ou à l'action d'un acide, d'une base énergique, ou bien encore à celle d'un sel neutre : si la substance A, traitée par ces procédés, conserve ses propriétés premières, on sera conduit à la considérer comme un principe immédiat. Si la substance A provient d'une analyse où l'on aura employé des précipitans acides, alcalins ou salins, on aura beaucoup de raison, pour la considérer comme un principe immédiat, et non comme un sel.

2.ᵉ *Cas.* La substance A ne sera pas dissoute en totalité ; ou, si elle l'est, toutes les solutions qu'elle aura données successivement ne seront point identiques ; elles différeront par la proportion de la matière dissoute, par la couleur, par l'odeur, etc. : dans ce cas la substance A ne sera pas un principe immédiat isolé. Il faudra chercher à en séparer les principes immédiats, en soumettant les résidus des dissolutions partielles, évaporées, au même traitement que la substance A elle-même. Il restera à déterminer si la substance A doit être considérée comme une combinaison définie de deux ou de plusieurs principes immédiats, ou bien comme une matière qui ne mérite pas le nom d'espèce, parce qu'elle est une combinaison indéfinie ou un simple mélange de deux ou plusieurs corps. Lorsque ces corps, en lesquels la substance A aura été réduite par l'action de l'eau, de l'alcool, de l'éther, ne seront pas douées de propriétés antagonistes, susceptibles de se neutraliser mutuellement, plus ou moins exactement, on pourra presque toujours conclure que la substance A n'est pas une espèce.

On voit donc que dans la chimie organique, pour établir l'existence d'un principe immédiat comme espèce, on suit la même marche que dans la chimie inorganique, lorsqu'on établit qu'un corps doit être considéré comme simple. Il est évident que dans les deux cas la conclusion à laquelle on est conduit, est celle de l'expérience, et qu'on ne la considère pas comme absolue, mais bien comme relative aux moyens employés. Toute la différence qu'il y a, c'est que dans l'analyse minérale les circonstances où les corps sont placés, sont beaucoup plus variées, et que non-seulement on est maître de faire agir la chaleur et l'électricité avec l'énergie qu'on leur connoît pour dissocier les élémens de la matière, mais qu'avec leur action on peut encore faire concourir celle des affinités les plus fortes, telles que les affinités d'un comburant et d'un combustible, celles d'un acide et d'un alcali, au lieu que dans l'analyse organique on ne fait guères agir que des dissolvans neutres à des températures peu élevées.

Cette méthode est applicable à l'essai des principes immédiats, qui ne sont ni acides, ni alcalins, ainsi qu'à l'essai de ceux qui sont doués de l'une et de l'autre de ces propriétés. Les essais qu'on fait sur les principes immédiats, acides ou alcalins, sont plus multipliés que ceux qui peuvent être tentés sur les principes immédiats neutres, par la raison qu'en unissant une matière organique successivement à plusieurs bases, si elle est acide, ou successivement à plusieurs acides, si elle est alcaline. On multiplie ainsi les circonstances dans lesquelles on peut faire agir un même dissolvant sur une même matière.

Cette méthode, que j'ai d'abord présentée dans mes *Recherches sur les corps gras d'origine animale*, et que j'ai ensuite publiée avec de plus grands développemens dans mes *Considérations sur l'analyse organique et sur ses applications*, a deux grands avantages.

1.º Elle engagera les jeunes chimistes qui la prendront pour guide, à multiplier leurs essais, à en entreprendre, auxquels ils n'auroient point pensé, et ces essais rectifieront leurs premières vues ou donneront à ces vues un degré de certitude qu'elles n'auroient point eu sans cela. Ils apprécieront la valeur qu'ils doivent attacher aux indications des *réactifs*, soit pour caractériser une substance qu'ils auroient découverte, soit pour conclure l'identité avec une espèce connue d'une substance qu'ils auroient obtenue dans une analyse. Ils verront que dans le premier cas on ne doit donner l'action des réactifs pour caractère distinctif d'une nouvelle substance, qu'autant que cette substance a été com-

plétement isolée, et que dans le second on ne doit jamais
conclure définitivement l'existence d'une espèce connue d'a-
près l'indication de quelques réactifs seulement. Il faut dans
le second cas chercher à isoler cette substance pour la sou-
mettre à de nouvelles épreuves, et l'on ne doit jamais oublier que, plus il y a de substances mêlées dans la matière
qu'on examine, plus on est exposé à être induit en erreur
par les seules indications des réactifs. Les jeunes chimistes,
une fois pénétrés de l'esprit de la méthode, sauront apprécier par eux-mêmes la justesse des critiques qu'on pourra
faire de leurs travaux ; ils distingueront celles qui seroient
fondées des objections insignifiantes.

2.° Les auteurs de traités de chimie et les autres savans qui
ont besoin des résultats de l'analyse organique immédiate
pour leurs recherches ou pour composer des traités généraux,
verront si les résultats qu'ils veulent employer, ont été soumis à des essais assez multipliés pour être suffisamment dé-
montrés et pour servir de base à des vues générales, à des
théories. Toutes les fois qu'ils verront figurer dans des ta-
bleaux d'analyse *une substance grasse*, *une substance astringente*, *une substance extractive*, *une résine*, *une huile volatile*, etc.,
ils pourront apprécier si l'auteur de l'analyse a fait les expériences propres à constater que ces substances sont des principes immédiats purs, s'il a recherché à éviter les changemens que la chaleur, l'oxigène, les réactifs, ont pu apporter
dans la nature des principes immédiats de la matière exa-
minée. Si ces expériences et ces recherches n'ont pas été
faites, loin de croire que la *substance grasse*, la *substance astringente*, la *substance extractive*, la *résine*, etc., représente
des espèces déterminées, ils seront au contraire conduits à
penser, d'après l'affinité mutuelle des principes immédiats,
que les substances précitées sont de véritables extraits, c'est-à-
dire, des matières qui ne présentent rien de fixe et dont on
ne peut connoître la nature que par une analyse ultérieure,
parce qu'elles sont encore plus ou moins complexes. L'auteur ne sera excusable de n'avoir pas fait les essais dont je
parle, que dans le cas où il n'auroit eu à sa disposition que
de petites quantités de matières. Lorsqu'un chimiste annon-
cera l'existence d'une substance particulière, les savans ne

pourront admettre cette substance au nombre des espèces, qu'autant qu'elle aura été l'objet d'opérations semblables à celles que j'ai prescrites. Si elle est acide ou alcaline, il aura fallu qu'elle ait été combinée avec un alcali ou un acide et que le sel, résultant de cette combinaison, ait été soumis aux mêmes opérations.

§. 4. *De la description des espèces organiques.*

Les propriétés qui servent à distinguer les espèces organiques peuvent composer six groupes de caractères, que j'énonce dans l'ordre suivant :

1.° *La composition;*

2.° *Les propriétés physiques;*

3.° *Les propriétés chimiques, qu'on observe tant que l'espèce n'éprouve pas de changement sensible dans sa composition;*

4.° *Les propriétés chimiques, qu'on observe lorsque l'espèce éprouve un changement dans sa composition, qui ne va pas jusqu'à l'empêcher de reprendre sa composition première;*

5.° *Les propriétés chimiques qu'on observe lorsque l'espèce éprouve un changement dans sa composition, qui va jusqu'à l'empêcher de reprendre sa composition première;*

6.° *Les propriétés organoleptiques, c'est-à-dire celles que l'espèce manifeste lorsqu'elle est en contact avec nos organes.*

I. *Composition.*

a) Elle est immédiate, quand elle exprime dans quelle proportion deux ou plusieurs principes immédiats déterminés constituent une combinaison définie.

b) Elle est *élémentaire*, quand elle exprime la nature et la proportion des élémens qui constituent un principe immédiat.

Des compositions diverses, établies d'après la nature des élémens ou d'après la proportion des mêmes élémens, suffisent pour distinguer les principes immédiats auxquels elles se rapportent; mais ce caractère ne suffit plus dans le cas où deux substances ont donné à peu près les mêmes résultats à l'analyse, et dans celui où des substances auroient la même composition avec des propriétés différentes, puisque nous admettons que les mêmes élémens, unis dans la même proportion, peuvent produire des composés divers, si leurs atomes sont susceptibles de prendre des arrangemens différens.

II. *Propriétes physiques.*

Les principales propriétés physiques qui servent de caractères, dépendent :

1.° De l'état d'agrégation des particules.

L'espèce peut être à l'état *solide*, à l'état *liquide*, à l'état de *fluide élastique*. On doit en prendre la *densité*.

Si elle est solide, il faut reconnoître ses *formes primitives*, ses *formes secondaires*, fixer son point de *fusion*, celui de sa *vaporisation*.

Si elle est liquide, il faut déterminer son point de congélation et son point de vaporisation.

Si elle est fluide élastique, il faut savoir si elle est gaz ou vapeur.

2.° Les rapports de l'espèce avec la lumière, tels que la *transparence*, la *réfraction*, l'*opacité*, la *couleur*, l'*éclat*, la *phosphorescence*.

3.° Des rapports de l'espèce avec l'électricité, tels que la *conductibilité* et la *non-conductibilité*, la propriété de s'électriser *positivement* ou *négativement* par les différens moyens employés pour développer l'électricité.

4.° Des rapports de l'espèce avec le magnétisme. Elles sont très-bornées, lors même que les phénomènes observés par Coulomb dans beaucoup de matières organiques, leur appartiendroient essentiellement.

III. *Propriétés chimiques qu'on observe tant que l'espèce n'éprouve pas de changement sensible dans sa composition.*

Les propriétés de ce groupe sont celles que présentent des combinaisons qu'une espèce forme avec des corps qui ne l'altèrent, ni dans l'arrangement, ni dans la proportion de ses élémens. Il ne suffit pas, pour reconnoître les corps qui agissent sur une espèce sans l'altérer, de s'être assuré que l'espèce peut être séparée de ces corps avec toutes les propriétés qu'elle avoit avant de s'y être unie. Il faut encore avoir reconnu que pendant l'acte de combinaison il ne se produit aucun phénomène qui annonce un changement dans la composition de l'espèce. Ainsi, quand on unit de l'acide oxalique à de l'oxide de plomb, on obtient un composé dont on peut retirer de l'acide oxalique, en le traitant par l'acide sulfurique. Cependant, si l'on concluoit que l'acide oxalique s'est uni à l'oxide de plomb sans éprouver de changement, on se tromperoit. Pour s'en convaincre, il suffit d'observer l'action des corps quand on les chauffe dans un tube de verre alongé : il se dégage alors beaucoup d'eau.

C'est à ce groupe qu'appartiennent en général les propriétés que les principes immédiats présentent quand ils s'unissent avec les dissolvans neutres, tels que l'eau, l'alcool, l'éther hydratique, etc.

IV. *Propriétés chimiques qu'on observe lorsque l'espèce éprouve un changement dans sa composition, qui ne va pas jusqu'à l'empêcher de reprendre sa composition première.*

Telles sont celles que présentent les acides hydratés et les hydrates de bases salifiables, lorsqu'ils s'unissent ensemble ou avec d'autres corps et qu'ils perdent leur eau ; telle est encore la propriété que présente l'indigo lorsqu'il se décolore, soit en perdant de l'oxigène, soit en absorbant de l'hydrogène. (Voyez INDIGO.)

V. *Propriétés chimiques qu'on observe lorsque l'espèce éprouve un changement dans sa composition, qui va jusqu'à l'empêcher de reprendre sa composition première.*

Les propriétés de ce groupe sont celles que présentent les principes immédiats lorsqu'ils sont convertis par l'action des acides sulfurique, nitrique, en matière sucrée, en acides oxalique, sacholactique, camphorique, subérique, etc., lorsqu'ils sont réduits, par l'action de la chaleur, en huile, en acide carbonique, en ammoniaque, en charbon, etc.

Ces trois groupes de propriétés chimiques sont conformes à l'esprit de la science des actions moléculaires : ils sont ordonnés par rapport à la composition, qui reste constante dans un cas, n'éprouve qu'un léger changement dans le second, et enfin, se dénature plus ou moins complétement dans le troisième. On voit qu'en descendant du premier groupe au dernier, on s'éloigne de plus en plus de ce qui est propre à l'espèce qu'on étudie, de sorte que des espèces, très-différentes d'ailleurs, viennent pour ainsi dire se confondre ensemble par les résultats de leur décomposition : c'est ainsi que le sucre, la gomme arabique, l'amidon, le ligneux, soumis à la distillation sèche, donnent les mêmes produits, mais dans des proportions différentes.

VI. *Propriétés organoleptiques.*

Sous ce nom je réunis les propriétés suivantes : *l'impression des corps sur le toucher et le tact; l'odeur; la saveur, et toutes les actions que l'espèce peut exercer sur les organes intérieurs d'un être organisé vivant;* telle est l'action du camphre sur le cerveau, l'action enivrante de l'alcool, l'action des huiles volatiles sur la respiration, etc.

En faisant un ordre de caractères de ces propriétés, au lieu de les réunir aux propriétés physiques, c'est fixer l'attention sur elles, c'est engager les chimistes à rassembler dans leurs traités des observations qui sont éparses dans les ouvrages de physiologie, de matière médicale, de thérapeutique. Une autre raison qui m'a déterminé à distraire les propriétés organoleptiques des propriétés physiques, c'est que les premières se distinguent de celles auxquelles je conserve cette dernière dénomination, en ce qu'on ne les observe que quand l'espèce est en contact avec l'organe du toucher, l'organe de l'odorat ou celui du goût, et que dans beaucoup de cas il y a des actions chimiques très-évidentes, qui n'existent point lorsque nous reconnoissons des propriétés au moyen des organes de la vue et de l'ouïe.

Tant qu'on borne l'action des corps sur le toucher, à la simple impression sur la peau qui nous fait juger que leur surface est onctueuse, douce, aride, il est permis de ne voir dans cette action qu'un simple caractère physique, dépendant du mode d'agrégation des parties : mais, comme il y a contact entre des corps dans l'action dont je parle, qu'il existe des substances qui donnent lieu à des phénomènes chimiques non équivoques, quand on les met sur la peau, et que la chimie est la science des actions moléculaires, on ne peut dans l'histoire chimique d'un corps faire deux caractères de son action physique et de son action chimique sur l'organe du toucher; car la limite des deux caractères seroit trop difficile à établir dans plusieurs cas, et l'action purement physique seroit trop futile pour le chimiste. Enfin, la liaison qui existe entre la propriété d'agir sur la peau et la propriété d'agir sur l'organe du goût, où il y a certainement quelque chose de chimique, nous oblige à les.rapprocher l'une de l'autre.

Dans l'impression des corps sur le toucher, on doit noter la sensation de chaleur ou de froid qu'ils peuvent occasioner. Ces effets dépendent d'une simple action physique ou d'une action chimique; dans ce cas il faut distinguer celui où la peau n'éprouve point d'altération et celle où elle en éprouve.

Quant aux phénomènes que présentent les espèces relativement à l'organe de l'odorat, à l'organe du goût, voyez ODEUR et SAVEUR.

Les personnes qui désireroient avoir des notions plus détaillées sur les principes immédiats organiques que celles que nous venons de donner, les trouveront dans nos *Considérations générales sur l'analyse organique et sur ses applications*. C'est de cet ouvrage que nous avons extrait la matière de cet article. (CH.)

PRINGAMOSA. (*Bot.*) Dans l'Amérique, près Turbasco et Buga, on nomme ainsi l'*urtica baccifera*, suivant les auteurs de la Flore équinoxiale. Leur *urtica tiliæfolia* est le *pringamosa* des environs de Garapatas, ainsi que l'*urtica horrida*, qu'ils citent près d'Angostura. (J.)

PRINGAS. (*Bot.*) Nom cité par Marsden, d'un raisin sauvage, qui croît dans les bois de Sumatra. (J.)

PRINIA. (*Ornith.*) M. Horsfield, dans son Arrangement systématique des oiseaux de l'île de Java (*Trans. of linn. soc.*, vol. 13, part. 1.re, p. 133 et suiv.) a créé, sous ce nom et classé dans sa famille des *certhiadæ*, un genre voisin du *pomathorinus*; mais qui en diffère par son bec, comparativement plus droit et graduellement atténué vers la pointe, ainsi que par le manque d'opercule des narines, lesquelles, placées comme celles des *Nectarinia*, sont plus larges et de forme différente. Le tarse de cet oiseau est élevé. L'espèce sur laquelle ce genre a été établi, est le *prinia familiaris*. La notice de ce genre est suivie dans le Bulletin des sciences naturelles, année 1824, tom. 1, p. 381, de celle d'un autre genre, qui a de l'analogie avec lui et avec le *pomathorinus*; et comme l'époque de la publication de ce journal n'a pas permis d'en faire mention dans l'ordre alphabétique du Dictionnaire des sciences, on croit devoir indiquer ici le principal caractère de l'ORTHOTOMUS, qui a, ainsi que les deux autres de la même famille, le bec droit, effilé; mais qui en diffère, en ce que sa base est triangulaire. L'ongle de derrière est grand et fort, comme celui des sittelles, avec lesquelles le nouveau genre a aussi quelques rapports. L'espèce trouvée à Java est nommée *orthotomus sepium*, Horsf. (CH. **D.**)

PRINOS. (*Bot.*) Ce nom grec ancien de l'yeuse ou chêne vert, *quercus ilex*, a été transporté par Linnæus à un genre de la famille des rhamnées, voisin du houx. Voyez APALANCHE. (J.)

PRINTANIER. (*Bot.*) Ce mot, pris dans un sens absolu s'entend toujours de la floraison. (MASS.)

PRINTANIERE. (*Entom.*) Geoffroy a décrit sous ce nom, tome 2 de son Histoire des insectes, page 119, n.° 22, la femelle d'un bombyce. (C. D.)

PRINTEMPS. (*Phys.*) L'une des quatre saisons dans lesquelles on partage l'année. Comme division astronomique, cette saison commence, dans notre hémisphère, lorsque le soleil, paroissant sur la ligne dans laquelle les plans de l'équateur et de l'écliptique se rencontrent, semble passer de l'hémisphère austral dans l'hémisphère boréal, au premier point du belier, point que l'on nomme l'*équinoxe du printemps*, ce qui a lieu du dix-neuf au vingt-un Mars ; la saison dure jusqu'au solstice d'été, qui arrive du dix-neuf au vingt-deux Juin; et pendant cet intervalle, la terre parcourt les signes de la balance, du scorpion et du sagittaire.

Considéré sous le point de vue météorologique, le printemps est la saison dans laquelle la végétation, suspendue par l'hiver, se renouvelle; mais, dans notre climat, le commencement et la fin de cette saison tiennent beaucoup, l'un de l'hiver et l'autre de l'été. On peut même dire que dans les régions septentrionales, il n'y a pas de printemps; mais un été fort court.

Dans l'hémisphère austral le printemps a lieu pendant notre automne, lorsque le soleil semble passer de la balance au capricorne et que la terre parcourt le belier, le taureau et les gémeaux. Voyez les articles SAISONS et SYSTÈME DU MONDE. (L. C.)

PRINTZIE, *Printzia*. (*Bot*.) Ce genre de plantes, que nous avons indiqué dans notre tableau des Astérées (tom. XXXVII, pag. 463 et 488), appartient à l'ordre des Synanthérées, à notre tribu naturelle des Astérées, à la section des Astérées-Prototypes, et au groupe des Astérées-Prototypes vraies, dans lequel nous l'avons placé entre les deux genres *Olearia* et *Chiliotrichum*. Voici les caractères génériques du *Printzia*, tels qu'ils nous paroissent résulter de la description de Bergius, à laquelle nous les empruntons, parce que nous n'avons point vu cette plante.

Calathide radiée : disque multiflore?, régulariflore, androgyniflore; couronne unisériée?, liguliflore, féminiflore. Péricline un peu inférieur aux fleurs du disque?, formé de squames bisériées, appliquées?, à peu près égales (les extérieures un peu plus petites), lancéolées, aiguës, concaves, carénées, subfoliacées? Clinanthe plan, nu, fovéolé. Ovaires obovales-oblongs, hispides; aigrette fragile, longue comme la corolle, composée de squamellules filiformes, barbellées (c'est-à-dire courtement plumeuses). Corolles de la couronne à tube filiforme, à languette droite, lancéolée, obtuse, tridentée au sommet, subquadrinervée. Corolles du disque à cinq divisions aiguës. Anthères foiblement cohérentes, pourvues d'un appendice apicilaire et de deux appendices basilaires. Style à deux stigmatophores exserts, dressés, aigus.

PRINTZIE DE BERGIUS : *Printzia Bergii*, H. Cass.; *Inula cœrulea*. Linn., *Mant*.; *Inula cernua*. Berg., *Descr. pl. ex cap. Bon. Sp.*; *Aster polifolius*, Linn., *Sp. pl.*, pag. 1224. C'est un sous-arbrisseau, à tige haute d'environ un pied, dressée, roide, presque cylindrique, glabre, cendrée, revêtue d'une écorce extérieure brune, garnie d'un coton blanchâtre, laquelle se détache partiellement et persiste en forme de bandes longitudinales; cette tige se divise supérieurement en branches roides, subtomenteuses, un peu noueuses, dressées, subdivisées en rameaux courts, un peu étalés, tomenteux, blancs; les feuilles sont alternes, nombreuses surtout sur les petits rameaux, sessiles, longues d'environ un demi-pouce, ovales, obtuses, tomenteuses et blanches en dessous, couvertes en dessus de poils aranéeux; les calathides sont grandes, penchées, solitaires, sessiles au sommet des rameaux; les squames de leur péricline sont un peu tomenteuses et bordées de cils très-petits. Cette plante, que nous décrivons d'après Bergius, habite le cap de Bonne-Espérance. Linné lui attribue des feuilles décurrentes, obovales, un peu dentées en scie. La couronne de la calathide est bleue ou violette.

Ray avoit rapporté le *Printzia* au genre *Aster*. Vaillant le rapporta à son genre *Asteropterus*, qu'il distinguoit de l'*Aster* par l'aigrette plumeuse, et qui correspond principalement au *Leysera*. Linné suivit d'abord l'exemple de Ray, en attribuant notre plante au genre *Aster*; mais ensuite Bergius l'ayant attribuée au genre *Inula*, Linné adopta cet avis fondé sur ce que les anthères sont munies d'appendices basilaires. Nous avions soupçonné que le genre *Lioydia* de Necker pouvoit avoir pour objet la plante dont il s'agit; cependant il est impossible de vérifier cette conjecture, qui peut paroître plus ou moins vraisemblable, mais qui restera toujours très-problématique. C'est pourquoi nous avons proposé de nommer *Printzia* le genre qui nous paroît devoir être établi pour l'*Inula cærulea*, Linn.

Quoique cette plante ne nous soit connue que par la description de Bergius, nous n'hésitons pas à dire qu'elle n'appartient ni au genre *Inula*, ni à la tribu des Inulées, mais bien à la tribu des Astérées, dans laquelle elle doit constituer un nouveau genre, très-voisin de l'*Olearia* de Mœnch.

Notre genre *Printzia* se distingue de l'*Olearia* principalement par son péricline formé de squames presque égales, disposées sur deux rangs, et probablement appliquées. Ajoutons que l'aigrette n'est que barbellée, c'est-à-dire courtement plumeuse, que les anthères sont pourvues d'appendices basilaires probablement analogues à ceux du *Grindelia*, et que la courone est féminiflore. (H. Cass.)

PRIOCÈRES ou SERRICORNES. (*Entom.*) Nous avons désigné sous ces noms une petite famille d'insectes coléoptères pentamérés ou à cinq articles à tous les tarses, dont les élytres sont durs, longs, et les antennes en masse feuilletée d'un seul côté ou dentelées en dedans ; c'est ce qu'indique en particulier le nom tiré des mots grecs, πρὶων, scie, et de κερας, antenne.

Les caractères ci-dessus exprimés suffisent pour distinguer les priocères, tels que les lucanes, les passales et synodendres de tous les autres coléoptères pentamérés, qui appartiennent aux autres familles du même premier sous-ordre. Ainsi la longueur des élytres qui recouvrent le ventre, les éloigne des staphylins et des autres brachélytres. La dureté de ces mêmes élytres les fait distinguer des apalytres, comme les téléphores, les lampyres, etc. Les antennes en masse servent à les différencier de toutes les familles qui les ont en soie ou fil, comme des carabes parmi les créophages ; des dytiques parmi les nectopodes ; des taupins parmi les sternoxes ; des vrillettes, des panaches parmi les térédyles. Ces mêmes antennes, dont la masse est ronde et solide dans les stéréocères, alongée et comme perfoliée dans les hélocères, sert également à les faire distinguer ; car elle n'est ici feuilletée ou dentelée que d'un seul côté, tandis que dans les hannetons, les bousiers et les autres petalocères, elle l'est tout-à-fait à l'extrémité.

Les priocères ont quelques rapports avec plusieurs coléoptères de la famille des pétalocères, par leurs mœurs, puisqu'on les trouve, sous l'état des larves, dans les débris des bois qui s'altèrent. Les mâles diffèrent souvent des femelles par le développement de certaines parties, et par leur taille, qui est moindre, de sorte qu'on a décrit quelquefois les mâles et les femelles comme des individus appartenant à des espèces différentes.

La forme du corps des antennes et du corselet sert à faire distinguer les quatre genres qui composent cette famille. Nous les avons fait représenter sur la planche 5 de l'atlas joint à ce Dictionnaire. Voici le tableau synoptique destiné à les faire connoître.

		presque cylindrique, à corselet tronqué..	SINODENDRE.
Corps.....	déprimé; antennes	coudées; corselet { rebordé............	PLATYCÈRE.
		non rebordé........	LUCANE.
		arquées.................	PASSALE.

(C. D.)

PRION. (*Ornith.*) On a déjà dit au mot Pétrel que Lacépède en avoit séparé les *Pélécanoïdes* et les *Prions*, genres admis par Illiger, sous les noms d'*haladroma* et de *pachyptila*. Les caractères des *pélécanoïdes* sont exposés sous ce mot, où l'on a décrit l'espèce connue (*procellaria urinatrix*, Gmel.). Ceux des prions, *pachyptila*, Ill., consistent dans un bec gros, fort, très-déprimé et très-large, dont la mandibule supérieure, renflée sur les côtés, a l'arête terminée par un crochet comprimé, et dont le bord intérieur est garni de lamelles cartilagineuses : la mandibule inférieure, qui présente deux arcs soudés à la pointe, forme dans leur intervalle une petite poche gutturale; les narines basales, à la surface du bec, s'ouvrent par deux trous distincts dans un tube très-court; les pieds, médiocres, ont trois doigts devant, à palmures découpées, et un ongle très-court tient lieu de pouce.

M. Temminck qui, à la p. 802 du 2.ᵉ volume de la 2.ᵉ édition de son Manuel d'ornithologie, reconnoît que les prions et les pélécanoïdes forment deux genres particuliers, actuellement bien caractérisés, ne semble point penser de même sur la réalité des deux espèces indiquées par les naturalistes dans le genre Prion, savoir, le *procellaria vittata*, Gmel. et *Forsteri*. Lath., et le *procellaria cœrulea*, Gmel. et Lath., et il ne cite que la première dans l'analyse de son système, p. 109. Les descriptions sont d'accord sur la couleur dominante de ces oiseaux, qui est un gris-bleu; mais, comme elles diffèrent en plusieurs points, on croit ne devoir pas encore se dispenser d'en parler séparément, en leur appliquant provisoirement la dénomination indiquée par Buffon, à la fin de son article *Pétrel bleu.*

PRION A LARGE BEC; *Pachyptila Forsteri*, Illig., ou *Procellaria vittata*, Gmel. Cet oiseau, de la taille d'un petit pigeon, et long de treize pouces anglois, a le bec gris-bleu et très-large, la langue fort épaisse; le dessus du corps est de la même couleur que le bec, mais les ailes et le bas du dos sont traversés par une bande plus foncée : on voit une raie noire au-dessus des yeux ; les côtés de la tête et les parties inférieures du corps sont d'un blanc bleuâtre ; les rémiges et l'extrémité des six rectrices intermédiaires d'un bleu noirâtre et les pieds sont noirs.

Les prions ont été rencontrés par Cook dans les mers australes, depuis les 28.ᵉ ou 30.ᵉ degrés et au-delà dans toutes les latitudes, en allant vers le pôle. Des troupes nombreuses des mêmes oiseaux, mêlées aux pétrels damiers, l'accompagnèrent depuis le cap de Bonne-Espérance jusqu'au 41.ᵉ degré, et ensuite du 51.ᵉ jusqu'au 58.ᵉ Forster fait observer que deux plumes, sortant de chaque racine, et posées l'une sur l'autre, forment une couverture très-chaude à ces oiseaux, qui ne pourroient s'éloigner à plus de sept cents lieues de terre, si leurs os et leurs muscles n'étoient pas d'une fermeté prodigieuse, et s'ils n'étoient pas aidés par de longues ailes. Cet observateur ajoute qu'il a trouvé les prions rassemblés pour nicher à la Nouvelle-Zélande, où les uns voloient, tandis que d'autres étoient au milieu des bois dans des trous en terre, sous des racines d'arbres et dans les crevasses des rochers, où ils faisoient un bruit semblable au coassement des grenouilles.

Prion a bec étroit ; *Pachyptila cærulea*, Illig., ou *Procellaria cærulea*, Gmel. et Lath. Ce prion, que l'épithète *bleu*, traduction forcée du mot *cærulea*, ne distingueroit pas suffisamment de l'autre, puisque la couleur dominante est la même ainsi que la taille, en diffère, suivant Cook, en ce que son bec est moins large, et que sa queue est teinte de blanc au lieu de bleu foncé. Les naturalistes modernes ajoutent à cette observation, que le bec, bleu à son origine, est jaune au milieu et a la pointe noire ; que les pieds, de couleur bleue, ont les membranes d'une nuance pâle, circonstances qui sembleroient annoncer un jeune âge, et pourroient fortifier l'opinion de ceux qui doutent de la réalité de deux espèces. (Ch. D.)

PRIONE, *Prionus.* (*Entom.*) Genre d'insectes coléoptères à quatre articles aux trois paires de pattes, à antennes longues en soie, le plus souvent dentelées d'un seul côté, insérées au devant des mandibules et non sur un bec, appartenant par conséquent au sous-ordre des tétramérés et à la famille des lignivores ou xylophages.

Ce genre, établi par Geoffroy, paroit avoir tiré son nom de la forme la plus ordinaire des antennes, qui sont dentelées, le mot grec πρίων-πρίονος signifiant une scie. La plupart des entomologistes, Linnæus en particulier, avoient rangé les premières espèces connues avec les cérambyces ou capricornes, dont elles ont tout-à-fait les habitudes et les mœurs.

On peut donner à ce genre les caractères essentiels que voici : Corps et surtout corselet déprimés ; celui ci à bords dentelés ou épineux ; tête inclinée, à antennes variables dans les deux sexes, mais constamment insérées à la base des mandibules au-devant des yeux ; élytres larges, couvrant totalement les ailes.

A l'aide de ces caractères, il est facile de distinguer le genre Prione des sept autres que comprend la même famille des xylophages. Ainsi les molorques ont les élytres raccourcis, ne couvrant pas les ailes. Dans les rhagies et les leptures ces élytres sont rétrécis sensiblement à leur extrémité libre. Dans les callidies et les saperdes, le corselet n'est pas muni d'épines ou de dentelures latérales. Enfin, dans les capricornes et les lamies, les antennes sont insérées entre les yeux, et le corselet est cylindrique ou arrondi.

Ainsi que tous les lignivores, les priones se trouvent dans les forêts, et surtout dans les hautes futaies ; car ils se nourrissent, sous la forme de larves, dans le tronc des plus vieux arbres, qu'ils perforent d'une infinité de trous, en faisant ainsi le plus grand tort aux bois destinés à la marine et à la construction. Ces larves sont semblables à celles des capricornes, des callidies et des saperdes. Leur corps, droit, presque quadrangulaire, est plus renflé du côté de la tête dans la partie correspondante au corselet, formé de trois anneaux, et qui supportent les pattes, qui sont très-courtes et grêles. La tête, qui est petite, peut rentrer et se cacher dans cette sorte de corselet ; elle est munie de deux fortes mandibules, dont l'insecte se sert pour ronger la substance ligneuse, après l'avoir ramollie à l'aide d'une sorte de salive qu'il y dégorge. Ces larves cheminent ou avancent dans les longues galeries des mines qu'elles se creusent à l'aide des tubercules, dont leur corps est muni en dessus et en dessous. Elles avancent à la manière des ramoneurs dans les conduits de nos cheminées. Lorsqu'elles veulent se changer en chrysalides, elles se rapprochent des parties voisines de l'écorce; là elles rassemblent beaucoup de râpures ou de sciures du bois qu'elles ont rongées, elles y dégorgent une matière qui les agglutine en pratiquant un vide ou un espace libre, dans lequel elles subissent leurs métamorphoses.

L'insecte parfait qui provient de ces larves, se tient aussi dans les galeries creusées par la larve. On l'y découvre quelquefois pendant le jour, parce qu'il laisse à son insçu apercevoir quelques parties de ses pattes ou de ses antennes. Il a les mêmes mœurs que les grands capricornes; il vole le soir et ne sort de ses trous qu'au jour tombant. Son vol est lourd: il devient souvent la proie des chauve-souris.

Parmi les priones, les mâles sont en général beaucoup plus petits que les femelles. Leurs antennes sont aussi d'une autre forme; le plus souvent leur longueur est plus grande, et dans quelques espèces les pattes antérieures acquièrent aussi un plus grand développement. Il en est d'autres, chez lesquelles les couleurs des élytres et du corselet sont plus marquées ou plus brillantes. En général, les priones sont de très-gros coléoptères, les femelles surtout; car il en est qui atteignent jusqu'à six pouces de longueur totale, sans y comprendre les antennes.

C'est un genre fort nombreux en espèces. Nous en avons fait représenter une sur la planche 18 de l'atlas de ce Dictionnaire, sous le n.° 8, c'est:

N.° 1. PRIONE CORROYEUR, *Prionus coriarius*, que Geoffroy a décrit et figuré, tome 1, page 198, pl. 3, n.° 5.

Car. D'un brun marron; corselet à trois dentelures latérales.

C'est la seule espèce que l'on trouve aux environs de Paris dans les bois. Les antennes de la femelle sont moins dentelées que celles du mâle, ce qui tient à la forme de chacun des articles. Les élytres ont dans les deux sexes trois lignes ou côtes longitudinales, peu élevées. Le dessous du corselet est recouvert d'une sorte de duvet jaunâtre.

N.° 2. PRIONE ARTISAN, *P. faber.*

Il est figuré deux fois par Olivier : la femelle, n.° 66, pl. 6, n.° 23; le mâle, même numéro, pl. 9, n.° 35.

Car. Corselet légèremeut festonné latéralement, avec une dent plus longue ; mandibules très-avancées.

Il se trouve dans le Midi de la France ; il est d'un tiers plus grand au moins que le précédent, et son corps est proportionnément plus étroit.

N.° 3. Prione scabricorne, *P. scabricornis.*

C'est la *lepture rouillée* de Geoff., tome 2, page 210, n.° 6, figurée par Olivier, n.° 66, pl. 11, n.° 42.

Car. Noirâtre, à corselet un peu bordé et unidenté en arrière ; élytres d'un brun cannelle, avec deux lignes élevées.

C'est encore une espèce du Midi de la France.

Parmi les espèces étrangères, Thunberg a fait un genre sous le nom de *Macropus,* qu'on a changé depuis en celui d'*Acrocinus,* des espèces toutes étrangères, dont les pattes antérieures sont très-développées, et dont le corselet est muni d'épines mobiles.

Tel est : l'Arlequin velu de Cayenne ou Prione longimane.

C'est un très-grand insecte, dont les pattes antérieures et les antennes sont au moins deux fois plus longues que le corps, qui est déprimé, et dont le corselet et les élytres ont des taches ondulées rouges et grises sur un fond noir.

Les naturels de la Jamaïque et de Surinam recherchent et mangent la larve d'une espèce de prione qui se nourrit dans le tronc des fromagers, et qui produit une espèce appelée *cervicorne,* dont Olivier a donné la figure, planche 66, n.° 2, fig. 8. (C. D.)

PRIONITES. (*Ornith.*) Nom tiré du grec et donné par Illiger au genre *Momot.* M. Vieillot, qui écrit ce mot prionotes, *prionoti,* en fait la dénomination de la trentième famille de sa méthode, comprenant les momots et les calaos, et caractérisée par un bec plus long que la tête, dentelé ou crénelé, et les doigts extérieurs réunis jusqu'au-delà de leur milieu. (Ch. D.)

PRIONITIS. (*Bot.*) Linnæus, dans l'*Hort. Cliff.*, donnoit ce nom à une plante acantacée, très-épineuse, qu'il a ensuite réunie au genre *Barleria* et nommée *Barleria prionitis.* Adanson a aussi fait sous ce nom un genre du *sium falcaria,* qu'il distinguoit par un involucre à cinq ou six feuilles, des pétales blanchâtres et un fruit petit, presque ovale. (J.)

PRIONODERME, *Prionoderma.* (*Entoz.*) M. Rudolphi a désigné sous ce nom, qui veut dire peau denticulée en scie, un genre de vers intestinaux, auquel il donne pour caractères : Corps déprimé, plissé transversalement, ce qui le rend denticulé en scie sur ses bords; tête assez polymorphe; bouche inférieure, munie de chaque côté d'une dent en crochet court et recourbé; les sexes distincts; l'orifice de l'appareil femelle assez près de l'extrémité de la queue; l'organe mâle formé par une épine double. Dans son grand ouvrage, M. Rudolphi définissoit deux espèces dans ce genre; mais, ayant reconnu que celle qu'il avoit trouvée dans les sinus frontaux d'un cheval, n'étoit qu'une linguatule ou polystome tænioïde : il n'y en a plus qu'une dans le *Synopsis*, qu'il nomme P. ASCAROÏDE, *P. ascaroida*, représentée tab. 12, fig. 3, du Traité sur les Entozoaires. C'est une espèce de cucullan pour Goëtze, et pour Gmelin c'est un ver.

M. G. Cuvier (Règne animal, tome 4, page 35) a fait le contraire de M. Rudolphi, c'est-à-dire, qu'il regarde comme le type de ce genre le tænia lancéolé de Chabert, duquel il rapproche avec raison les linguatules de Frœlich, ainsi que le tétragule de M. Bosc, c'est-à-dire les polystomes de M. Rudolphi. Voyez LINGUATULE. (DE B.)

PRIONOPS. (*Ornith.*) Nom donné par M. Vieillot à son genre *Bagadais*, formé avec l'oiseau que Levaillant a figuré et décrit dans son Ornithologie d'Afrique sous la dénomination de GEOFFROY. Voyez ce mot au tome XVIII de ce Dictionnaire, p. 355. (CH. D.)

PRIONOTE, *Prionotus.* (*Ichthyol.*) De Lacépède a donné ce nom à un genre de poissons osseux holobranches thoraciques de la famille des dactylés, et reconnoissable aux caractères suivans :

Catopes thoraciques; corps épais, comprimé; nageoires pectorales à rayons distincts, isolés, libres; des aiguillons dentelés entre les deux nageoires du dos.

Il est facile de distinguer les PRIONOTES des TRIGLES, qui n'ont point d'aiguillons entre les deux nageoires dorsales; des PÉRISTÉDIONS, qui n'ont qu'une seule nageoire dorsale, et des DACTYLOPTÈRES, qui ont les rayons pectoraux réunis par une **membrane** à part. (Voyez ces différens noms de genres et Dactylés.)

Ce genre ne renferme encore qu'une espèce ; c'est

Le Prionote volant : *Prionotus evolans*, Lacép. ; *Trigla evolans*, Gmel. Trois rayons libres seulement auprès de chacune des nageoires pectorales ; celles-ci assez longues pour atteindre à la moitié de la longueur du corps, et d'une couleur noire ; nageoire caudale fourchue.

Des mers des Antilles et de Bahama.

Ce poisson, dont le corps est rougeâtre, de la taille d'un pied au moins, et dont toutes les nageoires sont noirâtres, peut s'élancer dans l'air et y parcourir en volant des espaces assez considérables. (H. C.)

PRIONOTE, *Prionotes*. (*Bot.*) Ce genre, rangé d'abord parmi les Épacris (voyez ce mot), en a été séparé à cause de son calice dépourvu de bractées ; la corolle tubulée ; l'orifice ouvert ; le limbe nu ; les filamens à demi adhérens au tube. Il faut y rapporter le

Prionote a feuilles de mélinet : *Prionotes cerinthoides*, Rob. Brown, *Nov. Holl.*, 1, pag. 552 ; *Epacris cerinthoides*, Labill., *Nov. Holl.*, 1, pag. 43, tab. 58. Arbrisseau dont la tige s'élève à la hauteur de six à sept pieds. Ses rameaux sont étalés ; ses feuilles presque sessiles, ovales, oblongues, obtuses, à trois nervures, à dentelures distantes ; les fleurs sont solitaires, axillaires, pendantes à l'extrémité d'un pédoncule souvent plus long que la corolle ; environ une douzaine de petites écailles le long des pédoncules ; les folioles du calice sont courtes, ovales, aiguës ; la corolle très-glabre ; les filamens de la longueur du tube, auquel ils adhèrent par leur partie inférieure, puis ils deviennent libres, et enfin se rattachent au sommet du tube ; les anthères oblongues, à deux loges ; l'ovaire oblong, pileux ; le style saillant, à cinq stries ; les capsules presque turbinées. Cette plante croît au cap Van-Diémen. (Poir.)

PRIONOTES. (*Ornith.*) Voyez Prionites. (Ch. D.)

PRIRIT. (*Ornith.*) Cet oiseau, figuré dans l'Ornithologie d'Afrique, pl. 61, est une espèce de gobe-mouche, *muscicapa pririt*, Vieill., décrit dans ce Dictionnaire, tom. XXIII, page 92. (Ch. D.)

PRISMATIQUE. (*Bot.*) Ayant des angles longitudinaux et

des facettes ; exemples : calice du *pulmonaria officinalis*, du *mimulus guttatus*, etc.; tube de la corolle du *hamelia*, etc. (MASS.)

PRISMATOCARPE; *Prismatocarpus*, l'Hérit. (*Bot.*) Genre de plantes dicotylédones monopétales, de la famille des *campanulacées*, Juss., et de la *pentandrie monogynie* du Système sexuel, qui a pour principaux caractères : Un calice monophylle, adhérent avec l'ovaire, partagé en cinq découpures; une corolle monopétale, en roue, découpée en cinq lobes; cinq étamines à filamens élargis à leur base ; un ovaire infère ou adhérent au calice, anguleux, surmonté d'un style simple, terminé par un stigmate bifide ou trifide ; une capsule alongée, prismatique, à deux ou trois loges polyspermes, s'ouvrant par le sommet.

Les prismatocarpes sont des plantes herbacées, le plus souvent annuelles, rarement des arbustes, dont les feuilles sont simples, alternes, et les fleurs axillaires ou terminales. On en compte quinze à seize espèces, parmi lesquelles nous citerons seulement les suivantes.

PRISMATOCARPE DOUCETTE, vulgairement MIROIR DE VÉNUS: *Prismatocarpus speculum*, l'Hérit., *Sert. angl.*; *Campanula speculum*, Linn., *Sp.*, 340. Sa tige est haute de six à dix pouces, souvent divisée dès la base en rameaux nombreux, diffus, garnis de feuilles ovales-oblongues, sessiles, à peine crénelées; ses fleurs sont bleues ou violettes, rarement blanches, pédonculées, solitaires ou deux ensemble au sommet et dans les aisselles supérieures de la tige et des rameaux; les divisions de leur calice sont aussi grandes que la corolle. Cette espèce est commune dans les moissons.

PRISMATOCARPE HYBRIDE : *Prismatocarpus hybridus*, l'Hérit., *Sert. angl.*; *Campanula hybrida*, Linn., *Sp.*, 239. Cette plante ressemble beaucoup à la précédente; mais sa tige est plus roide. ses feuilles sont plus crénelées, et surtout les divisions du calice sont moitié plus longues que la corolle. Elle croit dans les champs parmi les blés.

PRISMATOCARPE PERFOLIÉ : *Prismatocarpus perfoliatus; Campanula perfoliata*, Linn., *Sp.*, 239. Sa tige est simple ou peu rameuse, haute de six à dix pouces, anguleuse, garnie de feuilles cordiformes, arrondies, crénelées, amplexicaules. Ses fleurs sont d'un violet bleuâtre, sessiles et trois à quatre ensemble dans les aisselles des feuilles supérieures. Cette plante croit naturellement dans la Virginie.

Prismatocarpe frutiqueux : *Prismatocarpus fruticosus*, l'Hér.; *Campanula fruticosa*, Linn., *Sp.*, 238. La tige de cette espèce est ligneuse, garnie de feuilles linéaires, subulées. Ses fleurs sont bleues, portées sur de longs pédoncules. Cette plante croit au cap de Bonne-Espérance. (L. D.)

PRISODON. (*Conchyl.*) Genre établi par M. Schumacher, dans son Nouveau système de conchyliologie, pour une espèce de mulettes ou d'unio. (De B.)

PRISTIGASTRE, *Pristigaster*. (*Ichthyol.*) M. Cuvier a donné ce nom à un sous-genre de poissons qu'il a séparé des clupées des autres ichthyologistes, et dont les caractères sont les suivans :

Catopes nuls; corps comprimé et élevé; ventre saillant, fortement dentelé; mâchoires comme dans les clupées. (Voyez Clupée et Gymnopomes.)

On ne connoit encore qu'une espèce dans ce genre; elle vient des mers d'Amérique, et a été figurée dans le *Règne animal* de M. Cuvier. (H. C.)

PRISTIPHORE. (*Entom.*) Nom donné par M. Latreille à un genre qu'il a établi parmi les tenthrèdes ou mouches à scie, qui correspond aux deux dernières sections du genre Ptérone de M. Jurine. (C. D.)

PRISTIPOME, *Pristipomus*. (*Ichthyol.*) Aux dépens des lutjans de Bloch et de Lacépède, M. Cuvier a établi sous ce nom un genre de poissons qui appartient à la famille des acanthopomes, et qui peut être ainsi caractérisé :

Branchies munies d'un opercule et d'une membrane; corps haut, comprimé, épais; préopercules dentelés seulement et non échancrés; catopes thoraciques; toutes les dents en velours; nageoires pectorales ordinaires; nageoire dorsale unique.

Les Pristipomes seront donc facilement distingués des Lutjans, qui ont au moins une partie des dents en crochets; des Dentés, qui n'ont ni épines ni dentelures aux préopercules et aux opercules; des Diacopes, dont le préopercule est fortement échancré pour l'articulation de l'interopercule; des Cirrhites, qui ont les rayons inférieurs des nageoires pectorales plus gros, un peu, plus longs que les autres et libres par leur extrémité; des Perches, des Cingles, des Ombrines, des Percis, des Lonchures, des Ancylodons, des Microptères, des Lutjans, des Sciènes, des Centropomes, des Sandres, qui ont tous deux nageoires dorsales; des Holocentres, dont les opercules sont armées de dentelures et de piquans. (Voyez ces différens noms de genres, et Acanthopomes, dans le Supplément du tome I.er de ce Dictionnaire.)

Parmi les espèces qui composent ce genre, nous citerons particulièrement:

Le Pristipome jaune, *Pristipomus luteus; Lutjan jaune*, Bloch, 247. Mâchoires égales; dents granuleuses; corps élevé; teinte générale argentée avec des raies longitudinales dorées; yeux très-grands; deux orifices à chaque narine; toutes les nageoires d'un jaune doré.

Des mers des Antilles.

Le Pristipome microstome: *Pristipomus microstomus; Lutjanus microstomus*, Lacép. Nageoire anale falciforme; tête conique et alongée; ouverture de la bouche petite; anus plus rapproché de la tête que de la nageoire de la queue; un grand nombre de taches foncées, irrégulières et très-petites sur le corps et sur la queue.

Du grand Océan équinoxial.

Le Pristipome pique; *Pristipomus hasta; Lutjanus hasta*, Bloch, 246. Nuque élevée; mâchoires égales; dents antérieures plus grandes; second aiguillon de la nageoire anale long et fort; dos jaune; ventre argenté; des taches ou des raies cendrées; nageoires pectorales et caudale rouges, de même que les catopes; nageoire anale bleuâtre.

Des mers du Japon.

Le Pristipome de Surinam; *Pristipomus surinamensis; Lutjanus surinamensis*, Lacép. Nageoire caudale arrondie; mâchoire supérieure sans dents; mâchoire inférieure plus longue et hérissée d'un grand nombre de petites dents; écailles dures et dentelées: teinte générale rougeâtre, avec des taches et des bandes transversales brunes; nageoires bleues, excepté la caudale, qui est rouge dans sa partie supérieure.

Le nom spécifique de ce poisson fait suffisamment connoître sa patrie. Bloch l'a figuré (pl. 253) dans son grand et bel ouvrage.

Le Pristipome de Virginie : *Pristipomus virginicus ; Spare rhomboïdal* , Daubent.; *Lutjanus virginicus*, Lacép. ; *Sparus virginicus*, Linn. Des raies longitudinales bleues ; deux bandes transversales brunes, l'une sur la tête et l'autre sur la poitrine.

De l'Amérique septentrionale , et en particulier de la Virginie.

Le Pristipome blancor , *Pristipomus albo-aureus; Lutianus albo-aureus*, Lacép. Dents extérieures plus grandes et recourbées ; les deux dents antérieures de la mâchoire supérieure plus longues que les autres ; écailles très-rapprochées les unes des autres et un peu dentelées ; teinte générale blanche ; des raies d'or sur la tête et sur les flancs ; nageoires jau es, excepté la caudale, qui est noire et liserée de blanc, et le devant de la dorsale, qui est rouge.

Ce poisson a éte vu, pendant l'été, par Commerson , auprés des rivages de la Nouvelle-France. Il peut acquérir la taille de dix pouces. Sa chair, sans être d'une saveur agréable, paroît saine.

Le Pristipome unimaculé : *Pristipomus unimaculatus; Sciæna unimaculata*, Gmel.; *Labrus unimaculatus*, Lacép. Une tache brune vers le milieu de chaque côté du corps ; quatre dents en bas et six en haut, un peu plus grandes que les autres.

Ce poisson, de la mer Méditerranée, est la *sciène mouche* de Daubenton et Haüy.

Le Pristipome commersonnien, *Pristipomus Commersonnii; Labrus Commersonnii*, Lacép. Dents égales ; dos et flancs parsemés de taches rondes et petites.

Ce poisson a été dessiné par Commerson d'après un individu pêché dans le grand Golfe de l'Inde. De Lacépède l'a fait connoître d'après les manuscrits de cet intéressant voyageur.

Le Pristipome jub : *Pristipomus juba; Perca juba*, Bloch, 308, fig. 2 ; *Sparus jub*, Lacép. Nageoire caudale en croissant ; corps très-haut ; couleur générale argentée ; six raies jaunes longitudinales de chaque côté du corps ; dos violet ; une bande noire bordée de jaune s'étendant jusque sur l'œil ; deux taches

43.   22

brunes sur la nageoire caudale ; les autres nageoires variées de jaune et d'orangé.

Ce poisson fréquente le voisinage des embouchures des fleuves au Brésil. Sa chair passe pour excellente.

C'est encore aux pristipomes qu'il faut rapporter les poissons décrits par Russel sous les noms de *Caripe*, de *Paikali*, et de *Guorara*, dans son bel ouvrage sur les animaux de cette classe qui fréquentent la côte de Coromandel. (H. C.)

PRISTIS. (*Ichthyol.*) Voyez Scie. (H. C.)

PRISTOBATE, *Pristobatus.* (*Ichthyol.*) M. de Blainville a fait de la raie frangée le type d'un sous-genre qui porte ce nom. Voyez Raie. (H. C.)

PRIVA. (*Bot.*) Genre de plantes dicotylédones, à fleurs complètes, monopétalées, de la famille des *verbénacées*, de la *didynamie angiospermie* de Linnæus. offrant pour caractère essentiel : Un calice ventru, à cinq dents ; une corolle tubulée ; le tube cylindrique, resserré à son orifice ; le limbe à cinq divisions planes, inégales ; quatre étamines didynames, non saillantes, deux avortent quelquefois ; un ovaire supérieur ; le stigmate latéral. Le fruit est un drupe sec, recouvert par le calice, renflé, à quatre loges monospermes partagées en deux.

Priva a feuilles lisses : *Priva lævis*, Juss., Ann. du mus.; *Castelia cuneato-ovata*, Cavan., *Ic. rar.*, tab. 583. Cette plante a des tiges glabres, herbacées, tétragones, hautes d'un pied et demi ; ses feuilles sont opposées, pétiolées, ovales, en coin à leur base ; les supérieures dentées en scie ; les inférieures crénelées, glabres, longues d'un pouce et demi, larges d'un pouce ; les fleurs sont presque sessiles, verticillées, disposées en une grappe presque terminale ; les bractées courtes, lancéolées ; le calice ventru à l'époque de la fructification, à cinq sillons, à cinq dents subulées, courtes : la corolle, à deux lèvres ; l'inférieure plus longue, à trois lobes obtus, celui du milieu plus long ; la lèvre supérieure bifide ; les anthères ovales ; le style filiforme, courbé à son sommet. Cette plante croît à Buénos-Ayres.

Priva hérissé ; *Priva aspera*, Kunth *in* Humb. et Bonpl., *Nov. gen.*, 2, pag. 278. Il a la tige droite, haute de quatre à six pieds, rameuse ; les rameaux quadrangulaires, pubescens, hérissés ; les feuilles opposées, pétiolées, ovales, acuminées,

aiguës à leur base, crénelées, hérissées; les épis terminaux, solitaires ou ternés, presque filiformes: les fleurs, médiocrement pédicellées, munies de bractées rudes, lancéolées,
subulées, plus longues que les pédicelles; le calice tubulé ,
à cinq dents, à cinq nervures un peu hispides; la corolle bleue,
pubescente en dehors; son tube une fois plus long que le calice; le limbe, à cinq lobes, presque à deux lèvres; l'orifice
pileux; l'ovaire glabre, oblong; le fruit globuleux, sillonné
dans sa longueur. Cette plante croît aux lieux secs de la Nouvelle-Espagne.

PRIVA LAPPULACÉE : *Priva lappulacea*, Pers., *Syn.*, 2, pag. 139;
Verbena lappulacea, Linn., *Spec.*; *Zapania lappulacea*, Lamck.,
Ill. gen., n.° 251. Cette plante a des tiges droites, cannelées,
rameuses, garnies de feuilles opposées, pétiolées, ovales, ondulées sur leurs bords; les fleurs sont disposées en épis axillaires et latéraux; la corolle est tubulée, purpurine, divisée
à son limbe en cinq lobes inégaux; le fruit est une capsule
tétragone (chaque angle terminé par une pointe épineuse),
ovale, rétrécie à sa pointe inférieure, recouverte par le calice
renflé, s'ouvrant en deux parties, divisée en quatre loges,
qui contiennent chacune une semence oblongue.

PRIVA DU MEXIQUE : *Priva mexicana*, Pers., *loc. cit.*; *Verbena
mexicana*, Linn.; *Zapania mexicana*, Encycl.; *Blairia mexicana*,
Gærtn., *De fruct.*, tab. 56. Cette plante est fort grande, haute
de cinq à six pieds et plus; ses tiges sont droites, quadrangulaires, rudes sur leurs angles, rameuses; les rameaux opposés, dichotomes au sommet; les feuilles opposées ou ternées,
ovales-lancéolées, presque en cœur, rudes, un peu épaisses,
dentées, longues d'environ deux pouces; les supérieures plus
petites, sessiles; les épis sont longs, très-lâches, terminaux,
grêles et simples; les fleurs petites, sessiles, distantes, d'un
bleu pâle; les bractées courtes, subulées, pubescentes; le calice est rude, blanchâtre, très-velu : il devient presque globuleux; les semences sont tuberculées. Cette plante croît au
Mexique.

PRIVA DENTÉ : *Priva dentata*, Pers., *loc. cit.*; *Zapania arabica*,
Poir., Encycl.; *Verbena Forskalei*, Vahl, *Symb.*, 3; *Phryma
Forskalei*. Cette plante à des tiges roides; des feuilles oppo-
sées, ovales, en cœur, rudes au toucher, aiguës, profondé-

ment dentées en scie; les fleurs sont disposées en épis terminaux; leur calice est globuleux à la maturité des fruits; les semences arrondies, dentées, convexes à leur face extérieure, non hérissées de pointes, renfermées dans le calice, dont l'orifice se prolonge en dents acuminées et recourbées en forme de bec. Cette plante croît dans l'Arabie heureuse.

PRIVA A ÉPIS FILIFORMES : *Priva leptostachya*, Pers., *loc. cit.*; *Tortula aspera*, Willd., *Spec.* Plante herbacée, dont les tiges sont géniculées; les feuilles ovales, presque en cœur, un peu obtuses, grossièrement dentées, rudes, longues de trois pouces; les épis sont filiformes, très-longs; les fleurs alternes ou opposées, très-rapprochées vers l'extrémité de l'épi; les inférieures distantes, pédicellées, munies d'une bractée subulée; leur calice est hérissé de poils; le tube de la corolle contourné en spirale. Cette plante croît dans les Indes. (POIR.)

PROABEILLE ou FAUSSE ABEILLE. (*Entom.*) Nom donné par Réaumur à quelques hyménoptères, voisins des guêpes. (C. D.)

PROBATION. (*Bot.*) Voyez POLYNEVRON. (J.)

PROBATON. (*Mamm.*) Ce nom est un de ceux du belier, selon Aristote. (DESM.)

PROBOSCIDEA. (*Bot.*) Schmiedel avoit donné ce nom au *martynia* de Linnæus, remarquable par un prolongement supérieur de son fruit, imitant, lorsqu'il est frais, une trompe d'éléphant. La même imitation existe dans la lèvre supérieure de la corolle d'une plante labiée, que Tournefort nommoit pour cette raison *elephas*, qui étoit aussi le *probosciphora* de Necker, mais qui a été réunie par Linnæus au genre *Rhinanthus*, dans la famille des rhinanthées. (J.)

PROBOSCIDÉS, *Insecta proboscidea*. (*Entom.*) Réaumur, et par suite Scopoli, ont ainsi désigné l'ordre des insectes hémiptères. (C. D.)

PROBOSCIDIEN. (*Entoz.*) Nom sous lequel Bruguière, et par suite M. Bosc, ont désigné un genre de vers intestinaux, formé d'espèces d'ascarides de Linné et de Gmelin, et qui a pour caractères, d'avoir la bouche terminale, formée par un pore qui donne issue à une trompe courte. Il n'a pas été adopté par M. Rudolphi, parce qu'il étoit composé d'espèces hétérogènes, c'est-à-dire, des ophiostomes et même des échinorhynques. L'espèce principale constitue son genre Liorhynque, qui, en effet, a une sorte de trompe. Voyez ce mot. (De B.)

PROBOSCIDIENS. (*Mamm.*) M. Cuvier a établi une famille sous ce nom, dans l'ordre des pachydermes, pour y placer les genres Eléphant et Mastodonte. (Desm.)

PROBOSCIGER. (*Ornith.*) Nom sous lequel les aras à trompe de Levaillant sont désignés par M. Kuhl. (Ch. D.)

PROCAMPYLOS, THELIPHTORICON. (*Bot.*) Noms grecs anciens de l'aurone, *artemisia abrotanum*, cités par Ruellius et par Mentzel. (J.)

PROCELLAIRE. (*Ornith.*) On a appliqué cette dénomination au grisard ou goéland varié, *larus nævius*, Linn. (Ca. D.)

PROCELLARIA. (*Ornith.*) Nom générique des pétrels en latin moderne. (Ch. D.)

PROCERI. (*Ornith.*) Ce nom, qui signifie géans, est donné par Illiger à sa vingt-cinquième famille, comprenant le casoar, l'autruche et le touyou. (Ch. D.)

PROCESSA. (*Crust.*) M. Leach a donné ce nom comme générique à des crustacés, qui avoient été décrits précédemment par M. Risso sous le nom de Nika. Voyez les caractères de ce genre dans l'article Malacostracés, t. XXVIII, p. 323 de ce Dictionnaire. (Desm.)

PROCESSIONNAIRES. (*Entom.*) Réaumur a donné ce nom aux chenilles du *Bombyx*, que Linnæus a ensuite désignées sous le nom spécifique de *processiônea*, et que nous avons décrites dans ce Dictionnaire, tome V, pag. 127, n.° 24. Elles vivent en société sous une tente commune, qu'elles se filent sur le tronc et les branches des chênes et des pins, suivant les espèces ; elles sortent toutes ensemble pour aller manger : elles forment de longues files ou bandes, qui marchent parallèlement deux à deux, ou trois à trois, quelquefois dans une étendue de plus de quarante pieds de long, en formant ainsi une sorte de procession, à la tête de laquelle les premiers individus marchent isolément. (C. D.)

PROCHETON. (*Bot.*) Un des noms anciens du tussilage, cité par Ruellius. (J.)

PROCHILUS. (*Mamm.*) Illiger, d'après les notions incomplètes et erronées qu'on avoit de son temps sur l'*ursus labia-*

tus, a formé sous ce nom un genre de mammifères, pour le placer à côté des bradypes, dans l'ordre des édentés. Le même genre fictif a été aussi proposé par M. Meyer sous le nom de *Melursus*. (DESM.)

PROCHILUS. (*Ichthyol.*) M. Cuvier a donné ce nom à un genre de poissons, qui sembleroit rentrer dans celui des Centropomes, sans l'absence de toute dentelure même au préopercule, qui caractérise les individus qui le composent.

Ce genre a pour type la *Sciæna macrolepidota* et la *Sciæna maculata*, que Bloch a figurées dans les planches 298 et 299 de son bel ouvrage sur l'Histoire des Poissons. Voyez CENTROPOMES. (H. C.)

PRO-CIGALE. (*Entom.*) C'est le nom sous lequel Réaumur a désigné tous les collirostres ou auchénorhynques qui ne sont pas de véritables cigales, tels que les FULGORES, les MEMBRACES, les CERCOPES. (C. D.)

PROCKIA. (*Bot.*) Genre de plantes dicotylédones. à fleurs incomplètes, de la famille des *rosacées*, de la *polyandrie monogynie* de Linnæus, offrant pour caractère essentiel : Un calice à trois ou cinq divisions, souvent environné d'une ou trois écailles à sa base; point de corolle; des étamines nombreuses; un ovaire supérieur; un style très-court ou nul; un stigmate en tête ou subulé; une baie à une loge polysperme.

PROCKIA DE SAINTE-CROIX : *Prockia crucis*, Linn., *Sp.*; Lamck., *Ill. gen.*, tab. 465, fig. 1; Vahl, *Symb.*, 3, tab. 64. Arbre chargé de rameaux glabres, cylindriques, garnis de feuilles glabres, alternes, pétiolées, ovales, acuminées, en cœur, dentées en scie, longues de deux ou trois pouces; les pétioles sont longs d'un pouce; les stipules linéaires, caduques. Les fleurs sont latérales, disposées en une sorte de grappe très-lâche, à quatre ou huit fleurs alternes, pédicellées; les folioles du calice ovales, aiguës, persistantes, munies de bractées linéaires; le fruit est une petite baie presque globuleuse, surmontée du style persistant. Cette plante croît à l'île de Sainte-Croix.

PROCKIA DELTOÏDE : *Prockia deltoides*, Lamck., *Ill. gen.*, tab. 465, fig. 3; Poir., Encycl. Dans cette espèce les rameaux sont grêles, un peu flexueux, garnis de feuilles glabres, pétiolées, alternes, d'une grandeur médiocre; les inférieures deltoïdes, un peu acuminées; les supérieures plus petites, un peu arrondies, crénelées, entières à leur base; les fleurs sont latérales, solitaires ou réunies quelquefois deux ou trois au même point d'insertion; le pédoncule est filiforme. simple, long d'un pouce et plus; le calice divisé en cinq folioles ovales, obtuses; le fruit ovale, surmonté du style subulé. Cette espèce a été recueillie par Commerson, à l'Isle-de-France.

PROCKIA THÉIFORME : *Prockia theiformis*. Willd., *Spec.*, 2, pag. 1214; *Lightfootia theiformis*, Vahl. *Symb.*, 3. La tige de cette plante se divise en branches et en rameaux alternes, grisâtres, ridés, striés; les feuilles sont coriaces. épaisses, alternes, pétiolées, lancéolées, presque elliptiques, glabres, obtuses, médiocrement denticulées: les fleurs sont solitaires, latérales, portées par de longs pédoncules glabres, filiformes, très-simples; le calice est divisé en cinq folioles concaves, obtuses, d'un vert jaunâtre; le fruit est presque globuleux, surmonté d'un stigmate sessile, persistant, a plusieurs lobes.

Cette plante croît dans les Indes.

PROCKIA A FEUILLES ENTIÈRES : *Prockia integrifolia*. Willd., *Spec.*; *Lightfootia integrifolia*, Vahl, *Symb.*, 5. Cette plante a des tiges cylindriques, glabres. cendrées. garnies de feuilles alternes, pétiolées, ovales, oblongues, lisses, un peu coriaces, entières, d'un vert pâle; les fleurs sont axillaires, réunies quelquefois plusieurs ensemble dans les aisselles des feuilles supérieures, portées sur des pédoncules courts, uniflores; les fruits sont ovales, oblongs, de la grosseur d'une très-petite noisette. Cette plante croit dans les Indes.

PROCKIA OVALE : *Prockia ovata*, Poir., Encycl.; Lamck., *Ill. gen.*, tab. 465, fig. 2. Cette espèce a des feuilles ovales, obtuses, dentées en scie, glabres, longues de plus de deux pouces, larges d'un pouce et demi, un peu rétrécies à leur base; les pétioles très-courts; les fleurs sont axillaires, agrégées, presque réunies en une sorte d'ombelle : ces pédoncules ont plus d'un pouce de longueur; les folioles du calice concaves, arrondies, courbées en dedans à leur sommet, garnies à la base de quelques petites bractées ovales et courtes; le fruit est ovale, petit, surmonté du style très-court, épais, et du stigmate en tête. Cette plante croît à l'Isle-de-France.

PROCKIA DENTÉ : *Prockia serrata*, Willd., *Spec.*; *Lightfootia serrata*, Swartz et Vahl, *Symb.*, 3, pag. 69. Cette plante a des rameaux grêles, striés, garnis de feuilles alternes, médiocrement pétiolées, glabres, vertes, ovales-oblongues, la plupart acuminées, dentées à leurs bords; les fleurs sont axillaires, latérales, solitaires ou agrégées, portées sur des pédoncules simples, presque capillaires, très-longs; les folioles du calice un peu arrondies, concaves, obtuses; le style est épais, surmonté d'un stigmate charnu, en tête. Cette plante croît à l'Isle-de-France.

PROCKIA LOBÉ : *Prockia lobata*, Poir., Encycl.; Lamk., *Ill. gen.*, tab. 834, fig. 1, 2; *per errorem sub Litsea*. Cette espèce a des rameaux glabres, alternes, ponctués, garnis de feuilles pétiolées, alternes, glabres, ovales, lancéolées, acuminées, dentées en scie, entières, à nervures obliques et latérales, peu ramifiées; les fleurs sont axillaires, fort petites, disposées en grappes courtes; les pédoncules capillaires, munis à leur base d'une petite bractée aiguë; le calice est partagé en cinq folioles, finement denticulées à leurs bords; le fruit est globuleux, surmonté d'un stigmate épais, charnu, presque sessile, à cinq lobes arrondis. Son lieu natal n'est pas connu. (POIR.)

PROCNÉ. (*Ornith.*) M. Temminck exprime en françois par ce terme le nom latin *procnias*, donné par Illiger, d'après Hoffmansegg, et adopté par M. Cuvier, à des oiseaux dont plusieurs faisoient partie des cotingas, *ampelis*. Déjà sous le mot COTINGA l'on a décrit, dans ce Dictionnaire, tome XI, p. 28 et suiv., le cotinga caronculé, *ampelis carunculata*, Gmel. et Lath; le cotinga à gorge nue, *ampelis nudicollis*, Vieill., et le cotinga averano, *ampelis variegata*, Gmel. et Lath., ou *procnias carno-barba*, Cuv. (voyez-en la figure dans le 1.er vol. du Règne animal, pl. 4); mais depuis, M. Temminck a établi dans son Système général d'ornithologie, pag. 63, le genre AVERANO, *Casmarhynchos*, dans lequel il a classé les *ampelis variegata* et *carunculata*, en y ajoutant l'araponga du prince Maximilien, ou *casmarhynchos nudicollis*, et le *procnias melanocephalus* du même. Ce genre est indépendant du genre PROCNÉ, *Procnias*, où il place comme espèces le *procnias ventralis*, ou tersine, qui est décrit au tome XI de ce Dictionnaire, pag. 24, et l'*hirundo viridis* de son catalogue, dont il indique le premier comme le mâle, et le second comme la femelle, dans ses planches coloriées faisant suite à celles de Buffon, en y citant comme synonyme le *procnias cyanotropeus*, prince Maximilien, plus une nouvelle espèce. (Voyez pour le procné tersine la cinquième planche enluminée des Oiseaux coloriés, faisant suite à ceux de Buffon.)

. Afin de mettre à portée d'apprécier ces innovations, on va analyser successivement les caractères sur lesquels sont fondés les deux genres dont il s'agit.

1.° Ceux de l'Averano consistent, suivant M. Temminck, dans un bec très-large, très-déprimé, mou et flexible à la base, comprimé et corné à la pointe; une fosse nasale très-ample; l'extrémité de la mandibule supérieure échancrée, et les bords de l'inférieure flexibles et minces; les narines recouvertes par une membrane garnie de quelques petites plumes; les doigts soudés à leur base; les latéraux égaux, et le tarse plus long que celui du milieu; les deux premières pennes des ailes étagées, la troisième et la quatrième les plus longues.

2.° Les caractères indiqués pour le Procné sont : d'avoir un bec plus large que le front, dilaté sur les côtés, dur, fort, déprimé, mais très-comprimé à la pointe, qui est légèrement échancrée, et l'arête un peu élevée à la base; les narines situées près du front, un peu tubulaires et bordées par un cercle membraneux; les pieds et les tarses disposés comme dans le genre précédent; la première penne des ailes presque aussi longue que la seconde et la troisième, qui sont les plus longues. (Ch. D.)

PROCNIAS. (*Ornith.*) Voyez Procné et Tersine. (Ch. D.)

PROCRIS. (*Bot.*) Genre de plantes dicotylédones, à fleurs incomplètes, de la famille des *urticées*, de la *dioécie tétrandrie* de Linnæus, offrant pour caractère essentiel : Des fleurs monoïques ou dioïques agrégées; un calice à quatre divisions; point de corolle; quatre étamines; dans les fleurs femelles un ovaire; le style et le stigmate peu connus; un réceptacle sphérique en forme de baie sèche, entièrement recouvert par les fleurs, et dans lequel sont à demi enfoncées de très-petites capsules.

Ce genre, d'après le port des espèces, a de très-grands rapports avec les orties et les pariétaires : sa fructification se rapproche des *dorstenia*; mais dans ces derniers le réceptacle est pulpeux et les fleurs sont toutes hermaphrodites. Les *bœh-meria* de Swartz sont à peine distingués des procris. (Voyez Bœhmère.)

Procris a feuilles d'ortie; *Procris urticæfolia*, Poir., Encycl., 5. Cette plante a ses tiges divisées en quelques rameaux glabres, alternes, d'un brun rougeâtre; les feuilles sont alternes, ovales, acuminées, presque en cœur, crénelées, à trois nervures; les pétioles presque aussi longs que les feuilles; les fleurs forment de petits paquets sessiles, glomérulés, placés à la base des feuilles, entre elles et les stipules courtes, aiguës. Cette plante croît à l'île de Saint-Domingue.

Procris ridé: *Procris rugosa*, Poir., Encycl., *loc. cit.* Cette espèce a de grands rapports avec les orties. Sa tige se divise en rameaux épars, quadrangulaires, un peu anguleux, médiocrement velus, garnis de feuilles alternes, pétiolées, ovales, épaisses, glabres, ridées en dessus, velues et réticulées en dessous, élargies et souvent échancrées en cœur à leur base, rétrécies, aiguës à leur extrémité, crénelées à leur contour; les pétioles sont courts, très-velus; les stipules membraneuses, aiguës, un peu subulées; les fleurs sont sessiles et forment des paquets globuleux, presque à demi verticillés vers le sommet des branches. Cette plante a été découverte au Pérou par Jos. de Jussieu.

Procris a trois nervures : *Procris trinervata*, Poir., Encycl., *loc. cit.;* Lamck., *Ill. gen.*, tab. 763, fig. 2. Cette espèce a les tiges simples ; les feuilles alternes, pétiolées, ovales ou lancéolées, épaisses, rudes à leurs deux faces, blanchâtres en dessous, plus ou moins crénelées à leurs bords, marquées de trois nervures en arc; les pétioles courts; les stipules remarquables par leur grandeur, membraneuses, embrassantes, ovales, roussâtres, concaves, obtuses, presque de la longueur des pétioles; les fleurs réunies en têtes globuleuses, axillaires, situées vers l'extrémité des rameaux, supportées par des pédoncules au moins de la longueur des pétioles. Cette plante croît à l'île de Saint-Domingue.

Procris tacheté : *Procris maculata*, Poir., Encycl., *loc. cit.;* Commers., *Herb.* Ce procris a des tiges herbacées, mais dures, striées, presque glabres, garnies de larges feuilles ovales, à peine pétiolées, longues de quatre à cinq pouces, sur trois de large, dentées ou crénelées, particulièrement vers leur sommet, couvertes, tant en dessus qu'en dessous, de petites taches irrégulières, très-nombreuses, mais qui ne sont peut-être qu'un accident; les nervures sont fortes, latérales, irrégulières; les stipules lancéolées, subulées, beaucoup plus longues que les pétioles; les fleurs forment des paquets sessiles, glomérulés, arrondis, un peu pubescens. Cette plante croît dans les Indes et à l'île de Java.

Procris acuminé; *Procris acuminata*, Poir., Encycl., *loc. cit.* Cette plante a des tiges divisées en rameaux alternes, effilés, glabres, garnis de feuilles glabres, alternes, presque sessiles, vertes en dessus, pâles en dessous, lancéolées, longues d'un pouce et plus, larges de six à sept lignes, crénelées à leurs bords vers le sommet, rétrécies à leur base, terminées par une longue pointe subulée; les fleurs forment, dans l'aisselle des feuilles, de très-petits paquets sessiles, globuleux, très-rapprochés. Cette plante croît à l'île de Java.

Procris a feuilles de hêtre : *Procris fagifolia*, Poir., Encycl., *loc. cit.; Procris hypocrypta*, Comm., *Herb.* et *Icon.* Ses tiges sont longues, un peu rudes, légèrement flexueuses vers le sommet; les feuilles grandes, pétiolées, longues de six à huit pouces, larges de trois, lancéolées, fortement acuminées, dentées à leur contour, rétrécies à leur base, rudes en dessus, épaisses et un peu blanchâtres en dessous; les pétioles longs d'un pouce; les stipules linéaires, entières, subulées, presque une fois aussi longues que les pétioles; les fleurs sont réunies en paquets globuleux, sessiles, rapprochés; leur calice est velu, à quatre divisions obtuses. Cette plante croît à l'île de Bourbon.

Procris céphalide : *Procris cephalida*, Poir., Encycl., *loc. cit.;* Comm. *Herb.* et *Icon.* Cette plante a des tiges glabres, tendres, droites, point rameuses; les feuilles pétiolées, lancéolées, aiguës à leurs deux extrémités, lisses en dessus, rudes en dessous, longues de trois à quatre pouces, larges d'un pouce; les stipules en cœur, à peine de la longueur des pétioles; les fleurs femelles sont réunies en une tête globuleuse, de la grosseur d'une petite cerise : ces têtes sont sessiles, axillaires; le réceptacle très-épais, alvéolé; les capsules fort petites, roussâtres, ovales. Cette plante croît à l'île de Bourbon. (Poir.)

PROCRIS. (*Entom.*) Geoffroy a désigné sous ce nom, et

sous le n.° 21, un petit papillon, qui est le *pamphïlus* de Linnæus, et qu'on trouve communément dans les bruyères.

Le procris de Fabricius et de Linnæus est un papillon de la Chine, voisin du deuil, c'est-à-dire, du *papilio Sibilla*. (C. D.)

PROCTOTRUPE, *Proctotrupes*. (*Entom.*) M. Latreille a désigné sous ce nom un genre d'insectes hyménoptères, pour y comprendre une petite espèce de diplolèpe, dont l'abdomen se termine par une sorte de corne dans les femelles. (C. D.)

PROCTOTRUPIENS. (*Entom.*) M. Latreille, qui avoit d'abord employé ce nom comme celui d'une famille d'insectes hyménoptères, lui a substitué ensuite celui d'Oxyures. Il y range les *Béthyles*, les *Dryines* et les *Codres* de M. Jurine. (C. D.)

PROCUMBANTE[Tige], (*Bot.*), couchée par débilité; exemples : *trifolium prooumbens*, *polygonum aviculare*, *malva rotundifolia*, etc. (Mass.)

PROCURA. (*Bot.*) Suivant C. Bauhin, les habitans du Valais donnoient ce nom à un lichen qui croît sur les troncs d'arbres, sur les pierres, les tuffes, les tuiles des toits, et y adhère fortement. Il varie dans sa forme et sa couleur : tantôt verdoyant ou jaune pâle, et gris dans la vieillesse, lorsqu'il croît sur les pierres; ou jaune, grand, crustacé, lorsqu'il végète sur les écorces d'arbres. Il s'agit ici du *lichen parietinus*, Linn. : ce lichen est le *parmelia parietina*, Ach., et l'*imbricaria parietina*, Dec. Voyez Imbricaria. (Lem.)

PROCUREUR DU MEUNIER. (*Ornith.*) Un des noms vulgaires donnés au pic vert, *picus viridis*, Linn., parce qu'on lui a attribué la faculté de pressentir les changemens de l'atmosphère. (Ch. D.)

PROCYON. (*Mamm.*) Storr a donné ce nom générique au raton, qui, avant lui, étoit placé dans le genre des Ours, *Ursus* de Linné. (Desm.)

PRODIORNA. (*Bot.*) Selon Ruellius, les Daces nommoient ainsi l'hellébore noir; c'est encore le *zomarition* des Mages et le *polyrrhizon* ou *protion* de quelques auteurs anciens. (J.)

PRODUCTIONS MÉDULLAIRES. (*Bot.*) Voyez Prolongemens médullaires. (Mass.)

PRODUCTUS. (*Foss.*) Dans son ouvrage sur les coquilles fossiles de l'Angleterre, M. Sowerby a assigné à ce genre les caractères suivans : Coquille bivalve, inéquivalve, équilatérale, à bord plus ou moins cylindrique, à charnière linéaire et transverse, à sommet imperforé, une valve convexe et l'autre concave extérieurement.

Il paroit que M. Sowerby n'a pas été à portée de voir l'intérieur de la charnière des coquilles de ce genre, car il n'a pas parlé de leur caractère ; mais j'ai été plus heureux sur certains indivi ʃus, et j'ai vu qu'elle étoit garnie dans toute sa longueur de très-petites dents sériales et intrantes, comme celle des arches.

Quelques ressemblances dans les formes avoient fait soupçonner que les coquilles de ce genre pouvoient avoir des rapports avec des anomies ; mais, quoiqu'on ne connoisse pas parfaitement la charnière des productus, on peut être assuré qu'ils ne peuvent être rapprochés des anomies.

Productus longispinus ; Sow., *Min. conch.*, tom. 1, pag. 154, tab. 68, fig. 1. Coquille à oreilles, dont la valve convexe, dentelée vers le milieu, est plus large que longue ; l'autre, concave, à charnière longue, portant une épine longue, et plusieurs plus petites de chaque côté : longueur de la coquille, six lignes. On trouve cette espèce à Linlithgow en Écosse.

Productus Flemingii ; Sow., *loc. cit.*, même pl., fig. 2. Coquille à oreilles petites, presque deux fois aussi large que longue, couverte de sillons longitudinaux, et portant quelques épines au sommet ; du reste, elle a beaucoup de rapports avec l'espèce précédente.

. *Productus spinulosus ;* Sow., *loc. cit.*, même pl., fig. 3. Coquille semi-circulaire, aplatie, à charnière longue et droite, et couverte au sommet de petites épines arrangées en quinconce ; l'autre valve est épineuse et très-concave. Cette espèce est de la même grandeur que les précédentes.

Productus aculeatus : Sow., *loc. cit.*, même pl., fig. 4 ; *Conchiliolithus* (*anomites*) *aculeatus ;* Mart., *Petrif. Derb.*, tab. 57, fig. 9 et 10. Cette espèce a encore beaucoup de rapports de forme et de grandeur avec les précédentes ; mais la valve convexe est couverte de larges épines ou d'écailles, dont la pointe est dirigée vers le sommet de cette valve; la valve concave est couverte de légères ondulations concentriques. On trouve cette espèce à Bakewell et à Buxton, dans le Derbyshire en Angleterre.

Productus scabriculus : Sow., *loc. cit.*, tab. 69, fig. 1 ; *Conchiliolithus (anomites) scabriculus*; Mart., *loc. cit.*, tab. 36, fig. 5. Coquille suborbiculaire, dont la valve plate est couverte de légers sillons marqués par des points creux ; l'autre portant des stries longitudinales, sur lesquelles sont rangés en quinconce des tubercules ; la charnière est droite et égale en longueur celle de la coquille, qui est de treize à quatorze lignes. On trouve cette espèce à Buxton dans le Derbyshire.

Productus spinosus; Sow., *loc. cit.*, même planche, fig. 2. Coquille arrondie, très-gibbeuse, à charnière courte, dont la valve convexe est striée longitudinalement et couverte de longues épines : longueur, neuf lignes. Cette espèce se trouve en Écosse, mais elle est rare.

Productus scoticus : Sow., *loc. cit.*, pl. 69, fig. 3 ; Park., *Org. rem.*, tom. 3, pl. 16, fig. 10 ; *Anomites producta*, Mart. Coquille semi-circulaire à charnière droite, et qui égale en longueur celle de la coquille ; les deux valves sont couvertes de stries longitudinales, sur lesquelles on aperçoit quelques épines : longueur, plus d'un pouce. On trouve cette espèce en Écosse dans un calcaire fétide.

Productus latissimus; Sow., *loc. cit.*, tab. 330. Coquille oblongue, transverse, déprimée, grossièrement striée, à bec fortement recourbé et à charnière très-longue : largeur de la coquille, trois pouces et demi, sur deux pouces de longueur. On trouve cette espèce à Clifton, près de Bristol en Gloucestershire, dans le Devonshire en Angleterre, dans l'Anglésie et dans l'île de Puffin au nord d'Anglésie. On trouve à Ratingen des coquilles de ce genre qui ont plus de quatre pouces de largeur sur deux pouces de longueur, et qui sont très-finement striées. J'ai pensé qu'on pourroit les regarder comme des variétés de cette espèce.

Productus Martini : Sow., *loc. cit.*, tom. 4, pag. 15, pl. 317, fig. 2, 3 et 4 ; *Anomites productus*, Mart., *Petr. Derb.*, tab. 22, fig. 1, 2 et 3. Coquille semi-cylindrique, convexe au sommet, profondément striée ; la valve la plus petite est à peu près plate, concave ; la charnière s'étend dans toute la largeur de la coquille ; les deux valves sont couvertes du côté des sommets de cercles concentriques : longueur, environ deux pouces. On trouve cette espèce dans le marbre du Derbyshire et aux environs de Dublin. On rencontre à Géra et aux environs de Namur des moules de coquilles qui ont de très-grands rapports avec le *productus Martini*, et qu'on peut regarder comme des variétés de cette espèce. On voit une figure de ces coquilles dans l'ouvrage de Knorr, sur les Pétrifications, vol. 2, pl. 20, fig. 5 et 6.

Productus antiquatus : Sow., *loc. cit.*, même pl., fig. 1, 5, 6; *Anomites semistriatus ?* Mart., *loc. cit.*, tab. 32 et 33, fig. 1, 2, 3 et 4. Cette espèce paroit avoir tant de rapports avec celle qui précède immédiatement, que l'on peut croire qu'elle n'en est qu'une variété : on la trouve aussi près de Dublin et dans le Derbyshire.

Productus concinnus; Sow., *loc. cit.*, pl. 518, fig. 1. Coquille semi-cylindrique, convexe au sommet, couverte de stries longitudinales, et qui a encore beaucoup de rapports avec celle qui précède. On trouve cette espèce dans le Derbyshire, et près de Richemond dans l'Yorkshire.

Productus lobatus; Sow., *loc. cit.*, même pl., fig. 2 et 6. Coquille bilobée, très-convexe, striée longitudinalement, et sur laquelle on aperçoit les traces de quelques épines rares : longueur, neuf à dix lignes. On trouve cette espèce dans le Northumberland, accompagnée du *productus concinnus;* on la trouve aussi dans l'île d'Arran dans le Cumberland et dans le Derbyshire.

Beaucoup d'espèces de *productus* sont bilobées : le P. *Martini* est souvent dans ce cas, et il semble que cette forme ne devroit pas constituer une espèce particulière.

Productus horridus; Sow., *loc. cit.*, tab. 319, fig. 1. Coquille quadrangulaire, portant un large sillon au milieu de la valve convexe, auriculée, épineuse, à oreilles proéminentes, subcylindriques, à sommet large et très-recourbé : largeur, un pouce et demi. On trouve cette espèce dans le Derbyshire, au-dessous d'une mine de houille, où elle n'est pas rare.

Productus sulcatus; Sow., *loc. cit.*, même pl., fig. 2. Coquille semi-cylindrique, convexe à son sommet, avec un enfoncement au milieu de la valve bombée, couverte de sillons longitudinaux. Quelques individus de cette espèce présentent une rangée d'épines de chaque côté à leur bord postérieur et à celui qui lui est opposé. Leur forme est extrêmement singulière, en ce qu'il paroit que la valve bombée auroit pris un accroissement de plus de deux pouces en se recourbant, tandis que l'autre n'auroit pas pris la moitié de cette étendue. On trouve cette espèce dans le Derbyshire avec beaucoup de débris d'encrinites. Elle a beaucoup de rapports avec le *productus Martini*, et M. Sowerby pourroit avoir confondu avec cette espèce l'individu dont il a donné la figure, planche 317, figure 2, et qui dépendroit de celle-ci.

Productus giganteus : Sow., *loc. cit.*, pl. 320; *Conch. anomites giganteus*, Mart., *loc. cit.*, tab. 15. Coquille transverse-oblongue, très-large, couverte de stries rugueuses, longitudinalement ondulées. Cette espèce a quelquefois plus de quatre pouces de largeur sur une longueur à peu près égale. On la trouve dans le Derbyshire et dans le Yorkshire.

Productus personatus; Sow., *loc. cit.*, pl. 321. Coquille hémisphérique, irrégulièrement striée, très-concave en dessous; la valve la plus large porte trois fortes protubérances; l'une est placée près du sommet, et les deux autres vers le milieu de la coquille : largeur, plus de deux pouces et demi, longueur égale. On trouve cette espèce dans le Derbyshire et près de Kendal.

Productus humerosus; Sow., *loc. cit.*, pl. 322. Coquille oblongue, déprimée, un peu carrée, striée longitudinalement, épineuse? à charnière moins large que la valve; sur la valve bombée et près du sommet il se trouve deux fortes protubérances : longueur, deux pouces. On trouve cette espèce à Breden près Derby en Angleterre.

Productus punctatus : Sow., *loc. cit.*, tab. 323; *Conch. anomites punctatus*, Mart., *loc. cit.*, tab. 37, fig. 6, 7 et 8. Coquille ovale-transverse, bossue, portant une dépression dans le milieu de la valve qui est convexe, hispide, et dont la surface est couverte de cercles concentriques lamelleux; la plus petite valve est presque plate : longueur, deux pouces.

Cette espèce se trouve dans le Derbyshire et à Cork en Irlande.

Productus hemisphæricus; Sow., *loc. cit.,* pl. 328. Coquille hémisphérique, couverte de fines stries longitudinales : la plus petite valve étant très-concave, et à très-peu de distance de celle qui est plus bombée : longueur, treize à quatorze lignes. Cette espèce se trouve dans le Carmarthenshire, pays de Galles.

Productus comoides; Sow., *loc. cit.,* pl. 329. Coquille semicirculaire, bossue, très-finement striée, à dos renflé, à charnière linéaire qui s'étend dans toute la largeur de la coquille : longueur, près de trois pouces, sur une largeur presque égale. On trouve cette espèce dans un schiste noirâtre sous une mine de houille à Slangaveni, en Anglésie, où elle est accompagnée de trilobites.

Productus fimbriatus (Producta fimbriata) ; Sow., *loc. cit.,* tom. 5, p. 85, pl. 459, fig. 1. Coquille hémisphérique, portant six ou huit sillons concentriques, crénelés et épineux? et à sommet un peu avancé : longueur, quatorze lignes. On trouve cette espèce dans le Derbyshire.

Productus plicatilis (Producta plicatilis); Sow., *loc. cit.,* même pl., fig. 2. Coquille oblongue-transverse, bombée au sommet, déprimée au milieu de la valve bombée, striée longitudinalement, ridée circulairement et épineuse : longueur, huit lignes; largeur, un pouce. On trouve cette espèce dans le Derbyshire. Elle paroît avoir beaucoup de rapports avec le *productus Martini.*

Productus depressus (Producta depressa); Sow., *loc. cit.,* même pl., fig. 3. Coquille presque semi-cylindrique, déprimée, rugueuse, couverte de fines stries longitudinales, et de sillons concentriques vers les sommets, où elle est un peu convexe. Le milieu de la coquille est un peu concave, et le bord se renverse fortement du côté de la valve la moins grande; la charnière est droite et occupe entièrement la plus grande largeur de la coquille. Elle porte une sorte d'échancrure sur le milieu de l'une des valves, et des deux côtés de cette échancrure on voit douze à quatorze légères crenelures, dont les deux bouts de la charnière sont dépourvus. On voit au milieu de la coquille, vers son sommet, un enfoncement de forme ovale, qui porte au milieu une légère carène longitudinale. Cet enfoncement a pu contenir le muscle adducteur, ou une partie du corps de l'animal.

Les coquilles de cette espèce sortent un peu de la forme ordinaire des autres espèces de *productus* , qui n'ont pas l'enfoncement que l'on remarque au milieu de la charnière de celle-ci; on pourroit soupçonner qu'elle se rapprocheroit plutôt du genre Strophomène, dont la charnière a quelques rapports avec celle des calcéoles.

On trouve ces coquilles dans le calcaire de Dudley, en Angleterre, où elles sont accompagnées de trilobites, de crustacés inconnus, d'encrinites, de térébratules, de rétépores et d'autres polypiers de différens genres.

Productus suborbiculaire : *Productus suborbicularis*, **Def.** Coquille hémisphérique, portant des oreilles, à valve bombée, chargée de petits tubercules. L'intervalle qui sépare ces derniers, est couvert de très-légères aspérités : longueur, dix lignes; largeur, à peu près égale. Cette espèce existe dans ma collection, mais j'ignore où elle a été trouvée. Elle a quelques rapports avec le *productus aculeatus ;* mais il paroît que celui-ci n'a pas d'oreilles. Elle en a aussi avec une espèce dont on trouve les traces dans des morceaux trouvés à Timor.

Productus pectinaire; *Productus pectinarius*, **Def.** Coquille hémisphérique à oreilles; la valve bombée est couverte de côtes mal exprimées, et qui paroissent avoir porté des épines; l'autre valve est très-concave, couverte d'épines courtes, et ne porte point de côtes : longueur, seize lignes. J'ignore où cette espèce a été trouvée. Elle a quelques rapports avec le *productus spinulosus*, mais ce dernier ne porte pas de côtes.

Productus ondé; *Productus undatus*, **Def.** Je ne connois de cette espèce que des valves bombées : elles sont couvertes de sillons concentriques très-marqués et de légères stries longitudinales : largeur, quinze lignes; longueur, à peu près égale. On trouve cette espèce à Chimay et a Visé, département de la Meuse. On trouve sur les bords de la rivière de Mohawks, dans l'Amérique septentrionale, une espèce qui a beaucoup de rapports avec celle-ci. La valve bombée est plus plate, les sillons concentriques sont moins profonds, et les stries longitudinales sont plus exprimées.

PRODUCTUS? A OREILLES; *Productus? alatus*, Def. On trouve à Saint-George-de-la-Rivière, département de la Manche, dans un grès ferrugineux, des coquilles qui ont la forme des productus. Elles portent des oreilles, et la valve bombée (la seule que j'aie pu me procurer) est couverte de vingt-deux à vingt-quatre carènes longitudinales: largeur, vingt lignes; longueur, seize lignes. Ce qui peut faire croire que ces coquilles dépendent des productus, c'est qu'on remarque dans leur charnière linéaire de très-petites dents sériales comme dans d'autres espèces de productus. (D. F.)

PROEST. (*Ornith.*) Voyez PRAEST. (CH. D.)

PROGALLINSECTES. (*Entom.*) Réaumur a ainsi nommé quelques cochenilles ou chermés. (C. D.)

PROGNÉ. (*Ornith.*) Chez les Grecs ce nom étoit appliqué à l'hirondelle. (DESM.)

PROGRESSIVES [RACINES]. (*Bot.*) Sorte de tiges qui s'alongent et se ramifient entre deux terres, en suivant une direction plus ou moins horizontale. Elles donnent des pousses annuelles, en se développant par le moyen de turions qui naissent à leurs extrémités antérieures; tandis que leurs extrémités postérieures se détruisent et semblent avoir été tronquées ou *mordues*, selon l'expression des botanistes; exemples : *allium nutans*, *convallaria polygonatum*, *polygonum bistorta*, *anemone nemorosa*, *lathræa squamaria*, *dentaria pentaphylla*, etc. (MASS.)

PROHIBITORIA AVIS. (*Ornith.*) L'oiseau ainsi nommé par Labéon, suivant Pline, paroît être la sittelle, *sitta europæa*, Linn., d'après les fables qu'on débitoit anciennement à son sujet. (CH. D.)

PROH-TSONS. (*Bot.*) Voyez KURO-TSIONS. (J.)

PROLIFERE, *Prolifera*. (*Bot.*) Vaucher, dans son Histoire des conferves d'eau douce, a séparé et nommé prolifères quelques espèces de conferves qui se multiplient par des renflemens ou des bourrelets. qu'on voit naître tout du long des tubes, lesquels, dans leur premier développement, sont couverts d'une matière ou poussière propre, ou de corps étrangers, et d'où sortent de nombreux filets semblables à celui où elles ont pris naissance. Ces plantes, qui vivent dans les ruisseaux, sont formées par des filamens tubuleux, articulés, simples ou peu rameux, divisés intérieurement par des cloisons ou endophragmes ; dans leur intérieur est contenu une matière verte, composée de grains brillans, assez nombreux. Les filamens sont capillaires et généralement fort longs (de plusieurs pieds). Vaucher fait remarquer que, malgré que ces plantes se multiplient par les bourrelets ou renflemens qui naissent le long des tubes, il faut qu'il existe un autre genre de multiplication, et que les graines soient contenues dans ces mêmes organes. Il se fonde sur ce que dans d'autres espèces de la même famille, lorsque les tubes ne s'ouvrent pas assez tôt pour donner issue aux graines, celles-ci germent à l'intérieur, se font ensuite jour par ce tube, d'où leurs filamens sortent en paquet. Cette voie de multiplication est très-fréquente dans la famille des algues, et une ressource pour la nature dans bien des circonstances où la propagation par graines n'est pas suffisante ou ne peut avoir lieu. Le *conferva rivularis*, Linn., type des prolifères, ne se multiplie que par cette voie, et en peu de temps ses filamens, longs de plusieurs pieds, flottent sur les ruisseaux et les remplit presque entièrement.

Vaucher a ramené à ce genre six espèces, qu'il a décrites et figurées dans l'ouvrage cité plus haut. La prolifère des ruisseaux, *Pr. rivularis*, Vauch., décrite à notre article CHANTRANSIE, est la plus commune de ces espèces ; les autres sont la prolifère frisée (*conferva capillaris*, Linn.), dont les filamens sont entrelacés et comme crispés et frisés, et qui croît dans le Rhône ; la prolifère cotonneuse (*conferva oscillatorioides*, Agardh, *Syn.*), remarquable par son excessive longueur ; la prolifère en vessie (*vaucheria clavata*, Dec.), dont les filamens sont enflés et les renflemens sphériques ; la prolifère composée, dont les bourrelets sont également pourvus d'autres bourrelets, et la prolifère parasite (*conferva parasitica*, Dec.), qui végète sur le *conferva glomerata*, Linn., ou *polysperma glomerata*, Vauch.

Voilà en peu de mots ce que Vaucher a publié sur le genre Prolifère, créé par lui. M. De Candolle, le premier, ayant fait remarquer que le caractère essentiel de ce genre étant le même que celui du *polysperma* de Vaucher, a pensé convenable de les réunir, et cette réunion forme son genre *Chantransia* (voyez CHANTRANSIE). Depuis, une nouvelle étude de ces plantes a montré la nécessité de séparer encore le *polysperma*. Le *prolifera* a été admis de nouveau par M. Léon Leclerc, qui en donne la monographie et qui propose de le nommer *antarcites*, et par Bory de Saint-Vincent, qui, en le plaçant dans sa famille des confervées, l'appelle *vaucheria*, nom déjà consacré à l'*ectosperma* de Vaucher. Cependant, Agardh, Link, et beaucoup de botanistes ne l'admettent point; Link porte quelques-unes des espèces de M. Leclerc à son genre *Œdogonium*, et les *prolifera rivularis* et *polysperma glomerata* de Vaucher à son *Annulina*. Agardh réunit à son genre *Conferva* la plupart des prolifères de Vaucher, d'autres rentrent dans le genre *Vaucheria*.

Le genre *Prolifera* n'a pas échappé aux investigations microscopiques des botanistes modernes, et, comme les genres voisins, ils se prêtent aux mêmes idées, aux mêmes observations et aux mêmes conclusions sur leur placement intermédiaire entre le règne végétal et le règne animal; il seroit trop long de rapporter dans ce Dictionnaire les nombreuses observations, et les conséquences qu'on en a tirées, faites sur les prolifères, et les articles généraux NÉMAZOONES et PSYCHODIAIRES, de ce Dictionnaire, y suppléent complétement. (LEM.)

PROLIFÈRE. (*Bot.*) Une feuille est prolifère, lorsqu'elle donne naissance à d'autres feuilles; telles sont celles du *lemna*. Une fleur est prolifère, lorsque de son centre il naît une fleur nouvelle ou un bourgeon feuillé, phénomène qui a souvent lieu dans la rose, l'œillet, l'anémone, etc. (MASS.)

PROLONGEMENS MÉDULLAIRES. (*Bot.*) Les rayons médullaires, que beaucoup d'auteurs nomment des insertions ou prolongemens médullaires, parce qu'ils semblent être des appendices de la moelle, se dessinent sur la coupe transversale de la tige des dicotylédons comme les lignes horaires d'un cadran. Ils sont formés en général par le tissu cellulaire logé dans les interstices du plexus, dont le liber, l'aubier et le bois sont composés. Comme la texture de ce plexus est celle d'une suite de réseaux à mailles correspondantes, le tissu qui remplit ces mailles se montre sur la coupe transversale en rayons divergens. Les cellules des rayons s'alongent du centre à la circonférence, c'est-à-dire, que leur direction coupe à angle droit celles des cellules du plexus. Toutes ces cellules sont étroitement unies et ne forment qu'un seul tissu. Leurs cavités communiquent par des pores quelquefois visibles. Au moyen de ces petites ouvertures, les fluides peuvent se porter dans le tronc, non-seulement de la base au sommet et du sommet à la base, mais encore du centre à la circonférence. Dans plusieurs arbres cônifères les rayons sont formés par des espèces de canaux horizontaux qui courent de la moelle à l'écorce. Mirbel, *Élém.* (Mass.)

PROMÉPIC. (*Ornith.*) Ce nom a été donné par Levaillant à un oiseau qu'il a décrit à la suite de ses promérops, et qui a le bec courbé des promérops, et les pieds des pics. Cet oiseau, figuré pl. 32, est le *picus cafer* de Latham. (Ch. D.)

PROMÉROPS. (*Ornith.*) Levaillant, dans le troisième volume de ses Oiseaux de Paradis, etc., donne une monographie des promérops, qu'il divise en quatre familles, savoir les promérops proprement dits, les promérops grimpeurs, les promérops marcheurs et les mérops. Ces familles sont purement insectivores, et nichent toutes dans des trous d'arbres sans y faire de nids. Pour établir ces distinctions, l'auteur fait remarquer que la nature des insectes, dont chacun des oiseaux de ces familles se nourrit, exige de leur part des facultés particulières. Les uns, destinés à saisir leur proie sur des troncs ou des écorces d'arbres, n'ont besoin, pour se procurer leur nourriture, que de pouvoir s'y cramponner; tandis que ceux qui sont forcés de tirer leur subsistance de l'intérieur du corps des arbres, ne le peuvent qu'au moyen d'une langue armée d'un harpon, et susceptible d'être alongée indéfiniment, jusqu'à ce qu'elle atteigne le fond de la retraite de l'insecte perforeur. On voit très-rarement ces oiseaux sur la terre, dont ils ne pourroient parcourir la surface; tandis que d'autres, pour lesquels cet exercice habituel est indispensable, et qui sont destinés à la fouiller sans cesse, ont été pourvus de pieds propres à la marche. D'un autre côté, les grimpeurs proprement dits, ceux dont la langue est une sorte de harpon, sont obligés, pour se maintenir plus long-temps suspendus au tronc ou aux branches, d'être munis d'une queue à pennes aiguës, et c'est par-là, peut-être, plutôt que par la disposition de leurs doigts, deux devant et deux derrière, qu'ils exécutent une fonction dans laquelle les grimpereaux, quoiqu'anisodactyles, montrent plus d'habileté que les pics.

La Monographie des promérops de Levaillant, est le dernier ouvrage publié sur cette matière : l'auteur a placé en tête des observations générales sur les promérops proprement dits. Ils ne fréquentent que les bois de haute futaie, et pour saisir les insectes qui se portent à la surface des arbres, et qui y pullulent, ils n'ont besoin que de pouvoir s'y cramponner ; leur queue ne leur donneroit pas la faculté d'y grimper. Ils ont le bec plus ou moins grêle et plus ou moins arqué. Leurs mandibules sont solides, si ce n'est vers leur base dans la région de la bouche, où elles sont creuses. Leur langue, courte et triangulaire, est collée au fond du gosier ; leurs tarses sont courts, robustes et emplumés ; les doigts, disposés un par derrière, et trois par devant, sont noueux et forts ; les ongles, arqués, sont aplatis sur les côtés, creusés en gouttière, et leur bord extérieur, plus élevé que l'intérieur, est dentelé.

Sous le rapport des mœurs, les promérops proprement dits sont vifs, pétulans, et vivent par couples ou en troupes composées chacune d'une nichée entière avec le père et la mère, association qui, lorsqu'elle a lieu, se dissout à l'époque de la reproduction. Ces oiseaux parcourent, du matin au soir, tous les arbres du canton où ils sont nés, et d'ou ils s'éloignent si peu, que chaque famille se retire la nuit dans le trou d'arbre qui a servi de berceau aux nouveau-nés. Quand ils veulent quitter la place de l'arbre où ils sont cramponnés, c'est par un petit mouvement d'aile, un petit vol, un saut à droite ou à gauche ; quelquefois ils font un pas de côté en s'accrochant par la pointe du bec dans une crevasse ; mais ils ne sauroient grimper sur un tronc perpendiculaire.

Les promérops ont, comme tous les oiseaux qui frappent du bec, la tête forte et les os solides et compactes. Leur cou, muni de forts muscles, est long, grêle, et leur corps est svelte et alongé ; leurs ailes sont amples et arrondies ; la queue de ceux d'Afrique n'a, en général, que dix pennes, tandis que chez les promérops des Indes elle en a douze : lorsqu'elle est longue, elle est étagée, et quand elle est courte, les pennes sont coupées carrément. Ces oiseaux sont maigres, et leur chair est noire et de mauvais goût; leur estomac est gros et membraneux.

Il y a encore peu d'uniformité dans le classement adopté par les naturalistes modernes, pour les oiseaux connus sous la dénomination générale de promérops; mais, en la restreignant à ceux que Levaillant appelle promérops proprement dits et à quelques autres espèces, M. Temminck en a formé un genre, pour lequel il a adopté. d'après M. Cuvier, le nom latin d'*epimachus* (Anal. de son syst. d'ornith., pag. 85), et il lui a donné pour caractères : un bec beaucoup plus long que la tête, grêle, fendu jusque sous les yeux, plus ou moins arqué, comprimé dans toute sa longueur; des mandibules pointues, dont la supérieure est foiblement échancrée à la pointe, plus longue que l'inférieure, et a l'arête avancée entre les plumes du front: les narines basales, latérales, ouvertes par devant, a moitié fermées par une membrane couverte de plumes; les pieds courts; le tarse de la longueur du doigt du milieu; l'externe réuni jusqu'à la première articulation; l'interne soudé à sa base; les ailes médiocres; la première rémige très-courte, les deuxième, troisième et quatrième étagées, la quatrième ou la cinquième la plus longue.

Parmi les caractères assignés à ces oiseaux par Levaillant et par M. Temminck, se trouve une langue courte et cartilagineuse; mais M. Cuvier dit, p. 407 du premier volume de son Règne animal, qu'elle est extensible et fourchue, et qu'elle leur permet de vivre du suc des fleurs, comme les souïmangas et les colibris. Le même auteur ajoute. particulièrement pour les épimaques, qu'ils ont, avec le bec des huppes et des promérops, des plumes écailleuses et veloutées qui leur recouvrent une partie des narines, ainsi que chez les Oiseaux de paradis. et que celles des flancs sont aussi plus ou moins prolongées dans les mâles. Selon le même auteur, il n'existe dans les collections européennes que deux espèces d'épimaques, dont on ne connoît pas même les pieds, attendu l'habitude dans laquelle sont les naturels de la Nouvelle-Guinée, de les arracher a tous les oiseaux qu'ils préparent.

Dans cet état de choses, et quoique M. Temminck ait appliqué le nom latin *epimachus* à ses promérops, il paroît qu'il a donné à ce terme une plus grande extension que le professeur auquel il l'a emprunté; et comme sous le mot Epimaque, tom. XV, p. 76, de ce Dictionnaire, on a déjà parlé des deux seules espèces indiquées par M. Cuvier, on ne croit pas pouvoir généraliser cette dénomination à toutes celles que comprend le genre Promérops de l'auteur hollandois; on se bornera donc, en les décrivant, aux noms françois donnés par Levaillant, et aux noms latins de M. Vieillot et des auteurs d'ouvrages antérieurs au sien.

Les espèces décrites et figurées par Levaillant, sont au nombre de neuf.

1.° Promérops a bec rouge ou moqueur : *Upupa erythrorhynchos*, Lath.; *Falcinellus erythrorhynchos*, Vieill., pl. 6 des promérops à la suite des Oiseaux dorés, et pl. 1, 2 et 3 des promérops de Levaillant. Cet ornithologiste ayant trouvé les espèces dont il s'agit dans tous les cantons boisés de la côte de l'est et du sud de l'Afrique, et dans différentes saisons, en conclut qu'elle est sédentaire dans cette portion du globe. Il en a fait figurer le mâle, la femelle et le jeune, dans ses planches 1, 2 et 3. Le mâle est d'un tiers plus fort que la femelle, dont le bec est moins long et moins courbé; mais leur plumage est le même, et quand tous deux sont parvenus à l'état parfait, le bec et les pieds sont d'un même rouge de vermillon, sauf la pointe, qui est jaunâtre et transparente. La queue est composée de dix pennes. La tête, les joues, le cou, le manteau et la poitrine sont d'un vert glacé, se changeant en bleu ou se dorant plus ou moins, suivant les incidences de la lumière. Les plumes uropygiales sont d'un vert violet; celles des flancs, du bas-ventre, des jambes et des tarses sont douces, soyeuses et d'un vert sombre; les pennes alaires et caudales sont d'un vert changeant; mais les trois pennes latérales de chaque côté de la queue portent deux taches blanches distribuées en sautoir : les rémiges ont aussi des taches blanches distribuées comme celles des rectrices. Les ongles d'un brun jaunâtre à leur base, sont noirs vers la pointe; les yeux sont d'un rouge brun.

Le jeune a le bec noirâtre, mais ses pieds sont rouges à la sortie du nid; son plumage est d'un vert noirâtre, à l'exception de la gorge, qui est roussâtre.

La femelle dépose au fond d'un trou d'arbre, et sur la poussière du bois vermoulu, sept à huit œufs d'un bleu verdissant, que les deux sexes couvent tour à tour. Comme chaque famille se retire tous les soirs dans le même trou, il est facile de suivre ces oiseaux au déclin du jour, pour découvrir leur retraite et les prendre, après avoir bouché le trou avec un tampon attaché au bout d'une perche.

La planche 4 représente un jeune individu de l'espèce, qui a été rapporté du Sénégal, et qui a offert à M. Levaillant les attributs de ceux de l'Afrique du Sud.

2.° Promérops namaquois ; *Falcinellus cyanomelas*, Vieill. Cet oiseau, dont le mâle et la femelle sont peints sur les planches 5 et 6 de Levaillant, a le bec plus grêle et plus arqué que celui du moqueur. Sa queue est aussi moins longue et moins étagée. Le dessus de la tête, les parties supérieures du corps sont d'un noir glacé à reflets d'un bleu d'acier poli ; les parties inférieures sont couvertes de plumes soyeuses et noires. Les trois pennes latérales de chaque côté de la queue sont terminées par une tache blanche, et les premières pennes alaires, qui sont noires, en ont une pareille. Le bec, les pieds et les ongles sont noirs, et les yeux sont d'un noir brun. La femelle, d'environ un tiers moins forte que le mâle, et dont le bec est moins arqué et plus court que le sien, a les parties supérieures du corps d'un brun lavé de bistre, et les parties inférieures moins fortement lustrées de bleu ; les taches de sa queue sont aussi moins grandes, et les premières rémiges sont brunâtres.

Ces promérops habitent tout le pays des grands Namaquois. Leur ramage habituel consiste dans la syllabe *co*, répété six à sept fois de suite, et toutes les fois qu'ils sont inquiets. Plus méfians que les moqueurs, ils ne se laissent pas approcher aussi facilement. Levaillant croit qu'ils ne passent dans la contrée où il les a vus, que la saison des couvées.

Les petits ressemblent à la femelle adulte ; mais on les reconnoît à leur bec et leurs pieds bruns, et aux plumes de la tête et du dos brunissant sous certain jour, au lieu d'être glacées de bleu.

3.° Promérops azuré : *Falcinellus cyaneus*, Vieill., pl. 7 des Promérops de Levaillant ; *Upupa indica*, Lath. Cette espèce,

dont notre voyageur n'a vu qu'un mâle et une femelle dans
le pays des petits Namaquois, a le bec moins long, moins
courbé et plus gros que celui du précédent ; le dessus du corps
est d'un bleu azuré luisant, à reflets purpurins, et les parties
inférieures sont d'une couleur de turquoise orientale ; le
revers des ailes et celui de la queue sont d'un gris argentin ;
les yeux sont d'un brun orangé ; les pieds de couleur de plomb,
et le bec est d'un noir de corne. La femelle, un peu plus
petite que le mâle, n'en diffère que par des teintes moins
prononcées et moins lustrées.

4.° PROMÉROPS PROMÉRAR ; *Falcinellus caudacutus*, Vieill. Le
mâle et la femelle de cet oiseau sont figurés par Levaillant
n.º 8 et 9. Le promérar, qui existe à Madagascar, et qui n'a
pas été rencontré dans les cantons du continent africain
parcourus par ce voyageur, a une queue fortement étagée
et composée de dix pennes. La tête, le cou et la poitrine du
mâle sont, ainsi que le manteau, les couvertures du dessus
des ailes, le croupion et les recouvremens du dessus de la
queue, d'un noir lustré de vert sombre ; les premières rémiges
sont noires, et les suivantes variées de blanc et de fauve. Les
plumes des parties inférieures du corps, à partir de la poitrine, sont d'un noir brunissant sous certains aspects ; la queue,
étagée, longue et dont toutes les pennes sont très-pointues,
est d'un noir tirant sur le vert. Le bec, noir à la base, est
brun à la pointe ; les pieds et les ongles sont bruns. La femelle a le dessus du corps d'un noir brunâtre ; la gorge et le
devant du cou roussâtres ; la poitrine et les parties inférieures finement rayées de brun sur un fond fauve. La
queue, plus courte de quatre pouces que celle du mâle, est
d'un noir brun, ainsi que les joues et le bec.

5.° PROMÉROPS SIFFLEUR ; *Falcinellus sibilator*, Vieill., pl. 10
de Levaillant, le mâle. Cet oiseau, dont notre voyageur n'a
trouvé qu'un individu dans l'Afrique méridionale, a le front,
les joues, la gorge, le devant du cou et la poitrine, d'un
blanc pur, qui se répand de là sur tout le dessous du corps,
et offre sur les flancs et sur les côtés de la bouche des mou-
chetures d'un brun fauve : ces taches cessent de paroître sur
les jambes et les plumes anales, qui sont tout-à-fait blanches.
A l'exception d'un collier blanc qui traverse le derrière du

cou, les parties supérieures du corps et les deux pennes du milieu de la queue sont d'un brun clair, nuancé d'olivâtre; les rectrices latérales sont blanches, étagées et rayées transversalement de brun noir. Le bec et les ongles sont brunâtres, les tarses jaunes et les yeux d'un brun rouge. Cet oiseau fait entendre un sifflement pareil à celui du bouvreuil d'Europe, mais plus aigu et plus fort.

6.° PROMÉROPS PROMÉRUPE. Déjà Buffon a décrit sous ce nom, d'après Séba, tom. 1, p. 48, l'oiseau nommé par Gmelin et par Latham *Upupa paradisea;* mais Levaillant, qui regarde cet oiseau comme un gobe-mouche (le tchitrec-bé roux) a appliqué le même nom à son sixième promérops, dont il a fait figurer, sous les n.°ˢ 11 et 12, le mâle et la femelle par lui achetés d'un capitaine de vaisseau négrier, qui les avoit rapportés d'un voyage à Madagascar et sur les côtes orientales du continent d'Afrique. Cette espèce, de forte taille, et dont le bec et les pieds ont les caractères de ceux des promérops, porte une huppe, et sa queue, quoique longue et étagée, est d'une largeur remarquable et arrondie lorsqu'elle est étalée. Le mâle a la tête ornée d'une huppe dont les plumes, peu alongées et roides, ont la forme d'une spatule alongée, et sont d'un vert pourpré, semblable à celui de la tête du canard sauvage ordinaire. La poitrine est de la même couleur, qui devient plus sombre sur le reste du corps et paroît même noire dans l'ombre. Les rectrices, au nombre de dix, sont à l'extérieur d'un bleu verdissant, ainsi que les rémiges, et d'un vert marin luisant à leur revers. Le bec, les pieds et les ongles sont d'un noir de corne. La femelle, d'un cinquième environ moins forte que le mâle, a le dessus du corps des mêmes couleurs; mais toutes les parties inférieures sont rayées transversalement de roux fauve sur un fond d'un brun noirâtre.

7.° PROMÉROPS A LARGES PARURES, OU GRAND PROMÉROPS, pl. 13 de Levaillant, le mâle. Cet oiseau, qui est l'épimaque à paremens frisés de M. Cuvier, est figuré dans les planches enluminées de Buffon, n.° 639, et dans les promérops d'Audebert et Vieillot, à la suite des Oiseaux dorés, n.° 8; c'est le même que le grand promérops rapporté de la Nouvelle Guinée par Sonnerat, et le grand promérops à paremens frisés, *upupa magna* de Gmelin, *upupa superba* de Latham, et *falcinellus superbus* de M. Vieillot. Quoique Sonnerat lui attribue quatre pieds de longueur, M. Vieillot ne lui en donne que trois et demi. Selon Levaillant, l'oiseau que d'autres naturalistes appellent promérops brun à ventre rayé (pl. 7 des promérops à la suite des Oiseaux dorés), *upupa fusca*, Gmel., *upupa papuensis*, Lath., *falcinellus fuscus*, Vieill., n'est autre que la femelle de celui-ci, ou le mâle dans son habit d'hiver.

Le corps du grand promérops est alongé et à peu près de la longueur de celui de la pie d'Europe. Sa tête est forte et proportionnée à sa taille; le bec est long et très-arqué : les mandibules sont pleines et fortes dans une grande partie de l'intérieur de la bouche, ce qui indique une langue petite et collée au fond du gosier; les narines ne sont pas couvertes par les plumes du front, qui sont partagées par l'arête de la mandibule supérieure; la queue, très-longue et fortement étagée, a toutes les pennes latérales cambrées en S, et munies de barbes dures qui se relèvent en forme de gouttière, circonstance d'où l'on peut conclure, avec celle de l'existence d'ongles à crampons, que le grand promérops s'accroche au tronc des arbres, et vit de la même manière que les promérops d'Afrique. La grande dimension de la queue du mâle fait néanmoins soupçonner à Levaillant que ce promérops ne niche pas dans un trou d'arbre comme ses congénères; mais sa femelle, dont la queue est plus courte, pourroit y couver seule, comme cela arrive chez les veuves.

Le grand promérops mâle, dans son état parfait, a la tête, le front et les joues couverts de petites plumes en écailles arrondies, dont la couleur est d'un vert bronzé qui se dore plus ou moins, ou change en bleu suivant les aspects. Celles du derrière du cou sont plus longues, effilées, et paroissent d'un noir velouté, comme sur le dos, où sont irrégulièrement distribuées des plumes en forme de spatules alongées et à barbes épaisses, qui les font ressembler à des plaques de velours bleuâtre et sablé d'or. Au-dessous de la mandibule inférieure partent des plumes poileuses, dirigées en avant, où elles forment une sorte de barbe hérissée. Les plumes des parties inférieures sont d'un noir violâtre, celles du parement supérieur sont implantées sur plusieurs rangs au bas des côtés du cou, et dans leur état de repos elles forment, sur les couvertures des ailes, des guirlandes peintes de couleurs éclatantes sur un fond d'un noir pourpré. Les mêmes plumes, dans l'action du vol, s'appliquent sur les flancs au-dessous des ailes ; mais lorsque l'oiseau les étale en éventail, elles figurent cette sorte de collerette en fraise, que nos femmes portoient autrefois. Il y a d'autres plumes de parure implantées sur les flancs au-dessus des cuisses : ces plumes, longues, à barbes désunies, et taillées en forme de sabres, se dirigent vers la queue, dont elles ombragent la naissance et une partie des pieds. Les scapulaires, ainsi que les dernières pennes des ailes près du dos, sont d'un noir profond et velouté ; les autres rémiges ont des reflets verts sur leur bord extérieur, et sont d'un noir glacé de brun à leur revers. Le bec, les pieds et les ongles sont noirs.

Levaillant a trouvé sur l'individu bien conservé, qu'il a fait peindre, un beaucoup plus grand nombre de plumes de parure, que Buffon n'en avoit comptées sur l'individu mutilé qu'il a eu sous les yeux.

L'inscription de la planche 15 indique un jeune de la même espèce. Avant de passer à la description, l'auteur observe que les mâles des espèces privilégiées qui portent des plumes surabondantes, doivent être plusieurs années à prendre ces ornemens et à parvenir à leur état parfait. Dans son premier âge, le jeune a, dit-il, la tête et le haut du cou semblables aux mêmes parties chez les individus adultes ; mais tout le bas du derrière du cou, le manteau, les ailes, le croupion, sont d'un brun roussâtre ; le bas du devant du cou, et les plumes qui couvrent la poitrine, le sternum, le dessous de la queue, sont écaillées ou rayées transversalement de blanc sale sur un fond d'un brun violacé ; les ailes sont d'un brun roussâtre en dessus et d'un roux uniforme, flambé de noir lavé, dans leur intérieur ; la queue, beaucoup plus courte que chez le mâle adulte, est étagée en fer de lance et du même brun roux que les ailes. Le bec est noir, et les pieds sont d'un noir brunissant.

L'individu présenté comme femelle sur la 14.ᵉ planche, ne diffère du mâle dans son premier âge, qu'en ce qu'il a le dessus de la tête et la nuque d'un roux cannelle, que les barbes des pennes caudales sont d'un roux uniforme, le bec d'un noir brunissant, et les pieds bruns.

8.° Promérops proméfil ou a parures chevelues, pl. 16 de Levaillant; Épimaque proméfil, Cuv., figure noire, pl. 4. n.° 2 du 1.er volume du Règne animal; *Falcinellus magnificus*, Vieill. Cet oiseau de la Nouvelle-Guinée, qui est d'une taille inférieure au précédent, a la queue courte et largement empennée; les plumes de parure, insérées sur les côtés de la poitrine, au lieu d'être larges et soyeuses, sont à barbes désunies, et terminées par un fil très-délié; elles se courbent naturellement en arc, et forment autant de rayons divergens, lorsque l'oiseau les relève. Tout le dessus de la tête est couvert de plumes en écailles, d'un vert chatoyant; celles du cou et des parties supérieures du corps sont d'un noir profond, et ressemblent à du velours; celles de la gorge et du devant du cou ont la forme de spatules alongées, et présentent l'apparence d'une plaque de métal d'un bleu chatoyant en vert ou en pourpre, qui est terminée sur la poitrine par un collier d'un vert d'émeraude; le reste des parties inférieures est d'un noir violacé; les ailes, dans leur état de repos, sont d'un noir de velours, à l'exception des deux plumes les plus près du corps, qui portent chacune, à leur extrémité, une tache en arc d'un vert lustré et changeant. Les deux pennes caudales intermédiaires sont de la même couleur, et les autres d'un noir velouté. Le bec, les pieds et les ongles sont noirs.

9.° Promérops multifil, pl. 17 de Levaillant. Cet oiseau a été figuré, sous le nom de manucode à douze filets, pl. 13 du Supplément à l'Histoire des oiseaux de Paradis, faisant suite aux Oiseaux dorés : c'est le *paradisea alba*, Blum., ou *falcinellus resplendescens*, Vieill., dont il a déjà été fait mention dans le tome XXXVII de ce Dictionnaire, p. 512. M. Cuvier l'a décrit sous l'ancienne dénomination de manucode, dans le 1.er volume de son Règne animal, pag. 403, et M. Temminck l'a indiqué dans son Système d'ornithologie, comme espèce de son genre Promérops: mais, d'après les incertitudes et les variations que la nomenclature a éprouvées relativement à cette espèce, on croit devoir analyser ici la description qui est faite à la page 58 de la Monographie de

Levaillant, où se trouvent des détails qui n'existent pas dans les autres ouvrages.

Le bec, d'un noir de corne, est arqué; l'arête de la mandibule supérieure s'avance sur le front, et en partage les plumes en deux pointes qui s'étendent sur les narines. Les plumes de la tête, du cou et de la poitrine sont de la nature du velours, et présentent des nuances d'un vert sombre ou d'un pourpre violet sur un fond noir. Les plumes, longues, larges et à tiges fortes, qui couvrent les côtés de la poitrine, sont bordées d'un vert d'émeraude, et dépassent les plumes subalaires et celles du haut de la poitrine. On voit sur les flancs de longues plumes d'un blanc jaunâtre, à barbes lisses, désunies, dont les tuyaux, implantés sur un muscle extenseur, annoncent qu'elles sont destinées à parer l'oiseau dans ses momens d'atours. Les plus longues de ces plumes s'étendent au-delà de la queue, et les plus inférieures se terminent par un long filet nu, sans barbes, qui n'a pas plus de consistance qu'un crin. Les plumes du sternum, du ventre et les couvertures du dessous des ailes et de la queue sont d'un blanc jaunâtre; celles du derrière du cou, du manteau et du croupion, présentent des nuances de noir pourpré et de vert chatoyant. Les couvertures et les dernières plumes des ailes, qui sont d'un violet pourpré, paroissent, sous certains aspects, comme barrées de lignes noires, ainsi que les rectrices, qui sont courtes et égales. Comme Levaillant n'a pas trouvé sur les divers individus qu'il a examinés le même nombre de ces filets, que leur fragilité expose d'ailleurs à se rompre, il a cru devoir changer le nom de l'oiseau en celui de *multifil*.

D'autres oiseaux ont été décrits sous le nom de promérops; mais il paroît y avoir des erreurs ou de doubles emplois.

On a déjà vu que le PROMÉROPS BRUN A VENTRE RAYÉ, *Upupa fusca*, Gmel., *Upupa papuensis*, Lath., est la femelle du grand promérops, *upupa superba*.

Le promérops à ventre tacheté, *upupa promerops*, Lath., figuré sur la planche 4.ᵉ des promérops, à la suite des Oiseaux dorés, est le souimanga ou sucrier du protéa, *cinnyris longicaudatus*, Vieill.

Le PROMÉROPS OLIVATRE, pl. 5 des promérops, à la suite des

Oiseaux dorés, est le polochion olivâtre, *philemon olivaceus*, Vieill.

Le Promérops orangé ou des Barbades, Cochitototl de Fernandez, *Upupa aurantia*, Lath., est regardé par M. Cuvier comme un cassique, et par M. Vieillot comme un troupiale.

Le Promérops a ailes bleues, *Upupa mexicana*, Lath., est un ani dans Séba, tom. 1, p. 73, pl. 45, fig. 3.

Le promérops indiqué sous le nom de Sénégalais par M. Vieillot, qui se borne à le citer comme étant dans la collection de M. de Riocourt, sans lui donner un nom latin particulier, a, dit-il, de grands rapports avec le promérops namaquois, et il n'en diffère que par une taille plus forte.

Enfin, les Promérops bleu et azuré du même auteur paroissent n'être que le même oiseau.

Levaillant décrit ensuite, sous le nom de *mérops*, deux oiseaux qu'il n'admet que provisoirement dans la famille des promérops, et qui lui semblent avoir plus d'analogie avec les étourneaux, les martins ou les cassiques. Le premier de ces oiseaux, figuré pl. 18, sous le nom de *mérops huppé*, est le même qu'on trouve dans les Oiseaux enluminés de Buffon, n.° 697, avec la dénomination de huppe noire et blanche du cap de Bonne-Espérance, et qui est appelé *huppe grise* sur la planche 3 des promérops à la suite des oiseaux dorés. (Voyez au sujet de cet oiseau, ce qui est dit du Coracias tivouch, à la page 55 du tome X de ce Dictionnaire.)

Le second oiseau, nommé par Levaillant *mérops jaunoir*, et figuré pl. 19, n'est que de la taille de notre grive commune; mais son bec, très-long et considérablement arqué, est beaucoup plus fort que celui des plus grands promérops, et ses mandibules sont évidées dans l'intérieur. Levaillant, qui n'a vu qu'un individu de cette espèce, lui a trouvé, malgré son bec démesuré, un air de famille avec les cassiques et les troupiales. Au reste, il le décrit comme étant d'un noir foncé, luisant, à l'exception des couvertures blanches et en forme de pennes, qui cachent les tuyaux des grandes pennes alaires, et des plumes uropygiales, abdominales et anales, lesquelles sont d'un jaune de jonquille; le bec et les pieds sont noirs. Cet oiseau habite la Nouvelle-Hollande. C'est lui que M. Vieillot a décrit sous le nom de héorotaire hoho, *carthia pacifica*, Lath., et qui a été figuré dans le tome second des Oiseaux dorés, pl. 63 des grimpereaux. (Ch. D.)

PROMÉRUPE. (*Ornith.*) Voyez Promérops. (Ch. D.)

PRONACRE, *Pronacron.* (*Bot.*) Ce nouveau genre de plantes, que nous proposons, appartient à l'ordre des Synanthérées, à la tribu naturelle des Hélianthées, et à notre section des Hélianthées-Millériées. Voici ses caractères:

Calathide subglobuleuse, radiée; disque subduodécimflore, régulariflore. masculiflore; couronne unisériée, quinquéflore, liguliflore, féminiflore. Péricline subglobuleux, égal aux fleurs du disque, formé de sept squames bisériées: deux extérieures un peu plus grandes, opposées, arrondies, foliacées, hispides; cinq intérieures verticillées, arrondies, concaves, membraneuses, glabres. Clinanthe planiuscule, portant quelques petites squamelles rudimentaires, inégales, subulées, membraneuses. *Fleurs du disque :* Faux-ovaire long, grêle, glabre, inaigretté. Corolle à limbe plus long que le tube, subcylindracé, à cinq divisions. Anthères entregreffées. *Fleurs de la couronne :* Ovaire ou fruit très-comprimé bilatéralement, irrégulièrement arrondi, sublenticulaire, très-large, épais, glabre, lisse, comme tronqué au sommet, à troncature convexe, subconique; les aréoles basilaire et apicilaire obliques-intérieures; aigrette nulle. Corolle à tube parsemé de glandes, élargi à la base; languette longue, large, elliptique, à sommet arrondi, entier ou presque entier.

Pronacre très-rameux : *Pronacron ramosissimum*, H. Cass. C'est une plante herbacée, à racine pivotante, longue, fibreuse, probablement annuelle; la tige, haute de près de deux pieds, est très-rameuse, cylindrique, striée, velue, garnie, ainsi que les feuilles, de longs poils blancs, articulés, plus ou moins rapprochés; les rameaux sont longs et divergens, très-laineux dans leur jeunesse par l'effet du rapprochement des poils, qui s'écartent ensuite à mesure que le rameau s'alonge; les feuilles sont opposées, longues d'environ deux pouces, larges d'environ neuf lignes, à pétiole court, à limbe lancéolé, à peine denté, velu sur les deux faces, subtrinervé; les calathides, composées de fleurs jaunes, sont subglobuleuses, larges d'environ quatre lignes; chaque calathide est supportée par un court pédoncule terminal, accompagné de deux bourgeons nés dans les aisselles de deux feuilles opposées; après la fleuraison, ces deux bourgeons se développent en rameaux, de sorte que la calathide semble née dans leur bifurcation; la couronne est composée de cinq fleurs; le disque offre environ douze fleurs; les deux squames extérieures du péricline sont hérissées de longs poils, tandis que les cinq intérieures sont glabres.

Nous avons fait cette description spécifique, et celle des caractères génériques, sur un échantillon sec, recueilli dans la Guiane françoise par M. Poiteau, et qui se trouve dans l'herbier de M. Gay.

Le nom de *Pronacron*, composé de deux mots grecs (προ-νεύω, ἄκρον), qui signifient *pencher le sommet*, ou sommet penché, fait allusion à l'aréole apicilaire des fruits, qui est oblique-intérieure, c'est-à-dire inclinée en avant.

M. Gay ayant bien voulu nous permettre d'étudier les Synanthérées de la Guiane françoise, qui lui ont été données par M. Poiteau, nous y avons trouvé, sous le nom de *Crodisperma aspera*, Poit., une nouvelle espèce du genre *Chatiakella*, caractérisé par nous dans ce Dictionnaire (tom. XXIX, pag. 491); nous la décrirons dans l'article Rudbeckiées, en la nommant *Chatiakella platyglossa* ou *tricephala*. Une autre plante, étiquetée dans le même herbier *Tetrantha suaveolens*, Poit., est une espèce nouvelle de notre genre *Riencourtia*, établi dans le Bulletin des sciences de Mai 1818, pag. 76 : elle diffère de la *Riencourtia spiculifera*, H. Cass., principalement par ses calathides rassemblées en petits groupes capituliformes, subglobuleux, irréguliers, solitaires, terminaux; en sorte qu'elle sera convenablement nommée *Riencourtia glomerata*, dans notre article Riencourte, où nous la décrirons. Une nouvelle espèce du genre *Ogiera*, décrit dans ce Dictionnaire (tom. XXXV, pag. 445), est étiquetée *Chalarium*, Poit. Nous croyons pouvoir la faire connoître ici par la description suivante.

Ogiera leiocarpa, H. Cass. Plante herbacée; racine fibreuse, probablement annuelle; tige dressée, droite, haute de près de deux pieds, très-rameuse, subtétragone, glabriuscule, ou plus ou moins parsemée de petits poils; feuilles opposées,

très-distantes, à petiole long de quatre à cinq lignes, à limbe
long de près de deux pouces, large de près d'un pouce,
ovale, un peu obtus au sommet, à peine denté sur les bords,
mince, triplinervé, parsemé de poils sur les deux faces;
calathides petites, nombreuses; pédoncules terminaux et
axillaires, réunis au nombre de trois ou quatre, comme fas-
ciculés, inégaux, longs de trois à cinq lignes, grêles, filiformes, nus, velus, portant chacun une calathide.

Calathide incouronnée. composée de huit fleurs régulières,
hermaphrodites, dont cinq extérieures et trois intérieures.
Péricline double : l'extérieur involucriforme, égal ou un peu
supérieur aux fleurs, formé de cinq ou six bractées égales,
unisériées, libres dès la base, inappliquées, plus ou moins
étalées supérieurement, oblongues, foliacées, vertes. hispides,
parsemées de glandes, analogues aux feuilles; péricline intérieur oblong, égal aux fleurs, formé d'environ cinq squames
égales, unisériées, appliquées, dressées, embrassantes, presque
enveloppantes, oblongues, concaves, cymbiformes, submembraneuses, uninervées, acuminées, spinescentes et hispides au sommet, analogues aux squamelles du clinanthe,
et enveloppant les cinq fleurs extérieures. Entre les deux
périclines on trouve deux bractées surnuméraires, parfaitement semblables à celles du péricline extérieur, mais un
peu plus petites. Clinanthe petit, plan, portant trois squamelles absolument semblables aux squames du péricline intérieur, et qui accompagnent les trois fleurs centrales. Ovaire
oblong, subtétragone, pubescent, velu au sommet; fruit mûr
obovoïde-oblong, épais, un peu anguleux inférieurement,
arrondi supérieurement, surmonté d'un col court, très-épais,
velu au sommet, privé d'aigrette : ce fruit est couvert d'un
épiderme pubescent, qui, à l'époque de la maturité, se
détache avec le col, laissant à nu un péricarpe noir et lisse.
Corolle jaune, divisée au sommet en cinq lobes. Cinq étamines à anthères libres et noires. Style à deux stigmatophores.

Dans notre article Ogière, nous nous étions assujetti à la
coutume des botanistes, en attribuant à ce genre un péricline simple de cinq pièces, et en considérant les pièces
intérieures comme des squamelles appartenant au clinanthe.

Mais cette méthode de description, très-conforme, il est
vrai, aux apparences extérieures, n'en est pas moins inexacte
et contraire à la règle, qui veut que toutes les bractées qui se
trouvent en dehors des fleurs marginales soient attribuées
au péricline, même lorsqu'elles sont absolument semblables
aux squamelles du clinanthe. Il importe de maintenir très-ri-
goureusement cette règle, afin de conserver aux descriptions
génériques le précieux avantage d'être exactement compara-
tives, et de prévenir tout changement arbitraire dicté par
le caprice. Ainsi le genre *Ogiera* doit être considéré comme
ayant un péricline double, l'extérieur analogue à un involucre, l'intérieur formé de squames analogues aux squamelles. Cela posé, si l'on compare les périclines de l'*Ogiera*
et du *Pronacron*, il est facile de reconnoître que le péricline
extérieur de l'*Ogiera* est analogue aux deux squames extérieures du *Pronacron*, et que le péricline intérieur du premier est analogue aux cinq squames intérieures du second.
Ces analogies remarquables seroient méconnues, si l'on considéroit les squames du péricline intérieur de l'*Ogiera* comme
des squamelles du clinanthe, tandis qu'on ne pourroit se
dispenser d'attribuer au péricline celles du *Pronacron*.

L'*Ogiera leiocarpa* diffère de l'*Ogiera triplinervis* par plusieurs
caractères, notamment par le fruit, qui, dans la *triplinervis*,
est tuberculé, à écorce épaisse, dure et persistante, tandis
que, dans la *leiocarpa*, il n'est point tuberculé, et qu'il est
couvert d'un épiderme mince, friable, qui se détache par
morceaux. C'est pourquoi nous nommons cette nouvelle
espèce *leiocarpa*, c'est-à-dire à fruits lisses, parce que le
péricarpe, dénué de tubercules, devient très-lisse après la
chute de son épiderme. L'autre espèce seroit mieux nommée
tuberculata ou *verrucosa*. Les feuilles de celle-ci sont garnies
en dessous de glandes, qui sont nulles ou presque nulles sous
les feuilles de la *leiocarpa*. Les squamelles sont hispides au
sommet dans les deux espèces. L'ancienne espèce habite
Saint-Domingue; la nouvelle habite la Guiane françoise.

Nous avions cru, avec beaucoup de vraisemblance, que
notre genre *Ogiera* étoit le même que l'*Eleutheranthera* de
M. Poiteau. Nous le croyons encore. Cependant on peut en
douter aujourd'hui, puisque l'auteur de l'*Eleutheranthera* donne

le nom générique de *Chalarium* à la nouvelle espéce d'*Ogiera*, qui est parfaitement congénère de l'ancienne espéce. (H. Cass.)

PRONATION. (*Anat. et Phys.*) Voyez Relation [*Mouvemens de*]. (F.)

PRONÉE. (*Entom.*) M. Latreille a-appelé ainsi un petit genre d'insectes hyménoptères, de la famille des oryctères ou fouisseurs, voisins des sphèges, mais qui en diffèrent par les parties de la bouche. Il cite en particulier le *dryinus æneus* de Fabricius, qui est un insecte de Guinée. (C. D.)

PRONK - BOSCH ou CHÈVRE DE PARADE. (*Mamm.*) L'antilope à bourse ou spring-bosch est ainsi appelé par les Hollandois du cap de Bonne-Espérance. (Desm.)

PROPAGATION DANS LES INSECTES. (*Entom.*) On comprend sous ce nom toutes les circonstances qui permettent et favorisent le rapprochement des sexes (voyez Accouplement), toutes les différences qu'éprouvent les individus dans leurs formes (voyez Neutre, Sexes), enfin, les soins que les femelles prennent pour la conservation de leur race (voyez Ponte). Voyez surtout l'article Insectes, dans lequel nous avons inséré un chapitre entier sur ce sujet, sous le titre de Géné-ration, tome XXIII de ce Dictionnaire, page 464 jusques et compris 471. (C. D.)

PROPAGULES. (*Bot.*) Corps pulvérulens au moyen desquels s'opére la multiplication des plantes agames. Cette espéce de poussière paroit sur la superficie de la plante et n'est jamais renfermée dans des ovaires; et l'on pense qu'elle n'est que de simples fragmens du tissu extérieur. Beaucoup de lichens se perpétuent de propagules. (Mass.)

PROPEDULA. (*Bot.*) Suivant Ruellius la quintefeuille étoit ainsi nommée chez les Daces. (J.)

PROPOLIS. (*Entom.*) Ce nom, tiré du grec πρόπολις, a été employé par Aristote et par Pline pour indiquer la matière grasse et comme résineuse avec laquelle les abeilles ouvrières bouchent toutes les fentes de leur nid ou de la ruche, et avec laquelle en particulier elles rétrécissent l'unique entrée qu'elles conservent pour leur usage. Voici un extrait tiré d'un passage de Pline le naturaliste, lib. 2, cap. 7 : *In apûm operibus.....propolis ex crassiore tenacioreque constans mat:ria, frigoris injuriæque omnes aditus obstruens favosque stabiliens....*

odore etiamnum gravi, ùt qua plerique galbano utantur, etc. Voyez pour plus de détails, à l'article ABEILLE A MIEL, tome I.er de ce Dictionnaire, les trois alinéas des pages 52 et 53. (C. D.)

PROPRE [PÉDONCULE]. (*Bot.*) Synonyme de pédicelle : dernière division d'un pédoncule composé ; support immédiat de la fleur. (MASS.)

PROPRES [SUCS]. (*Bot.*) Voyez SUCS PROPRES. (MASS.)

PROPRES [VAISSEAUX]. (*Bot.*) Voy. TISSU ORGANIQUE. (MASS.)

PROPTERE, *Proptera*. (*Conchyl.*) Division du genre Unio de M. de Lamarck, établie par M. Rafinesque (Journ. de phys. élém., 1819, page 426) pour quelques espèces, qu'il nomme *alata, phaieda, pallides*, dont les valves sont dilatées antérieurement et plus ou moins ailées supérieurement, et qui ont l'axe presque médian et la dent lamelleuse, flexueuse.

Elles paroissent provenir de l'Ohio. (DE B.)

PROQUIN. (*Bot.*) Voyez BROQUIN. (J.)

PROROCA. (*Phys.*) Voyez MARÉES. (L.)

PROSCARABÉE. (*Entom.*) Nom donné par les auteurs latins de matière médicale à un genre d'insectes coléoptères, de la famille des épispastiques, que Paracelse d'abord, ensuite Mouffet, Linnæus et la plupart des auteurs ont nommé *Meloe*, et que les Grecs nommoient ελαιοκανθ ερος, ou scarabée gras, comme l'appellent encore les Anglois, *oile clock*, scarabée onctueux. Geoffroy a conservé en françois le nom de proscarabée, en adoptant le nom latin de MÉLOÉ; voyez ce mot. (C. D.)

PROSCHETON. (*Bot.*) Un des noms grecs anciens du tussilage, cité par Mentzel. (J.)

PROSERPINACA; *Trixida*, Encycl. (*Bot.*) Genre de plantes monocotylédones, à fleurs incomplètes, de la famille des cercodiennes, de la *triandrie digynie* de Linnæus, offrant pour caractère essentiel : Un calice persistant, à trois divisions; point de corolle; trois étamines; un ovaire adhérent avec le calice; point de style; trois stigmates : le fruit est un drupe à trois loges, à trois semences.

PROSERPINACA DES MARAIS : *Proserpinaca palustris*, Linn., *Sp.*; Lamk., *Ill. gen.*, tab. 50, fig. 2 ; *Trixis palustris*, Gærtn., *De fruct.*, tab. 24, var. β; *Proserpinaca pectinata*, Lamk., *Ill. gen.*, tab. 50, fig. 1. Petite plante, dont les racines sont grêles, rampantes, garnies de quelques fibres alongées, d'où s'élève une tige herbacée, cylindrique, haute de six à dix pouces et plus, glabre, simple ou médiocrement rameuse; les rameaux alternes; les feuilles sessiles, alternes, linéaires, lancéolées, étroites, longues au moins d'un pouce, glabres à leurs deux faces, dentées en scie, presque incisées à leurs bords, aiguës au sommet, un peu rétrécies en pétiole à leur base; les feuilles inférieures et submergées sont pectinées; leurs découpures presque sétacées. Dans la variété β, toutes les feuilles sont pinnatifides, pectinées, plus larges; les fleurs sont presque sessiles, solitaires ou réunies deux ou trois dans l'aisselle des feuilles; elles sont petites et sans corolle; le calice est glabre, faisant corps avec l'ovaire et le fruit, qu'il couronne par trois divisions persistantes, droites, aiguës; les filamens sont subulés, de la longueur du calice; les anthères à deux loges, oblongues, aiguës; l'ovaire est à trois faces; le fruit, un petit drupe presque triangulaire, muni sur ses angles d'une aile très-courte, étroite, membraneuse, divisée en trois loges, renfermant chacune une semence d'un roux pâle, oblongue, presque cylindrique, acuminée à sa base. Cette plante croît dans les marais et les rivières à la Virginie, et dans les étangs de la Caroline inférieure. (Poir.)

PROSERPINACA. (*Bot.*) Un des noms anciens donnés à la renouée, *polygonum aviculare*. Maintenant il désigne un genre de Linnæus, fort différent, reporté à la famille des cercodiennes. (J.)

PROSIMIA. (*Mamm.*) Nom donné par Brisson et adopté par Storr, pour désigner les mammifères du genre des Makis. Illiger l'a appliqué à la famille qui comprend ce genre et ceux qu'on a formé à ses dépens. (Desm.)

PROSOPIS. (*Bot.*) Genre de plantes dicotylédones, à fleurs polygames, de la famille des légumineuses, de la *décandrie monogynie* de Linnæus, offrant pour caractère essentiel : Un calice à cinq dents; cinq pétales réguliers; dix étamines presque égales, attachées ou à la base de la corolle ou sur le pédicelle de l'ovaire; les filamens libres ou connivens à leur base; l'ovaire supérieur, pédicellé; un style; un stigmate tronqué; le fruit est une gousse non articulée, mais relevée en bosse à l'endroit des semences, indéhiscente, à plusieurs loges pulpeuses.

Ce genre renferme des arbres ou arbrisseaux rapprochés des *mimosa*, armés d'épines ou d'aiguillons; les feuilles sont alternes, souvent fasciculées, conjuguées ou ailées; les fleurs réunies en épis solitaires, géminés ou ternés, dans l'aisselle des feuilles ou des rameaux.

Prosopis a épi : *Prosopis spicigera*, Linn.; Lamck., *Illustr. gen.*, tab. 540; Roxb., *Corom.*, 1, tab. 63. Cet arbre a des rameaux épars, alternes, armés de quelques épines courtes, garnis de feuilles ailées, opposées, assez semblables à celles du tamarin, composées de folioles au nombre de huit à douze paires, glabres, sessiles, sans impaire, opposées, courtes, ovales, obtuses, marquées de trois nervures parallèles, longitudinales; les fleurs sont petites, disposées en épis lâches, pédonculés, alongés, axillaires ou terminaux, leur calice est court, presque tronqué à son orifice, muni de quatre très-petites dents; les pétales sont égaux, lancéolés, sans onglet; les anthères terminées par une glande pédicellée; les gousses étroites, subulées. Cette plante croit dans les Indes et sur la côte du Coromandel.

Prosopis féroce : *Prosopis horrida*, Kunth *in* Humb. et Bonpl., *Nov. gen.*, 6, pag. 306, et *Pl. leg.*, tab. 33. Arbre de trente ou trente-six pieds et plus de hauteur, très-rameux; les rameaux sont d'un brun noirâtre, armés d'épines très-longues, subulées; les feuilles sont alternes, pétiolées, deux fois ailées; les folioles sessiles, oblongues, arrondies à leurs deux extrémités, pubescentes à leurs deux faces, au nombre de dix à vingt paires; une glande sessile presque en cupule, est entre chaque paire de pinnules; les épis sont solitaires, géminés ou ternés, cylindriques, pédonculés; les fleurs sessiles, touffues; les calices presque glabres; les dents un peu ciliées; les pétales lancéolés, six fois plus longs que le calice. Le fruit est une gousse pédicellée, linéaire, un peu acuminée, brune, glabre, de dix-sept à vingt-quatre loges. Cette plante croit au pied des Andes orientales, le long des bords du fleuve des Amazones.

Prosopis sans épines; *Prosopis inermis*, Kunth, *loc. cit.* Grand arbre, dont les rameaux sont cylindriques, un peu flexueux, glabres, de couleur brune; les feuilles fasciculées, géminées ou solitaires, deux fois ailées; les pinnules opposées, médiocrement pétiolées; les folioles sessiles, oblongues, linéaires, très·entières, glabres, membraneuses, légèrement pubescentes en dessous, au nombre de six à douze paires; une glande est entre chaque paire de pinnules; les deux stipules sont lancéolées, subulées; les épis axillaires, pédonculés, cylindriques, longs de trois pouces; les fleurs médiocrement pédicellées; la corolle est verdâtre, à cinq pétales, quatre et cinq fois plus longs que le calice, lancéolés, alongés, obtus; les étamines une fois plus longues que la corolle; une gousse linéaire, comprimée, glabre, lisse, sans renflemens au-dessus des semences; celles-ci sont brunes, luisantes, lenticulaires. Cette plante croît au Pérou.

Prosopis doux : *Prosopis dulcis*, Kunth, *loc. cit.*, et *Pl. leg.*, tab. 34; *Acacia lævigata*, Willd., *Sp.*, 4, pag. 1059. Cet arbre est très-élevé, armé d'épines; les rameaux inférieurs sont pendans; les feuilles fasciculées, pétiolées, deux fois ailées, composées de folioles presque sessiles, au nombre de dix-huit ou vingt paires, oblongues, linéaires, entières, arrondies à leurs deux extrémités, un peu ciliées à leur sommet; les stipules lancéolées, subulées, presque glabres; les épis sont solitaires, plus souvent géminés, pédonculés, longs de deux ou trois pouces; les fleurs sont médiocrement pédicellées, toutes hermaphrodites; le calice est glabre, urcéolé, à cinq dents; la corolle verdâtre, trois et quatre fois plus longue que le calice; les pétales sont planes, oblongs, aigus, velus en dedans; les étamines insérées à la base du pédicelle de l'ovaire; les gousses sont linéaires, comprimées, toruleuses, ondulées à leurs bords, terminées en bec. Cette plante croît sur les collines occidentales de la Nouvelle-Espagne.

Prosopis a petites feuilles; *Prosopis microphylla*, Kunth, *loc. cit.* Arbre de quinze à vingt pieds, épineux, très-rameux, à rameaux alternes, tortueux, pubescens, et épines en stipules géminées et subulées; les feuilles sont deux fois ailées; les folioles, au nombre de onze à dix-huit paires, fort petites, oblongues, pubescentes, blanchâtres; les fleurs réunies en tête sur un pédoncule axillaire, solitaire, épais, pubescent; les gousses sont linéaires, comprimées, presque tétragones, un peu aiguës et courbées en faux, rétrécies en coin à leur base, sinuées à leurs bords, un peu noirâtres, blanchâtres, à quatre ou huit loges, bivalves, de trois à quatre pouces, agréables, comestibles. Cette plante croît entre Valladolid et Tolucca, dans les prés, proche Maravatio.

Prosopis pale : *Prosopis pallida*, Kunth., *loc. cit.*; *Acacia pallida*, Willd., *Sp.*, 4, pag. 1059. Arbre épineux, à feuilles alternes, pétiolées, deux fois ailées, à deux ou trois paires de pinnules, et folioles oblongues, nombreuses, linéaires, obtuses, pubescentes, avec une glande entre chaque paire; les épis sont axillaires, solitaires, alongés; les fleurs blanches, fort petites; le calice est fort petit, à cinq dents; la corolle beaucoup plus longue, à pétales linéaires, sillonnés en dedans, garnis de poils; les étamines sont une fois plus longues que la corolle; le stigmate est simple. Cette plante croît au Pérou, sur les collines. (Poir.)

PROSOPIS. (*Bot.*) Ce nom, cité par Daléchamps, pour l'espèce de la bardane, *lappa*, à tête tomenteuse, a été employé par Linnæus pour un genre de plantes légumineuses. Le lappa étoit nommé *prosopion* par Dioscoride, suivant Adanson. (J.)

PROSOPIS. (*Entom.*) M. Jurine, dans sa Méthode de classer les hyménoptères, désigne ainsi un genre d'abeilles voisin des hylées. Fabricius a adopté le nom de prosope, mais il y a rangé quelques andrènes, telle que l'*albipes*. M. Kirby en avoit fait des mellites. Au reste, ce nom de prosopis a été donné par Linnæus à un genre de plantes légumineuses, et se trouve ainsi en double emploi. (C. D.)

PROSTANTHERA; *Viamon*, Encycl. (*Bot.*) Genre de plantes dicotylédones, à fleurs complètes, monopétalées, irrégulières, de la famille des *labiées*, de la *didynamie gymnospermie*, qui offre pour caractère essentiel : Un calice persistant, à deux lèvres entières, fermées après la floraison; une corolle labiée; le tube court, la lèvre supérieure courte, droite, échancrée au sommet; l'inférieure élargie, à trois lobes inégaux, celui du milieu plus grand; quatre étamines didynames; les anthères à deux loges, à deux valves; la valve intérieure appendiculée par un filet, avec quelques poils sétacés; un ovaire à quatre lobes; un style, le stigmate bifide; quatre semences en forme de baie.

Ce genre, établi par M. de Labillardière, a pour étymologie deux mots grecs qui ont rapport aux anthères appendi-

culées, du grec προςοχέ (*appendice*) et ανθερά (*anthère*); il est
encore remarquable par le caractére de l'embryon, nu dans
les autres labiées, ici entouré d'un périsperme épais : il renferme des arbrisseaux dont les feuilles sont opposées, parsemées de points glanduleux; les fleurs disposées en panicules
axillaires et terminales, accompagnées de bractées.

PROSTANTHERA A FLEURS PANICULÉES; *Prostanthera paniculata*,
Labill. , *Nov. Holl.*, 1, pag. 18, tab. 157. Arbrisseau dont
les tiges sont droites, cylindriques, hautes de six à sept
pieds et plus; les rameaux opposés, étalés, quadrangulaires ,
garnis de feuilles pétiolées, opposées, oblongues, lancéolées,
glabres, aiguës à leurs deux extrémités, dentées en scie, longues de deux ou trois pouces, sur un pouce de large, munies
à leur face inférieure de points glanduleux très-nombreux;
les fleurs sont disposées en panicules assez amples, terminales,
composées de panicules làches, partielles; les ramifications
opposées ; les pédicelles glabres, cylindriques, plus courts
que les fleurs; le calice est tubulé, à deux lèvres obtuses,
tomenteuses, surtout à leur bord inférieur; la lèvre inférieure
plus longue, inclinée sur la lèvre supérieure ; deux **bractées**
opposées, linéaires, aiguës, à la base du calice; le tube de
la corolle élargi vers son orifice, couvert en dehors de **poils**
courts et roides; les lobes de la lèvre inférieure crénelés; **les**
étamines sont plus courtes que la corolle, placées deux à deux
sous chaque lèvre; les anthéres vacillantes, elliptiques, à
deux loges; l'ovaire est partagé en quatre lobes; les deux divisions du stigmate sont égales, obtuses; les quatre semences,
en forme de baie, ovales, tronquées obliquement vers leur
base, à leur point d'insertion sur le réceptacle, ont leur
enveloppe extérieure mince et charnue. Cette plante a été
découverte à la Nouvelle-Hollande par M. de Labillardière,
au cap Van-Diémen. (Poir.)

PROSTEMIUM. (*Bot.*) Genre de la famille des champignons,
de la division des urédinées, mais que Fries place dans celle
des *pyrenomycetes* (hypoxylées, Dec.). Il est caractérisé par
ses sporidies fusiformes, cloisonnées, unies deux à trois par
leur base avec autant de corps cylindriques, inégaux (sporidies avortées ?) et formant par leur ensemble des étoiles à
rayons inégaux. Ces étoiles sont contenues dans un périthé-

cium, qui se déchire pour leur donner issue. Il est d'abord
entier et enfoncé dans une base, s'élève ensuite à moitié au-
dehors. Une seule espèce compose ce genre : c'est le *pros-
themium betulinum*, Kunze, *Myc.*, 1, pag. 17, pl. 1, fig. 10
(voyez le cahier 39 des planches de ce Dictionnaire), qui
croît sur les écorces du bouleau en Allemagne.

Ce genre, de Kunze, paroît douteux à Fries, mais voisin
des Schizolomes, *Schizoxylum*, Pers., et *Pilidium*, Kunze.
(Lem.)

PROSTYPE FUNICULAIRE. (*Bot.*) Vaisseaux du funicule
qui, ayant pénétré dans la graine par le hile (ombilic), se prolongent dans l'épaisseur des tuniques. L'extrémité plus ou
moins épaissie et dilatée du prostype prend le nom de chalaze,
que Gærtner considère comme un ombilic intérieur. La partie du prostype entre la chalaze et le hile, est la raphe. Elle
se présente souvent sous l'aspect d'un ou plusieurs filets en
relief.

Quand la graine n'a pas de lorique, le prostype paroît à
la superficie du tegmen (labiées). Mais quand elle a une
lorique et un tegmen (nénuphar, *hura crepitans*), le prostype ne devient visible ordinairement que par le moyen de
la dissection : la raphe court dans l'intérieur de la lorique
et perce sa surface interne en un point plus ou moins
éloigné du hile ; là elle s'attache au tegmen et forme la
chalaze.

Dans les labiées, la raphe est courte et la chalaze est un
tubercule incolore. Dans les aurantiacées la raphe s'alonge
d'un bout du tegmen à l'autre, et la chalaze, qui est située
fort loin du hile, se divise en patte d'oie ou bien s'élargit
en cupule colorée.

Le prostype sert probablement à porter les sucs nourri-
ciers vers différens points de la graine. Mirbel, *Élém.* (Mass.)

PROTÉACÉES. (*Bot.*) On ne connoissoit primitivement
qu'un petit nombre de plantes de cette famille, toutes exotiques, lesquelles, à cause de la grande variété dans la forme
et la disposition de leurs fleurs et de leurs fruits, avoient
reçu des premiers auteurs qui en ont parlé, les noms de *Le-
pidocarpodendron, Conocarpodendron, Hypophyllocarpodendron,
Scolymocephalus, Argyrodendros*, etc. Linnæus, leur trouvant

de la conformité dans les caractères les plus essentiels, en avoit d'abord formé deux seuls genres, *Leucadendron* et *Protea*, et quelque temps après, supprimant le premier, il les avoit toutes reporté au *Protea*, qu'il plaçoit dans sa *Tétrandrie monogynie*. Regardant aussi l'enveloppe florale unique de ce genre comme une corolle monopétale, il l'associoit dans ses *Ordines naturales* à d'autres genres monopétales, à fleurs réunies en tête, tels que la Globulaire, le Céphalante, la Scabieuse, etc., faisant partie du groupe qu'il intituloit *Aggregatæ*.

Dans une première distribution de l'école du Jardin du Roi, en 1774, nous l'avions laissé avec la globulaire à la suite des lysimachies ; mais, reconnoissant bientôt avec Adanson que son enveloppe florale étoit un véritable calice, nous l'avons reporté dans le *Genera plantarum*, en 1789, à la classe des dicotylédones apétales, à étamines périgynes, pour en former la nouvelle famille des protées ou protéacées, à laquelle se rattachoient alors quatre autres genres plus récemment connus.

Depuis cette séparation, la famille a fait rapidement de nouvelles acquisitions. Le nombre des espèces, réduit à dix-sept en 1762 du temps de Linnæus, étoit porté à vingt-sept en 1779, à soixante et une en 1784 dans l'édition de Murray ; à quatre-vingt-deux en 1797 dans celle de Willdenow sans addition de genres, et en 1810, l'excellente Dissertation spéciale de M. Rob. Brown sur cette famille, a présenté trentehuit genres, dans lesquels sont réparties plus de quatre cents espèces. Son caractère général est le même que le nôtre, avec quelques additions importantes ; il consiste dans la réunion des suivans :

Un calice d'abord tubulé, attaché sous l'ovaire, se partageant ensuite par le haut ou par le bas en quatre lobes à préfloraison valvaire, lesquels se séparent quelquefois presque entièrement, sans laisser apercevoir aucune trace de corolle, pour laquelle on les prenoit anciennement, parce qu'ils sont ordinairement colorés. Chacun de ces lobes, un peu élargi par le haut en forme de spatule, porte dans son milieu, à différentes hauteurs, une anthère oblongue, filiforme, biloculaire, sessile ou portée sur un filet très-court ; quelquefois une d'elles avorte; plus rarement elles sont toutes accollées ensemble, de manière à confondre leurs loges. L'ovaire est simple, libre, ordinairement uniloculaire, sessile ou plus souvent porté sur un pivot, entouré à sa base d'un disque glanduleux, quadrilobé ou plus rarement indivis, ou même n'existant pas. Le style est unique, surmonté d'un stigmate simple ou bilobé, dont la forme varie; l'ovaire devient un fruit sessile ou pédicellé, ordinairement uniloculaire (biloculaire et disperme seulement dans le *banksia* et le *dryandra*). Tantôt il est drupacé ou sec, ou quelquefois osseux, ne s'ouvrant point et contenant deux graines ou plus souvent une seule faisant corps avec lui sous forme de graine nue; tantôt il est de nature coriace ou ligneuse, s'ouvrant d'un côté dans sa longueur, comme le follicule des Apocinées, et contenant deux ou plusieurs graines, le plus souvent ailées ou bordées d'un feuillet membraneux, attachées sur les bords de ses valves. L'embryon de ces graines, dénué de périsperme et muni de ses deux cotylédons, a une radicule courte, dirigée inférieurement.

Les plantes de cette famille sont des petits arbres ou des arbrisseaux, rarement de grands arbres, plus rarement des herbes. Leurs feuilles sont le plus souvent simples, entières ou diversement lobées, rarement pennées, ordinairement planes, quelquefois cylindriques ou filiformes. Les fleurs sont généralement hermaphrodites, diclines dans un petit nombre de genres, probablement par suite d'avortement; tantôt elles sont distinctes, portées sur des pédoncules solitaires ou géminés, ou rassemblés en faisceaux, en épis, en corymbes et munis d'une bractée à leur base; tantôt ces fleurs sont sessiles, réunies plusieurs ensemble sur un réceptacle entouré d'un involucre polyphylle ou sur un cône écailleux, dont chaque écaille est uniflore. Rarement une cinquième partie est ajoutée aux étamines et aux divisions du calice.

Cette famille, qui prend place dans la classe des péri-staminées, entre les thymélées et les laurinées, peut être subdivisée en cinq sections, d'après la considération du fruit uni- ou biloculaire, déhiscent ou indéhiscent, mono- ou di- ou polysperme. M. Salisbury a fait beaucoup de recherches utiles sur ces plantes et établi plusieurs genres; mais comme la Dissertation spéciale de M. R. Brown présente un travail plus complet sur les protéacées, nous avons généralement adopté la nomenclature de ses genres et de ceux des autres qu'il a conservés.

Dans la première section, caractérisée par un fruit uniloculaire, indéhiscent et monosperme, sont les genres *Conospermum*, *Synaphea*, *Simsia*, *Aulax*, genre dioïque, *Mimetes*, *Protea* de Linnæus, *Leucospermum*, *Isopogon*, *Leucadendrum*, genre dioïque, *Petrophila*, *Serraria* de Burmann, *Nivenia*, *Sorocephalus*, *Spatalia* de M. Salisbury, *Cylindria* de Loureiro, *Adenanthos* de M. Labillardière.

Dans la seconde, à fruit uniloculaire, indéhiscent et disperme, on trouve les genres *Persoonia* de M. Smith, *Cenarrhenes* de M. Labillardière, *Brabeium* de Linnæus, genre polygame, *Gevuina* de Molina, *Franklandia*, *Symphonema*, *Agastachys*, *Bellendena*.

La troisième, à fruit uniloculaire, déhiscent et disperme, renferme les genres *Hakea* de Schrœder, *Lambertia* de M. Smith, *Xylomelum* du même, *Orites*, *Anadenia*, *Grevillea*, *Rupala* de Vahl.

A la quatrième, dont le fruit est uniloculaire, déhiscent et polysperme, se rattachent les genres *Knightia*, *Lomatia*, *Stenocarpus*, *Embothrium* de Forster, et *Telopea*, son congénère.

La cinquième, bien caractérisée par le fruit biloculaire et disperme, ne présente que les genres *Banksia* de Linnæus fils, et *Dryandra*. (J.)

PROTÉE, *Protea*. (*Bot.*) Genre de plantes dicotylédones, à fleurs incomplètes, de la famille des *protéacées*, de la *tétrandrie monogynie* de Linnæus, offrant pour caractère essentiel : Une corolle (calice, Juss.) presque à deux lèvres, à quatre divisions concaves au sommet; une étamine placée dans la cavité de chaque division : un ovaire supérieur; un style, un stigmate simple : une noix barbue surmontée du style en forme de queue; un involucre (calice, Linn.) imbriqué, persistant; le réceptacle chargé de paillettes courtes, persistantes.

Les protées forment un très-beau genre, composé d'espèces dont le nombre, très-considérable, a déterminé à les diviser en plusieurs genres particuliers, profitant pour leur établissement de quelques caractères, quelquefois bien foibles, mais dont on a cru pouvoir se servir pour remédier à la longueur de ce genre. Nous devons particulièrement à M. Rob. Brown cette grande réforme, qui comprend les genres *Aulax*, *Leucodendron*, *Petrophyla*, *Leucospermum*, *Mimetes*, *Serruria*, *Nivenia*, *Spatalla*, etc.; la plupart de ces nouveaux genres ont déjà été mentionnés dans cet ouvrage.

Les protées sont des arbres, plus souvent des arbrisseaux, presque tous originaires du cap de Bonne-Espérance; les différences notables qu'on a remarqué dans leur port, dans leur feuillage, dans leurs fleurs, leur a fait appliquer par Van-Royen le nom de *Protea*, de ce dieu marin de la fable, qui jouissoit de la faculté de pouvoir prendre toutes sortes de formes.

« Les protées, dit M. Desfontaines, étoient inconnus aux
« anciens naturalistes; l'Écluse est le premier, parmi les mo-
« dernes, qui en ait parlé. On trouve, dans le second volume
« de son Histoire des plantes, p. 39, la description et la gra-
« vure d'un fruit de *protea* qui lui avoit été envoyé de Mada-
« gascar. Hermann en fit connoître un nombre assez considé-
« rable dans son Catalogue des plantes d'Afrique. Plukenet en
« indiqua aussi quelques espèces dont Burmann n'avoit pas
« parlé. Boerhaave en donna une histoire détaillée dans son
« *Index*, et il publia les gravures de quinze espèces, d'après
« des dessins faits au cap de Bonne-Espérance. Bergius, Lin-
« næus et Sparrman en ajoutèrent plusieurs à celles qui étoient
« déjà connues, et Thunberg, dans sa Dissertation, en fit con-
« noître vingt-cinq nouvelles : depuis ce temps il en a encore
« été découvert quelques-unes à la Nouvelle-Hollande par
« Cavanilles et autres. » (Desf., Arbr., 1, pag. 56.)

On cultive dans les jardins et les serres de l'Europe plusieurs espèces de protées. Ils ne craignent pas beaucoup le froid ; il suffit de les abriter dans la serre tempérée pendant l'hiver : mais leur culture exige beaucoup de précautions; ils leur faut un terreau léger : ils réussissent assez bien dans celui de bruyère; il faut les tenir un peu à l'ombre, parce que l'ardeur du soleil leur est nuisible. Il est bon de les dépoter quand leurs racines ont tapissé la surface intérieure du vase où sont ces plantes, et lorsqu'on les met dans un autre, il faut que sa dimension soit telle que les racines puissent en atteindre les parois l'année suivante. On sème les graines des protées sur couche dans du terreau de bruyère; plusieurs ne lèvent que la seconde ou la troisième année : ils se multiplient très-difficilement de marcottes, et il ne faut pas les arroser beaucoup.

Protée en cœur : *Protea cordata*, Thunb., *Diss. de proteâ*, pag. 45, tab. 5; Andr., *Bot. rep.*, tab. 289; *Bot. Magaz.*, tab. 649. Petit arbrisseau dont la tige est simple, un peu couchée, striée, haute d'environ un pied, garnie de feuilles glabres, alternes, sessiles, ovales, entières, échancrées à leur base, fermes, coriaces, un peu acuminées; les fleurs forment une tête ovale, assez grosse, un peu pédicellée, située vers la racine; l'involucre est composé d'écailles droites, ovales, obtuses; les semences sont enveloppées d'une aigrette de couleur purpurine. Cette plante croît sur les montagnes, au cap de Bonne-Espérance.

Protée naine : *Protea acaulis*, Linn., *Syst. pl.*; Weinm., *Phyt.*, 4, tab. 898, *b, bona*; Boerh., *Lugd. Bat.*, tab. 191. La tige de ce petit arbrisseau est à peine haute de deux ou trois pouces, dure, noueuse, simple ou divisée en quelques rameaux presque verticillés, diffus, inégaux; les feuilles sont éparses, longues de trois à quatre pouces, oblongues, lancéolées, glabres, coriaces, entières; les fleurs forment une tête solitaire, terminale, de la grosseur d'une noix, garnie d'écailles imbriquées; la corolle est velue; le fruit ovale, entouré à sa base d'une aigrette roussâtre. Cette plante croît sur les collines, au cap de Bonne-Espérance.

Protée en tête d'artichaut : *Protea cynaroides*, Linn., *Mant.*; Weinm., *Phyt.*, 4, tab. 292; Andr., *Bot. rep.*, tab. 288; *Bot. Magaz.*, tab. 770; Boerh., *Lugd. Bat.*, 184, *bona*. Petit arbrisseau à peine haut d'un pied, distingué par ses grosses têtes de fleurs droites, ovales, assez semblables à celles d'un artichaut, quelquefois de la grosseur de celle d'un enfant, garnies d'écailles tomenteuses, oblongues, aiguës; la corolle est blanche, purpurine, assez grande, tomenteuse, tubulée par la connivence des pétales; les feuilles sont alternes, pétiolées, ovales ou arrondies, glabres, coriaces, entières, luisantes à leurs deux faces, longues de deux pouces, ainsi que les pétioles. Cette plante croît au cap de Bonne-Espérance, sur le sommet des montagnes.

PROTÉE A GRANDES FLEURS : *Protea grandiflora*, Thunb., *Diss. bot.*, pag. 42; Weinm., *Phyt.*, 4, tab. 891; Boerh., *Lugd. Bat.*, tab. 183. Cette plante est, comme la précédente, remarquable par ses grosses têtes de fleurs; mais sa tige est haute de sept à huit pieds; ses feuilles sont éparses, oblongues, épaisses, entières, presque glabres, élargies en spatule vers leur sommet, longues de trois à quatre pouces, larges d'un pouce et demi; les supérieures plus étroites, velues et tomenteuses à leurs deux faces. La tête de fleurs a la grosseur du poing; les écailles extérieures de l'involucre ovales; les intérieures oblongues, concaves, obtuses; les fleurs blanches, tomenteuses; les semences aigrettées à leur base. Cette plante croît au cap de Bonne-Espérance. Son écorce est très-astringente : on assure qu'elle est employée avec succès dans les diarrhées.

PROTÉE A LONGUES FLEURS : *Protea longiflora*, Poir., *Encycl.*; Weinm., *Phyt.*, 4, tab. 902; *Protea ochroleuca*, Smith, *Exot.*, 2, tab. 81. Ses rameaux sont droits, velus ou pubescens, d'un brun foncé; les feuilles nombreuses, épaisses, coriaces, imbriquées, chagrinées, un peu échancrées et à demi embrassantes, nues à leurs deux faces, longues d'environ deux pouces, sur un de large; les fleurs forment une tête oblongue, solitaire et terminale, la corolle est filiforme, velue, longue de trois ou quatre pouces; l'involucre composé d'écailles alongées (les inférieures ovales), la plupart ciliées à leurs bords. Cette plante croît au cap de Bonne-Espérance. Dans le *protea venosa*, Encycl., les têtes de fleurs ne sont point solitaires, ni parfaitement terminales; la corolle est bien plus courte, et les écailles de l'involucre sont très-étroites.

PROTÉE IMBRIQUÉE : *Protea imbricata*, Linn., *Suppl.*; Thunb., *Diss. bot.*, tab. 5, fig. 2. Petit arbrisseau de trois pieds et plus. Sa tige est droite, divisée en rameaux filiformes, pubescens, géminés ou ternés; les feuilles sont nombreuses, sessiles, fortement imbriquées, étroites, lancéolées, aiguës, un peu velues, profondément striées, glanduleuses ou calleuses à leur sommet, longues de trois ou quatre lignes; les fleurs sont réunies en une tête terminale, quelquefois deux, de la grosseur d'une noix, un peu alongée; les écailles de l'involucre sont lancéolées, aiguës, glanduleuses et ciliées, presque de la même forme et aussi longues que les feuilles; la corolle est un peu plus longue, couverte en dehors d'un duvet tomenteux et jaunâtre. Cette espèce croît au cap de Bonne-Espérance.

PROTÉE A CRÊTE : *Protea cristata*, Poir., Encyl.; Lamk., *Ill. gen.; Protea lepidocarpum*, Rob. Brown, *Trans. linn.*, 10, pag. 80; Boerh., *Lugd. Batav.*, 2, tab. 188; Weinm., *Phyt.*, 4, tab. 895; Andr., *Bot. rep.*, tab. 301? Arbrisseau assez fort, garni de feuilles glabres, alternes, sessiles, linéaires, lancéolées, aiguës, un peu calleuses à leur sommet, légèrement roulées à leurs bords, longues d'environ quatre pouces; les fleurs sont réunies en une grosse tête sessile, terminale, un peu ovale; l'involucre est imbriqué d'écailles ovales, alongées, quelquefois panachées de brun, de jaune et de blanc, marquées de noir au sommet, tomenteuses à cette seule partie; la corolle est filiforme, velue à l'extérieur. Cette plante croît au cap de Bonne-Espérance.

PROTÉE MELLIFÈRE : *Protea mellifera*, Thunb., *Diss. bot.*, 34; Boerh. *Lugd. Bat.*, 2, tab. 187; *Bot. Magaz.*, tab. 346; *Protea repens*, var. α; Linn., *Mant.* Cet arbrisseau a une tige droite, raboteuse, haute de cinq à six pieds, couverte d'une écorce cendrée; elle se divise en rameaux longs et nombreux, garnis de feuilles glabres, planes, linéaires, alongées, obtuses à leur sommet, un peu rétrécies en pétiole à leur base; les fleurs sont réunies en une tête roussâtre, oblongue; l'involucre est composé d'écailles imbriquées, d'entre lesquelles découle une liqueur mielleuse ou visqueuse; les écailles extérieures, situées à la base des fleurs, sont fort petites; les intérieures beaucoup plus longues, lancéolées. Cette plante croît au cap de Bonne-Espérance, sur les collines et dans les champs. On fait avec la liqueur qui découle de la tête des fleurs un excellent sirop, très-utile, dit-on, dans la toux et les maladies de poitrine.

PROTÉE RAMPANT : *Protea repens*, Thunb., *Diss.*, *loc. cit.*; Linn., var. β; Boerh., *Lugd. Bat.*, 2, tab. 190. Cet arbrisseau, confondu avec le précédent, en diffère par son port; sa racine est une souche rampante, d'où s'élève une tige basse, un peu flexueuse, longue de trois à quatre pouces, chargée de quelques rameaux garnis de feuilles sessiles, alternes, linéaires,

longues de six à sept pouces, rudes au toucher, obtuses au
sommet, rétrécies à leur base, cartilagineuses, un peu roulées
à leurs bords; les fleurs forment une tête solitaire, un peu
arrondie, de la grosseur d'une prune, environnée à sa base
de longues feuilles; les écailles de l'involucre sont imbriquées,
les extérieures petites, ovales, obtuses; les intérieures lancéolées; la corolle est chargée en dehors d'un duvet cotonneux
et blanchâtre. Cette plante croit au cap de Bonne-Espérance,
dans les champs sablonneux, parmi les broussailles.

Protée scolyme : *Protea scolymus*, Thunb., *Diss.*, *loc. cit.*;
Schrad., *Sert. Hann.*, tab. 20; Boerh., *Lugd. Bat.*, 2, tab. 192;
Weinm., *Phyt.*, 4, tab. 893, fig. 6; Pluken., *Mant.*, tab. 440,
fig. 1, *mala*. Arbrisseau d'environ trois pieds, dont la tige est
droite, glabre, cendrée, divisée en rameaux presque verticillés, garnis de feuilles éparses, nombreuses, longues de deux
pouces, presque glabres, linéaires, un peu étalées, rétrécies
à leur base, arrondies et mucronées à leur sommet; les fleurs
sont disposées en une tête globuleuse ou un peu ovale, solitaire, terminale, feuillée à sa base, de la grosseur d'une
prune, souvent surmontée par des rameaux stériles; l'involucre est composé d'écailles glabres, ovales ou oblongues, concaves, obtuses, un peu membraneuses à leurs bords; la corolle purpurine; le réceptacle garni d'un duvet roussâtre et
tomenteux. Cette plante croit parmi les bruyères, au cap de
Bonne-Espérance.

Protée rosacée : *Protea rosacea*, Linn., *Syst. pl.*; Smith,
Exot., 1, tab. 44; *Protea nana*, Thunb., *Diss.*, *loc. cit.*; Willd.,
Spec. Très-belle espèce, remarquable par les écailles de son
involucre, ouvertes en rose, et d'une couleur purpurine
fort agréable. Sa tige est droite, glabre, rameuse, d'un brun
rougeâtre; ses rameaux sont alongés, ouverts, étalés, divisés
en d'autres plus courts, garnis de feuilles courtes, imbriquées,
linéaires, roides, concaves, subulées, glabres et piquantes;
les fleurs forment, à l'extrémité des rameaux, une tête de la
grosseur d'une prune, composée d'écailles glabres, imbriquées; les extérieures courtes, ovales; les intérieures alongées, ouvertes, colorées; la corolle est plus courte, revêtue à
l'extérieur de poils dorés, lanugineux. Cette plante croit sur
les montagnes, au cap de Bonne-Espérance.

Protée a larges feuilles : *Protea latifolia*, R. Brown, *Trans. linn.*, 10, pag. 75. Arbrisseau de six à huit pieds, dont les rameaux sont médiocrement tomenteux; les feuilles larges, sessiles, à demi en cœur, ovales, obtuses, glabres dans leur vieillesse, bordées et souvent lanugineuses à leur contour, longues de trois ou quatre pouces, larges de deux et plus. Les fleurs forment une tête turbinée, de la grosseur du poing; les écailles de l'involucre sont obtuses, ciliées; les extérieures ovales, élargies; les intérieures plus longues; la corolle est longue de trois pouces, tomenteuse et soyeuse, presque à deux lèvres, dont la plus large surmontée de trois arêtes étalées, purpurines. Cette plante croît aux lieux sablonneux, dans l'Afrique méridionale.

Protée a fleurs écarlates; *Protea coccinea*, R. Brown, *loc. cit.* Arbrisseau de quatre ou cinq pieds, dont les rameaux sont garnis de feuilles sessiles, glabres, ovales, de couleur glauque, parsemées de très-petits points, longues de quatre pouces, larges de deux ou trois; la tête de fleurs est sessile, solitaire, turbinée, longue de quatre à cinq pouces; les écailles de l'involucre sont presque glabres, les intérieures chargées à leurs bords d'une longue barbe touffue; la corolle est longue de deux pouces et demi, velue à sa partie inférieure; le limbe pileux à ses bords, surmonté d'arêtes de même longueur. Cette plante croit sur les montagnes, au cap de Bonne-Espérance.

Protée a grandes feuilles; *Protea macrophylla*, R. Brown, *loc. cit.* Cette espèce est un très-bel arbrisseau, haut de huit ou dix pieds. Les rameaux sont glabres, revêtus à leur sommet d'un duvet léger et blanchâtre; les feuilles glabres, oblongues, très-grandes, un peu rétrécies à leur base, bordées à leur contour; les supérieures bien plus longues que l'involucre, larges d'un pouce et plus, longues de six pouces; les folioles de l'involucre obtuses, blanchâtres; les extérieures ovales, les autres alongées; la corolle est plus longue que l'involucre, blanche, tomenteuse, surmontée d'arêtes de la longueur du limbe, chargée de longs poils blancs ou d'un pourpre noirâtre; le style pubescent, glabre et courbé à son sommet. Cette plante croit sur les montagnes, au cap de Bonne-Espérance.

Protée étalée : *Protea patens*, R. Brown, *loc. cit.; Andr.,*

Bot. rep., tab. 543. Arbrisseau couché dont les rameaux sont courts, tomenteux, étalés, couverts de poils blancs; les feuilles étroites, nombreuses, unilatérales, légèrement ondulées; un peu rétrécies à leur base, obtuses au sommet, longues de quatre à cinq pouces, larges de sept ou neuf lignes; la tête de fleurs est sessile, de la grosseur du poing; ses écailles sont un peu concaves, obtuses, d'un blanc soyeux; les intérieures munies dans leur milieu de cils d'un pourpre noirâtre; la corolle est longue d'un pouce et demi, chargée d'un duvet blanchâtre; les arêtes sont purpurines à leur sommet; le style glabre. Cette plante croît au cap de Bonne-Espérance, sur les hautes montagnes.

Protée négligée; *Protea incompta*, R. Brown, *loc. cit.* Sa tige est droite; ses rameaux sont chargés de longs poils étalés; les fleurs nombreuses, alongées, en lanières, un peu étalées, longues de quatre pouces, larges d'un pouce, terminées par une callosité aiguë, recourbée, obtuses à leur base; les feuilles inférieures glabres, les supérieures plus étroites et velues; la tête de fleurs est turbinée, longue de quatre pouces; les écailles sont tomenteuses; les intérieures munies de cils blancs; la corolle est recouverte d'une laine blanchâtre; le style glabre. Cette plante croît au cap de Bonne-Espérance.

Protée canaliculée; *Protea canaliculata*, Andr., *Bot. rep.*, tab. 437. Arbrisseau peu élevé, presque couché. Ses rameaux sont glabres, garnis de feuilles linéaires, lisses, sans nervures, concaves en dessus, nombreuses, longues de quatre ou six pouces, larges de deux lignes, aiguës; la tête de fleurs est de la grosseur d'une prune; les écailles sont concaves, obtuses; les extérieures presque glabres; les intérieures médiocrement ciliées; la corolle est longue d'un pouce, très-glabre; les arêtes sont barbues, en pinceau, une fois plus courtes que le limbe; le style est glabre. Cette plante croît dans les terrains sablonneux, au cap de Bonne-Espérance.

Protée acuminée; *Protea acuminata*, *Bot. Magaz.*, tab. 1694. Cette plante a de grands rapports avec la précédente, elle en diffère par le caractère de ses feuilles et de ses bractées. Ses rameaux sont glabres, flexueux, cylindriques, colorés en rouge dans leur jeunesse, garnis de feuilles éparses, sessiles, linéaires-lancéolées, fort étroites, entières, planes, aiguës, longues d'environ trois pouces; les fleurs d'un **pourpre** rouge foncé, disposées en une tête ovale, terminale; l'involucre est composé de grandes bractées colorées, élargies, concaves, obtuses, pubescentes à leur sommet. Cette plante croît au cap de Bonne-Espérance.

PROTÉE A FLEURS TURBINÉES : *Protea turbiniflora*, R. Brown, *loc. cit.*; *Protea cæspitosa*, Andr., *Bot. rep.*, tab. 526; *Erodendrum turgidiflorum*, Salisb., *Parad.*, 108. Cet arbrisseau a des tiges droites, très-courtes, réunies en gazon; les rameaux garnis de feuilles alongées, lisses, lancéolées, un peu ondulées, velues dans leur jeunesse, luisantes, finement ponctuées, très-aiguës, rétrécies en pétiole à leur base, longues de six à dix pouces, larges d'environ un pouce; les supérieures longues de deux pouces, membraneuses, un peu scarieuses; la tête de fleurs est sessile, un peu turbinée, longue de deux pouces au plus, composée d'écailles tomenteuses, obtuses, un peu blanchâtres, ciliées; les intérieures lanugineuses au sommet; la corolle lanugineuse: les arêtes courbées, de la longueur du limbe, couvertes d'une laine blanche, jaunâtre au sommet; le style glabre, un peu courbé au sommet. Cette plante croît sur les montagnes, au cap de Bonne-Espérance.

PROTÉE SCOLOPENDRE; *Protea scolopendrium*, R. Brown, *loc. cit.* Cette plante a des tiges très-courtes; des feuilles lancéolées, longues d'environ un pied et demi, larges d'un pouce et plus, lisses, bordées, à côtes saillantes en dessous, finement ponctuées; la tête de fleurs est presque sessile, solitaire ou quelquefois géminée, longue d'environ trois pouces; les écailles lancéolées, acuminées, chargées à leur sommet d'un duvet cendré; la corolle est lanugineuse; les arêtes sont une fois plus courtes que le limbe; le style est glabre, dilaté à sa moitié inférieure; les ovaires sont chargés de poils blancs. Cette plante croît au cap de Bonne-Espérance. (POIR.)

PROTÉE, *Proteus*. (*Erpétol.*) Laurenti et la plupart des erpétologistes, d'après lui, ont donné ce nom à un genre de reptiles batraciens, de la famille des urodèles, reconnoissable aux caractères suivans:

Corps alongé avec une queue en nageoire; quatre pattes d'égale longueur et sans ongles; des branchies et des poumons existant ensemble à l'âge adulte; corps nu, sans écailles ni carapace.

Il est donc facile de distinguer les Protées des Sirènes qui n'ont que deux pattes; des Sauriens qui ont le corps revêtu d'écailles; des Chéloniens qui sont recouverts d'une carapace; des Rainettes, des Grenouilles, des Pipas, des Crapauds qui manquent de queue; des Tritons et des Salamandres qui n'ont point de branchies dans l'âge adulte. (Voyez ces divers mots, Batraciens et Urodèles.)

Le seul animal qui soit jusqu'à présent connu dans ce genre est un être fort extraordinaire, qui a beaucoup d'analogie avec les larves de salamandres encore munies de leurs branchies, et dont on doit la connoissance au baron de Zoïs, gentilhomme de Carniole, pays où le protée se montre quelquefois lors des débordemens des lacs souterrains auxquels cette contrée semble devoir son caractère particulier. C'est, en effet, d'après les individus recueillis par cet amateur éclairé des sciences naturelles, que Laurenti et Scopoli rédigèrent les descriptions qui firent d'abord connoître ce reptile, sans pourtant satisfaire entièrement les naturalistes.

Le Protée anguillard (*Proteus anguinus*, de Laurenti; *Siren anguina* de Schneider), long d'un pied environ, est de la grosseur du doigt. Sa queue est comprimée verticalement; ses pattes sont courtes, mais les deux antérieures ont chacune trois doigts, tandis que les deux postérieures n'en ont que chacune deux. Outre des poumons intérieurs, il porte, comme les larves des salamandres, trois branchies de chaque côté, d'un rouge de corail, en forme de houppes plumeuses et qu'il paroit conserver toute sa vie. Son museau est alongé et cylindrique, aminci, obtus et déprimé; ses deux mâchoires sont garnies de dents : l'inférieure est plane et plus courte; sa langue, peu mobile, est libre en avant; son œil, excessivement petit, est caché par les tégumens, comme dans l'aspalax; son oreille, couverte par des chairs, a en cela beaucoup d'analogie avec celle des Salamandres; sa peau, enfin, lisse, blanchâtre et muqueuse, recouvre un corps à peu près cylindrique. L'anus, placé derrière les pieds postérieurs, sous la base de la queue, est oblong et ridé.

Pendant long-temps on a cru que les lacs des environs de Sittich, dans la Basse-Carniole, étoient les seuls qui pussent nourrir le protée; mais, récemment, on l'a découvert dans la grotte d'Adelsberg ou Postoina, sur la grande route de Trieste à Vienne, ce qui a mis beaucoup de naturalistes à même de l'examiner fructueusement. M. de Zoïs, d'abord, puis M. de Schreibers, directeur du Cabinet impérial de Vienne, et le Professeur Pictet, de Genève, l'ont procuré vivant à MM. Cuvier et Duméril qui ont eu l'extrême complaisance de me permettre de l'étudier. On possède déjà, d'ailleurs, une très-bonne description de ses viscères par M. de Schreibers, qui a consigné ses observations splanchnologiques dans les Transactions philosophiques de 1801, peu d'années avant que l'histoire détaillée de son squelette, insérée en 1807, par M. Cuvier, dans les Observations de zoologie du baron de Humboldt, l'eût rendu recommandable aux yeux de tous les savans de l'Europe; et MM. Configliacchi et Rusconi en ont publié à Pavie, en 1819, une Monographie ornée de fort belles figures.

Hermann, Schneider et quelques autres naturalistes ont pensé que le protée n'étoit qu'un reptile à l'état de larve, mais il n'y a, dans tout le pays qu'il habite, aucune salamandre qu'on puisse supposer en provenir ou dont on ne connoisse point la véritable larve.

Le protée marche peu, mais nage très-bien, et il fait entendre un petit cri semblable au bruit que feroit le piston d'une seringue. Il possède un vestige de larynx. Entre ses branchies sont pratiqués des trous qui pénètrent dans l'arrière-bouche. Le foie, d'un gris tacheté de noir, divisé en cinq lobes, va du thorax au bassin. La vésicule du fiel est fort ample. A l'estomac, qui est fort épais et coriace, et dans lequel on a trouvé un petit coquillage, indice du genre de nourriture d'un animal qui ne veut rien manger dans l'état de captivité, succède un intestin grêle qui fait trois plis avant de se terminer au rectum. Le cœur, situé entre les pieds de devant, n'a qu'un ventricule et une oreillette, et les poumons, semblables à ceux des salamandres, ont la forme de tubes minces et simples, terminés chacun par une dilatation vésiculaire. La rate et le pancréas sont longs et étroits, et les reins, très-longs, très-étroits en avant, s'élargissent vers l'anus où ils débouchent. M. de Schreibers croit avoir reconnu des traces d'ovaires.

Le squelette du protée ressemble à celui des salamandres, excepté qu'il a beaucoup plus de vertèbres et moins de rudimens de côtes; mais sa tête, osseuse, est toute différente de la leur par sa conformation générale, et se rapproche, d'une manière marquée, de celle de la sirène. Elle est seulement munie d'os ptérygoïdiens, dépourvue de crête et plus déprimée que dans celle-ci; les pariétaux s'avancent moins aussi au côté des frontaux, qui occupent un espace plus long et plus large à proportion; les orbitaires et les rochers sont aussi beaucoup moins élevés; les nasaux sont réduits presque à rien et se glissent entre les inter-maxillaires qui ont de très-longues apophyses montantes et dont le bord est armé d'une rangée de huit ou dix dents pour chacun. Derrière ces dents inter-maxillaires, on en observe encore une rangée parallèle, que l'on peut supposer appartenir aux vomers, qui portent chacun vingt-quatre de ces ostéides et qui se continuent en arrière, chacun aussi, avec une branche osseuse garnie de quelques dents, allant s'attacher au bord interne du tympanique, laissant un vide entre elle et la base du crâne, et représentant le ptérygoïdien, sans qu'il existe ni maxillaires, ni palatins.

Tout le dessous du crâne est plat et formé, comme dans la sirène, par un seul sphénoïde.

Il n'existe que deux tympaniques, deux rochers et deux occipitaux, et la fenêtre ovale est entièrement pratiquée dans le rocher.

Les narines, sans enveloppe osseuse en dehors ni en dessous, pénètrent dans la bouche sous la lèvre inférieure.

La mâchoire inférieure a le pourtour de son bord dentaire garni de dents. Son apophyse coronoïde, fort prononcée, donne attache à un muscle crotaphite qui passe sur l'os ptérygoïdien et qui détermine le renflement apparent de la tête.

On compte trente vertèbres entre la tête et le bassin, deux auxquelles celui-ci est suspendu, et vingt-cinq depuis le bassin jusqu'au bout de la queue, en tout cinquante-sept. Toutes, excepté les dernières, sont bien ossifiées, et s'articulent comme chez les poissons, par des faces creuses remplies de cartilage.

Il y a de chaque côté, à partir de la deuxième vertèbre,

sept rudimens de côtes, petits et dont la tête ne se divise pas.

L'atlas est court et en forme d'anneau.

Excepté le col de l'omoplate, tout le reste de l'épaule est cartilagineux. Le péricarde est enveloppé d'un cartilage qu'on pourroit presque prendre pour un reste de sternum.

Le bassin est encore moins ossifié que l'épaule, et les os des quatre pieds, petits et grêles, ont leurs extrémités cartilagineuses.

Il est démontré aujourd'hui jusqu'à l'évidence que le fameux fossile, trouvé dans le schiste d'Œningen, et que Scheuchzer regarda comme l'empreinte du squelette d'un homme; que J. Gesner prit également pour un anthropolithe; que M. Karg a considéré comme les restes pétrifiés d'un silure, appartient au genre des protées, ou étoit tout au moins une salamandre aquatique d'une taille gigantesque dans son genre, puisqu'elle avoit plus d'un mètre de longueur. (Voyez REPTILES FOSSILES.)

M. J. Géen, dans le Journal de l'Académie des sciences naturelles de Philadelphie, a indiqué au monde savant, une seconde espèce de protée, qu'il appelle PROTÉE DU NOUVEAU-JERSEY, et sur laquelle nous croyons devoir attendre de nouveaux renseignemens. (H. C.)

PROTÉE, *Proteus*. (*Amorphoz.*) Muller paroit le premier zoologiste qui ait proposé de désigner sous ce nom un groupe d'êtres organisés dont la forme varie à chaque moment sous les yeux de l'observateur, qui, par conséquent, est à peine susceptible d'être définie et dont l'organisation paroit être la plus simple possible, puisqu'on n'y reconnoit aucune partie distincte, aucun orifice. Roësel, auquel on doit la connoissance d'une espèce, la compare à une goutte d'eau jetée sur de l'huile. Malgré cela il seroit bon que ces prétendus animaux fussent examinés dans l'état actuel de la science et avec des yeux un peu plus exercés en physiologie que ceux de Muller et de Roësel. Il se pourroit même que le protée rameux ne soit autre chose qu'une espèce de planaire encore très-jeune, et par conséquent extrêmement petite. Quoi qu'il en soit, voici ce que je trouve à ce sujet dans les notes que M. le docteur Sarriray, du Hàvre, l'homme de France qui, à ma connoissance, manie le mieux le microscope, a

eu la complaisance de me communiquer en manuscrit. Le
protée rameux, examiné à la plus forte lentille et à la lumière du quinquet (car la lumière solaire ne permet pas
de voir les phénomènes), paroît d'un blanc sale, obscur,
sur un fond de couleur d'ambre, qu'acquiert l'eau ou le
verre, lorsqu'on ombrage convenablement l'appareil inférieur
du microscope. Souvent il avance tout en se contournant et
changeant de forme. Lorsqu'il est sur le point d'en prendre
une autre, bizarre et très-opposée à la première, alors les
mouvemens sont très-sensibles et médiocrement prompts. Ils
sont au contraire presque imperceptibles, lorsque la nouvelle
modification de forme a quelque analogie avec la précédente.
Lorsqu'il a celle du vibrion vermet, il rampe et avance plus
vîte que sous toute autre. Quand il ne trouve pas de point
d'appui pour ramper dans le trou du talc où il est placé, il
s'agite presque autant qu'une grosse vorticelle, non pédon-
culée, qui se meut médiocrement vîte, et en tournant il
change de forme plus promptement que dans le cas précédent. Il alonge et rétracte, agite dans tous les sens quatre ou
cinq lobes tentaculaires, qui paroissent sortir indifféremment
de tous les points de la circonférence du corps. Quelquefois
même il y en a un, trois ou quatre fois plus long que lui, et
qui simule une sorte de queue, suivant tous les mouvemens
du petit animal. M. Surriray a aussi remarqué que ce protée, dont le corps est, dit-il, rempli de globules noirs, se
sert de ses lobes tentaculaires pour nager, absolument comme
d'autres animaux microscopiques le font de leurs cils, en les
agitant même quelquefois d'une manière aussi vive. Ordinairement il rampe très-lentement, comme une petite li-
mace et de manière qu'il paroît collé au verre. Quand il
n'est pas développé, son corps est en masse de forme irrégulière, avec un léger point central. Il ressemble dans ce cas
assez bien à la monade tranquille; mais cette apparence ne
dure pas long-temps, et il reprend ses changemens de forme,
qui semblent avoir lieu en temps égaux. On voit alors les
lobes pousser, converger ou diverger, puis se rappetisser et
disparoître : on diroit des tentacules de limaçons, si ce n'est
qu'ils ne sont ni symétriques, ni égaux. Dans le temps de ses
changemens de forme, le protée reste à la même place.

Les protées, comme on le pense bien, sont essentiellement aquatiques; ils se trouvent aussi bien dans l'eau douce que dans l'eau salée. Muller caractérise ce genre : Corps microscopique, membraneux ou comme gélatineux, se lobant d'une manière variable et instantanée à sa circonférence, et il n'en décrit que deux espèces.

Le Protée rameux : *P. diffluens; Vibrio protæus*, Linn., Gmel., Mull., *Verm.*, t. 2, fig. 1 — 12; Cop. Enc. méth., pl. 1, fig. 1, *a — m*. Corps elliptique, diffluent, en rameaux arrondis et élargis à l'extrémité, dont un plus long que les autres et caudiforme.

Dans les eaux douces des marais.

C'est celle sur laquelle M. le docteur Surriray a fait ses observations.

Le P. ténace : *P. tenax*, Mull.; *C⬤aria tenax?* Linn., Gmel., p. 3891, n.° 2; Mull., *Verm.*, t. 2, fig. 13 — 18; Enc. méth., pl. 1, fig. 2, *a —f.* Corps membraneux, diffluent en rameaux en épis.

Dans l'eau de rivière et de mer.

Nous ajouterons à ce que nous venons de dire des espèces de protées, d'après Muller, que M. Mathæo Losana, qui paroît s'occuper avec quelque suite des animaux infusoires, a cru devoir distinguer un grand nombre d'espèces de protées dans un mémoire sur ce genre d'animaux et sur les kolpodes, inséré dans le tome 29, page 189, des Mémoires de l'Académie royale de Turin. En voici les caractères :

I. Protées membraneux.

Le P. liliacé; *P. liliaceus*, pl. 13, fig. 1. Petit, blanc, pellucide, aplati, passant, en s'élargissant peu à peu, de la forme liliacée à la forme bidentée.

Dans l'eau du lac Campagnino, conservée le 28 Novembre 1819 pendant dix jours avec des feuilles de renoncule aquatique.

Le P. odonte; *P. odonta*, *ibid.*, fig. 2. De médiocre grandeur, lactescent, pellucide, déprimé, ovale, poussant quelquefois en une sorte de tête. Après la huitième phase, il se reposa un peu et continua ensuite ses métamorphoses.

Dans l'eau du lac du Pô, conservée pendant six jours, le 26 Décembre 1819.

Le Protée échiné; *P. echinatus*, pl. 13, fig. 3. Petit, tirant sur le noir, presque opaque, montrant de toute part des aiguillons et les contractant dans ses mouvemens lents.

Le 4 Janvier 1819, dans l'eau d'un lac aux environs du Pô, conservé pendant quinze jours.

A la seconde phase il laissa voir à sa partie antérieure une vésicule, cachée plus ou moins dans les métamorphoses qui suivirent. Ce ne fut qu'à la septième qu'elle sortit complétement du corps de l'animal, comme une espèce de rejeton, mais toutefois lentement et avec un mouvement ressemblant assez à celui du Volvox.

Le P. trident; *P. tridens*, *ibid.*, fig. 4. Membraneux, aplati, pellucide, passant, en s'étendant, de la forme tridentée à d'autres formes analogues.

A la cinquième phase il s'arrêta un peu pour continuer sa vie ensuite de diverses manières.

Le 5 Janvier 1819 dans l'eau citée ci-dessus.

Le P. bilobé; *P. bilobus*, *ibid.*, fig. 5. Petit, blanchâtre, pellucide, déprimé, quelquefois denticulé, presque carré, etc., croissant assez rapidement.

Au bout de la cinquième phase il s'arrêta comme ci-dessus.

Le 2 Février 1820, dans l'eau d'un lac aux environs du Pô, conservée pendant seize jours.

Le P. cyclidie; *P. ciclydium*, *ibid.*, fig. 6. Petit, membraneux, blanchâtre, pellucide, passant lentement et doucement de la forme ovale à une forme diversement sinuée, changeant continuellement.

Le 6 Février 1820, dans l'eau précédente.

Le P. figule, *P. figulus*, *ibid.*, fig. 7. Blanc, pellucide, aplati, évasé. Pendant sa croissance assez rapide il se couvre de diverses teintes brunâtres, devient noir et se fend à la partie postérieure.

Le 22 Janvier 1820, de l'eau du lac précédent.

Le P. tubéreux; *P. tuberosus*, *ibid.*, fig. 8. Pellucide, tirant sur le blanc, se changeant par un mouvement rapide et continuel en des formes tuberculées.

Le 22 Janvier 1820, dans la même eau que les précédens.

Le Protée géomètre ; *P. geometra*, pl. 13, fig. 9. Petit, lactescent, presque opaque, se changeant par un mouvement continuel, mais lent et varié, en des espèces de triangles.

Le 27 Décembre 1819, du lac des environs du Pô, après avoir cassé la glace.

Le P. cuspidé; *P. cuspidatus*, ibid., fig. 10. Très-petit, blanchâtre, pellucide, tantôt triquètre, tantôt ovale, se changeant par un mouvement assez rapide et facile en un aiguillon long.

Le 9 Août 1819, dans les fossés de champs continuellement inondés.

Le P. larvé; *P. larvatus*, ibid., fig. 11. Petit, presque violet, se revêtant de la forme de phiole, en s'élevant et en se recourbant, s'enroulant de diverses manières, croissant rapidement.

Le 24 Août 1819, de l'eau du lac aux environs du Pô, conservée pendant six jours.

Le P. cataphracte; *P. cataphractus*, ibid., fig. 12. Petit, blanc, presque opaque, cylindrique, garni d'aiguillons, qu'il contracte lentement , changeant continuellement de forme. Commun.

Le 28 Juin 1819, dans le lac Campagnino et autres, conservée pendant quinze jours.

Le P. malléiforme; *P. malleator*, ibid., fig. 13. Petit, hyalin , un peu ovale, sinué, en forme de faux, passant très-rapidement sous des formes plus variées les unes que les autres, et dépérissant en un clin d'œil.

Le 6 Décembre 1819, de l'eau du lac voisin du Pô, retirée de dessous la glace le jour précédent.

Le P. ocellé; *P. ocellatus*, ibid., fig. 14. Blanc, pellucide, sinué, denticulé, quelquefois triangulaire à la partie antérieure, se remuant lentement, changeant peu de place.

Le 21 Juillet 1819, du même lac.

Le P. bulbeux; *P. bulbosus*, ibid., fig. 15. Petit, blanc, pellucide, se changeant lentement en des sortes de bulbes.

Le 29 Juillet 1819, du même lac.

Le P. hyacinthe; *P. hyacinthinus*, ibid., fig. 16. Blanc, pellucide, ressemblant souvent à la corolle d'une hyacinthe, se remuant lentement.

Le 19 Mars 1819, dans de l'eau conservant des céréales pendant tout l'hiver.

Le Protée infundibuliforme ; *P. infundibuliformis*, pl. 13, fig. 17. Presque hyalin, infundibuliforme, tronqué obliquement, quelquefois rompu, quadrilobé, etc., se remuant rapidement.

Le 18 Juin 1820, dans l'eau du lac Campagnino, nouvellement extraite.

Le P. gyriniforme ; *P. gyriniformis*, *ibid.*, fig. 18. Petit, blanc, pellucide, ayant assez la forme d'un tourniquet, s'étendant en des espèces de lobes ou racines, croissant rapidement.

Le 29 Juin 1822, dans l'eau du même lac, conservée pendant trois jours.

Le P. bursaire; *P. bursaria*, *ibid.*, fig. 19. Membraneux, blanc, pellucide, simulant une conque vésiculeuse, etc.; une bourse, enfin, diversement modifiée.

Ce petit ver passe avec une telle rapidité d'une forme à une autre, que je n'ai pu dessiner que quelques-unes de ses phases, très-nombreuses, avant que l'instant de dépérissement fût arrivé.

Le 14 Août 1819, de l'eau du même lac, conservée pendant sept jours.

Le P. opaque; *P. aphanes*, *ibid.*, fig. 20. Membraneux, se changeant en lobes, formant des nervures : très-paresseux.

Le 3 Janvier 1822, dans l'eau récemment extraite du lac au-delà du Pô.

Le P. hyalin; *P. hyalinus*, *ibid.*, fig. 21. Membraneux, hyalin, se pliant diversement et se tordant.

Le 2 Février 1822, de l'eau du même lac.

Le P. rostré; *P. rostratus*, pl. 14, fig. 22. Hyalin, blanc, passant sous forme de crochet, quelquefois vésiculeux.

Le 29 Juin 1821, de l'eau de Campagnino.

Le P. rapide ; *P. præceps*, *ibid.*, fig. 23. Ovale, se changeant promptement en des troncs de diverses formes.

Blanc, pellucide, sombre, membraneux; il se précipite si rapidement sous forme de rejetons, que je n'ai pu que très-difficilement saisir sa forme.

Le 12 Juin 1822, de l'eau du même lac.

43.   26

II. Protées vésiculeux ou gonflés de vésicules.

Le Protée crénelé ; *P. crenatus*, pl.14, fig. 24. Blanc, pellucide, aplati, crénelé, passant très-lentement par ses diverses phases.

Le 19 Août 1819, dans l'eau du lac Ranè, conservée pendant dix jours.

Le P. perfolié ; *P. perfoliatus*, ibid., fig. 25. Petit, lactescent, pellucide ; il croît assez rapidement sous forme de feuilles vésiculeuses, s'arrête quelquefois, repart ensuite et est toujours difforme.

Le 14 Août 1819, de l'eau du lac précédent, conservée pendant deux jours.

Le P. muriqué ; *P. muricatus*, ibid., fig. 26. Petit, blanc, pellucide, muriqué à la partie antérieure ; quadrangulaire, trifolié à la partie postérieure, quelquefois florifère et même pétiolé : passe lentement à diverses formes analogues.

Le 2 Août 1819, du lac Ranè, eau récemment extraite.

Le P. lichénoïde ; *P. lichenoides*, ibid., fig. 27. Plus petit que le précédent, vert tirant sur le bleu, se divisant en lobes, diversement taché de points sombres sur toute sa surface.

Le 18 Décembre 1819, dans l'eau d'un lac voisin du Pô, conservée pendant onze jours.

Le P. voyageur ; *P. peregrinus*, ibid., fig. 28. Hyalin, tantôt couvert de vésicules foliées, tantôt d'aiguillons, tacheté de points noirs, se change rapidement en feuilles errantes.

Le 8 Décembre 1819, de l'eau du même lac, récemment extraite.

Le P. en croissant ; *P. corniculatus*, ibid., fig. 29. D'un vert foncé, pellucide, avec des bords plus obscurs ; il devient ensuite blond, lobuleux, ponctué de noir ; en croissant, il pousse à la partie postérieure en petits globules.

Le 18 Décembre 1819, de l'eau du même lac, récemment extraite.

Le P. caudiforme ; *P. caudatus*, ibid., fig. 30. Membraneux, aplati, jaunâtre, pellucide, orbiculé, avec une vésicule à la partie centrale, souvent subcaudiforme : à la cinquième phase il se reposa.

Le 22 Janvier 1820, de l'eau du même lac, conservée pendant un mois.

Le Protée joueur : *P. aleator*, pl. 14, fig. 31. Petit, jaune, pellucide. aplati, sinué, présentant des points noirs variés et des formes diverses. agile.

Le 22 Janvier 1819, de l'eau du lac précédent.

Le P. versicolore; *P. versicolor, ibid.*, fig. 32. Ovale, bleu cendré, pellucide, avec une molécule centrale bleue ; poussant en globule à la partie antérieure.

Quelquefois au centre jaune il y a une espèce de bulle hyaline, remplie de molécules ; tantôt à la partie antérieure il devient en forme de faux, hyalin, alongé, élargi à la partie postérieure, jaunâtre, lobé. Le côté droit, hyalin, est quelquefois orné de molécules lactescentes. Le côté gauche est enfumé, noir dans le milieu ; enfin, redevenant transparent, il continue ses phases.

Le 24 Juillet 1819, de l'eau d'un lac de la plaine, nouvellement extraite.

Le P. florifère; *P. floriferus, ibid.*, fig. 33. Petit, presque hyalin, aplati, ressemblant assez à une fleur qui n'auroit qu'un seul pétale, lacinié, avec une vésicule sombre à la partie centrale, diversement pétiolé. Cet être se meut lentement.

Le 24 Juillet 1819, de l'eau du même lac, récemment extraite.

Le P. anthoxante; *P. anthoxantos, ibid.*, fig. 34. Petit, membraneux, pellucide, un peu semblable à la corolle d'une fleur polypétalée, avec des filamens ; contractant quelquefois lentement ces pétales, il rend les filamens moniliformes.

Le 14 Août 1819, de l'eau du lac précédent, conservée pendant trois jours.

Le P. réticulé; *P. reticulatus, ibid.*, fig. 35. Petit, blanc, pellucide, orbiculé ; vésicules et taches sombres, réticulées entre elles. Animal vif. La périphérie changeant légèrement.

Le 14 Juin 1821, dans l'eau du lac Campagnino, conservée pendant trois jours.

Le P. paresseux; *P. piger, ibid.*, fig. 36. Lobulé, forme denticulée, se modifiant de diverses manières.

Blanc, pellucide, se remuant lentement ; quelquefois il semble osciller, en conservant des intervalles entre chacune de ses phases.

Le 12 Juin 1822, dans l'eau fraîche d'un lac au-delà du Pô.

III. Protées moléculés. (*P. moleculati.*)

* A molécules confluentes.

Le Protée effrayant; *P. formidolosus*, pl. 14, fig. 37. Petit, blanc, pellucide, aplati, à molécules violettes, montrant de toute part des épines, des lobes, et se déformant continuellement.

Le 15 Juillet 1809, de l'eau d'un lac en plaine, conservée pendant six jours.

Le P. navigère; *P. naviger*, *ibid.*, fig. 38. Plus petit, presque hyalin, molécules sombres, garni de pointes, comme un panier de fleurs, etc., ou bien traînant très-lentement une espèce de petite nacelle.

Le 18 Juillet 1819, dans l'eau d'un lac aux environs du Pô, conservée pendant trois jours.

Le P. auriculé; *P. auriculatus*, pl. 15, fig. 39. Petit, jaunâtre, presque opaque, déprimé, le bord sombre; lobules doubles, en forme d'oreilles, qu'il étend lentement; le centre quelquefois noir.

Le 2 Septembre 1820, des fossés de Borgonovo.

Le P. limaçon; *P. cochlearius*, *ibid.*, fig. 40. Plus grand, gélatineux, brun - fauve, presque opaque, fasciolé, sinué, se retournant de diverses manières sur l'eau, ressemblant assez à un limaçon.

Le 6 Août dans l'eau du lac Rané, conservée pendant treize jours.

Le P. hérissé; *P. hirtus*, *ibid.*, fig. 41. Petit, blanc, pellucide, contenant un grand nombre de molécules violettes, de diverses grandeurs; hérissé d'aiguillons sortant plus ou moins çà et là.

Le 1.er Juillet 1819, de l'eau du lac Campagnino, conservée pendant trois jours.

Le P. lent; *P. deses*, *ibid.*, fig. 42. Petit, blanc, pellucide, molécules violettes, aplati, orné de deux vésicules fixes, se reposant souvent et fatiguant l'observateur. Il se lobe lentement et de diverses manières.

Le 3 Septembre 1819, dans l'eau d'un lac voisin du Pô, conservée pendant dix-huit jours.

Le Protée tubéreux; *P. tuberosus*, pl. 15, fig. 43. Blanc, à molécules hyalines, déprimé, presque carré, croissant, se disposant sous forme de diverses tubérosités, sans pourtant changer de place.

Le 9 Août 1819, de l'eau du lac Ranè, conservée pendant dix jours.

Le P. ostéologue; *P. osteologus*, ibid., fig. 44. Muqueux, presque hyalin, en s'alongeant rapidement et en se raccourcissant, il ressemble à un os d'animal, mais non sans quelques momens de repos.

Le 22 Août 1819, dans l'eau d'un lac voisin du Pô, conservée pendant trois jours.

Le P. anguleux; *P. angulosus*, ibid., fig. 45. Plus grand, blanc, pellucide, molécules hyalines, de diverses grandeurs, agitées par un mouvement intérieur, aplati, pendant qu'en nageant il développe des cercles concentriques. Il prend aussi des formes anguleuses.

Le 18 Août 1819, dans l'eau du même lac, conservée pendant huit jours.

Le P. nasiforme; *P. nasutus*, ibid., fig. 46. Assez petit, blanc, à petites molécules semblables, passant en croissant de la forme d'un nez à d'autres analogues.

Le 14 Septembre 1819, dans l'eau d'un lac en plaine, conservée pendant huit jours.

Le P. funèbre; *P. funebris*, ibid., fig. 47. Petit, presque hyalin, à molécules noires, à peine recouvertes d'une membrane apparente, éparses; forme orbiculée, aplatie. L'animal change peu de place.

Le 25 Août 1819, de l'eau d'un lac voisin du Pô.

Le P. vésiculeux; *P. vesiculatus*, ibid., fig. 48. Petit, blanc, pellucide, vésicules éparses çà et là, corniculé, cordiforme : ses mouvemens sont assez variés, mais lents.

Le 24 Mars 1821, dans l'eau du lac Campagnino, nouvellement extraite.

Le P. nébuleux; *P. nebulosus*, ibid., fig. 49. Petit, à vésicules et molécules nébuleuses, pellucide au tronc, se bifurquant facilement.

Le 25 Mars, comme ci-dessus.

Le P. denticulé, *P. denticulatus*, ibid., fig. 50. Petit, presque hyalin ; vésicules éparses, croissant lentement sous forme de rejetons linéaires, tronqués au sommet, denticulés, bifurqués.

Le 28 Mai 1821, dans l'eau d'un lac en plaine, conservée pendant six jours.

** A molécules diffluantes.

Le Protée dendroïde ; *P. dendroïdes*, pl. 15, fig. 51. Plus grand, gris-violet, se rompant en rejetons alternes, perpendiculaires, linéaires, tronqués au sommet ; vif en marchant en avant et en arrière ; molécules ovoïdes, noires, fuligineuses, blanches, diffluantes en rejetons nouveaux ; arborescent.

Le 21 Juin 1819, dans l'eau du lac Rané, nouvellement extraite.

P. trépied ; *P. tripes*, *ibid.*, fig. 52. Plus grand, muqueux, hyalin, le centre blanc ; un certain nombre de molécules grandes, blond-fauves, s'étalant lentement de toute part en rejetons obtus et se reposant sous la forme d'un trépied garni d'aiguillons.

Le 25 Juin 1819, dans l'eau précédente, conservée pendant quatre jours.

Le P. jaune : *P. luteolus*, *ibid.*, fig. 53. Petit, muqueux, tacheté de blanc, tronqué, quelquefois ressemblant assez à une omoplate ; mouvemens peu vifs.

Le 5 Juillet 1819, de l'eau du lac précédent, récemment extraite.

Le P. machérophore ; *P. macherophorus*, *ibid.*, fig. 54. Grand, hyalin bleuâtre, avançant rapidement sous l'aspect de rejetons en forme d'épée ; molécules intérieures noires, se déroulant en de nouveaux rejetons. (Mull., tab. 11.)

Le 3 Juillet, comme ci-dessus.

Le P. nuageux ; *P. nimbosus*, *ibid.*, fig. 55. Blanc, aplati, à vésicules hyalines, se répandant dans les lobes marginaux comme dans un nuage orageux ; molécules intimes, à peine diffluentes ; coalescent.

Le 3 Juillet, comme ci-dessus.

Le P. flavescent ; *P. flavescens*, *ibid.*, fig. 56. Petit, presque hyalin, déprimé ; molécules blanches ; le centre blanchâtre ; se modifiant rapidement en espèces de lobes.

Le 27 Juillet 1819, dans l'eau du lac Campagnino, récemment extraite.

Le P. Protée kolpode; *P. kolpoda*, pl. 16, fig. 57. Petit, blanchâtre, pellucide; molécules blanches, de diverses grandeurs; se tournant continuellement, s'alongeant et se retournant à la manière des kolpodes.

Le 5 Septembre 1819. de l'eau du lac voisin du Pô, conservée pendant quinze jours.

Le P. rostré; *P. rostratus*, *ibid.*, fig. 58. Petit, hyalin, jaunâtre; molécules sombres, éparses, quelquefois en grand nombre: passant de la forme orbiculaire à la forme pointue, quelquefois aussi il se ramasse à la pointe et se redresse subitement pour se tourner de diverses manières, s'enrouler, en marchant promptement en avant, en arrière. Il ressemble beaucoup au protée larvé (*prot. larvatus*) et au protée tenace (*prot. tenax*) de Muller.

Le 10 Juillet 1819, dans l'eau du lac Ranè, conservée pendant quatre jours. J'en ai trouvé un autre, voisin de celui-ci, mais vert-foncé, presque opaque, le 1.er Août 1819, dans le même lac.

Le P. humble; *P. humilis*, *ibid.*, fig. 59. Petit, sushyalin, fasciolé, à molécules ovoïdes, noirâtres, éparses, se divisant en lobes, changeant peu de place.

Le 4 Juillet 1819, dans l'eau du lac Ranè, nouvellement extraite.

Le P. chevelu; *P. comosus*, *ibid.*, fig. 60. Grand, hyalin, bleuâtre, à molécules noirâtres; passant d'une masse informe, déprimée, à une forme oblongue, sinuée, chevelue à l'extrémité d'une pointe tronquée, et cela par des mouvemens très-lents.

Le même jour, dans la même eau que ci-dessus.

Le P. chinois; *P. sinicus*, *ibid.*, fig. 61. Petit, presque hyalin; molécules rares, blanches, orbiculées, agitées d'un mouvement intestin; le centre jaune; orbiculé, poussant, ressemblant assez dans ses phases à des caractères chinois.

Le 5 Août 1819.

Le P. spinifère; *P. spinifex*, *ibid.*, fig. 62. Petit, blanc, pellucide, aplati, à molécules lactescentes, orbiculées de diverses grandeurs, en forme d'épines marginales, avant qu'il ne quitte la forme subquadrangulaire.

Le 6 Août 1819, dans l'eau du lac Campagnino, conservée pendant treize jours.

Le Protée subtronqué; *P. truncatellus*, pl. 16., fig. 63. Presque hyalin ; molécules blanchâtres, mais rares; se changeant rapidement en ramuscules courts, larges, obtus.

Le 20 Août 1819, de l'eau d'un lac voisin du Pô, récemment extraite.

IV. Protées composés de deux substances.

Le P. deux-fronts ; *P. bifrons*, ibid., fig. 64. Petit, presque carré, vert, l'autre partie de son corps pellucide, vésiculeuse, moléculée, mouvemens lents. Appartient-il à une autre classe ?

Le 10 Novembre 1819, dans l'eau du lac Campagnino, conservée pendant deux jours.

Le P. rouge; *P. rubens*, ibid., fig. 65. Petit, tantôt suborbiculé, brun-jaunâtre, tantôt presque hyalin dans ses phases nombreuses.

Le 29 Novembre 1819, dans l'eau du lac Campagnino, conservée pendant vingt jours.

Le P. unidenté; *P. monodon*, ibid., fig. 66. Petit, aplati, jaune, pellucide, montrant dans ses diverses évolutions ovales un long aiguillon, en forme de nez, d'un blanc transparent.

Le 13 Décembre 1819, dans l'eau d'un lac voisin du Pô, conservée pendant six jours.

Le P. radié; *P. radians*, ibid., fig. 67. Petit, blanc, pellucide, déprimé, orbiculé, radié; rayons filiformes hyalins, diversement disposés en nombre et en ordre; corps tantôt fauve, tantôt enfumé ou flavescent; enfin, il change continuellement de forme, mais lentement.

Le P. tabellaire ; *P. tabellarius*, ibid., fig. 68. Petit, vert-foncé, composé de deux tables presque carrées, quelquefois rhomboïdes, ayant au dehors tantôt des vésicules, tantôt des filamens hyalins.

Le 26 Décembre 1819, dans l'eau d'un lac voisin du Pô, extraite de dessous la glace et conservée pendant dix jours.

Le P. cendré; *P. cinereus*, ibid., fig. 69. Plus grand, en partie membraneux, blanc, pellucide, presque carré, en partie vésiculeux, cendré, tacheté d'un point rouge non constant, se modifiant enfin de diverses manières.

Le 5 Août 1819, dans l'eau du lac Rané. (De B.)

PROTEINE. *Proteinus.* (*Entom.*) M. Latreille désigne ainsi un petit genre de staphylins, coléoptères brachélytres. Il n'y rapporte qu'un très-petit insecte, d'une ligne au plus de longueur, que l'on rencontre dans les fleurs, surtout sur celles des ombellifères. (C. D.)

PROTÉOÏDES. (*Bot.*) Voyez Protéacées. (Lem.)

PROTÉSILAS. (*Entom.*) Nom donné par Linnæus à un papillon chevalier grec de l'Amérique méridionale, à ailes blanches, barrées de brun en dessus, avec une bande en dessous, et l'extrémité de l'aile inférieure prolongée en pointes rouges. (C. D.)

PROTION. (*Bot.*) Voyez Prodiorna. (J.)

PROTIUM. (*Bot.*) Ce genre faisoit partie de l'*amyris*, de la famille des *térébintacées*. M. Kunth l'en a séparé, d'après P. Browne, à cause des caractères suivans, particulièrement d'après le nombre des parties de la fructification. Les fleurs sont dioïques; elles ont le calice petit, persistant, à cinq divisions; cinq pétales insérés sous le disque, ainsi que les dix étamines; un ovaire supérieur, avorté dans les fleurs mâles; un style; un stigmate; un drupe indéhiscent, à trois noyaux, dont deux avortent très-souvent.

Linné, qui avoit le coup d'œil au moins aussi pénétrant que nos réformateurs, avoit réuni cette plante aux *amyris;* en l'en retirant, on a du moins la gloire d'avoir créé un nouveau genre : malheureusement c'est un mérite bien commun aujourd'hui.

Protium de Java : *Protium javanicum,* Burm., *Ind.,* 88; Kunth. *in* Humb. et Bonpl., *Nov. gen.,* 7, pag. 24; Rumph., *Amb.,* 7, pag. 54, tab. 23, fig, 1; *Amyris Protium,* Linn., *Mant.,* 65. Cet arbre a des feuilles alternes, presque opposées, ailées avec une impaire, composées de cinq ou sept folioles glabres, pédicellées, opposées, lancéolées, entières, parsemées de points transparens ; point de stipules; les fleurs, disposées en grappes paniculées, rameuses, axillaires, garnies de bractées, ont leur calice à quatre dents obtuses : la corolle petite; les pétales sessiles, linéaires, oblongs, un peu ovales : les filamens très-courts; les anthères à deux loges, attachées par le dos au-dessus de leur base, s'ouvrant en longueur de chaque côté; l'ovaire ovale; les ovules géminés, attachés à un axe central; un disque en godet au fond du calice, tronqué, à dix côtes; le fruit est un drupe jaune dans sa maturité, arrondi, renfermant une pulpe sèche, douce, comestible, mais un peu astringente : un seul noyau par avortement. Cette plante croît sur les montagnes, à l'île de Java. (Poir.)

PROTO. (*Foss.*) M. Maraschini m'a donné une petite coquille qui n'a que neuf lignes de longueur, et qu'il a trouvée dans le commerce. Sa couleur est blanche; mais son état fossile n'est pas très-certain. Elle est composée de onze à douze tours de spire; et comme elle s'éloigne par la forme de son ouverture de celle des autres genres connus, je propose d'en former un nouveau sous le nom de Proto, auquel on assigneroit les caractères suivans : *Coquille univalve, turriculée, pointue au sommet, sans columelle apparente, à ouverture arrondie, presque inférieure et formée par la réunion du bord gauche, qui, passant circulairement au bord droit, va se terminer plus haut vers le milieu du dernier tour.*

Cette espèce, à laquelle j'ai donné le nom de *Proto Maraschinii*, est finement striée dans toute sa longueur, c'est-à-dire que les stries suivent les tours; la moitié inférieure de ces derniers est arrondie et plus grosse que la moitié supérieure, qui porte une sorte d'étranglement plat. On ne sait où cette singulière espèce a vécu; mais l'épaisseur du têt donne presque la certitude qu'elle est marine. On en voit une figure dans les planches de ce Dictionnaire.

Il est sans doute fâcheux de créer trop de nouveaux genres, et surtout quand on ne connoît qu'une seule espèce qui en dépende; mais comment parler d'un être auquel ne peuvent convenir les caractères déjà assignés à d'autres? Si d'un côté toutes ces coupes artificielles, et qui ne servent souvent qu'à nous entendre, présentent des difficultés par leur nombre; on ne peut disconvenir qu'elles facilitent l'étude en nous rapprochant de l'espèce. (D. F.)

PROTOCOCCUS. (*Némazoaires.*) Sous ce nom générique Agardh a groupé des globules agrégés, presque libres, à peine entourés de mucus, se colorant tantôt en vert, tantôt en rouge, couvrant souvent dans le premier état le bas des murs humides, la terre et les pavés pénétrés d'humidité, et formant dans le second état les globules microscopiques rouges qui ont été observés sur la neige par divers naturalistes. Il a placé ce genre sur les confins du règne animal; il le regarde comme intermédiaire entre les animalcules infusoires et les algues. L'un est le *protococcus nivalis* (*uredo nivalis*, Brown), l'autre est le *protoc. viridis*. Bory de Saint-Vincent a déjà fait de cette dernière production la base de son genre Chaos, et le nomme *Chaos primordialis*. Elle est pour lui la *molécule organique de l'existence végétale*. Toutefois il convient « que le genre *Chaos*, le plus simple de la botanique, en est « le plus obscur; que, quoique évidemment végétal, nos « foibles moyens ne nous permettent pas d'y distinguer d'or- « ganisation; qu'il se colore par l'introduction de globules « verts, qui sont la véritable MATIÈRE VERTE. » (Voyez ce mot, et, pour la réfutation de cette hypothèse, le mot NÉMAZOAIRES.) B. Gaillon, qui paroît avoir fait une étude suivie des granules verts et des filamens de la même couleur, dont les murs, les pavés des villes et les conduits des fontaines sont enduits ou pénétrés, a reconnu par ses observations microscopiques que les globules verts du *protococcus* d'Agardh et du *chaos* étoient des corpuscules animés, dont il a suivi et déterminé les mouvemens; que, suivant les localités et les expositions, ces corpuscules appartenoient à diverses espèces d'animalcules infusoires, tels que le *monas lens* et le *monas pulviseulus*, Muller; mais que plus souvent, et en très-grand nombre, ils étoient les ovules ou animalcules pulvisculaires producteurs des *oscillatoires*. Des pierres de fontaine nouvellement taillées, des murs nouvellement recrépis de plâtre et exposés aux vents pluvieux de l'automne, se sont couverts en peu de temps d'un enduit léger d'une teinte vert-clair. Cet enduit, soumis par M. Gaillon au microscope, lui a présenté, à une des plus fortes lentilles, des corpuscules hyalins, presque ronds, d'un 800.ᵉ de ligne de diamètre, qui, sous les yeux de l'observateur, passent alternativement de la forme sphérique à la forme oblongue. Peu à peu cette dernière, à la suite d'une scintillation très-remarquable dans le corpuscule, se change en une forme plus alongée, comme linéaire ou lamelleuse. Cette nouvelle forme, qui présente déjà en longueur huit ou dix fois le diamètre du globule ponctiforme primitif, ne permet plus de reconnoître ce premier globule à l'observateur superficiel, qui n'en a pas suivi le développement. Ces corpuscules, ainsi développés en très-courts filamens, continuent à croître en longueur. Cet accroissement se manifeste par un mouvement scintillatoire. La reptation de ces corpuscules filamenteux devient alors sensible. On distingue ensuite dans leur intérieur, à l'aide de la plus forte lentille du microscope et sous un degré de lumière favorable, des corpuscules ponctiformes, hyalins, animés, qui contribuent à donner le mouvement de reptation au filament qui les contient. Ces corpuscules ponctiformes secondaires se dilatent et forment des anneaux ou stries très-rapprochées, qui caractérisent les filamens de plusieurs espèces d'oscillatoires. La dilatabilité et la contractilité de ces anneaux striés ou endochromes, s'expliquent facilement par la dilatabilité ou la contractilité des corpuscules intérieurs, qui deviennent à leur tour, suivant les observations de M. Gaillon, des cases matriculaires,, productrices de nouveaux globules ponctiformes, qui servent à l'accroissement du filament et expliquent la rapidité de son élongation.

Il suit des expériences de M. Gaillon, qu'il est, dit-il, facile de répéter, que la production pulvisculaire ou granuleuse verte qui a servi de base au genre *Chaos* de Bory, et qui est comprise dans le genre *Protococcus* d'Agardh, appartient bien évidemment au règne animal; que, lorsqu'elle ne fait pas partie des *monades* de Muller, elle est le corpuscule rudimentaire des *oscillatoires* de Vaucher; qu'elle appartient alors à la classe des *némazoaires*, de Gaillon, et qu'il devient inutile de créer un règne *intermédiaire* pour la déterminer. Une connoissance plus étendue de ces productions rend donc superflus les genres *Protococcus* et *Chaos*, dont les dénominations étoient d'ailleurs impropres ou peu exactes, puisque la première ne pouvoit convenir qu'aux corpuscules rougeàtres, remarqués sur la neige, et que la seconde impliquoit l'aveu d'une sorte de confusion dans la connoissance des êtres qu'elle groupoit. (Dᴇ B.)

PROTOGONON. (*Bot.*) Nom grec ancien de la grande jou-
barbe, suivant Ruellius et Mentzel. (J.)

PROTOGYNE. (*Min.*) C'est à Jurine qu'on doit l'établissement de cette sorte de roche, et le nom qui la désigne. Ce
naturaliste, en étudiant les roches qui composent les montagnes alpines du groupe du Mont-Blanc, avoit remarqué
que les prétendus granites de ces montagnes étoient différens,
par la nature de leurs parties composantes, des granites de
Saxe, de la Bourgogne, des Pyrénées, et qu'il étoit convenable de désigner par un nom particulier ces roches semblables au granite, mais qui en différoient constamment sur une
grande étendue de terrains. Dominé par l'idée de l'école de
Freiberg, que les différences minéralogiques ne suffisoient pas
pour distinguer les roches entre elles, il a voulu non-seulement trouver des caractères géognostiques dans celle-ci,
mais encore rappeler par un nom ces prétendus caractères,
et il a ajouté à tous les exemples connus un nouvel et frap-
pant exemple de l'inconvénient des noms significatifs : ainsi,
croyant que le Mont-blanc devoit appartenir aux terrains
les plus anciens; voyant que cette montagne gigantesque et
ses bases étoient en grande partie composées de cette roche,
il lui a donné le nom de *protogyne*, c'est-à-dire, premier né :
nom qui se trouve maintenant en opposition absolue avec
l'opinion admise par la plupart des géologues, que le granite
de ce groupe est plus nouveau que le granite proprement dit,
et qu'il appartient aux terrains de transition.

Il faut donc oublier l'étymologie du nom, afin de pouvoir
le conserver comme un nom insignifiant, comme un vrai
nom propre.

La Protogyne est une roche hétérogène, à texture grenue,
formée par voie de cristallisation confuse.

Elle est *essentiellement composée* de felspath, de quarz et de
talc, à l'état soit de stéatite, soit de chlorite. Ces parties sont
à peu près égales en quantité; néanmoins le felspath est souvent dominant, et le quarz ne se présente plus alors que
comme minéral accessoire. Elle renferme, comme *parties accessoires*, du quarz et un peu de mica : ses parties accidentelles sont :

La cymophane (Haddam, dans le Connecticut).

La pinite, en cristaux disséminés.

Le béril?

L'amphibole.

Les grenats (Haddam).

Le sphène et le titane ruthile (Pormenaz).

La pyrite, dans un très-grand nombre.

Le molybdène sulfuré (le Talèfre).

La *structure* de la protogyne est grenue, cristallisée, irrégulière, quelquefois uniforme.

La protogyne est *solide*, assez tenace ; sa *cassure* est raboteuse.

Elle est *dure*, mais inégalement, à cause du talc qu'elle renferme, et qui l'empêche de recevoir un poli égal et brillant.

Ses *couleurs* sont quelquefois variées et assez vives : sa teinte dominante tire sur le verdâtre ou sur le grisâtre ; mais elle présente ordinairement des parties angulaires grisâtres, jaunâtres ou rougeâtres, entourées d'une écorce et de réseaux verdâtres, ce qui lui donne l'apparence d'avoir une structure entrelacée. Elle a quelquefois des parties un peu chatoyantes, dues au felspath laminaire, qui entre dans sa composition. Il y a quelques protogynes composées d'un beau felspath rouge rosâtre, entouré ou mêlé de stéatite, qui auroient un aspect très-agréable comme roche d'ornement.

Elle est *fusible* en entier ; les parties felspathiques fondent en émail blanc ; les taches et les veines, verdâtres, fondent en un émail noir ou en fritte blanche, suivant qu'elles sont dues à de la chlorite ou à du talc.

Cette roche ne paroît pas susceptible de s'altérer aussi facilement que certains granites ; elle est généralement moins friable et peu de terrains de kaolin en tirent leur origine.

La protogyne passe au granite, surtout lorsqu'elle renferme du mica, ou lorsque le mica de celui-ci est vert et un peu altéré : il est alors très-difficile de distinguer ces deux roches. Elle passe à la syénite lorsqu'elle contient de l'amphibole en quantité assez considérable pour qu'on puisse regarder ce minéral comme partie composante ; c'est un cas rare ; elle est même regardée, par plusieurs minéralogistes, comme une syénite décomposée : elle passe aussi à la pegmatite mêlée de chlorite, à l'eurite granitoïde, à la diabase verte et même à la chlorite schistoïde, roche homogène, lorsque le felspath et le quarz, diminuant peu à peu, finissent par disparoître entièrement. En général, ses limites sont peu nettes, et si la considération géognostique, admise par presque tous les géologues, celle d'une différence souvent frappante entre la protogyne bien caractérisée et les granites, et l'autorité de Jurine, ne se fussent réunis pour faire distinguer la protogyne, on eût peut-être pu éviter d'ériger en espèce cette roche mélangée, si voisine des granites et des syénites.

Les protogynes ne présentent pas de variétés assez distinctes pour mériter d'être séparées en nombreuses divisions.

Elles constituent une partie de la chaîne des Alpes, notamment les groupes du mont Cenis, du Mont-Blanc, du Saint-Gothard.

1.re *Variété*. Protogyne verdatre.

Felspath grisâtre ou rosâtre, talc ou chlorite d'un vert foncé : la couleur verte étant bien distincte et presque dominante.

Du Pormenaz, vallée de Servoz, dans les Alpes du Mont-Blanc : grands cristaux de felspath rosâtre, talc abondant, d'un vert foncé; quarz peu abondant, en grains verdâtres, du titane sphène.

De la vallée de Chamouni, venant des montagnes qui la bordent, notamment du Talèfre : felspath et quarz grisâtre, talc d'un vert foncé. — Du Breven, même vallée : à petits grains, felspath rouge, talc vert, etc.

Du Niolo en Corse : felspath d'un gris violàtre, talc vert foncé, peu abondant, du titane sphène.

De la gorge de Malavale, vallée d'Oysans (Isère), absolument semblables aux précédens, mais à grains plus petits.

De Tulle, département de la Corrèze : felspath rouge, presque compacte; stéatite verte, en petits grains interposés dans les fissures.

D'Annaberg en Saxe : rose et verte.

2.e *Variété*. Protogyne rougeatre.

Felspath grisâtre ou rosâtre; talc et stéatite rougeâtres, brunâtres ou verdâtres, mais le rouge dominant.

De Buchholz, en Saxe : à petits grains, quarz gris, felspath rougeâtre, stéatite verdâtre, peu abondante; mica? talqueux.

De Haddam, dans le Connecticut : à gros grains, felspath blanc, talc d'un gris verdâtre; de la cymophane et des grenats.

De Simon's-Town, au cap de Bonne-Espérance : felspath jaunâtre, altéré; quarz gris; talc d'un vert brun; stéatite vert pâle, en grains.

Du Sonnenberg, près Andréasberg au Harz : felspath rosâtre, dominant; talc brun.

Du Schimmel, en Saxe : felspath rose et blanc, altéré, pénétré de stéatite; un peu de mica. — De Schellerhau, près d'Altenberg en Saxe : à petits grains, teinte gris-rosâtre; talc et stéatite, grains rouges, qui pourroient être de la pinite. — De Manzat (Puy-de-Dôme), comme la précédente, mais plus grise; des cristaux évidens de pinite.

Du ballon de Giromagny, dans les Vosges : à grains moyens; felspath rouge-brun; talc vert-noirâtre; des pyrites. — D'Aschaffenbourg, non loin de Francfort : felspath rouge foncé; talc vert-noirâtre, en quantité à peu près égale; peu de quarz.

D'Issoire en Auvergne : absolument semblable à la précédente. (B.)

PROTON. (*Crust.*) Genre de crustacés læmodipodes, fondé par M. Leach, et décrit à l'article MALACOSTRACÉS de ce Dictionnaire, tome XXVIII, page 362. M. de Lamarck le réunit à celui qu'il a appelé Leptomère, *Leptomera.* (DESM.)

PROTONEMA. (*Bot.*) Ce genre d'Agardh, et de la famille des champignons, est le même que l'*herpotrichum*, Fries, maintenant caractérisé ainsi : Filamens radicans, verts, entrelacés et formant un tissu velouté. On trouve ces plantes partout sur la terre nue; les plus connues sont le *byssus velutina*, Linn.; les *conferva umbrosa*, Dill., *cryptarum*, et quelques vaucheries terrestres. Drumond, Hornschuh, F. Nées, etc., ont fait voir que ces filamens sont des mousses et même des fougères naissantes; dès-lors on ne doit point en faire un genre à part; cependant, soit par doute, soit pour d'autres causes, les botanistes maintiennent encore ce genre. (LEM.)

PROTONIA. (*Crust.*) M. Rafinesque a employé ce nom pour désigner un genre de crustacés qui nous est totalement inconnu. (DESM.)

PROTONOTAIRE. (*Ornith.*) L'oiseau qui porte ce nom à la Louisiane, est une fauvette, *motacilla protonotarius*, Gmel. (Ch. D.)

PROUSTIA. (*Bot.*) Genre de plantes dicotylédones, à fleurs composées, de la famille des *corymbifères* (Juss.), des *labiatiflores* (Decand.), de la *syngénésie polygamie superflue* de Linnæus, offrant pour caractère essentiel : Un calice commun, composé de folioles imbriquées, petites, obtuses; cinq fleurons, tous hermaphrodites, divisés presque en deux lèvres; l'extérieure à trois dents; l'intérieure à deux : cinq étamines syngénèses; les semences surmontées d'une aigrette sessile, pileuse, denticulée; le réceptacle nu.

Proustia a feuilles de poirier : *Proustia pyrifolia*, Decand., Labiatiflores, Annal. du Mus.; Lagasca, *Amenida nat. de las Espan.*, 1, pag. 53; Poir., Encycl., Suppl. Arbrisseau dont les rameaux sont cylindriques, un peu tomenteux vers leur sommet; les feuilles pétiolées, opposées ou alternes, ovales, entières, mucronées au sommet, longues d'un pouce et demi, larges au moins d'un pouce, lisses en dessus, un peu tomenteuses en dessous; les pédoncules sont axillaires, tomenteux, à peine plus longs que les feuilles, munis vers leur sommet de deux ou trois petites folioles concaves, imbriquées, terminées par une petite grappe de fleurs pédicellées, presque en corymbe; le calice est conique; ses écailles concaves, imbriquées; les anthères appendiculées à leur base; le style un peu noueux vers son sommet, légèrement bifide; les semences pubescentes, couronnées par une aigrette rougeâtre. Cette plante croît au Chili. (Poir.)

PROVENÇALE. (*Erpét.*) Nom spécifique d'une Couleuvre, décrite dans ce Dictionnaire, tome XI, page 208. (H. C.)

PROVENZALIA. (*Bot.*) Nom donné par Petit, botaniste au commencement du siècle précédent, au *calla palustris*. (J.)

PROYER. (*Ornith.*) Voyez la description de cet oiseau, *emberiza miliaria*, Linn., sous le mot Bruant. (Ch. D.)

PROZETIA. (*Bot.*) C'est sous ce nom que Necker a désigné le *pouteria* d'Aublet, que d'autres auteurs ont aussi dénommé différemment. (J.)

PRSKAWECZ. (*Ornith.*) Nom illyrien de la draine ou grosse grive, *turdus viscivorus*, Linn. (Ch. D.)

43.   27

PRUDHOMÉ. (*Bot.*) Nom languedocien du *salvia verbenaca*, selon Gouan. (J.)

PRUNE. (*Bot.*) C'est le fruit du prunier. (L. D.)

PRUNE. (*Conchyl.*) Nom marchand de la *voluta glabella*, Linn, type du genre Marginelle de M. de Lamarck. (De B.)

PRUNE DES ANSES, PRUNE DE COTON, PRUNE D'I-CAQUE. (*Bot.*) Noms divers donnés dans les colonies d'Amérique au fruit de l'icaque, *chrysobolanus icaco*. (J.)

PRUNE COCO. (*Bot.*) C'est le fruit de l'icaquier. Voyez Prunes des anses. (Lem.)

PRUNE DES INDES. (*Bot.*) Nom donné par quelques voyageurs à une prune nommée *persimon* dans la Virginie, citée par les auteurs du petit Recueil des voyages. On donne aussi ce nom aux fruits des myrobolans. (J.)

PRUNE DE MALABAR. (*Bot.*) C'est le fruit du jambosier, *eugenia jambost*. (Lem.)

PRUNE DE MONBIN. (*Bot.*) On nomme ainsi dans les Antilles le fruit du *spondias monbin;* celui du *spondias myrobolanus* est la prune d'Espagne, selon Jacquin. (J.)

PRUNE SÉBESTEN. (*Bot.*) C'est le fruit d'un sébestier, *cordia myxa*, Linn. (Lem.)

PRUNEAU DE CATIGNAC. (*Bot.*) C'est une variété d'olivier. (Lem.)

PRUNELLA. (*Bot.*) Ce nom latin de la brunelle lui a été donné par Tragus, Césalpin, Daléchamps et d'autres anciens. Dodoëns, Brunfels, C. Bauhin la nommoient *brunella*, et ce dernier observoit que ce nom lui avoit été donné parce qu'elle étoit utile dans une maladie nommée en allemand *die Bräune*. Tournefort avoit adopté le nom de C. Bauhin, plus généralement reçu de son temps. Linnæus a préféré celui de Tragus. Nous avons suivi Tournefort, surtout pour faire concorder le nom latin avec le françois, qui ne peut être changé. Voyez Brunelle. (J.)

PRUNELLA. (*Ornith.*) Ce nom est donné, dans Gesner, à la fauvette d'hiver ou mouchet. *motacilla modularis*, Linn. M. Vieillot, qui, dans son Ornithologie élémentaire, avoit originairement formé un genre du mouchet sous le même nom de *prunella*, a ensuite réuni l'espèce au pégot, *accentor*. (Ch. D.)

PRUNELLE. (*Anat. et Phys.*) Voyez Vision. (F.)

PRUNELLE. (*Ornith.*) Voyez Œil. (Ch. D.)

PRUNELLE. (*Bot.*) C'est le fruit du prunellier. (Lem.)

PRUNELLIER. (*Bot.*) Nom du prunier épineux. (J.)

PRUNIER; *Prunus*, Linn. (*Bot.*) Genre de plantes dicotylédones polypétales, de la famille des *rosacées*, Juss., et de l'*icosandrie monogynie*, Linn., dont les principaux caractères sont les suivans : Calice campanulé, caduc, à cinq divisions; corolle de cinq pétales arrondis, ouverts, un peu concaves, attachées sur le calice; seize à trente étamines à filamens subulés, insérés sur le calice, terminés par des anthères à deux lobes; un ovaire supère, arrondi, glabre, surmonté d'un style filiforme, terminé par un stigmate orbiculaire ; un drupe charnu, ovoïde ou arrondi, glabre, légèrement sillonné d'un côté, contenant un noyau ovoïde, un peu comprimé, aigu au sommet, sillonné d'un côté et anguleux de l'autre, contenant une ou deux graines oléagineuses.

Les pruniers sont des arbres ou des arbustes à feuilles alternes, entières, dont les fleurs sont solitaires ou plusieurs ensemble le long des rameaux aux aisselles des anciennes feuilles. On n'en connoît guère qu'une douzaine d'espèces, si, comme cela a été fait dans cet ouvrage, on sépare des vrais pruniers les genres Abricotier et Cerisier, déjà établis par Tournefort, mais que Linné avoit réunis à son genre *Prunus*.

Prunier de la Chine : *Prunus sinensis*, Pers., *Syn.*, 2, p. 56; Lois., Nouv. Duham., 5, p. 181, t. 53, fig. 1. C'est un petit arbrisseau qui s'élève à deux ou trois pieds de hauteur, en se divisant en rameaux rougeâtres, garnis de feuilles lancéolées, brièvement pétiolées, finement dentées en scie, glabres des deux côtés. Ses fleurs sont roses, portées sur des pédoncules de huit à dix lignes de longueur et solitaires; il leur succède des fruits globuleux, de la forme et de la couleur d'une cerise, mais moitié plus petits et d'une saveur peu agréable. Cet arbrisseau est originaire de la Chine; il a une variété à fleurs doubles, qui est beaucoup plus répandue que celle à fleurs simples, parce qu'elle produit un beaucoup plus joli effet pendant la floraison qui arrive au mois d'Avril. L'une et l'autre variété n'exigent aucun soin particulier et peuvent se planter en pleine terre. Celle à fleurs simples peut se multiplier de semences ; la double ne peut l'être que par la greffe sur un individu à fleurs simples ou sur le prunelier, et encore sur le cerisier à feuilles luisantes.

PRUNIER COUCHÉ ; *Prunus prostrata*, Labill., Pl. syr., 15, t. 6. Ce prunier n'est, comme le précédent, qu'un petit arbrisseau ; ses rameaux sont très-nombreux, étalés en tout sens, ou même couchés, garnis de feuilles ovales-lancéolées, petites, dentées ou même incisées, vertes et presque glabres en dessus, blanchâtres et un peu cotonneuses en dessous, portées sur de courts pétioles. Ses fleurs sont d'un rose clair, presque sessiles, solitaires ou géminées le long des rameaux ; leur calice est alongé, presque tubuleux. Ses fruits sont petits, ovoïdes, rougeâtres. Cette espèce croît naturellement sur les montagnes en Crète, en Syrie et en Afrique, sur le mont Atlas. On la cultive en pleine terre au Jardin du Roi, et elle y fleurit au mois d'Avril.

PRUNIER D'HIVER ; *Prunus hyemalis*, Mich., *Fl. bor. amer.*, 1, p. 284. Cette espèce est un arbre assez élevé, dont les rameaux sont étalés, garnis de feuilles ovales-oblongues, terminées en pointe obtuse. Ses fleurs sont pédonculées et disposées plusieurs ensemble le long des rameaux. Ses fruits sont d'une forme à peu près ovoïde, rougeâtres et acerbes avant la parfaite maturité, noirâtres et d'une saveur supportable, lorsqu'en hiver ils ont achevé de mûrir. Cet arbre croît naturellement dans la Caroline, la Virginie et le Canada ; on le cultive en France depuis quelques années.

PRUNIER MYROBOLAN ; *Prunus myrobalana*, Lois., Nouv. Duh., 5, p. 184. Cet arbre paroît devoir s'élever à douze ou quinze pieds de hauteur, et il se divise en rameaux nombreux, garnis de feuilles ovales, glabres, pétiolées, ne se développant qu'après les fleurs. Celles-ci s'épanouissent de bonne heure ; elles sont blanches, ordinairement solitaires le long des rameaux et portées sur des pédoncules de six à huit lignes. Ses fruits sont presque globuleux, terminés à leur sommet par un petit mamelon d'une couleur rouge ou peu foncée, et d'une saveur un peu acide, mais qui devient assez fade lors de la parfaite maturité. Cette espèce passe pour être originaire de l'Amérique septentrionale, et on la cultive depuis long-temps en France. Ses fruits mûrissent souvent dans le climat de Paris dès les premiers jours de Juillet ; ils sont de la grosseur d'une petite prune ordinaire.

Prunier épineux, vulgairement Prunelier, Épine noire : *Prunus spinosa*, Linn., *Sp.*, 681 ; Lois., *Nouv. Duh.*, 5, p. 185, t. 54, fig. 1. Ce prunier est un arbrisseau très-rameux, qui s'élève à dix ou douze pieds, rarement davantage, et qui très-souvent ne forme qu'un buisson de quelques pieds de hauteur. Ses rameaux sont épineux, garnis de feuilles ovales-lancéolées, rétrécies à leur base en un court pétiole, finement dentées en leurs bords, glabres en dessus, munies en dessous de quelques poils épars. Ses fleurs sont blanches, petites, brièvement pédonculées et le plus souvent solitaires le long des rameaux. Ses fruits sont petits, presque globuleux, d'abord verdâtres et ensuite d'un violet bleuâtre lors de leur parfaite maturité. Cet arbrisseau est très-commun en France et en Europe, dans les haies, les buissons et sur les bords des bois. Ses fleurs paroissent dès la fin de Février ou le commencement de Mars dans le Midi de la France, et un mois plus tard dans le Nord. Ses fruits, connus dans les campagnes sous les noms de *prunelles*, *senelles*, *chelosses*, *agrênes*, etc., sont extraordinairement acerbes, même dans leur parfaite maturité. Cependant, lorsqu'ils ont été frappés par les premières gelées de l'automne, ils deviennent d'une saveur moins austère et moins désagréable. Les pauvres des campagnes les ramassent, et, en les écrasant et en les mêlant avec une certaine quantité d'eau, ils en composent une boisson qui est aigrelette, astringente, surtout lorsqu'elle a été faite avec des fruits qui n'avoient pas atteint leur parfaite maturité, ce qui arrive le plus souvent, et qui alors est peu salubre. Dans quelques cantons du Dauphiné on emploie ces mêmes fruits adoucis, et même flétris par les premières gelées, pour donner de la couleur aux mauvais vins. En Russie on les écrase, on les fait fermenter et on en retire ensuite une sorte d'eau-de-vie.

Les pharmaciens composoient autrefois, avec les fruits encore verts du prunelier, un extrait qui portoit le nom d'*acacia nostras*, et qu'on employoit en médecine comme astringent, mais dont l'usage est passé maintenant. Dans leur parfaite maturité les prunelles deviennent au contraire laxatives.

Les feuilles desséchées et infusées dans l'eau bouillante sont propres à faire une boisson qu'on peut prendre comme du thé, selon Linné. L'écorce est très-astringente et a été employée plusieurs fois avec succès dans les fièvres d'accès. Sa décoction, à laquelle on mêle un peu de potasse, donne une teinture rouge. Le suc extrait de cette écorce, mêlé à une certaine quantité de sulfate de fer, peut servir à faire de l'encre. Enfin, cette écorce peut être employée, ainsi que le bois lui-même, pour le tannage des cuirs.

Tous les bestiaux, et surtout les chèvres et les moutons, aiment beaucoup les feuilles et les jeunes pousses du prunelier, c'est ce qui fait qu'on trouve souvent cet arbrisseau si rabougri dans les campagnes, parce que ces animaux l'empêchent de croître en le broutant.

Dans les pays où l'on est dans l'usage d'enclore les champs avec des haies, le prunelier est un des arbrisseaux qu'on emploie le plus fréquemment à cet usage, parce qu'il n'est pas délicat, qu'il croît facilement et que les épines nombreuses dont ses rameaux sont armés, en font des clôtures solides et de bonne défense ; mais il faut avoir soin de tailler tous les ans ces haies avec le croissant et de les rabattre à une certaine hauteur, pour les forcer à produire beaucoup de branches latérales, parce que, lorsqu'on les laisse croître en liberté, surtout dans un bon terrain, beaucoup de rameaux poussent très-droits et garnissent peu. Dans beaucoup d'endroits, quand les gens de la campagne veulent seulement enclore leurs cours ou leurs jardins, au lieu de former des haies vives soit avec l'épine noire, soit avec l'aubépine, ils se contentent de couper ces arbrisseaux dans tous les terrains incultes où ils peuvent les trouver, ils en font des fagots qu'ils serrent et fixent convenablement les uns contre les autres avec des pieux, des gaules et des harts, et ils en forment des clôtures impénétrables aux animaux de toute espèce et difficiles même à franchir pour les hommes. Les rameaux du prunelier sont encore employés, avec ceux des autres arbustes épineux indigènes, à protéger, pendant leur jeunesse, la tige des pommiers, poiriers et autres arbres fruitiers plantés au milieu des champs ou sur les bords des routes ; on les entoure jusqu'à la hauteur de cinq à six pieds de ces rameaux épineux, qu'on fixe avec quelques liens, et ces arbres se trouvent ainsi défendus contre le gibier et les bestiaux. Les branches les plus droites du prunelier servent encore à faire des cannes, des batons, qui ont beaucoup de solidité et de flexibilité. Les tiges et les branches sèches peuvent servir à faire cuire la chaux, le plâtre; elles sont très-bonnes pour chauffer les fours ordinaires : enfin, elles sont souvent, dans plusieurs cantons, l'unique ressource des pauvres pour alimenter leur foyer pendant les rigueurs de l'hiver.

Les haies de prunelier sont préférables quand on les établit par le semis de ses fruits fait à demeure, parce que les pieds qui les composent ne tracent pas autant que ceux de plants enracinés provenant de rejetons; ceux-ci ont l'inconvénient de tracer beaucoup et d'élargir les haies aux dépens de leur solidité, et surtout aux dépens des champs voisins. Cette disposition à tracer, qui est propre aux racines de l'épine noire, a fait donner, dans quelques cantons, à cet arbrisseau le nom de *mère du bois*, parce qu'il est de remarque que, lorsqu'il est établi sur les bords des forêts, ses racines tendent toujours à s'étendre dans les terrains environnans, et lorsque les cultivateurs n'ont pas soin de s'opposer à l'envahissement de ces racines, elles ne tardent pas à s'emparer d'une partie des champs, et en fournissant, par leurs tiges nombreuses, une ombre et un abri protecteurs aux jeunes chênes et autres arbres dont les graines s'y trouvent répandues, elles en facilitent singuliérement l'accroissement.

Depuis quelques années on a obtenu par les semis une variété du prunelier qui est à fleurs doubles, et qui commence à être cultivée dans les jardins d'agrément. On peut donner à cet arbrisseau toutes les formes qu'on désire, et il est un des premiers en fleur au printemps.

PRUNIER SAUVAGE; *Prunus insititia*, Linn., *Sp.*, 680. Cette espèce paroît être intermédiaire entre la précédente et la suivante; elle est moins armée d'épines que la première, mais elle n'en est pas entièrement dépourvue comme la dernière, ses vieux rameaux étant ordinairement épineux. Elle forme un grand arbrisseau plutôt qu'un arbre; car elle s'élève rarement au-delà de douze à quinze pieds. Ses feuilles sont ovales, rétrécies à leur base, un peu velues en dessous, brièvement pétiolées. Ses fleurs sont petites, blanches, pédonculées, disposées deux ensemble le long des rameaux. Ses fruits, à peine de la grosseur des plus petites prunes, sont d'un violet bleuâtre, d'une saveur amère et acerbe presque insupportable. Ce prunier croît naturellement dans plusieurs provinces de France, en Angleterre, en Allemagne, en Suisse, etc. On emploie son bois et ses fruits à peu près aux mêmes usages que ceux de l'épine noire.

PRUNIER DE BRIANÇON : *Prunus briganticea*, Vill., Dauph., 3, pag. 535; Lois., Nouv. Duham., 5, p. 187, t. 59. Ses feuilles sont ovales, pétiolées, inégalement dentées, terminées en pointe, glabres des deux côtés, excepté sur leurs nervures postérieures. Ses fleurs, qui paroissent au mois d'Avril et avant les feuilles, sont blanches, disposées trois à quatre ensemble le long des rameaux à l'aisselle des anciennes feuilles; leurs étamines sont moitié plus longues que les pétales. Ses fruits sont presque globuleux et presque sessiles, de la grosseur d'une prune moyenne, jaunâtres, d'abord acides avant leur parfaite maturité, ensuite d'une saveur fade et peu agréable. Cette espèce croit naturellement en Dauphiné et en Piémont. A Briançon et dans les environs on retire des amandes contenues dans les noyaux de ses fruits, une huile fine, connue sous le nom d'*huile de marmotte*, douce comme celle que fournissent les semences de l'amandier, mais plus inflammable et ayant un goût de noyau qui rend sa saveur légèrement amère et lui donne un parfum agréable. Dans les pays où cette huile se fabrique, les gens de la campagne attribuent au résidu de son extraction ou gâteau d'amandes, la propriété d'engraisser très-promptement les bestiaux; mais il faut ne leur en donner qu'en petite quantité; car, si on leur en laisse trop manger, cela peut les faire périr empoisonnés. On trouve, dans le Journal de pharmacie, Juin 1817, que deux vaches éprouvèrent d'affreuses convulsions pour avoir mangé seulement chacune une poignée de ce résidu; que leur ventre devint très-tendu, très-volumineux; que l'une périt en peu de temps, et que, si la seconde fut sauvée, elle ne le dut probablement qu'à ce qu'on lui fit prendre une légère dissolution de sulfate de fer, comme absorbant de l'acide prussique contenu en grande quantité dans ces amandes amères.

Prunier domestique : *Prunus domestica*, Linn., *Sp.*, 680;
Lois., Nouv. Duh., 5, p. 188, t. 55, 56, 57. fig. 2; 58, 60, 61,
62. Le prunier domestique est un arbre de moyenne grandeur,
qui, abandonné à lui-même, s'élève droit et en pyramide,
mais qui, le plus souvent, forme une tête irrégulièrement
arrondie, parce qu'on retranche ordinairement l'extrémité
de sa tige, pour le forcer à émettre des branches latérales.
Ses rameaux sont étalés, non épineux, garnis de feuilles ovales
ou ovales-oblongues, dentées sur leurs bords, pétiolées, glabres en dessus, très-légèrement pubescentes en dessous. Ses
fleurs sont blanches, portées sur des pédoncules de cinq à
six lignes de longueur, quelquefois solitaires, le plus souvent groupées deux à cinq ensemble, à l'aisselle des feuilles
de l'année précédente et paroissant avant les nouvelles. Ses
fruits, connus sous le nom de prunes, présentent des différences nombreuses, dans les diverses variétés, pour la couleur, la saveur, la grosseur et la forme; il y en a de blancs,
de verts, de jaunes, de rouges, de pourpres, de violets, de
bleus, de noirâtres; leur saveur est acerbe, acide, fade,
douce, sucrée, parfumée; leur chair est coriace, dure, molle,
fondante, sèche, aqueuse : il y en a qui ne sont pas plus gros
que des cerises ordinaires, d'autres qui ont jusqu'à six pouces
et plus de circonférence, sur trente-deux lignes de hauteur;
enfin, les uns sont ovoïdes et même deux fois plus longs que
larges, tandis que les autres sont parfaitement globuleux. Ce
qui leur est commun à tous, c'est que leur peau est lisse,
sans duvet, et toujours plus ou moins couverte d'une sorte
de poussière blanchâtre, très-fine, qui s'enlève facilement
par le moindre frottement et à laquelle on a donné le nom
de fleur. Le noyau varie en proportion comme la partie charnue du fruit, pour sa forme et sa grosseur, et il adhère plus
ou moins fortement à la pulpe, ou il s'en sépare avec beaucoup de facilité; il renferme toujours une amande amère.

De même que tous les arbres anciennement cultivés, le prunier domestique a produit un grand nombre de variétés. On
cultive dans les jardins environ quatre-vingts de ces variétés;
mais on est loin de posséder toutes celles qui existent : on
pourroit en trouver d'autres, non-seulement dans beaucoup
de provinces, mais encore dans beaucoup de cantons, et si

l'on cherchoit dans les pays voisins, où le prunier est aussi cultivé, le nombre des variétés de cet arbre deviendroit encore plus considérable ; mais vingt à trente années de soins assidus ne suffiroient peut-être pas pour les rassembler toutes. Quoi qu'il en soit, pour faciliter la connoissance des variétés les plus recommandables ou les plus répandues, je les présenterai ici dans deux sections formées d'après la couleur des fruits.

* *Prunes rouges ou violettes.*

Prunier de Saint-Julien, Prune de Saint-Julien, Lois., Nouv. Duham., 5, p. 189, t. 54, fig. 2, et t. 56, fig 9. Cette prune est la plus petite des prunes violettes, et elle est un peu plus haute que large, ayant dix à onze lignes de hauteur sur neuf lignes de diamètre. Sa peau est d'un violet foncé, très-couverte de fleur, et elle recouvre une chair verdâtre, un peu acerbe, qui devient fade à sa parfaite maturité, et qui n'est pas adhérente au noyau. Ce fruit mûrit à la fin d'Août ou au commencement de Septembre. On ne cultive guère le prunier de Saint-Julien dans les villes; mais les pépiniéristes en élèvent beaucoup pour leur servir de sujets à greffer les bonnes variétés de prunes, ou les abricotiers et les pêchers, qui réussissent également bien sur cet arbre. Ses racines sont sujettes à pousser beaucoup de rejetons. On fait dans les campagnes avec les prunes de Saint-Julien ordinaires, le gros Saint-Julien, qui est une autre variété un peu plus grosse, et avec les plus petites espèces de damas, des pruneaux dits pruneaux noirs ou à médecine, qui sont un peu acides et amères. Ces prunaux sont laxatifs; on les employoit beaucoup autrefois en médecine.

Damas noir tardif, Duham., Arb. fr., 2, pag. 73, n.° 9, t. 20, fig. 4. Cette prune est petite, presque globuleuse, d'un violet noirâtre, très-couverte de fleur. Sa chair est un peu ferme, d'un vert jaunâtre, aigre, à moins qu'elle ne soit bien mûre ; enfin, douce et légèrement parfumée lors de la parfaite maturité, à peine adhérente au noyau. Ce fruit mûrit à la fin d'Août. Il y a aussi le damas noir hâtif, le damas musqué, le damas de Maugeron et le damas d'Italie, qui n'en sont pas bien éloignés par la couleur, la grosseur et la saveur: le damas de Maugeron est le meilleur de tous.

Prunier suisse. Prune suisse, Prune de Monsieur tardive, Duham., Arb. fr., 2, p. 82, n.° 19, t. 20, fig. 7. Cette prune est d'une grosseur médiocre, presque globuleuse, un peu comprimée, un peu plus large que haute. Sa peau est violette, très-fleurie, un peu coriace, mais s'enlevant assez facilement; elle recouvre une pulpe verdâtre, fondante, sucrée, d'une saveur relevée et fort agréable, qui adhère au noyau. Ce fruit commence à mûrir à la fin d'Août ou au commencement de Septembre; c'est une des meilleures variétés et bien supérieure au monsieur ordinaire. L'arbre est fertile, quoique les fleurs soient ordinairement solitaires.

Prunier de Jérusalem, Lois., Nouv. Duham., 5, p. 194, t. 56, fig. 2. La prune de Jérusalem est presque globuleuse, assez grosse, d'un violet foncé, presque noirâtre, recouverte d'une très-légère fleur. Sa chair est jaunâtre, d'une saveur très-peu agréable, relevée d'une foible amertume, adhérente au noyau. C'est un beau, mais non un bon fruit, qui mûrit à la fin de Juillet ou au commencement d'Août.

Prunier de Monsieur, Prune de Monsieur, Duham., Arb. fr., 2, p. 78, n.° 15, t. 7. La prune de Monsieur est assez grosse, presque globuleuse, sillonnée d'un côté d'une manière bien marquée. Sa peau, violette et médiocrement fleurie, recouvre une chair jaunâtre, fondante, un peu relevée, non adhérente au noyau. Ce fruit mûrit à la fin de Juillet ou au commencement d'Août; l'arbre rapporte ordinairement beaucoup de fruits: c'est une des variétés les plus répandues dans les jardins et les vergers. La prune de Monsieur hâtive est une autre variété, qui mûrit quinze jours plus tôt.

Prunier royal de Tours, Royale de Tours, Duham., Arb. fr., 2, pag. 81, n.° 17, t. 20, fig. 8. Cette prune est à peu près de la même forme et de la même grosseur que le Monsieur; mais sa peau est beaucoup plus fleurie, d'un violet un peu clair du côté du soleil, tiquetée de points d'un jaune vif, et rougeâtre du côté de l'ombre. Sa chair est d'un jaune verdâtre, sucrée, relevée, fondante et adhérente au noyau. Ce fruit mûrit à la fin de Juillet; l'arbre est ordinairement très-fertile.

Prunier de reine-claude violette, Lois., Nouv. Duham.. 5, p. 195, t. 57, fig. 2. La reine-claude violette est presque globuleuse, assez grosse, sillonnée d'un côté. Sa peau est violette, bien fleurie, parsemée de quelques points d'une couleur plus claire, d'une consistance un peu coriace, adhérente assez fortement à la pulpe qui est verdâtre, fondante, très-aqueuse, d'une saveur sucrée et très-agréable, quoiqu'un peu inférieure cependant à la vraie reine-claude; elle tient à peine au noyau. Cette prune mûrit à la fin d'Août ou au commencement de Septembre; c'est une des meilleures de ce genre.

Gros damas de Tours, Duham., Arb. fr., 2, p. 69, n.° 4. Cette prune est d'une grosseur moyenne, un peu plus longue que large et presque ovoïde, recouverte d'une peau d'un violet foncé, bien fleurie, un peu coriace et un peu aigre, ce qui nuit à la bonté de la pulpe, qui est blanchâtre, ferme, sucrée, d'une saveur assez agréable, adhérente au noyau. Elle mûrit vers la fin de Juillet, et elle est très-répandue aux environs de Tours, où on l'emploie principalement à faire des pruneaux. Le nom de damas est un nom commun à beaucoup de prunes, surtout à celles qui sont rouges ou violettes; car il y a encore le damas d'Espagne, le damas violet, le damas rouge, le petit damas rouge, le gros damas rouge tardif, qui mûrit rarement avant la mi-Septembre; et, enfin, le damas de Provence hâtif, qu'on peut quelquefois manger dès la fin de Juin.

Prune royale, Duham., Arb. fr., 2, p. 88, n.° 24, pl. 10. Cette prune est d'une grosseur moyenne, un peu ovoïde, d'une couleur violette, bien fleurie, marquée de points plus clairs. Sa chair est verdâtre, tirant sur le jaune, un peu ferme, légèrement aqueuse, d'une saveur sucrée et un peu adhérente au noyau. Ce fruit mûrit à la fin d'Août et peut être compté au nombre des bonnes espèces.

Perdrigon normand, Duham., Arb. fr., 2, p. 87, n.° 23; Lois., Nouv. Duham., 5, p. 199, t. 56, fig. 3. Cette prune est presque globuleuse, d'une grosseur moyenne, d'une couleur violette claire, assez bien fleurie et tachetée de petits points fauves. Sa chair est jaunâtre, fondante, abondante en eau, d'une saveur douce, sucrée, fort agréable; elle adhère fortement au noyau. Ce fruit mûrit à la fin d'Août; c'est un des meilleurs du genre, et parmi les variétés colorées, je ne vois que la reine-claude violette qu'on puisse lui comparer. Le perdrigon violet et le perdrigon rouge sont aussi de fort bonnes prunes ; le perdrigon hâtif, au contraire, est plus que médiocre.

DIAPRÉE ROUGE, ROCHE-CORBON, Duham., Arb. fr., 2, pag. 102, n.° 37, t. 20, fig. 12. Ce fruit est ovoïde, très-gros, d'une couleur rouge-cerise, médiocrement fleuri et tiqueté de points d'un rouge plus foncé. Sa pulpe est d'un vert très-pâle ou blanchâtre, légèrement adhérente au noyau, d'abord un peu dure et sans saveur bien marquée, devenant, dans la parfaite maturité, mollasse, douceâtre et fade. La diaprée rouge mûrit à la fin d'Août; on en fait de bons pruneaux. La diaprée violette est un peu moins grosse, d'un violet foncé et beaucoup meilleure ; elle fait d'excellens pruneaux.

PRUNE-ZWETSCHEN ou QUETSCHEN, ou COUETCHE, Lois., Nouv. Duham., 5, p. 203. Cette prune est assez grosse, oblongue, un peu aplatie sur deux faces, renflée et sillonnée d'un côté, violette, couverte d'une poussière ou fleur très-abondante, qui lui donne une teinte de bleu. Sa chair est verdâtre, ferme, douceâtre, peu relevée. Elle mûrit à la fin d'Août; on ne la cultive pas beaucoup en France; mais elle est au contraire très-répandue en Allemagne, en Suisse et même en Lorraine. Dans ces pays on l'emploie à faire des pruneaux, qui sont fort bons, et même on en extrait par la fermentation une sorte d'eau-de-vie.

** *Prunes blanchâtres, jaunes ou verdâtres.*

PRUNE DE MIRABELLE, Duham., Arb. fr., 2, pag. 95, n.° 29, t. 14. Cette prune est presque globuleuse, très-petite, puisque assez souvent elle n'est pas plus grosse qu'une cerise ordinaire. Sa peau est, dans la parfaite maturité, d'un jaune d'ambre, avec quelques points rougeâtres. Sa chair est jaune, très-sucrée, mais peu relevée, légèrement adhérente au noyau. On fait avec la mirabelle de très-bonnes confitures, et des pruneaux qui, quoique petits, sont très-estimés. L'arbre rapporte ordinairement beaucoup de fruit, qui mûrit vers la mi-Août. Il y a la double mirabelle ou le drap d'or, dont la grosseur est un peu plus considérable.

GROS DAMAS BLANC, Duham., Arb. fr., 2, p. 71, n.° 6, t. 3.

Cette prune est d'une grosseur moyenne, presque ovoïde, d'un blanc jaunâtre, un peu fleurie, très-légèrement teinte de rouge du côté du soleil. Sa chair est du même blanc que la peau, fondante, d'une saveur douce, sucrée, relevée, et elle n'adhère point au noyau. Sa maturité arrive à la fin d'Août. Le petit damas blanc en diffère, parce qu'il est plus petit, et le damas drouet, parce que sa chair est un peu ferme.

ABRICOTÉE DE TOURS, Duham., Arb. fr., 2, p. 95, n.° 28, t. 13. Elle est assez grosse, presque globuleuse, un peu comprimée, d'un vert blanchâtre du côté de l'ombre, marquée de rouge du côté du soleil. Sa chair est ferme, jaune, musquée, assez agréable, mais un peu acerbe; cette dernière saveur est sans doute due à la peau, qui est aigre et coriace. Cette prune est un fort bon fruit, qui mûrit au commencement de Septembre.

REINE-CLAUDE, GROSSE REINE-CLAUDE, ou encore DAUPHINE, ABRICOT VERT, VERTE-BONNE, SUCRIN-VERT, Duham., Arb. fr.; 2, p. 89, n.° 25, t. 11. Cette prune est assez grosse, presque régulièrement globuleuse, verdâtre, un peu jaunâtre dans l'extrême maturité, marquée du côté du soleil de quelques points rougeâtres. Sa chair est verdâtre, fondante, abondante en eau très-sucrée, très-parfumée, d'un goût exquis; elle adhère au noyau. La reine-claude mûrit vers la fin d'Août; c'est la meilleure de toutes les prunes; on la confit à l'eau-de-vie et au sucre; on en fait des compotes, des confitures excellentes. Elle ne convient pas autant pour être préparée en pruneaux, parce qu'elle est trop aqueuse. La petite reine-claude est une sous-variété qui est un peu moins grosse.

PRUNE DE SAINTE-CATHERINE, Duham., Arb. fr., 2, p. 109, n.° 43, t. 19. Elle est de grosseur moyenne, presque ovoïde, d'un vert tirant sur le jaune. Sa chair, qui a la même couleur, est un peu ferme, coriace même et assez fade; elle ne devient un peu fondante et sucrée qu'à la parfaite maturité. Ce fruit mûrit vers le milieu de Septembre; c'est avec lui qu'on fait les meilleurs pruneaux.

PERDRIGON BLANC, Duham., Arb. fr., 2, p. 84, n.° 20, t. 8. Cette prune est à peine d'une grosseur moyenne, à peu près ovoïde, d'un vert blanchâtre, chargée d'une fleur très-abondante, et tiquetée de rouge du côté du soleil. Sa chair est verdâtre plutôt que blanche, un peu ferme, fondante, parfumée et si sucrée, que, lorsqu'elle est bien mûre, elle a le même goût que si elle étoit confite. On en fait de bons pruneaux. Sa maturité arrive dans le commencement de Septembre.

Prune impératrice blanche. Duham., Arb. fr., 2, p. 106, n.° 40, t. 18, fig. 2. Ce fruit est d'une grosseur moyenne, presque ovoïde, d'une couleur jaune claire en dehors et en dedans. Sa chair est un peu ferme, sucrée, parfumée, fort agréable, et à peine adhérente au noyau. Il mûrit à la fin d'Août ou au commencement de Septembre.

Ile verte, Duham., Arb. fr., 2, n.° 42, t. 20, fig. 9. Cette prune est très-alongée et assez grosse, verdâtre, tirant sur le jaune et même un peu sur le rouge du côté du soleil. Sa chair est verdâtre, mollasse, douceâtre et assez fade, quelquefois cependant assez sucrée et un peu musquée, très-adhérente au noyau. Sa maturité arrive au commencement de Septembre.

Prune de dame Aubert, Grosse luisante, Duham., Arb. fr., 2, page 107, n.° 41, t. 20, fig. 10. C'est la plus grosse de toutes les prunes ; elle a trente a trente-deux lignes de hauteur, sur vingt-trois à vingt-cinq lignes de diamètre ; son poids est souvent de trois onces et quelquefois elle en pèse jusqu'à quatre. Sa peau est d'un jaune clair, parsemée de quelques points verdâtres et d'une consistance un peu coriace. Sa chair est jaunâtre, assez sucrée, mais peu relevée, adhérente au noyau. Ce fruit mûrit à la fin d'Août ou au commencement de Septembre ; sa bonté n'égale pas malheureusement sa beauté, mais il mérite d'être cultivé à cause de sa grosseur remarquable.

Le prunier domestique étoit connu de Théophraste (l. 1, chap. 18) et de Dioscoride (liv. 1, chap. 138) sous le nom de κοκκυμηλεα. Le mot τρουνη, que l'on trouve dans un autre passage du premier de ces naturalistes (l. 9, c. 1), ou προυμνη dans Galien, et d'où vient évidemment le nom latin *prunus*, n'est sans doute qu'une dénomination étrangère avec une terminaison grecque. Au rapport de Galien, cité par Bodœus de Stalpel, dans ses Commentaires sur Théophraste, ce terme étoit employé dans l'Orient pour désigner le prunier sauvage.

Quoique le prunier domestique soit aujourd'hui répandu dans toute l'Europe tempérée , il ne paroît pas qu'il en soit indigène ; on ne le rencontre pas sauvage dans les grandes forêts, et ce n'est jamais que dans les lieux fréquentés par l'homme, dans le voisinage des habitations, qu'on le voit naître spontanément et sans culture. Pline (liv. 13 , c. 5), et Athenée (l. 2) nous apprennent que de leur temps le prunier venoit naturellement et en grande abondance dans les montagnes des environs de Damas, et certaines variétés portoient, comme de nos jours encore , le nom de cette ville (Pline , l. 15 , c. 13) ; il est donc probable que c'est de la Syrie que le prunier a été transporté en Europe. Pline assure qu'il n'a été introduit en Italie que depuis Caton l'ancien.

On connoît aujourd'hui plus de cent variétés de prunes, toutes distinctes les unes des autres par leur grosseur, leur forme , leur couleur, leur consistance , leur saveur. Dans ce nombre considérable de variétés et qui peut encore s'accroître , comment reconnoître l'espèce primitive? Quelques botanistes ont cru la voir dans le *prunus insititia*, Linn. , qui croît dans les haies et les buissons en diverses parties de la France.

Le prunier est robuste et s'accommode assez de tous les terrains, quelle que soit leur nature. Cependant c'est dans une terre légère et un peu sablonneuse· qu'il réussit le mieux ; un sol compacte et humide lui convient moins.

Il se multiplie de semences et de plants enracinés ; mais les espèces secondaires ou variétés, propagées par le premier de ces moyens, sont sujettes à s'altérer et ne peuvent se perpétuer d'une manière sûre que par la greffe.

C'est pourquoi on ne fait guère de semis de pruniers, que dans le dessein d'obtenir des variétés nouvelles, ou de se procurer des sujets propres à recevoir la greffe. Dans ce dernier cas il passe pour constant qu'il ne faut point choisir, pour semer, les noyaux des meilleures prunes, attendu que les sujets qu'ils produisent reçoivent difficilement la greffe et la nourrissent mal. Les pruniers de *Saint-Julien*, de *cerisette*, de *gros* et *petit damas*, sont, au rapport de Duhamel , ceux qu'il convient le mieux d'élever et sur lesquels on greffe avec succès toutes les espèces de prunes, parce que, leur écorce étant plus mince, la réussite des greffes est plus assurée.

C'est à la fin de l'hiver que l'on fait les semis; mais, comme pendant l'automne et l'hiver les noyaux pourroient se dessécher ou rancir, on les dispose, pour les conserver, par lits dans du sable fin qui ne soit ni trop sec ni trop humide, et on les met à l'abri de la gelée. A la fin de Février ou au commencement de Mars, on les retire du sable pour les semer. Le plant qui en provient est relevé ordinairement pendant l'hiver de la même année, quelquefois de la seconde, lorsqu'il est trop foible, et est replacé ailleurs à la distance de vingt-quatre à trente pouces.

Le prunier ne se greffe guère que sur des sauvageons du même genre que lui; ce n'est que rarement, et dans le cas où l'on veut rendre ses fruits plus hâtifs, que l'on emploie l'abricotier, l'amandier ou le pêcher; tandis qu'au contraire il sert très-souvent de sujet pour le pêcher et l'abricotier. On pratique la greffe en fente à la fin de Février, sur les gros sujets, et celle en écusson à œil dormant depuis le milieu de Juillet jusqu'au milieu d'Août, sur les jeunes sujets de prunier et d'abricotier, et un peu plus tard sur ceux de pêcher : on doit choisir pour la greffe en écusson un jet de l'année, parce qu'elle y réussit mieux. Pline (l. 15, chap. 13) parle de pruniers greffés sur des pommiers et sur des noyers. La première de ces greffes est très-douteuse, la seconde n'a pas la moindre apparence de probabilité.

En Provence, lorsque le terrain est sec, on est dans l'usage de greffer en écusson à la pousse, les pruniers sur amandiers; lorsqu'on les replante ensuite en temps convenable, ils reprennent assez facilement et se chargent de beaucoup de fruits. Dans la même partie de la France, sans avoir besoin de recourir à la greffe, on se procure des sujets qui donnent d'excellens fruits, en prenant les rejets ou drageons enracinés que produisent les racines des bonnes espèces franches de pied, et que l'on obtient en faisant greffer ces espèces sur des sauvageons le plus bas possible, et en les faisant planter très-avant en terre quand leur greffe est reprise; alors il pousse bientôt des racines du bourrelet qui se forme à l'insertion de la greffe, et par suite ces mêmes racines fournissent des

43.   28

drageons. Tel est le moyen qu'on emploie pour obtenir de bonnes espèces franches de pied : Duhamel, qui l'indique, le regarde comme avantageux ; mais quelques cultivateurs assurent avoir remarqué que ces rejetons ne donnent d'aussi bons fruits que ceux du tronc principal, que tant qu'ils en dépendent, et que, dès qu'ils en sont séparés, ils dégénèrent. Au surplus ils ont l'avantage de pouvoir se mettre en toute sorte de terrains et d'être propres à recevoir la greffe des différentes espèces de pruniers et celle des abricotiers et des pêchers.

La saison la plus avantageuse pour la transplantation des pruniers qu'on tire des pépinières pour les placer dans des jardins, est l'automne, si le terrain destiné à les recevoir est sec et élevé : cependant on peut, dans le climat de Paris, prolonger cette époque jusqu'au milieu de Mars; et lorsque le sol où la plantation doit se faire est humide, il est même avantageux d'attendre jusqu'au printemps, afin de ne pas exposer les racines à pourrir pendant l'hiver.

Dès que le prunier est planté, il peut être sans risque abandonné à la nature, il n'exige plus que peu de soin : il suffit de le débarrasser du bois mort et des branches gourmandes ; mais en général pour l'ornement des jardins on le met en contre-espalier, on l'élève en tige, en demi-tige, on lui donne la forme d'un vase, on le cultive même en espalier pour accélérer la maturité de ses fruits. Toutes les espèces ne sont pas susceptibles de recevoir cette dernière disposition. Les pruniers qui y réussissent le mieux et qu'on choisit de préférence, sont ceux de *Reine-Claude*, de *Monsieur hâtif*, de *Perdrigon hâtif*. On les greffe sur l'abricotier et le pêcher élevés de noyaux; mais, si les arbres en espalier sont plus précoces que les autres arbres qui sont en plein vent, leurs fruits sont moins bons, moins savoureux.

Lorsque l'on met un prunier en plein vent, quelle que soit la forme que l'on ait dessein de lui faire prendre, on doit éviter surtout de le placer dans un endroit où il manque d'air et de lumière, parce que cet arbre aime les lieux découverts et rapporte peu lorsqu'il est étouffé par des arbres plus grands que lui, ou dominé par des bâtimens trop élevés. Cependant il ne pourroit que se bien trouver de l'abri d'un mur qui le défendroit des vents de nord et de nord-ouest.

Le prunier porte son fruit non-seulement sur le bois de l'année, mais encore sur celui de deux et de trois ans, aussi n'est-il pas nécessaire de tailler les branches de maniére à en faire pousser de nouvelles, comme cela se pratique à l'égard des pêchers et des abricotiers : cette observation est importante; car, plus on tailleroit le prunier, plus il croîtroit, tellement qu'il finiroit par s'épuiser, par être attaqué de la gomme et par périr. Les bourgeons des sommités ou des branches horizontales desquels on attend la forme qu'on veut donner à l'arbre ou qui sont nécessaires pour entretenir celle qu'il a déjà, sont en conséquence les seuls que l'on taille à bois. On ne taille ordinairement le prunier qu'après tous les autres arbres à noyau; on attend que les yeux soient bien formés et qu'on puisse facilement les distinguer.

Le prunier destiné à être mis en espalier doit être planté à neuf pouces du mur et à la distance de vingt pieds de tout autre arbre, afin que ses branches latérales puissent s'étendre. La greffe doit être placée sur l'arbre à un demi-pied au-dessus du niveau du sol, et lorsqu'elle a poussé, on la coupe à deux ou trois pouces, pour obtenir de chaque côté une branche ou deux, qu'on laisse s'étendre, qu'on applique contre le mur et qu'on écarte chaque année de plus en plus, jusqu'à ce qu'elles ne forment plus avec la terre qu'un angle de quarante-cinq degrés; sur chacune de ces branches on laisse percer une branche secondaire et sur celle-ci une troisiéme et on les dispose contre le mur en forme d'éventail. Dans les premiers jours du printemps on procéde à la taille, qui consiste à couper tous les rameaux accessoires avec une serpette bien acérée, le plus près possible de la tige, afin que l'écorce puisse recouvrir sans peine et promptement ces petites plaies. Tous les bourgeons superflus se coupent principalement à la seconde taille, appelée *ébourgeonnement*, et qui se pratique vers l'époque du solstice d'été, plus tôt ou plus tard, suivant la vigueur de l'arbre, la sécheresse ou l'humidité de la saison, toutes circonstances qui avancent ou retardent cette opération, qui doit être faite pendant que la séve semble être stationnaire. On peut remplacer cette seconde taille par un procédé beaucoup plus avantageux, en ce qu'il évite une grande déperdition de séve, et qui consiste à couper avec un instrument bien tranchant et aussitôt qu'il pointe, tout bourgeon inutile ou mal placé.

Il ne faut jamais tailler sur un bouton à fruit simple, parce qu'il en résulteroit un chicot ; il ne faut pas non plus rabattre les branches à trois ou quatre yeux et les ébourgeonner trop sévèrement, comme font certains jardiniers : des arbres ainsi mutilés ne peuvent travailler qu'à réparer leurs pertes ; les nouveaux bourgeons poussent en abondance et avec d'autant plus de vigueur, que l'équilibre entre les pieds et la tête a besoin d'être rétabli. La méthode des cultivateurs de Montreuil est bien préférable pour mettre à fruit les pruniers : ils donnent à leurs arbres quinze à vingt pieds de large, s'ils ont cette étendue de mur à couvrir, et ne les taillent que proportionnément aux vides qu'ils ont à remplir.

Les pruniers, comme nous l'avons déjà dit, produisent souvent de leurs racines une multitude de drageons qui empêchent l'arbre de porter du fruit et peuvent même le faire périr en épuisant la séve ; il est donc très-important de les faire enlever aussitôt qu'ils sortent de terre. Il est rare que le prunier venu de noyau, semé sur place et qu'on a transplanté fort jeune, en lui conservant son pivot, produise des drageons ; aussi son tronc acquiert plus de force, sa tête est plus belle et ses fruits sont préférables par leur saveur et leur parfum.

On a proposé, lorsque les branches d'un vieux prunier sont usées ou mortes pour la plupart, mais que la tige est encore saine, de le rajeunir en ravalant toutes les branches jusque sur le tronc, et même en les sciant à quatre ou cinq pouces de la greffe. Mais, comme après une pareille opération un arbre n'est jamais beau et qu'il est rarement bon, il vaut mieux l'arracher tout de suite pour en replanter un autre à la place.

Le prunier est sujet à plusieurs maladies, qui lui sont communes avec les autres arbres fruitiers à noyau. On désigne sous le nom de *jaunisse* celle qui rend jaunes les feuilles, le liber et la moelle des bourgeons ; on appelle *rouille*, celle qui répand des taches rousses, saillantes et graveleuses sur les jeunes bourgeons et les feuilles. Le prunier est encore attaqué quelquefois d'une maladie connue sous les noms différens de *brûlure*, de *lèpre*, de *blanc*, de *meunier*. C'est une espèce de maladie de la peau qui se montre d'abord sur les dernières feuilles et les sommités des bourgeons, et s'étend successivement jusqu'à leur naissance; elles les couvre, ainsi que les fruits, d'un duvet blanc farineux. La *gomme* est une maladie qui consiste dans un dépôt de suc propre extravasé, qui se coagule soit entre le bois et l'écorce, soit plus ordinairement sur les parties extérieures des arbres. Le prunier et tous les autres arbres à noyau y sont particulièrement sujets; elle peut les attaquer sur toutes les parties exposées à l'air et dans toutes les saisons où leur séve est en mouvement. Elle occasionne la carie, lorsqu'on néglige d'y porter remède en nettoyant l'arbre dont les branches sont attaquées.

Les insectes peuvent aussi faire beaucoup de tort au prunier; les plus redoutables de tous sont les hannetons : ils dévorent les feuilles et peuvent en dépouiller un arbre complétement, de sorte que les fruits se dessèchent et tombent bientôt. On n'a d'autre moyen de s'en délivrer que d'aller secouer l'arbre tous les jours entre dix heures du matin et quatre heures après midi; à cette époque de la journée ces insectes sont assoupis, et on les écrase à mesure qu'ils tombent.

Les premières prunes paroissent en Juillet, les dernières à la fin d'Octobre. Le plus communément on en fait la récolte en secouant les arbres; mais, lorsqu'on veut leur conserver toute leur fraîcheur, il faut y mettre plus de soin, surtout lorsque ce sont de bonnes espèces : c'est le matin, avant le lever du soleil, qu'on va cueillir celles qui paroissent les plus mûres; pour éviter de les défleurir, on les sépare de la branche en les prenant par le pédoncule, on les dépose à mesure dans des corbeilles sur des lits de feuilles de vignes, et on les porte ensuite dans la fruiterie, où on les laisse, sans les déranger, un ou deux jours. Des prunes recueillies de cette manière acquièrent toute la qualité possible et sont ordinairement plus savoureuses qu'au moment où on les cueille sur l'arbre.

Les prunes sont émollientes, laxatives, rafraîchissantes; elles offrent un aliment très-sain aux personnes robustes et d'un tempérament bilieux ou sanguin: elles conviennent moins à celles d'une constitution débile, chez lesquelles les organes de la digestion ont plus besoin de toniques que de relàchans. Elles se mangent crues ou cuites : au moyen de préparations plus ou moins simples, on en opère la dessication, et on les convertit en pruneaux qui peuvent se conserver deux ans, et servir pour les provisions d'hiver.

Presque toutes les espéces de prunes peuvent être desséchées au soleil ou au four et se convertir en *pruneaux;* mais dans les pays où on en fait commerce, on choisit celles qui sont plus charnues et qui perdent moins de leur qualité. Parmi celles qu'on emploie le plus communément, il faut compter la Sainte-Catherine, le gros damas de Tours, la diaprée rouge, la reine-claude, la quetsche. En Suisse on fait d'excellens pruneaux avec l'île verte. On en fabrique à Rouen d'assez bons avec l'espèce connue dans le pays sous le nom de prune d'avoine; mais ils ne valent pas ceux que l'on fait avec la quetsche et que l'on commence à rechercher à Paris. Les différentes sortes de pruneaux que je viens de citer sont les meilleures et les plus estimées, mais le peuple des divers départemens fait encore une grande consommation de petits pruneaux qui se préparent avec le Saint-Julien et les petites espèces de damas, et que l'on connoît sous le nom de pruneaux noirs, pruneaux à médecine.

Ceux qu'on appelle *pruneaux rouges, pruneaux communs,* et dont on fait une très-grande sonsommation, vu la modicité de leur prix, se fabriquent de la manière la plus simple. On cueille les prunes lorsqu'elles sont parfaitement mûres, on les place sur des claies; si le climat est chaud, on les expose au soleil; sinon, on les met au four jusqu'à leur parfaite dessiccation. Certes, rien n'est plus facile; mais, comme nous l'avons déjà dit, ce sont des pruneaux communs, et ceux de Brignoles, de Tours, d'Agen, qui sont plus délicats, exigent plus de soin dans leur préparation.

Les excellens pruneaux qu'on fabrique à Brignoles, et qui sont connus dans le pays sous le nom de *pistoles,* diffèrent entièrement de tous les autres pruneaux : dépouillés de leur peau et débarrassés de leur noyau, ils sont d'une couleur beaucoup plus claire, presque blonde, et forment en quelque sorte une confiture sèche. La prune qu'on emploie est très-voisine du perdrigon blanc; lorsqu'elle est parvenue à sa maturité parfaite, on en fait la récolte, dans le milieu de la journée, en secouant légèrement l'arbre, sous lequel on a étendu des draps destinés à recevoir les fruits, que l'on ramasse avec précaution et que l'on dépose dans des corbeilles plates, en évitant de les amonceler. On les porte dans un lieu sec et frais, et le lendemain, des femmes habituées à ce travail pèlent les prunes une à une avec l'ongle du pouce, sans jamais se servir de couteau, parce que le contact du fer saliroit le fruit; et elles trempent leurs mains dans l'eau de temps en temps, afin de les conserver propres. Les prunes ainsi dépouillées de leur peau sont exposées au soleil sur des claies pendant quelques jours, puis enfilées dans des baguettes d'osier pointues aux deux bouts, et que l'on fiche à quelque distance les unes des autres autour de faisceaux de paille serrés, que l'on suspend par leur sommet et que l'on expose à l'air libre pendant trois ou quatre jours, en ayant soin de les renfermer tous les soirs dans un lieu sec. Au bout de quatre ou cinq jours on retire les prunes des baguettes et on en chasse le noyau, en les pressant avec les doigts. On les arrondit ensuite, et on les remet au soleil sur des claies pour achever de les dessécher, en ayant soin de les retirer tous les soirs; enfin, lorsqu'on les juge suffisamment sèches, on les aplatit en les pressant entre le pouce et l'index, et on les arrange dans des boites de sapin garnies de papier blanc. On met au rebut toutes celles qui ne sont pas parfaitement blondes. Les prunes trop maigres ou qui, après la première dessiccation, n'ont pas paru assez belles, sont laissées avec leurs noyaux; on achève de les faire sécher au soleil après leur avoir donné une forme alongée; puis on les met dans des boites ou en paquets, et on les fait passer dans le commerce comme pruneaux de qualité inférieure.

En Provence on prépare des pruneaux noirs qui restent naturellement bien fleuris, ce qui est dû à l'ardeur du soleil auquel on les expose pour les sécher. Dans les environs de Tours, c'est en employant successivement différens degrés de chaleur qu'on donne aux pruneaux cette belle apparence de fleur ou poussière blanche qui les couvre. La variété employée est la *Sainte-Catherine*. On choisit les plus belles prunes et les plus mûres, et on les expose au soleil sur des claies pendant plusieurs jours. Lorsqu'elles sont devenues aussi molles que des nèfles, on les met dans un four chauffé à un degré de chaleur tiède, et on les y laisse vingt-quatre heures après en avoir fermé exactement la bouche. Ce temps écoulé, on les retire pour augmenter la chaleur du four d'un quart en sus, puis on les y replace. Le lendemain on les ôte et on agite légèrement les claies pour changer les prunes de côté. On chauffe le four pour la troisième fois, en lui donnant un degré de chaleur supérieur d'un quart à la seconde fois, et on y remet les prunes; vingt-quatre heures après on les retire, et elles sont à la moitié du degré de cuisson qui leur convient. C'est alors qu'après avoir tourné le noyau de travers, dans chaque pruneau, on arrondit celui-ci, puis on lui donne une forme carrée en le pressant entre le pouce et l'index. Après cette opération on remet les claies au four échauffé au degré qu'il conserve quand on en retire le pain, et on le bouche avec du mortier. Une heure après on les sort du four, que l'on ferme pendant deux heures ou environ, après y avoir placé un vase rempli d'eau, et lorsque celle-ci est seulement chaude au point que l'on peut y plonger la main sans se brûler, on remet les prunes au four, que l'on ferme exactement et où on les laisse vingt-quatre heures : c'est alors qu'elles se couvrent d'une poussière blanche qui a l'apparence de la fleur.

Les prunes se conservent fort bien dans l'eau-de-vie avec du sucre : on en fait des confitures, des marmelades et des pâtes sèches fort agréables, et qui peuvent se garder deux ans et même trois; cependant elles finissent par perdre de leur qualité.

L'abondance du jus extrêmement sucré dont certaines prunes sont remplies, la facilité avec laquelle il fermente, avoient fait espérer qu'on pourroit en tirer une boisson agréable, et qui, dans certains pays, suppléeroit au vin; mais toutes les tentatives faites à cet égard ont obtenu peu de succès : la grande quantité du suc muqueux que contient le vin de prunes l'empêche de se conserver, et l'on n'a d'autre ressource pour prolonger sa durée, que d'y mêler des pommes, des poires, des sorbes, etc.; mais ces fruits, en lui fournissant les principes astringens nécessaires à sa conservation, n'ont produit qu'une espèce de cidre ou de poiré grossier, bien inférieur au vin que l'on fait en Angleterre, en mettant d'abord les prunes seules en fermentation, puis en ajoutant un peu de bierre très-chargée de houblon. On assure que cette boisson est agréable et peut se conserver assez long-temps.

La prune est un des fruits que les Hongrois mettent en fermentation avec les pommes, etc., pour obtenir le *raki*, boisson moins spiritueuse que l'eau-de-vie, mais plus saine. Dans plusieurs provinces d'Allemagne, en Suisse, et dans quelques parties de la France des bords du Rhin, on extrait du vin de prunes une liqueur alcoolique appelée *Zwetschenwasser*, du nom de l'espèce avec laquelle on la fabrique le plus souvent, qui est inférieure à l'eau-de-vie; mais, qui lorsqu'elle a vieilli, est aussi recherchée de certaines personnes que le *Kirschenwasser*, et dont on fait, dans les pays où elle se fabrique, une grande consommation en boisson et dans les arts.

Les expériences de plusieurs chimistes ont prouvé qu'on pouvoit extraire des prunes un sucre aussi blanc, aussi bien cristallisé et aussi agréable au goût que celui que l'on retire de la canne des colonies (*saccharum officinarum*, Linn.). La découverte en est due à M. Bonneberg, chimiste, dont les essais ont été confirmés par MM. Ludersen, docteur en médecine, et Heydeck, pharmacien, à Brunswick. Vingt-quatre livres de prunes, y compris les noyaux, ont fourni à ce dernier deux livres de sucre, six livres de sirop et deux pintes d'eau-de-vie. Le sucre pourroit être livré à un franc vingt-cinq centimes et le sirop à moitié moins.

Le bois de prunier est dur, compacte, parsemé de belles veines rougeâtres; il reçoit un beau poli. On lui donne le nom de *satiné de France*, de *satiné bâtard*. Les ébénistes et les tabletiers l'emploient fréquemment; les tourneurs s'en servent pour faire des manches de balais, des rouets, des chaises et différens autres ouvrages. Mais il faut qu'il soit bien sec; car il se tourmente et se fend assez facilement. On lui donne une belle couleur rouge en le faisant bouillir dans l'eau de chaux. Sa pesanteur spécifique varie, suivant les variétés, entre cinquante-une et cinquante-neuf livres par pied cube. (L. **D.**)

PRUNIER. (*Bot.*) Selon M. Bosc, on nomme ainsi en Bretagne l'*epicea*, arbre de la famille des pins. (Lem.)

PRUNIER D'AMÉRIQUE. (*Bot.*) Les mombins et les myrobolans, *spondias mombin* et *myrobolanus*, portent ce nom dans les relations de divers voyageurs. (LEM.)

PRUNIER ÉPINEUX. (*Bot.*) Ce nom est donné chez nous au *prunellier sauvage* (voyez à l'article PRUNIER), et à Saint-Domingue au *ximenia aculeata*. Voyez PRUNIER DE SAINT-DOMINGUE. (LEM.)

PRUNIER A GRAPPE ; *Prunus racemosa* de Sloane , Jam. (*Bot.*) C'est le *cordia macrophylla*, Linn. (LEM.)

PRUNIER ICAQUIER. (*Bot.*) Voyez ICAQUIER. (LEM.)

PRUNIER DU JAPON. (*Bot.*) Voyez ASCARINE. (J.)

PRUNIER DE SAINT-DOMINGUE. (*Bot.*) Nous possédons en herbier sous ce nom , le *ximenia aculeata*. C'est une espèce voisine, qui, selon Desportes, est nommée prunier de Fredoche ou de Savane dans la même île. Il le nomme aussi prunier épineux, prunier des salines. (J.)

PRUNUS. (*Bot.*) Voyez PRUNIER. (L. D.)

PRUSSIATES TRIPLES [ACIDE DES]. ACIDE HYDRO-CYANOFER-RIQUE. (*Chim.*)

Composition.

Nous considérerons ce corps comme un acide formé d'*hydrogène* et d'un corps comburant, que nous appellerons avec M. Gay-Lussac, *cyanoferre*. Voici les proportions des principes de cet hydracide :

2 proportions d'hydrogène ;

1 prop. de cyanoferre $\begin{cases} 3 \text{ prop. cyanogène,} \\ 1 \text{ prop. fer,} \end{cases}$ ou $\begin{cases} 2 \text{ cyanogène.} \\ 1 \text{ cyanure de fer.} \end{cases}$

Cet acide neutralise une quantité d'oxide telle que l'hydrogène du premier est à l'oxigène du second dans la proportion qui constitue l'eau ; d'où il suit que, si la formation de l'eau s'effectue dans la réaction de l'acide sur l'oxide, il en résultera 2 proportions de cyanure à base du métal de l'oxide qui a été réduit, et 1 proportion de cyanure de fer.

Propriétés.

L'acide hydro-cyanoferrique est en petits cristaux, qui paroissent être cubiques, incolores, tant qu'ils sont préservés du contact de l'air ; autrement ils seroient colorés en bleuâtre.

Ils ont une saveur acide prononcée, et sous ce rapport ils diffèrent extrêmement de l'acide hydro-cyanique.

Ils sont solubles dans l'eau et l'alcool. Ces solutions sont incolores.

L'acide hydro-cyanoferrique, dissous dans l'eau, donne du bleu de Prusse, avec les dissolutions de peroxide de fer.

Il forme des hydro-cyanoferrates ou des cyanures de fer doubles, quand on le fait réagir sur la potasse, la soude, la chaux, la baryte, etc.

M. Robiquet a obtenu les résultats suivans en distillant l'acide hydro-cyanoferrique dans un tube de verre très-étroit, qui portoit un renflement plongé dans un mélange réfrigérant, et qui communiquoit par l'extrémité, qui n'avoit pas été fermée à la lampe, à une cloche renversée, pleine de mercure. La partie du tube contenant l'acide a été chauffée dans un bain de mercure qu'on a porté à l'ébullition. Il s'est dégagé de l'acide hydro-cyanique anhydre, qui s'est condensé en liquide dans la partie renflée du tube ; il est resté une matière d'un brun jaunâtre, qui est devenue presque noire à l'air. M. Robiquet la considère comme un cyanure de fer et d'ammoniaque. Cette matière, distillée à feu nu, a donné de l'acide hydro-cyanique, de l'hydrogène et de l'azote, dans le rapport de 1 à 2 en volume, et un résidu de fer et de charbon.

M. Robiquet a vu encore que l'acide hydro-cyanoferrique, distillé avec du deutoxide de cuivre, donne de l'eau, 2 volumes d'acide carbonique et 1 volume d'azote, c'est-à-dire, que le carbone et l'azote sont dans le rapport où ils se trouvent dans le cyanogène et l'acide hydro-cyanique.

Préparation et Histoire.

M. Porrett a obtenu le premier l'acide hydro-cyanoferrique par le procédé suivant :

Il a fait dissoudre 58 grains d'acide tartrique cristallisé dans de l'alcool ; il a versé la solution dans une fiole contenant 50 grains d'hydro-cyanoferrate de potasse, dissous dans 2 ou 3 drachmes d'eau chaude. Il s'est précipité du bitartrate de potasse. L'acide est resté en dissolution dans l'alcool étendu, d'où il l'a obtenu cristallisé par évaporation spontanée.

M. Robiquet l'a préparé ensuite (en 1819) en décomposant le bleu de Prusse pur par l'acide hydrochlorique concentré. Voici son procédé :

Il verse dans un vase étroit, sur du bleu de Prusse réduit en poudre, un grand excès d'acide hydrochlorique concentré. Il abandonne les matières à elles-mêmes. Peu à peu l'acide se colore en rouge brun, en dissolvant du fer. Dès qu'il paroît ne plus avoir d'action et qu'il est bien clair, il le décante et le remplace par de nouvel acide, et cela jusqu'à ce que la matière solide n'abandonne plus de fer. Quand ce résultat est obtenu, il décante le dernier lavage acide, verse le résidu dans une capsule, qu'il place sous le récipient de la machine pneumatique avec de la chaux vive. Il traite ensuite le résidu desséché par l'alcool concentré, il filtre la liqueur et l'abandonne à l'évaporation spontanée.

On peut traiter de la même manière l'hydro-cyanoferrate de potasse.

Enfin M. Berzelius, en 1820, a obtenu l'acide hydro-cyanoferrique en traitant le cyanure double de fer et de plomb, délayé dans l'eau, par l'acide hydro-sulfurique. Quand le cyanure est décomposé, il ajoute à la liqueur une quantité suffisante de cyanure double pour détruire l'acide hydro-sulfurique qu'elle contient. Il filtre la liqueur et la fait évaporer dans le vide.

M. Berzelius considère l'acide hydro-cyanoferrique comme un sur-hydro-cyanoferrate de protoxide de fer. M. Robiquet le considère comme un composé d'acide hydro-cyanique et de cyanure de fer. Enfin M. Gay-Lussac, en s'appuyant des expériences de M. Robiquet et de M. Berzelius, l'a considéré comme l'hydracide du corps particulier, qu'il appelle cyanoferre. (Сн.)

PRUSSIATES TRIPLES ou PRUSSIATES FERRUGINEUX, ou HYDRO-CYANOFERRATES. (*Chim.*) On a donné les noms de prussiates triples, de prussiates ferrugineux, à des matières que l'on considéroit comme des sels triples, formés d'acide prussique, de protoxide de fer et d'une autre base salifiable quelconque, ou comme des sels doubles, formés de prussiate de protoxide de fer et d'un autre prussiate.

La découverte du cyanogène a conduit plusieurs chimistes distingués à faire des expériences qui ne s'accordent point

avec les compositions précédentes des prussiates triples. Ces
expériences, à la vérité, sont susceptibles d'être interprêtées
de diverses manières, par la raison que l'on peut concevoir
les élémens communs à tous les prussiates triples, comme
étant soumis à des arrangemens différens. (Voyez PRUSSIATES
TRIPLES [Acide des]). Pour nous, qui admettons avec M. Gay-
Lussac l'existence d'un hydracide, formé de deux proportions d'hydrogène et d'une proportion d'un comburant, le
cyanoferre, dont la composition est 3 proportions de cyanogène et 1 proportion de fer, ou 2 proportions de cyanogène
et 1 proportion de cyanure de fer, il est facile de voir
les principaux résultats qu'on peut obtenir en faisant réagir
l'hydracide dont nous parlons, sur les oxides salifiables. En
effet, les composés qu'on obtiendra à l'état concret par cette
réaction, pourront avoir été produits dans les trois circonstances suivantes :

1.° Les 2 proportions d'hydrogène de l'hydracide formeront
de l'eau avec l'oxigène de l'oxide, et le métal réduit for-
mera deux proportions de cyanure, lesquelles s'uniront avec
1 proportion de cyanure de fer pour constituer un cyanure
double anhydre.

2.° L'hydracide s'unira en nature avec une quantité d'oxide
dont l'oxigène sera à son hydrogène dans le rapport où ces
élémens constituent l'eau. La combinaison sera alors un hydro-cyanoferrate équivalant à deux proportions d'hydro-cyanate d'oxide +- 1 proportion de cyanure de fer.

3.° L'hydracide, en réagissant sur un oxide, donnera naissance à une quantité d'eau moindre que celle représentant
tout l'hydrogène et tout l'oxigène de l'hydracide et de
l'oxide.

Il est facile de constater par l'analyse des produits de la
réaction de l'acide hydro-cyanoferrique sur les oxides, si
ces produits peuvent être équivalens à des cyanures doubles
anhydres ou à des hydro-cyanoferrates; mais il est impossible de fixer, dans l'état actuel de la science, si le produit
équivalent à un hydro-cyanoferrate, n'est pas un cyanure
double hydraté, ou un hydro-cyanate uni à du cyanure de
fer : lorsqu'on a trouvé dans le produit de la réaction de
l'acide hydro-cyanoferrique sur une base moins d'eau que

la quantité qui représente l'hydrogène de l'acide et l'oxigène de l'oxide, il est bien difficile de prononcer sur la nature de ce produit. Quant à nous, dans l'histoire que nous allons tracer des prussiates triples, nous considérerons,

1.° Les produits du premier cas, comme des cyanures doubles ;

2.° Les produits du second cas, indifféremment comme des hydro-cyanoferrates ou des cyanures doubles hydratés, ou plutôt nous rapporterons les raisons qui sont favorables à une de ces compositions, plutôt qu'à l'autre ;

3.° Les produits du troisième cas, comme des cyanures doubles hydratés, dont l'eau est insuffisante pour oxider le métal uni au cyanure de fer, et pour hydrogéner le cyanogène uni à ce même métal ;

4.° Enfin, nous nous servirons de l'expression d'hydro-cyanoferrate pour désigner non-seulement la solution d'un hydro-cyanoferrate, mais encore pour désigner celle d'un cyanure double.

HYDRO-CYANOFERRATE D'AMMONIAQUE.

Composition.

D'après les expériences de M. Berzelius, la composition de ce sel est équivalente à de l'hydro-cyanate d'ammoniaque + de l'hydro-cyanate de protoxide de fer ou plutôt à de l'hydro-cyanate d'ammoniaque + du cyanure de fer + de l'eau.

Préparation.

Ordinairement on prépare ce sel en faisant digérer de l'ammoniaque liquide sur du bleu de Prusse en excès. Lorsque l'ammoniaque est neutralisée, on filtre la liqueur et on la laisse évaporer spontanément.

M. Berzelius dit qu'il est préférable de précipiter l'hydro-cyanoferrate de potasse en excès par le nitrate de plomb; de faire digérer le précipité bien lavé, qui est un double cyanure de plomb et de fer dans l'ammoniaque caustique; de faire évaporer, dans le vide sec, la liqueur filtrée.

Propriétés.

Il est jaunâtre.

Il est très-soluble dans l'eau. Cette solution se décompose spontanément par son contact avec l'air. Il s'en dégage de l'acide hydro-cyanique et de l'ammoniaque, et il se forme un léger dépôt de bleu de Prusse.

Quand on le soumet à la distillation, le sel se colore d'abord en bleu, parce qu'il se produit, à ce qu'il paroît, un peu de bleu de Prusse, suivant M. Berzelius; puis il se dégage de l'hydro-cyanate d'ammoniaque, et en même temps de l'eau. Il reste dans la cornue du cyanure de fer, qui, si la température est suffisamment élevée, se décompose en gaz azote et en quadricarbure de fer. Ce dernier, s'il est chauffé à une température plus élevée que celle nécessaire à la décomposition du cyanure de fer, présente un phénomène d'incandescence des plus remarquables. Le quadricarbure de fer, chauffé à l'air, prend feu et brûle comme l'amadou. Il se dégage de l'acide carbonique, et il reste du peroxide de fer.

ACIDE HYDRO-CYANOFERRIQUE ET OXIDE D'ARGENT.

Lorsqu'on verse de l'hydro-cyanoferrate de potasse dans du nitrate d'argent, on obtient un précipité blanc, qui est un CYANURE DOUBLE DE FER ET D'ARGENT.

Il est insoluble dans l'eau.

Mis dans l'acide sulfurique, il s'y décompose au moins en partie, suivant M. Berzelius. Il reste une matière jaunâtre, et la liqueur acide, qui est incolore, dépose peu à peu de petits grains de sulfate d'argent.

Ce composé, soumis à la distillation, donne du cyanogène et un résidu d'argent et de cyanure de fer. Si l'on continue de chauffer, il se dégage du gaz azote, et il reste un quadricarbure de fer, mêlé d'argent. M. Berzelius a remarqué que le feu, produit par le quadricarbure de fer, se manifeste à une température moins élevée que celle où il a lieu lorsque le quadricarbure provient de cyanures doubles, autres que celui de fer et d'argent.

HYDRO-CYANOFERRATE D'ALUMINE.

L'acide hydro-cyanoferrique, suivant M. Berzelius, s'unit à l'alumine en gelée. Il en résulte un hydro-cyanoferrate. Ce sel, à l'état neutre, est peu soluble dans l'eau. Il se dissout au contraire assez bien dans un excès d'acide.

HYDRO-CYANOFERRATE DE GLUCINE.

M. Berzelius a obtenu ce sel en faisant digérer dans une solution de sulfate de glucine du cyanure double de fer et de plomb.

Ce sel est soluble dans l'eau. La solution, évaporée, laisse un résidu semblable à un vernis transparent, qui est quelquefois coloré en bleuâtre.

ACIDE HYDRO-CYANOFERRIQUE ET BARYTE.

Préparation.

On fait digérer de l'eau de baryte et de l'hydrate de baryte avec du bleu de Prusse en excès; on filtre, on lave le résidu avec de l'eau chaude; on réunit les lavages et on les fait concentrer; puis on les ajoute à la liqueur filtrée, et on les laisse évaporer spontanément pour obtenir des cristaux.

Composition.

La composition de ces cristaux est, suivant M. Berzelius, équivalente à

1 *proportion de cyanure de fer* + 2 *proportions de cyanure de barium* + 12 *proportions d'eau.*

Lorsqu'on en soumet 100 parties à environ 40^d, température nécessaire pour qu'ils laissent dégager de l'eau, ils deviennent laiteux sans perdre leur forme, et se réduisent à 83,44 parties, ou, en d'autres termes, ils perdent 11 proportions d'eau sur 12 qu'ils contenoient.

D'après ce que nous avons dit, nous considérerons les cristaux effleuris comme un cyanure double de fer et de barium, contenant de l'eau, et nous regarderons comme très-probable que les cristaux non effleuris n'en diffèrent que par une plus grande quantité d'eau. Cependant on peut les considérer comme un hydro-cyanoferrate.

Propriétés.

Le cyanure double de fer et de barium cristallise par

évaporation spontanée ou par le refroidissement, quand on a saturé à chaud l'eau de ce sel.

L'acide sulfurique foible, versé dans sa solution, en précipite du sulfate de baryte. Il reste dans la liqueur de l'acide hydro-cyanoferrique.

Il se dissout dans l'acide sulfurique concentré, mais avec peine. Cette solution, exposée à l'air, en attire l'humidité et dépose des cristaux, qui ont paru être à M. Berzelius des bisulfates de baryte et de protoxide de fer.

Le cyanure double de fer et de barium effleuri, distillé dans une cornue, se décompose à la chaleur rouge; on obtient du gaz azote, et un résidu de cyanure de barium et de quadricarbure de fer.

L'eau, appliquée à ce résidu, dissout de l'hydrocyanate de baryte, qui forme avec les sels de peroxide de fer une liqueur rouge-pourpre et un précipité également rouge. M. Berzelius pense qu'il se produit alors la même combinaison rouge que quand on traite le peroxide de fer par l'acide hydro-cyanique, ainsi que M. Vauquelin l'a fait le premier. M. Berzelius dit que le liquide rouge qu'il a obtenu, ne précipitoit pas par l'ammoniaque, et que, lorsqu'on l'évaporoit à siccité, on obtenoit un résidu en partie soluble dans l'eau. La solution étoit rouge et la partie insoluble étoit verdâtre.

ACIDE HYDRO-CYANOFERRIQUE ET CHAUX.

Préparation.

En traitant le bleu de Prusse en excès par un lait de chaux, on obtient un liquide qui, étant évaporé en consistance sirupeuse, puis abandonné à lui-même, donne au bout de quelques jours de repos de grands cristaux d'une couleur jaune pâle.

Composition.

M. Berzelius considère ces cristaux de la même manière que les précédens, c'est-à-dire, comme représentés par

1 *proportion de cyanure de fer* ＋ 2 *proportions de cyanure de calcium* ＋ 24 *proportions d'eau.*

Lorsqu'on les chauffe au-dessus de 40^d, ils perdent pour

43.   29

100 parties 39,61 parties d'eau, et conservent leur forme. Ils perdent donc 23 proportions d'eau sur 24 qu'ils contenoient.

Propriétés.

Il cristallise.

Il est très-soluble dans l'eau.

Quand on le distille, il donne, suivant M. Berzelius, des gouttelettes d'eau et un peu de sous-carbonate et d'hydrocyanate d'ammoniaque. A la fin de l'opération il se manifeste un phénomène d'incandescence analogue à celui qu'on observe avec l'hydro-cyanoferrate d'ammoniaque.

Acide hydro-cyanoferrique et Oxide de cobalt.

Préparation.

Les dissolutions salines de protoxide de cobalt précipitent par l'hydro-cyanoferrate de potasse des flocons verts. On laisse déposer ; on décante la liqueur ; on la remplace par de l'eau et on répète les lavages, enfin, on jette le précipité sur un filtre. Ce précipité, de vert qu'il est d'abord, devient d'un gris rougeâtre, parce qu'il absorbe de l'eau, suivant l'observation de M. Berzelius.

Composition.

Ces flocons paroissent être un cyanure double de fer et de cobalt hydraté.

Propriétés.

M. Berzelius dit que, quand ces flocons ont été bien desséchés, ils ne donnent à 360^{d} qu'un peu d'eau, de carbonate et d'hydro-cyanate d'ammoniaque. De vert foncé qu'ils étoient, ils sont devenus d'un vert plus clair. A une température plus élevée ils noircissent, dégagent du gaz azote et le résidu devient incandescent.

Ces flocons sont dissous avec facilité par l'acide sulfurique concentré. Cette solution dépose au bout de quelques heures une poudre cristalline d'un très-beau rose. Cette poudre, mise avec de l'eau, verdit, et peu à peu passe au gris rougeâtre. M. Berzelius pense que la poudre rose devient verte au moment du contact de l'eau , parce qu'elle perd de l'acide sulfurique, et que le cyanure double de fer, de cobalt, étant mis en liberté, apparoît avec sa couleur verte; mais peu à peu il absorbe de l'eau et passe au gris rougeâtre.

ACIDE HYDRO - CYANIQUE ET DEUTOXIDE DE CUIVRE.

Préparation.

En versant de l'hydro - cyanoferrate de potasse dans une solution saline de deutoxide de cuivre, on obtient un précipité d'un rouge marron.

Composition.

Suivant M. Berzelius, ce précipité contient plus d'eau qu'il n'en faut pour changer le cuivre qui s'y trouve en hydro-cyanoferrate de deutoxide de cuivre.

Propriétés du précipité rouge-marron.

Il est d'un brun marron.

Il n'est pas dissous par l'eau.

Uni avec l'acide sulfurique concentré , il devient d'un blanc tirant sur le jaune verdâtre. Il est fort peu soluble dans l'acide sulfurique. Si l'on ajoute de l'eau , la couleur marron de la matière reparoît, et l'on ne retrouve dans l'eau que de l'acide sulfurique privé de cuivre. Tels sont les faits observés par M. Berzelius.

Le précipité rouge-marron donne à la distillation , suivant ce savant, beaucoup d'eau , du sous - carbonate , de l'hydro - cyanate d'ammoniaque et du gaz azote. Le résidu ne devient incandescent qu'à une température très - élevée. M. Berzelius considère ce résidu comme formé d'une proportion de quadricarbure de fer et de deux proportions de bicarbure de cuivre.

ACIDE HYDRO - CYANOFERRIQUE ET PEROXIDE DE FER , BLEU DE PRUSSE NEUTRE , *à l'état de pureté.*

Préparation.

On prépare le bleu de Prusse à l'état de pureté en précipitant par l'hydro - cyanoferrate de potasse un sel de peroxide de fer légèrement acidulé. On lave le précipité bleu avec de l'eau, et on le fait sécher ensuite.

Dans les arts on suit un procédé différent, que nous exposerons dans la suite de cet article.

Composition.

On peut se représenter le bleu de Prusse neutre, préparé par ce procédé. comme un *hydro-cyanoferrate de peroxide de fer neutre hydraté*, c'est-à-dire, que l'oxigène du peroxide est à l'hydrogène de l'acide dans la proportion où ces élémens constituent l'eau, et qu'il y a en outre de l'eau.

M. Berzelius se le représente comme formé de 3 *atomes d'hydro-cyanate de protoxide de fer et de 4 atomes d'hydro-cyanate de deutoxide* ─┼─ de l'eau, c'est-à-dire, que le dernier hydro-cyanate contient deux fois plus d'oxigène et d'acide que le premier.

Propriétés.

Cette substance est d'un bleu tirant sur le pourpre. Elle retient l'humidité hygrométrique avec une force si grande, que M. Berzelius ne doute pas que si on l'obtenoit parfaitement sèche, elle feroit geler l'eau dans le vide, ainsi que le fait l'acide sulfurique concentré. Ce qu'il y a de certain, c'est qu'on ne peut la dessécher qu'en l'exposant au vide sec.

Elle est insoluble dans l'eau.

M. Berzelius dit avoir exposé au bain de sable du bleu de Prusse neutre à 155^d, sans avoir observé qu'il éprouvât le moindre signe d'altération. C'est en le portant ensuite, toujours dans son bain de sable chaud, sous un récipient où il fit le vide sec, qu'il est parvenu à le sécher suffisamment pour en faire l'analyse.

Le bleu de Prusse neutre, ainsi desséché, est susceptible de brûler à la manière de l'amadou, lorsqu'on l'a touché en un point avec un corps suffisamment chaud. En brûlant il dégage une fumée blanche de sous-carbonate d'ammoniaque. Il laisse 60.14 parties de peroxide de fer pour 100 parties.

Lorsqu'on met le bleu de Prusse neutre avec l'eau et la potasse, la soude, la chaux, la strontiane, la baryte, l'ammoniaque et même leurs sous-carbonates, le bleu de Prusse se décompose peu à peu et il laisse un résidu jaune de peroxide de fer hydraté. L'acide hydro-cyanique, qu'on peut considérer comme étant uni au peroxide de fer dans le bleu de Prusse, se porte sur la base salifiable qu'on a mise en contact avec lui pour former, soit un hydro-cyanate neutre, soit de l'eau + un cyanure métallique, et cet hydro-cyanate ou ce cyanure se combine avec le cyanure de fer du bleu de Prusse.

Suivant M. Berzelius, le peroxide de fer, séparé du bleu de Prusse par un alcali, est au peroxide de fer qu'on peut obtenir du cyanure de fer qui a été dissous par le liquide alcalin :: 5o : 22. Si l'on réduit la dernière quantité de peroxide en protoxide, on trouve que son oxigène est la moitié de l'oxigène de la première quantité de peroxide.

M. Berzelius a employé la potasse pour décomposer le bleu de Prusse, et il a précipité le fer de sa dissolution dans l'eau alcaline par le sublimé corrosif : par ce moyen il a obtenu un précipité de peroxide de fer et de peroxide de mercure, dont il a séparé ensuite ce dernier oxide par la calcination.

Le bleu de Prusse neutre, séché à 150^d, a donné à M. Berzelius, 1.° de l'eau pure ; 2.° un peu d'hydro-cyanate d'ammoniaque ; 3.° une grande quantité de sous-carbonate d'ammoniaque. Pendant la volatilisation de ces sels, il s'est constamment dégagé de l'eau. Lorsqu'il ne s'est plus rien dégagé, la cornue ayant été placée au milieu des charbons ardens, le résidu fixe de la distillation est devenu incandescent. M. Berzelius considère ce résidu comme un tricarbure de fer.

Le bleu de Prusse neutre, mis dans l'acide sulfurique concentré, augmente de volume et se décolore. M. Berzelius dit qu'il se produit alors une combinaison de bleu de Prusse et d'acide sulfurique, qui est insoluble dans un excès d'acide. Lorsqu'on ajoute à cette combinaison, dont on a séparé l'acide en excès, en la mettant à égoutter sur une brique sèche, de l'eau privée d'air, et qu'on opère dans le vide ou une atmosphère dépourvue de gaz oxigène, l'acide sulfurique est dissous par l'eau, et le bleu de Prusse reparoît avec la belle couleur qui lui est propre.

Si l'on délaie dans l'eau du bleu de Prusse neutre et récemment précipité, qu'on soumet la liqueur à un courant d'acide hydro-sulfurique et qu'on conserve le liquide saturé de ce gaz dans un flacon fermé, le bleu de Prusse finit par se décolorer et par devenir d'un blanc grisâtre, suivant l'observation de Proust. M. Berzelius ayant examiné les matières dans cet état, a vu,

a) Que le *liquide* contenoit du soufre en suspension, et que l'acide hydro-sulfurique en ayant été séparé par l'exposition à l'air, on y reconnoissoit la présence de l'acide hydro-cyanoferrique, qu'il appelle *acide prussique ferrugineux;*

b) Que la *matière d'un blanc grisâtre* devient bleue à l'air et se dissout en partie dans l'eau, parce qu'elle consiste en bleu de Prusse avec excès de base, dont nous parlerons plus loin.

B. Bleu de Prusse avec excès de base de Berzelius.

Préparation.

Si l'on précipite une dissolution saline de protoxide de fer par l'hydro-cyanoferrate de potasse, on obtient un précipité blanc, dont nous devons la découverte à M. Proust, qui le nomme *prussiate blanc de fer*. Ce précipité contient de la potasse. Si on l'expose à l'air, il passe au bleu, en absorbant de l'oxigène. La potasse qu'il retenoit s'en sépare, et c'est alors le *bleu de Prusse avec excès de base* de M. Berzélius. La liqueur qui surnage le précipité blanc, est neutre comme les sels que l'on a mêlés. Or, dit M. Berzelius, le protoxide de fer, contenu dans le précipité blanc, ne peut devenir peroxide qu'en acquérant une plus grande capacité de saturation; par conséquent, la quantité d'acide qui neutralisoit le protoxide, doit être insuffisante pour neutraliser le peroxide. Il est difficile d'obtenir ce bleu de Prusse avec excès de base à l'état de pureté, par la raison qu'il est soluble dans l'eau pure. Lors donc qu'on l'a jeté sur un filtre pour le séparer de la liqueur d'où il s'est précipité, il y a un moment où il est dissous par l'eau de lavage; c'est alors qu'il faut cesser de laver. On le soumet ensuite à la presse.

Si l'on vouloit en séparer les sels auxquels il est mêlé, il faudroit le laver avec de l'eau de sel ammoniaque, puis avec de l'eau pure jusqu'à ce qu'il commençât à s'y dissoudre.

Composition.

Suivant M. Berzelius ce bleu de Prusse, qu'il a, le premier, distingué du précédent, lui paroît être formé de 1 atome d'hydro-cyanate de protoxide de fer et de 2 atomes de sous-hydro-cyanate de deutoxide de fer. Il rapproche cette composition de celle du phosphate de fer bleu, qui est 1 *atome de phosphate neutre de protoxide* $+$ *2 atomes de sous-phosphate de peroxide.*

Propriétés.

Il est bleu, soluble dans l'eau pure, et insoluble dans l'eau qui contient une certaine proportion de sel. C'est ce qui s'oppose à ce qu'on puisse l'obtenir parfaitement pur; car, lorsqu'on l'a recueilli sur un filtre et qu'on y passe de l'eau distillée, il commence à se dissoudre avant qu'on en ait séparé la totalité des sels solubles qui s'y trouvoient mélangés.

La solution aqueuse de bleu de Prusse avec excès de base, jouit des propriétés suivantes :

Elle est bleue. Elle peut être évaporée à sec sans que le bleu de Prusse s'en sépare. L'ébullition ne la trouble pas.

Elle n'est pas précipitée par l'alcool.

L'acide hydrochlorique en précipite le bleu de Prusse; et ce qu'il y a de remarquable, c'est que le précipité séparé de la liqueur, peut être ensuite redissous par l'eau pure. Cela prouve qu'il ne doit pas sa solubilité à un excès de base.

M. Robiquet, qui a fait un excellent travail sur le bleu de Prusse, ne croit pas à l'existence du bleu de Prusse avec excès de base de M. Berzelius; et voici comment il réfute le raisonnement de ce dernier chimiste, que nous avons rapporté plus haut. Le *prussiate blanc de fer* contient de la potasse en véritable combinaison, qu'on ne peut en séparer au moyen des acides, tant que l'oxigène atmosphérique n'agit pas. Maintenant, si l'oxigène agit concurremment avec un acide, la potasse sera dissoute par ce dernier, et l'acide hydro-cyanoferrique qu'elle aura abandonné, restera fixé au fer du précipité. M. Robiquet pense que la préparation du bleu de Prusse consiste essentiellement, 1.º à enlever la potasse du prussiate blanc de fer, qui s'est formé d'abord, au moyen de l'acide sulfurique, de l'alun employé, 2.º à porter tout le protoxide de fer du précipité blanc à l'état de peroxide.

Préparation du bleu de Prusse en grand.

Nous allons exposer le procédé suivi en grand pour préparer le bleu de Prusse.

On fait un mélange de parties égales de sous-carbonate de potasse du commerce et de matières animales, telles que du sang desséché, des rognures de peau, des rognures de cornes, etc.; l'on chauffe les matières dans des creusets de fonte jusqu'à ce qu'elles soient en fusion pâteuse. Quand on les juge suffisamment chauffées, on les laisse refroidir sans le contact de l'air, puis on les verse dans 15 fois environ leur poids d'eau froide. On agite, et quand tout ce qui est soluble paroît dissous, on passe la liqueur dans un filtre de toile.

La liqueur filtrée contient : 1.º du chlorure de potassium 2.º du sous-carbonate de potasse; 3.º de l'hydro-sulfate de potasse, provenant en grande partie du sulfate de potasse qui se trouve dans toutes les potasses du commerce, sulfate qui a été réduit en sulfure par l'action du charbon et de l'hydrogène des matières organiques; 4.º de l'hydro-cyano-ferrate de potasse. Celui-ci provient du cyanure double de fer et de potassium, qui s'est formé aux dépens de l'azote et du carbone de la matière organique, aux dépens du fer du creuset et de celui de la matière organique, et, enfin, aux dépens du potassium de la potasse. Si les matières n'eussent pas contenu assez de fer, on auroit en outre de l'hydro-cyanate de potasse.

On agite la liqueur filtrée et on y verse une solution composée de 1 partie de sulfate de protoxide de fer et de 2 à 4 parties d'alun. Cette solution doit être en excès. Il se produit une vive effervescence, due à un dégagement d'acide carbonique, mêlé d'une petite quantité d'acide hydro-sulfurique, et il se forme en même temps un précipité de *prussiate de fer blanc*, d'*hydro-sulfate de fer noir* et d'*alumine*. On lave le précipité avec de l'eau ; on agite pour aérer le précipité autant que possible ; on laisse déposer ; on décante l'eau et on renouvelle les lavages jusqu'à ce que le précipité, de brun-noirâtre qu'il étoit, passe au bleu. A cette époque on le verse sur un filtre de toile : lorsqu'il est suffisamment égoutté, on le divise en parallélipipèdes. C'est dans cet état qu'on le met dans le commerce.

ACIDE HYDRO-CYANOFERRIQUE ET PROTOXIDE DE PLOMB.

Préparation.

On verse du nitrate de plomb dans de l'hydro-cyanoferrate de potasse, en ayant soin de laisser un excès de ce dernier. On obtient un précipité blanc, qui est un *double cyanure de fer et de plomb*, qu'il est facile d'obtenir anhydre en l'exposant à l'action de la chaleur ou au vide sec.

Composition.

Il est formé d'une proportion de cyanure de fer et de deux proportions de cyanure de plomb.

Propriétés.

Il est insoluble dans l'eau.

Lorsqu'on fait passer du gaz acide hydro-sulfurique sec sur du cyanure double de fer et de plomb, suffisamment chaud, il se produit du sulfure de plomb et du sulfure de fer, et il se dégage de la vapeur d'acide hydro-cyanique.

' Si l'on opère sur du double cyanure, placé au milieu de l'eau, le plomb seul est séparé à l'état de sulfure. L'hydrogène s'unit au cyanogène, qui étoit uni au plomb et au cyanure de fer ; il en résulte de l'acide hydro-cyanoferrique, qui se dissout.

M. Berzelius a vu que le double cyanure de fer et de plomb s'échauffe avec l'acide sulfurique concentré, et qu'il se produit une combinaison presque insoluble dans un excès d'acide.

Le double cyanure de fer et de plomb anhydre, distillé, n'a donné à M. Berzelius que de l'azote et un carbure double, composé de 1 proportion de quadricarbure de fer et 2 proportions de quadricarbure de plomb, qui dégagent par une chaleur suffisante une vive lumière. Ce résidu n'est pas pyrophorique, comme on l'a dit.

Si le double cyanure est humide, on obtient de l'hydrocyanate et du carbonate d'ammoniaque, et une portion de plomb qui n'est pas quadricarburée.

ACIDE HYDRO-CYANOFERRIQUE ET POTASSE.

Préparation.

En faisant réagir sur le bleu de Prusse en excès de l'eau de potasse, filtrant et faisant évaporer, on obtient des cristaux jaunes, qu'on a nommés *prussiate triple de potasse*, *prussiate ferrugineux de potasse*, *prussiate ferruré de potasse*, et *hydro-cyanoferrate de potasse cristallisé*.

On prépare en grand ce produit, en chauffant au **rouge**, dans des creusets de fonte, un mélange de parties égales de sous-carbonate de potasse et de charbon animal, ou 2 parties de sous-carbonate et 1 partie de charbon animal. Pendant que l'on chauffe les matières, on les remue de temps en temps avec un ringard de fer; on traite le produit de la calcination, qui doit avoir été refroidi sans le contact de l'air, par l'eau; on filtre et on fait cristalliser la liqueur. Le fer provient du charbon animal, et surtout du creuset et du ringard. Quand on veut obtenir ces cristaux à l'état de pureté, on les fait fondre dans un vase clos, puis on dissout la matière fondue dans l'eau, et on fait cristalliser plusieurs fois.

Composition.

D'après M. Berzelius, 100 parties de cristaux, qui ne perdoient rien par une exposition de deux jours à l'air libre, ont perdu à 60^d de 12,4 à 12,9 parties d'eau. Dans cet état ils ne perdoient rien quand on les exposoit à 100 et quelques degrés.

La composition des cristaux desséchés est 1 *proportion de cyanure de fer* + 2 *proportions de cyanure de potassium*.

En ajoutant 6 proportions d'eau aux précédentes, on a la composition des cristaux. D'après cela on voit qu'on peut considérer ceux-ci comme un hydro-cyanoferrate hydraté ou comme un cyanure double hydraté.

Propriétés.

Ce sel cristallise en beaux rhomboèdres d'une couleur jaune.

Il est inodore.

Il est insoluble dans l'alcool.

Il est assez soluble dans l'eau. Cette solution est jaune et neutre aux réactifs colorés.

Cette dissolution précipite la plupart des dissolutions métalliques avec des couleurs qui servent à reconnoître un assez grand nombre de métaux. Ainsi,

Les sels solubles d'antimoine sont précipités en blanc.

—	—	d'argent	—	—	en blanc.
—	—	de bismuth —		—	en jaune-serin.
—	—	de cérium	—	—	en blanc.
—	—	de cobalt	—	—	en vert.
—	—	de protoxide de cuivre sont précipités en			blanc.
—	—	de deutoxide de cuivre sont précipités en			rouge-marron.

d'étain sont précipités en blanc.

de protoxide de fer sont précipités en blanc.

| — | — | de peroxide de fer | — | — | en bleu. |

de protoxide de manganèse sont précipités en blanc.

—	—	de mercure sont précipités en blanc.
—	—	d'or	—	—	en blanc.
—	—	de palladium —		—	en jaunâtre.
—	—	de plomb	—	—	en blanc.
—	—	de titane	—	—	en rouge-brun.
—	—	d'urane	—	—	en rouge-brun.
—	—	de zinc	—	—	en blanc.
—	—	de zircone	—	—	en jaune-serin.

Les sels de platine [1] de rhodium, de chrome, d'alumine,

---

[1] Si l'hydro-cyanoferrate de potasse étoit très-concentré, on obtiendroit un précipité de chlorure double de platine et de potassium.

de baryte, de strontiane, de glucine, de magnésie, de soude, ne sont pas précipités.

Si l'on ajoute de l'acide sulfurique au double cyanure de fer et de potassium anhydre, il y a un grand dégagement de chaleur; le cyanure est complétement dissous; la solution est incolore. Quand on l'expose à l'air libre, elle en attire l'humidité, et il se dépose des cristaux de bisulfate de potasse et d'acide hydro-cyanoferrique.

Il faut chauffer assez fortement l'acide sulfurique avec le cyanure pour obtenir du sulfate de fer. Dans ce cas il se dégage de l'acide sulfurique et de l'acide hydro-cyanique.

Suivant M. Porrett, l'acide tartrique dissous dans l'alcool, mis en contact avec le cyanure de fer et de potassium, forme du bitartrate de potasse, qui se précipite, tandis que l'acide hydro-cyanoferrique est dissous par l'alcool. Celui-ci, évaporé spontanément, laisse cristalliser l'acide.

Lorsqu'on fait passer du gaz acide hydro-sulfurique sur du cyanure double de fer et de potassium, suffisamment chauffé, il se dégage de l'hydro-sulfate d'ammoniaque. Il se forme du sulfure de fer et un composé que M. Berzelius appelle un hydro-cyanate sulfuré de potasse.

Le cyanure double de fer et de potassium peut être exposé au rouge obscur, sans se décomposer sensiblement, seulement il se fond. S'il est chauffé au rouge-cerise, il se décompose lentement, du gaz azote se dégage et du quadri-carbure de fer se produit. En appliquant l'eau à cette masse fondue et refroidie, le quadri-carbure de fer est séparé, et l'on obtient une dissolution d'acide hydro-cyanique et de potasse ou de cyanure de potassium, provenant du cyanure de potassium devenu libre par la décomposition que la chaleur a fait éprouver au cyanure de fer, bien entendu que, s'il y a eu du cyanure double indécomposé, il se retrouve dans l'eau avec l'acide hydro-cyanique et la potasse. (Cʜ.)

PRUYER. (*Ornith.*) Nom vulgaire du proyer, *emberiza miliaria*, qui s'écrit aussi *prurier*. (Cʜ. **D.**)

PRYCKA. (*Ichthyol.*) Voyez Pʀɪᴄᴋᴀ. (H. C.)

PRYK ou BRIK. (*Ichthyol.*) Les Hollandois appellent ainsi la pricka, que Jonston nomme *prycka* et Kentmann *enneophthalmus.* Voyez Pᴇ́ᴛʀᴏᴍʏᴢᴏɴ. (H. C.)

PRZEPIORKA. (*Ornith.*) Nom polonois de la caille, *tetrao coturnix*. (Ch. D.)

PRZWIASKA. (*Mamm.*) Nom polonois de la marte perouasca. (Desm.)

PSACALION, *Psacalium*. (*Bot.*) Ce genre de plantes appartient à l'ordre des Synanthérées et à notre tribu naturelle des Adénostylées, dans laquelle il faut le placer immédiatement auprès du genre *Adenostyles*. (Voyez notre tableau des Adénostylées, tom. XXVI, pag. 226.)

Le *Psacalium* offre les caractères génériques suivans :

Calathide incouronnée, équaliflore, multiflore, régulariflore, androgyniflore. Péricline inférieur aux fleurs, subcylindracé, formé d'environ huit squames unisériées, contiguës, à peu près égales, oblongues-lancéolées, aiguës, submembraneuses ; la base du péricline accompagnée de deux grandes bractées opposées, étalées, lancéolées, étrécies à la base, élargies supérieurement, aiguës au sommet, plus longues que le péricline. Clinanthe nu. Ovaires oblongs, striés, glabres ; aigrette longue, blanche, composée de squamellules nombreuses, filiformes, barbellulées. Corolles glabres. à cinq divisions roulées en dehors, longues, étroites, linéaires-lancéolées, aiguës, munies d'une nervure surnuméraire. Styles d'Adénostylée.

Psacalion a feuilles peltées : *Psacalium peltatum*, H. Cass. : *Cacalia peltata*, Kunth, *Nov. gen. et sp. pl.*, tom. 4, pag. 170, tab. 361. C'est une plante herbacée à racine vivace, dont la tige, haute de quatre à six pieds, est dressée, rameuse, garnie de feuilles, cylindrique, striée, hérissée de petits poils: les feuilles radicales ont un pétiole deux fois aussi long que le diamètre de la feuille, cylindracé, strié, hispide ; leur limbe, large de huit à neuf pouces, est pelté par le centre. presque orbiculaire, plus ou moins garni de poils sur les deux faces, divisé profondément en dix lobes rayonnans, oblongs, découpés sur les bords en larges dents inégales et irrégulières: les calathides, longues de huit ou neuf lignes, et composées d'environ seize fleurs verdâtres, sont pédonculées et disposées en une panicule terminale, presque simple, garnie de bractées ovales-oblongues, aiguës, entières, longues d'un pouce et demi. Cette plante a été trouvée par MM. de Humboldt et Bonpland dans les bois voisins de la ville mexicaine de Pazcuaro.

Quoique nous n'ayons point vu la plante que nous venons de décrire, d'après M. Kunth, la description et la figure nous persuadent que c'est une Adénostylée très-analogue au genre *Ligularia* (tom. XXVI, pag. 401), dont elle diffère par sa calathide incouronnée. Ainsi elle se rapproche du genre *Adenostyles* (tom. I, Suppl., pag. 59), dont elle nous paroît suffisamment distincte par les deux grandes bractées très-remarquables, qui accompagnent constamment son péricline, et qui naissent immédiatement de sa base. Ajoutons que les divisions de la corolle sont très-longues et très-étroites. (H. Cass.)

PSADIROME, *Psadiroma*. (*Malacoz.?*) Genre établi par M. Rafinesque dans le n.° 12 du Journ. enc. de la Sicile, et dans le Journ. de phys., Août, 1819, page 154, mais d'une manière trop incomplète pour qu'on puisse décider au juste si c'est dans la famille des Ascidiens composés qu'il doit être placé, ou parmi les actinozoaires. Je me borne donc à copier ce que dit le zoologiste américain : Corps fixe, polystome, plan, irrégulier; plusieurs bouches supérieurement en forme de fossettes urcéolées et à huit tubercules intérieurement. « Ce genre, ajoute-t-il, qui se rapproche de mes genres *Chlid-* « *nitoma* et *Polactoma* (que nous ne connoissons pas), ainsi « que des genres *Synoicum* et *Botryllus*, ne contient qu'une « seule espèce, le *P. bicolor*, dont le corps, aplati, friable, « blanchâtre, lobulé, offre des bouches rougeâtres. » C'est probablement un animal des mers de Sicile. (De B.)

PSALLIDIUM. (*Entom.*) Nom donné par Hellwig, et adopté par M. Germar, pour indiquer un petit genre d'insectes coléoptères, voisin des charansons, auquel on n'a encore rapporté qu'une espèce, qui se trouve en Hongrie, remarquable par le prolongement et la forme de ses mandibules, supportées par un bec court; aussi l'a-t-on appelé spécifiquement *maxillosum*. (C. D.)

PSALLIOTA. (*Bot.*) Division de la section *pratella* dans le genre *Agaricus* de Fries; elle est caractérisée par son voile en forme d'anneau ou collier. (Lem.)

PSAMATOTE. (*Foss.*) Guettard a nommé ainsi un polypier fossile alvéolé (Mém., tom. 3, page 69), que M. Bosc compare à une sabelle. (Dfsm.)

PSAMMA. (*Bot.*) Genre de graminées. établi par Beauvois (*Agrost.*, 143, tab. 6, fig. 1) pour l'*arundo arenaria*, Linn., placé par quelques botanistes modernes parmi les *calama-grostis*, qu'on distingue par les deux valves calicinales. bi-flores, presque mutiques, plus longues que celles de la co-rolle : celles-ci sont mucronées, médiocrement échancrées au sommet : l'ovaire turbiné, presque trigone, accompagné de deux écailles lancéolées, subulées ; le style trifide, à trois stigmates plumeux ; les semences libres. Les fleurs sont en apparence disposées en un épi cylindrique, mais en réalité composées de petites grappes partielles. Voyez Roseau. (Poir.)

PSAMMITE. (*Min.*) Il y a long-temps que j'ai fait pres-sentir la nécessité de désigner, par une définition générale et caractéristique et par un nom univoque qui la représentât, la roche nommée *grès des houillères* et les roches mélangées , composées de la même manière et qui se trouvent dans des situations géologiques très-différentes. Cette spécification a paru nécessaire et naturelle, et le nom a été adopté et em-ployé avant que la roche eût été définie et décrite. Un sa-vant, qui fait autorité dans beaucoup de sujets, et notam-ment dans les questions géologiques, n'a pas peu contribué à faire admettre cette sorte de roche et son nom, et le miné-ralogiste qui a fait le plus de noms, qui les a fait presque tous heureusement et à propos, mais qui n'adoptoit pas faci-lement ceux des autres, Haüy, a donné la sanction définitive à ce nom , en l'employant. Cet accord a été heureux pour la science ; on sait assez bien maintenant ce qu'on doit en-tendre quand on désigne une roche sous le nom de psam-mite, puisque les naturalistes s'accordent sur l'adoption de ce nom et sur ce qu'il représente. Les auteurs et les lecteurs ne sont pas incertains, les uns pour choisir, les autres pour com-prendre, comme cela se fait journellement à l'égard des ro-ches nommées micaschiste, schiste micacé et *glimmerschiefer;* *grauwacke*, schiste micacé et grès ; diorite , *grünstein* et diabase ; *todte liegende*, pséphite, pouddingue ou brèche ; variolite . *blatterstein*, spilite, amygdaloïde et *mandelstein;* porphyres de

toutes les couleurs et de toutes les bases, et mélaphyre, porphyre, ophite, argilophyre, etc.

Cependant cette spécification, en apparence si tranchée et
si claire, qui a reçu un assentiment si général, ne peut pas
rester telle qu'elle a été établie; c'est celui même qui l'a
fondée, qui doit non pas la détruire, mais la modifier en la
subdivisant. Depuis qu'on a approfondi l'étude de la structure
du globe, qu'on a pu étudier de plus près et avec plus de
soin la nature des roches simples et des roches composées,
qui en forment l'écorce, on a remarqué, comme cela a lieu
dans toutes les sciences que l'on poursuit long-temps, des
différences que l'on n'avoit pas aperçues, et la nécessité de distinguer par des définitions propres et par des noms particuliers, des corps différens qu'on avoit d'abord cru presque
les mêmes.

Les roches que j'avois renfermées sous la dénomination de
psammite, sont aussi répandues à la surface de la terre, qu'elles
sont variées; mais ces variations ne tiennent pas seulement à
quelques différences de couleur, de structure : elles appartiennent à des différences d'un ordre beaucoup plus élevé, à
des différences dans la nature et les proportions des minéraux composans. Il étoit donc nécessaire de reconnoître ces
différences, de les définir, et comme une seule définition, à
moins que d'être très-longue, vague et incertaine, ne pouvoit
plus convenir à toutes ces roches, il a fallu en établir plusieurs et représenter chacune d'elles par un signe convention-
nel, qui, ne disant rien par lui-même, pouvoit d'autant mieux
représenter, sans omission ni particularisation trop précise,
cette réunion de caractères, et qui, étant alors nécessairement
très-court, étoit par cela même plus facile à retenir; il a
fallu enfin, donner autant de noms qu'il étoit nécessaire d'é-
tablir de divisions fondamentales dans les roches qu'on ne
pouvoit plus laisser réunies sous le nom de psammite.

Il m'a paru convenable de distinguer en trois sortes les roches d'agrégation composées de grains de quarz réunis tantôt
avec de l'argile et du mica, tantôt avec du calcaire et du
mica, tantôt avec du felspath seulement, et qui étoient confondues sous le nom de psammite; parce que ces différences
n'avoient pas paru aussi frappantes, lorsqu'on avoit com-

mencé à étudier ces roches sur des exemples encore trop peu nombreux.

Les trois roches d'agrégation que je viens d'indiquer ont reçu les noms de psammite, de macigno et d'arkose.

J'ai déjà décrit le macigno à son rang alphabétique ; j'ai défini dans le même article les *psammites* et les *arkoses*, en promettant de donner la description de cette dernière roche après celle des psammites, puisqu'elle n'a pu être traitée à son ordre alphabétique.

Le Psammite[1] est une roche à texture grenue, formée par voie d'agrégation mécanique.

Il est *essentiellement composé* de sable quarzeux distinct et de mica, assez également mêlés et réunis par une petite quantité d'argile ; néanmoins le sable quarzeux est souvent dominant. Il renferme, comme *parties accessoires*, des grains de felspath ordinairement altéré et des grains de fer ocreux.

Les *parties accidentelles* sont :

La collyrite, en petites veines ou nodules.

Le calcaire spathique, en grains, nodules ou veinules.

L'arragonite?

La célestine?

La barytine.

La pyrite, disséminée ou en petits amas.

Le graphite.

L'anthracite, en petits grains ou petits lits. (Polsterberg au Harz.)

Le fer limoneux, en grains ou petits amas.

Le cuivre azuré, en nodules ou enduits. (Chessy, près Lyon; Zellerfeld au Harz.)

Le cuivre malachite, en enduits et nodules. (Dans les mêmes lieux.)

La blende, en veinules.

La galène, en nodules et veinules.

Le cinabre, en enduits, nodules et grains pulvérulens.

Le bitume, en veinules ou imbibé. (Grund, sur le Harz.)

---

1 C'est le *brasier* de **Desmarest**, grès micacé, grès des houillères, la plupart des *grauwacke* des géologues allemands.

43.　　　　　　　　　　　　3o

La houille, en grains, en petits amas, en petites veines, en petits lits.

Le lignite, en petits morceaux.

Le kaolin, en petites veines ou amas.

L'argile lithomarge, de même.

L'ocre, en grains pulvérulens, disséminés et en petits amas.

Des cailloux roulés, épars (s'ils étoient rapprochés au point de se toucher, ils constitueroient le poudingue).

Le psammite a rarement une *structure* dans la définition que nous avons donnée de ce mot ailleurs[1]. Quand il présente cette disposition, qui n'appartient guère qu'à la variété schistoïde, elle est fissile, mais plutôt en grand qu'en petit. Sa *texture* est généralement et essentiellement grenue, uniforme ; elle ne passe jamais à la texture compacte, quoique les parties soient quelquefois liées assez solidement par un ciment argileux, peu visible. La roche a été évidemment formée par voie d'agrégation, néanmoins quelques lamelles cristallines qui augmentent la cohésion, quelques nodules cristallisées au milieu même de la roche, des veines de matières également cristallines, qui la traversent, indiquent que l'action chimique a encore concouru à sa formation.

La *cohésion* est généralement foible, et quelquefois même si foible, que beaucoup de psammites sont friables ; mais, lorsqu'ils sont solides, ils résistent assez bien au choc par suite de l'hétérogénéité de leurs parties. La *cassure* est droite et assez unie.

Le psammite est toujours assez *dur* pour rayer le verre, à cause du quarz qui en fait partie essentielle et lors même qu'il est susceptible d'être employé comme pierre de construction ; l'inégale dureté de ses parties et leur peu de cohésion ne lui permettent de recevoir aucun poli.

Les *couleurs* du psammite sont indéterminées et ce qu'on appelle *sales* : la couleur dominante est le gris cendré mêlé de petits grains blanchâtres ou jaunâtres. La couleur rougeâtre est celle qui se présente ensuite : il y a des psammites verdâtres, brunâtres et même noirâtres.

Les psammites sont quelquefois *infusibles*, et plusieurs même

---

1 Introduction à la Minéralogie, article Minéralogie, t. XXXI, p. 226.

servent de pierre de foyer pour les fourneaux : le feu, agissant différemment sur les parties, en change diversement la couleur et l'aspect, et les fait mieux distinguer.

Quelques psammites font une légère *effervescence avec les acides*, à cause du calcaire qu'il renferme comme partie accidentelle. Il faut avoir égard à cette circonstance pour distinguer les psammites des véritables macignos.

Quand ces roches renferment peu de felspath, peu de pyrite et leur proportion ordinaire d'argile, elles résistent sans *altération* aux influences atmosphériques ; dans le cas contraire, elles se désagrégent, ce qui est assez rare.

Les psammites, relativement à leur *passage minéralogique*, offrent deux considérations assez remarquables. Quoique ce soit évidemment des roches résultant de l'agrégation grossière de parties assez petites, presque sableuses, on est frappé de la ressemblance complète de certaines variétés de psammite venant de pays très-éloignés les uns des autres ; ressemblance telle, dans les psammites des terrains houilliers, qu'il n'est pas possible de distinguer, sans une grande habitude de les voir, ceux de l'Amérique et ceux de l'Europe, et qu'il est absolument impossible d'en reconnoître le lieu ou le pays à l'aspect, comme le font, pour les minéraux, les personnes qui ont occasion d'en voir beaucoup. Ceci s'applique aux psammites bien caractérisés, qui sont d'ailleurs très-nombreux ; mais souvent aussi les caractères deviennent incertains, et ces roches passent par des nuances insensibles :

A l'Arkose, lorsque les grains de quarz deviennent plus gros et que le mica diminue ; l'établissement de cette espèce ne permet plus de comparer le psammite ni au granite, ni au gneiss, ni même au micaschiste, malgré qu'on ait désigné quelquefois ces deux roches par le nom de schiste micacé.

Au Macigno, en prenant un peu de calcaire.

Au Phyllade, lorsque l'argile devient plus abondante que le sable.

Au Grès micacé, lorsque le sable l'emporte et que le mica diminue, ou même à l'hyalomicte, lorsque le sable, en s'agrégeant fortement, simule une roche formée par voie de cristallisation confuse.

A l'Argilophyre, lorsque cette roche renferme du mica et

du quarz; mais la pâte qui la constitue ne doit pas laisser long-temps hésiter.

Au Mimophyre, lorsque celui-ci renferme du mica, et qu'il est peu cohérent; deux circonstances assez rares.

Au Pséphite et au poudingue, lorsque les fragmens ou cailloux qu'il renferme, disséminés et comme parties accessoires, deviennent plus abondans, se rapprochent et que le mica diminue.

A la Glauconie sableuse, lorsque le mica qui l'accompagne quelquefois, et le sable deviennent assez abondans pour faire disparoître presque entièrement le calcaire et les grains verts.

On voit par ces comparaisons que, malgré les nombreux passages qu'il est possible de trouver entre le psammite et certaines roches, il conserve encore des caractères assez tranchés pour être déterminé avec certitude dans un grand nombre de cas.

Variétés.

1. Psammite commun. = Grés des houillières. Psammite micacé[1]. (*Classific. des roches.*)

Pâte sablonneuse grisâtre, renfermant de nombreuses paillettes de mica, et quelques grains ou points argileux et ocreux; structure quelquefois fissile en grand.

On y voit aussi des parties charbonneuses disséminées ou en petits lits interposés, et souvent des empreintes de végétaux.

Ses grains quarzeux sont plus ou moins gros; les grains argileux et quelquefois blancs dérivent du felspath et sont à l'état de véritable kaolin.

Les exemples de cette variété sont si nombreux, qu'on ne sait auxquels donner la préférence. Il n'y a presque point de terrain houiller qui ne renferme des bancs de cette roche.

Exemples. Des environs d'Issoire en Auvergne, verdâtre, friable, points blancs kaoliniques. — Saint-Marc de Coulais : solide, grisâtre, points blancs kaoliniques. — Du Muy, près

---

1 Le psammite étant une roche essentiellement micacée, on ne peut conserver ce nom comme particularisant une variété.

Fréjus : grisâtre, nombreux points rougeâtres et verdâtres. —
De Langenberg, près Walkenried au Harz : rosâtre sale,
nombreux points rouges et quelques points blancs kaoliniques.

2. PSAMMITE ROUGEÂTRE. = La plupart des grès rouges (*rothe
todte liegende*) à petits grains des géologues allemands; quelques grès bigarrés (*bunter Sandstein*).

Pâte sablonneuse, jaunâtre, brunâtre ou rougeâtre, plus
uniforme et moins mêlée de mica et d'argile que dans le
psammite commun; point ou très-peu de felspath. Quelques
psammites rougeâtres font une effervescence légère et mo-
mentanée, lorsqu'on les plonge dans l'acide nitrique.

Les exemples sont encore ici très-nombreux; on remarquera dans ceux que nous allons citer, des roches de formation très-différente; mais il ne faut pas oublier que nous
classons et dénommons ici les roches minéralogiquement et
non géologiquement, et il ne faut pas confondre le psammite
rougeâtre, roche, avec le terrain de grès rouge, ancien,
moyen ou moderne.

Exemples. De Soultz, bord oriental des Vosges : c'est une
roche très-sensiblement hétérogène, composée de grains quarzeux, arrondis, de grains blancs d'origine felspathique, de
grains noirs, d'un ciment argileux rougeâtre, peu distinct,
et de mica blanc argentin. — De Weinheim, près Bade : tout-
à-fait semblable à la précédente. — De Regenstein au Harz.
— La roche dite *pierre à dresser* de la Belgique est un psammite très-bien caractérisé. — Le terrain de grès rouge qui
fait partie de la formation houillère de Dutweiller, près
Saarbruck, est un psammite rougeâtre très-peu micacé.

En France, près du pont d'Hienville, au sud de Coutance,
département de la Manche : il est dense, à grains fins, rouge-
brun, mêlé de beaucoup de mica.

Des bords des lacs de Salziger et Sussersée, près Halle en
Saxe : il est schistoïde, un peu effervescent, et passe au
macigno. — De Rheinfelden, grand-duché de Bade : il est
rougeâtre et verdâtre, schistoïde, un peu effervescent, et
ressemble beaucoup au précédent.

Toutes les roches nommées *grès rouge*, qui diffèrent souvent très-peu du grès dans quelques parties, et qui sont employées dans la construction de Mayence, de la forteresse

d'Ehrenbreitstein et de plusieurs autres villes des bords du Rhin, appartiennent à cette variété. Elles viennent généralement des environs de Darmstadt.

PSAMMITE SCHISTOÏDE = quelques *Grauwackenschiefer* des géologues allemands.

Pâte argilo-sableuse noirâtre; structure fissile en petit; du mica abondant; peu de fer ocreux et point de felspath en grains : sable distinct.

Ce dernier caractère est presque le seul qui distingue cette roche des phyllades pailletées, qui sont aussi géognostiquement des *Grauwackenschiefer*, c'est-à-dire des roches schistoïdes agrégées, de formation de transition.

Les exemples sont ici moins nombreux, parce que nous devons laisser parmi les phyllades pailletées, roches beaucoup plus argileuses que sablonneuses, les phyllades à ichthyolite de Glaris.

Exemples. Psammite schistoïde cuprifère des Hennes, près Chaudfontaine, pays de Liége : il est compacte, un peu effervescent, pénétré par place de cuivre malachite pulvérulent. — De Langeac, Haute-Loire : grisàtre, très-micacé, rempli de débris charbonneux de végétaux. — Du Pormenaz en Savoie : noirâtre, solide. — De Harlenwege, du Burgstädter-zug, du Galgensberg, etc., près Clausthal au Harz : noirâtre et rougeâtre, avec des empreintes végétales.—Du Rammelsberg, près Goslar : gris-foncé, dur, très-schistoïde. — De Braibant, près Ciney, province de Namur : jaune, brunâtre, très-argileux, peu sablonneux et passant au phyllade. — Enfin, les pierres à faux solides, grisâtres ou jaunâtres, fusibles, en émail olivâtre, etc.

PSAMMITE SABLONNEUX. Le quarz, à l'état sableux, est un caractère du psammite ; mais dans cette variété le quarz est tellement abondant, qu'elle passe au grès micacé et même au quarzite : elle est tantôt solide et tantôt friable.

Exemples. D'Athis, près Feuguerolle, département du Calvados ; il est rougeâtre. —Des environs de Valognes, département de la Manche : il renferme beaucoup d'empreintes de coquilles fossiles. — De l'intérieur même des mines de Poullaouen, en Bretagne : avec des coquilles semblables à celles des autres exemples cités.—D'Abentheuer, sur le Hundsrucken : il est rempli de coquilles fossiles, Térébratules, Productus, etc.

Les psammites, tels que je viens de les décrire, sont beaucoup plus limités qu'ils ne l'étoient dans ma première classification minéralogique des roches mélangées et dans les ouvrages des oryctognostes, qui ont cru pouvoir l'adopter en tout ou en partie[1]. J'en ai dit les raisons au commencement de cet article; je dois me contenter d'indiquer dans quelle place j'ai cru devoir mettre les variétés qui n'ont point été mentionnées ici.

Le *psammite quarzeux* et le *psammite granitoïde* sont des arkoses, comme on va le voir.

Le *psammite calcaire* et le *psammite verdâtre* sont des macignos, et le dernier est un MACIGNO MOLASSE (voyez ce mot).

Quelques roches, qu'on seroit tenté de rapporter aux *psammites sablonneux*, sont des grès micacés, c'est-à-dire des roches dans lesquelles le mica est trop rare pour être regardé comme principe composant essentiel : telle est la plus grande masse de grès de transition, rempli d'entroque, etc. De Krohn'sfeld, entre Zellerfeld et Goslar, au Harz. On y voit à peine quelques lamelles de mica épars çà et là.

ARKOSE.

La spécification de cette roche répond aux deux classes de conditions exigées les unes par les géognostes, qui ne veulent point faire d'espèces de roche, si elles ne constituent en même temps un terrain ou une formation particulière; les autres par les oryctognostes, qui ne demandent que des caractères de composition constante dans un grand nombre de circonstances.[2]

---

1 DE BONNARD, article ROCHE du Dictionnaire d'histoire naturelle de DÉTERVILLE. — BRARD, Élémens de minéralogie de 1824, p. 612; LEONHARD. *Taschenbuch für die gesammte Mineralogie*, 9.ᵉ ann.. p. 378; *Id. Charakteristik der Felsarten*, 1823, p. 48, 599 et 635. La manière dont M. Leonhard a envisagé les roches sous le rapport géognostique, l'a conduit à une classification, une détermination et une description si différente de celle que donne le point de vue oryctognostique, qu'il est presque impossible d'établir une concordance synonymique et historique entre notre psammite et les roches dont il a fait l'histoire sous la dénomination de *Grauwacke*, p. 599; *Kohlensandstein*, p. 635; et *Bunter Sandstein*, p. 640.

2 Voyez pour l'histoire géognostique des arkoses mon Mémoire sur cette roche, Ann. des scien. nat., tom. 8, Juin 1826, pag. 113.

L'Arkose est une roche à texture grenue, formée principalement par voie d'agrégation mécanique.

Elle est *essentiellement composée* de gros grains de quarz hyalin et de grains de felspath ou laminaire, ou compacte, ou argiloïde. Ces deux corps y sont souvent mêlés en quantité à peu près égale, mais plus souvent le quarz est dominant : elle renferme, comme parties *constituantes accessoires*, du mica, de l'argile lithomarge et du kaolin. Ces parties y sont presque toujours en quantité très-inférieure au quarz hyalin et au felspath.

Les parties accidentelles qu'on trouve disséminées ou engagées dans l'arkose, sont

La collyrite?

La stéatite?

Le fluor (chaux fluatée), en cristaux implantés dans ses cavités, ou disséminés dans quelques parties de la masse. (Waldshut, sur le Rhin, grand-duché de Bade.)

Le calcaire spathique, de la même manière.

L'arragonite, de la même manière. (A Vertaison.)

Le calcaire jaunissant.

La barytine, en cristaux implantés ou en veinules.

La pyrite, en petits cristaux ou petits amas disséminés.

Le fer oligiste sanguine.

Le fer hydroxidé.

Le fer carbonaté.

Le cuivre pyriteux.

Le cuivre rouge.

Le cuivre azuré, en nodules cristallins et veinules. (Chessy près Lyon.)

Le cuivre malachite, de la même manière.

La blende.

La galène, en grains disséminés. (Remilly, département de la Côte-d'or.)

Le plomb blanc.

Le plomb phosphaté.

Le mercure natif.

Le cinabre. (Mines du Palatinat.)

Le chrome oxidé. (Les Écouchets près Châlons-sur-Saône.)

L'anthracite.

Le phtanite?

Cette roche n'offre aucune *structure* distincte en petit, rarement même en grand. C'est alors une structure stratifiée en bancs puissans.

Sa *texture* est essentiellement grenue, à grains anguleux, au moins miliaires, au plus pisaires. La masse de la roche a été évidemment formée par voie d'*agrégation mécanique*. La forme irrégulière et angulaire des grains et surtout leur limitation parfaite, telle qu'ils ne se pénètrent jamais, en est la preuve; néanmoins l'action chimique a eu souvent une grande force et par conséquent une grande influence sur la formation de cette roche. La forte adhérence de ses grains entre eux, les reflets lamellaires qu'on aperçoit quelquefois dans les petits espaces qui les séparent; les minéraux cristallisés, répandus dans la masse et qui enveloppent les grains, les fissures ou druses tapissées de cristaux, les veines de matière métallique ou pierreuse qui la traversent, sont des preuves aussi nombreuses qu'évidentes de parties formées par voie chimique ou de cristallisation. Mais on voit aussi que ces actions n'ont pas été simultanées, et que les parties cristallisées sont de formation postérieure aux parties agrégées.

La *cohésion* est souvent très-puissante dans les arkoses, et leur donne les qualités convenables pour être employées comme pierres de construction et surtout comme pierres à meules.

Ces roches ont souvent assez de ténacité; leur *cassure* est droite, quelquefois grenue, quelquefois raboteuse, et quelquefois même unie.

Les arkoses ont souvent la *dureté* du grès; mais, comme le felspath est abondant et altère cette dureté, elle est très-inégale. Elles ne sont jamais susceptibles de prendre le poli.

La *couleur* dominante des arkoses est le gris pâle; quelquefois ces roches sont d'un blanc assez pur, quelquefois elles passent au brun, même au jaunâtre ou au rougeâtre; mais ces couleurs sont rares, pâles et sales. Lorsque les arkoses présentent quelques couleurs tranchées, elles le doivent aux oxides métalliques, qui y sont comme parties accidentelles.

Elles sont généralement *infusibles*, au moins dans leur masse et quelquefois même dans toutes leurs parties, lorsque le felspath altéré est complétement à l'état de kaolin ; aussi les emploie-t-on, comme quelques psammites, dans la construction des chemises des fourneaux de fusion.

Elle ne font jamais *effervescence* avec les acides dans toute leur masse ; lorsque ce phénomène a lieu, il est dû au calcaire spathique interposé comme partie accidentelle.

Les arkoses se désagrégent quelquefois, lorsque leur felspath est à l'état de kaolin ou qu'il est susceptible d'y passer. Les pyrites y font naître des taches ferrugineuses, mais elles ne sont jamais assez abondantes pour les désagréger. (Arkose de Hoër en Scanie.)

Les arkoses, quelquefois si nettement et si essentiellement caractérisées, qu'on ne peut les confondre avec aucune autre roche, présentent dans d'autres cas des caractères vagues, incertains ou incomplets.

Lorsqu'elles sont très-riches en quarz hyalin et pauvres en felspath, elles passent au quarzite ou quarz en roche, où, si le quarz est en petits grains, on ne peut plus les distinguer des grès proprement dits.

Lorsque le quarz est en grains petits, presque arrondis, que le mica devient plus abondant, que le felspath n'est plus reconnoissable que comme de petites taches ou points blancs terreux, elles passent au psammite commun et c'est leur passage le plus fréquent dans les terrains de sédiment inférieur.

Elles ont quelquefois, par l'agrégation puissante de leurs parties, par la couleur de leur felspath et par la présence du mica, tant de ressemblance avec le granite qu'elles semblent y passer. (Avallon, les Écouchets.)

Les arkoses sont, par la continuité de leur masse, leur solidité, la facilité qu'on a de les tailler, employées comme pierres de construction et comme pierres à meules ; nous citerons comme exemples :

Les carrières d'arkoses de Montpeyroux, en Auvergne.

Celles de Blavose, près du Puy en Velay.

Celles de Hoër en Scanie, qui ont avec les précédentes l'analogie la plus complète.

Variétés.

Les variétés que présentent ces roches sont peu nombreuses et peuvent se réduire aux suivantes :

1. ARKOSE COMMUNE. = (*Psammite quarzeux*, Classific. minér. des roches.)

Composée de grains de quarz hyalin et de grains de felspath, avec très-peu de mica, le quarz dominant : couleur grisâtre ou blanchâtre.

De Remilly, entre Vitteaux et Dijon. Le quarz y est noirâtre et le felspath rosâtre; il y a un peu de calcaire : elle renferme, disséminés, du fluor, de la barytine, de la galène et des pyrites. Il n'y a point de mica. [1]

Des Marte-de-Vayre, près Clermont en Auvergne : elle renferme de l'arragonite et du bitume.

De Blavose, près le Puy en Velay : les grains de felspath et de quarz y sont bien distincts; il y a un ciment très-peu abondant et ocracé.

De Waldshut, sur les bords du Rhin, au-dessous de Schaf-house : elle renferme du calcaire spathique, du fluor, du fer oligiste sanguine.

De Carlsbad en Bohême : elle est presque entièrement quarzeuse; mais la séparation nette des grains de quarz hyalin et la présence du kaolin, tout près de cette roche, peuvent décider à la placer parmi les arkoses.

De Weinheim près Bade : le quarz y est rosâtre et le felspath en petits grains blanchâtres kaoliniques.

De Hoër en Scanie, en Suède : le quarz y est dominant : il y a des grains de felspath rares, mais surtout des grains et des nodules d'argilolite et des pyrites disséminés.

2. ARKOSE GRANITOÏDE. = (*Psammite granitoïde*, Classific. des roches.)

Grains de quarz, de felspath lamellaire coloré et de mica, à peu près disposés comme dans le granite : le felspath dominant.

Cette roche ne diffère du granite que parce qu'elle est évidemment formée par voie d'agrégation.

---

[1] LESCHEVIN, Journ. des min., t. 35, p. 20.

Exemples. Des Écouchets près Châlons-sur-Saône, immédiatement au-dessus du granite, pénétrée dans sa masse ou enduite sur ses fissures d'oxide vert et siliceux de chrome.

D'Avallon : pénétré de barytine lamellaire.

De Chataix près Royat et de Montpeyroux en Auvergne : la première renferme des cristaux de barytine qui tapissent ses fissures et cavités ; la seconde est rougeâtre.

3. ARKOSE MILIAIRE.

Grains de quarz et de felspath tout au plus gros comme de la graine de millet ; argile colorée, disséminée : le quarz dominant, à peine du mica.

Cette arkose passe par des nuances insensibles au psammite commun et ne s'en distingue bien que lorsqu'elle réunit nettement l'ensemble des caractères que l'on vient de présenter ; alors c'est réellement une arkose, qui ne diffère de la commune et de la granitoïde que par la petitesse de ses grains, et qui est au contraire trop différente du psammite commun bien caractérisé pour y être réunie. (B.)

PSAMMOBIE, *Psammobia.* (*Conchyl.*) M. de Lamarck, t. 5, page 511, de la nouvelle édition de ses Animaux sans vertèbres, a établi sous ce nom une section générique pour un assez grand nombre d'espèces de coquilles intermédiaires, jusqu'à un certain point, aux genres Telline et Solen de Linné, dont elles faisoient en effet partie ; mais qui ne peuvent que difficilement se ranger sous la caractéristique d'aucun d'eux. En effet, si la plupart ont sur le côté postérieur un pli ou un corselet qui rappelle un peu ce qui existe dans les tellines, elles en diffèrent en ce qu'elles sont constamment un peu bâillantes en avant et en arrière ; d'ailleurs jamais à la charnière il n'y a de trace de dents latérales, écartées, et le ligament, très-bombé, est toujours porté sur des callosités nymphales, très-saillantes. Ce caractère, ainsi que celui du bâillement et de la charnière, rapprochent ces coquilles de certaines espèces de solens ; mais la forme, et surtout l'absence du pli du corselet, les en éloignent. On pourroit beaucoup plus difficilement les différencier des sanguinolaires, genre également établi par M. de Lamarck, avec deux ou trois espèces de solens de Linné ; mais les sanguinolaires n'ont pas de corselet distinct, et le système d'engrenage est un peu différent. Les caractéres que M. de Lamarck assigne à ce genre, peuvent être exprimés ainsi : Coquille ovale - alongée d'avant en arrière ou oblongue , à bords non parallèles, assez comprimée, un peu bâillante en avant comme en arrière, subinéquivalve, à sommets peu marqués, légèrement inclinés en arrière ; le corselet assez bien indiqué par un pli régulier ; une dent cardinale sur la valve droite, se logeant entre deux de la gauche ; ligament court, bombé et complétement extérieur ; deux impressions musculaires, distantes, outre une troisième plus petite, un peu avant le sommet ; impression palléale très - large et très - profondément excavée en arrière. Malheureusement le systéme d'engrenage varie d'une manière sensible presque dans chaque véritable espéce, et passe d'une part aux sanguinolaires, lorsqu'il y a sur la valve gauche un arrêt derrière la fossette, où se loge la dent postérieure de la droite, et de l'autre aux psamotées, lorsque cette dent postérieure vient à manquer, et alors ce sont presque des solens. Quoi qu'il en soit, M. de Lamarck caractérise dix-huit espèces de psammobies, de toutes les mers, et dont le nom indique parfaitement l'habitude qu'elles ont de vivre dans le sable. Ce sont des coquilles souvent assez jolies, du moins quand on a enlevé l'épiderme qui les recouvre. Le plus souvent elles sont finement striées en longueur et radiées de rouge, de violet et de blanc.

La Psammobie vergetée : *P. virgata*, de Lamk. ; Born, *Mus.*, p. 3o, t. 2, fig. 5 ; Enc. méth., pl. 227, fig. 5. Coquille ovale, subangulaire postérieurement et traversée par des rugosités assez épaisses. Couleur blanche, peinte de rayons roses.

De l'océan Indien.

M. de Lamarck croiroit volontiers que cette coquille pourroit bien n'être autre chose que le *solen striatus* de Linn., Gmel., page 3227, n.° 19, si dans les caractéres de celui-ci on ne disoit pas formellement qu'il n'a qu'une dent cardinale à chaque valve.

La P. boréale : *P. feroensis ; Tellina feroensis*, Linn., Gmel., page 3235, n.° 31 ; *Tellina incarnata*, Pennant, Zool. brit., pl. 47, fig. 31. Coquille ovale-oblongue , très-finement striée, seulement suivant sa longueur dans toute son étendue, si ce n'est vers les sommets où elle l'est dans les deux sens. Couleur blanche, radiée de rose.

Des mers du Nord. Il paroît que cette espèce diffère à peine de la précédente.

La Psammobie vespertinale : *P. vespertinalis*, *Solen vespertinus*, Linn.; Gmel., p. 5228; Chemn., *Conch.*, 6, t. 7, fig. 59 et 60. Coquille ovale-oblongue, subaiguillée, et avec un pli en arrière, subinéquivalve, avec des sillons longitudinaux, plus ou moins marqués, surtout en arrière. Couleur blanche ou d'un blanc jaunâtre, radiée de rouge-violet, sous un épiderme brun en dehors, blanche et quelquefois toute violette en dedans.

De la Méditerranée, de l'Adriatique et même, dit-on, de l'océan Atlantique.

La P. fleurie : *P. florida*, de Lamk., *loc. cit.*, n.° 4; Poli, *Test.*, 1, tab. 15, fig. 19 — 21. Coquille ovale-oblongue, jaunâtre, avec des rayons rouges, tachés de blanc.

Des lagunes de Venise et du golfe de Tarente.

La P. maculée : *P. maculata*, de Lamk., *loc. cit.*, n.° 5; Enc. méth., pl. 228, fig. 2? Coquille ovale, treillissée par des stries fines, très-obliques, qui traversent des rides transverses, relevées presque en lames à une extrémité. Couleur rougeâtre, avec des rayons jaunâtres interrompus et des taches blanches.

Patrie inconnue.

La P. bleuatre : *P. cærulescens*, de Lamk., n.° 6; *Tellina gari?* Linn., Gmel., page 3229; Chemn., *Conch.*, 6, p. 100, t. 10, fig. 92 et 93. Coquille ovale-oblongue, avec un pli postérieur régulier, un peu treillissée par des rides longitudinales fines, divisées, anastomosées, et des linéoles verticales très-petites. Couleur d'un violet rougeâtre ou gris de lin.

Des mers de l'Inde.

M. de Lamarck doute que ce soit la *T. gari* de Linné et Gmelin, et cependant il cite la même figure de Chemnitz.

La P. alongée; *P. elongata*, de Lamk., n.° 7. Coquille ovale-oblongue, de couleur pâle, radiée de violet; les natèces renflées et fauves.

De la mer Rouge.

La Psammobie jaunatre; *P. flavescens*, de Lamk., n.° 8. Coquille elliptique, très-finement striée, suivant sa longueur; de couleur de chair jaunâtre.

Du port du roi George dans la Nouvelle-Hollande.

La P. écailleuse; *P. squamosa*, de Lamk., n.° 9. Coquille mince, ovale-oblongue, rugueuse longitudinalement, striée obliquement; les côtes antérieures à écailles imbriquées. denticulant le bord. Couleur violette.

Patrie inconnue.

La P. blanche; *P. alba*, de Lamk., n.° 10. Coquille mince, ovale, striée très-finement en longueur, de couleur blanche, subradiée.

Du port du roi George dans la Nouvelle-Hollande.

Cette espèce diffère-t-elle beaucoup de la P. jaunâtre?

La P. de Cayenne: *P. cayennensis*, de Lamk., n.° 11; *Solen constrictus*, Brug., Coll. de mém. de la soc. d'hist. nat., p. 126, n.° 3; Enc. méth., pl. 227, fig. 1? Coquille ovale, plus large et arrondie en avant, plus étroite et comme rostrée en arrière, de couleur blanche.

Des mers de Cayenne.

La P. lisse; *P. lævigata*, de Lamk., n.° 12. Coquille ovale, lisse, arrondie et plus large en avant, plus étroite en arrière, de couleur blanche, avec une légère teinte de rose vers les sommets.

Patrie inconnue.

En quoi cette espèce diffère-t-elle de la précédente?

La P. tellinelle; *P. tellinella*, de Lamk., n.° 13. Coquille oblongue, subéquilatérale, striée longitudinalement de couleur blanche, avec des rayons rouges interrompus.

Des côtes de la Manche, près Cherbourg.

La P. gentille; *P. pulchella*, de Lamk., n.° 14. Coquille mince, ovale-oblongue, avec un angle au côté postérieur, séparant des stries verticales, croisés par des stries longitudinales. Couleur rouge violacée.

Du voyage de Péron et Lesueur.

La P. orangée; *P. aurantia*, de Lamk., n.° 15. Coquille fort mince, pellucide, ovale-oblongue, fortement bâillante à son bord inférieur. Couleur jaune-orangée.

Des mers de l'Isle-de-France.

Cette jolie espèce de coquille diffère beaucoup des autres espèces de psammobies et mériteroit d'en être distinguée, d'autant plus que, d'après une note que m'a fournie M. le colonel Mathieu, qui nous l'a fait connoître, son animal rampe à la manière des limaces, sa coquille ouverte et étalée sur son dos: mode de locomotion jusqu'ici à peu près inconnu, parmi les mollusques bivalves. Voici ce qu'il m'en dit dans une lettre d'Octobre 1822. « Cette coquille se trouve sous les pierres « constamment recouvertes par les eaux de la mer; son « mollusque s'y applique en étendant son pied de forme arrondie et débordant de plusieurs millimètres, la coquille, « qui est étalée sur son dos en forme de bouclier, comme « si les deux valves n'en faisoient qu'une. Lorsqu'on touche « l'animal, il se replie dans sa coquille; mais son volume étant plus considérable que la capacité de celle-ci, « elle reste entr'ouverte. Il se meut comme les autres « mollusques, en contractant son pied. Il est très-lent dans « ses mouvemens. Sa couleur est d'un gris blanchâtre. La « coquille n'est jamais recouverte par une membrane épidermique. »

La PSAMMOBIE FRAGILE; *P. fragilis*, de Lamk., n.° 16. Coquille très-mince, très-fragile, transparente, ovale-oblongue, treillissée très-finement par des stries longitudinales, traversées par des linéoles verticales encore plus fines.

De la Méditerranée.

La P. LIVIDE; *P. livida*, de Lamk., n.° 17. Coquille oblongue, luisante, anguleuse en arrière, striée longitudinalement, avec des stries verticales, très-fines et interrompues; le corselet d'une des valves plus sillonné que l'autre. Couleur de chair livide.

De la baie des Chiens marins dans la Nouvelle-Hollande.

La P. GALATHÉE; *P. galathœa*, de Lamk., n.° 18. Coquille comprimée, elliptique, réticulée par de petites stries, les unes longitudinales, les autres verticales, très-obliques. Couleur toute blanche en dedans comme en dehors.

La P. DE LESSON; *P. Lessoni*. Coquille luisante, ovale-alongée, assez comprimée, avec un pli anguleux, bien marqué au côté postérieur   btronqué; l'antérieur ovale, un peu pointu; des strie   gitudinales ou d'accroissement, coupées par d'autres stries extrêmement obliques en arrière, si ce n'est sur le corselet. Couleur d'un brun roussâtre, avec les natèces violacées en dehors, toute violette en dedans.

Des côtes de Bourou, l'une des Moluques.

Je ne crois pas que cette espèce, que j'ai caractérisée d'après un bel individu de près de soixante millimètres de longueur, que je dois à la générosité de M. Lesson, de l'expédition du capitaine Duperrey, se trouve répondre à aucune de celles de M. de Lamarck. (De B.)

PSAMMOBIE. (*Foss.*) On connoît peu d'espèces de ce genre à l'état fossile, et on ne les rencontre que dans les couches plus nouvelles que la craie.

Psammobie grossière : *Psammobia rudis*, Desh., Descript. des coq. foss. des env. de Paris, tom. 1, pag. 74, tab. 10, fig. 11 et 12; *Tellina rudis*, Lamk., Ann. du Mus., tom. 7, pag. 234, n.° 9, et tom. 12, pl. 42, fig. 1. Coquille ovale-oblongue, transverse, couverte de très-légères stries transverses très-serrées, qui sont coupées obliquement par d'autres stries obliques et distantes. La partie antérieure forme un angle obtus, qui se continue sur les deux valves jusqu'aux crochets; la charnière se compose de deux dents cardinales sur la valve gauche, et d'une seule sur la droite. Ces coquilles n'ont pas de dents latérales : largeur, dix-huit lignes; longueur, dix lignes. Celles que je possède ont été trouvées à Betz, département de l'Oise, et c'est par erreur que M. de Lamarck avoit annoncé qu'on les avoit trouvées à Grignon. M. Deshayes annonce qu'on en trouve à Valmondois et à Grignon, département de Seine - et - Oise, mais je ne les ai jamais rencontrées dans cette dernière localité.

Psammobia? pudica, Brong., Terrains du Vicentin, pag. 82, pl. 5, fig. 9. Coquille oblongue, subéquilatérale, à valves bâillantes, et couverte de stries transverses. On n'a pu voir la charnière de cette espèce; mais ses valves bâillantes et ses crochets placés presque au milieu de la coquille, ont fait présumer qu'elle pouvait dépendre du genre Psammobie. On la trouve au Val-Sangonini dans le Vicentin.

Une espèce parfaitement semblable existe au Val d'Andone près d'Asti.

Psammobie Laborde : *Psammobia Labordei*, de Bast., Mém.

géolog. sur les env. de Bordeaux, pag. 95, pl. 7, fig. 4. Coquille comprimée, couverte de stries transverses, bâillante et fragile. M. de Basterot dit que cette espèce est très-voisine du *psammobia vespertina* de Leach, qu'on trouve à l'état vivant sur les côtes de France et d'Angleterre et dans la Méditerranée : longueur, vingt-deux lignes, largeur, plus de trois pouces. On trouve cette espèce à Saucats près de Bordeaux.

Psammobia solida. Sow., *Min. conch.*, tom. 4, pag. 55, tab. 342. Coquille alongée-transverse, déprimée, épaisse, presque lisse, un peu courbée, et portant une carène obtuse sur le bord antérieur : longueur, huit lignes ; largeur, quinze lignes. On trouve cette espèce dans la formation marine supérieure à Headon-Hill, en Angleterre, et dans l'île de Wight. (D. F.)

PSAMMOCHARES. (*Entom.*) M. Latreille avoit désigné ainsi un genre qu'il avoit formé de quelques espèces de sphèges dans son Précis des caractères génériques des insectes ; mais dans ses ouvrages suivans il n'a plus employé ce nom. (C. D.)

PSAMMOCOLE, *Psammocola*. (*Conchyl.*) M. de Blainville, dans son Manuel de malacologie et de conchyliologie, p. 567, a proposé de réunir sous ce nom toutes les espèces de coquilles que M. de Lamarck a réparties dans ses deux genres Psammobie et Psammotée, d'après le principe que le système d'engrenage, tendant à s'effacer dans toute la famille des mollusques pyloridés, et, par conséquent, offrant une vacillation évidente, quelquefois même dans une seule espèce, est bien loin de suffire à lui seul pour caractériser les genres. Les caractères qu'il a assignés à ce genre sont les suivans : Coquille ovale, plus ou moins alongée, assez comprimée, un peu bâillante en avant comme en arrière ; à sommet bien indiqué, souvent avec un pli régulier au côté postérieur ; charnière à engrenage assez incomplet ; une ou deux petites dents cardinales bifides sur chaque valve ; ligament extérieur très-bombé, à cause de la grande saillie des callosités nymphales ; deux impressions musculaires, bien distinctes, avec une petite subcardinale ; impression palléale très-étroite, profondément excavée en arrière et prolongée fort au-delà de l'excavation. Les coquilles de ce genre ont réellement quelque chose de particulier, même dans leur système de coloration, qui est radié. On pourroit sans inconvénient y réunir les sanguinolaires et alors on auroit le genre Capse, tel qu'il avoit été proposé par Bruguière. (DE B.)

PSAMMOSTEUM. (*Min.*) Tuyaux formés par du sable ferrugineux, aggluthé autour de racines d'abres, très-analogues aux ostéocolles. (DESM.)

PSAMMOTÉE, *Psammotæa*. (*Conchyl.*) M. de Lamarck (Système des anim. sans vert.. 5, p. 516) établit sous ce nom un genre de coquilles bivalves, pour un petit nombre d'espéces, qui sont, comme les psammobies, jusqu'à un certain point intermédiaires aux tellines et à plusieurs espèces de solens; mais qui en diffèrent, parce que le système d'engrenage est un peu différent et ne consiste en effet qu'en une seule dent cardinale sur chaque valve. Quant à la forme, au ligament, à l'aspect général et même au système de coloration, ce sont de véritables psammobies. M. de Lamarck caractérise comme espèces de psammobies vivantes, qu'il regarde toutes comme inédites :

La P. VIOLETTE, *P. violacea*. Coquille ovale-oblongue, subventrue, striée dans sa longueur, et de couleur violette, radiée de blanc.

Des mers de la Nouvelle-Hollande.

La P. ZONALE. *P. zonalis*. Coquille ovale-oblongue, un peu comprimée, striée dans sa longueur. de couleur blanc-jaunàtre, avec des zones longitudinales livides.

Patrie inconnue.

La P. TRANSPARENTE, *P. pellucida*. Coquille mince, ovale-oblongue, comprimée, pellucide, lancéolée, anguleuse et avec un pli en arriére : de couleur blanchàtre.

Cette espèce, dont on ignore la patrie, ne devroit pas faire partie de ce genre, puisqu'elle a deux dents cardinales sur une valve et point sur l'autre.

La P. SÉROTINALE, *P. serotina*. Coquille ovale-oblongue, subdéprimée, mince, d'un violet pàle, avec les natèces et deux rayons mal formés blancs en dehors, violacée à l'intérieur.

Des mers de l'Inde.

La P. BLANCHE : *P. alba*, Chemn., *Conch.*, 6, t. 11, fig. 99;

Tellina hyalina? Coquille ovale-oblongue, mince, transparente, striée dans sa longueur et un peu dans sa hauteur; le côté postérieur très-court et anguleux; la dent de chaque valve bifide. Couleur toute blanche.

Des mers de la Nouvelle-Hollande, à l'Isle-aux-Animaux.

La Psammotée tarentine, *P. tarentina*. Coquille ovale-orbiculaire, à côté antérieur plus court et plus arrondi, treillissée par des stries longitudinales, arquées, fines, et des verticales encore plus fines. Couleur blanche; les natèces jaunes.

De la Méditerranée, au golfe de Tarente.

La P. donacine, *P. donacina*. Coquille ovale, subdéprimée, élégamment et finement striée dans sa longueur. Couleur blanche, avec des rayons rouges espacées.

Des mers d'Europe. (De B.)

PSAMMOTÉE. (*Foss.*) On a trouvé rarement des espèces de ce genre à l'état fossile, et MM. de Lamarck et Deshayes sont, à ma connoissance, les seuls auteurs qui en aient parlé. Dans l'Histoire des animaux sans vertèbres, tom. 5, p. 517, n.º 3, M. de Lamarck en a cité une qu'il a nommée Solénoïde, et qu'il annonce avoir été trouvée à Grignon, département de Seine-et-Oise, mais je ne la connois pas, et il est possible qu'elle soit la même que celle ci-dessus.

Psammotée douteuse; *Psammotea dubia*, Desh., Descript. des coq. foss. des env. de Paris, tom. 1.ᵉʳ, pag. 76, pl. 10, fig. 13 et 14. Coquille bivalve ovale-elliptique, lisse, à têt épais, équilatérale, bâillante, portant sur chaque valve une dent assez grande, pyramidale, et à côté une fossette qui reçoit la dent de la valve opposée; les nymphes sont peu saillantes, écrasées; elles aboutissent aux crochets, qui sont petits, peu saillans, mais pointus ou acuminés : longueur, cinq lignes; largeur, huit lignes. On la trouve à Parnes, département de l'Oise, dans la couche du calcaire grossier. (D. F.)

PSANACETUM. (*Bot.*) Sous ce nom Necker séparoit du genre *Tanacetum* les espèces à feuilles simples. (J.)

PSANCHUM. (*Bot.*) Necker fait sous ce nom un genre du *cynanchum viminale*. (J.)

PSAR ou PSAROS. (*Ornith.*) Anciens noms grecs de l'étourneau. (Desm.)

PSARE, *Psarus.* (*Entom.*) M. Latreille appelle ainsi un genre d'insectes diptères, de la famille des chétoloxes, pour y ranger une espèce de syrphe, qui est l'abdominal figuré dans les Illustrations de M. Coquebert, planche 23, fig. 9. Fabricius a adopté ce genre dans son ouvrage sur les antliatés, et n'y a inséré que la seule espèce indiquée, qui se trouve en France et en Allemagne, et dont on ignore les mœurs. (C. D.)

PSARIS. (*Ornith.*) Ce nom grec, qu'on écrit aussi *psar* et *psaros*, et qui désignoit l'étourneau, est employé par M. Cuvier comme dénomination générique de la Bécarde, à laquelle M. Vieillot applique celle de *tityra*. (Ch. D.)

PSAROÏDE. (*Ornith.*) M. Vieillot, qui avoit d'abord établi sous ce nom un genre particulier, lui a substitué celui de MANORINE. Voyez ce mot. (Ch D.)

PSAROS. (*Ornith.*) Voyez Psar et Psaris. (Desm.)

PSAROS MEROULA. (*Ornith.*) On appelle ainsi, dans plusieurs îles de l'Archipel, le merle bleu ou solitaire, *turdus cyanus*, Linn. (Ch. D.)

PSATHYRA. (*Ornith.*) Les anciens Grecs désignoient les œufs des poissons par le mot ψαθυρά, qui signifie *friable*, comme s'ils avoient voulu indiquer le peu de consistance de leurs enveloppes. Voyez REPRODUCTION DES POISSONS. (H. C.)

PSATHYRA. (*Bot.*) Division de la section *pratella* dans le genre *Agaricus* de Fries; les espèces qui la composent, au nombre de douze, se font remarquer par leur fragilité et par leur chapeau presque membraneux. (Lem.)

PSATURA; *Saturies.* Encycl. (*Bot.*) Genre de plantes dicotylédones, à fleurs complètes, monopétalées, de la famille des *rubiacées*, de l'*hexandrie monogynie* de Linnæus, offrant pour caractère essentiel : Un calice fort petit, persistant, à six dents; une corolle campanulée; le tube très-court, le limbe à six lobes, barbus en dedans; six étamines; un ovaire inférieur; un style; un stigmate à plusieues lames. Le fruit est un drupe sec, strié, à six loges, couronné par les dents du calice; une semence dans chaque loge.

PSATURA DE BOURBON : *Psatura borbonica*, Poir., Enc.; Lamk., *Ill. gen.*, tab. 260; Willd., *Spec.*; vulgairement Bois CASSANT, *Psatura corymbosa*, Gærtn. fils, *Carpol.*, tab. 194. Arbrisseau peu élevé, dont la tige est droite, glabre, divisée en rameaux étalés, noueux, très-fragiles, garnis de feuilles pétiolées, opposées, ovales, lancéolées, entières, glabres à leurs deux faces, très-aiguës, rétrécies à leur base, et un peu courantes sur le pétiole, marquées de quelques nervures très-fines. Les fleurs sont disposées, à l'extrémité des rameaux, en une panicule étalée, à ramifications opposées, présentant chacune autant de petits corymbes; les pédoncules et les pédicelles glabres, presque capillaires, soutenant de petites fleurs globuleuses. Leur calice est court, à six petites dents très-aiguës; les lobes du limbe de la corolle sont ovales, aigus, barbus à leur intérieur; les filamens très-courts, insérés sur le tube de la corolle; les anthères droites, ovales, plus courtes que la corolle; l'ovaire globuleux; le style plus long que les étamines; le stigmate composé de trois ou quatre lames. Le fruit est un drupe de la grosseur d'une graine de coriandre, sphérique, strié. Cette plante croit à l'île de Bourbon, où elle a été recueillie par Commerson. (Poir.)

PSCHI. (*Mamm.*) Nom tartare du renne. (Desm.)

PSEDERA. (*Bot.*) Necker nomme ainsi la vigne vierge, *hedera quinquefolia* de Linnæus, dont il fait un genre particulier, mais qui est reporté maintenant au genre *Vitis*. (J.)

PSÉLAPHE, *Psclaphus*. (*Entom.*) Nom donné à une espèce, à un genre, et à une famille de coléoptères par M. Latreille. D'après Herbst, dans son Traité sur les coléoptères, tome 4, pl. 39. fig. 9, ce petit coléoptère, rangé par Farbricius parmi les *anthicus*, n'auroit que deux articles aux tarses; mais il a tout au plus lui-même une ligne de longueur totale.

Fabricius en avoit fait d'abord un staphylin. Panzer l'a figuré dans le 11.ᵉ cahier de sa Faune d'Allemagne. Nous avons fait figurer une espèce voisine sous le n.º 3 de la planche 22 de l'atlas de ce Dictionnaire, à laquelle paroit convenir cette description de Kugelann : corps déprimé; élytres tronqués bruns, à poils roussâtres, comme plissés à la base : il l'a décrite sous le nom de *Dresdensis*, et il croit que c'est le *staphylinus crassicornis* de Fabricius. (C. D.)

PSÉLAPHIDES. (*Entom.*) Famille d'insectes, formée par M. Leach, et qui renferme les genres nouveaux, fondés avec diverses espèces du genre Psélaphe. M. Latreille a donné à la même famille le nom de psélaphiens. (Desm.)

PSELIUM. (*Bot.*) Ce genre a été établi par Loureiro, sous le nom de *pselium heterophyllum*, Lour., *Fl. Cochin.*, 2, pag. 621, pour une plante des forêts de la Cochinchine, de la famille des *ménispermées*, de la *dioécie hexandrie* de Linnæus, offrant pour caractère essentiel : Des fleurs dioïques; un calice à six divisions: six pétales: autant d'étamines; dans les fleurs femelles, un calice fort petit, à quatre divisions; point de corolle; un ovaire arrondi; un stigmate à quatre divisions; un drupe comprimé, arrondi, rude, percé en collier.

Selon M. de Jussieu, il faudroit rapporter, au moins avec doute, ce genre au *menispermum*, à cause de ses tiges ligneuses, sarmenteuses, et de ses fleurs dioïques; les mâles, disposées en grappes, ont un calice à six feuilles; six pétales et autant d'étamines; les femelles, rassemblées en ombelles composées, manquent de corolle, et renferment, dans un calice à quatre feuilles, un ovaire surmonté de quatre stigmates, qui devient une noix orbiculaire, en bracelet ou collier, chargée d'aspérités et monosperme, renfermée dans un brou.

Il n'est pas bien certain, ajoute M. de Jussieu, que les deux individus appartiennent à la même espèce, puisque la disposition et le nombre des parties de la fleur sont différens, et que de plus les feuilles de l'individu mâle sont en cœur, et celles de l'individu femelle ovales et ombiliquées. On ne peut, sur ce point, établir que des conjectures, parce que les caractères indiqués ne sont pas suffisans pour donner lieu à une détermination fixe; mais on ne sera pas éloigné de croire que l'un et l'autre pourront appartenir au *menispermum*. Juss., Ann. du Mus., 12, pag. 69. (Poir.)

PSEN. (*Entom.*) M. Latreille a employé ce mot pour désigner un genre d'insectes hyménoptères, voisin des sphéges et des trypoxylons: tel est le *sphex atra* des premières éditions de Fabricius, et les *trypoxylons atratum* et *equestre* du *Systema piezatorum*. (C. D.)

PSENES. (*Entom.*) C'est le mot grec dont Aristote et Théophraste se sont servi pour désigner l'insecte ailé, une sorte de cynips qui pénètre dans les figues, et qui a passé long-temps pour les faire mieux et plus promptement mûrir, en perçant, croyoit-on, au dehors une ouverture, par laquelle le pollen des mâles pouvoit s'introduire pour féconder les germes.

(Voyez Caprification). Le figuier sauvage étant regardé comme une espèce différente, on a nommé l'arbre *figuier des chèvres*, *caprifiguier* (voyez l'article Figuier page 552 du tome XVI de ce Dictionnaire). Gaza a traduit le mot ψην en *culex ficarius qui in grossis nascitur*. (C. D.)

PSÉPHELLE , *Psephellus*. (*Bot.*) Ce nouveau genre de plantes, que nous proposons, appartient à l'ordre des Synanthérées et à la tribu naturelle des Centauriées. Voici ses caractères:

Calathide très-longuement radiée : disque multiflore, sub-régulariflore , androgyniflore; couronne unisériée, ampliatiflore, neutriflore. Péricline ovoïde-urcéolé, très-inférieur aux fleurs du disque; formé de squames régulièrement imbriquées, extradilatées, appliquées, coriaces; les intermédiaires ovales, surmontées d'un grand appendice inappliqué, bien distinct (non décurrent ni marginiforme), ovale, scarieux, roussâtre, bordé de grandes lanières subulées, roides, courtement ciliées, régulièrement disposées. Clinanthe plan, charnu, garni de fimbrilles libres, nombreuses, inégales, linéaires-subulées, laminées. *Fleurs du disque:* Ovaire presque glabre ou garni de quelques poils capillaires; aigrette courte, irrégulière, caduque, roussâtre, composée de squamellules peu nombreuses, plurisériées, irrégulièrement disposées, inégales, filiformes-laminées, munies sur les bords de barbellules et de globules entremêlés. Corolle presque régulière. Étamines à filets papillés; appendices apicilaires des anthères arrondis au sommet. Style à deux stigmatophores très-longs et entregreffés. *Fleurs de la couronne:* Faux ovaire semi-avorté, glabriuscule, portant une aigrette analogue à celle des vrais ovaires du disque. Corolle à tube long, à limbe obconique , divisé en cinq ou six lanières égales et régulièrement disposées.

PSÉPHELLE A BELLES CALATHIDES: *Psephellus calocephalus*, H. Cass.; *Centaurea dealbata*, Willd. Les tiges de cette plante sont longues ordinairement de quinze pouces, dressées ou étalées, rameuses, anguleuses ou striées, pubescentes; les feuilles radicales sont longues d'environ un pied, y compris le pétiole, qui est long de cinq pouces, grêle, canaliculé, pubescent; le limbe est penné. pubescent et vert-cendré en

dessus, subtomenteux et blanchâtre en dessous; les pinnules
sont ovales ou lancéolées, entières ou variablement découpées, les supérieures confluentes à leur base; les feuilles caulinaires sont alternes, sessiles, graduellement plus petites à
mesure qu'elles sont plus élevées, à pinnules entières, lancéolées; les calathides, larges d'un pouce et demi et fort
belles, sont solitaires au sommet des tiges et des rameaux;
les corolles de la couronne sont purpurines; celles du disque
sont blanchâtres, à sommet rougeâtre.

Nous avons fait cette description, générique et spécifique,
sur un individu vivant, cultivé au Jardin du Roi, où il fleurissoit en Juin et Juillet. Cette belle plante, qui seroit très-
propre à décorer les parterres, est vivace par sa racine, et
originaire de l'Ibérie ou Géorgie.

Notre genre *Psephellus* se rapproche du *Cyanus* par les corolles de sa couronne: mais il s'en éloigne beaucoup par les
appendices de son péricline, qui ne sont point du tout décur-
rens sur les squames qui les portent; par l'aréole basilaire
de l'ovaire, qui n'est point entourée de longues soies; par la
singulière structure de l'aigrette; par les stigmatophores longs
et entregreffés; par l'appendice apicilaire des anthères, qui
est arrondi au sommet; par les fimbrilles du clinanthe, qui
ne portent aucune barbellule à leur extrémité. Les appendices du péricline rapprochent le *Psephellus* du genre qui a
pour type la *Centaurea nigra*; mais il s'en distingue par les
corolles de la couronne, par l'appendice apicilaire des anthères, et surtout par l'aigrette.

La plupart des centauriées ont l'aigrette double, auquel
cas l'aigrette intérieure est beaucoup plus petite que l'extérieure; mais plusieurs ont l'aigrette simple, par l'absence
de l'aigrette intérieure. Le *Psephellus* nous paroît offrir la disposition inverse; c'est-à-dire que, selon nous, son aigrette
est simple par l'avortement de l'aigrette extérieure. Il en résulte que l'aigrette intérieure, seule subsistante, acquiert un
accroissement plus considérable que dans les cas ordinaires;
et l'on doit peut-être attribuer à la même cause la singulière
métamorphose des barbellules de l'aigrette en globules ou en
tubercules oliviformes. Les faux ovaires de la couronne des
Centauriées sont presque toujours privés d'aigrette: mais,

dans le *Psephellus*, ils ont une aigrette analogue à celle des vrais ovaires du disque. La corolle des fleurs neutres du *Psephellus* peut être considérée comme formant deux languettes, l'intérieure profondément trifide, l'extérieure partagée en deux jusqu'à la base.

Les observations que nous venons d'exposer suffisent pour établir que la plante dont il s'agit mérite de constituer un genre particulier. Le nom de *Psephellus*, que nous proposons, est dér·é du mot grec ψῆφος, qui signifie souvent *petite boule*, et il fait allusion aux globules dont l'aigrette est comme parsemé. (H. Cass.)

PSÉPHITE. (*Min.*) Nous avons fait remarquer à presque tous les articles des roches mélangées, que les géologues de l'école de Freiberg, disciples du célèbre Werner, n'établissoient des espèces particulières de roches que sous le point de vue géognostique ; que les noms de *porphyre*, de *talkschiefer*, de *grauwacke*, de *todte liegende*, s'appliquoient plutôt à des terrains qu'à des roches, dans l'acception que les minéralogistes de l'école françoise, disciples de Dolomieu et de De Saussure, donnent à ce mot.

Mais ces terrains ou groupes de roches de même formation renferment presque toujours des roches particulières, différentes de toutes les autres par des caractères minéralogiques, et auxquelles les minéralogistes françois d'abord, les anglois et les italiens ensuite, et les allemands, ont eux-mêmes appliqué plus particulièrement le nom du terrain.

Ainsi, quand on voit des échantillons de porphyre, de *talkschiefer*, de *grauwacke*, etc., les géognostes allemands les désignent sur-le-champ par ces noms, au lieu de dire, pour être conséquent à leurs principes, roches des terrains de *porphyre*, roches des terrains de *talkschiefer*, roches des terrains de *grauwacke*, etc., et d'appliquer ces noms par la même conséquence à toutes les roches qui entrent dans ces terrains. Ils cèdent donc, comme nous l'avons dit ailleurs, à la puissance de la considération qu'ils ne veulent pas avouer.

La roche que nous allons décrire sous le nom de pséphite fait partie du terrain désigné par les mineurs allemands sous le nom de *todte liegende*; mais, comme elle offre souvent une composition particulière, on a souvent aussi appliqué à cette

partie le nom du tout, et on a des échantillons de *todte liegende* rouge, gris, etc., qui ne sont point des suites de roches,
ainsi que cela devroit être ; mais qui sont présentés comme de
véritables sortes ou espèces de roches.

C'est à l'une des roches mélangées qui composent ce terrain que nous avons donné le nom de Pséphite, pour être conséquent à nos principes et même à ceux des géologues qui ne
les avouent pas. Nous lui avons donné le nom de pséphite,
parce que c'est un composé différent de tous ceux que nous
avons signalés , et qu'il ne faut pas qu'une partie porte le
même nom que le tout ; et enfin, parce qu'il paroît difficile
que des personnes qui se piquent de mettre de la réflexion
et un peu de science dans la nomenclature, que des François,
qui ne peuvent prononcer passablement le nom de *rothe todte
liegende*, adoptent ce nom, barbare pour les Allemands eux-
mêmes, puisqu'il a été donné par des mineurs, c'est-à-dire
par des hommes entièrement illétrés, à un terrain qui leur
présentoit, dans un lieu particulier, une circonstance importante pour leurs recherches ; car ils vouloient seulement
dire que le *fond rouge* auquel ils arrivoient, étoit *mort*, c'est-
à-dire stérile en minérai.

Le Pséphite[1] est une roche à texture grenue, formée par
voie d'agrégation mécanique.

Il est *essentiellement composé* de fragmens pisaires et même
avellanaires, de schistes divers, de phyllades enveloppés dans
une pâte argiloïde.

Ses *parties accessoires* sont des fragmens de même volume
de quarz, de micaschiste, de grains de felspath, de granite,
même de porphyre, d'argilophyre, etc.

Ses *parties accidentelles* sont peu variées : elles se réduisent à
du mica,
du schiste coticule ,
de la cornéenne ,
du pétrosilex.

---

1 La plupart de roches des terrains de *todte liegende* des Allemands ;
grès rudimentaire, Haüy ; semi-protolite ? Kirwan. On a imprimé *psé-
fite* dans l'Essai de la classification minéralogique des roches ; c'est une
faute : on doit lire Pséphite.

Sa *structure* est généralement grenue, à gros grains, même fragmentaire; elle est quelquefois schistoïde, surtout en grand. La pâte argiloïde, qui lie les grains, est peu sensible ou très-hétérogène, et par conséquent en quantité de beaucoup inférieure à celle des grains.

Cette roche a été évidemment formée par voie d'agrégation et c'est une de celles qui présente le moins de traces de l'action chimique ou de dissolution : elle ne montre rien de cristallisé.

La *cohésion* est foible; cependant la roche est rarement friable.

La *cassure* est presque toujours raboteuse.

Le pséphite est *peu dur*, même tendre, et d'une dureté très-inégale.

La *couleur dominante* est le rougeâtre; il est aussi quelquefois grisâtre ou verdâtre, avec des taches brunes, jaunâtres ou blanchâtres, dues aux fragmens de roches qui le composent ou à l'altération de quelques-unes de ses parties : ses couleurs sont toujours sales et indéterminées.

Une roche ainsi composée ne peut offrir aucun caractère chimique ; lorsque le pséphite renferme des fragmens de calcaire et un peu de calcaire dans sa pâte, il fait une effervescence ou partielle ou totale.

Les pséphites sont rarement *alterés* : lorsqu'ils se désagrégent, leur masse argiloïde produit une boue rougeâtre et leurs parties des amas de petits cailloux à arête émoussée.

Cette roche passe par des nuances insensibles aux brèches proprement dites, et semble elle-même n'en être qu'une variété : aux poudingues; mais le passage est ici plus rare : au psammite commun ou schistoïde, lorsque leurs grains sont petits et qu'il y a du mica, circonstance assez rare au mimophyre, lorsque la pâte devient plus abondante, et que les grains de felspath sont plus nombreux et plus distincts; mais, à l'exception du premier passage, il est toujours assez facile de distinguer les pséphites des roches que nous avons nommées après les brèches.

Les variétés sont difficiles à établir, à cause de la grande variation des schistes et autres fragmens qui les composent; cependant, en y regardant avec une attention suffisante, on

voit que ces variations sont restreintes dans certaines limites
pour chaque canton, et qu'il y a presque toujours, suivant
les lieux, et par conséquent suivant les roches dont les pséphites tirent leur origine, un certain nombre de fragmens
dominans.

PSÉPHITE ROUGEATRE (*Rothe todte liegende*).

La masse ou pâte de cette roche est d'un brun-rouge plus
ou moins foncé; les fragmens sont spécialement de quarz, de
granite, de pétrosilex, de porphyre; ils sont anguleux, mais
à angles émoussés.

Exemples. De Coutances, département de la Manche : d'un
brun-rouge très-foncé; fragmens de quarz, de quarzite, de
schiste argileux rougeâtre.—D'Eisenach en Saxe : absolument
semblable au précédent; quelques fragmens de granite, de
stéaschiste, quelques grains de felspath. — De Becherbach,
entre Oberstein et Meisenheim, dans le Palatinat : semblable
aux précédens, quelques parties d'argilophyre; structure un
peu schistoïde. — De Chemnitz en Saxe : désigné quelquefois
sous le nom de *thonporphyr*, semblable au précédent; pâte
d'argillolite plus pure et plus distincte; fragmens de micaschiste et de pétrosilex altéré. — D'Elrich et de Zorge au Harz:
des grains de quarz, de pétrosilex verdâtre et d'argilophyre,
dans un ciment rougeâtre; celui de Zorge est parfaitement
caractérisé; il passe à l'argilophyre (ce sont des *rothe todte
liegende* et des *flötzthonporphyres* de M. Haussmann). —Du cap
Cepet, près Toulon : pâte ocracée, faisant une effervescence
partielle; fragmens anguleux de quarz, de pétrosilex, de porphyre rouge, etc.

De Luthalerberg, près Clausthal au Harz : à grains pisaires,
couverts d'une poussière verdâtre. — De Steinau, près de
Hanau : brun-jaunâtre, structure très-schistoïde; pâte de
phyllade; fragmens de schiste noirâtre, d'argilophyre, etc. —
Du moulin de Laferté, près Perun, route de Saint-Pol à
Béthune : semblable en tout au précédent sauf la couleur plus
rouge; il fait un peu effervescence. — De Rothhütte au Harz:
à structure tout-à-fait schistoïde et fragmens de schiste luisant. Il seroit possible que ce dernier exemple appartînt
plutôt à un stéaschiste noduleux, rougeâtre; ces trois roches
seront pour les géognostes allemands des *grauwackenschiefer.*

PSÉPHITE VERDATRE.

Sa couleur est le verdâtre plus ou moins foncé ou brun et
le grisâtre; sa structure est généralement schistoïde et ses fragmens sont principalement schisteux.

Cette roche s'éloigne beaucoup des précédentes et paroit
appartenir en général à un terrain plus ancien; aussi pré-
sente-t-elle quelques caractères de cristallisation.

Des rivages de Saint-Jean-de-Luz : interposé entre des lits
de phyllade pailleté; fragmens très-distincts de schiste ardoise,
de quarz, de schiste coticule, etc. : le ciment est calcaire;
aussi fait-il une effervescence vive et complète dans l'acide
nitrique. — De la carrière de Layet-Laier, vallée de Barège :
d'un vert gris assez hétérogène; la pâte paroit grenue; les
fragmens sont de stéaschiste, et cette roche est peut-être un
stéaschiste noduleux à petites parties; elle fait une effervescence générale, mais foible. — Des environs d'Elbingerode au
Harz (*blattersteinschiefer*) : fond vert pâle, avec des taches vertes
dues à des fragmens de stéaschiste et de schiste; quelques
taches rouges. Cette roche paroit avoir une grande analogie
de formation avec la précédente; suivant la position dans laquelle on la prend, elle fait ou ne fait pas effervescence. Dans
le premier cas, c'est plus vraisemblablement un stéaschiste noduleux; l'examen d'un plus grand nombre d'échantillons peut
seul le prouver : dans le second cas, c'est bien une roche d'agrégation, composée de fragmens nombreux de schiste argileux,
réunis par un ciment de calcaire cristallisé. Elle forme des lits
dans le milieu de la précédente, au Polsterberg au Harz. (B.)

PSETTUS. (*Ichthyol.*) Commerson désignoit par ce nom
les poissons des genres Acanthopode et Monodactyle de feu
de Lacépède. (H. C.)

PSEUDALEIA. (*Bot.*) M. du Petit-Thouars a substitué, on
ne sait pourquoi, ce nom à celui d'*olax* de Linné; il a donné
en même temps sur ce genre quelques notions particulières;
il le rapporte à la famille des guttifères, et lui donne pour
caractère : Un calice fort petit, presque entier; une corolle
composée de trois pétales, réunis en tube à leur base; six
filamens appliqués contre les pétales, et de chaque côté des
pétales, des filets bifurqués à leur sommet; un ovaire conique,
le style de la longueur de la corolle; un stigmate à trois lobes:

un drupe sphérique, monosperme; l'embryon charnu; point
de périsperme: les cotylédons charnus, oléagineux. Pet.-Th.,
Nov. gen. Madag., pag. 15, n.° 51. (Poir.)

. PSEUDALIOÏDES. (*Bot.*) Pet.-Th., *Nov. gen. Madagasc.*,
page 15, n.° 52. Arbrisseau de l'ile de Madagascar, à tige
foible, garnie de feuilles alternes, à fleurs peu nombreuses,
disposées en grappes unilatérales. Cette plante, dont le fruit
n'a pas encore été observé, n'est peut-être qu'une espèce
d'*olax* (voyez Pseudaleia), dont elle ne diffère que par le
nombre de ses parties, ayant quatre pétales inégaux, connivens, élargis à leur base; six étamines; trois stigmates globuleux. (Poir.)

PSEUDO-ACACIA. (*Bot.*) Tournefort a établi sous ce
nom un genre de la famille des légumineuses, généralement
admis sous celui de *Robinia.* Voyez Robinier. (Lem.)

PSEUDO-ACMELLA. (*Bot.*) Espèce de synanthérée du
genre *Spilanthus*, qui en a conservé le nom. (Lem.)

PSEUDO-ACONITUM. (*Bot.*) Matthiole désigne ainsi une
renoncule, *ranunculus thora.* Linn. (Lem.)

PSEUDO-ACORUS. (*Bot.*) Nous avons fait observer (Nouv.
Dict. d'hist. nat.) que Tragus donnoit ce nom à une iris, qu'il
ne faut pas confondre avec le glayeul de nos marais, qui est
l'*iris pseudo-acarus* des botanistes. La plante de Tragus est
peut-être la même que l'*iris pratensis*, de Lamk. (Lem.)

PSEUDO-AGNUS. (*Bot.*) Dodoëns nomme ainsi le mérisier à grappes, *prunus padus.* (Lem.)

PSEUDO-AMBROSIA. (*Bot.*) J. Camerarius donne ce nom
au *cochlearia coronopus.* (Lem.)

PSEUDO-AMÉTHYSTE. (*Min.*) On a ainsi nommé le fluor
ou chaux fluatée violette. (B.)

PSEUDO-AMOMUM. (*Bot.*) C'est dans Gesner le groseiller
noir, *ribes nigrum.* (Lem.)

PSEUDO-APIOS de Matthiole. (*Bot.*) C'est la gesse tu-
béreuse, *lathyrus tuberosus*, Linn. (Lem.)

PSEUDO-APOCYNUM. (*Bot.*) C. Bauhin fait remarquer
que cette plante, mentionnée dans Pline, est peut-être notre
balsamine des bois. Morison indique sous le même nom les
bignonia crucigera et *radicans.* (Lem.)

PSEUDO-ASPHODELUS. (*Bot.*) Les *anthericum ossifragum*

et *callyculatum* sont ainsi désignés dans C. Bauhin. Ces deux plantes ne sont plus du genre *Anthericum*, et forment chacune un genre séparé. Voyez Narthèce et Tofieldie. (Lem.)

PSEUDO-BÉRYL. (*Min.*) C'est un quarz hyalin verdâtre, qui ressemble au béryl aigue-marine; il est employé comme pierre d'ornement et vient du Brésil.

En général, le nom des différentes pierres gemmes, précédé de l'épithète *pseudo* (faux), indique des quarz qui ont la couleur qu'on attribue généralement à ces gemmes; ainsi

Le *pseudo-chrysolite* est un quarz jaunâtre.

Le *pseudo émeraude* est un quarz verdâtre; on a aussi donné ce nom à la prehnite du cap de Bonne-Espérance.

Le *pseudo-grenat* est un quarz rougeâtre vineux.

Le *pseudo-hyacinthe* est un quarz jaune-orangé.

Le *pseudo-prase* est un quarz hyalin vert-pomme.

Le *pseudo-rubis* est le quarz hyalin rose laiteux.

Le *pseudo-saphir* est le quarz saphirin.

Le *pseudo-topaze* est un quarz jaune enfumé. (B.)

PSEUDO-BOA. (*Erpét.*) Schneider et Oppel ont donné ce nom à un genre de serpens, dont les espèces sont aujourd'hui réparties dans les genres Boa, Bongare, Cenchris et Scytale. Voyez ces mots. (H. C.)

PSEUDO-BOA BLEU. (*Erpét.*) Il appartient au genre Bongare. Voyez ce mot. (H. C.)

PSEUDO-BOA CARÉNÉ. (*Erpét.*) Voyez Scytale. (H. C.)

PSEUDO-BOA CONTORTRIX. (*Erpét.*) C'est le *cenchris mokeson*. Voyez Cenchris. (H. C.)

PSEUDO-BOA COURONNÉ. (*Erpét.*) C'est un Boa. Voyez ce mot. (H. C.)

PSEUDO-BOA FASCIÉ. (*Erpét.*) C'est un Bongare. Voyez ce mot. (H. C.)

PSEUDO-BOA KRAIT. (*Erpét.*) Voyez Krait et Scytale. (H. C.)

PSEUDO-BRASILIUM. (*Bot.*) Genre de plantes, établi par Plumier, et admis par Adanson, qui comprenoit deux espèces: l'une, rapportée maintenant au *comocladia*, et l'autre au *picrammia antisdesma*, Swartz. (Lem.)

PSEUDO-BUNION de Dioscoride. (*Bot.*) Quelques commentateurs présument que Dioscoride a voulu désigner une espèce de sénevé ou de moutarde. Dodonée indique ainsi la barbarée, *erysimum barbarea*. (Lem.)

PSEUDO - BUXUS. (*Bot.*) Le galé et le fragon épineux sont ainsi désignés dans quelques vieux auteurs. (Lem.)

PSEUDO - CAPSICUM. (*Bot.*) Dodoëns et les botanistes de son temps connoissoient sous ce nom notre joli morelle faux - piment, ou pommier d'amour, *Solanum pseudo - capsicum*, Linn. La couleur rouge de son fruit, analogue à celui du vrai *capsicum*, lui a fait donner son nom. (Lem.)

PSEUDO-CASSIA de C. Bauhin. (*Bot.*) Willdenow le rapporte au *canella alba*, qui produit l'écorce de Winter. (Lem.)

PSEUDO - CHAMÆBUXUS. (*Bot.*) C'est chez les anciens botanistes le *polygala chamæbuxus*, Linn. Il paroît avoir été donné également au redoul, *coriaria myrtifolia*. (Lem.)

PSEUDO - CHAMÆDRYS. (*Bot.*) Gesner, Thallius, etc., ont décrit sous ce nom les *veronica teucrium* et *chamædrys*, Linn. (Lem.)

PSEUDO-CHAMÆPYTIS de Clusius. (*Bot.*) C'est une espèce de *teucrium* qui a conservé ce nom (voyez Germandrée). Rivin a désigné encore par ce nom le *dracocephalum Ruyschiana*, Linn. (Lem.)

PSEUDO-CHINA. (*Bot.*) Racine d'une espèce de sénecon, *senecio china*, Linn. (Lem.)

PSEUDO-CHRYSOLITHE. (*Min.*) On a aussi donné ce nom au péridot et, suivant Klaproth, à une variété particulière d'obsidienne. (B.)

PSEUDO - CLINOPODIUM de Matthiole. (*Bot.*) C'est un thym, *thymus acinos*, Linn. (Lem.)

PSEUDO - COBALT. (*Min.*) C'est le nickel arsenical. (B.)

PSEUDO - CORNUS et PSEUDO - CRANIA. (*Bot.*) Ces noms ont été donnés au cornouiller sanguin, *cornus sanguinea*, par Val. Cordus et les botanistes du même temps. (Lem.)

PSEUDO - CORONOPUS de Dodoëns. (*Bot.*) C'est un plantain, *plantago coronopus*, Linn. (Lem.)

PSEUDO - COSTUS de Matthiole. (*Bot.*) Selon Sprengel, c'est le *laserpitium chironium*, Willd. (Lem.)

PSEUDO-CYPERUS. (*Bot.*) C'est, dans Lobel et Gesner, une espèce de laiche, qui en a conservé le nom, *carex pseudo-*

cyperus, Linn. Il ne faut pas le confondre avec une plante de ce même nom, mentionnée par Thallius, laquelle est le *scirpus sylvaticus*, Linn. (Lem.)

PSEUDO-CYTISUS. (*Bot.*) Diverses espèces de légumineuses sont ainsi désignées dans les ouvrages anciens de Lobel, Gesner, C. Bauhin, etc., et particulièrement diverses espèces de genêts et de cytises, par exemple : les *cytisus nigricans, triflorus, austriacus, supinus*, le *genista canariensis*, le *spartium complicatum*, l'*anthyliis cytisoides;* enfin, le *vella pseudo-cytisus*, qui est un crucifère. (Lem.)

PSEUDO-DICTAMNUS. (*Bot.*) Espèce de labiée du genre Marrube, qui a été donné pour le *pseudo-dictamnos* de Dioscoride et des auteurs anciens, moins énergique dans ses vertus que le véritable *dictamnos*. Tournefort, et à son imitation, Adanson et Mœnch, ont fait un genre *Pseudo-dictamnus* de quelques espèces de marrubes, lesquelles ont la lèvre supérieure voûtée, les feuilles en cœur, le calice resserré au-dessus des graines et ayant son limbe campanulé. (Lem.)

PSEUDO-DIGITALIS. (*Bot.*) Boccone, *Sic.*, pl. 15, fig. 5, donne ce nom au *dracocephalum virginicum*, Linn. (Lem.)

PSEUDO-ELLEBORUS. (*Bot.*) Morison désigne ainsi le *trollius europæus*, Linn. Matthiole, Daléchamps, etc., le donnent à l'*adonis vernalis;* enfin Dodonée nomme *pseudo-helleborus* noir l'*helleborus viridis*, Linn. (Lem.)

PSEUDO-EUPATORIUM. (*Bot.*) Dodonée mentionne deux plantes de ce nom : l'une, distinguée par l'épithète de *mâle*, est l'*eupatorium cannabinum* ou l'eupatoire commune ; l'autre, le *pseudo-eupatorium femelle*, est le *bidens tripartita*, Linn. (Lem.)

PSEUDO-GALÈNE. (*Min.*) C'est la blende ou zinc sulfuré. (B.)

PSEUDO-GELSEMIUM de Rivin. (*Bot.*) C'est le *bignonia radicans*, Linn., espèce du genre *Tecoma*, Juss. (Lem.)

PSEUDO-GNAPHALIUM. (*Bot.*) Morison donne ce nom au *micropus sapinus*, Linn. (Lem.)

PSEUDO-HELICHRYSUM. (*Bot.*) Morison décrit sous ce nom le *baccharis halimifolia*, Linn., et l'*iva frutescens*, Linn.; plus anciennement il a été celui de l'*inula fœtida* et de l'*erigeron fœtidum*, Linn. (Lem.)

PSEUDO - HELLEBORUS. (*Bot.*) Voyez PSEUDO - ELLEBORUS. (LEM.)

PSEUDO - HERMODACTYLIS de Matthiole. (*Bot.*) C'est l'*erythronium dens canis*, Linn. Voyez VIOULT. (LEM.)

PSEUDO - IRIS. (*Bot.*) L'*iris pseudo - acorus*, Linn., est ainsi dénommé dans les anciens botanistes, Dodonée, Besler, etc. (LEM.)

PSEUDO - LEONTOPODIUM. (*Bot.*) Cette plante de Matthiole, Daléchamps, etc., est le *gnaphalium rectum*, Willd. LEM.)

PSEUDO - LIGUSTRUM. (*Bot.*) Nom donné anciennement au mérisier à grappes. Voyez Dodon., *Pempt.* (LEM.)

PSEUDO - LIMODORUM. (*Bot.*) Clusius désigne ainsi l'*orchis abortiva*, Linn., maintenant placée dans le genre *Limodorum*. (LEM.)

PSEUDO - LINUM. (*Bot.*) Il désignoit anciennement la linaigrette, *eriophorum*, Linn. (LEM.)

PSEUDO - LONCHITIS. (*Bot.*) Matthiole et d'autres botanistes, ses contemporains, ont ainsi désigné l'*acrostichum Marantæ*, Linn., considéré maintenant comme une espèce du genre *Notolæna*. (LEM.)

PSEUDO - LOTUS. (*Bot.*) C'est chez quelques - uns des anciens botanistes le plaqueminier d'Europe, *diospyros lotus*, Linn. (LEM.)

PSEUDO - LYSIMACHIA et PSEUDO - LYSIMACHIUM. (*Bot.*) Noms donnés autrefois aux épilobes de montagne et à feuilles étroites, et aussi à la salicaire. (LEM.)

PSEUDO - MALACHITE. (*Min.*) Nom donné par M. Hausmann au cuivre phosphaté. (B.)

PSEUDO - MELANTHIUM. (*Bot.*) C'est dans Matthiole l'*agrostemma githago*, Linn., et dans Rivin l'*agrostemma cæli rosa*. (LEM.)

PSEUDO - MELILOTUS. (*Bot.*) C'est notre *lotus corniculatus*. (LEM.)

PSEUDO - MELISSA. (*Bot.*) C'est le *dracocephalum Moldavica*, ou la moldavique. (LEM.)

PSEUDO - MOLY. (*Bot.*) Gesner, Daléchamps, Dodoëns, désignent ainsi le *statice armeria*, Linn. (LEM.)

PSEUDO - MORPHOSE et PSEUDO - MORPHE. (*Min.*) C'est le

nom qu'on donne aux minéraux qui ont pris la forme de cristaux étrangers à leur espèce, tels qu'on le voit assez souvent dans le quarz, la stéatite, la galène. Ces pseudo-morphes ou formes empruntées se distinguent des véritables, parce que souvent elles ne peuvent appartenir au système de cristallisation de l'espèce minérale qui les présente, qu'elles sont opaques et ont une texture compacte, sans aucun indice de clivage. (B.)

PSEUDO - MYAGRUM de Matthiole. (*Bot.*) C'est la caméline cultivée. (Lem.)

PSEUDO - MYRTUS. (*Bot.*) Notre myrtille a été ainsi nommé autrefois. (Lem.)

PSEUDO - NARCISSUS. (*Bot.*) Sous ce nom les anciens botanistes ont fait spécialement connoître les espèces de narcisses à couronne florale très-développée, comme dans le *narcissus pseudo-narcissus*. L'*anthericum scrotinum* conserve la même dénomination dans C. Bauhin. (Lem.)

PSEUDO - NARDUS. (*Bot.*) Matthiole, Fuchsius, etc., désignent ainsi la lavande. (Lem.)

PSEUDO - NÉPHELINE. (*Min.*) C'est une vraie népheline. (B.)

PSEUDO - OOLITHE CALCAIRE. (*Min.*) Nom donné par Fortis, dans son Oryctographie vicentine, à des petits sphéroïdes calcaires, répandus dans une pouzzolane lapillaire de Saint-Pierre d'Arzignano. (B.)

PSEUDO - ORCHIS. (*Bot.*) Chez Clusius, c'est l'*ophrys monophyllos*, Linn., espèce de *malaxis*, Willd.; chez Dodonée, c'est l'*ophrys ovata*, Linn., espèce de *epipactis* de Swartz; chez C. Bauhin, c'est le *satyrium repens*, Linn., espèce de *neottia* de Swartz; enfin, dans Michéli, c'est le *satyrium albidum*, Linn., à présent espèce du genre *Orchis*. (Lem.)

PSEUDO-PÉTALON. (*Bot.*) Genre de plantes dicotylédones, à fleurs incomplètes, dioïques, de la famille des *rutacées*, de la *dioécie pentandrie* de Linnæus, qui a des rapports avec le *zanthoxylum*, offrant pour caractère essentiel : Des fleurs dioïques: dans les fleurs mâles, un calice très-petit, à cinq divisions profondes; cinq écailles en forme de pétales, plus longues que le calice, opposées à ses divisions, réfléchies en dedans; cinq étamines alternes avec les divisions du calice;

les filamens épaissis à leur base ; un ovaire avorté ; les fleurs mâles semblables aux fleurs femelles ; les écailles plus étroites ; point d'étamines ; un ovaire difforme , souvent à deux lobes ; deux styles courts, quelquefois un seul ; le stigmate en tête. Fruit .... (une capsule à une ou deux loges monospermes ?)

Pseudopétalon glanduleux : *Pseudopetalon glandulosum*, Raf., *Fl. Lud.*, pag. 108 ; *Zanthoxylum*, Rob., *Itin.*, pag. 507. Arbre de trente à quarante pieds, soutenant une cime ample et arrondie ; les branches sont presque verticillées, armées d'épines courtes, étroites, portées sur une bosse épaisse, pyramidale ; l'écorce blanchâtre. Les feuilles sont alternes, ailées avec une impaire ; les pétioles non épineux ; les folioles opposées, au nombre de onze à treize, munies de dents glanduleuses ; les fleurs petites, verdâtres, disposées en cime terminale. Cette plante a été observée à la Louisiane par M. Robin. Cet arbre est très-odorant dans toutes ses parties, d'une saveur brûlante, surtout le bois et l'écorce. Il est employé dans les bains comme aromatique ; mais son usage est nuisible aux personnes délicates. Ses racines sont employées avantageusement comme vermifuges pour les chevaux. (Poir.)

PSEUDO-PITHÈQUES. (*Mamm.*) M. Duméril a donné ce nom à la famille de mammifères qui se compose des makis et autres animaux voisins. (Desm.)

PSEUDO-PODES. (*Crust.*) M. Latreille avoit anciennement donné ce nom à une famille d'entomostracés qui comprenoit les cyclopes et les argules. (Desm.)

PSEUDO-PTERUS. (*Ichthyol.*) Klein, dans ses *Misc. pisc.* (voyez page 76 , n.º 1), a désigné par ce nom le *pterois volitans*. Voyez Pteroïs. (H C.)

PSEUDO-PYRETHRUM. (*Bot.*) L'*anthemis pyrethrum*, Linn., est ainsi nommée dans J. Camerarius, *Epitom.* (Lem.)

PSEUDO-RUBIA. (*Bot.*) Morison donne ce nom à la crucianelle à feuilles étroites. (Lem.)

PSEUDO-RHABARBARUM. (*Bot.*) C'est le *thalictrum flavum*, dans Daléchamps, et pour d'autres auteurs le *rumex alpinus*, Linn. (Lem.)

PSEUDO-RUTA de Matthiole. (*Bot.*) C'est le *ruta patavina*, Linn. (Lem.)

PSEUDO-SANTALUM. (*Bot.*) Plusieurs brésillets, *cesalpinia brasiliensis* et *echinata*, Willd., ont reçu ce nom, sous lequel est figuré, dans Rumph., *Amb.*, 2, pl. 12, l'*aralia umbellifera*, Lamk. (Lem.)

PSEUDO-SAURIENS. (*Erpét.*) M. de Blainville forme des salamandres tritons et autres batraciens pourvus d'une queue, une petite famille, à laquelle il assigne ce nom. Desm.)

PSEUDO-SCHORL. (*Min.*) C'est, dit-on, l'axinite. (B.)

PSEUDO-SESAMUM. (*Bot.*) C'est encore un des noms anciens de la caméline cultivée. (Lem.)

PSEUDO-STACHYS. (*Bot.*) Dans C. Bauhin, *Pin.*, c'est le *stachys alpina*, Linn. (Lem.)

PSEUDO-STRUTHIUM de Matthiole. (*Bot.*) C'est la gaude, *reseda luteola*, Linn. (Lem.)

PSEUDO-SYCOMORUS. (*Bot.*) L'azédarach a été connu anciennement sous ce nom encore appliqué à un érable, l'*acer pseudo-platanus*. (Lem.)

PSEUDO-TURPETHUM de C. Bauhin. (*Bot.*) C'est le *thapsia garganica*, plante ombellifère. (Lem.)

PSEUDO-VALERIANA. (*Bot.*) Le *fedia dioscoidea*, Willd., est ainsi désigné dans Morison. On l'a étendu aussi à des espèces congénères faisant partie autrefois des valérianes. (Lem.)

PSEUDO-VIBURNUM de Rivin. (*Bot.*) C'est une espèce du genre *Lantana* ou *Camara*. (Lem.)

PSEUDOS. (*Bot.*) Les anciens auteurs, et même quelques modernes, ont désigné des plantes sous le nom d'une autre, avec laquelle ils leur trouvoient quelque ressemblance, en faisant précéder ce nom par le mot grec *pseudos*, qui signifie faux ou fausse. Plusieurs ont été relatées dans ce Recueil à la lettre F, telles que faux-acmella, *pseudo-acmella*; fausse-ambrosie, *pseudo-ambrosia*, etc., avec l'addition de leur nom botanique actuel.

Necker a donné au *bromelia pinguin* le nom de *pseudo-melia*, et, au *maranta comosa*, celui de *pseudo-basilicum*; le *pseudo-Brasilium* de Plumier est un *comocladia*; et le *pseudoelephantopos* de Rohr est maintenant le *distreptus* de M. Cassini. On peut voir dans les articles Pseudo ci-dessus, à combien de plantes ce nom a été donné. (J.)

PSI. (*Entom.*) Nom d'une noctuelle dont les ailes supérieures sont d'un gris blanchâtre, marquées de caractères

noirs qui représentent trois ou quatre ┼ renversés. La chenille de cette noctuelle se nourrit sur les pommiers et autres
arbres fruitiers. (C. D.)

PSIADIE, *Psiadia.* (*Bot.*) Ce genre de plantes, établi en
1797 par Jacquin, appartient à l'ordre des Synanthérées, à
notre tribu naturelle des Astérées, à la section des Astérées-
Solidaginées, et au groupe des Psiadiées, dans lequel nous
l'avons placé entre les deux genres *Sarcanthemum* et *Nidorella.*
(Voyez notre tableau des Astérées, tom. XXXVII, pag. 459
et 469.) Le genre *Psiadia* nous a offert les caractères suivans :

Calathide courtement radiée : disque subduodécimflore,
régulariflore, masculiflore ; couronne bisériée, multiflore, liguliflore, féminiflore. Péricline subcampanulé, à peu près
égal aux fleurs du disque ; formé de squames imbriquées, appliquées, oblongues, subcoriaces, membraneuses sur les bords,
les intérieures colorées au sommet. Clinanthe plan, fovéolé.
Fleurs du disque : Faux ovaire très-petit, presque nul, aigretté
comme les vrais ovaires de la couronne. Corolle à cinq divisions. Style à deux stigmatophores libres, ayant les bourrelets
stigmatiques oblitérés, avortés, presque nuls. *Fleurs de la couronne :* Ovaire obovoïde-oblong, un peu comprimé bilatéralement, glabre, finement strié par dix nervures, surmonté
d'un très-gros bourrelet apicilaire cartilagineux, très-distinct,
articulé sur le corps de l'ovaire, dont il est séparé par un
étranglement ; bourrelet basilaire nul ou presque nul ; aigrette longue, composée de squamellules nombreuses, unisériées, libres, filiformes, barbellulées. Corolle à tube long,
à languette courte, arquée en dehors.

On ne connoit qu'une seule espèce de ce genre.

PSIADIE GLUTINEUSE ; *Psiadia glutinosa*, Jacq. C'est un arbrisseau d'environ six pieds, entièrement glabre, enduit d'un
vernis gluant sur les parties nouvelles, desséché sur les anciennes ; les jeunes rameaux sont cylindriques et rougeâtres ;
les feuilles, longues d'environ trois pouces et demi, larges
d'environ quinze lignes, sont alternes, courtement pétiolées,
lancéolées, aiguës au sommet, dentées en scie sur les bords,
d'un vert foncé, luisant ; les calathides, composées de fleurs
jaunes, sont petites, très-nombreuses, très-rapprochées, dis-

posées au sommet des rameaux en corymbes larges et convexes, dont chaque ramification offre à sa base une petite bractée linéaire-subulée; la calathide a deux lignes de hauteur et autant de largeur.

Nous avons fait cette description spécifique, et celle des caractères génériques, sur un individu vivant, cultivé au Jardin du Roi, où il était étiqueté *Erigeron viscosum*, et où il fleurissoit en Août. Cet arbrisseau seroit originaire des Antilles, selon M. Desfontaines (Tabl. du Jard. du Roi, p. 121); mais la plupart des botanistes lui donnent pour patrie l'Isle-de-France, ce qui nous paroît plus probable, parce que toutes les autres Psiadées habitent l'Afrique ou les îles qui en dépendent.

Le genre *Psiadia* de Jacquin, fort mal attribué par d'autres botanistes au *Conyza*, au *Solidago*, à l'*Erigeron*, est évidemment intermédiaire entre nos deux genres *Sarcanthemum* et *Nidorella*. Il se rapproche du *Sarcanthemum* par sa couronne bisériée, multiflore, à languettes courtes, et par ses ovaires glabres; mais il s'en éloigne beaucoup par plusieurs caractères très-notables, tels, par exemple, que la structure de l'aigrette, qui le rapproche du *Nidorella*.

A propos du *Sarcanthemum*, nous remarquons que M. Lindley a établi un genre *Sarcanthus* dans l'ordre des Orchidées. Nous ignorons si la publication de son *Sarcanthus* est antérieure ou postérieure à celle de notre *Sarcanthemum*, décrit dans le Bulletin des sciences de Mai 1818 (page 74). Mais il nous semble qu'on peut très-bien conserver, sans aucun changement, les deux noms génériques de *Sarcanthus* et de *Sarcanthemum*, puisque tous les botanistes adoptent ceux d'*Helianthus* et d'*Helianthemum*. Il sera bientôt impossible de nommer les nouveaux genres, si l'on exige que les noms génériques ne se ressemblent point du tout.

Le *Psiadia* et le *Nidorella*, quoique très-rapprochés, se distinguent suffisamment. En effet, dans le *Psiadia*, le disque n'a qu'environ douze fleurs, évidemment mâles, à faux ovaire presque nul; les ovaires de la couronne sont parfaitement glabres, et surmontés d'un gros bourrelet apiciliaire charnu, très-remarquable, comme articulé sur l'ovaire, dont il est séparé par un étranglement. Dans le *Nidorella*, le disque est multiflore, androgyni-masculiflore, à ovaires courts, chargés de glandes, probablement stériles ; les ovaires de la couronne sont hispides et privés de bourrelet apicilaire. Ajoutons que le port est très-différent. (H. Cass.)

PSIDIUM. (*Bot.*) Voyez Goyavier. (Poir.)

PSIDOPODIUM. (*Bot.*) Le genre que Necker avoit formé sous ce nom dans la famille des fougères, répond, en grande partie, à l'*aspidium* de Swartz et Willdenow. (Lem.)

PSIGURIA. (*Bot.*) C'est sous ce nom que Necker a fait un genre particulier de l'*anguria trilobata* de Linnæus, qui a un fruit hérissé, dans lequel il admet deux loges. (J.)

PSILE, *Psilus.* (*Entom.*) M. Jurine a décrit sous ce nom, un genre d'hyménoptères qui, dans sa Méthode de classification, sont caractérisés par le défaut de nervures ou de cellules dans les ailes, et dont les antennes varient. Il paroit assez que les diapries de M. Latreille correspondent à ce genre. M. Jurine a donné la figure de deux espèces, l'une sous le n.° 48 de la planche 13 de son ouvrage, et l'autre qui est une femelle sans ailes dans la septième case de la même planche. On voit par ces figures que les antennes varient beaucoup dans ce genre. (C. D.)

PSILONIA. (*Bot.*) Ce genre de champignons, établi par Fries et qu'il avoit d'abord nommé *Aleuria*, a pour type le *tubercularia buxi* de M. De Candolle, que Fries nomme *psilonia rosea.* Déjà M. De Candolle avoit soupçonné que cette espèce, ainsi que le *tubercularia ciliata* d'Albertini et Schweinitz, pourroit faire un genre intermédiaire entre le *tubercularia* et l'*erysiphe* : en effet ces champignons ont l'aspect du *tubercularia* et vivent, comme l'*erysiphe*, sous les feuilles ou sur les tiges herbacées. Fries caractérise ainsi son genre *Psilonia* : Filamens floconneux, droits, simples, translucides, cloisonnés, réunis en masse à leur base, entourant des sporidies simples, globuleuses, pellucides, agglomérées par tas, et très-abondantes. (Lem.)

PSILOPE , *Psilopus.* (*Malacoz.*) M. Poli, dans son grand ouvrage sur les testacés des Deux-Siciles, appelle ainsi le genre qui comprend la coquille que Linné a nommée *chama cor*, et qui sert de type au genre Isocarde de M. de Lamarck. Les caractères sont : Siphons remplacés par deux trous; branchies séparées, si ce n'est au sommet; abdomen ovale comprimé, terminé par un pied fort petit. (De B.)

PSILOPSIS. (*Bot.*) Le *Galeopsis galeobdolon* avoit été regardé comme genre distinct par Dillen, qui le nommoit *Galeobdolon*. C'étoit aussi le *Lamiastrum* de Heister, le *Pollichia* de Roth, le *Cardiaca* de Lamarck, le *Psilopsis* de Necker. (J.)

PSILOSANTHUS. (*Bot.*) Ce genre de Necker est le même que le *Liatris* de Gærtner, Schreber et Willdenow. (J.)

PSILOSOMES, *Psilosoma*. (*Malacoz.*) M. de Blainville, dans son Manuel de malacologie et de conchyliologie, p. 484, désigne ainsi, à cause de la compression extrêmement grande du corps, une petite famille de son ordre des aporobranches, qui n'est composée que du seul genre PHYLLIROË. Voyez ce mot. (De B.)

PSILOTHRON. (*Bot.*) Voyez MELOTHRON. (J.)

PSILOTUM. (*Bot.*) Genre de la famille des lycopodiacées, créé par Bernhardi, reconnu par les botanistes : c'est le *Bernhardia* de Willdenow, qu'il avoit aussi nommé plus antérieurement *Hoffmannia*. Le *psilotum* est caractérisé par ses capsules composées de trois coques, chacune à une loge, s'ouvrant en deux valves dans leur moitié supérieure. Ce genre ne comprend qu'un très-petit nombre d'espèces, qui croissent en Amérique ou bien aux îles Bourbon et Maurice : leurs tiges sont rameuses, presque ligneuses, droites, triangulaires ou presque triangulaires, ou presque cylindriques; les rameaux sont également triangulaires, quelquefois aplatis et à deux tranchans; les feuilles sont de petites arêtes écartées.

Le PSILOTUM TRIANGULAIRE : *Psilotum triquetrum*, Swartz; Brown, *Prod. Nov. Holl.*, 1, p. 165; *Bernhardia dichotoma*, Willd., *Spec.*, pl. 5; *Lycopodium nudum*, Linn.; *Lycopodioides*, Dillen., *Musc.*, pl. 65, fig. 4; Plum., *Filic.*, pl. 170, fig. *A A.* Tige rameuse, dichotome, triangulaire, ainsi que les rameaux; ceux-ci écartés; feuilles alternes, très-petites, très-écartées; groupes capsulaires, alternes sur les derniers rameaux, composés de trois coques qui, d'après la figure donnée par Dillenius, s'ouvrent chacune par un sillon longitudinal et mettent ainsi à découvert autant de loges remplies d'une poussière séminulifère très-abondante. Cette plante est droite et haute d'un pied environ ; elle a une sorte de roideur et paroît nue, à cause de la petitesse et de l'écartement de ses feuilles. Les groupes capsulifères sont assez nombreux, munis d'une double bractée à leur base. Cette plante croit dans la Floride, les îles de Bahama, de la Jamaïque, de la Martinique ; dans l'Amérique méridionale, aux îles Maurice et Bourbon, à l'orient de l'Afrique, et à la Nouvelle - Hollande, autour du port Jackson.

Le *Psilotum complanatum*, Swartz, *Fil.*, pl. 4, fig. 5, est une seconde espèce parasite des arbres à la Jamaïque, dont la tige, dichotome, peu sensiblement triangulaire, se divise en rameaux aplatis à deux tranchans.

Rob. Brown réunit au *psilotum* le genre *Tmesipteris*, qui n'en diffère que par ses capsules didymes, biloculaires; les caractères de ce genre sont modifiés ainsi par lui : Capsules à deux ou trois loges et à deux ou trois valves, coriaces, opaques, polyspermes. Les *psilotum tannense*, Poir., et le *psilotum truncatum*, Rob. Brown (voyez le cahier n.° 27 des planches de ce Dictionnaire), constituoient le genre Tmesipteris. Voyez ce mot. (Lem.)

PSIPHACIA. (*Bot.*) Nom grec d'une pivoine de Crète, citée par C. Bauhin, d'après Belli. C'est la même, dont Belon fait mention dans la même île sous celui de *psiphelida*. (J.)

PSIPHELIDA. (*Bot.*) Voyez Psiphacia. (J.)

PSISTUS. (*Bot.*) C'est sous ce nom que Necker désigne l'hélianthème, en le séparant du ciste, avec lequel Linnæus l'avoit réuni. Il étoit également distingué par Tournefort et Adanson, mais sous le nom d'hélianthème, que nous avions également adopté. (J.)

PSITTACARA. (*Ornith.*) Ce nom a été donné dernièrement à un genre d'oiseaux qui comprend les perruches-ara. (Desm.)

PSITTACARIA. (*Bot.*) Heister faisoit sous ce nom un genre des espèces d'amaranthes, caractérisées par trois étamines et un calice trisépale ; c'est celui qu'Adanson nommoit *Blittum*, réservant aux espèces qui ont cinq étamines et un calice pentasépale le nom de *Bajon*, emprunté de Rumph. (J.)

PSITTACE. (*Ornith.*) L'auteur du nouveau Dictionnaire

d'histoire naturelle donne ce terme comme un nom indien des perroquets. (Ch. D.)

PSITTACIN. (*Ornith.*) Baudin a donné ce nom à un oiseau des îles Sandwich qui forme la seconde section de son genre *Loxia* ou Gros-bec. M. Temminck a fait du même oiseau un genre particulier, qu'il a nommé en françois Psittasin, et en latin *psittirostra*, et auquel il a assigné pour caractères : Un bec court, très-crochu, un peu bombé à sa base ; la mandibule supérieure courbée à la pointe sur l'inférieure, qui est très-évasée, arrondie et obtuse à l'extrémité ; des narines basales, latérales, à moitié fermées par une membrane couverte de plumes ; des tarses plus longs que le doigt du milieu ; tous les doigts divisés, les latéraux égaux ; la première rémige nulle, et la seconde un peu plus courte que la troisième. (Ch. D.)

PSITTACINS. (*Ornith.*) Nom donné à la famille qui comprend les perroquets, les aras, les kakatoës, etc. (Ch. D.)

PSITTACULE, *Psittacula*. (*Ornith.*) M. Kuhl a formé sous ce nom une division du genre des Perroquets, qui comprend les petites espèces de perruches à queue courte, ronde ou aiguë. (Desm.)

PSITTACUS. (*Ornith.*) Nom latin et générique des perroquets. (Ch. D.)

PSITTAKE. (*Ornith.*) Nom grec des perroquets et des perruches. (Desm.)

PSITTASIN. (*Ornith.*) Voyez Psittacin. (Ch. D.)

PSOA. (*Entom.*) Herbst, et par suite Fabricius, ont décrit sous ce nom, un genre de coléoptères, qui ne comprend encore que deux petites espèces tétramérées, l'une d'Allemagne, des environs de Vienne, et l'autre de l'Amérique du Sud. Ce genre est très-peu connu ; il paroît devoir être rangé dans la famille des omaloïdes près des hétérocères. Fabricius, en parlant de l'espèce d'Autriche, dit, le caractère naturel de ce genre nous reste à désirer, l'individu sur lequel j'ai fait la description, étant mutilé. (C. D.)

PSOLANUM. (*Bot.*) C'est sous ce nom que Necker sépare du genre *Solanum* les espèces qui ont les feuilles composées et les anthères seulement rapprochées et non réunies. (J.)

PSOLE, *Psolus*. (*Actin.*) M. Ocken (Man. de zoolog., part. 1, page 352) donne ce nom à une subdivision générique qu'il établit parmi les holothuries, et dans laquelle il range les *H. plantapus, pentacles, maxima* et *squamosa*. (De B.)

PSOPHIA. (*Ornith.*) Nom générique de l'agami. (Ch. D.)

PSOPHOCARPUS. (*Bot.*) Nom donné au *dolichos tetragonolobus* de Linnæus par Necker, qui en fait un genre distinct, caractérisé par une gousse à quatre angles ailés. (J.)

PSOQUE, *Psocus.* (*Entom.*) Genre d'insectes névroptères, de la famille des tectipennes ou stégoptères, et voisin des termites que l'on peut ainsi caractériser : Antennes longues en soie; ailes en toit plat à la base, très-minces, et par cela même à reflet irisé; corselet ridé; tarses à deux articles; une tarrière en scie dans les femelles.

Le nom de psoque, appliqué à ces insectes par M. Latreille, est tiré du grec ψῶ, ψωχῶ, *minutatim separo* (je reduis en poudre impalpable), parce qu'en effet ces insectes détruisent le bois et le perforent de trous innombrables, en laissant en apparence solides les seules parties extérieures, de sorte que, lorsqu'on les touche, elles se réduisent en poussière.

Le nombre des articles aux tarses est le caractère essentiel de ce genre, et suffit, dès l'instant où on l'a reconnu, pour le faire distinguer de tous ceux de la même famille, car il y en a cinq dans les fourmilions et les ascalaphes, qui ont en outre les antennes renflées. Il y en a cinq aussi dans les panorpes et dans les semblides, qui ont en outre les antennes de même grosseur dans toute leur longueur ou en fil. Les hémérobes ont aussi cinq articles aux tarses, et c'est en cela surtout qu'ils se distinguent des psoques. Dans les raphidies, qui ont les antennes en fil, il y a quatre articles aux tarses, et il y en a trois dans les perles et dans les termites.

On nomme improprement *poux du bois*, quelques espèces de psoques. Ces insectes ont les plus grands rapports de mœurs avec les termites ou fourmis blanches; mais ils n'acquièrent que peu de développement. Ils détruisent les vieux meubles, et principalement les bois tendres. Ils attaquent aussi les plantes sèches, et font ainsi beaucoup de tort aux herbiers.

Ces insectes sont en général très-mous; ils courent et marchent avec rapidité, la tête et les mâchoires en avant : ils vont, dans le danger, se placer sur la face opposée au point où le danger se fait craindre. Quelques espèces peuvent sauter.

Les larves et les nymphes ressemblent aux insectes parfaits, à l'exception des ailes qui leur manquent ou dont ils n'ont que les rudimens.

Nous avons fait figurer une espèce de ce genre dans l'atlas de ce Dictionnaire, pl. 26, n.° 4; c'est :

1. Le Psoque deux-points, *Psocus bipunctatus.*

Geoffroy l'a décrit comme une psylle, n.° 7, tome I.er, page 488.

Car. Tacheté de jaune et de brun; ailes à nervures brunes et à deux points noirs.

Cette espèce, qui a les ailes plus longues que le corps, se trouve dans les bois sur les chênes.

2. Le Psoque pulsateur, *Psocus pulsatorius.*

C'est le *pou du bois*, l'espèce la plus commune. Il se trouve dans les vieilles boiseries de tilleul, de sapin et de peuplier, dans les osiers dont on fait des paniers.

Car. Il reste sans ailes, à ce qu'il paroît; il varie pour la couleur, en général il est d'un blanc sale.

M. Latreille, qui a fait une monographie de ce genre, ne croit pas qu'on doive lui attribuer les pulsations qui se font entendre dans les vieux bois. Il pense qu'elles sont dus aux vrillettes, qu'on nomme en effet *sonicéphales*, c'est-à-dire qui font du bruit avec la tête. Cependant la plupart des auteurs ont nommé ce psoque, l'horloge de la mort, *horologium mortis, hemerobius fatidicus.*

3. Le Psoque pédiculaire, *Psocus pedicularius.*

Car. Brun, ailes sans taches, abdomen plus pâle.

M. Latreille dit que c'est l'individu parfait de l'espèce précédente. On ne l'observe qu'en automne.

4. Le Psoque morio, *Psocus morio.*

Car. Noir, la moitié seulement des ailes supérieures transparentes.

Ce genre comprend un grand nombre d'espèces qui, sur la fin de l'automne, volent par milliers dans l'air. Nous avons vu des peintures à l'huile exposées en plein air, qui en étoient complétement recouvertes. (C. D.)

PSOQUILLES. (*Entom.*) M. Latreille donne ce nom à la tribu qui renferme le seul genre Psoque. (Desm.)

PSORA. (*Bot.*) Genre de la famille des lichens, établi par

Hoffmann, adopté par beaucoup d'auteurs, et dont les espèces ont été depuis dispersées par Acharius et ses imitateurs dans les genres *Lecidea* ou *Lecanora*, et quelques-unes dans les genres *Parmelia, Urceolaria, Gyalecta, Collema, Endocarpum* et même *Calycium*. M. De Candolle a conservé un genre *Psora*, mais il n'y ramène qu'une partie des *psora* de Hoffmann, ceux qui rentrent dans le *lecidea* d'Acharius. Ce genre est caractérisé ainsi : Expansion ou thallus crustacé, épais, irrégulier, composé de tubercules ou d'écailles distiques, planes ou convexes; scutelles placées sur le bord des tubercules ou des écailles, planes, bordées, puis convexes, irrégulières. Ce genre contient un assez grand nombre d'espèces, qui croissent sur les roches, les pierres, la terre, principalement dans les montagnes, où elles forment des croûtes qu'on a comparées à des dartres, d'où le nom du genre, dérivé du grec φώρα, dartre. On peut les diviser en deux sections.

1.° *A écailles convexes, d'une consistance spongieuse à l'intérieur.*

1. PSORA VÉSICULAIRE : *Psora vesicularis*, Hoffm., *Fl. Germ.*; *Patellaria vesicularis*, Hoffm., *Pl. lich.*, pl. 32, fig. 3; *Lecidea vesicularis*, Ach., *Syn.*, p. 51; *Lichen cæruleo nigricans*, Engl. *bot.*, pl. 1159; *Verrucaria grisea*, Willd., *Bot. Mag.*, 4, pl. 2, fig. 4. Crustacé, presque imbriqué, d'un noir brun ou olivâtre, voilé d'une teinte gris-bleuâtre, comme givreuse; divisé en lobes obtus, compliqués, ovales ou oblongs, bulleux; scutelles noires, nues, un peu glauques, d'abord planes et bordées, puis convexes à son rebord. Ce lichen croît à terre parmi la mousse, dans les bois montueux et dans les montagnes. Cette plante comptoit autrefois plusieurs variétés, dont on a fait autant d'espèces.

2.° *Ecailles planes ou concaves et minces.*

2. PSORA TROMPEUR : *Psora decipiens*, Hoffm., *Pl. lich.*, pl. 43, fig. 1-3; Decand., *Fl. fr.*, n.° 102; *Lichen decipiens*, Hedw., *Crypt.*, 2, pl. 1, fig. B; *Engl. Bot.*, pl. 870; *Lichen dispermus*, Willd., *Delp.*, 3, pl. 55; *Lecidea decipiens*, Ach., *Syn. lich.*, p. 52. Expansion composée de petites feuilles ou écailles crustacées presque imbriquées, presque distinctes et semblables

à des scutelles un peu peltées, arrondies, blanches en dessous, avec le dessus d'un rouge de briques, entouré d'une
bordure blanche, produite par le relèvement du bord; scutelles marginales, convexes ou presque globuleuses, un peu
enfoncées et noires. Ce lichen forme à terre, parmi la mousse,
sur les rochers, surtout ceux exposés à un air libre, des
plaques multipliées. On le trouve principalement dans les
hautes montagnes, ce qui n'empêche pas qu'il ne soit assez
fréquent dans les pays plats. Nous l'avons recueillie en abondance en Normandie sur des escarpemens, à Rolleboise. Cette
plante est remarquable par les écailles ou lobes de son expansion, qui imitent des scutelles à s'y tromper, d'où vient le nom
de cette espèce. (Lem.)

PSORA. (*Bot.*) Nom grec de la scabieuse, suivant Adanson,
lequel a été adopté plus récemment pour un genre de la famille des lichens. Voyez ci-dessus. (J.)

PSORALEA. (*Bot.*) Voyez Psoralier. (L. D.)

PSORALIER; *Psoralea*, Linn. (*Bot.*) Genre de plantes dicotylédones polypétales, de la famille des *légumineuses*, Juss.,
et de la *diadelphie décandrie* du Système sexuel, qui offre dans
ses principaux caractères : Un calice monophylle, presque
turbiné, glanduleux, découpé à son bord en cinq dents; une
corolle papilionacée, composée de cinq pétales, dont l'étendard relevé est un peu arrondi; les ailes petites et en croissant, et la carène formée des deux autres pétales; dix étamines, ayant neuf de leurs filamens réunis en un seul corps,
et le dixième libre; un ovaire supère, surmonté d'un style
ascendant et terminé par un stigmate obtus; une gousse comprimée, ne contenant qu'une seule graine.

Les psoraliers sont des herbes ou des arbustes, à feuilles
ternées ou ailées avec impair, plus rarement simples, accompagnées de stipules à leur base, et dont les fleurs sont axillaires,
solitaires ou disposées par petits paquets, où encore rapprochées en épis au sommet de la tige et des rameaux. On en
connoît aujourd'hui une soixantaine d'espèces, qui sont presque toutes exotiques.

* *Feuilles simples.*

Psoralier non feuillé: *Psoralea aphylla*, Linn., *Mant.*, p. 450;

Lois. ; *Herb. amat.*, n.° et tab. 420. Sa tige est ligneuse ,
haute de cinq à six pieds, divisée en un grand nombre de rameaux, dont les plus jeunes sont effilés, souples, jonciformes,
légèrement pubescens, garnis de feuilles linéaires, subulées,
très-petites, presque appliquées, très-caduques, et qui ne
se trouvent le plus souvent que dans le haut des plus jeunes
rameaux. Les fleurs sont bleuâtres, mêlées de blanc, presque
sessiles, en petit nombre à l'extrémité des rameaux et douées
d'un parfum agréable, ayant quelque ressemblance avec
l'odeur des fleurs de l'oranger. Chacune de ces fleurs est munie à sa base d'une petite bractée tubulée, partagée profondément en deux lèvres aiguës, dont l'inférieure est bifide.
Cette espèce est originaire du cap de Bonne-Espérance ; on
la cultive pour l'ornement des jardins, et on la rentre dans
l'orangerie pendant l'hiver. Elle fleurit en Avril et Mai.

** *Feuilles ternées.*

PSORALIER BITUMINEUX ; *Psoralea bituminosa*, Linn. , Sp. , 1075.
Ses tiges sont droites, cylindriques, légèrement pubescentes,
hautes de deux à trois pieds, divisées en rameaux effilés,
garnis de feuilles portées sur de longs pétioles et composées
de trois folioles ovales-oblongues ou lancéolées. Ses fleurs sont
bleuâtres, réunies en tête au sommet d'un pédoncule axillaire, plus long que les feuilles ; chaque fleur est munie à sa
base d'une bractée linéaire-lancéolée, velue et ciliée en ses
bords. Cette espèce croît dans les terrains arides et sur les
côteaux dans le Midi de la France, en Italie, en Sicile, etc.

PSORALIER GLANDULEUX ; *Psoralea glandulosa*, Linn. , Sp. , 1075.
Cette espèce est un arbrisseau de six pieds de hauteur, dont
toutes les parties sont parsemées de glandes qui lui font exha-
ler une odeur forte, analogue à celle de la rue. Ses rameaux
sont garnis de feuilles composées de trois folioles lancéolées,
presque acuminées, glabres. Ses fleurs sont mélangées de bleu
et de blanc, disposées en épis interrompus, longs d'un à deux
pouces et portées sur de longs pédoncules axillaires ; leur calice
est noirâtre. Ce psoralier est cultivé au Jardin du Roi, et il
croît naturellement au Pérou et au Chili, où ses feuilles, selon
Molina, sont regardées comme un puissant vermifuge et un
très-bon stomachique. Les naturels de ces pays les prennent

en infusion. Feuillée, parlant de la même plante, dit, que ses feuilles sont vulnéraires et purgatives.

PSORALIER AIGUILLONNÉ; *Psoralea aculeata*, Linn., *Sp.*, 1074. C'est un arbrisseau de trois à quatre pieds de hauteur, dont la tige se divise en un grand nombre de rameaux, dont les plus jeunes sont cylindriques, glabres, sillonnés, garnis de feuilles nombreuses, éparses, brièvement pétiolées, composées de trois folioles cunéiformes, glabres, d'un vert foncé et luisant, terminées par une pointe recourbée et presque épineuse. Ses fleurs sont mêlées de bleu et de blanc, solitaires dans les aisselles des feuilles supérieures sur de courts pédoncules, et imparfaitement disposées en tête ou en épi court. Cette espèce est originaire du cap de Bonne-Espérance. Dans les jardins on la cultive en pot ou en caisse, et on la rentre pendant l'hiver dans l'orangerie.

*** *Feuilles digitées.*

PSORALIER A FEUILLES DE LUPIN; *Psoralea Lupinellus*, Mich., *Fl. bor. amer.*, 2, p. 58. Ses feuilles sont composées de cinq folioles linéaires, très-étroites, disposées en digitations; ses fleurs sont petites, peu nombreuses et elles forment des épis peu garnis; il leur succède des gousses ovoïdes, épaisses, ridées, nerveuses, terminées par une pointe recourbée en hameçon. Cette espèce a été trouvée par Michaux dans les lieux arides de la Caroline.

**** *Feuilles ailées.*

PSORALIER AILÉ : *Psoralea pinnata*, Linn., *Sp.*, 1074. C'est un arbrisseau de quatre à cinq pieds de hauteur, dont la tige se divise en rameaux nombreux, anguleux, pubescens, garnis de feuilles très-nombreuses, ailées, composées de cinq folioles linéaires, très-aiguës, légèrement velues, glanduleuses. Ses fleurs sont bleues, mêlées d'un peu de blanc, portées sur des pédoncules courts placées dans les aisselles des feuilles et à l'extrémité des rameaux. Cette espèce croît au cap de Bonne-Espérance ; on la cultive dans les jardins. (L. D.)

PSOROMA. (*Bot.*) Dans le *Prodromus lichenographiæ suecicæ* d'Acharius, on trouve ainsi désigné le genre *Psora* d'Hoffmann. Voyez PSORA. (LEM.)

PSTROS. (*Ornith.*) C'est, d'après Gesner et Aldrovande,

cités par Brisson, le nom de l'autruche, *struthio camelus*, Linn.
(Cʜ. D.)

PSYCHÉ. (*Entom.*) Nom d'un genre de lépidoptères noc-
turnes, formé par Schranck, et composé de quelques espéces
de *bombyx*. (Dᴇsᴍ.)

PSYCHINE. (*Bot.*) Genre de plantes dicotylédones, à fleurs
complètes, polypétalées, de la famille des *crucifères*, de la
tétradynamie siliculeuse de Linnæus, offrant pour caractère
essentiel: Un calice à quatre folioles linéaires, serrées, caduques; une corolle à quatre pétales elliptiques, très-entiers;
six étamines tétradynames; un long style subulé, persistant;
le stigmate simple; une petite silique polysperme, triangulaire, relevée en bosse dans sa partie moyenne, ailée à chaque
côté de son bord; les ailes élargies à leur partie supérieure,
striées transversalement.

Ce genre a été établi par M. Desfontaines pour une plante
qu'il a découvert en Barbarie, remarquable par les deux
larges ailes qui entourent la silique, et semblent figurer deux
ailes de papillon, d'où lui a été appliqué le nom de ψυχη,
(*papillon*).

Psʏcʜɪɴᴇ ᴀ ʟᴏɴɢ sᴛʏʟᴇ : *Psychine stylosa*, Desf., *Fl. atl.*, 2,
pag. 69, tab. 148; Poir., *Ill. gen.*, Suppl., tab. 975 : *Thlaspi
psychine*, Willd., *Spec.* Plante herbacée, dont la tige est
droite, cylindrique, longue au moins d'un pied et demi, rameuse, hérissée de poils blanchâtres, garnie de feuilles sessiles, alternes, lancéolées, alongées en cœur à leur base,
pubescentes, inégalement dentées, longues de trois ou quatre
pouces, larges de six ou huit lignes; les inférieures obtuses,
les supérieures aiguës. Les fleurs sont pédicellées, disposées
en grappes terminales munies de petites folioles ou de bractées ovales, dentées, plus longues que les pédicelles. Le calice
est pubescent; la corolle d'un jaune pâle, avec les pétales très-
entiers, arrondis au sommet, veinés, réticulés, et les onglets linéaires, plus longs que le calice : le style est subulé, persistant,
plus long que la silique : celle-ci est grande, triangulaire,
hérissée, relevée en bosse à chaque face dans son milieu, à
deux valves; chaque valve munie sur sa carène de deux ailes
roides, amples, très-larges, tronquées au sommet; les semences
petites, nombreuses, roussâtres. Cette plante croit sur le bord

des champs, aux environs de Mayane, dans la Barbarie. Elle fleurit au commencement du printemps. (Poir.)

PSYCHODE, *Psychoda*. (*Entom.*) Genre d'insectes diptères de la famille des becs-mouches ou hydromyes, établi par M. Latreille, et adopté par Fabricius, caractérisé par les antennes moniliformes, velues, portées en avant; à articles poilus; à ailes larges, velues, arrondies, portées en toit sur le corps; pattes courtes.

Ce genre, auquel on n'a rapporté encore que deux espèces, a été appelé *trichoptera* par Meigen, *tinearia* par Schellenberg. Nous avons fait figurer une espèce de ce genre dans l'atlas de ce Dictionnaire, planche 51, n.º 4. L'étymologie nous est inconnue, peut-être a-t-on tiré son nom du mot grec ψυχη, qui signifie *papillon*, parce qu'on a comparé cet insecte à un lépidoptère, et qu'on l'a même appelé *phalænula* ou *phalænoides*. Peut-être aussi, parce qu'on trouve ces insectes dans les lieux froids et humides, son nom est-il tiré de l'expression ψυχὸς, qui signifie *froid*.

On ignore l'histoire de ces insectes qui, sous l'état parfait, se trouvent dans les lieux humides, sur les murailles et sur les arbres, dans les lieux humides près des fumiers et des latrines. Geoffroy a fait connoître les deux espèces sous le nom de bibions, sous les n.ºˢ 4 et 5, page 572 de son second volume de l'Histoire des insectes des environs de Paris; l'une est

La Psychode phalénoïde, *Psychoda phalænoides.*

C'est le bibion à ailes frangées et sans taches de Geoffroy. Elle est caractérisée par ses ailes sans taches.

L'autre est la Psychode velue, *Psychoda hirta.*

C'est celle que nous avons fait figurer; elle est reconnoissable par les ailes à une bande transversale, ondulée et nébuleuse. (C. D.)

PSYCHODIAIRES, *Psychodiara*. (*Zoophyt.*) Depuis long-temps les naturalistes qui se sont occupés de l'étude de la série organique s'étoient très-bien aperçus que le point de partage entre les deux règnes n'étoit rien moins que facile à trancher, et bien plus, que certains êtres, qu'on rangeoit parmi les animaux, n'offroient pas les caractères de ce règne, c'est-à-dire, d'avoir une cavité digestive, ou, au

moins, de se mouvoir spontanément et volontairement par
une cause intérieure et inhérente à eux-mêmes, suivant la
définition qu'on adoptera pour ce règne. Les phytologistes
avoient également bien du mal à faire rentrer dans la définition du règne végétal un beaucoup plus grand nombre d'êtres,
dans lesquels, en outre, les chimistes trouvoient, par l'analyse,
des substances qui appartiennent plus particulièrement au
règne animal. C'est ainsi que, tandis que la plupart des zoologistes rangeoient les faux alcyons, les éponges, les corallines,
dans le règne animal, d'autres vouloient que ce fussent des
espèces de végétaux. De même, tandis que le plus grand
nombre des phytologistes vouloient que les conferves, les nostocs, les algues, les charagnes, fussent des plantes, un petit
nombre d'autres, M. Girod de Chantrans à leur tête, pensoient
que c'étoient des animaux réunis ou agglomérés sur une espèce de polypier. Certains auteurs allemands ont désigné sous
le nom de protozoaires, les espèces jusqu'ici considérées comme
animales, et sous celui de protophytes, celles que l'on pensoit
être végétales. Nous avons vu au mot Némazoaires, comme
M. Gaillon pense, d'après un grand nombre d'observations
suivies, que la plupart de ces êtres sont en effet des agglo-
mérations d'individus nombreux, qui, d'abord libres, se
sont agglutinés, et ensuite ont excrété de leur paroi une
matière gélatineuse, qui les a réunis en forme de filamens.
Plusieurs auteurs avoient essayé déjà de résoudre la difficulté, en imaginant d'établir une division tranchée entre les
deux règnes. Ainsi Corti, dans son Essai sur la tremelle
ou oscillatoire, page 83, propose de nommer ces êtres
des plantanimaux, *piant-animali*; mais M. Bory a pensé
rendre la séparation encore plus tranchée, en formant un
règne particulier de tous les êtres que se renvoient alternativement les zoologistes et les phytologistes, sous la dénomination de Psychodiaires : dénomination sans doute assez im-
propre et qu'il seroit inutile de critiquer, parce qu'il est
possible qu'elle ne soit pas adoptée ; mais quand il s'est agi
de donner une définition de ce prétendu règne, M. Bory
a été obligé d'en donner une tellement vague et tellement
métaphysique, qu'elle sort tout-à-fait de la marche logique
adoptée dans la classification des corps naturels. Ce règne,

dit-il, intermédiaire au règne végétal et au règne animal, peut être défini : Corps naturels, organisés, périssables, végétant et vivant successivement, où chaque individu apathique se développe et croît à la manière des minéraux et des végétaux, jusqu'à l'instant où des propagules animés répandent l'espèce dans des sites d'élection. On trouvera dans ce règne, ajoute M. Bory, des animaux végétans, se reproduisant par boutures et ne jouissant pas de la faculté locomotrice ; on y trouvera des êtres qu'à leur forme et à leur couleur, à leur organisation intime, il est impossible de distinguer des végétaux, et qui pourtant se meuvent, déterminés par un instinct d'élection. Il paroîtra sans doute inutile de démontrer que cette définition est composée d'idées tout-à-fait contradictoires et qu'elle est complétement inapplicable. Si dans l'état actuel de la science il étoit absolument nécessaire, comme le croit M. Bory, de séparer nettement les végétaux des animaux, ne valoit-il pas mieux donner une définition rigoureuse de chacun de ces règnes ; ce qui auroit été plus difficile qu'il n'a pensé peut-être, et ensuite définir à part ce qui seroit resté des corps organisés, et qui n'auroit pas pu entrer sous l'une ou sous l'autre de ces définitions, ou par des caractères ou qualités positifs, si cela eût été possible, ou même par des caractères ou qualités négatives. Ainsi, en supposant qu'on eût limité le nom d'animaux aux êtres organisés qui digèrent et qui se meuvent spontanément et volontairement, ce qui en auroit nécessairement retiré les faux alcyons, les éponges, les corallines, et celui de végétaux aux êtres organisés qui ne digèrent, ni ne se meuvent par une action spontanée ou par une cause intérieure ou volontaire, ce qui en auroit retranché les oscillatoires, alors on auroit mis ces êtres dans un règne intermédiaire, qu'on auroit pu définir des êtres organisés, non digérant et se mouvant spontanément, mais non volontairement ; encore auroit-on eu du mal pour y faire entrer les corallines, par exemple, ou même les éponges : alors la dénomination de Règne plantanimal, à la manière des Italiens, auroit très-bien rendu l'idée qu'on peut y attacher, que ce sont des êtres intermédiares aux animaux et aux végétaux, comme on peut le penser, ou bien des êtres alternativement et successivement animaux et végétaux, ou végétaux et animaux; ce qui est plus difficile à admettre.

Quoi qu'il en soit, M. Bory de Saint-Vincent dit, comme nous avons vu plus haut, qu'on trouvera dans ce règne des animaux végétans, se reproduisant par bouture et ne jouissant pas de la faculté locomotrice; qu'on y trouvera des êtres qu'à leur forme, à leur couleur, à leur organisation intime, il est impossible de distinguer des végétaux, et qui pourtant se meuvent, déterminés par un instinct d'élection qu'il n'est pas permis de méconnoître; des polypes corticifères, dont l'axe n'a rien qui puisse avoir eu vie, et enfin, de véritables pierres, dont la contexture est comme celle de certaines cristallisations confuses, mais ouvrages d'êtres gélatineux, amorphes, évidemment vivans et déjà bien élevés par diverses facultés au-dessus du végétal inanimé.

D'après cela, il est aisé de concevoir que M. Bory n'a pas eu de peine à établir des coupes classiques dans un amas d'êtres aussi hétérogènes. Il en a fait trois, qu'il désigne sous les noms d'ARTHRODIÉES, de SPONGIAIRES et de POLYPIERS, et, cependant, il les désigne par le nom de familles. Les différences étoient pourtant assez grandes pour en faire aisément des classes.

Les ARTHRODIÉES sont des substances filamenteuses, articulées, habitant l'eau douce ou l'eau de mer, connues d'abord sous le nom de tremelles, puis de conferves, de conjuguées, et qui, dans la manière de voir de M. Gaillon, font maintenant partie de ses NÉMATOZOAIRES.

M. Bory de Saint-Vincent les définit : Des filamens généralement simples, formés de deux tubes, dont l'un, extérieur et transparent, ne présente à l'œil, le plus fortement armé, aucune organisation.

On diroit, ajoute-il, un tube de verre contenant un filament intérieur, articulé, rempli de la matière colorante, souvent presque appréciable, mais d'autres fois fort intense, verte, pourpre ou jaunâtre. Ces filamens, ainsi composés, offrent des phénomènes différens, selon les tribus auxquelles appartiennent les espèces dont elles dépendent, mais toujours un caractère réel de vie animale, si ce genre de vie peut se déduire de mouvemens indicateurs d'une volonté parfaitement marquée.

Mais alors, comme le dit M. Gaillon, dans une lettre qu'il m'a fait dernièrement l'honneur de m'écrire sur les phychodiaires. « En admettant même que le tube des arthrodiées soit « double ; que cette duplicature ne soit pas due à la rétrac- « tilité et à la dilatabilité de la matière colorée, que le vé- « ritable tube renferme ; si toutes les arthrodiées présentent « un caractère réel de vie animale, ce que confirment les « observations de plusieurs autres mycographes, pourquoi « n'en pas faire des animaux ? »

Quoi qu'il en soit, M. Bory subdivise sa famille des arthrodiées en quatre tribus, les fragillaires, les oscillariées, les conjuguées et les zoocarpées.

Les Fragillaires sont définis, des êtres dans lesquels s'opère une sorte de glissement ou de jets entre les segmens ; mais il paroît que cela n'a lieu que dans quelques espèces. Les genres Diatome, Fragillaire, Échinella, Navicule, etc., appartiennent à cette tribu. (Voyez chacun de ces mots, où se trouvera la caractéristique des différentes espèces de ces trois genres. On y remarquera aussi que ce sont des êtres qui ont beaucoup de rapports avec les conjuguées, et que la plupart des auteurs les placent dans le règne végétal ; mais, au contraire, on aura pu lire à l'article Némazoaires et Bacillaires, que M. Gaillon fait rentrer ces différens corps organisés parmi les animaux agrégés en filamens. J'avoue que je n'ai encore pu observer ces différens corps d'une manière suffisante pour oser prendre un parti dans une divergence d'opinions aussi grande. Au reste, je me propose de revenir sur ce sujet à l'article Vibrion, genre dans lequel un assez bon nombre de ces corps ont été rangés, ou au mot Zoophytes.)

Les Oscillariées. Il les définit : Des filamens doués de mouvemens très-distincts et variés ; mouvemens volontaires et très-vifs d'oscillation, de reptation et d'enlacement, à l'aide desquels ils se tissent en membranes phytoïdes, où tout mouvement cesse bientôt et que pénètre une mucosité dans laquelle s'accumulent des molécules onctueuses au tact de matière terreuse.

Ces êtres singuliers, qui sont considérés par Linné comme des espèces de son genre Conferve, méritent de nous arrêter un moment, d'autant plus qu'à l'imitation de M. de Lamarck et malgré l'opinion d'un grand nombre de naturalistes modernes et vivans, nous ne les avions pas considérés comme des animaux, et que, par conséquent, nous n'en avions rien dit au mot OSCILLATOIRE; que nous avions, par conséquent, laissé faire aux personnes, chargés de cette partie dans ce Dictionnaire; aujourd'hui, nous croyons devoir revenir un moment sur ce sujet.

On donne maintenant le nom d'oscillatoire ou d'oscillaire, inventé par M. Bosc, à des corps organisés, que long-temps on avoit désignés par la dénomination de tremelle; aussi est-ce sous celle-ci que les naturalistes du dernier siècle en ont parlé dans leurs recherches intéressantes. Mais Linné, ayant appelé tremelles les nostocs, on a cru devoir laisser à ceux-ci ce dernier nom, quoiqu'ils ne tremblent pas.

On a pu voir aux articles OSCILLAIRE et OSCILLATORIA, comment Adanson est le premier qui ait attiré l'attention sur ces filamens verdâtres, extrêmement fins, qui offrent cela de remarquable que, mis dans certaines circonstances, et surtout examinés avec un grossissement considérable, ils présentent des mouvemens d'oscillation extrêmement irréguliers et variables.

Ces oscillatoires me paroissent être cylindriques dans toute leur étendue. Cependant Corti pense qu'elles sont ovales ou qu'un des diamètres est un peu plus long que l'autre. Quelquefois les extrémités sont un peu atténuées et même courbées dans un sens ou dans l'autre; ce qui me paroît l'indication que le filament est actuellement dans l'acte d'élongation. En effet, d'autres fois il est coupé carrément, comme s'il venoit d'être rompu. C'est probablement la première disposition qui a fait que Vaucher a vu une tête et une queue dans chacun de ces filamens. Le diamètre des oscillatoires paroît susceptible d'une assez grande variation, à moins que de supposer que ces différences tiennent à l'espèce; aussi dans les mêmes amas d'oscillatoires on en trouve dont le diamètre est double et triple de celui des autres individus. Leur longueur n'est pas moins variable. En effet, on rencontre des individus qui ont en longueur trois ou quatre fois seulement leur diamètre, tandis que dans d'autres elle égale quatre cents fois cette même di-

mension. Malgré cela la plus grande longueur des oscillatoires est à peine de deux à trois lignes ; ce qui indique combien elles sont ténues. En effet, à la vue simple, un amas
d'oscillatoires paroît une tache de mucosité d'un vert plus
ou moins foncé, le plus ordinairement presque noir, imitant une plaque de velours.

La structure de ces êtres est fort difficile à apercevoir,
surtout, à ce qu'il m'a semblé, à une certaine époque de leur
existence. Elles offrent en effet souvent l'aspect d'un filament de matière homogène, jaunâtre, ou d'un vert quelquefois très-clair, un peu bleuâtre, et d'autres fois d'un vert
très-élégant. Alors il est impossible d'apercevoir de traces de
cloisons, de grains intérieurs, et, par conséquent, d'enveloppe générale en forme de tube. Mais dans d'autres circonstances, et j'ai cru voir que c'étoit sur les individus d'un plus
grand diamètre, on observe l'apparence plus ou moins évidente de cloisons, un peu comme dans les conferves véritables, mais beaucoup plus rapprochées, et tellement qu'au
microscope les rondelles plus obscures, égalent les rondelles
plus claires, ou que les articulations ont de longueur le diamètre de la conferve. Le plus souvent cet aspect articulé est
le même dans toute la longueur de l'oscillatoire ; mais quelquefois aussi on voit dans des endroits indéterminés les articulations plus marquées et même un peu plus grandes. Nous
avons déjà fait l'observation que dans les individus qui paroîs-
sent n'avoir pas encore atteint leur longueur totale, les extrémités sont arrondies et même un peu atténuées, parfaitement translucides, moins colorées que le reste et sans
trace de cloisons. Je n'ai jamais vu que l'intervalle des cloisons fût jamais le moins du monde grenu ou parût composé
de grains. Adanson n'en parle pas non plus ; mais de Saussure
dit positivement avoir quelquefois remarqué cette disposition
dans une grosse espèce qui existe dans le bassin supérieur de
l'eau de Saint-Paul à Aix, et dont les articulations sont encore bien plus courtes que dans l'espèce ordinaire.

Voilà, à mon avis, tout ce que constitue l'oscillatoire : c'est
en effet ainsi qu'Adanson, Corti, Fontana et même Girod
de Chantrans, l'ont envisagée ; mais pour Vaucher et M.
Bory de Saint-Vincent, il est en outre question d'une sorte

de matière gélatineuse, terreuse, servant comme de polypier pour réunir les oscillatoires, qui y sont retenues, et
même peut-être produites. Mais il me semble que cette manière de voir est déduite de l'idée qu'on s'est faite à *priori*,
de rapprocher ces êtres des polypiers, avec Girod de Chantrans. En effet, quand on examine le développement des
oscillatoires dans un vase d'eau stagnante, exposée au soleil, comme je l'ai fait, on trouve que les oscillatoires naissent, indépendamment les unes des autres, tout autour des
parois du vase, et que, très-probablement, ce n'est qu'a-
près en avoir été détachées par une cause quelconque, qu'elles
sont agglutinées par une matière muqueuse, provenant peut-
être de la décomposition des individus morts, qui réunit
avec elles de la matière terreuse, si elle en trouve. C'est
ce qui produit ces masses foliacées, de forme très-irrégulière, d'un diamètre de deux pouces jusqu'à un pied et plus,
de consistance extrêmement foible, de couleur vert-foncé,
presque noir, que l'on voit flotter à la surface de certaines
rivières, de la Bièvre, par exemple, et qui se sont détachées, ou du fond de l'eau, ou mieux des rigoles en communication avec elle; car la lumière paroît nécessaire à
leur développement. Quand on en expose une petite quantité au microscope, on voit en effet souvent un peu de
cette matière gélatino-terreuse, de laquelle semble s'irra-
dier les oscillatoires, quand elles sont courtes; car, quand
elles sont longues, elles se disposent d'une manière encore
beaucoup plus irrégulière, mais sans réellement se tisser,
s'entrelacer. J'ai même cru remarquer qu'elles se placent
plus volontiers parallèlement ou en faisceaux. Il est bien
vrai que, si l'on prend une partie d'une masse d'oscillatoire
et qu'on la ballotte dans l'eau, on voit qu'au bout de très-
peu de temps tout ce qui étoit libre, ou au moins la plus
grande partie, se ramasse, se rassemble bientôt au fond du
vase, en formant une couche plus ou moins épaisse, et qui
même quelquefois n'occupe pas tout le diamètre de ce vase;
mais on ne doit voir dans ce phénomène rien autre chose
qu'un mouvement de dépôt, et nullement une association.

Mais ce que ces êtres offrent de plus singulier, ce sont
les mouvemens qui leur ont valu leur nom. Ces mouvemens

sont, sans aucun doute, d'une extrême petitesse, puisqu'on est obligé pour les voir d'employer un grossissement considérable ; mais cependant ils sont bien évidens lorsqu'on les compare avec l'immobilité des conferves proprement dites. Voyons d'abord ce qu'ils sont ; nous les comparerons ensuite avec ceux des véritables animaux.

Les mouvemens les plus ordinaires des oscillatoires se remarquent plus souvent, plus long-temps et plus vifs sur les individus les plus longs et les plus grêles. Ils consistent dans des redressemens des flexions, s'il y en avoit, dans un sens ou dans l'autre, indifféremment, ou bien au contraire dans des flexions, s'il n'y en avoit pas ; d'où résulte quelquefois un avancement d'une extrémité de l'oscillatoire, ou bien une sorte de torsion, de manière à ce que l'extrémité recourbée semble ne plus l'être et s'être redressée, quand ce n'est réellement qu'un changement de position. Mais en outre, ces mouvemens, plus ou moins lents, ne sont que le résultat de petites secousses ou trémoussemens brusques, peu graduels et quelquefois subitement interrompus. Je n'ai pas besoin d'ajouter qu'il n'y a aucune espèce d'harmonie entre les mouvemens des individus d'une même touffe, quelque rapprochés qu'ils soient, ni pour la vivacité, ni pour la direction, et encore moins pour l'époque de leur commencement et de leur fin.

Dans les individus de médiocre longueur et du diamètre le plus considérable, le mouvement est plus uniforme dans toute l'étendue du filament, et il peut y avoir retournement en totalité ; mais il y a nécessairement moins de mouvement de flexion.

Quant aux individus courts ou très-courts, les mouvemens sont également brusques, intermittens ; mais, au lieu qu'il en résulte des flexions, des extensions, c'est au contraire un mouvement de rotation sur eux-mêmes, comme s'ils pirouettoient sur un pivot situé au milieu de leur longueur, ou bien un mouvement de translation dans un sens ou dans l'autre indifféremment, et assez continu pour traverser le champ du microscope : ne seroient-ce pas alors des diatomes ?

Quel que soit le mouvement que l'on observe dans les oscillatoires, jamais je n'ai vu sur les côtés aucun indice d'ondulation lente ou vive, encore moins de vibrations latérales d'appendice, et tout cela ne peut avoir lieu que dans un état de suspension dans le fluide. Quelquefois cependant on voit des oscillatoires de médiocre longueur, tourner autour d'une extrémité adhérente ou fixée au porte-objet, et cela pendant un temps quelquefois assez long, se balancer comme une pendule.

Corti dit bien avoir remarqué des individus d'une très-petite longueur, s'alonger et se raccourcir, à la manière des vers, et les extrémités, d'obtuses qu'elles étoient, devenir arrondies et pointues ; mais Adanson dit positivement n'avoir jamais rien vu de semblable, et je suis tout-à-fait dans ce cas. Pour la première assertion il se pourroit même que Corti ait regardé comme une très-petite oscillatoire, un petit animal microscopique, qui ressemble tellement à un vibrion biponctué, que j'ai été moi-même dans cette erreur pendant quelque temps.

J'ai dit plus haut qu'une oscillatoire peut changer de place en totalité, et, en effet, je l'ai souvent observé d'une manière indubitable. De Saussure a fait la même observation. « Lorsqu'on met, dit-il, un petit paquet d'oscillatoires « dans un vase transparent, elles s'étendent contre ses parois « et on les voit alors se promener dans toutes sortes de direc- « tions. » En marquant un espace déterminé sur le verre, il a pu même s'assurer que leur vitesse moyenne est d'environ $\frac{1}{10}$ de ligne par minute ; ce qui est, dit-il, à peu près la vitesse de l'aiguille des heures d'une grande montre.

La nature de ces mouvemens a dû nécessairement faire le sujet des réflexions des naturalistes. Adanson, Corti, Spallanzani, Goffredi, Fontana, de Saussure, Girod de Chantrans, Vaucher, l'ont regardée comme spontanée, c'est-à-dire, qu'ils ont pensé que la cause en résidoit dans l'oscillatoire elle-même, sans action des circonstances extérieures, et cela paroit à peu près certain, sous ce rapport, que ce n'est pas un mouvement communiqué par un mouvement général ou intime du fluide dans lequel l'oscillatoire est immergée. Mais en résulte-t-il nécessairement que ce soit un mouvement volontaire, comme le dit M. Bory de Saint-Vincent, d'après le rapprochement que Girod de Chantrans et Vaucher font entre ces êtres et les polypes? Nous sommes assez loin de le penser. Ne se peut-il pas que ces mouvemens, auxquels il est impossible d'apercevoir aucun but, de l'aveu même de Vaucher, soient dus à une sorte d'hygrométricité, déterminée par le changement qu'on apporte en soustrayant l'oscillatoire aux circonstances ordinaires dans lesquelles elle vivoit, et surtout en la soumettant à de nouvelles? Peut-être même ces mouvemens ne sont-ils rien autre chose qu'analogues à ceux qui portent une plante à se diriger vers la lumière. Ce qu'il y a de certain, c'est que ces mouvemens sont excités par la chaleur, par la lumière, par le changement de liquide, comme tous les auteurs s'en sont aperçus et comme je l'ai expérimenté un grand nombre de fois. Ce qui me paroît également prouver que ces mouvemens sont d'une autre nature que ceux des animaux, même des animaux les plus microscopiques, c'est que la dissolution d'opium n'a aucun effet pour les augmenter, ni pour les diminuer, comme je m'en suis assuré, tandis qu'une goutte de liqueur irritante, alcaline, ou acide, les éteint, d'après de Saussure. Corti, le seul qui se soit attaché à donner des raisons pour prouver la spontanéité des mouvemens des oscillatoires, a bien senti qu'on pourroit lui objecter, comme origine de ces mouvemens, ou l'action du fluide sur ces filamens, trop irritables ou trop élastiques, ou celle de l'air, ou celle de la chaleur.

Corti me paroît le premier qui ait observé que les oscillatoires sont attirées par la lumière. Ayant en effet mis une certaine quantité de ces filamens dans un vase de verre, contenu dans un étui opaque, de couleur noire et percé dans un endroit seulement, il vit le sixième jour de l'expérience qu'il n'y avoit plus d'oscillatoires ailleurs qu'à l'endroit correspondant à l'orifice de l'étui. Ayant deux ou trois fois brouillé le tout, les mêmes phénomènes se reproduisirent constamment. Ils eurent également lieu à la lumière du soleil, mais il n'en fut pas de même à la clarté d'une lampe.

La chaleur augmente la vivacité des mouvemens des oscillatoires, mais quand elle passe quarante degrés, il paroît qu'ils diminuent ou se ralentissent.

Le froid, même jusqu'à 5° au-dessous de zéro, les ralentit, mais ne les éteint pas.

Ce n'est certainement pas non plus l'action de l'air qui détermine ces mouvemens; d'abord puisqu'ils ont lieu sous l'eau, et ensuite puisque, d'après les expériences de Corti, ils se continuent quand on met le verre de montre, qui contient les oscillatoires sous le récipient de la machine pneumatique.

Le mode de reproduction des oscillatoires n'est pas encore connu d'une manière bien certaine, au moins y a-t-il deux ou trois opinions à ce sujet.

La première, qui me paroît la plus probable, est celle dans laquelle on admet que cette reproduction se fait par la rupture, la fracture des filamens, en parties plus ou moins longues, à l'endroit des apparences d'articulations.

Adanson qui, le premier, l'a proposée, pensoit que ces ruptures n'avoient lieu que sur les filets qui sont parvenus à toute leur longueur, et de manière à partager l'oscillatoire en deux parties inégales, l'une d'une demi-ligne et l'autre de deux lignes et demie. Mais Corti, qui admet aussi le même mode de reproduction, dit qu'il peut assurer que, si les taches intérieures sont des indices de divisions, comme il le croit, un filament peut se diviser en trois, quatre et six parties successivement, et bien plus qu'il a vu cette division avoir lieu de toutes les manières sur des individus longs, courts et très-courts. Il dit même avoir vu se détacher de l'extrémité d'une oscillatoire un article qui n'étoit pas plus long que large et qu'il compare à un point; que les nouveaux individus séparés aient une longueur différente, il assure positivement qu'ils ont le même diamètre et qu'ils n'augmentent que de longueur.

Non-seulement, suivant Corti, les oscillatoires se reproduisent en se fracturant naturellement et spontanément, mais cela se peut aussi artificiellement, comme il s'en est assuré par expérience.

Vaucher a vu aussi la reproduction des oscillatoires de la même manière par rupture spontanée; mais il diffère en ce qu'il dit qu'elles sortent d'un tube commun, transparent, à peu près comme dans les conjuguées, et qu'on leur voit déjà une tête et une queue.

J'ai également vu le même mode de reproduction. Les filamens, qui d'abord ne présentent qu'un tissu homogène, parfaitement et également coloré, comme si c'étoit du verre fondu, laissent apercevoir, peu à peu, des espèces de petites taches blanches, produites par l'épaississement des cloisons ou mieux des espaces intermédiaires. Enfin, cette disposition arrive au point que l'oscillatoire ressemble quelquefois presque tout-à-fait à certaines espèces de conferves, et, entre autres à la Ingenhousie. C'est alors que la moindre secousse, produite naturellement par la contraction subite de l'oscillatoire, suffit pour la rompre dans un endroit indéterminé.

Une seconde manière de concevoir la reproduction, est celle de Michéli, qui pensoit que les globules qu'il avoit vus à la surface des filamens oscillatoires leur servoient de semence.

C'est à peu près l'opinion de Girod de Chantrans, qui pense que les grains extrêmement fins qu'il a trouvés pêle-mêle avec des oscillatoires, de grandeurs très-différentes, sont les germes de ces êtres, et qu'ils sont sortis du tube qui les circonscrit. Aussi ne parle-t-il pas de cloisons, d'articulations, et ce n'est qu'à la forme et au mouvement que l'on peut assurer que ce sont de véritables oscillatoires.

On peut lire à l'article Protococcus comment M. Gaillon s'est assuré que les globules rouges ou verts, qui constituent ce genre d'Agardh, sous les noms de *P. nivalis* et de *P. viridis*, et dont le dernier forme le genre Chaos de M. Bory de Saint-Vincent, sont quelquefois des germes d'oscillatoires, quand ce ne sont pas des monades, avec lesquelles on les a souvent confondus.

Dans deux des trois espèces que de Saussure a trouvées dans les eaux thermales d'Aix en Savoie, il paroît que l'accroissement se fait avec une bien plus grande rapidité, surtout dans la saison favorable, comme en Juin, par exemple; car en Septembre il est très-lent et presque insensible. Il dit en effet avoir vu un paquet de tremelles nageant à la surface d'un poudrier très-élevé, pousser en deux fois vingt-quatre heures des filets de huit pouces de longueur, qui se prolongeoient en descendant vers le fond du vase. Il paroît que c'est surtout pendant la nuit que ces fils prennent leur accroissement.

Nous devons aussi à Adanson de savoir que les oscillatoires s'accroissent par une sorte d'élongation, tout en conservant le même diamètre, à peu près comme les végétaux. Il s'est parfaitement assuré que cet alongement est beaucoup plus considérable lorsque la température est élevée. Ainsi, dans une nuit du 3 au 4 Novembre 1761, où le thermomètre se soutint à 9° au-dessus de zéro, l'accroissement fut de près de trois lignes, tandis que dans la nuit du 5 au 6, où la chaleur ne fut que de 4°, le même accroissement ne fut que de deux lignes.

Tous les observateurs sont d'accord sur cette manière de pousser des oscillatoires.

La durée de leur vie ne paroît pas être bien connue. Elle ne doit sans doute pas être longue; mais je ne connois rien de positif à ce sujet. Adanson dit avoir fait l'observation qu'elles ne vivent que tant que la température de l'air se soutient entre 9° et 20° du thermomètre de Réaumur : sans doute, au-dessous ou au-dessus elles périssent.

Celles qui sont sans eau, dépérissent en se séchant. Aucun auteur ne dit qu'elles puissent revenir à la vie quand on les met de nouveau dans l'eau, et j'ai fait l'épreuve positive, que sur le porte-objet du microscope je n'ai jamais vu leur résurrection.

Corti dit cependant, chap. 8, page 29, de son Mémoire, s'être assuré par des expériences répétées, que les oscillatoires, après deux et même plus de quatre mois de dessiccation complète, reviennent non-seulement à la vie et à se mouvoir comme auparavant, mais sont susceptibles de se reproduire. Toutefois cette résurrection n'a lieu que lorsque les filamens d'oscillatoires ont été desséchés avec un peu de terre, et elle est plus prompte et plus facile dans la saison chaude, comme au mois de Juillet, qu'au mois d'Octobre.

L'assertion d'Adanson, que les oscillatoires meurent à une température basse, a été contredite par Corti et par plusieurs auteurs, qui ont vu que même dans l'eau voisine de la congélation, non-seulement la vie, mais les mouvemens de l'oscillatoire se continuent.

Quant au degré de chaleur, j'ai vu cette année, où la température a été au-delà de 25°, que les oscillatoires ne sont pas mortes. Celles qu'on trouve dans les eaux chaudes d'Aix en Savoie, dont la température va jusqu'à 40°, n'en vivent pas moins bien , d'après les observations de **De** Saussure.

La mort des oscillatoires se reconnoît d'abord à l'absence de mouvement seulement ; car dans l'eau , et même desséchées, elles conservent le même diamètre. Probablement qu'ensuite il y a une véritable décomposition ; mais je n'ai jamais remarqué qu'il en résultât ce qui se voit si bien dans les conferves véritables. c'est-à-dire, que des grains sortissent de l'intérieur, et qu'il restât pour cadavre un tube seulement parfaitement transparent. Je pense que tout se résout en une sorte de mucosité, qui se répand dans l'eau. Cependant on trouve dans le Mémoire de De Saussure que , mortes, les oscillatoires perdent leur belle couleur verte et deviennent jaunàtres ; que leurs enveloppes résistent à la putréfaction, et qu'elles se réunissent pour former même au milieu de l'eau une espèce de tissu, semblable à une toile d'araignée.

On ne connoît rien sur la composition chimique des oscillatoires que l'assertion vague de Scherer, qui, ayant distillé l'espèce qui se trouve dans les eaux thermales de Carlsbad, en a retiré, dit-il, de l'alcali volatil, et tous les produits que l'on retire des substances animales. Dans cette analyse Scherer a-t-il agi sur des filamens seuls d'oscillatoires, ou sur la masse mucoso-terreuse qui les réunit?

En màchant une certaine quantité d'oscillatoires, Corti dit leur avoir trouvé le goût d'herbe un peu huileuse.

Il nous reste maintenant, d'après ce qui vient d'être dit sur les oscillatoires, à chercher si ce sont des animaux simples ou composés, des végétaux, des plantañimaux, ou, enfin, s'ils sont animaux pendant une partie de leur vie, puis ensuite végétaux ; car on a émis successivement ces différentes opinions.

Les anciens auteurs, comme Dillen, Linné, Michéli, etc., les rangeoient tout simplement parmi les végétaux , mais sans distinction, et, en effet, ils n'avoient pas observé leur mouvement.

Adanson, tout en faisant l'observation que le mouvement des oscillatoires diffère essentiellement, par sa continuité, de celui des aiguilles cristallines, qui forment les sels ou les végétations minérales, n'en pense pas moins que leur structure, leur substance, leur défaut de sensibilité et les autres qualités qui les différencient des animaux, les placent nécessairement dans la classe des végétaux; de sorte que, s'il y a quelque plante qui participe réellement du végétal et de l'animal en même temps, qui semble faire la liaison intime de ces deux règnes, c'est, sans contredit, la tremelle ou l'oscillatoire. «Cependant, ajoute-il, par le terme de mouvement « spontané que je reconnois dans ces êtres, je n'entends pas « désigner un mouvement volontaire; il y a encore loin du « mouvement volontaire des animaux à celui de l'oscillatoire.» Ainsi, d'après cela, Adanson dût conserver les oscillatoires dans le règne végétal.

Corti, dans la dissertation citée, quoiqu'il ait mis un peu plus d'appareil dans l'examen de cette question, me paroît être arrivé à peu près aux mêmes conclusions, et cependant il accorde non-seulement aux oscillatoires un mouvement spontané, mais même le sentiment, et cela essentiellement sur la faculté dont elles jouissent de rechercher et d'arriver à la lumière.

Fontana, Spallanzani et même De Saussure sont à peu près de la même opinion.

Girod de Chantrans s'est exprimé d'une manière si peu claire, sur les oscillatoires en particulier, qu'il faut leur appliquer l'opinion générale qu'il a admise sur les conferves, et les byssus, que ce sont des espèces de polypiers : mais alors ce sont donc des polypiers à la manière de ceux des alcyons, qui se meuvent indépendamment des animaux distincts qui les constituent: car on ne peut pas supposer qu'il veuille faire de chaque filament un animal distinct.

M. Gaillon pense, comme on a pu le voir à l'article NÉMAZOAIRES, que chaque filament est composé d'un plus ou moins grand nombre d'animalcules, d'un genre qu'il ne paroît pas avoir encore déterminé, réunis sous forme de filamens et dont le petit mouvement de chaque être composant produit sans doute le mouvement total. Au reste il paroît, pour soutenir son opinion, ne s'appuyer que sur l'observation de l'oscillatoire pariétine.

Il m'est assez difficile de demêler au juste l'opinion que M. Bory de Saint-Vincent s'est formée de ces êtres. Chaque filament est-il un végétal ou un animal? ou bien est-ce la réunion d'animalcules qui se sont fixés bout à bout, et qui deviennent susceptibles de végéter? Alors ce seroit assez rigoureusement l'opinion du professeur Agardh, puisqu'il pense que ces filamens doivent leur naissance à différens genres d'animalcules, mais qu'ils n'ont plus de la vie animale que l'apparence.

Quant à nous, quelque soin que nous ayons apporté à cet examen, en établissant la comparaison d'une part avec les animaux microscopiques réputés les plus simples, et ensuite avec les conferves, il nous est impossible de penser autrement que ce sont des êtres du règne végétal, affectant une forme filamenteuse, susceptibles de s'accroître par les deux extrémités à la fois, par une véritable élongation, paroissant se cloisonner avec l'âge; mais mieux s'articulant et se reproduisant seulement par scissure ou fracture, déterminée par quelque cause accidentelle, ou même spontanément par une sorte de maturité, et jamais par gemmules ou granules se formant intérieurement et se détachant en rompant les parois.

Les Conjuguées, qui constituent la troisième tribu de la famille des arthrodiées de M. Bory, sont ces êtres également en forme de filamens, sur lesquels Vaucher a fait un traité *ex professo*, et qui se trouvent en si grande abondance dans les eaux douces et stagnantes.

M. Bory, admettant, à ce qu'il paroît, tout ce qu'a dit Vaucher sur leur mode de reproduction, parle de la jonction de deux filamens, à la suite de laquelle succède, suivant lui, une véritable intromission de substance fécondante d'un individu dans l'autre, comme d'une opération après laquelle il y a séparation, éloignement, répulsion des deux parties qui s'étoient identifiées, et bientôt mort et désorganisation, comme s'ils en étoient des conjuguées, comme des lépidoptères, dont les amours marquent le terme de l'existence.

On pourra voir au mot Conferves, substitué par M. De Candolle à celui de conjuguées, imaginé par Vaucher, quelles étoient, à l'époque où il fut publié, les idées généralement admises sur ce groupe de corps organisés, c'est-à-dire qu'on les regardoit à peu près généralement, Girod de Chantrans excepté, comme appartenant au règne végétal, en admettant absolument tout le travail de Vaucher à ce sujet, sur l'organisation aussi bien que sur la distribution méthodique des espèces de conjuguées. Depuis lors d'autres opinions ont été proposées :

celle de M. Bory de Saint-Vincent a été exposée par lui-même à l'article Matière verte de ce Dictionnaire, tom. XXIX, p. 35 : nous y renvoyons le lecteur; car nous avouons ne pas trop bien la comprendre. Il paroît aussi devoir former de nouveaux genres, mais dont nous ne connoissons ni le nom ni les caractères. On a également pu voir comment M. Gaillon a été conduit à proposer la manière de voir que nous avons exposée à l'article Némazoaires, dénomination qui l'indique assez complétement pour que nous n'ayons pas besoin d'y revenir. Nous nous bornerons à faire observer en ce moment que M. Gaillon nous a assuré n'avoir jamais vu, malgré la longue durée de ses recherches à ce sujet, le singulier mode d'accouplement des conjuguées que Vaucher a décrit et que Lynghbye paroît avoir également observé. Mais nous ajouterons que tout nouvellement, c'est-à-dire en Mai 1826, M. Edwards a donné une note, communiquée à l'Académie des sciences, et dont un extrait a été inséré dans le Globe, sur la structure des conjuguées, admettant sur la structure des conjuguées l'opinion de M. Bory de Saint-Vincent, et sur le mode de reproduction celle de Vaucher : il a proposé cependant de les regarder comme formées par la réunion de vésicules ovales et de tubes ou vaisseaux, qui avoient été des animalcules, et provenant de la décomposition des végétaux flottant dans l'eau, dans lesquels ils étoient fixés, et comme pouvant ainsi passer de la vie animale à la vie végétale, et *vice versa*.

Pendant tout le printemps et la plus grande partie de l'été de cette même année, j'ai moi-même étudié avec quelque soin ce genre de production; et les résultats auxquels je suis parvenu, quoique je ne les regarde pas comme entièrement satisfaisans, ne me permettent d'admettre aucune des opinions dernièrement proposées. Les véritables conjuguées, pour moi, sont des êtres du règne végétal, sans aucun mouvement spontané et encore moins volontaire, libres et flottant dans l'eau, filamenteux, s'accroissant par les deux extrémités, indépendamment les uns des autres, par élongation, se reproduisant : 1.° par rupture spontanée à l'endroit des cloisons, plutôt peut-être apparentes que réelles, qui se forment peu à peu à des distances très-inégales et très-variables pour la même espèce; 2.° encore mieux par les innombrables gemmules qui se forment peu à peu dans le parenchyme même du filament, et qui sortent par rupture accidentelle de ses parois, déterminés peut-être aussi par les bulles d'air qui s'y développent, d'après l'observation de M. Bory.

Quant aux espèces que Vaucher a introduites dans ce genre d'après la disposition des gemmules ou granules, à l'époque de leur séparation tranchée, je pense qu'elles sont fort douteuses, quand elles ne reposent que sur ce caractère ; car sur le même filament on peut remarquer des dispositions toutes différentes. Il paroît cependant que le genre Salmacis de M. Bory de Saint-Vincent n'est établi que sur la disposition en spirale des gemmules réproductrices.

La quatrième tribu de la famille des arthrodiées est celle que M. Bory de Saint-Vincent nomme Zoocarpées, et qu'il recommande à toute l'attention des naturalistes ; parce que, suivant lui, les productions qui la composent sont, durant une partie de leur existence, des végétaux qui produisent, au lieu de gemmules ou de semences, des animalcules qu'il nomme zoocarpes, qui, à leur tour, s'alongent en filamens végétans, quand la nature leur en indique l'époque.

Nous nous proposons de revenir sur les êtres que M. Bory range sous cette dénomination à leur article ; nous nous bornerons en ce moment à rapporter textuellement les observations critiques de M. Gaillon, dans la lettre citée, sur cette famille des arthrodiées.

En admettant avec M. Bory la vitalité, l'animalité et la faculté d'élection de la propagule du zoocarpe des arthrodiées, nous ne pouvons voir dans le développement de cet être un filament végétaliforme, la métamorphose de l'animal en végétal, sans rapporter à M. Bory lui-même les reproches de *transsubstantiation* ou *transmutation*, qu'il adresse à Agardh et qu'il accompagne pourtant de la déclaration judicieuse et solennelle que le changement de plante en animal ou d'animal en plante, ne peut être admis dans la masjestueuse régularité de la matière immuable de la nature.

Ainsi, comme le fait observer M. Gaillon, il résulteroit des observations même de M. Bory de Saint-Vincent, que dans tous les êtres qui composent les quatre tribus de sa famille des arthrodiées, il a constaté l'animalité : alors, dans cette hypothèse , pourquoi les placer dans un règne à part, et ne pas en faire tout simplement une famille de la classe des nématozooaires de M. Gaillon dans le règne animal?

Nous ne connoissons pas la définition que M. Bory donne des spongiaires, ou du moins nous ne voyons pas qu'elle puisse différer de celle qu'ont donnée les zoologistes de ces êtres, qui ont été regardés, tantôt et le plus souvent comme des productions animales , et tantôt aussi comme des productions végétales. En les considérant comme alternativement animales et végétales, pour les placer dans les psychodiaires, cela ne nous avance réellement pas beaucoup dans la connoissance des éponges. Au reste, à l'article SPONGIAIRES nous reviendrons sur cette question et nous rendrons compte de nouvelles observations de M. Gaillon , qui forcent de conserver et de fixer ce grand groupe d'êtres dans le règne animal.

M. Bory place aussi dans son règne des psychodiaires jusqu'aux VORTICELLES, si voisines, de son aveu même, des URCÉOLAIRES (voyez ces différens mots); êtres qu'il suffit d'avoir examinés un moment, pour ne pas douter de l'animalité de toutes leurs parties, et même du pédoncule plus ou moins long qui les termine. Pour lui cependant ce sont de simples végétaux pendant une partie de leur existence, qui produisent à certaines époques de leur développement des boutons qui, au lieu de s'épanouir en fleurs, deviennent de véritables animaux , communiquant leur faculté vitale aux rameaux qui les produisent , devenus adultes ou mûrs; car ces deux expressions paroissent également convenables à M. Bory. Ces animaux-fleurs se détachent de leur pédoncule au temps qui leur est prescrit, pour jouir enfin d'une liberté absolue; alors ce sont des animaux. (Voyez VORTICELLE.)

Quant aux polypiers, que M. Bory paroît vouloir aussi considérer alternativement et successivement comme animaux et végétaux, et par conséquent faire passer dans son nouveau règne; quoiqu'il ne soit encore entré dans aucun détail sur ce sujet, il n'est pas probable qu'il veuille douter de l'animalité des flustres, des sertulaires, des madrépores, ni même des coraux, des gorgones et des véritables alcyons, dont on connoît le canal intestinal. une bouche pourvue de tentacules et souvent même d'espèces d'ovaires, à moins qu'il ne tienne à cette idée, qu'il a émise quelque part, qu'il faut enfin réléguer parmi les pierres, les nombreuses tribus madréporiques où l'animalité presque nulle laisse à la partie brute le principal rôle dans une formation apathique. Il ne resteroit donc que les faux alcyons, qui sont fort rapprochés évidemment de certaines espèces d'éponges et de la famille des corallines. Alors il est difficile de penser que ces êtres puissent être compris sous une même définition que les conferves et les conjuguées. Voyez, pour les considérations générales sur les dernières classes du règne animal, le mot ZOOPHYTES. (DE B.)

PSYCHODIÉES. (*Bot.*) Nom donné primitivement par M. Bory de Saint-Vincent à ses PSYCHODIAIRES. Voyez ce mot et NÉMAZOAIRES. (LEM.)

PSYCHOMACOS. (*Bot.*) Voyez HELXINE. (J.)

PSYCHOTRE, *Psychotria.* (*Bot.*) Genre de plantes dicotylédones, à fleurs complètes, monopétalées, de la famille des *rubiacées*, de la *pentandrie monogynie* de Linnæus, offrant pour caractère essentiel : Un calice adhérent ; le limbe libre, urcéolé, à cinq dents, ou presque entier ; la corolle infundibuliforme, à cinq lobes réguliers ; cinq étamines attachées sur le tube de la corolle ; un ovaire inférieur ; un style ; un stigmate bifide ; un drupe globuleux, cannelé, couronné par le limbe du calice, à deux noyaux coriaces, monospermes.

Ce genre est tellement rapproché des *chiococca* et de quelques autres genres, qu'on seroit tenté de les réunir, ainsi que l'ont fait plusieurs auteurs : ils diffèrent cependant par la nature de leur fruit, en baie dans les uns, en drupe, ou presque capsulaires dans d'autres, par le nombre de leurs loges ou de leurs semences. Les psychotres sont des arbres, des arbrisseaux ou des arbustes à feuilles opposées, entières, accompagnées de stipules ; les fleurs en cime, en corymbe ou en panicules axillaires ou terminales. Ce genre est nombreux en espèces ; il en renferme d'intéressantes, tant pour leur agrément, que pour leurs usages.

PSYCHOTRE D'ASIE : *Psychotria asiatica*, Linn., *Amœn. acad.*; Lamk., *Ill. gen.*, tab. 161, fig. 1. Arbrisseau dont la tige est revêtue d'une écorce glabre et blanchâtre, divisée en rameaux diffus, opposés. Les feuilles sont pétiolées, opposées, minces,

glabres, ovales-lancéolées, entières, rétrécies à leurs deux ex
trémités, munies de deux stipules courtes, un peu échancrées.
Les fleurs sont disposées en une panicule lâche, terminale,
accompagnée de bractées très-courtes, aiguës. La corolle est
blanchâtre; le tube un peu renflé à son orifice; le limbe à
cinq lobes ovales, un peu obtus; le style épais: le stigmate à
deux lobes charnus. Le fruit est un drupe à côtes saillantes,
divisé par une cloison très-mince en deux loges monospermes.
Cette plante croît dans les Indes orientales.

Psychotre a feuilles obtuses : *Psychotria obtusifolia,* Poir.,
Encycl.; Lamk., *Ill. gen.,* tab. 161, fig. 4. Sa tige est divisée en rameaux opposés, glabres, noueux, cylindriques,
garnis de feuilles pétiolées, glabres, opposées, coriaces,
épaisses, ovales, rétrécies en coin à leur base, élargies et
obtuses à leur sommet, entières, longues de quatre ou cinq
pouces, larges de deux, supportées par des pétioles courts,
comprimés. Les panicules sont droites, terminales, beaucoup
plus courtes que les feuilles, divisées en rameaux opposés; les
pédicelles très-courts, épais, nombreux; les fleurs petites,
nombreuses, rapprochées. Les fruits sont des petits drupes
ovales, à deux loges. Cette plante croît à l'île de Madagascar.

Psychotre myrtiphylle : *Psychotria myrtiphyllum,* Swartz,
Fl. Ind. occid., 1, pag. 405; Sloan., *Jam.,* 171, *Hist.* 2,
pag. 102, tab. 209, fig. 2. Cet arbrisseau, à peine haut de
trois pieds, offre le port d'un troène ou d'un myrte. La tige
est rameuse, cendrée; les feuilles sont petites, ovales, lancéolées, un peu obtuses, roulées à leurs bords, luisantes, d'un vert
foncé, plus pâles en dessous, à peine longues d'un pouce;
les grappes sont droites, terminales, solitaires, un peu plus
longues que les feuilles; la corolle blanche, petite, en entonnoir; le tube alongé, velu à son orifice; les anthères blanches;
le fruit un peu succulent, de couleur écarlate. Cette plante
croît aux lieux arides, parmi les broussailles, dans les contrées septentrionales de la Jamaïque.

Psychotre de Carthagène : *Psychotria carthaginensis,* Willd.,
Spec.; Jacq., *Stirp. amer.,* tab. 17, fig. 22. Cette plante, qui
a quelques rapports avec le *psychotria asiatica,* a des feuilles
ovales, très-épaisses, coriaces, à peine nerveuses, médiocrement acuminées, glabres à leurs deux faces. Les fleurs sont

réunies en une panicule diffuse, étalée à l'extrémité des rameaux. Les fruits sont de petits drupes ovales, presque ronds, marqués de stries profondes. Cet arbrisseau croît en Amérique, dans les environs de Carthagène.

PSYCHOTRE PARASITE : *Psychotria parasitica*, Swartz, *Fl. Ind. occid.*, pag. 408 ; *Viscoides pendulum*, Jacq., *Amer.*, tab. 51, fig. 1. Cette espèce a des tiges sarmenteuses, radicantes, qui croissent ordinairement sur le tronc des vieux arbres. Les rameaux sont glabres, anguleux vers leur extrémité, presque simples ; les feuilles opposées, épaisses, charnues, ovales, acuminées, d'un vert gai ; les stipules petites, vaginales, membraneuses, persistantes. Les fleurs sont en grappes paniculées, terminales ou axillaires, à peine de la longueur des feuilles ; les pédoncules glabres, rougeâtres ; les ramifications opposées, à trois divisions au sommet, presque en cime ; la corolle est blanche, petite ; le tube cylindrique ; l'orifice pubescent ; le limbe court, à cinq lobes aigus ; l'ovaire rougeâtre. Les baies sont globuleuses, de couleur écarlate. Cette plante croît à la Guadeloupe, à Saint-Domingue, et autres contrées de l'Amérique méridionale.

PSYCHOTRE SAFRANÉE : *Psychotria crocea*, Swartz, *loc. cit.*, Lamk., *Ill. gen.*, tab. 161, fig. 2. Arbrisseau de la hauteur de cinq à six pieds, très-branchu, divisé en rameaux droits et glabres. Les feuilles sont glabres, opposées, pétiolées, entières, ovales-lancéolées, acuminées ; les pétioles courts ; les stipules divisées en deux dents sétacées ; la panicule est droite, terminale ; les rameaux presque opposés, redressés ; les pédoncules cylindriques, colorés en rouge ou safranés, munis de petites bractées également colorées. La corolle est d'un jaune de safran ; le tube un peu ventru à sa base ; le limbe à cinq lobes courts, étalés. Le fruit est presque globuleux, noirâtre, renfermant deux semences hémisphériques. Cette plante croît aux lieux montagneux, dans les Indes occidentales.

PSYCHOTRE ÉMÉTIQUE : *Psychotria emetica*, Linn., Suppl., 144 ; Humb. et Bonpl., *Plant. œquin.*, 2, pag. 142, tab. 126. Les propriétés émétiques de cette plante l'ont fait débiter pour le véritable *ipecacuanha*, sur la foi de quelques empiriques ; mais cette opinion, n'ayant pas d'autres fondemens, a été rejetée généralement, l'ipécacuanha étant reconnu pour une

espèce de violette. Mutis a communiqué à Linné fils la description suivante de cette espèce. Ses racines sont médiocrement rameuses, sa tige herbacée et rampante : les feuilles lancéolées, lisses, acuminées, très-entières, longues de deux ou
trois pouces ; les stipules courtes ; subulées, très-caduques.
Les fleurs sont petites, blanchâtres, axillaires, réunies en
têtes sessiles sur des pédoncules solitaires, de la longueur
des feuilles : le calice à cinq petites dents un peu réfléchies :
le tube de la corolle est agrandi à son orifice fermé par des
poils ; les divisions du limbe pubescentes, lancéolées. Le fruit
est une baie ovale, à deux semences.

. Comme cette espèce est une des plus intéressantes par ses
propriétés médicales, j'ajouterai ici quelques observations de
MM. de Humboldt et Bonpland. qui ne se trouvent point parfaitement d'accord avec celles de Mutis. D'après ces célèbres
voyageurs, cette plante est un petit arbrisseau de deux pieds ;
les rameaux sont simples et droits, recouverts de poils bruns
et serrés ; les feuilles munies de petites dents aiguës qui les
font paroître comme ciliées, couvertes en dessous, dans leur
jeunesse, de petits poils bruns, glabres dans leur vieillesse ;
les pétioles velus, ainsi que les stipules ; les fleurs réunies en
petites grappes axillaires, de la longueur des pétioles ; les
baies sont bleues. En comparant ces deux descriptions, on
pourroit soupçonner qu'il est ici question de deux espèces
sous le même nom.

Cette plante porte, à la Nouvelle-Grenade, le nom de
Raicilla. Elle est cultivée dans les vallées chaudes et humides
des montagnes de San-Lucar. Les indigènes envoient le produit de leur culture, par la voie des négocians de Monpax,
à Carthagène des Indes : il résulte de là. que l'ipécacuanha
que les négocians de Cadix répandent dans le reste de l'Europe, appartient presque entièrement au *psychotria emetica*,
auquel peut-être les habitans de la Nouvelle-Grenade mêlent
en très-petite quantité les racines du *viola parviflora* de Mutis.
qui a les mêmes propriétés médicales.

Psychotre jaune de soufre : *Psychotria sulphurea*, Ruiz et
Pav.. *Flor. per.*, 2, pag. 58, tab. 205, fig. *a*. Arbrisseau de
douze pieds. chargé de rameaux glabres. un peu tétragones,
garnis à leur partie supérieure de feuilles rapprochées, ovales.

cunéiformes à leur base , acuminées au sommet, glabres, d'un vert jaunâtre, longues de six pouces, à pétioles très-courts et stipules a demi embrassantes, ovales, échancrées ; la panicule est terminale, étalée, un peu lâche, munie de bractées subulées ; le calice à cinq crénelures ; la corolle d'un jaune de soufre ; le tube velu au-dessous de son orifice : le fruit est une baie noirâtre, arrondie, ombiliquée , de la grosseur d'un grain de poivre. Cette plante croît au Pérou , dans les forêts des Andes : elle est très-amère, et fournit une belle teinture jaune, que les naturels emploient pour les étoffes de laine et de coton.

Psychotre des teinturiers; *Psychotria tinctoria, Flor. per.,* *l. c.*, tab. 211, fig. *a.* Arbrisseau haut d'environ dix-huit pieds, très-rameux, glabre sur toutes ses parties, ayant les rameaux cylindriques ; les feuilles étalées, ovales, alongées, un peu ondulées, acuminées, longues au moins de trois pouces, luisantes en dessus , munies de fossettes dans l'intervalle de leurs nervures ; les pétioles longs d'un demi-pouce ; les stipules à demi lancéolées, glanduleuses à leur base. La panicule est terminale, longue de trois pouces ; les pédoncules sont courts ; les bractées fort petites, ovales, aiguës ; les fleurs sessiles, ternées : elles ont le calice jaunàtre ; la corolle blanche ou d'un blanc jaunàtre, hérissée à son orifice ; le limbe rabattu ; les filamens hérissés à leur base. Le fruit est une baie arrondie et rougeàtre. Cette plante croît au Pérou, dans les Andes. Ses feuilles fournissent une belle couleur jaune, avec laquelle les naturels teignent les fils, la laine et le coton.

Psychotre bleue; *Psychotria cærulea , Flor. per., loc. cit.,* tab. 113. fig. *b.* Cette plante a une tige droite, ligneuse, haute de neuf à dix pieds, divisée en rameaux glabres, cylindriques, un peu flexueux. Les feuilles sont étalées, glabres, rabattues , lancéolées, ondulées, aiguës, longues de huit à neuf pouces ; les pétioles courts ; les stipules ovales, entières, une fois plus courtes que les pétioles. La panicule est terminale, longue de six pouces ; ses ramifications opposées, chargées de quelques fleurs sessiles, agglomérées ; les bractées ovales ; la corolle jaunàtre, longue d'un demi-pouce. Le fruit est une baie en forme de poire, bleuàtre, de la grosseur d'un pois. Cette plante croît au Pérou, dans les forêts des Andes.

Psychotre couleur de jacinthe ; *Psychotria hyacinthiflora ,*

Flor. per., *loc. cit.*, tab. 213, fig. *a*. Arbrisseau d'environ douze pieds, chargé de rameaux un peu tétragones à leur sommet, garnis de feuilles amples, longues de six pouces, ovales, acuminées, un peu ondulées, glabres à leurs deux faces; les stipules à deux divisions ovales, obtuses. La panicule est ample, terminale, à ramifications très-étalées, les supérieures éparses; les bractées sont petites, ovales; les fleurs pédicellées, avec le calice violet, à cinq dents; la corolle violette, en forme d'entonnoir, dilatée à sa base et à son orifice; le limbe à cinq lobes réfléchis. Les baies sont d'un bleu violet, ovales, arrondies. Cette plante croit dans les forêts des Andes, au Pérou.

Psychotre velue; *Psychotria villosa*, *Flor. per.*, *loc. cit.*, tab. 207, fig. *a*. Cette plante s'élève à la hauteur de neuf à dix pieds sur une tige munie de rameaux cylindriques, couverts à leurs nœuds de poils rougeâtres. Les feuilles sont alongées, en ovale renversé, presque lancéolées; acuminées, velues, très-entières, longues de quatre à cinq pouces; les pétioles très-courts; les stipules ovales, aiguës, caduques. La panicule est étalée, terminale; les pédoncules et les pédicelles sont opposés, soutenant à leur sommet quelques fleurs sessiles, accompagnées de petites bractées acuminées. Le calice est à cinq dents. Le fruit est une baie rouge, globuleuse, ombiliquée, de la grosseur d'un petit pois. Cette plante croit au Pérou, sur les montagnes des Andes, dans les forêts.

Psychotre élevée; *Psychotria excelsa*, Kunth, *in* Humb. et Bonpl., *Nov. gen.*, vol. 3, pag. 355, tab. 282. Cette espèce est un grand arbre, dont les rameaux sont glabres, cylindriques, pubescens dans leur jeunesse: les feuilles opposées, pétiolées, oblongues, acuminées, rétrécies à leur base, entières, membraneuses, longues de deux ou trois pouces; les pétioles courts, pubescens; les stipules caduques; les pédoncules axillaires, pubescens, chargés de trois ou quatre fleurs pédicellées: les bractées pubescentes, fort petites; le calice a quatre dents aiguës, un peu ciliées; la corolle est glabre, infundibuliforme; le limbe à quatre lobes oblongs, aigus; les étamines sont au nombre de quatre. Le fruit est un drupe sphérique, rougeâtre, cannelé. Cette plante croit dans le Mexique.

Psychotre luisante; *Psychotria lucida*, Kunth, *loc. cit.*, tab.

283. Arbre de vingt pieds, dont les rameaux sont glabres, cylindriques, à deux angles; les feuilles pétiolées, oblongues, lancéolées, acuminées, très-entières, rétrécies à leur base, glabres, coriaces, luisantes et d'un vert foncé en dessus, longues de trois ou quatre pouces; les pétioles courts; les stipules brunes, ovales, aiguës, un peu ciliées. Les fleurs sont disposées en un corymbe terminal, trichotome, très-rameux; les bractées acuminées, ciliées. Le calice est presque glabre, à cinq dents aiguës, ciliées; la corolle blanche, glabre; le limbe à cinq lobes oblongs, aigus, de la longueur du tube. Le fruit est un drupe presque globuleux, glabre, cannelé, de la grosseur d'un grain de poivre. Cette plante croît sur les bords du fleuve de la Magdeleine. (Poir.)

PSYCHOTROPHON. (*Bot.*) Ce genre, fait d'abord par P. Browne, est maintenant le même abrégé, *Psychotria* de Linnæus, dans la famille des rubiacées (voyez Psychotre). Le nom *psychotrophon* étoit anciennement donné par les Romains à la bétoine, suivant Galien, cité par Daléchamps. (J.)

PSYCHROPHILA. (*Bot.*) Nom donné par M. De Candolle à une section du genre *Caltha*, caractérisée par une hampe uniflore et un calice persistant. (J.)

PSYDARANTHA. (*Bot.*) Le *maranta comosa* de Linnæus fils est séparé sous ce nom par Necker, qui en fait un genre non adopté par les botanistes. (J.)

PSYDRAX. (*Bot.*) Genre établi par Gærtner, *De fruct.*, tab. 26, pour un fruit de Ceilan, auquel il attribue pour caractère essentiel : Un calice supérieur, à cinq dents, une corolle à cinq divisions; une baie inférieure, à deux loges monospermes; un embryon un peu courbé.

Le psydrax, dit M. de Jussieu, Ann. du Mus., 10, pag. 520, appartient aux *rubiacées*, d'après les proportions tirées de son calice adhérent, et de son embryon contenu dans un péri-sperme assez semblable à celui de cette famille : il sera placé dans la seconde section, parce que les cinq dents du calice font supposer l'existence de cinq étamines, et à cause de ses deux loges monospermes : cependant s'il est vrai, comme le dit Gærtner, que sa radicule soit dirigée supérieurement, il aura plus d'affinité avec les chèvre-feuilles, et surtout avec le cornouiller; peut-être même, si l'on n'a pas égard au nombre

des divisions du calice, devra-t-il être réuni à ce genre.
(Pois.)

PSYLLE, *Psylla*. (*Entom.*) Genre d'insectes hémiptères, de
la famille des plantisuges ou phytadelges, caractérisés par des
ailes semblables entre elles, et non croisées ; par un bec paroissant naître du cou ; par les tarses à deux articles au plus,
et en outre par une tête dont le front est échancré et comme
bifide ; par les antennes filiformes.

Ces insectes ont tiré leur nom de la faculté que la plupart
ont de sauter, du mot grec ψυλλα, qui désignoit dans Aristote, tantôt une puce, tantôt une araignée sauteuse. On a
placé avec raison les psylles dans la même famille que les pu-
cerons, les chermès et les cochenilles ; car elles ont leurs
mœurs et leur manière de vivre.

La plupart des espéces déposent leurs œufs dans l'épaisseur
des écorces de jeunes tiges herbacées des plantes ou des arbres,
à l'aide d'une tarrière qui y laisse probablement découler une
humeur dont la nature appelle bientôt une extravasation des
sucs de la plante, et fait naître, au lieu de la blessure, une
excroissance monstrueuse, une sorte de galle, analogue à
celles que produisent les cynips et les diplolêpes. Plusieurs
attaquent les arbres verts et les monocotylédonées. La plupart
de ces excroissances sont divisées intérieurement en cellules
dans chacune desquelles on peut trouver des larves ou des
nymphes de ces insectes.

Les principales espèces de ce genre sont :

1.° La Psylle des joncs, *Psylla juncorum.*

C'est le genre *Livie* de M. Latreille. Nous l'avons fait figurer
dans l'atlas de ce Dictionnaire, pl. 39, fig. 5. Elle se trouve
dans les galles qui s'observent dans les extrémités fleuries du
jonc articulé.

2.° Psylle du buis, *Psylla buxi.*

Car. Verdâtre, corselet tacheté de rouge ; ailes beaucoup
plus longues que l'abdomen.

L'insecte altère les sommités des branches de buis, dont les
feuilles se recoquillent en convergeant les unes sur les autres,
et forment ainsi une sorte de coque dans laquelle le psylle
vit à l'abri sous les trois états de larve, de nymphe et de
perfection.

On trouve d'autres espèces de psylles sur l'obier, *viburnum opulus*, sur le poirier, etc.

On a donné le nom de Psylle à plusieurs insectes qui sautent, entre autres à des psoques. (C. D.)

PSYLLERIS. (*Bot*) Voyez Cataphysis. (J.)

PSYLLIDES, *Psyllides*. (*Entom.*) Tribu d'insectes, fondée par M. Latreille, et ayant le genre Psylle pour type. (Desm.)

PSYLLIUM. (*Bot.*) Espèce du genre Plantain, dont on a fait le type d'un genre *Psyllium*, Tournef., essentiellement caractérisé par sa capsule, munie d'une cloison longitudinale, simple et monosperme sur chaque face : le *plantago psyllium* et plusieurs autres espèces en feroient partie. Cette plante a été considérée par les auteurs, comme étant le *psyllion* de Dioscoride, aussi nommée *psylleris, cataphysis,* etc. D'autres botanistes ont présumé qu'il s'agit de l'*inula pulicaris*, Linn. La première devroit son nom à la forme et à la couleur noire de ses graines, qu'on a comparées à des puces, et l'autre, parce que, mise fraîche dans un endroit, elle oblige par son odeur les puces à fuir. (Lem.)

PSYLOCYBE. (*Bot.*) Division de la section *pratella* du genre *Agaricus*, selon Fries, remarquable par le voile, qui est très-fugace ; le chapeau presque charnu, tenace, comme le stipe qui est régulier. (Lem.)

PSYLOPHORUS. (*Bot.*) On a donné ce nom qui signifie *porte-puce* en grec, à la laîche pulicaire, *carex pulicaris*, à cause de la petitesse, de la couleur et de la forme alongée de ses graines. (Lem.)

PSYLOTRON. (*Bot.*) C'est l'une des dénominations, sous lesquelles la bryone étoit connue chez les Grecs. (Lem.)

PSYLOXYLON. (*Bot.*) Voyez Bois maigre. (J.)

FIN DU QUARANTE-TROISIÈME VOLUME.

STRASBOURG, de l'imprimerie de F. G. Levrault, impr. du Roi.